"十三五"国家重点出版物出版规划项目
面向可持续发展的土建类工程教育丛书
普通高等教育土木工程系列教材

# 土木工程材料

第2版

主　编　杜红秀　周　梅
副主编　王　颖　崔正龙　贾福根
参　编　郑淑平　阎蕊珍　王林浩
主　审　张　雄

机械工业出版社

本书吸取了国内外土木工程材料的新成就、新技术，结合我国相关现行标准、规范编写而成。本书内容新颖，具有前瞻性和实用性，在满足学生学习土木工程材料知识和教学要求的同时，有利于学生开阔新思路。

本书内容涉及土木工程常用材料的基本组成、性能、质量要求及材料检验等基本理论和试验方法，主要包括土木工程材料的基本性质、无机气硬性胶凝材料、水泥、混凝土、建筑砂浆、金属材料、木材、天然石材、墙体材料与屋面材料、有机高分子材料、沥青及沥青混合料、防水材料、绝热材料与吸声隔声材料、装饰材料和土木工程材料试验等。

为了方便教与学，第 1~14 章每章章前设置了本章知识点、难点和重点，书后附有常用土木工程材料名词英汉对照。

本书可作为土木工程及相近专业的本科教材，也可供与土木工程专业相关的设计、科研、施工、生产及管理人员参考。

本书配有电子课件，免费提供给选用本书的授课教师。需要者请登录机械工业出版社教育服务网（www.cmpedu.com）注册下载，或根据书末的“信息反馈表”索取。

**图书在版编目（CIP）数据**

土木工程材料/杜红秀，周梅主编．—2 版．—北京：机械工业出版社，2020.7（2023.7 重印）

普通高等教育土木工程系列教材

ISBN 978-7-111-65647-0

Ⅰ.①土…　Ⅱ.①杜…②周…　Ⅲ.①土木工程—建筑材料—高等学校—教材　Ⅳ.①TU5

中国版本图书馆 CIP 数据核字（2020）第 084434 号

机械工业出版社（北京市百万庄大街 22 号　邮政编码 100037）
策划编辑：刘　涛　责任编辑：刘　涛　高凤春
责任校对：张　薇　封面设计：张　静
责任印制：刘　媛
涿州市般润文化传播有限公司印刷
2023 年 7 月第 2 版第 3 次印刷
184mm×260mm · 24.75 印张 · 678 千字
标准书号：ISBN 978-7-111-65647-0
定价：68.00 元

| 电话服务 | 网络服务 |
| --- | --- |
| 客服电话：010-88361066 | 机　工　官　网：www.cmpbook.com |
| 010-88379833 | 机　工　官　博：weibo.com/cmp1952 |
| 010-68326294 | 金　书　网：www.golden-book.com |
| **封底无防伪标均为盗版** | 机工教育服务网：www.cmpedu.com |

# 第2版前言

本书是以高等学校土木工程学科专业指导委员会制定的土木工程专业培养目标和培养方案及土木工程专业课程设置为指导，以该委员会审定的土木工程材料课程教学大纲为依据编写的。本书吸取了国内外土木工程材料的新成就、新技术，结合我国相关现行标准、规范，理论联系实际，介绍了土木工程材料的新技术和发展方向，在满足教学要求的同时，有利于学生开阔新思路、正确合理地选用土木工程材料。本书可作为土木工程及相近专业的本科教材，也可供土木工程设计、施工、科研、工程管理等技术人员学习参考。

本书由太原理工大学杜红秀教授、辽宁工程技术大学周梅教授级高工担任主编，天津城建大学王颖讲师、太原理工大学贾福根副教授和辽宁工程技术大学崔正龙副教授担任副主编，太原理工大学阎蕊珍副教授、太原理工大学王林浩讲师、天津城建大学郑淑平教授参加编写，同济大学张雄教授担任主审。具体分工如下：杜红秀编写绪论、第1章、第4章（4.5节、4.8节）、第5章（5.4~5.6节）、第6章（6.4~6.7节）、第9章并负责全书统稿，周梅编写第2章、第3章、第4章（4.4节、4.6节、4.7节）、第15章（15.2节、15.9节），贾福根编写第7章、第15章15.3~15.5节），郑淑平编写第13章，崔正龙编写第10章、第11章（11.1节、11.2节）和第12章，王颖编写第4章（4.1~4.3节）、第5章（5.1~5.3节）、第6章（6.1~6.3节）、第15章（15.10节），阎蕊珍编写第11章（11.3~11.5节）、第14章，王林浩编写第8章、第15章（15.1节、15.6~15.8节）。

本科教材和教学侧重的是基本概念和基本理论，标准和规范在不断更新中，有些非关键内容（如符号等）的变更不影响教学，本书不再变更。由于编者的水平有限，书中不当之处在所难免，敬请读者批评指正。

编　者

# 第1版前言

本书是以高等学校土木工程学科专业指导委员会制定的土木工程专业培养目标和培养方案及土木工程专业课程设置为指导，以该委员会审定的土木工程材料课程教学大纲为依据编写的。本书吸取了国内外土木工程材料的新成就、新技术，结合我国相关现行标准、规范，理论联系实际，介绍了土木工程材料的新技术和发展方向，在满足教学要求的同时，有利于学生开阔新思路、正确合理地选用土木工程材料。本书可作为土木工程类专业的教学用书，也可供土木工程设计、施工、科研、工程管理等技术人员学习参考。

本书由太原理工大学杜红秀教授、辽宁工程技术大学周梅教授级高工主编，天津城市建设学院郑淑平副教授和辽宁工程技术大学崔正龙副教授担任副主编，天津城市建设学院成全喜高级实验师和太原理工大学阎蕊珍讲师参加编写，同济大学张雄教授担任主审。具体分工如下：杜红秀编写绪论、第1章、第4章（4.5节、4.8节）、第5章（5.4~5.6节）、第6章（6.4~6.9节）、第8章、第9章并负责全书统稿，周梅编写第2章、第3章、第4章（4.4节、4.6节、4.7节）、第15章（15.2节、15.9节），郑淑平编写第4章（4.1~4.3节）、第5章（5.1~5.3节）、第6章（6.1~6.3节）、第13章和第15章（15.10节），崔正龙编写第10章、第11章（11.1节、11.2节）和第12章，成全喜编写第7章、第15章（15.3~15.5节），阎蕊珍编写第11章（11.3~11.5节）、第14章、第15章（15.1节、15.6~15.8节）。

由于编者的水平有限，书中不当之处在所难免，敬请读者批评指正。

编　者

# 目录

# 绪　论

## 0.1　土木工程材料与土木工程建设的关系

在我国现代化建设中，土木工程材料占有极为重要的地位。各项建设的开始，无一例外地首先都是土木工程基本建设，而土木工程材料则是一切土木工程的物质基础。土木工程材料在土木工程中应用量大，经济性强，直接影响工程的造价。在我国，通常材料费用在工程总造价中占40%~70%，因此，材料质量的优劣和配制是否合理以及选用是否适当等，对土木工程的安全、实用、美观、耐久和造价具有重要意义。

土木工程材料的品种、质量和性能直接影响土木工程的坚固、耐久和适用，并在很大程度上影响着结构型式和施工方法。土木工程材料的发展水平直接影响着土木工程行业的发展。土木工程中许多技术问题的突破，往往依赖于土木工程材料问题的解决；而新材料的出现，又将促使结构设计和施工技术的革新。例如，黏土砖的出现，产生了砖木结构；水泥和钢筋的出现，产生了钢筋混凝土结构；轻质高强材料的出现，推动了现代建筑向高层和大跨度方向发展；轻质材料和绝热材料的出现，对减轻结构自重、提高结构抗震能力、改善工作与生活环境条件及建筑节能等起到了重要作用；新型装饰材料的出现，使得建筑物的美观、功能及舒适性等进一步提高。随着土木工程技术的发展，又将不断地对土木工程材料提出新的更高的要求。因此，土木工程材料的生产及科学技术的迅速发展，对发展我国土木工程行业无疑具有重要的作用。

## 0.2　土木工程材料的概念及分类

土木工程材料是指土木工程所用的各种材料的总称，除水泥、钢筋、木材、混凝土、砌墙砖、石灰、沥青、瓷砖等常见的土木工程材料外，还包括卫生洁具、暖气及冷风设备等器材，以及施工过程中的暂设工程，如围墙、脚手架、板桩、模板等所用的材料。狭义的土木工程材料是指构成土木工程建筑物或构筑物本身的土木工程材料，如结构材料、装饰材料等。

土木工程材料的来源非常广泛，有矿物岩石、植物、动物（皮革）、金属材料等。

土木工程材料的加工方式主要有物理加工、煅烧、物理化学变化等。

土木工程材料可按不同的原则进行分类。根据材料来源可分为天然材料和人工材料；根据材料在土木工程中的功能可分为结构材料、装饰材料、绝热材料、防水材料等；根据材料在土木工程中的使用部位可分为承重构件用材料、墙体材料、屋面材料、地面材料等。最常见的分类方法是根据材料的化学成分来分类，分为无机材料、有机材料和复合材料三大类，各大类中又可进行更细的分类，如表0-1所示。

表 0-1 土木工程材料按化学成分的分类

| | | | |
|---|---|---|---|
| 土木工程材料 | 无机材料 | 金属材料 | 黑色金属——钢、铁、不锈钢等 |
| | | | 有色金属——铝、铜及其合金等 |
| | | 非金属材料 | 天然石材——砂、石及石材制品等 |
| | | | 烧土制品——砖、瓦、玻璃、陶瓷等 |
| | | | 胶凝材料——石灰、石膏、水玻璃、水泥等 |
| | | | 混凝土及硅酸盐制品——混凝土、砂浆、灰砂砖、加气混凝土、混凝土砌块等 |
| | 有机材料 | 植物材料——木材、竹材等 | |
| | | 沥青材料——石油沥青、煤沥青、沥青制品 | |
| | | 高分子材料——塑料、涂料、胶黏剂、合成橡胶等 | |
| | 复合材料 | 无机非金属材料与有机材料复合——玻璃纤维增强塑料、聚合物混凝土、沥青混凝土、水泥刨花板等 | |
| | | 金属材料与无机非金属材料复合——钢筋混凝土、钢纤维增强混凝土等 | |
| | | 金属材料与有机材料复合——轻质金属夹芯板（聚苯乙烯泡沫塑料芯材） | |

## 0.3 土木工程材料的发展概况

土木工程材料在社会发展的所有阶段中，都是随着社会生产力和科学技术水平的发展而发展的，它反映每个时代的科学和文化特征，成为人类物质文明的重要标志之一。

早在原始社会时期，人类为了抵御雨雪风寒和防止野兽的侵袭，栖身于天然洞穴或树巢中，即所谓“穴居巢处”。进入石器、铁器时代，人们开始利用简单的工具，挖土凿石成洞、伐木搭竹为棚，利用天然材料建造非常简陋的房屋等土木工程。到了人类能够用黏土烧制砖、瓦，用岩石烧制石灰、石膏之后，土木工程材料才由天然材料进入了人工生产阶段，为较大规模建造土木工程创造了基本条件。今天，世界各地还保存了许多蔚为壮观的古代建筑或建筑遗迹，从中可以看出古代劳动人民使用土木工程材料的技术成就。在我国，举世闻名的万里长城历经千百年而不毁；山西五台山佛光寺大殿，1100 多年来历经风霜雨雪和地震，依然完整健在；山西应县的九层六檐木塔，高达 67.3m，将近 1000 年仍巍然屹立在祖国大地。在国外，埃及的金字塔、希腊的雅典卫城、欧洲各地中世纪的教堂，至今仍令人们惊叹不已。

但无论中外，在漫长的奴隶社会和封建社会中，土木工程技术和土木工程材料的发展都是相当缓慢的。直到 18、19 世纪，资本主义兴起，促进了工商业及交通运输业的蓬勃发展，原有的土木工程材料已不能与此相适应，在其他科学技术进步的推动下，土木工程材料进入了一个新的发展阶段，钢材、水泥及其他材料相继问世，为现代土木工程奠定了基础。我国虽然古代建筑有“秦砖汉瓦”、描金漆绘装饰艺术、造型优美的石塔和石拱桥的辉煌，但在封建社会时期，生产力发展停滞不前，使用的结构材料依然是砖、石和木材，现代化材料发展迟缓；新中国建立以后，土木工程材料工业才真正开始并蓬勃发展起来。新材料对土木工程的设计、施工及建筑面积产生了决定性的影响，有了钢材和水泥这两种工业生产的新型土木工程材料，各种土木工程跨越了几千年来土、木、砖、石的限制，开始大踏步地向前发展。修建黄河、长江大桥，营造摩天大楼及大跨度的厂房、剧院等。现在，每一项重要的土木工程都离不开这两种材料。钢材和水泥的使用标志着土木工程发展史上的一个新阶段。

进入 20 世纪后，由于社会生产力突飞猛进，以及材料科学与工程学的形成和发展，土木工程材料不仅性能和质量不断改善，而且品种不断增加，如铝材、塑料以及各种轻质高强的复合材料。为适应土木工程工业化、现代化的要求，各种新型的具有特殊功能的土木工程材料大量涌现，以高分子材料为主的化学建材异军突起，新型的绝热材料、吸声隔声材料、各种装饰材料、耐热防火材料、防水抗渗材料以及耐磨、耐蚀、防爆和防辐射材料等应运而生。

随着科学技术的发展和现代测试技术的进步，必将不断地将材料科学这门新学科推向前进，不久的将来，按指定性能设计和制造新材料的时期将会到来。

## 0.4 土木工程材料的发展趋势

随着社会的进步、环境保护和节能降耗的需要，对土木工程材料提出了更高、更多的要求。当今，土木工程材料发展的总原则为：具有健康、安全、环保的基本特征；满足轻质、高强、耐久、多功能及智能化的优良技术性能和美观的美学功能；符合节能、节地、利废三条件。因而，今后一段时间内，土木工程材料将向以下几个方面发展：

（1）改进传统材料，使之轻质高强　现今钢筋混凝土结构材料自重大（每立方米重约2500kg），限制了结构物向高层、大跨度方向进一步发展。通过减轻材料自重，以尽量减轻结构物自重，并可提高经济效益。目前，主要的发展趋势是提高混凝土强度及性能、大力发展加气混凝土、轻集料（又称骨料）混凝土、空心砖、石膏板等材料，以满足土木工程发展的需要。

（2）研制新型材料，发展轻型材料和有机材料　大力发展新型金属材料如铝合金结构材料、有机高分子材料或复合材料（如玻璃纤维增强塑料）。

（3）扩大材料来源，利用废渣　充分利用工农业废渣、工业副产品、建筑垃圾等生产土木工程材料，将各种废渣尽可能资源化，以保护环境、节约自然资源，使人类社会可持续发展。

（4）改进生产工艺，节约资源能源　大力引进现代技术，改造或淘汰陈旧设备，采用低能耗制造工艺和对环境无污染的生产技术，降低原材料及能源消耗，减少环境污染。

（5）多功能化及智能化　利用复合技术生产多功能材料、特殊性能材料及智能化材料，这对提高建筑物的使用功能、经济性、加快施工速度及向智能化社会发展等有着十分重要的作用。

（6）绿色化　产品的设计是以改善生产环境，提高生活质量为宗旨。产品具有多功能，有益于人的健康；产品可循环或回收再利用，或形成对环境无污染的废弃物；产品配制和生产过程中，不使用对人体和环境有害的污染物质。

（7）产品规格化、预制化　积极发展预制技术，逐步提高构件化、标准化水平，以利于工业化生产，加快施工进度。

（8）加强测试技术的发展　通过现代测试技术，认识材料内部组织、结构及构造等对材料性能的影响，按指定性能设计和制造新材料。

## 0.5 土木工程材料的标准化

土木工程材料的技术标准是产品质量的技术依据。这些技术标准涉及产品规格、分类、技术要求、验收规则、代号与标志、运输与储存及抽样方法等。对于生产企业，必须按照标准生产，控制其质量，同时它可促进企业改善管理，提高生产技术和生产效率。对于使用部门，则按照标准选用、设计、施工，并按标准验收产品。

在我国，技术标准分为国家标准、行业标准、地方标准和企业标准四级，各级标准分别由相应的标准化管理部门批准并颁布。技术标准代号按标准名称、部门代号、编号和批准年份的顺序编写，按要求执行的程度分为强制性标准和推荐标准（在部门代号后加“/T”表示“推荐”）。相关技术标准的部门代号有GB——国家标准，JG——建筑工业行业标准，JC——国家建材局标准，YB——冶金部标准，HG——化工部标准，DB——地方标准，QB——企业标准等。例如，国家标准《通用硅酸盐水泥》（GB 175—2007），部门代号为GB，编号为175，批准年份为2007年，为强制性标准；国家标准《碳素结构钢》（GB/T 700—2006），部门代号为GB，编号为700，批准年份为2006年，为推荐性标准。

工程中使用的土木工程材料除必须满足产品标准外，有时还必须满足有关的设计规范、施工及验收规范或规程等的规定。无论是国家标准还是部门行业标准，都是全国通用标准，属国家指令性技术文件，均必须严格遵照执行，尤其是强制性标准。在学习有关标准时应注意黑体字标志的条文为强制性条文。

工程中有时还涉及美国材料试验学会标准ASTM、英国标准BS、日本标准JIS、德国标准DIN、法国标准NF、苏联标准ГОСТ、国际标准ISO等。

## 0.6 本课程学习的目的、任务和要求

本课程是土建类各专业的技术基础课，其任务是使学生获得有关土木工程材料的技术性质及应用的基本知识和必要的基本理论，并获得主要土木工程材料试验方法的基本技能训练。要求通过本课程的学习，使学生掌握主要土木工程材料的性质、用途、制备和使用方法以及检测和质量控制方法，了解工程材料性质与材料组成、结构及构造的关系，以及性能改善的途径；除了课堂教学，试验课是本课程必不可少的重要教学环节，通过试验，验证基本理论、学会常用土木工程材料的试验方法和技术、培养严谨认真的科学态度和综合分析解决问题的能力；针对不同工程应能合理选用材料，并能与后续课程密切配合，了解材料与设计参数及施工措施选择的相互关系，达到设计时正确选用材料，施工时合理使用材料的目的。

# 第1章 土木工程材料的基本性质

1

【本章知识点】密度、表观密度、堆积密度、孔隙率、空隙率、密实度、填充率等材料的物理性质概念及表征，亲水性、憎水性、吸湿性、吸水性、耐水性、抗渗性、抗冻性等材料与水有关性质的概念与区别，材料强度、比强度、弹性、塑性、脆性、韧性、硬度、耐磨性等材料的力学性质概念与计算，材料耐久性的环境作用及评定。

【重点】材料基本性质的概念及公式表达，各性质之间的区别与联系，材料性质与其组成、结构、构造以及环境因素的关系，材料强度的计算与测定。

【难点】材料基本性质的影响因素及其作用机理。

土木工程材料是土木工程的物质基础，材料的性质与质量很大程度上决定了工程的性能与质量。在工程实践中，选择、使用、分析和评价材料，通常是以其性质为基本依据的。例如，用于受力结构中的材料，要承受各种力的作用，因此要求材料具有良好的力学性质；根据土木工程功能的需要，还要求材料具有相应的防水、绝热、隔声、防火、装饰等性质，如墙体材料应具有绝热、隔声性质，屋面材料具有防水性质，路面材料具有防滑、耐磨损等性质；由于土木工程在长期的使用过程中，经常受到风吹、雨淋、日晒、冰冻和周围各种有害介质的侵蚀，故还要求材料具有良好的耐久性。另外，为了确保工程项目能安全、经济、美观、经久耐用，并有利于节约资源和生态环境保护，实现建筑与环境的和谐共存，创造健康、舒适的生活环境，要求生产和选用的土木工程材料是绿色和生态的。

土木工程材料的性质，可分为基本性质和特殊性质两大部分。材料的基本性质是指土木工程中通常必须考虑的最基本的、共有的性质；材料的特殊性质则是指材料本身的不同于别的材料的性质，是材料的具体使用特点的体现。

## 1.1 材料的组成、结构与构造

### 1.1.1 材料的组成

材料的组成包括材料的化学组成、矿物组成和相组成。材料的组成是决定材料性质的最基本因素。

#### 1. 化学组成

化学组成是指构成材料的化学元素及化合物的种类和数量。无机非金属材料常用组成其的各氧化物的含量来表示；金属材料常用组成其的各化学元素的含量来表示；有机材料则常用组成其的各化合物的含量来表示。化学组成是决定材料化学性质、物理性质和力学性质的主要因素。

### 2. 矿物组成

矿物是具有一定化学成分和结构特征的稳定单质或化合物。矿物组成是指构成材料的矿物的种类和数量。无机非金属材料是由各种矿物组成的。材料的化学组成不同，其矿物组成不同；相同的化学组成，可组成多种不同的矿物。矿物组成不同的材料，其性质也不同。如硅酸盐水泥中，CaO 和 $SiO_2$ 是其主要的化学成分，它们组成的主要矿物是硅酸三钙（$C_3S$）和硅酸二钙（$C_2S$），这两者的性质相差很大，其组成比例是决定水泥性质的主要因素。

### 3. 相组成

材料中具有相同结构、相同成分和性能，并以界面相互分开的均匀组成部分称为相。相组成是指构成材料的相的种类、数量、大小、形态和分布。自然界中的物质可分为气相、液相和固相。材料中同种化学物质由于加工工艺不同，温度、压力等环境条件不同，可形成不同的相。例如，在铁碳合金中就有铁素体、渗碳体、珠光体。同种物质在不同的温度、压力等环境条件下，也常会转变其存在状态，如由气相转变为液相或固相。当组成相的数量、大小、形态和分布不同时，材料的性能也就不同。例如，可以通过改变合金的相组成来改变合金的性能。土木工程材料大多是多相固体材料，这种由两相或两相以上的物质组成的材料，称为复合材料。例如，混凝土可认为是由集料颗粒（集料相）分散在水泥浆体（基相）中所组成的两相复合材料。

复合材料的性质与其构成材料的相组成和界面特性有密切关系。所谓界面是指多相材料中相与相之间的分界面。在实际材料中，界面是一个较薄区域，它的成分和结构与相内的部分是不一样的，可以作为“界面相”来处理。因此，对于土木工程材料，可以通过改变和控制其相组成和界面特性，来改善和提高材料的技术性能。

## 1.1.2 材料的结构

材料的结构是决定材料性能的另一个极其重要的因素。材料的结构可分为微观结构、细观结构和宏观结构。

### 1. 微观结构

微观结构是指材料物质的原子或分子层次的结构，需要用电子显微镜、X 射线衍射等技术手段来分析研究其结构特征，包括材料物质的种类、形态、大小及其分布特征。微观结构的尺寸范围在 $10^{-10}$~$10^{-6}$m。材料的许多物理性质，如强度、硬度、弹塑性、导热性等都与其结构有密切关系。土木工程材料的使用状态一般为固体，固体的微观结构可分为晶体和非晶体两大类，而非晶体材料又可分为玻璃体和胶体两类。

（1）晶体　晶体是指材料内部的质点（原子、离子、分子）在空间上按一定规律呈周期性排列时所形成的结构，如图 1-1a 所示。晶体具有如下特点：①具有特定的几何外形，这是晶体内部质点按特定规则排列的外部表现；②由于质点在各方向上的排列的规律和数量不同，单晶体具有各向异性的性质，但实际应用的材料，是由大量细小的晶粒不规则排列组成的，因此所组成的材料整体又具有各向同性的性质；③具有固

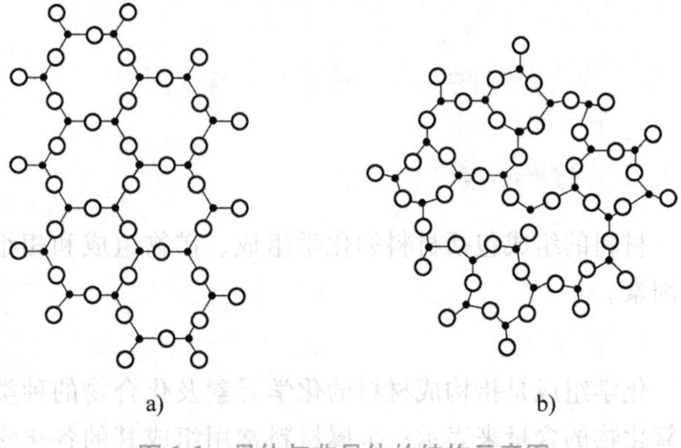


图 1-1　晶体与非晶体的结构示意图

a）晶体　b）玻璃体

•—硅原子　○—氧原子

定的熔点和化学稳定性，这是晶体键能和质点所处最低的能量状态所决定的；④结晶接触点和晶面是晶体破坏或变形的薄弱部分。例如石英、金属等均属于晶体结构。

根据组成晶体的质点及化学键的不同，晶体可分为原子晶体（如石英）、离子晶体（如$CaCl_2$）、分子晶体（如有机化合物）、金属晶体（如钢铁材料）。材料的微观结构形式与主要特征如表1-1所示。

由于微观结构上的差异，使各种材料的强度、硬度、变形、熔点、导热性等各不相同。

表1-1　材料的微观结构形式与主要特征

| 微观晶体 | | | 常见材料 | 主要特征 |
|---|---|---|---|---|
| 晶体 | 原子、离子、分子按一定规律排列 | 原子晶体（共价键） | 金刚石、石英 | 强度、硬度、熔点高，密度较小 |
| | | 离子晶体（离子键） | 氯化钠、石膏、石灰岩 | 强度、硬度、熔点较高，但波动大，部分可溶，密度中等 |
| | | 分子晶体（分子键） | 蜡、斜方硫、萘 | 强度、硬度、熔点较低，大部分可溶，密度小 |
| | | 金属晶体（库仑引力） | 铁、钢、铜、铝及合金 | 强度、硬度变化大，密度大 |
| 玻璃体 | 原子、离子、分子以共价键、离子键或分子键结合，但为无序排列 | | 玻璃、矿渣、火山灰、粉煤灰 | 无固定的熔点和几何形状，各向同性，与同组成的晶体相比，强度、化学稳定性、导热性、导电性较差 |
| 胶体 | 离子、分子的集合体，以共价键、离子键或分子键结合，但为无序排列 | | 水泥凝胶体、石膏浆体、石灰浆体 | 胶体微粒在1~100nm。胶体粒子较小，表面积很大，吸附能力很强 |

无机非金属材料的晶体，其键的构成不是单一的，往往是由共价键、离子键等共同连接的，其性质差异较大。在土木工程材料中占有重要地位的硅酸盐，是由其最基本的结构单元硅氧四面体$SiO_4$（见图1-2）与其他金属离子结合而成的。硅氧四面体相互连接时，可形成不同结构类型的矿物：硅氧四面体在一维方向上以链状结构相连时，形成纤维状矿物，如石棉，纤维与纤维之间的键合力要比链状结构方向上的共价键弱得多，所以容易分散成纤维状；黏土、云母、滑石等则是由硅氧四面体在二维方向上相互连接成片状结构，再由片状结构叠合成层状结构的矿物，其层与层之间的范德华力键合力较弱，故这类材料容易剥成薄片；石英是硅氧四面体在三维空间上以共价键相连形成的立体网状结构矿物，故其结构强度较大，具有坚硬的质地。

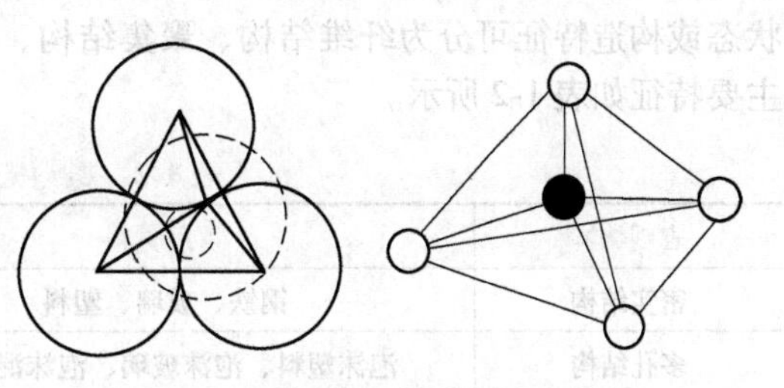

图1-2　硅氧四面体的结构示意图

●—硅原子　○—氧原子

（2）玻璃体　玻璃体也称为无定形体或非晶体。玻璃体是熔融物在急速冷却时，质点来不及按特定规律排列所形成的质点无序排列的固体或固态液体，如图1-1b所示。玻璃体没有固定的熔点和几何外形，各向同性，其强度、导热性和导电性等低于晶体。玻璃体的质点无排列规律，即质点未到达能量最低的稳定位置，保留了高温下的高能量状态，内部还有大量的化学能未能释放出来，而以内能的形式储存起来。故玻璃体具有化学活性，稳定性较差，易与其他物质反应或自行缓慢向晶体转变。如粒化高炉矿渣、火山灰、粉煤灰等混合材料，都是经过高温急冷得到的，含大量玻璃体，工程上利用它们活性高的特点，用于水泥和混凝土的生产，以改善水泥和混凝土的性质。

（3）胶体 胶体是指粒径为$10^{-9}\sim10^{-7}$m的固体颗粒作为分散相，称为胶粒，分散在连续介质中所形成的分散体系。由于胶体的质点很微小，表面积很大，所以表面能很大，吸附能力很强，使胶体具有很强的黏结力。硅酸盐水泥水化后的主要产物水化硅酸钙凝胶体就具有很高的胶凝性，硬化后具有很高的强度。

### 2. 细观结构

细观结构（也称亚微观结构）是指用光学显微镜所能观察到的结构，其尺寸介于微观和宏观之间，尺寸范围在$10^{-6}\sim10^{-3}$m。亚微观结构主要研究材料内部的晶粒、颗粒等的大小和形态、晶界或界面的形态、孔隙与微裂纹的大小形状及分布，如水泥石的孔隙结构、金属的金相组织、木材的纤维和管胞组织等。

材料的细观结构对材料的性质影响很大。通常，材料内部的晶粒越细小、分布越均匀，其受力越均匀、强度越高、脆性越小、耐久性越好；晶粒或不同材料组成之间的界面黏结越好，则其强度和耐久性越好。从细观结构层次上改善材料的性能，相对比较容易，具有十分重要的意义。

### 3. 宏观结构

宏观结构是指用肉眼或放大镜能够分辨的粗大组织，其尺寸在$10^{-3}$m级以上。宏观结构主要研究和分析材料的组合与复合方式、组成材料的分布情况、材料中的孔隙构造、材料的构造缺陷等。

材料按其组成可分为单一材料和复合材料两大类。复合材料是两种或两种以上的材料结合构成的新材料。它集中了组成材料的优点，避免了单一材料的缺陷，性能更优越，功能更强大，是材料发展的主要方向之一。

常见土木工程材料的宏观结构，按孔隙特征可分为密实结构、多孔结构、微孔结构；按存在状态或构造特征可分为纤维结构、聚集结构、层状（叠合）结构、散粒结构。材料宏观结构及主要特征如表1-2所示。

表1-2 材料宏观结构及主要特征

| 宏观结构 | 常用材料 | 主要特征 |
| --- | --- | --- |
| 密实结构 | 钢铁、玻璃、塑料 | 高强、不透水、耐腐蚀 |
| 多孔结构 | 泡沫塑料、泡沫玻璃、泡沫混凝土 | 质轻、保温、绝热、吸声 |
| 微孔结构 | 石膏制品、烧结黏土制品 | 有一定强度、质轻、保温、绝热、吸声 |
| 纤维结构 | 木、竹、石棉、玻璃纤维 | 抗拉强度高、质轻、保温、吸声 |
| 聚集结构 | 水泥混凝土、砂浆、沥青混合料 | 综合性能好、强度高、价格低 |
| 层状结构 | 纸面石膏板、胶合板、夹芯板 | 综合性能好 |
| 散粒结构 | 砂、石子、陶粒、膨胀珍珠岩 | 混凝土集料、轻集料、保温绝热材料 |

具有相同组成和微观结构的材料，可以制成宏观构造不同的材料，其性质和用途随宏观构造的不同差别很大，如玻璃与泡沫玻璃、塑料与泡沫塑料、普通混凝土与加气混凝土；而宏观构造相似的材料，即便其组成和微观结构不同，也具有某些相同或相似的性能和用途，如泡沫玻璃、泡沫塑料、加气混凝土，都具有保温隔热的功能。工程上常用改变材料的密实度、孔隙结构，应用复合材料等方法，来改善材料的性能，以满足不同的需要。

## 1.1.3 材料的构造

材料的构造是指具有特定性质的材料结构单元的相互搭配情况。构造这一概念与结构相比，进一步强调了相同材料或不同材料间的搭配与组合关系，如材料的孔隙、岩石的层理、木材的纹理等，这些构造的特征、大小、尺寸及形态等，决定了材料特有的一些性质。同一种类的材料，其构造越均匀、密实，强度越高；构造呈层状、纤维状的，具有各向异性的性质；构造为疏松、多孔的，除降低材料的强度、表观密度外，还会影响其导热性、渗透性、抗冻性、耐久性等。又如具有特定构造的节能墙板，就是由具有不同性质的材料，经一定组合搭配而成的一种复合材料，它的构造赋予了墙板良好的隔热保温、隔声、防火、抗震、坚固耐久等功能和性质。

材料的组成相同，结构、构造不同，可具有不同的用途，如平板玻璃可用于采光，玻璃纤维可用于增强混凝土，泡沫玻璃则可用于隔热保温；材料的组成不同，结构、构造相同，则可具有相同的用途，如泡沫塑料和泡沫玻璃，均可用作隔热保温材料。因此，材料的构造状态通常决定它的使用性能和使用方法，若选择和使用不当，会造成很大的损失和浪费。

随着材料科学理论和技术的日益发展，深入探索材料的组成、结构、构造与材料性能之间的关系与规律，不仅有利于工程材料的不断发展和正确选用，而且将会加快人类实现按指定性能设计与制造新材料的进程。

### 1.1.4　材料内部孔隙与性质

#### 1. 内部孔隙的来源与产生

无论是天然材料，还是人造材料，在宏观和亚微观层次上都含有一定数量和一定大小的孔隙，所以说孔隙是材料的组成部分之一，仅少数致密材料（如玻璃、金属）可近似看成是绝对密实的。

天然材料的内部孔隙是在其形成过程中产生的。如天然植物的生长需要养分的输送，其内部形成了一定数量的孔管结构，形成孔隙；天然石材由于在造岩运动中内部夹入部分空气，形成孔隙。人造材料的内部孔隙是在生产过程中受生产条件所限，混入气体，而又去除不完全形成的；或是为改变其性质，在材料设计和制造中，有意形成的孔隙。如钢在冶炼过程中，需将生铁熔融进行氧化，其中的碳被氧化成一氧化碳气体而逸出，使碳含量达到一定范围，但脱氧不完全时，就会形成内部气泡；混凝土是由水泥胶结散粒材料形成的，材料在混合中有一定量的气体引入，为保证施工，成型用水量也大大超过水泥水化的需要，多余水分蒸发后，又形成一定量的孔隙；保温绝热材料，则需要其内部有大量密闭空气，以降低热导率。

#### 2. 孔隙的分类

按内部孔隙的大小，可将孔隙分为微细孔、毛细孔、较粗大孔和粗大孔等。无机非金属材料中，孔径小于 20nm 的微细孔，水或有害气体难以侵入，可视为无害孔隙。

按孔隙的形状可分为球状孔隙、片状孔隙（裂纹）、管状孔隙、墨水瓶状孔隙、尖角孔隙等。按常压下水能否进入，可分为开口孔隙（连通孔隙）和闭口孔隙（见图 1-3）。闭口孔隙常压下水不能进入，但当水压力高于孔壁阻力时，水也会进入其中。球状孔隙是闭口孔隙，其他形状的孔隙为开口孔隙。开口孔隙对材料性质的影响较大，可使材料的大多数性质降低。

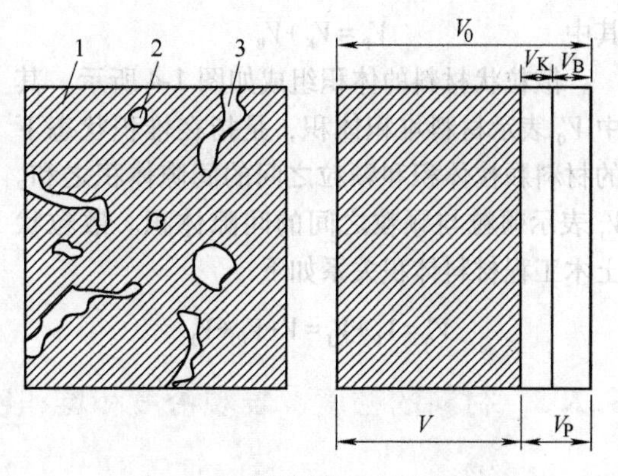


图 1-3　含孔材料体积组成示意图

1—固体物质　2—闭口孔隙　3—开口孔隙

**3. 孔隙对材料性质的影响**

同一种材料其孔隙率越高，密实度越低，则材料的表观密度、体积密度、堆积密度越小，强度、弹性模量越低；耐磨性、耐水性、抗渗性、抗冻性、耐腐蚀性及其他耐久性越差，而吸水性、吸湿性、保温性、吸声性越强。

孔隙是开口还是闭口，对性质的影响也有差异。水和侵蚀介质容易进入开口孔隙，开口孔隙多的材料，其强度、耐磨性、耐水性、抗渗性、抗冻性、耐蚀性等性质下降更多，而其吸声性、吸湿性和吸水性更好，孔隙的尺寸越大，其影响也越大。适当增加材料中密闭孔隙的比例，可阻断连通孔隙，部分抵消冰冻的体积膨胀，在一定范围内提高其抗渗性、抗冻性。

由此可见，改变材料内部孔隙，是改善材料性能的重要手段。

## 1.2 材料的基本物理性质

### 1.2.1 材料的体积组成

大多数土木工程材料的内部都含有孔隙，孔隙的多少和孔隙的特征对材料的性能均产生影响。

孔隙特征主要指孔尺寸、孔与外界是否连通。孔隙与外界相连通的叫开口孔，与外界不相连通的叫闭口孔。

含孔材料的体积组成如图1-3所示。含孔材料的体积包括以下三种：

（1）材料绝对密实体积　用$V$表示，是指不包括材料内部孔隙的固体物质本身的体积。

（2）材料的孔体积　用$V_P$表示，指材料所含孔隙的体积，分为开口孔体积（记为$V_K$）和闭口孔体积（记为$V_B$）。

（3）材料在自然状态下的体积　用$V_0$表示，是指材料的实体积与材料所含全部孔隙体积之和。

上述几种体积存在以下关系：

$$V_0=V+V_P$$

其中
$$V_P=V_K+V_B$$

散粒状材料的体积组成如图1-4所示。其中$V_0'$表示材料堆积体积，是指在堆积状态下的材料颗粒体积和颗粒之间的间隙体积之和。$V_J$表示颗粒与颗粒之间的间隙体积。散粒状土木工程材料体积关系如下：

$$V_0'=V_0+V_J=V+V_P+V_J$$

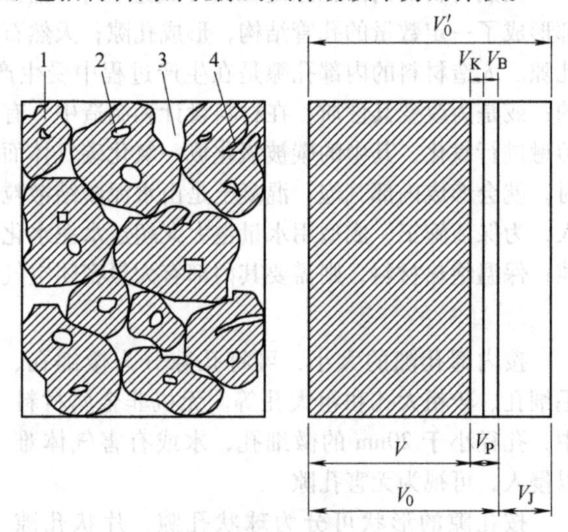

图1-4　散粒状材料的体积组成示意图

1—颗粒的固体物质　2—颗粒的闭口孔隙
3—颗粒间的间隙　4—颗粒的开口孔隙

### 1.2.2 材料的密度、表观密度和堆积密度

**1. 密度**

材料在绝对密实状态下单位体积的质量，称为材料的密度。按下式计算：

$$\rho=\frac{m}{V} \tag{1-1}$$

式中　$\rho$——材料的密度（$g/cm^3$ 或 $kg/m^3$）；

$m$——材料的质量（干燥至恒重）（g 或 kg）；

$V$——材料的绝对密实体积（$cm^3$ 或 $m^3$）。

多孔材料的密度测定，关键是测出绝对密实体积。在常用的土木工程材料中，除钢、玻璃、沥青等可近似认为不含孔隙外，绝大多数含有孔隙。测定含孔材料绝对密实体积的简单方法是将该材料磨成细粉，干燥后用排液法测得的粉末体积即为绝对密实体积。由于磨得越细，内部孔隙消除得越完全，测得的体积也就越精确，因此，一般要求细粉的粒径至少小于0.2mm。

对于砂石，因其孔隙率很小，$V\approx V_0$，常不经磨细，直接用排液法测定其密度。对于本身不绝对密实，而用排液法测得的密度称为视密度或近似密度。

### 2. 表观密度

材料在自然状态下单位体积的质量，称为材料的表观密度。按下式计算：

$$\rho_0=\frac{m}{V_0} \tag{1-2}$$

式中　$\rho_0$——材料的表观密度（$kg/m^3$）；

$m$——材料的质量（kg）；

$V_0$——材料在自然状态下的体积（$m^3$）。

测定材料在自然状态下的体积的方法较简单，若材料外观形状规则，可直接度量外形尺寸，按几何公式计算；若外观形状不规则，可用排液法测得，为了防止液体由孔隙渗入材料内部而影响测定值，应在材料表面涂蜡。对于砂石，由于孔隙率很小，常称视密度为表观密度，如果要测定砂石真正意义上的表观密度，应蜡封开口孔后用排液法测定。

当材料含水时，质量增大，体积也会发生变化，所以测定表观密度时须同时测定其含水率，注明含水状态。材料的含水状态有风干（气干）、烘干、饱和面干和湿润四种。一般为气干状态，烘干状态下的表观密度称为干表观密度。

### 3. 堆积密度

散粒材料在堆积状态下单位体积的质量，称为材料的堆积密度。按下式计算：

$$\rho_0'=\frac{m}{V_0'} \tag{1-3}$$

式中　$\rho_0'$——散粒材料的堆积密度（$kg/m^3$）；

$m$——材料的质量（kg）；

$V_0'$——散粒材料的堆积体积（$m^3$）。

材料的堆积密度也应注明材料的含水状态。根据散粒材料的堆积状态，堆积体积分为自然堆积体积和紧密堆积体积（人工捣实后）。由紧密堆积测得的堆积密度称为紧密堆积密度。

常用土木工程材料的密度、表观密度和堆积密度见表1-3。

表1-3　常用土木工程材料的密度、表观密度和堆积密度

| 材料名称 | 密度/($g/cm^3$) | 表观密度/($kg/m^3$) | 堆积密度/($kg/m^3$) |
|---|---|---|---|
| 石灰岩 | 2.6~2.8 | 1800~2600 | — |
| 花岗岩 | 2.7~3.0 | 2000~2850 | — |

（续）

| 材料名称 | 密度/(g/cm³) | 表观密度/(kg/m³) | 堆积密度/(kg/m³) |
|---|---|---|---|
| 水泥 | 2.8~3.1 | — | 900~1300（松散堆积）<br>1400~1700（紧密堆积） |
| 混凝土用砂 | 2.5~2.6 | — | 1450~1650 |
| 混凝土用石 | 2.6~2.9 | — | 1400~1700 |
| 普通混凝土 | — | 2100~2500 | — |
| 黏土 | 2.5~2.7 | — | 1600~1800 |
| 钢材 | 7.85 | 7850 | — |
| 铝合金 | 2.7~2.9 | 2700~2900 | — |
| 烧结普通砖 | 2.5~2.7 | 1500~1800 | — |
| 建筑陶瓷 | 2.5~2.7 | 1800~2500 | — |
| 红松木 | 1.55~1.60 | 400~800 | — |
| 玻璃 | 2.45~2.55 | 2450~2550 | — |
| 泡沫塑料 | — | 10~50 | — |

### 1.2.3 材料的密实度与孔隙率

#### 1. 密实度

材料体积内被固体物质充实的程度，称为材料的密实度。按下式计算：

$$D=\frac{V}{V_0}\times 100\% \quad 或 \quad D=\frac{\rho_0}{\rho}\times 100\% \tag{1-4}$$

#### 2. 孔隙率

材料中孔隙体积占材料总体积的百分率，称为材料的孔隙率。按下式计算：

$$P=\frac{V_0-V}{V_0}\times 100\% \quad 或 \quad P=\left(1-\frac{\rho_0}{\rho}\right)\times 100\% \tag{1-5}$$

即

$$D+P=1$$

孔隙率的大小反映了材料的密实程度，孔隙率大，则密实度小。工程中对保温隔热材料和吸声材料，要求其孔隙率大，而高强度的材料，则要求孔隙率小。工程上，一般通过测定材料的密度和表观密度来计算材料的孔隙率。

必须指出，材料内部的孔隙是各式各样的，十分复杂。孔隙的大小、形状、分布、连通与否等，均属孔隙构造上的特征，统称为孔隙特征。孔隙特征对材料的物理、力学性质均有显著影响。通常在一般工程应用上，材料的孔隙特征主要是指孔隙的大小和连通性。根据孔隙的孔径大小可分为三类：粗大孔隙的孔径达1mm以上，细小孔隙的孔径在1mm以下，微细孔隙的孔径在10μm以下。按孔隙的连通性可将孔隙分为开口孔隙和闭口孔隙。开口孔隙（简称开孔）如常见的毛细孔。在一般浸水条件下，开孔能吸水饱和。开口孔隙能提高材料的吸水性、透水性、吸声性，并降低抗冻性；闭口孔隙（简称闭孔）能提高材料的隔热保温性能和耐久性。

### 1.2.4　材料的填充率与空隙率

#### 1. 填充率

散粒材料堆积体积中，被散粒材料的颗粒填充的程度，称为材料的填充率。按下式计算：

$$D'=\frac{V_0}{V_0'}\times100\% \quad 或 \quad D'=\frac{\rho_0'}{\rho_0}\times100\% \tag{1-6}$$

#### 2. 空隙率

散粒材料在堆积状态下，颗粒之间的空隙体积占堆积体积的百分率，称为材料的空隙率。按下式计算：

$$P'=\frac{V_0'-V_0}{V_0'}\times100\% \quad 或 \quad P'=\left(1-\frac{\rho_0'}{\rho_0}\right)\times100\% \tag{1-7}$$

即

$$D'+P'=1$$

空隙率的大小反映了散粒材料堆积时的致密程度，与颗粒的堆积状态密切相关，可以通过压实或振实的方法获得较小的空隙率，以满足不同工程的需要。

### 1.2.5　材料与水有关的性质

#### 1. 亲水性与憎水性

当水与材料表面相接触时，不同的材料被水所润湿的情况各不相同，这种现象是由于材料与水和空气三相接触时的表面能不同而产生的（见图1-5）。

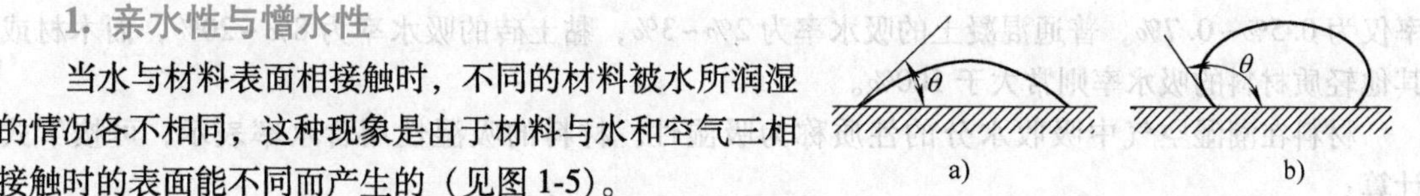


图1-5　材料的润湿角

a）亲水性材料　b）憎水性材料

材料与水接触时能被水润湿的性质称为亲水性，具备这种性质的材料称为亲水性材料。材料与水接触时不能被水润湿的性质称为憎水性，具备这种性质的材料称为憎水性材料。

在材料、水和空气三相接触的交点处，沿水表面的切线与水和固体接触面所成的夹角$\theta$称为润湿角。当水分子间的内聚力小于水分子与材料间的吸引力时，$\theta\leqslant90°$，这种材料能被水润湿，表现为亲水性。润湿角$\theta$越小，浸润性越好；如果润湿角$\theta$为零，则表示材料完全被水所润湿。当水分子间的内聚力大于水分子与材料间的吸引力时，$\theta>90°$，这种材料不能被水润湿，表现为憎水性。土木工程材料中石材、金属、水泥制品、陶瓷等无机材料和木材为亲水性材料；沥青、塑料、橡胶和油漆等为憎水性材料，工程上多利用材料的憎水性来制造防水材料。

#### 2. 吸水性与吸湿性

材料在水中吸收水分的性质称为吸水性。材料的吸水性用吸水率表示，材料的吸水率有质量吸水率和体积吸水率两种表达形式。

（1）质量吸水率　质量吸水率是指材料吸水饱和时，所吸收水量占材料干质量的百分率。可按下式计算：

$$W_m=\frac{m_b-m_g}{m_g}\times100\% \tag{1-8}$$

式中　$W_m$——材料的质量吸水率（%）；

$m_b$——材料在吸水饱和状态下的质量（g）；

$m_g$——材料在干燥状态下的质量（g）。

（2）体积吸水率 体积吸水率是指材料吸水饱和时，所吸收水分的体积占材料自然体积的百分率。可按下式计算：

$$W_v=\frac{m_b-m_g}{V_0}\frac{1}{\rho_w}\times100\% \tag{1-9}$$

式中 $W_v$——材料的体积吸水率（%）；

$V_0$——干燥材料在自然状态下的体积（$cm^3$）；

$\rho_w$——水的密度（$g/cm^3$），常温下取$\rho_w=1g/cm^3$。

材料的吸水率一般用质量吸水率表示。质量吸水率与体积吸水率的关系为

$$W_v=W_m\rho_0 \tag{1-10}$$

式中 $\rho_0$——材料在干燥状态下的表观密度（$g/cm^3$）。

材料吸水率的大小主要取决于它的孔隙率和孔隙特征。水分通过材料的开口孔隙吸入，通过连通孔隙渗入其内部，通过润湿作用和毛细管作用等将水分存留住。因此，具有较多细微连通孔隙的材料，其吸水率较大；而具有粗大孔隙的材料，虽水分容易渗入，但也仅能润湿孔壁表面，不易在孔内存留，其吸水率也较小；致密材料和仅有闭口孔隙的材料是不吸水的。所以，不同的材料或同种材料不同的内部构造，其吸水率会有很大的差别，如花岗岩等致密岩石的吸水率仅为0.5%~0.7%，普通混凝土的吸水率为2%~3%，黏土砖的吸水率为8%~20%，而木材或其他轻质材料的吸水率则常大于100%。

材料在潮湿空气中吸收水分的性质称为吸湿性。材料的吸湿性用含水率表示，可按下式计算：

$$W_h=\frac{m_s-m_g}{m_g}\times100\% \tag{1-11}$$

式中 $W_h$——材料的含水率（%）；

$m_s$——材料在吸湿状态下的质量（g）。

材料的吸湿性是可逆的，当较干燥材料处于较潮湿空气中时，会从空气中吸收水分；当较潮湿材料处于较干燥空气中时，材料就会向空气中放出水分。材料的吸湿性受所处环境的影响，随环境的温度、湿度的变化而变化。当空气的湿度保持稳定时，材料中的湿度会与空气的湿度达到平衡，也即材料的吸湿与干燥达到平衡，这时的含水率称为平衡含水率，或称气干含水率。

材料吸水或吸湿后，对材料性质将产生一系列不良影响，它会使材料的表观密度增大、体积膨胀、强度下降、保温性能降低、抗冻性变差等，所以材料的含水状态对材料性质有很大的影响。

### 3. 耐水性

材料长期在水的作用下不破坏，强度也不显著降低的性质称为耐水性。材料的耐水性用软化系数表示，可按下式计算：

$$K_R=\frac{f_b}{f_g} \tag{1-12}$$

式中 $K_R$——材料的软化系数；

$f_b$——材料在吸水饱和状态下的抗压强度（MPa）；

$f_g$——材料在干燥状态下的抗压强度（MPa）。

材料吸水后，水分会吸附到材料内物质微粒的表面，减弱微粒间的结合力，从而致使其强度下降，这是吸水材料性质变化的重要特征之一；同时，水分子进入材料内部后，也可能使某些材料发生吸水膨胀，导致材料开裂破坏。此外，材料内部某些可溶性物质发生溶解，也将导致材料孔隙率增加，进而降低强度。软化系数反映了这一变化的程度。

软化系数 $K_R$ 的范围为0~1，它是选择使用材料的重要参数。工程中通常将 $K_R \geqslant 0.85$ 的材料，称为耐水性材料，可以用于水中或潮湿环境中的重要结构；用于受潮较轻或次要结构时，材料的 $K_R$ 值也不宜低于0.75。

### 4. 抗渗性

材料抵抗压力水渗透的性质称为抗渗性，或称为不透水性。材料的抗渗性常用渗透系数表示，可按下式计算：

$$K_S = \frac{Qd}{AtH} \tag{1-13}$$

式中 $K_S$——材料的渗透系数（cm/h）；

$Q$——时间 $t$ 内的渗水总量（$cm^3$）；

$d$——材料试件的厚度（cm）；

$A$——材料垂直于渗水方向的渗水面积（$cm^2$）；

$t$——渗水时间（h）；

$H$——静水压力水头高度（cm）。

渗透系数 $K_S$ 的物理意义是一定厚度的材料，单位时间内在单位压力水头作用下，透过单位面积的渗水量。材料的 $K_S$ 越小，说明材料的抗渗性越好。

对于土木工程中大量使用的砂浆、混凝土等材料，其抗渗性常用抗渗等级来表示。

$$P = 10H - 1 \tag{1-14}$$

式中 $P$——材料的抗渗等级；

$H$——材料渗水时的水压力（MPa）。

抗渗等级用标准方法进行渗水性试验，测得材料不渗水所能承受的最大水压力，并依此划分成不同的等级，常用“P$n$”表示，其中 $n$ 表示材料所能承受的最大水压力MPa数的10倍值，如P6表示材料最大能承受0.6MPa的水压力而不渗水。材料的抗渗等级越高，其抗渗性越好。

材料中含有孔隙、孔洞或其他缺陷，当材料两侧受水压差的作用时，水可能会从高压一侧向低压一侧渗透。水的渗透会对材料的性质和使用带来不利的影响；尤其当材料处于压力水中时，材料的抗渗性是决定其工程使用寿命的重要因素。

材料的抗渗性与其孔隙多少和孔隙特征关系密切，开口并连通的孔隙是材料渗水的主要渠道。材料越密实、闭口孔越多、孔径越小，水越难渗透；孔隙率越大、孔径越大、开口并连通的孔隙越多的材料，其抗渗性越差。此外，材料的亲水性、裂缝缺陷等也是影响抗渗性的重要因素。工程上常采用降低孔隙率、提高密实度、提高闭口孔隙比例、减少裂缝或进行憎水处理等方法来提高材料的抗渗性。

### 5. 抗冻性

材料在饱水状态下，能经受多次冻融循环而不破坏，强度也不显著降低的性质称为抗冻性。

材料的抗冻性用抗冻等级表示。抗冻等级是用标准方法进行冻融循环试验，测得材料强度损失不超过25%，且无明显损坏和剥落，质量损失不超过5%，所能承受的冻融循环次数（在-15℃的温度下冻结后，再在20℃的水中融化，为1次循环）来确定，常用“F$n$”表示，其中 $n$ 表示材料能承受的最大冻融循环次数，如F100表示材料在一定试验条件下能承受100次冻融循环。

材料受冻融破坏主要是因孔隙中的水结冰所致。当温度下降到负温时，材料内的水分会由表及里地冻结，内部水分不能外溢，水结冰后体积膨胀约9%，产生强大的冻胀压力，使材料内毛细管壁胀裂，造成材料局部破坏，随着温度交替变化，冻结与融化循环反复，冰冻的破坏作用逐渐加剧，最终导致材料破坏。

材料的抗冻性与材料的孔隙率、孔隙特征、充水程度、冷冻速度和材料的抵抗能力等因素有关。极细的孔隙虽可充满水，但因孔壁对水的吸附力极大，吸附在孔壁上的水冰点很低，它在一般负温下不会结冰；粗大孔隙一般水分不会充满其中，对冻胀破坏起缓冲作用；闭口孔隙水分不能渗入；而毛细管孔隙易充满水分，又能结冰，对材料的冰冻破坏影响最大。若材料的变形能力大、强度高、软化系数大，则其抗冻性较高；软化系数小于0.80的材料，其抗冻性较差。材料受冻融破坏的程度，与冻融温度、结冰速度、冻融频繁程度等因素有关。环境温度越低、降温越快、冻融越频繁，则材料受冻融破坏越严重，材料的冻融破坏作用是从外表面开始产生剥落，逐渐向内部深入发展。材料的强度越高，其抵抗冰冻破坏的能力也越强，抗冻性越好。

材料抗冻等级的选择，是根据结构物的种类、使用要求、气候条件等来决定的。抗冻性良好的材料，抵抗大气温度变化、干湿交替等破坏作用的能力较强。抗冻性常作为考察材料耐久性的一项重要指标。在设计寒冷地区及寒冷环境（如冷库）的建筑物时，必须考虑材料的抗冻性。处于温暖地区的建筑物，虽无冰冻作用，但为抵抗大气的作用，确保建筑物的耐久性，也常对材料提出一定的抗冻性要求。

### 1.2.6 材料与热有关的性质

#### 1. 导热性

当材料两侧存在温度差时，热量将从温度高的一侧向温度低的一侧传导，材料这种传导热量的性质称为导热性。导热性可用热导率（导热系数）表示，其物理意义是厚度为1m的材料，当其相对表面的温度差为1K时，1s时间内通过$1m^2$面积的热量。热导率的计算式如下：

$$\lambda=\frac{Q\delta}{(t_1-t_2)AZ} \tag{1-15}$$

式中 $\lambda$——材料的热导率[W/(m·K)]；

$Q$——传导的热量（J）；

$\delta$——材料的厚度（m）；

$t_1-t_2$——材料两侧的温度差（K）；

$A$——材料传热的面积（$m^2$）；

$Z$——传热时间（s）。

材料的热导率越小，其热传导能力越差，绝热性能越好。工程中通常把$\lambda\leqslant0.23$W/(m·K)的材料称为绝热材料。常用材料的热工性质指标如表1-4所示。

表1-4 常用材料的热工性质指标

| 材料名称 | 热导率/[W/(m·K)] | 比热容/[kJ/(kg·K)] | 线膨胀系数/$10^{-6}K^{-1}$ |
|---|---|---|---|
| 铜 | 370 | 0.38 | 18.6 |
| 钢 | 55 | 0.46 | 10~12 |
| 石灰岩 | 2.66~3.23 | 0.749~0.846 | 6.75~6.77 |

（续）

<table>
<tr><th>材料名称</th><th>热导率/[W/(m·K)]</th><th>比热容/[kJ/(kg·K)]</th><th>线膨胀系数/$10^{-6}K^{-1}$</th></tr>
<tr><td>花岗岩</td><td>2.91~3.45</td><td>0.716~0.92</td><td>5.60~7.34</td></tr>
<tr><td>大理岩</td><td>2.45</td><td>0.875</td><td>6.50~10.12</td></tr>
<tr><td>普通混凝土</td><td>1.8</td><td>0.88</td><td>5.8~15</td></tr>
<tr><td>烧结普通砖</td><td>0.4~0.7</td><td>0.84</td><td>5~7</td></tr>
<tr><td>松木</td><td>0.17~0.35</td><td>2.51</td><td rowspan="4">8~10</td></tr>
<tr><td>玻璃</td><td>2.7~3.26</td><td>0.83</td></tr>
<tr><td>泡沫塑料</td><td>0.03</td><td>1.30</td></tr>
<tr><td>水</td><td>0.58</td><td>4.187</td></tr>
<tr><td>密闭空气</td><td>0.023</td><td>1</td><td>—</td></tr>
</table>

材料的热导率与材料内部的孔隙构造密切相关。因为，密闭空气的热导率仅为0.023W/(m·K)，所以，当材料中含有较多闭口孔隙时，其热导率较小，材料的绝热性较好；但当材料内部含有较多粗大、连通的孔隙时，则空气会产生对流作用，使其传热性大大提高。水的热导率远大于空气，当材料吸水或吸湿后，其热导率增加，导热性提高，绝热性降低。

### 2. 热阻

材料层厚度$\delta$与热导率$\lambda$的比值，称为热阻。$R=\delta/\lambda$，它表明热量通过材料层时所受到的阻力。

在同样的温差条件下，热阻越大，通过材料层的热量越少。在多层平壁导热条件下，应用热阻概念来计算十分方便，多层平壁的总热阻等于各单层材料的热阻之和。

热导率或热阻是评定材料绝热性能的主要指标。其大小受材料的孔隙结构、含水状况影响很大。通常材料的孔隙率越大、表观密度越小，热导率就越小，因为空气的热导率只有0.023W/(m·K)；具有细微而封闭孔结构的材料，其热导率比具有较粗大或连通孔结构的材料小；由于水的热导率较大［0.58W/(m·K)］，冰的热导率更大［2.33W/(m·K)］，所以材料受潮或冰冻后，导热性能会受到严重影响。热导率和热阻还与材料的组成、温度等因素有关，通常金属材料、无机材料、晶体材料的热导率分别大于非金属材料、有机材料、非晶体材料；温度越高，材料的热导率越大（金属材料除外）。

### 3. 热容量

材料在温度变化时吸收或放出热量的能力，称为热容量，用比热容表示。见下式：

$$c=\frac{Q}{m(t_1-t_2)} \tag{1-16}$$

式中　$Q$——材料的热容量（kJ）；

$c$——材料的比热容[kJ/(kg·K)]；

$m$——材料的质量（kg）；

$t_1-t_2$——材料受热或冷却前后的温差（K）。

比热容是指单位质量的材料在温度每变化1K时所吸收或放出的热量。比热容与材料质量的积称为材料的热容量值，即材料温度上升1K需吸收的热量或温度降低1K所放出的热量。材料的热容量值对于保持室内温度稳定作用很大，热容量值大的材料能在热流变化、供暖、空调不均衡时，缓和室内温度的波动；屋面材料也宜选用热容量值大的材料。

材料的热导率和比热容是设计建筑物围护结构（墙体、屋盖）、进行热工计算时的重要参数。建筑设计时应选用热导率较小而热容量较大的材料，以使建筑物保持室内温度的稳定性。同时，热导率也是工业窑炉热工计算和确定冷藏库绝热层厚度时的重要数据。

#### 4. 耐热性

材料长期在热环境中抵抗热破坏的能力称为耐热性。除有机材料外，一般材料对热都有一定的耐热性能。但在高温作用下，大多数材料都会有不同程度的破坏、熔化，甚至着火燃烧。

#### 5. 耐火性

材料在长期高温作用下，保持其结构和工作性能的基本稳定而不损坏的性能称为耐火性，用耐火度（又称耐熔度）表示，它是表征物体抵抗高温而不熔化的性能指标。工程上用于高温环境的材料和热工设备等都要使用耐火材料。根据耐火度的不同，材料可分为三大类。

（1）耐火材料　耐火度不低于1580℃的材料，如各类耐火砖等。

（2）难熔材料　耐火度为1350~1580℃的材料，如难熔黏土砖、耐火混凝土等。

（3）易熔材料　耐火度低于1350℃材料，如普通黏土砖、玻璃等。

#### 6. 耐燃性

材料能经受火焰和高温的作用而不破坏，强度也不显著降低的性能称为耐燃性。耐燃性是影响建筑物防火、结构耐火等级的重要因素。根据耐燃性的不同，材料可分为三大类。

（1）不燃材料　遇火或高温作用时，不起火、不燃烧、不碳化的材料，如混凝土、天然石材、砖、玻璃和金属等。需要注意的是玻璃、钢铁和铝等材料，虽然不燃烧，但在火烧或高温下会发生较大的变形或熔融，因而是不耐火的。

（2）难燃材料　遇火或高温作用时，难起火、难燃烧、难碳化，只有在火源持续存在时才能继续燃烧，火源消除燃烧即停止的材料，如沥青混凝土和经防火处理的木材等土木工程材料。

（3）易燃材料　遇火或高温作用时，容易引燃起火或微燃，火源消除后仍能继续燃烧的材料，如木材、沥青等。用可燃材料制作的构件，一般应做防火处理。

#### 7. 温度变形

材料在温度变化时产生的体积变化称为温度变形。多数材料在温度升高时体积膨胀，温度下降时体积收缩。温度变形在单向尺寸上的变化称为线膨胀或线收缩，一般用线膨胀系数来衡量。线膨胀系数是指固体物质的温度每变化1K，材料长度变化的百分率，用$\alpha$表示，其计算式如下：

$$\alpha=\frac{\Delta L}{L(t_2-t_1)} \tag{1-17}$$

式中　$\alpha$——材料在常温下的平均线膨胀系数（$K^{-1}$）；

$\Delta L$——材料的线膨胀或线收缩量（mm）；

$t_2-t_1$——温度差（K）；

$L$——材料原长（mm）。

材料的线膨胀系数一般都较小，但由于土木工程结构的尺寸较大，温度变形引起的结构体积变化仍是关系其安全与稳定的重要因素。工程上常用预留伸缩缝的办法来解决温度变形问题。

### 1.2.7　材料与声有关的性质

#### 1. 吸声性

声音是源于物体的振动。当声波传播到材料的表面时，一部分声波被反射，另一部分穿透材料，其余部分则传递给材料，在材料的孔隙中引起空气分子与孔壁的摩擦和黏滞阻力，使相当一部分声能转化为热能而被吸收掉。材料能吸收声音的性质称为吸声性，用吸声系数表示。见下式：

$$\alpha=\frac{E_1}{E_0} \tag{1-18}$$

式中　$\alpha$——吸声系数（%）；

$E_1$——被材料吸收的声能；

$E_0$——入射到材料表面的总声能。

吸声系数$\alpha$越大，表示材料吸声效果越好，它与声音的频率和入射方向有关。同一材料，不同频率的声波，从不同方向射向材料时，有不同的$\alpha$值。通常规定以125Hz、250Hz、500Hz、1000Hz、2000Hz、4000Hz六个特定频率，从不同方向入射，测得的平均吸声系数$\bar{\alpha}$，表示材料的吸声特性。凡六个频率的平均吸声系数$\bar{\alpha}\geqslant 0.20$的材料称为吸声材料。

一般情况下，具有细微而连通的孔隙，且孔隙率较大的材料，其吸声效果较好；若具有粗大的或封闭的孔隙，则吸声效果较差。另外，材料的构造形态、厚度、使用环境等因素也对其吸声性能产生一定的影响。

#### 2. 隔声性

材料隔绝声音的性质，称为隔声性。

要隔绝的声音按声波的传播途径可分为空气声（由于空气的振动）和固体声（由于固体撞击或振动）两种。对空气声，根据声学中的“质量定律”，墙或板传声的大小，主要取决于其单位面积质量，质量越大，越不易振动，则隔声效果越好，因此应选择密实、沉重的材料作为隔声材料，如黏土砖、钢板、钢筋混凝土等。而吸声性能好的材料，一般为轻质、疏松、多孔的材料，不能简单地就把它们作为隔声材料来使用。

隔绝空气声时，常以隔声量$R$表示。见下式：

$$R=10\lg\frac{E_0}{E_2} \tag{1-19}$$

式中　$R$——隔声量（dB）；

$E_2$——透过材料的声能。

隔绝固体声最有效的措施是采用不连续的结构处理，即在墙壁和承重梁之间、房屋的框架和墙板之间加弹性衬垫，如毛毡、软木、橡胶等材料或在楼板上加弹性地毯、木地板等柔软材料。

## 1.3　材料的基本力学性质

### 1.3.1　材料受力状态

材料在受外力作用时，由于作用力的方向和作用线（点）的不同，表现为不同的受力状态，典型的受力情况如图1-6所示。

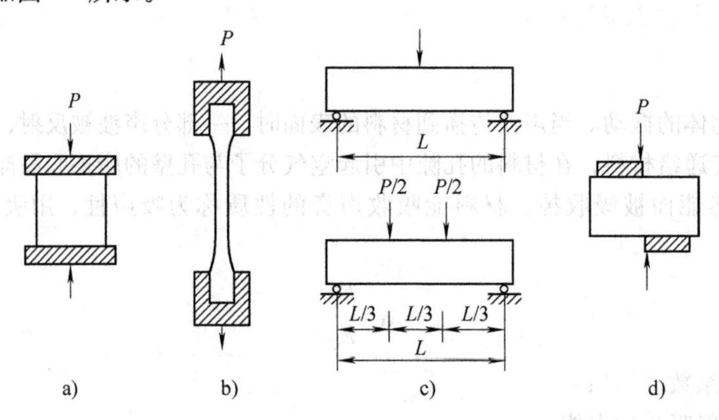


图1-6 材料的受力状态

a）压力 b）拉力 c）弯曲（折） d）剪切

### 1.3.2 材料的强度

#### 1. 强度

材料在外力（荷载）作用下抵抗破坏的能力称为材料的强度，以单位面积上所能承受的荷载大小来衡量。

材料的强度本质上是材料内部质点间结合力的表现。当材料受外力作用时，其内部便产生应力相抗衡，应力随外力的增大而增大。当应力（外力）超过材料内部质点间的结合力所能承受的极限时，便导致内部质点的断裂或错位，使材料破坏。此时的应力为极限应力，通常用来表示材料强度的大小。根据材料的受力状态，材料的强度可分为抗压强度、抗拉强度、抗弯（折）强度和抗剪强度等。

材料的抗压强度、抗拉强度、抗剪强度的计算式如下：

$$f=\frac{F}{A} \tag{1-20}$$

式中 $f$——材料的抗压、抗拉、抗剪强度（MPa）；

$F$——材料破坏时的最大荷载（N）；

$A$——材料的受力面积（$mm^2$）。

对于矩形截面的条形试件，材料的抗弯（折）强度与加荷方式有关，两支点之间的单点集中加荷和三分点加荷的计算式如下：

$$f=\frac{3FL}{2bh^2}\text{（单点集中加荷）} \tag{1-21}$$

$$f=\frac{FL}{bh^2}\text{（三分点加荷）} \tag{1-22}$$

式中 $f$——材料的抗弯（折）强度（MPa）；

$F$——材料破坏时的最大荷载（N）；

$L$——试件两支点之间的距离（mm）；

$b$——试件横截面的宽度（mm）；

$h$——试件横截面的高度（mm）。

材料的强度与其组成和构造等内部因素有关。不同种类的材料抵抗外力的能力不同；同类材料当其内部构造不同时，其强度也不同。致密度越高的材料，强度越高，即材料的孔隙率越大，则强度越低。对于同一品种的材料，其强度与孔隙率之间存在近似直线的反比关系，如图1-7所示。通常，表观密度大的材料，其强度也大。晶体结构的材料，其强度还与晶粒粗细有关，其中细晶粒的强度高。玻璃原是脆性材料，抗拉强度很低，但当制成玻璃纤维后，则成了很好的抗拉材料。材料的强度还与其含水状态及温度有关，含有水分的材料，其强度较干燥时低；温度高时，材料的强度一般将降低，这对沥青混凝土尤为明显。

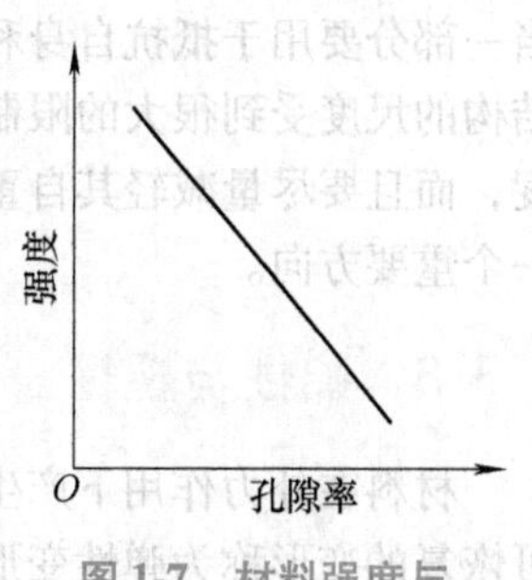

图1-7 材料强度与孔隙率的关系

此外，测试条件和方法等外部因素也会影响材料的强度测定值。如相同材料采用小试件测得的强度较大试件高；加荷速度快测得的强度值偏高；试件表面不平或涂润滑剂时，测得的强度值偏低。

因此，材料的强度是在特定条件下测定的结果。为了使试验数据准确，且具有可比性，在测定材料强度时，必须严格按统一的试验标准进行。材料的强度是大多数结构材料划分等级的依据。

在工程使用上，为了掌握材料性能，便于分类管理、合理选用材料、正确进行设计、控制工程质量，常将材料按其强度的大小，划分成不同的等级，称为强度等级，它是衡量材料力学性质的主要技术指标。脆性材料如混凝土、砂浆、砖和石等，主要用于承受压力，其强度等级用抗压强度来划分；韧性材料如建筑钢材，主要用于承受拉力，其强度等级就用抗拉时的屈服强度来划分。

常用土木工程材料的强度如表1-5所示。由表可知，不同种类的材料，具有不同的抵抗外力的能力；同类材料抵抗不同外力作用的能力也不相同；尤其是内部构造非匀质的材料，其不同外力作用下的强度差别很大。混凝土、砂浆、砖、石等，其抗压强度较高，而抗拉、抗弯（折）强度较低，所以这类材料多用于结构的受压部位，如墙、柱、基础等；木材的顺纹抗拉和抗弯强度均大于抗压强度，所以可用作梁、屋架等构件；建筑钢材的抗拉、抗压强度都较高，则适用于承受各种外力的结构构件。

表1-5 常用土木工程材料的强度 （单位：MPa）

| 材料名称 | 抗压强度 | 抗拉强度 | 抗弯强度 |
|---|---|---|---|
| 花岗岩 | 120~250 | 5~8 | 10~14 |
| 普通黏土砖 | 10~30 | — | 2.6~5.0 |
| 普通混凝土 | 10~100 | 1.0~8.0 | 3.0~10.0 |
| 松木（顺纹） | 30~50 | 80~120 | 60~100 |
| 建筑钢材 | 235~1600 | 235~1600 | — |

## 2. 比强度

单位体积质量材料所具有的强度称为比强度，即材料的强度与其表观密度的比值（$f/\rho_0$）。比强度是衡量材料轻质高强特性的技术指标。

土木工程中结构材料主要用于承受结构荷载。多数传统结构材料的自重都较大，其强度相当一部分要用于抵抗自身和其上部结构材料的自重荷载，而影响了材料承受外荷载的能力，使结构的尺度受到很大的限制。随着高层建筑、大跨度结构的发展，要求材料不仅要有较高的强度，而且要尽量减轻其自重，即要求材料具有较高的比强度。轻质高强性能已经成为材料发展的一个重要方向。

### 1.3.3 弹性与塑性

材料在外力作用下产生变形，当外力去除后，能够完全恢复原来形状的性质称为弹性；这种可恢复的变形称为弹性变形，或暂时变形，或瞬时变形，如图 1-8 所示。弹性变形的大小与所受应力的大小成正比，所受应力与应变的比值称为弹性模量。在材料的弹性范围内，弹性模量是一个常数，按下式计算：

$$E=\frac{\sigma}{\varepsilon} \tag{1-23}$$

式中 $E$——材料的弹性模量（MPa）；

$\sigma$——材料所受的应力（MPa）；

$\varepsilon$——材料在应力 $\sigma$ 作用下产生的应变，无量纲。

弹性模量是衡量材料抵抗变形能力的指标。其值越大，材料越不易变形，即刚度大。弹性模量是工程结构设计和变形验算的主要依据之一。常用建筑钢材的弹性模量约为 $2.1\times10^5$MPa；普通混凝土的弹性模量是个变值，一般约为 $2.0\times10^4$MPa。

材料在外力作用下产生变形，当外力去除后，仍保持变形后的形状和尺寸，并且不产生裂缝的性质称为塑性；这种不可恢复的变形称为塑性变形，或永久变形，或残余变形，如图 1-9所示。

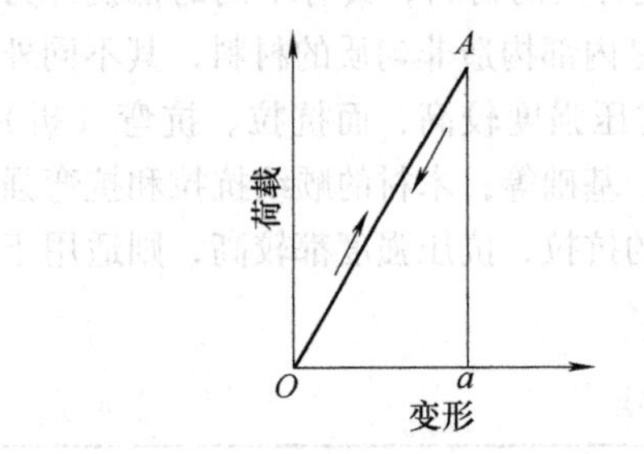


图 1-8 材料的弹性变形曲线

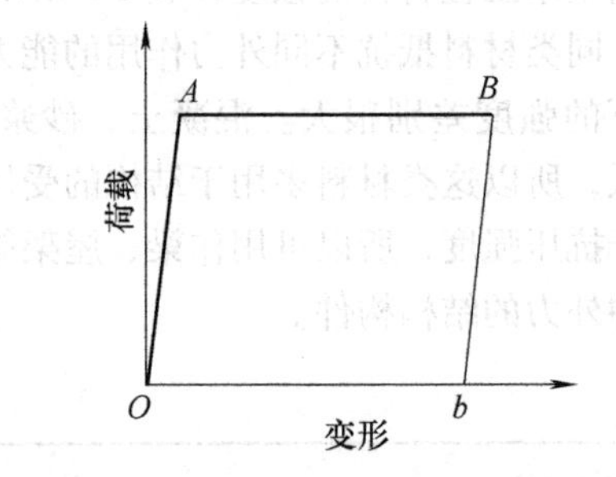


图 1-9 材料的塑性变形曲线

实际上，完全的弹性材料是没有的，大多数材料在受力变形时，既有弹性变形，也有塑性变形，只是在不同的受力阶段，变形的主要表现形式不同。如钢材，在受力不大的情况下，表现为弹性变形，而在受力超过一定限度后，就表现为塑性变形；有的材料，受力后弹性变形和塑性变形同时产生，去除外力后，弹性变形可以恢复（$ab$），而塑性变形（$Ob$）则不会消失（见图 1-10），这类材料称为弹塑性材料，如常见的混凝土材料。

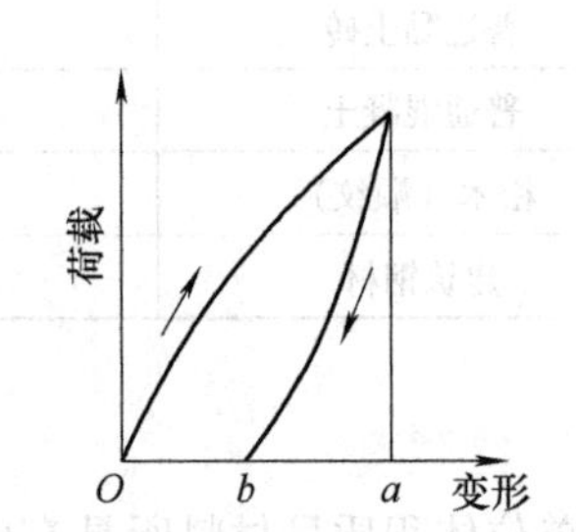


图 1-10 材料的弹塑性变形曲线

## 1.3.4　脆性与韧性

外力作用于材料并达到一定限度后，材料无明显塑性变形而发生突然破坏的性质称为脆性。具有这种性质的材料称为脆性材料，如普通混凝土、砖、陶瓷、玻璃、石材和铸铁等。脆性材料的变形曲线如图 1-11 所示。一般脆性材料的抗压强度比其抗拉、抗弯强度高很多倍，其抵抗冲击和振动的能力较差，不宜用于承受振动和冲击的结构构件。

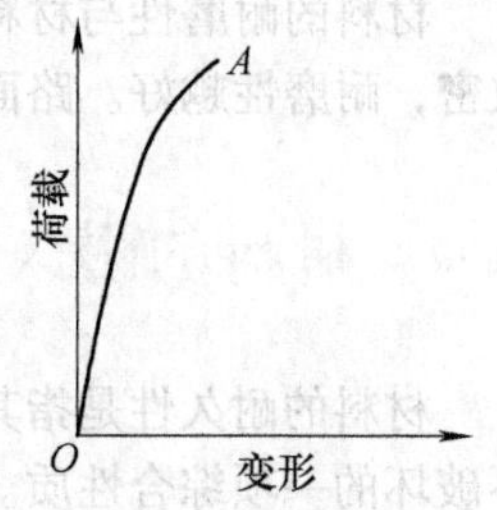


图 1-11　脆性材料的变形曲线

在振动或冲击荷载作用下，材料能吸收较多的能量，并产生较大的变形而不破坏的性质称为材料的冲击韧性。具有这种性质的材料称为韧性材料，如低碳钢、低合金钢、铝合金、塑料、橡胶、木材和玻璃钢等。材料的韧性用冲击试验来检验，又称为冲击韧性，用冲击韧性值即材料受冲击破坏时单位断面所吸收的能量来衡量，其计算式如下：

$$\alpha_k = \frac{W}{A} \tag{1-24}$$

式中　$\alpha_k$——材料的冲击韧性值（$J/cm^2$）；

$W$——材料破坏时所吸收的能量（J）；

$A$——材料受力截面面积（$cm^2$）。

韧性材料在外力作用下，会产生明显的变形，变形随外力的增大而增大，外力所做的功转化为变形能被材料所吸收，以抵抗冲击的影响。材料在破坏前所产生的变形越大，所能承受的应力越大，其所吸收的能量就越多，材料的韧性就越强。在土木工程中，对于承受冲击荷载和有抗震要求的结构，如道路、桥梁、轨道、吊车梁及其他受振动影响的结构，应选用韧性较好的材料。

## 1.3.5　硬度与耐磨性

材料表面抵抗其他硬物压入或刻划的能力称为材料的硬度。为保持较好表面使用性质和外观质量，要求材料必须具有足够的硬度。

非金属材料的硬度用莫氏硬度表示，它是用系列标准硬度的矿物块对材料表面进行划擦，根据划痕确定硬度等级的。莫氏硬度等级如表 1-6 所示。

表 1-6　莫氏硬度等级

| 标准矿物 | 滑石 | 石膏 | 方解石 | 萤石 | 磷灰岩 | 长石 | 石英 | 黄玉 | 刚玉 | 金刚石 |
|---|---|---|---|---|---|---|---|---|---|---|
| 硬度等级 | 1 | 2 | 3 | 4 | 5 | 6 | 7 | 8 | 9 | 10 |

金属材料的硬度等级常用压入法测定，主要有布氏硬度法（HB）和洛氏硬度法（HR）。布氏硬度法是以淬火的钢珠压入材料表面产生的球形凹痕单位面积上所受压力来表示的；洛氏硬度法是用金刚石圆锥或淬火的钢球制成的压头压入材料表面，以压痕的深度来表示的。

硬度大的材料其强度也高，工程上常用材料的硬度来推算其强度，如用回弹法测定混凝土强度，即用回弹仪测得混凝土表面硬度，再间接推算出混凝土的强度。

材料表面抵抗磨损的能力称为材料的耐磨性。耐磨性常以磨损率衡量，可按下式计算：

$$G = \frac{m_1 - m_2}{A} \tag{1-25}$$

式中 $G$——材料的磨损率（$g/cm^2$）；

$m_1-m_2$——材料磨损前后的质量损失（g）；

$A$——材料受磨面积（$cm^2$）。

材料的耐磨性与材料的组成结构、构造、材料强度和硬度等因素有关。材料的硬度越高、越致密，耐磨性越好。路面、地面等受磨损的部位，要求使用耐磨性好的材料。

## 1.4 材料的耐久性

材料的耐久性是指其在长期的使用过程中，能抵抗环境的破坏作用，并保持原有性质不变、不破坏的一项综合性质。

材料在使用过程中，除受到各种力的作用外，还要长期遭受所处环境中各种自然因素的破坏作用，以及环境中腐蚀性介质的侵袭。它们或单独或交互作用于材料，形成物理、化学和生物的破坏作用。物理作用包括干湿变化、冷热变化、冻融变化等，这些变化会使材料体积发生收缩与膨胀，或产生内应力，造成材料内部裂缝扩展，久而久之，使材料逐渐破坏。化学作用包括大气和环境水中的酸、碱、盐等溶液或其他有害物质对材料的侵蚀作用，以及日光、紫外线等对材料的作用，可使材料逐渐发生质变、恶化而破坏。生物作用包括昆虫或菌类等的侵害作用，导致材料发生虫蛀、腐朽等而破坏。

不同材料受到的环境作用及程度也不相同。如砖、石、混凝土等矿物质材料，大多由于物理作用而破坏，当其处于水位变化区或水中时，也常会受到化学破坏作用。金属材料主要是化学作用引起的腐蚀。金属在有水和空气的条件下，会因氧化还原作用而产生锈蚀。木材及其他植物纤维组成的天然有机材料，常因生物作用而破坏，如木材的腐蚀与腐朽。沥青及高分子合成材料，在阳光、空气、热的作用下会逐渐老化，使材料变脆、开裂而逐渐破坏。

由于环境作用因素复杂，耐久性也难以用一个参数来衡量。工程上通常用材料抵抗使用环境中主要影响因素的能力来评价耐久性，如抗渗性、抗冻性、抗老化和抗碳化等性质。土木工程中材料的耐久性与破坏因素的关系如表1-7所示。

表1-7 材料的耐久性与破坏因素的关系

| 破坏原因 | 破坏作用 | 破坏因素 | 评定指标 | 常用材料 |
|---|---|---|---|---|
| 渗透 | 物理 | 压力水 | 渗透系数、抗渗等级 | 混凝土、砂浆 |
| 冻融 | 物理 | 水、冻融作用 | 抗冻等级 | 混凝土、砖 |
| 磨损 | 物理 | 机械力、流水、泥砂 | 磨蚀率 | 混凝土、石材 |
| 热环境 | 物理、化学 | 冷热交替、晶型转变 | * | 耐火砖 |
| 燃烧 | 物理、化学 | 高温、火焰 | * | 防火板 |
| 碳化 | 化学 | $CO_2$、$H_2O$ | 碳化深度 | 混凝土 |
| 化学侵蚀 | 化学 | 酸、碱、盐 | * | 混凝土 |
| 老化 | 化学 | 阳光、空气、水、温度 | * | 塑料、沥青 |
| 锈蚀 | 物理、化学 | $H_2O$、$O_2$、$Cl^-$ | 电位锈蚀率 | 钢材 |
| 腐朽 | 生物 | $H_2O$、$O_2$、菌类 | * | 木材、棉、毛 |
| 虫蛀 | 生物 | 昆虫 | * | 木材、棉、毛 |
| 碱-集料反应 | 物理、化学 | $R_2O$、$Si_2O$、$O_2$ | 膨胀率 | 混凝土 |

注：*表示可参考强度变化率、开裂情况、变形情况等进行评定。

影响材料耐久性的内在因素也很多，除了材料本身的组成结构、强度等因素外，材料的致密程度、表面状态和孔隙特征对耐久性影响很大。一般来说，材料的内在结构密实、强度高、孔隙率小、连通孔隙少、表面致密，则抵抗环境破坏能力强，材料的耐久性好。工程上常用提高密实度、改善表面状态和孔隙结构的方法来提高耐久性。

## 1.5 材料的环境协调性

材料的环境协调性是指从材料的制造、使用、废弃直至再生利用的整个寿命周期中，对资源和能源消耗少，对生态和环境污染小和循环再生利用率高，具有与环境协调共存的性能。

### 1.5.1 土木工程材料与环境

#### 1. 土木工程材料对环境的影响

土木工程材料是应用最广、用量最大的材料。土木工程材料与经济建设、人民生活水平密切相关。长期以来，土木工程材料主要依据建筑物及其应用部位对材料提出的力学性能和功能要求进行开发，而不顾及其对生态环境的影响。传统土木工程材料在生产过程中不仅消耗大量的天然资源和能源，还向环境排放大量的有害气体（如 $CO_2$、$SO_2$、$NO_x$、含氟气体等）、固体废弃物（如粉尘、烟尘、尾矿等）、污水等；某些土木工程材料在使用过程中释放对人体有毒、有害的物质（如甲醛、卤代烃、氡等）；废弃后的土木工程材料被随地堆放而成为新的环境污染源。据统计，从世界范围看，整个世界当代工程建设所消耗的能源占总能源的50%，占自然资源总量的40%，同时成为最主要的污染源，大约有一半的温室效应气体来自土木工程材料的生产、运输、工程的建造以及运行管理有关的能源消耗，其造成的垃圾占人类活动垃圾总量的40%。因此，与其他所有的人工产品相比，土木工程应对自然资源、能源的消耗和环境污染负有较大的责任。

#### 2. 环境对土木工程材料的影响

地球大气的环境问题主要有大气中 $CO_2$ 含量的增长、氟利昂气体引起的臭氧层破坏以及大气污染引起的“酸雨”等。大气中 $CO_2$ 含量的增大会加速混凝土的碳化过程，从而影响混凝土结构的耐久性，缩短建筑物的使用寿命。臭氧层的破坏会使紫外线辐射量增大，加速装饰装修涂料等有机土木工程材料的老化，从而降低耐久性，缩短使用寿命。“酸雨”则会加速栏杆、扶手等外露金属的腐蚀。因此，在深入认识破坏机理的基础上，对土木工程材料及其构件制定切实的寿命预测法和有效的保护措施是很重要的。

### 1.5.2 绿色土木工程材料

目前，保护生态环境、节约资源和能源、发展循环经济已成为全人类的共同目标，土木工程材料的生产、使用和废弃都必须考虑与生态环境的关系，绿色材料（Green Materials）的概念由此应运而生。

所谓绿色材料，是指在原料采取、产品制造、使用或者再循环以及废弃处理等环节中，对地球环境负荷最小和有利于人类健康的材料。绿色材料的特点包括：材料本身的先进性（优质的、生产能耗低的材料）；生产过程的安全性（低噪声、无污染）；材料使用的合理性（节省的、可回收的）以及符合现代工程学的要求等。

根据绿色材料的概念和特点，绿色土木工程材料可定义为：具有健康、安全、环保的基本特征，满足优良性能及多功能的技术性质要求，符合资源、能源消耗少和循环再生利用率高的可持续发展的目标的土木工程材料。绿色土木工程材料应满足四个目标，即基本目标、健康目标、安全目标和环保目标。基本目标包括材料的功能、质量、寿命和经济性；健康目标需要考虑土木工程材料作为与人类生活密切相关的特殊材料，其使用过程中必须对使用者健康、无毒、无害；安全目标包括材料的燃烧性能和材料燃烧时释放气体的安全性；环保目标要求从环境角度考核材料在生产、运输、废弃等各环节对环境的影响。

### 1.5.3 绿色土木工程材料的要求

目前，根据我国土木工程材料的行业现状，结合国家标准《绿色建筑评价标准》（GB/T 50378）对材料的要求，在统筹考虑节地、节能、节材、保护环境和满足建筑功能之间的辩证关系的同时，应从以下几方面考虑土木工程材料的绿色化、与环境的协调性以及使用的健康安全性。

#### 1. 就地取材

建材本地化是减少运输过程的资源和能源消耗、降低环境污染的重要手段之一。提高本地材料使用率还可促进当地经济发展。施工现场500km以内生产的建筑材料质量占建筑材料总质量的70%以上。

#### 2. 预拌混凝土

与现场搅拌混凝土相比，采用预拌混凝土能够减少施工现场噪声和粉尘污染，并节约能源、资源，减少材料损耗。

#### 3. 采用高性能、高耐久性的结构材料

高性能混凝土、高强度钢等结构材料在耐久性和节材方面具有明显优势，还可以减小结构构件尺寸，增加建筑使用面积。

#### 4. 设计、施工、废弃等各环节都要考虑材料的循环和再利用性能

在建筑设计选材时，充分使用可再循环材料，如金属材料（钢材、铜）、玻璃、铝合金型材、石膏制品、木材等，可以减少生产加工新材料带来的资源、能源消耗和环境污染，对于建筑的可持续性具有非常重要的意义。在保证安全和不污染环境的情况下，可再循环材料使用质量占所用建筑材料总质量的10%以上。

在施工过程中，应最大限度利用建设用地内拆除的或其他渠道收集得到的旧建筑的材料，以及建筑施工和场地清理时产生的废弃物等，延长其使用期，达到节约原材料、减少废物、降低由于更新所需材料的生产及运输对环境的影响的目的。使可再利用建筑材料的使用率大于5%。

在满足使用性能的前提下，鼓励使用利用建筑废弃物再生集料制作的混凝土砌块、水泥制品和配制再生混凝土；鼓励使用利用工业废弃物、农作物秸秆、建筑垃圾、淤泥为原料制作的水泥、混凝土、墙体材料、保温材料等建筑材料；鼓励使用生活废弃物经处理后制成的建筑材料。为保证废弃物使用达到一定的数量要求，要求使用以废弃物生产的建筑材料的质量占同类建筑材料的总质量比例不低于30%。例如，建筑中使用石膏砌块作内隔墙材料，其中以工业副产石膏（脱硫石膏、磷石膏等）制作的工业副产石膏砌块的使用质量占到建筑中使用石膏砌块总质量的30%以上。

固体废弃物应进行分类处理，这是回收利用废弃物的关键和前提。可再利用材料在建筑中重新利用，可再循环材料通过再生利用企业进行回收、加工，最大限度地避免废弃物污染、随意遗弃。

### 5. 严格控制材料中有害物质的含量

对于建筑工程，建筑材料中有害物质含量应符合国家标准的要求。由于室内有害物质的释放规律非常复杂，装饰装修过程中，选用有害物质含量达标、环保效果好的建筑材料，可以防止由于选材不当而造成室内空气污染。

装饰装修材料主要包括石材、人造板及其制品、建筑涂料、溶剂型木器涂料、胶黏剂、木制家具、壁纸、聚氯乙烯卷材地板、地毯、地毯衬垫及地毯胶黏剂等。装饰装修材料的有害物质是指甲醛、挥发性有机物（VOC）、苯、甲苯和二甲苯以及游离甲苯二异氰酸酯及放射性核素等。装饰装修材料的有害物质以及石材和用工业废渣生产的建筑装饰材料中的放射性物质会对人体健康造成损害。

## 复习思考题

1-1　材料的密度、表观密度、堆积密度有何区别？材料含水后对三者有何影响？

1-2　试分析材料的孔隙率和孔隙特征对材料的密度、表观密度、强度、吸水性、抗渗性、抗冻性、导热性、吸声性的影响。

1-3　亲水性材料与憎水性材料是如何区分的？举例说明怎样改变材料的亲水性与憎水性。

1-4　何谓绝热材料？要保证建筑物室内的稳定性并减少热损失，应选用什么样的建筑材料？

1-5　某岩石的密度为 $2.75g/cm^3$，孔隙率为 1.5%。现将该岩石破碎为碎石，测得碎石的堆积密度为 $1560kg/m^3$，试求此岩石的表观密度和碎石的空隙率。

1-6　某材料的体积吸水率为 10%，密度为 $3.0g/cm^3$，绝干时的表观密度为 $1500kg/m^3$，试求该材料的质量吸水率、开口孔隙率、闭口孔隙率，并估计该材料的抗冻性如何。

1-7　含水率为 4%的湿砂 200g，烘干至恒重时质量为多少？

1-8　普通黏土砖进行抗压试验，浸水饱和后的破坏荷载为 183kN，干燥状态的破坏荷载为 207kN（受压面积为 115mm×120mm），问该砖是否宜用于建筑物中常与水接触的部位？

1-9　何谓材料的强度？影响材料强度测试结果的因素有哪些？怎样影响？

1-10　材料比强度的含义是什么？它是评价材料什么性能的指标？

1-11　材料的耐水性、抗渗性、抗冻性的含义是什么？各用什么指标来表示？

1-12　脆性材料和韧性材料各有何特点？它们分别适合承受哪种外力？

1-13　何谓材料的耐久性？材料的耐久性应包括哪些内容？

1-14　了解材料的组成、结构与构造有何意义？

1-15　简述绿色土木工程材料的概念及其应满足的四个目标。

# 第2章 无机气硬性胶凝材料

2

【本章知识点】熟悉气硬性胶凝材料及其主要用途。了解石灰、石膏、水玻璃的生产工艺，掌握其消化和硬化特点及主要技术性质和技术标准及使用要点。另外，掌握过火石灰、欠火石灰和陈伏等概念。

【重点】气硬性胶凝材料的胶凝特性与组成的关系、凝结硬化机理，石灰、石膏和水玻璃的组成与性能特点和应用。

【难点】如何防止过火石灰、欠火石灰的生成。

胶凝材料是指在一定条件下，通过自身的一系列物理化学作用，能将散粒材料（如砂、石子等）或块状材料（如砖、石或砌块等）黏结成为一个整体的材料。

胶凝材料通常分为有机胶凝材料和无机胶凝材料。有机胶凝材料是指以天然或人工合成的高分子化合物为基本组分的一类胶凝材料，如沥青、橡胶等。无机胶凝材料是指以无机氧化物或矿物为主要组成的一类胶凝材料。根据硬化条件和使用特性，无机胶凝材料又可分为气硬性胶凝材料和水硬性胶凝材料。

气硬性胶凝材料是指只能在空气中硬化，也只能在空气中保持或继续发展其强度的胶凝材料，如石膏、石灰，水玻璃和菱苦土等。水硬性胶凝材料是指不仅能在空气中硬化，而且能更好地在水中硬化，并保持和继续发展其强度的胶凝材料，如各种水泥。所以气硬性胶凝材料只适用于地上或干燥环境，不宜用于潮湿环境，更不可用于水中，而水硬性胶凝材料既适用于地上，也可用于地下潮湿环境或水中。

## 2.1 建筑石膏

以石膏作为原材料，可制成多种石膏胶凝材料，建筑中使用最多的石膏胶凝材料是建筑石膏，其次是高强石膏，此外还有硬石膏水泥等。建筑石膏属于气硬性胶凝材料。随着高层建筑的发展，它的用量在逐年增多，在建筑材料中的地位也越来越重要。

### 2.1.1 建筑石膏的原料与生产

#### 1. 建筑石膏的原料

生产建筑石膏的原料主要是天然二水石膏，还有无水石膏，也可采用各种工业副产品（化工石膏）。

天然二水石膏（$CaSO_4 \cdot 2H_2O$）又称生石膏。根据国家标准《天然石膏》（GB/T 5483）规定，按其$CaSO_4 \cdot 2H_2O$质量分数分为五个等级，如表2-1所示。生产普通建筑石膏时，采用四级以上的生石膏，品位达二级以上者可用来生产高强石膏。天然二水石膏常被用作硅酸盐水泥的调凝剂，也用于配制自应力水泥。

表 2-1 天然二水石膏的等级

| 等级 | 特级 | 一级 | 二级 | 三级 | 四级 |
| --- | --- | --- | --- | --- | --- |
| $CaSO_4 \cdot 2H_2O$ 质量分数(%) | ≥95 | 94~85 | 84~75 | 74~65 | 64~55 |

化工石膏是指含有 $CaSO_4 \cdot 2H_2O$ 的化学工业副产品废渣或废液为原料，经提炼处理后制得的建筑石膏，如磷石膏由制造磷酸时的废渣制成，氟石膏则由制造氢氟酸时的废渣制成。此外，还有脱硫排烟石膏、硼石膏、盐石膏、钛石膏等。采用化工石膏时应注意，如废渣（液）中含有酸性成分，需先用水洗涤或用石灰中和后才能使用。用化工石膏生产建筑石膏，可扩大石膏原料的来源，变废为宝，达到综合利用的目的。

另外，自然界中存在的天然无水石膏（$CaSO_4$），其结晶紧密、质地较硬，不能用来生产建筑石膏，而仅用于生产无水石膏水泥，或作为硅酸盐系列水泥的调凝剂掺用料。

### 2. 建筑石膏的生产

建筑石膏是以β型半水石膏$\left(\beta\text{-}CaSO_4 \cdot \frac{1}{2}H_2O\right)$为主要成分，不加任何外加剂的白色粉状胶结料。它是天然二水石膏经加热、煅烧、磨细而得到的胶凝材料。当将天然二水石膏加热至107~170℃时，经脱水转变即可得到β型半水石膏，其反应式如下：

$$\underset{\text{(二水石膏)}}{CaSO_4 \cdot 2H_2O} \xrightarrow{107\sim170℃} \underset{\text{(}\beta\text{型半水石膏)}}{CaSO_4 \cdot \frac{1}{2}H_2O} + 1\frac{1}{2}H_2O$$

将二水石膏在不同压力和温度下加热，可制得晶体结构和性质各异的多种石膏胶凝材料，现简述如下：

在压蒸条件下（0.13MPa、124℃）加热，则生成α型半水石膏，即高强石膏，其晶体比β型的粗，比表面积小。若在压蒸时掺入结晶转化剂十二烷基磺酸钠、十六烷基磺酸钠、木质素磺酸钙等，则能阻碍晶体往纵向发展，使α型半水石膏晶体变得更粗。近年来的研究证明，α型半水石膏也可用二水石膏在某些盐溶液中沸煮的方法制成。

当加热温度为170~200℃时，石膏继续脱水成为可溶性硬石膏（$CaSO_4$ Ⅲ），与水调和仍能很快凝结硬化。当温度升高到200~250℃时，石膏中残留很少的水，凝结硬化非常缓慢，但遇水后还能逐渐生成半水石膏直到二水石膏。

当温度高于400℃，石膏完全失去水分，成为不溶性硬石膏（$CaSO_4$ Ⅱ），失去凝结硬化能力，成为死烧石膏，但加入适量激发剂混合磨细后又能凝结硬化，成为无水石膏水泥。

温度高于800℃时，部分石膏分解出CaO，磨细后的产品称为高温煅烧石膏，此时CaO起碱性激发剂的作用，硬化后有较高的强度和耐磨性，抗水性也较好，也称地板石膏。

## 2.1.2 建筑石膏的水化与硬化

建筑石膏遇水拌和后，最初成为具有可塑性的石膏浆体，但很快就失去塑性而产生凝结硬化，继而发展成为固体。发生这种现象的实质，是由于浆体内部经历了一系列的物理化学变化。首先，β型半水石膏溶解于水，很快成为不稳定的饱和溶液。溶液中β型半水石膏与水化合又形成了二水石膏，水化反应按下式进行：

$$CaSO_4 \cdot \frac{1}{2}H_2O + 1\frac{1}{2}H_2O \longrightarrow CaSO_4 \cdot 2H_2O$$

由于水化产物二水石膏在水中的溶解度比$\beta$型半水石膏小得多（仅为$\beta$型半水石膏溶解度的1/5），$\beta$型半水石膏的饱和溶液对于二水石膏就成了过饱和溶液，逐渐形成晶核，在晶核达到某一临界值以后，二水石膏就结晶析出。这时溶液浓度降低，使新的一批半水石膏又可继续溶解和水化。如此循环进行，直到$\beta$型半水石膏全部耗尽。随着水化的进行，二水石膏生成量不断增加，水分逐渐减少，浆体开始失去可塑性，表现为初凝。而后浆体继续变稠，颗粒之间的摩擦力、黏结力增加，并开始产生结构强度，表现为终凝。其间晶体颗粒也逐渐长大、连生和相互交错，使浆体强度不断增长，直到剩余水分完全蒸发后，强度才停止发展。这就是建筑石膏的硬化过程（见图2-1）。

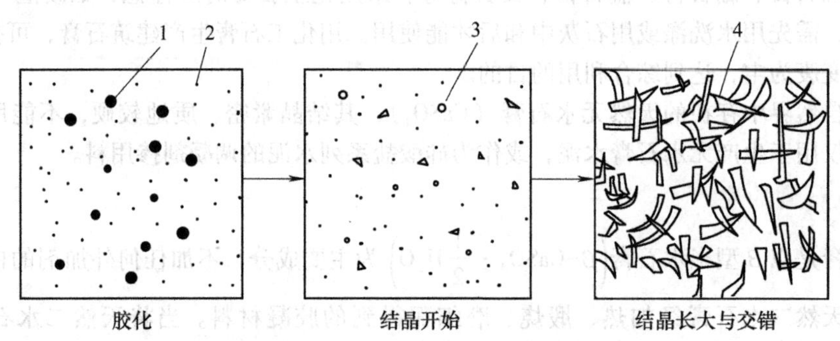


图2-1 建筑石膏凝结硬化示意图

1—半水石膏 2—二水石膏胶体微粒 3—二水石膏晶体 4—交错晶体

### 2.1.3 建筑石膏的主要技术性质与特性

#### 1. 建筑石膏的技术性质

建筑石膏是一种白色粉末状的气硬性胶凝材料，密度为2.60~2.75g/cm$^3$，堆积密度为800~1000kg/m$^3$。根据国家标准《建筑石膏》（GB/T 9776）的规定，建筑石膏按2h抗折强度分为3.0、2.0、1.6三个等级，具体物理性能要求如表2-2所示。

表2-2 建筑石膏的技术性质

| 技术指标 \ 产品等级 | | 3.0 | 2.0 | 1.6 |
|---|---|---|---|---|
| 强度/MPa | 抗折强度不小于 | 3.0 | 2.0 | 1.6 |
| | 抗压强度不小于 | 6.0 | 4.0 | 3.0 |
| 细度（%） | 0.2mm方孔筛筛余不大于 | 10 | | |
| 凝结时间/min | 初凝时间不小于 | 3 | | |
| | 终凝时间不大于 | 30 | | |

注：1. 指标中有一项不符合者，应予降级或报废。
2. 表中强度为2h时的强度值。

建筑石膏产品标记的顺序为：产品名称、抗折强度、标准号。例如，抗折强度为2.5MPa的建筑石膏，其标记为：建筑石膏 2.5-GB/T 9776。

#### 2. 建筑石膏的特性

1）凝结硬化快。建筑石膏的初凝时间不小于3min，终凝时间不大于30min，一星期左右完全硬化。由于凝结快，在实际工程使用时往往需要掺加适量缓凝剂，如可掺加0.1%~0.2%的动物胶或1%的亚硫酸盐酒精废液，也可掺加0.1%~0.5%的硼砂等。

2）建筑石膏硬化后孔隙率大、强度较低。建筑石膏硬化后的抗压强度仅3~5MPa，但已能满足用作隔墙和饰面的要求。强度测定采用40mm×40mm×160mm三联试模。先按标准稠度需水量（标准稠度是指半水石膏净浆在玻璃板上扩展成180mm±5mm的圆饼时的需水量）加水于搅拌锅中，再将建筑石膏粉均匀撒入水中，并用手工搅拌、成型，在室温20℃±5℃、空气相对湿度为55%~75%的条件下，从建筑石膏粉与水接触开始达2h时，测定其抗折强度和抗压强度。

不同品种的石膏胶凝材料硬化后的强度差别甚大。高强石膏硬化后的强度通常比建筑石膏要高2~7倍。这是因为两者水化时的理论需水量虽均为18.61%，但成型时的实际需水量要多一些，由于高强石膏的晶粒粗，晶粒比表面积小，所以实际需水量小，仅为30%~40%，而建筑石膏的晶粒细，其实际需水量高达50%~70%。显而易见，建筑石膏水化后剩余的水量要比高强石膏多，因此待这些多余水分蒸发后，在硬化体内留下的孔隙多，故其强度低。高强石膏硬化后抗压强度可达10~40MPa。

通常建筑石膏在储存三个月后强度将降低30%，故在储存及运输期间应防止受潮。

3）建筑石膏硬化体绝热性和吸声性能良好，但耐水性较差。建筑石膏制品的热导率较小，一般为0.121~0.205W/(m·K)。在潮湿条件下吸湿性强，水分削弱了晶体粒子间的黏结力，故软化系数小，仅为0.3~0.45，长期浸水还会因二水石膏晶体溶解而引起溃散破坏。在建筑石膏中加入适量水泥、粉煤灰、磨细的粒化高炉矿渣以及各种有机防水剂，可提高制品的耐水性。

4）防火性能良好。建筑石膏硬化后的主要成分是带有两个结晶水分子的二水石膏，当其遇火时，二水石膏脱出结晶水，结晶水蒸发，吸收热量并在制品表面形成水蒸气幕，有效地阻止火的蔓延和温度升高。制品厚度越大，防火性能越好。

5）建筑石膏硬化时体积微膨胀 建筑石膏浆体在凝结硬化过程中会产生体积微膨胀（膨胀率为0.05%~0.15%），硬化时不出现裂缝，所以可不掺加填料而单独使用，并可很好地填充模型。这种微膨胀性可使硬化体表面光滑饱满，干燥时不开裂，且能使制品造型棱角很清晰，有利于制造复杂图案花型的石膏装饰件。

6）具有一定的调温调湿性。建筑石膏热容量大，吸湿性强，可对室内湿度和温度起到一定的调节作用。

7）装饰性好。石膏硬化制品表面细腻平整，色洁白，具雅静感。

8）硬化体的可加工性能好。石膏制品可锯、可钉、可刨，便于施工。

### 2.1.4 建筑石膏的应用

建筑石膏广泛用于配制石膏抹面灰浆和制作各种石膏制品。高强石膏适用于强度要求较高的抹灰工程和石膏制品。在建筑石膏中掺入防水剂可用于湿度较高的环境中，加入有机材料如聚乙烯醇水溶液、聚醋酸乙烯乳液等，可配成胶黏剂，其特点是无收缩性。

#### 1. 抹灰石膏

抹灰石膏是由半水石膏和Ⅱ型$CaSO_4$两者混合后再掺入外加剂制成的气硬性胶凝材料。抹灰石膏按用途可分为面层抹灰石膏（F）、底层抹灰石膏（B）、轻质底层抹灰石膏（L）和保温层抹灰石膏（T）四类。

按国家标准《抹灰石膏》（GB/T 28627）的规定，面层抹灰石膏的细度以1.0mm和0.2mm筛的筛余百分比计，分别应不大于0和40%。抹灰石膏的初凝时间应不小于1h，终凝时间应不大于8h。保温层抹灰石膏的体积密度应不大于500kg/m$^3$，轻质底层抹灰石膏的体积密度应不大于1000kg/m$^3$。抹灰石膏强度不得小于表2-3所示的数值。

抹灰石膏在运输与储存时不应受潮和混入杂物，储存期袋装为六个月，罐装为三个月。

表2-3 抹灰石膏的强度要求

| 产品类别 | 面层抹灰石膏 | 底层抹灰石膏 | 轻质底层抹灰石膏 | 保温层抹灰石膏 |
|---|---|---|---|---|
| 代号 | F | B | L | T |
| 抗折强度/MPa | 3.0 | 2.0 | 1.0 | — |
| 抗压强度/MPa | 6.0 | 4.0 | 2.5 | 0.6 |
| 拉伸黏结强度/MPa | 0.5 | 0.4 | 0.3 | — |

## 2. 建筑石膏制品

建筑石膏制品的种类较多，我国目前生产的主要有纸面石膏板、石膏空心条板、纤维石膏板、石膏砌块和装饰石膏制品。

（1）纸面石膏板 纸面石膏板是以建筑石膏为主要原料，掺入纤维、外加剂（发泡剂、缓凝剂等）和适量的轻质填料等，加水拌成料浆，浇注在行进中的纸面上，成型后再覆以上层面纸。料浆经过凝固形成芯材，经切断、烘干，则使芯材与护面纸牢固地结合在一起。

纸面石膏板有普通纸面石膏板、耐水纸面石膏板、耐火纸面石膏板及耐水耐火纸面石膏四类。普通纸面石膏板是以重磅纸为护面纸。耐水纸面石膏板采用耐水的护面纸，并在建筑石膏料浆中掺入适量防水外加剂制成耐水芯材。耐水纸面石膏板的主要技术要求如表2-4所示。耐火纸面石膏板的芯材是在建筑石膏料浆中掺入适量无机耐火纤维增强材料后制作而成的。耐水耐火纸面石膏板采用耐水护面纸，并在建筑石膏浆料中掺入耐水外加剂和无机耐火纤维增强材料后制作而成。耐火纸面石膏板的主要技术要求是其在高温明火下燃烧时，能在一定时间内保持不断裂，国家标准《纸面石膏板》（GB/T 9775）规定，耐火纸面石膏板遇火稳定时间为优等品不小于30min，一等品不小于25min，合格品不小于20min。

表2-4 耐水纸面石膏板的主要技术要求

| 等级 | 技术要求 | | | | | | | | | | | | | |
|---|---|---|---|---|---|---|---|---|---|---|---|---|---|---|
| | 含水率（%） | | 吸水率（%） | | 表面吸水量（%） | 受潮挠度/mm | | | 纵向断裂荷载/N（平均值/最小值） | | | 横向断裂荷载/N（平均值/最小值） | | |
| | | | | | | 厚度/mm | | | 厚度/mm | | | 厚度/mm | | |
| | 平均值 | 最大值 | 平均值 | 最大值 | 平均值 | 9 | 12 | 15 | 9 | 12 | 15 | 9 | 12 | 15 |
| 优等 | 2.0 | 2.5 | 5.0 | 6.0 | 1.6 | ≤48 | ≤32 | ≤16 | 392/353 | 539/353 | 686/617 | 167/150 | 206/185 | 255/229 |
| 一等 | 2.0 | 2.5 | 8.0 | 9.0 | 2.0 | ≤52 | ≤36 | ≤20 | 353/318 | 490/441 | 637/573 | 137/123 | 176/159 | 216/194 |
| 合格 | 3.0 | 3.5 | 10.0 | 11.0 | 2.4 | ≤56 | ≤40 | ≤24 | | | | | | |

纸面石膏板按棱边形状均有矩形、45°倒角形、楔形和圆形四种产品。产品的规格尺寸：长度有1500mm、1800mm、2100mm、2400mm、2440mm、2700mm、3000mm、3300mm、3600mm和3660mm十种规格；宽度有600mm、900mm、1200mm和1220mm四种；厚度有9.5mm、12mm、15mm、18mm、21mm和25mm六种。

普通纸面石膏板可用作室内吊顶和内隔墙，可钉在金属、木材或石膏龙骨上，也可直接粘贴在砖墙上。在厨房、卫生间以及空气相对湿度大于70%的潮湿环境中使用时，必须采取相应的防潮措施。这是因为其受潮后会产生下垂，且纸纤维受潮膨胀，使纸与芯板之间的黏结力削弱，会导致纸的隆起和剥离。耐水纸面石膏板主要用于厨房、卫生间等潮湿场合。耐火纸面石膏板适用于耐火性能要求高的室内隔墙、吊顶和装饰用板。

纸面石膏板由于原料来源广，加工设备简单，生产能耗低、周期短，故它将是我国今后重点发展的新型轻质墙体材料之一。纸面石膏板与龙骨组成轻质墙体，有两层板隔墙和四层板隔墙两种，这种墙体最适合用作多层或高层建筑的分室墙。在美国，已有70%以上的民用住宅内隔墙采用了石膏板墙体。轻钢龙骨石膏板墙体体系（简称QST）具有以下优点：

1）质轻，强度较高。纸面石膏板重8~11kg/m²，抗弯强度达6~10MPa，组成轻钢龙骨石膏板墙体后重为30~50kg/m²，仅为同厚度红砖墙重的1/5。

2）尺寸稳定。胀缩变形不大于0.1%。

3）抗震性好。因石膏板轻，且具有一定弹性，故地震时惯性力小，不易震塌。

4）自动调湿性好。当室内空气较潮湿时，石膏板会吸收一部分水分；反之，当室内空气很干燥时，石膏板又会放出一定量水分。

5）装饰方便。在纸面石膏板上可直接裱糊各种壁纸或进行涂装等饰面，墙上可随意钉挂镜框等饰物。同时，石膏易做成弧形墙体和圆拱门等，有利灵活设计。

6）占地面积少。轻钢龙骨石膏板墙体厚度小，有利于增加室内有效使用面积。

7）便于管道及电线等敷设。轻钢龙骨石膏板墙体空腔内可以设置各种管道及电线设施，且这些工程的安装可与龙骨安装施工交叉进行，有利于缩短工期。

8）施工简便，进度快。施工不受季节影响，且为干法作业，有利减轻工人劳动强度。

上述三种纸面石膏板的产品，必须在每张板材的背面标明产品的名称、制造厂名、生产日期和商标。耐水纸面石膏板还需印有绿色的色带标记。耐火纸面石膏板需印有红色的色带标记。储存板材时应按不同品种、规格及等级在室内分类、水平堆放，底层应用垫条与地面隔开，堆高不超过300mm。在储存和运输过程中，应防止板材受潮和碰损。

（2）石膏空心条板　石膏空心条板生产方法与普通混凝土空心板类似。尺寸规格为：宽450~600mm，厚60~100mm，长2700~3000mm，孔数7~9，孔洞率30%~40%。生产时常加入纤维材料或轻质填料，以提高板的抗折强度和减轻自重。这种板多用于民用住宅的分室墙。

（3）纤维石膏板　将玻璃纤维、纸筋或矿棉等纤维材料先在水中松解，然后与建筑石膏及适量的浸润剂（提高玻璃纤维与石膏的黏结力）混合制成浆料，在长网成型机上经铺浆、脱水而制成无纸面的纤维石膏板，它的抗弯强度和弹性模量都高于纸面石膏板。纤维石膏板主要用作建筑物的内隔墙、吊顶以及预制石膏板复合墙板。

（4）石膏砌块　石膏砌块与砖相比质量轻，与石膏板相比它不需用龙骨，是又一种良好的隔墙材料。

石膏砌块有实心、空心和夹芯三种。空心砌块有单孔与双孔之分。其中空心石膏砌块的石膏用量少，绝热性能好，故应用较多。制品的规格有500mm×800mm、500mm×600mm和500mm×400mm三种；厚度有80mm、90mm、110mm、130mm和180mm等五种规格。采用聚苯乙烯泡沫塑料为芯层可制成夹芯石膏砌块。由于泡沫塑料的热导率小，因而达到相同绝热效果的砌块厚度可以减小，从而增加了建筑物的使用面积。其产品规格为500mm×800mm×80mm。

（5）装饰石膏制品

1）装饰石膏板。装饰石膏板是以建筑石膏为主要原料，掺入适量纤维增强材料和外加剂，与水搅拌成均匀的料浆，经浇筑成型、干燥后制成，主要用作室内吊顶，也可用作内墙饰面板。

装饰石膏板包括平板、孔板、浮雕板、防潮平板、防潮孔板和防潮浮雕板等品种。孔板上的孔呈图案排列，分盲孔和穿透孔两种，孔板除具有吸声特性，还有较好的装饰效果。

2）嵌装式石膏板。如在板材背面四边加厚带有嵌装企口，则可制成嵌装式装饰石膏板，其板材正面可为平面、穿孔或浮雕图案。以具有一定数量穿透孔洞的嵌装式装饰石膏板为面板，在其背面复合吸声材料，就成为嵌装式吸声石膏板，它是一种既能吸声又有装饰效果的多功能板材。嵌装式装饰石膏板主要用作顶棚材料，施工十分方便，特别适用于影剧院、大礼堂及展览厅等观众比较集中又要求具有雅静感的公共场所。

3）艺术装饰石膏制品。艺术装饰石膏制品主要包括浮雕艺术石膏角线、线板、角花、灯圈、壁炉、罗马柱、灯座、雕塑等。这些制品均是采用优质建筑石膏为基料，配以纤维增强材料、胶黏剂等，与水拌制成料浆，经注模成型、硬化、干燥而成。这类石膏装饰件用于室内顶棚和墙面，会顿生高雅之感。装饰石膏柱和装饰石膏壁炉是用西方现代装饰技术，把东方传统建筑风格与罗马雕刻、德国新古典主义及法国复古制作融为一体，糅合精湛华丽的雕饰，实现美观、舒适与实用并合，将高雅、豪华的气派带入居室和厅堂。

## 2.2 建筑石灰

建筑石灰是建筑中使用最早的矿物胶凝材料之一。建筑石灰常简称为石灰，实际上它是具有不同化学成分和物理形态的生石灰、消石灰、水硬性石灰的统称。由于生产石灰的原料石灰石分布很广，生产工艺简单，成本低廉，所以在建筑上历来应用很广。

### 2.2.1 石灰的生产、化学成分与品种

石灰是以碳酸钙为主要成分的石灰石、白垩等为原料，在适当温度下煅烧，碳酸钙将分解，释放出 $CO_2$，得到以 CaO 为主要成分的生石灰，反应式如下：

$$CaCO_3 \xrightarrow{900\sim1000℃} CaO+CO_2\uparrow$$

石灰生产中为使 $CaCO_3$ 能充分分解生成 CaO，必须提高温度，但煅烧温度过高或过低，或煅烧时间过长过短，都会影响石灰的质量。若煅烧温度过低、煅烧时间不充分，则 $CaCO_3$ 不能完全分解，将生成欠火石灰，欠火石灰使用时，产浆量较低，质量较差，降低了石灰的利用率；若煅烧温度过高，将生成颜色较深、密度较大的过火石灰，它的表面常被黏土杂质融化形成的玻璃釉状物包覆，过火石灰的内部结构致密，CaO 晶粒粗大，与水反应的速率极慢。当石灰浆中含有这类过火石灰时，它将在石灰浆硬化后才发生水化作用，于是会因产生膨胀而引起崩裂或隆起等现象。

生石灰是一种白色或灰色的块状物质，因石灰原料中常含有一些碳酸镁成分，煅烧后生成的生石灰中常含有 MgO 成分，根据我国建材行业标准《建筑生石灰》（JC/T 479）规定，按氧化镁质量分数的多少，建筑石灰分为钙质石灰（CL）和镁质石灰（ML）两类，前者 MgO 质量分数小于5%。

根据生石灰的加工方法不同，分为建筑生石灰和建筑生石灰粉。

1）生石灰（Q）：由石灰石煅烧成的白色疏松结构的块状物，主要成分为 CaO。

2）生石灰粉（QP）：由块状生石灰磨细而成。

根据我国建材行业标准《建筑消石灰》（JC/T 481）规定，以建筑生石灰为原料，用适量水经消化和干燥而制得的粉末，为建筑消石灰，主要成分为 $Ca(OH)_2$，也称为熟石灰粉。

将块状生石灰用过量水（为生石灰体积的3~4倍）消化，或将消石灰粉和水拌和，所得达一定稠度的膏状物，称为石灰膏，主要成分为Ca（OH）$_2$和水。

### 2.2.2　生石灰的水化

生石灰的水化又称熟化或消化，它是指生石灰与水发生水化反应，生成Ca(OH)$_2$的过程，其反应式如下：

$$CaO+H_2O \longrightarrow Ca(OH)_2+64.9kJ$$

生石灰水化反应的特点：

1）反应可逆。在常温下反应向右进行。在547℃下，反应向左进行，即分解为CaO和$H_2O$，其水蒸气分解压力可达0.1MPa，为使消化过程顺利进行，必须提高周围介质中的蒸汽压力，并且不要使温度升得太高。

2）水化热大。水化速率快。生石灰的消化反应为放热反应，消化时不但水化热大，而且放热速率也快。1kg生石灰消化放热1160kJ，它在最初1h放出的热量几乎是硅酸盐水泥1d放热量的9倍，28d放热量的3倍。这主要是由于生石灰的结构多孔、CaO的晶粒小、内比表面积大之故。过烧石灰的结构致密、晶粒大，水化速率就慢。当生石灰块太大时，表面生成的水化产物Ca(OH)$_2$层厚，易阻碍水分进入，故此时消解需强烈搅拌。

3）水化过程中体积增大。块状生石灰消化过程中其外观体积可增大1.5~2倍，这一性质易在工程中造成事故，应予以重视。但也可加以利用，即由于水化时体积增大，造成膨胀压力，致使石灰块自动分散成粉末，故可用此法将块状生石灰加工成消石灰粉。

### 2.2.3　石灰浆的硬化

石灰浆体在空气中逐渐硬化，是由下面两个同时进行的过程来完成的：

1）结晶作用：游离水分蒸发，氢氧化钙逐渐从饱和溶液中结晶析出。

2）碳化作用：氢氧化钙与空气中的二氧化碳和水化合生成碳酸钙，释出水分并被蒸发，其反应式为

$$Ca(OH)_2+CO_2+nH_2O \longrightarrow CaCO_3+(n+1)H_2O$$

碳化作用实际先是二氧化碳与水形成碳酸，然后再与氢氧化钙反应生成碳酸钙。由于$CaCO_3$的固相体积比Ca(OH)$_2$固相体积略微增大，故使石灰浆硬化体的结构更加致密。

石灰浆体的碳化是从表面开始的。若含水过少，处于干燥状态时，碳化反应几乎停止。若含水过多，孔隙中几乎充满水，$CO_2$气体渗透量少，碳化作用只在表面进行。所以只有当孔壁完全湿润而孔中不充满水时，碳化作用才能进行较快。由于生成的$CaCO_3$结构较致密，所以当表面形成$CaCO_3$层达一定厚度时，将阻碍$CO_2$向内渗透，同时也使浆体内部的水分不易脱出，使氢氧化钙结晶速度减慢。所以，石灰浆体的硬化过程只能是很缓慢的。

### 2.2.4　建筑石灰的特性与技术要求

#### 1. 建筑石灰的特性

1）可塑性好。生石灰消化为石灰浆时，能形成颗粒极细（粒径为1μm）呈胶体分散状态的氢氧化钙粒子，表面吸附一层厚的水膜，使颗粒间的摩擦力减小，因而其可塑性好。利用这一性质，将其掺入水泥砂浆中，配制成混合砂浆，可显著提高砂浆的保水性。

2）硬化缓慢。石灰浆的硬化只能在空气中进行，由于空气中$CO_2$含量少，使碳化作用进行

缓慢，加之已硬化的表层对内部的硬化起阻碍作用，所以石灰浆的硬化过程较长。

3）硬化后强度低。生石灰消化时的理论需水量为生石灰质量的 32.13%，但为了使石灰浆具有一定的可塑性便于应用，同时考虑到一部分水因消化时水化热大而被蒸发掉，故实际消化用水量很大，多余水分在硬化后蒸发，留下大量孔隙，使硬化石灰体密实度小，强度低。例如1∶3配比的石灰砂浆，其 28d 的抗压强度只有 0.2~0.5MPa。

4）硬化时体积收缩大。由于石灰浆中存在大量的游离水，硬化时大量水分蒸发，导致内部毛细管失水紧缩，引起显著的体积收缩变形，使硬化石灰体产生裂纹，故石灰浆不宜单独使用，通常工程施工时常掺入一定量的辅料（砂）或纤维材料（麻刀、纸筋等）。

5）耐水性差。由于石灰浆硬化慢、强度低，当其受潮后，其中尚未碳化的 $Ca(OH)_2$ 易产生溶解，硬化石灰体遇水会产生溃散，故石灰不宜用于潮湿环境。

## 2. 建筑石灰的技术要求

（1）建筑生石灰的技术要求 按标准《建筑生石灰》（JC/T 479）规定，钙质生石灰和镁质生石灰根据其化学成分和含量，每类分成不同等级，它们的具体技术指标如表 2-5 所示。

表 2-5 建筑生石灰的化学成分和含量及物理性质

<table>
<tr><th rowspan="2">名称</th><th rowspan="2">（氧化钙+氧化镁）质量分数（%）（CaO+MgO）</th><th rowspan="2">氧化镁质量分数（%）（MgO）</th><th rowspan="2">二氧化碳质量分数（%）（$CO_2$）</th><th rowspan="2">三氧化硫质量分数（%）（$SO_3$）</th><th rowspan="2">产浆量/（$dm^3$/10kg）</th><th colspan="2">细度</th></tr>
<tr><th>0.2mm 筛余量（%）</th><th>90μm 筛余量（%）</th></tr>
<tr><td>CL 90-Q</td><td rowspan="2">≥90</td><td rowspan="2">≤5</td><td rowspan="2">≤4</td><td rowspan="2">≤2</td><td>≥26</td><td>—</td><td>—</td></tr>
<tr><td>CL 90-QP</td><td>—</td><td>≤2</td><td>≤7</td></tr>
<tr><td>CL 85-Q</td><td rowspan="2">≥85</td><td rowspan="2">≤5</td><td rowspan="2">≤7</td><td rowspan="2">≤2</td><td>≥26</td><td>—</td><td>—</td></tr>
<tr><td>CL 85-QP</td><td>—</td><td>≤2</td><td>≤7</td></tr>
<tr><td>CL 75-Q</td><td rowspan="2">≥75</td><td rowspan="2">≤5</td><td rowspan="2">≤12</td><td rowspan="2">≤2</td><td>≥26</td><td>—</td><td>—</td></tr>
<tr><td>CL 75-QP</td><td>—</td><td>≤2</td><td>≤7</td></tr>
<tr><td>ML 85-Q</td><td rowspan="2">≥85</td><td rowspan="2">>5</td><td rowspan="2">≤7</td><td rowspan="2">≤2</td><td rowspan="2">—</td><td>—</td><td>—</td></tr>
<tr><td>ML 85-QP</td><td>≤2</td><td>≤7</td></tr>
<tr><td>ML 80-Q</td><td rowspan="2">≥80</td><td rowspan="2">>5</td><td rowspan="2">≤7</td><td rowspan="2">≤2</td><td rowspan="2">—</td><td>—</td><td>—</td></tr>
<tr><td>ML 90-QP</td><td>≤7</td><td>≤2</td></tr>
</table>

注：表中含量为质量分数。

生石灰熟化时的未消化残渣质量分数及产浆量，是衡量生石灰质量的重要指标，但生石灰中常含有欠火石灰，过火石灰及其他杂质，它们均会影响石灰的质量和产浆量。欠火石灰的主要成分是尚未分解的石灰石，它不能消化，致使降低石灰浆的产量。过火石灰不仅影响产浆量，更重要的是它会导致工程事故，源于它表面包裹有一层玻璃质釉状物，致使其水化极慢，它要在石灰使用硬化后才开始慢慢熟化，此时产生体积膨胀，引起已硬化的石灰体发生鼓包开裂破坏。为了消除过火石灰的危害，通常生石灰熟化时要经陈伏，即将熟化后的石灰浆（膏）在消化池中储存 2~3 周以上才可使用。陈伏期间，石灰浆（膏）表面应保持一层一定厚度的水，以隔绝空气，防止碳化。

生石灰熟化时的未消化残渣含量和产浆量的测定方法是：将规定质量、一定粒径的生石灰块放入装有水的筛筒内，在规定时间内使其消化，然后测定筛上未消化残渣的含量，再测出筛下生成的石灰浆体积，便得产浆量，单位为 L/kg。一般 1kg 生石灰约加 2.5kg 水，经消化沉淀除水后，可制得表观密度为1300~1400kg/m³的石灰膏1.5~3L。

（2）建筑消石灰的技术要求　建筑消石灰按氧化镁质量分数的多少，分为钙质消石灰（HCL）和镁质消石灰（HML）两类，后者MgO大于5%；按扣除游离水和结合水后（CaO+MgO）的百分质量分数每类分成各个等级，它们的技术指标如表2-6所示。

表2-6　建筑消石灰的化学成分和含量及物理性质

| 名称 | （氧化钙+氧化镁）质量分数（%）（CaO+MgO） | 氧化镁质量分数（%）（MgO） | 三氧化硫质量分数（%）（$SO_3$） | 游离水含量（%） | 细度 | | 安定性 |
|---|---|---|---|---|---|---|---|
| | | | | | 0.2mm筛余量（%） | 90μm筛余量（%） | |
| HCL 90 | ≥90 | | | | | | |
| HCL 85 | ≥85 | ≤5 | ≤2 | | | | |
| HCL 75 | ≥75 | | | ≤2 | ≤2 | ≤7 | 合格 |
| HML 85 | ≥85 | | | | | | |
| HML 80 | ≥80 | >5 | ≤2 | | | | |

消石灰粉的游离水是指在100~105℃时烘至恒重后的质量损失。消石灰粉的体积安定性是将一定稠度的消石灰浆做成中间厚、边缘薄的一定直径的试饼，然后在100~105℃下烘干4h，若无溃散、裂纹、鼓包等现象则为体积安定性合格。

## 2.2.5　建筑石灰的应用

建筑石灰是建筑工程中使用面广量大的建筑材料之一，其最常见的用途如下：

### 1. 广泛用于建筑室内粉刷

建筑室内墙面和顶棚采用消石灰乳进行粉刷。由于石灰乳是一种廉价的涂料，施工方便，且颜色洁白，能为室内增白添亮，因此，建筑中应用十分广泛。

消石灰乳由消石灰粉或消石灰浆掺大量水调制而成，消石灰粉和浆则由生石灰消化而得。生石灰的消化方法有人工法和机械法两种，现简述如下：

（1）消石灰粉的制备　工地制备石灰粉常采用人工喷淋（水）法。喷淋法是将生石灰块分层平铺于能吸水的基面上，每层厚约20cm，然后喷淋占石灰重60%~80%的水，接着在其上再铺放一层生石灰，再淋一次水，如此使之成为粉为止。所得消石灰粉还需经筛分后方可储存备用。

机械法是将经破碎的生石灰小块用热水喷淋后，放进消化槽进行消化，消化时放出大量蒸汽，致使物料流态化，收集溢出来的物料经筛分即为成品。

生石灰消化成消石灰粉时其用水量的多少十分重要，水分不宜过多或过少。加水过多，将使所得的消石灰粉变潮湿，影响质量；加水太少，则使生石灰消化不完全，且易引起消化温度过高，从而使生石灰颗粒表面已形成的$Ca(OH)_2$部分脱水，发生凝聚作用，使水不能渗入颗粒内部继续消化，也造成消化不完全。消石灰粉的优等品和一等品适用于粉刷墙体的饰面层和中间涂层，合格品用于配制砌筑墙体用的砂浆。

（2）消石灰浆的制备　生石灰块直接消化成石灰浆，大多是在使用现场进行。可采用人工或机械方法消化。

人工消化方法是把生石灰放在化灰池中，消化成石灰水溶液，然后通过筛网，流入储灰坑。在储灰坑内，石灰水中大量多余的水从坑的四壁向外溢走，随着水分的减少逐渐形成石灰浆，最后可形成石灰膏。

机械消化法是先将生石灰块破碎成5cm大小的碎块，然后在消化器（内装有搅拌设备）中加入40~50℃的热水，消化成石灰水溶液，再流入澄清桶内浓缩成石灰浆。

用消石灰乳粉刷室内面层时，掺入少量佛青颜料，可抵消因含铁化物杂质而形成淡黄色，使粉白层呈纯白色。掺入108胶可提高粉刷层的防水性，并增加黏结力，不易掉白。

#### 2. 大量用于拌制建筑砂浆

消石灰浆和消石灰粉可以单独或与水泥一起配制成砂浆，前者称石灰砂浆，后者称混合砂浆。石灰砂浆可用作砖墙和混凝土基层的抹灰，混合砂浆则用于砌筑，也常用于抹灰。

#### 3. 配制三合土和灰土

三合土是采用生石灰粉（或消石灰粉）、黏土和砂子按1∶2∶3的比例，再加水拌和夯实而成的。灰土是用生石灰粉和黏土按1∶（2~4）的比例，再加水拌和夯实而成的。三合土和灰土在强力夯打之下，密实度大大提高，而且可能是黏土中的少量活性氧化硅和活性氧化铝与石灰粉水化产物$Ca(OH)_2$作用，生成了水硬性矿物，因而具有一定抗压强度、耐水性和相当高的抗渗能力。三合土和灰土主要用于建筑物的基础、路面或地面的垫层。

#### 4. 加固含水的软土地基

生石灰可直接用来加固含水的软土地基（成为石灰桩）。它是在桩孔内灌入生石灰块，利用生石灰吸水熟化时体积膨胀的性能产生膨胀压力，从而使地基加固。

#### 5. 生产硅酸盐制品

以石灰和硅质材料（石英砂、粉煤灰等）为原料，加水拌和，经成型、蒸养或蒸压处理等工序而成的建筑材料，统称为硅酸盐制品。如蒸压灰砂砖，主要用作墙体材料。

#### 6. 磨制生石灰粉

目前，建筑工程中大量采用磨细生石灰来代替石灰膏和消石灰粉配制灰土或砂浆，或直接用于制造硅酸盐制品，其主要特点如下：

1）由于磨细生石灰具有很高的细度（80μm方孔筛筛余小于30%），表面积大，水化时加水量也随之增大，水化反应速度可提高30~50倍，水化时体积膨胀均匀，避免了产生局部膨胀过大现象，所以可不经预先消化和陈伏而直接应用，不仅提高了工效，而且节约了场地，改善了环境。

2）将石灰的熟化过程与硬化过程合二为一，熟化过程中所放热量又可加速硬化过程，从而改善了石灰硬化缓慢的缺点，并可提高石灰浆体硬化后的密实度、强度和抗水性。

3）石灰中的过火石灰和欠火石灰被磨细，提高了石灰的质量和利用率。

#### 7. 制造静态破碎剂和膨胀剂

利用过火石灰水化慢且同时伴随体积膨胀的特性，可用它来配制静态破碎剂和膨胀剂。静态破碎剂的品种较多，随使用温度的不同，其组成也不同。通常把含有一定量CaO晶体、粒径为10~100μm的过火石灰粉，与5%~70%的水硬性胶凝材料及0.1%~0.5%的调凝剂混合，可制得静态破碎剂。使用时将它与适量的水混合调成浆体，注入破碎物的钻孔中，由于在水硬性胶凝材料硬化后，过火石灰才水化、膨胀，从而对孔壁可产生大于30MPa的膨胀压力，使物体破碎。这是一种非爆炸性破碎剂，适用于混凝土和钢筋混凝土构筑物的拆除，以及对岩石（花岗石、大理石等）的破碎和割断。

## 2.3 水玻璃

水玻璃俗称“泡花碱”，是一种水溶性硅酸盐，由碱金属氧化物和二氧化硅组成，常见的有硅酸钠（$Na_2O \cdot nSiO_2$）、硅酸钾（$K_2O \cdot nSiO_2$）等。土木工程中常用的是硅酸钠水玻璃，优质纯净的水玻璃为无色透明的黏稠液体，当含有杂质时呈淡黄色或青灰色。

### 2.3.1　水玻璃的生产

水玻璃的生产方法有湿法生产和干法生产两种。湿法生产是将石英砂和氢氧化钠水溶液在压蒸锅（0.2~0.3MPa）内用蒸汽加热溶解制成水玻璃溶液。干法生产是将石英砂和碳酸钠磨细拌匀，在熔炉中于1300~1400℃温度下熔融，其反应式如下：

$$NaCO_3+nSiO_2 \longrightarrow Na_2O \cdot nSiO_2+CO_2\uparrow$$

熔融的水玻璃冷却后得到固态水玻璃，然后在0.3~0.8MPa的蒸压釜内加热溶解成胶状玻璃溶液。

水玻璃分子式中$SiO_2$与$Na_2O$的分子数比$n$成为水玻璃的模数，一般为1.5~3.5。水玻璃模数越大，越难溶于水。模数为1时，能在常温水中溶解，模数增大，只能在热水中溶解，当模数大于3时，要在4个大气压（0.4MPa）以上的蒸汽中才能溶解。但水玻璃的模数越大，胶体组分越多，其水溶液的黏结力越大。当模数相同时，水玻璃溶液的密度越大，则越稠、黏性越大、黏结力越好。工程中常用的水玻璃模数为2.6~2.8，其密度为1.3~1.4g/cm$^3$。

### 2.3.2　水玻璃的硬化

水玻璃溶液在空气中吸收$CO_2$形成无定形硅胶，并逐渐干燥而硬化，其反应式为

$$Na_2O \cdot nSiO_2+CO_2+mH_2O \longrightarrow Na_2CO_3+nSiO_2 \cdot mH_2O$$

因为空气中$CO_2$极少，上述反应过程进行得很慢。为加速硬化，常在水玻璃中加入促硬剂氟硅酸钠，促使硅酸凝胶加速析出，其反应式为

$$2(Na_2O \cdot nSiO_2)+Na_2SiF_6+mH_2O \longrightarrow 6NaF+(2n+1)SiO_2 \cdot mH_2O$$

氟硅酸钠的掺量不能太多，也不能太少，其适宜用量为水玻璃质量的12%~15%。用量太少，使硬化速度慢，强度降低，且未反应的水玻璃易溶于水，导致耐水性差；用量过多会引起凝结硬化过快，造成施工困难，而且渗透性大，强度低。因此，使用时应严格控制掺量，并根据气温、湿度、水玻璃的模数、密度在上述范围内适当调整，即气温高、模数大、密度小时选下限，反之亦然。氟硅酸钠有一定的毒性，操作时应注意安全。

### 2.3.3　水玻璃的主要技术性质

（1）黏结力和强度较高　水玻璃硬化后的主要成分为硅酸凝胶和固体，比表面积大，因而具有较高的黏结力，但必须注意水玻璃自身质量、配合比及施工养护等对强度有显著影响。

（2）耐热性好　硬化后形成的$SiO_2$网状骨架，在高温下硅酸凝胶干燥得很快，强度不下降，甚至有所增加。当采用耐热耐火集料配制水玻璃砂浆和混凝土时，耐热度可达1000℃。所以水玻璃混凝土的耐热度主要取决于集料的耐热度。

（3）耐酸性好　水玻璃能抵抗大多数无机酸（氢氟酸除外）、有机酸和侵蚀性气体的腐蚀。水玻璃硬化时析出的硅酸凝胶有堵塞毛细孔而防止水渗透的作用。

（4）耐碱性和耐水性差　因$SiO_2$和$Na_2O \cdot nSiO_2$均溶于碱，故水玻璃不能在碱性环境中使用。同样，由于$Na_2O \cdot nNaF$、$NaF$、$Na_2CO_3$均溶于水而不耐水，但可采用中等浓度的酸对已硬化水玻璃进行酸洗处理，提高耐水性。

### 2.3.4　水玻璃的应用

由于水玻璃具有上述性能，故在建筑工程中有下列用途：

（1）作为灌浆材料，用以加固地基 使用时将水玻璃溶液与氯化钙溶液交替灌入土壤中，反应如下：

$$Na_2O \cdot nSiO_2+CaCl_2+mH_2O \longrightarrow nSiO_2 \cdot (m-1)H_2O+Ca(OH)_2+2NaCl$$

反应生成的硅胶起胶结作用，能包裹土粒并填充其孔隙，而氢氧化钙又与加入的 $CaCl_2$ 起反应，生成氧氯化钙，也起胶结和填充空隙的作用。这不仅能提高基础的承载能力，而且也可以增强不透水性。

（2）涂刷建筑材料表面，提高密实性和抗风能力 用浸渍法处理多孔材料也可达到同样目的。上述方法对黏土砖、硅酸盐制品、水泥混凝土等，均有良好的效果，因水玻璃与制品中的 $Ca(OH)_2$ 反应生成硅酸钙胶体可提高制品的密实度。反应如下：

$$Na_2O \cdot nSiO_2+Ca(OH)_2 \longrightarrow Na_2O \cdot (n-1)SiO_2+CaO \cdot SiO_2 \cdot H_2O$$

注意此法不能用于涂刷或浸渍石膏制品，因硅酸钠会与硫酸钙发生反应生成硫酸钠，硫酸钠在制品孔隙中结晶，产生体积膨胀，使制品胀裂。调制液体水玻璃时，可加入耐碱颜料和填料，兼有饰面效果。

（3）配制快凝防水剂 因水玻璃能促进水泥凝结，所以可用它配制各种促凝剂，掺入水泥浆、砂浆或混凝土中，用于堵漏、抢修，故称为快凝防水剂。如在水泥中掺入约为水泥质量 0.7 倍的水玻璃，初凝为 2min，可直接用于堵漏。

以水玻璃为基料，加入两种、三种、四种或五种矾配制成的防水剂，分别称为二矾、三矾、四矾或五矾防水剂。

以水玻璃为基料，掺入1%硫酸钠和微量荧光粉配成的快燥精也属此类。改变其在水泥中的掺入量，其凝结时间可在 1~30min 任意调节。

（4）配制耐酸混凝土和耐酸砂浆 对于硫酸、盐酸、硝酸等无机酸具有较好的抗腐蚀能力，常用于冶金、化工等行业防腐工程。

（5）配制耐热混凝土和耐热砂浆 用于高炉基础、热工设备等耐热工程。详见第4章。

（6）配制水玻璃矿渣砂浆 用作建筑外墙饰面或室内贴墙纸，轻型内隔墙的胶黏剂或修补砖墙裂缝。水玻璃矿渣砂浆的质量配合比为：磨细粒化高炉矿渣：液态水玻璃：砂=1：1.5：2，粘贴墙纸时可不加砂。所用水玻璃模数为 2.3~3.4，密度为 1.4~1.5g/cm$^3$。

水玻璃模数的大小可根据要求配制。水玻璃溶液中加入 NaOH 可降低模数，溶入硅胶（或硅灰）可以提高模数。或用模数大小不一的两种水玻璃掺配使用。不同的应用条件，对水玻璃模数有不同的要求。用于地基灌浆时，宜取模数为 2.7~3.0；涂刷材料表面时，模数宜取 3.3~3.5；配制耐酸混凝土或作为水泥促凝剂时，模数宜取 2.6~2.8；配制碱矿渣水泥时，模数宜取 1~2 为好。

## 复习思考题

2-1 何谓气硬性胶凝材料和水硬性胶凝材料？如何正确使用这两类胶凝材料？

2-2 建筑石膏的凝结硬化过程有何特点？怎样理解以下过程的变化？

$$CaSO_4 \cdot 2H_2O \xrightarrow{加热} CaSO_4 \cdot \frac{1}{2}H_2O+1\frac{1}{2}H_2O \xrightarrow{水化} CaSO_4 \cdot 2H_2O$$

2-3 建筑石膏具有哪些技术性质？从建筑的石膏凝结硬化形成的结构，说明石膏板为什么强度较低、耐水性差，而绝热性和吸声性较好。

2-4 试述石膏板的种类、特性及用途。

2-5　石灰的煅烧温度对其质量有何影响？

2-6　简述石灰的熟化和硬化原理以及石灰在建筑工程中的用途。

2-7　生石灰熟化时必须进行“陈伏”的目的是什么？细磨生石灰为什么可不经“陈伏”而直接应用？

2-8　在没有检验仪器的条件下，欲初步鉴别一批生石灰的质量优劣，问可采取什么简易方法？

2-9　某多层住宅楼室内抹灰采用的是石灰砂浆，交付使用后逐渐出现墙面普遍鼓包开裂，试分析其原因。欲避免这种事故发生，应采取什么措施？

2-10　水玻璃硬化时有何特点？试述水玻璃的凝结硬化机理。

2-11　何谓水玻璃的模数？水玻璃的模数和密度对水玻璃的黏结力有何影响？

2-12　硬化后水玻璃具有哪些性质？水玻璃在工程中有何用途？

2-13　水玻璃中掺入固化剂的目的及常用固化剂的名称是什么？

2-14　菱苦土是最主要的镁质基胶凝材料，其水化和凝结硬化与石灰相比有何异同？

2-15　镁质胶凝材料的主要技术性质有哪些？

2-16　仓库存放一种白色粉末状建筑材料，请你用简单方法辨认出是熟石灰、生石灰或是建筑石膏。

# 第3章 水泥

3

【本章知识点】熟悉硅酸盐水泥矿物组成、性质及选用。了解硅酸盐水泥的水化产物和水泥石的组成，水泥石的性能和凝结硬化的关系，养护温度、湿度对水泥水化及凝结硬化的影响，硅酸盐水泥的强度发展规律；掌握硅酸盐水泥的细度、凝结时间、体积安定性、强度等级等的技术要求和实用意义；了解水泥石受腐蚀的内因；熟悉硅酸盐水泥的应用，了解水化热、抗碳化性等对水泥应用的影响。

【重点】硅酸盐水泥的凝结硬化机理及其影响因素；硅酸盐系水泥的技术性质及其主要影响因素与测试方法；环境介质对水泥的腐蚀机理与水泥的耐腐蚀性；硅酸盐系水泥品种的特性与合理选用。活性混合材料的常用品种、活性的来源、激发剂的作用；几种常见硅酸盐水泥的共性与特性及其应用。

【难点】硅酸盐水泥熟料矿物的水化反应；硅酸盐水泥的凝结硬化机理及其对性能与应用的影响；不同品种水泥的环境行为与服役性能及其在工程中的合理应用。

水泥是一种多组分的人造矿物粉料，与水混合后，经物理化学反应作用能由可塑性浆体变成坚硬的石状体，并能将砂、石等散粒状材料胶结成具有一定强度的整体，所以水泥是一种良好的矿物胶凝材料。就硬化条件而言，水泥浆体不但能在空气中硬化，还能更好地在水中硬化，保持并继续增长其强度，故水泥属于水硬性胶凝材料。

水泥是土木工程中最重要的建筑材料之一，在建筑、道路、水利和国防等工程中应用极广，常用来制造各种形式的混凝土、钢筋混凝土、预应力混凝土构件和建筑物，也常用于配制砂浆，以及用作灌浆材料等。

随着基本建设发展的需要，水泥品种越来越多，按化学成分，水泥可分为硅酸盐水泥、铝酸盐水泥、硫铝酸盐水泥、铁铝酸盐水泥等系列，其中以硅酸盐系列水泥应用最广。

硅酸盐系列水泥是以硅酸钙为主要成分的水泥熟料、一定量的混合材料和适量石膏，经共同磨细而成的。按其性能和用途不同，又可分为通用水泥、专用水泥和特性水泥三大类。通用水泥是指一般土木工程通常采用的水泥，主要是指国家标准《通用硅酸盐水泥》（GB 175）规范的六大类水泥，即硅酸盐水泥（代号P·Ⅰ和P·Ⅱ）、普通硅酸盐水泥（代号P·O）、矿渣硅酸盐水泥（代号P·S）、火山灰硅酸盐水泥（代号P·P）、粉煤灰硅酸盐水泥（代号P·F）和复合硅酸盐水泥（代号P·C）等；专用水泥是指有专门用途的水泥，如砌筑水泥、道路水泥、油井水泥等；特性水泥是指某种性能比较突出的水泥，如快硬硅酸盐水泥、白色硅酸盐水泥、抗硫酸盐硅酸盐水泥、低热硅酸盐水泥和膨胀硅酸盐水泥等。

本章重点对硅酸盐水泥的性质及应用做较详细的阐述，对其他水泥仅做一般介绍。

## 3.1 硅酸盐水泥与普通硅酸盐水泥

由于普通硅酸盐水泥中混合材料掺量较少，故其性能与硅酸盐水泥相近，为此，本节对硅酸盐水泥讨论的问题，也适用于普通硅酸盐水泥。

### 3.1.1 硅酸盐水泥与普通硅酸盐水泥的定义、类型及代号

凡由硅酸盐水泥熟料、0~5%石灰石或粒化高炉矿渣、适量石膏磨细制成的水硬性胶凝材料，称为硅酸盐水泥。硅酸盐水泥分为两种类型：不掺入混合材料的称为Ⅰ型硅酸盐水泥，其代号为P·Ⅰ；在硅酸盐水泥粉磨时掺入不超过水泥质量5%的石灰石或粒化高炉矿渣混合材料的称为Ⅱ型硅酸盐水泥，代号为P·Ⅱ。

凡由硅酸盐水泥熟料，再掺入大于5%且小于或等于20%的活性混合材料及适量石膏，经磨细制成的水硬性胶凝材料称为普通硅酸盐水泥（简称普通水泥），代号为P·O。活性混合材料的掺加量为大于5%且小于或等于20%，其中允许用不超过水泥质量8%且符合《通用硅酸盐水泥》标准的非活性混合材料或不超过水泥质量5%且符合《通用硅酸盐水泥》标准的窑灰代替。

### 3.1.2 硅酸盐水泥的原料及生产

#### 1. 硅酸盐水泥的原料

硅酸盐水泥是通用水泥中的一个基本品种，其原料主要是石灰质原料和黏土质原料两类。石灰质原料主要提供 CaO，它可以采用石灰岩、白垩、石灰质凝灰岩和贝壳等，其中多用石灰岩。黏土质原料主要提供 $SiO_2$、$Al_2O_3$ 及少量 $Fe_2O_3$，它可以采用黏土、黄土、页岩、泥岩、粉砂岩及河泥等。其中以黏土和黄土用得最广。为满足成分要求还常用校正原料，例如用铁矿粉等铁质原料补充氧化铁的含量，以砂岩等硅质原料增加二氧化硅的成分等。此外，为了改善煅烧条件，提高熟料质量，还常要加入少量矿化剂，如萤石、石膏等。生产硅酸盐水泥原料的化学组成如表 3-1 所示。

表 3-1 硅酸盐水泥原料的化学组成

| 氧化物名称 | 氧化钙 | 氧化硅 | 氧化铝 | 氧化铁 |
|---|---|---|---|---|
| 化学成分 | CaO | $SiO_2$ | $Al_2O_3$ | $Fe_2O_3$ |
| 常用缩写 | C | S | A | F |
| 大致的质量分数（%） | 62~67 | 19~24 | 4~7 | 2~5 |

#### 2. 硅酸盐水泥的生产工艺概述

硅酸盐水泥的生产步骤：先把几种原材料按适当比例配合后在磨机中磨成生料；然后将制得的生料入窑进行煅烧；再把烧好的熟料中加入 3%左右的石膏和混合材料在磨机中共同磨细，即得到硅酸盐水泥。生料的制备方法有干法和湿法两种。所谓湿法，就是把原料加水在磨机中磨成生料浆。所谓干法，是把原料先经过烘干，再在磨机中磨成生料粉。按煅烧设备不同，硅酸盐水泥生产又分为立窑生产和回转窑生产两种。我国大型水泥厂基本都采用回转窑煅烧设备。20 世纪 70 年代产生了“窑外分解”烧成的先进技术，它是把生料在煅烧过程中的分解——主要是 $CaCO_3$ 分解放在窑外的分解炉中进行。这种窑型的显著特点是热耗低、产量高，每千克熟料热耗量约可比国内现有水泥热耗量降低 1/2。

水泥生料在窑内的煅烧过程，虽方法各异，但都要经历干燥、预热、分解、熟料烧成及冷却等几个阶段，在不同的阶段其反应大致如下：

100~200℃生料被加热，水分逐渐蒸发而干燥。

300~500℃生料被预热。

500~800℃黏土质原料脱水并分解为无定形的$Al_2O_3$和$SiO_2$；在600℃以后石灰质原料中的$CaCO_3$开始分解成CaO和$CO_2$。

800℃左右生成铝酸一钙，也可能有铁酸二钙及硅酸二钙开始形成。

900~1100℃铝酸三钙和铁酸四钙开始形成，所有的$CaCO_3$分解完毕。

1100~1200℃大量形成铝酸三钙和铁铝酸四钙，硅酸二钙生成量达最大。

1300~1400℃铝酸三钙和铁铝酸四钙呈熔融状态，产生的液相把CaO及部分硅酸二钙溶解于其中，在此液相中，硅酸二钙吸收CaO化合成硅酸三钙，这一过程是水泥生产的关键，必须有足够的时间，以保证水泥熟料的质量。烧成的水泥熟料经迅速冷却，即得到水泥熟料。其生产流程如图3-1所示。

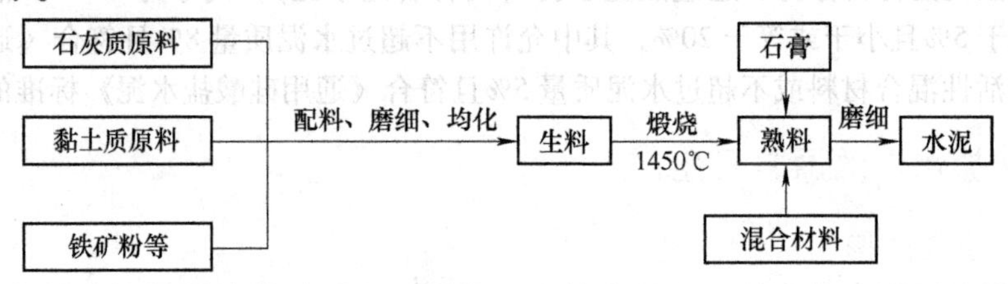


图3-1 硅酸盐水泥主要生产流程

### 3.1.3 硅酸盐水泥的基本组成

#### 1. 硅酸盐水泥熟料基本化学要求

国家标准《硅酸盐水泥熟料》（GB/T 21372）中对硅酸盐水泥熟料基本化学要求如表3-2所示。

表3-2 硅酸盐水泥熟料基本化学要求 （%）

| f-CaO | MgO① | 烧失量 | 不溶物 | $SO_3$② | $3CaO \cdot SiO_2+2CaO \cdot SiO_2$③ | $CaO/SiO_2$质量比 |
|---|---|---|---|---|---|---|
| ≤1.5 | ≤5.0 | ≤1.5 | ≤0.75 | ≤1.5 | ≥66 | ≥2.0 |

① 当制成Ⅰ型硅酸盐水泥的压蒸安定性合格时，允许放宽到6.0%。

② 也可由买卖双方商定。

③ $3CaO \cdot SiO_2$、$2CaO \cdot SiO_2$按下式计算：

$3CaO \cdot SiO_2 = 4.07CaO - 7.60SiO_2 - 6.72Al_2O_3 - 1.43Fe_2O_3 - 2.85SO_3 - 4.07f\text{-}CaO$

$2CaO \cdot SiO_2 = 2.87SiO_2 - 0.75 \times 3CaO \cdot SiO_2$

#### 2. 水泥熟料的矿物组成

经过高温煅烧后，CaO、$SiO_2$、$Al_2O_3$和$Fe_2O_3$四种成分化合为熟料中的主要矿物组成：硅酸三钙（$3CaO \cdot SiO_2$）、硅酸二钙（$2CaO \cdot SiO_2$）、铝酸三钙（$3CaO \cdot Al_2O_3$）和铁铝酸四钙（$4CaO \cdot Al_2O_3 \cdot Fe_2O_3$）。

主要熟料矿物的质量分数范围如下：

硅酸三钙 $3CaO \cdot SiO_2$（简称 $C_3S$），质量分数为36%~60%。

硅酸二钙 $2CaO \cdot SiO_2$（简称 $C_2S$），质量分数为15%~37%。

铝酸三钙 $3CaO \cdot Al_2O_3$（简称 $C_3A$），质量分数为7%~15%。

铁铝酸四钙 $4CaO \cdot Al_2O_3 \cdot Fe_2O_3$（简称 $C_4AF$），质量分数为10%~18%。

前两种矿物称为硅酸盐矿物，一般占总量的75%~82%，后两种矿物称为溶剂矿物，一般占总量的18%~25%，故称为硅酸盐水泥。硅酸盐水泥熟料除上述主要组成外，尚含有少量以下成分（但其总的质量分数一般不超过10%）：

1）游离氧化钙。它是在煅烧过程中没有全部化合而残留下来呈游离态存在的氧化钙，其含量过高将造成水泥体积安定性不良，危害很大。

2）游离氧化镁。若其含量高、晶粒大时也会导致水泥体积安定性不良。

3）含碱矿物以及玻璃体等。含碱矿物及玻璃体中 $Na_2O$ 和 $K_2O$ 含量高的水泥，当遇有活性集料时，易产生碱-集料膨胀反应。

水泥熟料颗粒的宏观和细观形貌如图3-2所示。

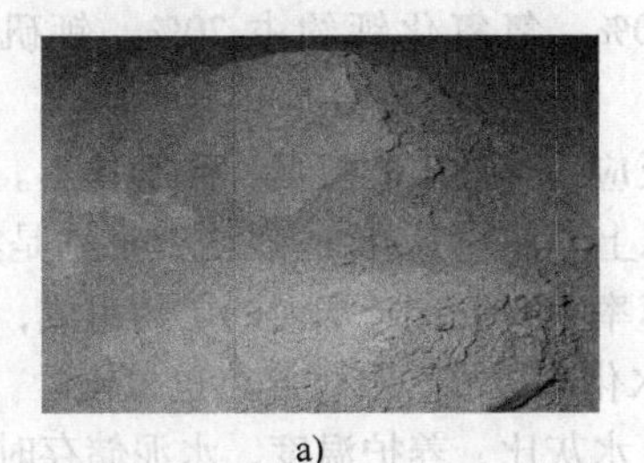

a)

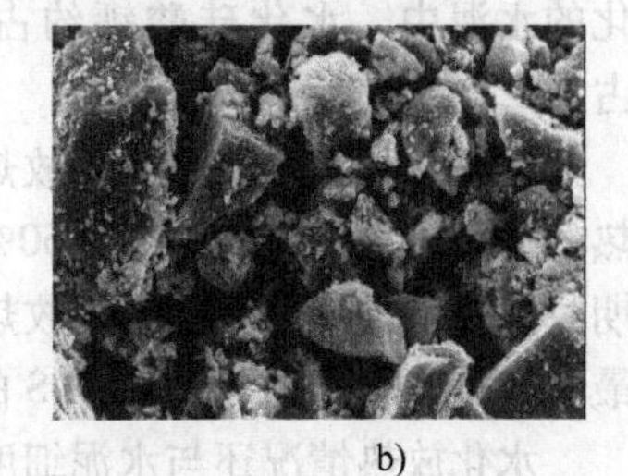

b)

图3-2 水泥熟料颗粒形貌

a）宏观形貌 b）细观形貌

## 3.1.4 硅酸盐水泥的水化与凝结硬化

水泥加水拌和后成为既有可塑性又有流动性的水泥浆，同时产生水化，随着水化反应的进行，逐渐失去流动能力到达“初凝”。待完全失去可塑性，开始产生结构强度时，即为“终凝”。随着水化凝结的继续，浆体逐渐转变为具有一定强度的坚硬固体水泥石，即为硬化。可见，水化是水泥产生凝结硬化的前提，而凝结硬化则是水泥水化的结果。

### 1. 硅酸盐水泥的水化

水泥与水拌和后，其颗料表面的熟料矿物立即与水发生化学反应，各组分开始溶解，形成水化物，放出一定热量，固相体积逐渐增加。

水泥是多矿物的集合体，各矿物的水化会互相影响。熟料单矿物的水化反应式如下：

$$\underset{\text{硅酸三钙}}{2(3CaO \cdot SiO_2)} + 6H_2O = \underset{\text{水化硅酸钙}}{3CaO \cdot 2SiO_2 \cdot 3H_2O} + \underset{\text{氢氧化钙}}{3Ca(OH)_2}$$

$$\underset{\text{硅酸二钙}}{2(2CaO \cdot SiO_2)} + 4H_2O = 3CaO \cdot 2SiO_2 \cdot 3H_2O + Ca(OH)_2$$

$$\underset{\text{铝酸三钙}}{3CaO \cdot Al_2O_3} + 6H_2O = \underset{\text{水化铝酸三钙}}{3CaO \cdot Al_2O_3 \cdot 6H_2O}$$

$$\underset{\text{铁铝酸四钙}}{4CaO \cdot Al_2O_3 \cdot Fe_2O_3} + 7H_2O = 3CaO \cdot Al_2O_3 \cdot 6H_2O + \underset{\text{水化铁酸一钙}}{CaO \cdot Fe_2O_3 \cdot H_2O}$$

$$\underset{\text{水化铝酸三钙}}{3CaO \cdot Al_2O_3 \cdot 6H_2O} + \underset{\text{石膏}}{3(CaSO_4 \cdot 2H_2O)} + 19H_2O = \underset{\text{高硫型水化硫铝酸钙}}{3CaO \cdot Al_2O_3 \cdot 3CaSO_4 \cdot 31H_2O}$$

$$3CaO \cdot Al_2O_3 \cdot 6H_2O + CaSO_4 \cdot 2H_2O + 4H_2O = \underset{\text{单硫型水化硫铝酸钙}}{3CaO \cdot Al_2O_3 \cdot CaSO_4 \cdot 12H_2O}$$

在四种熟料矿物中，$C_3A$水化速率最快，$C_3S$和$C_4AF$水化也很快，而$C_2S$水化最慢。

硅酸三钙水化生成水化硅酸钙（C-S-H），它不溶于水，并立即以胶体微粒析出，逐渐凝聚成为C-S-H凝胶。生成的氢氧化钙（CH）在溶液中的含量很快达到过饱和，呈六方板状晶体析出。水化铝酸钙为立方晶体，在氢氧化钙饱和溶液中，其一部分还能与氢氧化钙进一步反应，生成六方晶体的水化铝酸钙。因水泥中掺有少量石膏，故生成的水化铝酸钙会与石膏反应，生成高硫型水化硫铝酸钙（$3CaO \cdot Al_2O_3 \cdot 3CaSO_4 \cdot 31H_2O$）针状晶体，也称钙矾石。当石膏完全消耗后，一部分将转变为单硫型水化硫铝酸钙（$3CaO \cdot Al_2O_3 \cdot CaSO_4 \cdot 12H_2O$）晶体。

综上所述，如果忽略一些次要的和少量的成分，则硅酸盐水泥与水作用后，生成的主要水化产物为：水化硅酸钙和水化铁酸钙凝胶、氢氧化钙、水化铝酸钙和水化硫铝酸钙晶体。在完全水化的水泥中，水化硅酸钙约占70%，氢氧化钙约占20%，钙矾石和单硫型水化硫铝酸钙约占7%。

硅酸盐水泥水化反应为放热反应，其放出的热量称为水化热。硅酸盐水泥的水化热大，其放热的周期较长，但大部分（50%以上）热量是在3d以内、特别是在水泥浆发生凝结、硬化的初期放出。水化热的大小以及放热速率主要决定于水泥的矿物组成，$C_3A$的水化热与水化放热速率最大，$C_3S$与$C_4AF$次之，$C_2S$的水化热最小，水化放热也最慢。

水化放热情况还与水泥细度、水灰比、养护温度、水泥储存时间，以及水泥中掺混合材料及外加剂的品种、数量等因素有关。水泥颗粒越细，早期放热速率将显著增加。

### 2. 硅酸盐水泥的凝结硬化过程

自1882年雷·盎特理（H. Lechalelier）首先提出水泥凝结硬化理论以来，至今仍在继续研究。由于多种近代测试手段在水泥研究领域的应用，使得对水泥浆体结构形成的认识进展较快。一般认为水泥浆体硬化结构的发展过程分为早、中、后三个时期，分别相当于一般水泥在20℃环境中水化3h、20~30h以及更长时间。现将此过程简述如下（见图3-3）。

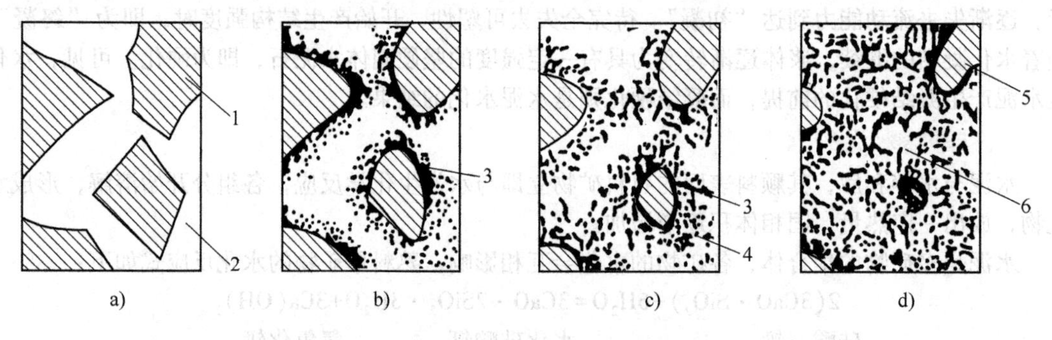


图3-3 水泥凝结硬化过程示意图

a）分散在水中未水化的水泥颗粒 b）在水泥颗粒表面形成水化物膜层

c）膜层长大并互相连接（凝结） d）水泥产物进一步发展，填充毛细孔（硬化）

1—水泥颗粒 2—水分 3—凝胶 4—晶体 5—水泥颗粒的未水化内核 6—毛细孔

在水化早期，水泥颗粒表面迅速发生化学反应，几分钟内就在表面形成凝胶状膜层。在1h左右即在胶凝膜外侧及液相中形成粗短的棒状钙矾石（见图3-3b）。

水化中期，约有30%的水泥已经水化，它以C-S-H和CH的快速形成为特征，此时水泥颗粒被C-S-H形成的一层包裹膜全部包住，并不断向外增厚，随后逐渐在包裹膜内侧沉积。同时，膜的外侧生长出细长的钙矾石晶体，膜内侧则生成低硫型硫铝酸钙，CH晶体在原先充水的空间形成。在此期间，膜层长大并相互连接（见图3-3c）。

水化后期，水泥水化反应渐趋减慢，各种水化产物逐渐填满原来由水所占据的空间，由于钙矾石针、棒状晶体的相互搭接，特别是大量箔片状、纤维状C-S-H的交叉攀附，从而使原先分散的水泥颗粒及其水化产物连接起来，构成一个三维空间牢固结合较密实的整体（见图3-3d）。

随着凝胶体膜层的逐渐增厚，水泥颗粒内部的水化越来越困难，经过长时间（几个月甚至若干年）的水化以后，除原来极细的水泥颗粒外，多数颗粒仍剩余尚未水化的内核。所以，硬化后的水泥石是由凝胶体（凝胶和晶体）、未水化的水泥颗粒内核和毛细孔组成的，它们在不同时期呈相对数量的变化，使水泥石的性质随之改变。

在水泥石中，水化硅酸钙凝胶对水泥石的强度及其他主要性质起支配作用。关于水泥石中凝胶之间或晶体、未水化水泥颗粒与凝胶之间产生黏结力的实质，即凝胶体具有强度的实质，虽然至今尚无明确的结论，但一般认为范德华力、氢键、离子引力以及表面能是产生黏结力的巨大来源，也有认为可能有化学键力存在。

硅酸盐水泥各熟料矿物的水化、凝结硬化特性如表3-3所示。

表3-3 硅酸盐水泥各熟料矿物的水化、凝结硬化特性

| 性能指标 | | 熟料矿物 | | | |
|---|---|---|---|---|---|
| | | $C_3S$ | $C_2S$ | $C_3A$ | $C_4AF$ |
| 水化速度 | | 快 | 慢 | 最快 | 快，仅次于$C_3A$ |
| 凝结硬化速度 | | 快 | 慢 | 最快 | 快 |
| 28d水化热 | | 多 | 少 | 最多 | 中 |
| 强度 | 早期 | 高 | 低 | 低 | 低 |
| | 后期 | 高 | 高 | 低 | 低 |

## 3. 影响硅酸盐水泥凝结硬化的主要因素

（1）熟料矿物组成的影响　硅酸盐水泥的熟料矿物组成，是影响水泥的水化速度、凝结硬化过程以及产生强度等的主要因素。

硅酸盐水泥的四种熟料矿物中，$C_3A$的水化和凝结硬化速度最快，因此它是影响水泥凝结时间的决定性因素。在无石膏存在时，它能使水泥瞬间产生凝结。$C_3A$的水化和凝结硬化速度可通过加适量石膏加以控制。在有石膏存在时，$C_3A$水化后易与石膏反应而生成难溶于水的钙矾石，它沉淀在水泥颗粒表面形成保护膜，阻碍$C_3A$的水化，从而起到延缓水泥凝结的作用。但石膏掺量不能过多，因过多时不仅缓凝作用不大，还会对水泥引起安定性不良。合理的石膏掺量主要取决于水泥中$C_3A$的含量和石膏的品种及质量，同时也与水泥细度和熟料中的$SO_3$含量有关。一般生产水泥时石膏掺量占水泥质量的3%~5%，具体掺量应通过试验确定。

硅酸盐水泥各熟料矿物的抗压强度增长情况，如图3-4所示。

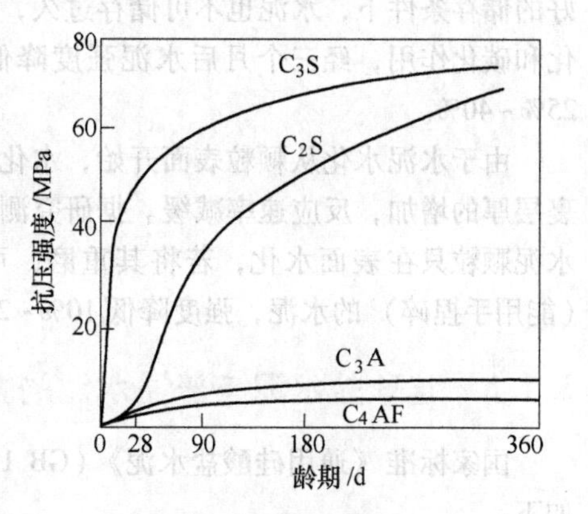


图3-4 水泥熟料矿物在不同龄期的抗压强度

（2）水泥细度的影响　水泥颗粒的粗细直接影响水泥的水化、凝结硬化、强度、干缩及水化热等，这是因为水泥加水后，开始仅在水泥颗粒的表面进行水化，而后逐步向颗粒内部发展，而且是一个较长时间的过

程。显然，水泥颗粒越细，水化作用的发展就越迅速和充分，使凝结硬化的速度加快，早期强度也就越高。但水泥颗粒过细，易与空气中的水分及二氧化碳反应，致使水泥不宜久存，过细的水泥硬化时产生的收缩也较大，而且磨制过细的水泥耗能多，成本高。一般认为，水泥颗粒小于40μm时就具有较高的活性，大于100μm活性较小。通常，水泥颗粒的粒径在7~200μm（0.007~0.2mm）范围内。

（3）拌和加水量的影响　拌和水泥浆体时，为使浆体具有一定塑性和流动性，所加入的水量通常要大大超过水泥充分水化时所需的水量，多余的水在硬化的水泥石内形成毛细孔。因此拌和水越多，硬化水泥石中的毛细孔就越多，当水灰比（用水量占水泥质量之比）为0.40时，完全水化后水泥石的总孔隙率为29.6%；而水灰比为0.70时，水泥石的孔隙率高达50.3%。水泥石的强度随其毛细孔隙率的增加呈线性关系下降。因此，在熟料矿物组成大致相近的情况下，拌和水泥浆的用水量是影响硬化水泥石强度的主要因素。

（4）养护湿度和温度的影响　水是参与水泥水化反应的物质，是水泥水化、硬化的必要条件，因此，用水泥拌制的砂浆和混凝土，在浇筑后应注意保持潮湿状态，以利获得和增加强度。提高温度可加速水化反应，通常，提高温度可加速硅酸盐水泥的早期水化，使早期强度能较快发展，但对后期强度反而可能有所降低。相反，在较低温度下硬化时，虽然硬化速率慢，但水化产物较致密，所以可获得较高的最终强度。不过在0℃以下，当水结成冰时，水泥的水化、凝结硬化作用将停止。

（5）养护龄期的影响　水泥的水化硬化是一个较长时期不断进行的过程，随着水泥颗粒内各熟料矿物水化程度的提高，凝胶体不断增加，毛细孔隙相应减少，从而随着龄期的增长使水泥石的强度逐渐提高。由于熟料矿物中对强度起决定性作用的$C_3S$在早期的强度发展快，所以水泥在3~14d内强度增长较快，28d后增长缓慢。

（6）调凝外加剂的影响　由于实际上硅酸盐水泥的水化、凝结硬化在很大程度上受到$C_3S$、$C_3A$的制约，因此凡对$C_3S$和$C_3A$的水化能产生影响的外加剂，都能改变硅酸盐水泥的水化、凝结硬化性能。例如加入促凝剂（$CaCl_2$、$Na_2SO_4$等）就能促进水泥水化、硬化，提高早期强度。相反，掺加缓凝剂（木钙、糖类等）就会延缓水泥的水化、硬化，影响水泥早期强度的发展。

#### 4. 水泥受潮与储存

水泥受潮后，因表面已水化而结块，从而丧失胶凝能力，严重降低其强度。而且，即使在良好的储存条件下，水泥也不可储存过久，因为水泥会吸收空气中的水分和二氧化碳，产生缓慢水化和碳化作用，经三个月后水泥强度降低10%~20%，六个月后降低15%~30%，一年后降低25%~40%。

由于水泥水化从颗粒表面开始，水化过程中水泥颗粒被水化产物C-S-H凝胶所包裹，随着包裹层厚的增加，反应速率减缓。据研究测试，当包裹层厚达25μm时，水化将终止。因此，受潮水泥颗粒只在表面水化，若将其重磨，可使其暴露出新表面而恢复部分活性。至于轻微结块（能用手捏碎）的水泥，强度降低10%~20%，这种水泥可以适当方式压碎后用于次要工程。

### 3.1.5 硅酸盐水泥与普通水泥的技术性质

国家标准《通用硅酸盐水泥》（GB 175）对硅酸盐水泥和普通硅酸盐水泥的主要技术要求如下：

#### 1. 细度

细度是指水泥颗粒的粗细程度，它是鉴定水泥品质的主要项目之一。

水泥颗粒粒径一般为7~200μm。颗粒越细，与水起反应的表面积就越大，水化越充分，因而水泥颗粒越细，水化较快而且较完全，早期强度和后期强度都较高。但在空气中的硬化收缩较大，使混凝土发生裂缝的可能性增加，成本也较高。如水泥颗粒过粗则不利于水泥活性的发挥。一般认为水泥颗粒小于40μm时，才具有较高的活性，大于100μm活性就很小了。因此，对水泥细度必须予以合理控制。《通用硅酸盐水泥》（GB 175）规定，硅酸盐水泥和普通硅酸盐水泥的细度以比表面积表示，其比表面积不小于300$m^2$/kg。

比表面积法是根据一定量空气通过具有一定空隙率和固定厚度的水泥层时，所受阻力不同而引起流速的变化来测定水泥的比表面积（单位质量的水泥粉末所具有的总表面积），以$m^2$/kg表示。比表面积采用《水泥比表面积测定方法 勃氏法》（GB/T 8074）测定。

## 2. 凝结时间

水泥的凝结时间有初凝和终凝之分。初凝为水泥加水拌和起至标准稠度净浆开始失去可塑性、流动性减小所需的时间；终凝为水泥加水拌和起至标准稠度水泥净浆完全失去塑性并开始产生强度所需的时间。为使混凝土和砂浆有充分的时间进行搅拌、运输、浇捣和砌筑，水泥初凝时间不能过短。当施工完毕后，则要求尽快硬化，使其具有强度，故终凝时间不能太长。

国家标准规定，硅酸盐水泥的初凝时间不小于45min，终凝时间不大于390min。普通水泥的初凝时间不小于45min，终凝时间不大于600min。凡初凝时间不符合规定者为不合格品。

水泥凝结时间是以标准稠度的水泥净浆，在规定温度和湿度下，用凝结时间测定仪来测定。所谓标准稠度是指水泥净浆达到规定稠度时所需的拌和用水量，以占水泥质量的百分率表示。硅酸盐水泥的标准稠度用水量，一般在24%~30%。

水泥凝结时间的影响因素很多：①水泥熟料矿物成分不同时，如铝酸三钙的质量分数高，石膏掺量不足，使水泥快凝；②水泥的细度越细，水化作用越快，凝结越快；③水灰比越小，凝结温度越高，凝结越快；④混合材料掺量大、水泥过粗等都会使水泥凝结缓慢。

## 3. 体积安定性

水泥的体积安定性是指水泥在凝结硬化过程中体积变化的均匀性。水泥硬化后产生不均匀的体积变化即体积安定性不良，水泥体积安定性不良会使水泥制品、混凝土构件产生膨胀性裂缝，降低建筑物质量，甚至引起严重工程事故。因此，水泥的体积安定性检验必须合格，体积安定性不符合技术要求的水泥为不合格品。

水泥安定性不良的原因是由于其水泥熟料矿物中含有过多的游离氧化钙或游离氧化镁，以及水泥粉磨时所掺入的石膏超量等所致。熟料中所含的游离氧化钙或游离氧化镁都是高温下生成的，属于过火氧化物，水化很慢，它要在水泥凝结硬化后才慢慢开始水化，反应式如下：

$$CaO+H_2O=Ca(OH)_2$$

$$MgO+H_2O=Mg(OH)_2$$

这时产生体积膨胀，从而引起不均匀的体积变化而使硬化水泥石开裂。当石膏掺量过多时，在硬化后，它还会继续与固态的水化铝酸钙反应生成高硫型水化硫铝酸钙，体积增大1.5倍，也会引起水泥石开裂。

安定性检验方法：

（1）沸煮法 由游离氧化钙引起的水泥安定性不良可采用沸煮法（试饼法或雷氏法）检验。按照《水泥标准稠度用水量、凝结时间、安定性检验方法》（GB/T 1346）规定，测试方法可以用试饼法或雷氏法，在有争议时以雷氏法为准。

1）试饼法是将标准稠度的水泥净浆做成直径70~80mm，中心厚10mm的试饼，在湿气养护箱内养护 24h±2h，在沸煮箱中 30min±5min 加热至沸，然后恒沸 180min±5min，用肉眼观察未发现裂纹，用直尺检查没有弯曲现象，则称为安定性合格，反之，为不合格。

2）雷氏法是将标准稠度净浆装于雷氏夹的环形试模中，在湿气养护箱内养护 24h±2h 后，在沸煮箱中 30min±5min 加热至沸，然后恒沸 180min±5min，测定试件两指针尖端距离。如两个试件在沸煮后，针尖端增加的距离平均值不大于 5.0mm 时，即判为该水泥安定性合格，反之为不合格。在有争议时以雷氏法为准。沸煮法起加速氧化钙熟化的作用，所以只能检查游离氧化钙所引起的水泥体积安定性不良。

(2) 压蒸法 由于游离氧化镁引起的安定性不良，可采用压蒸法。根据《水泥压蒸安定性试验方法》(GB/T 750) 的规定，将水泥制成净浆试体，经压蒸法，膨胀率不超过 0.5%则认为合格。由于游离氧化镁的水化作用比游离氧化钙更加缓慢，所以必须用压蒸法才能检验出它的危害作用。石膏的危害需经长期浸在常温水中才能发现。两者均不易快速检验，故国家标准规定水泥生产中严格加以控制。水泥熟料中游离氧化镁质量分数不得超过 5.0%，三氧化硫质量分数不得超过 3.5%。

#### 4. 强度及强度等级

水泥的强度是评定其质量的重要指标，可采用《水泥胶砂强度检验方法（ISO 法）》(GB/T 17671) 测定水泥强度。该法是将水泥和中国 ISO 标准砂按质量计以 1 : 3 混合，用 0.5 的水灰比按规定的方法制成 40mm×40mm×160mm 的试件，在标准温度 20℃±1℃的水中养护，分别测定其 3d 和 28d 的抗折强度和抗压强度。根据测定结果，分为 42.5、42.5R、52.5、52.5R、62.5 和 62.5R 六个强度等级。与硅酸盐水泥相比，普通水泥减少了 62.5 和 62.5R 的等级。水泥按 3d 强度又分为普通型和早强型两种类型，其中有代号 R 者为早强型水泥。各等级、各类型硅酸盐水泥和普通水泥的各龄期强度不得低于表 3-4 所示的数值。如强度低于相应强度等级的指标时为不合格品。

表 3-4 硅酸盐水泥和普通水泥各龄期的强度值

| 品种 | 强度等级 | 抗压强度/MPa | | 抗折强度/MPa | |
|---|---|---|---|---|---|
| | | 3d | 28d | 3d | 28d |
| 硅酸盐水泥 | 42.5 | 17.0 | 42.5 | 3.5 | 6.5 |
| | 42.5R | 22.0 | 42.5 | 4.0 | 6.5 |
| | 52.5 | 23.0 | 52.5 | 4.0 | 7.0 |
| | 52.5R | 27.0 | 52.5 | 5.0 | 7.0 |
| | 62.5 | 28.0 | 62.5 | 5.0 | 8.0 |
| | 62.5R | 32.0 | 62.5 | 5.5 | 8.0 |
| 普通硅酸盐水泥 | 42.5 | 17.0 | 42.5 | 3.5 | 6.5 |
| | 42.5R | 22.0 | 42.5 | 4.0 | 6.5 |
| | 52.5 | 23.0 | 52.5 | 4.0 | 7.0 |
| | 52.5R | 27.0 | 52.5 | 5.0 | 7.0 |

应予说明：水泥胶砂强度检验 ISO 法与原来 GB/T 177 法相比，其灰砂比小了而水灰比大了，这样用同样的水泥经试验所得强度值降低了，通过大量试验表明，基本上是降了一个水泥等级。这里应特别指出，并非所有生产厂的水泥一律降低一个强度等级就过渡到了 ISO 水泥等级，而是各厂降得有多有少，这一点应引起使用单位的注意，慎重使用。

#### 5. 碱含量

水泥中碱含量按 $Na_2O+0.658K_2O$ 计算值表示，若使用活性集料，用户要求提供低碱水泥时，水泥中碱的质量分数应不大于0.60%，或由供需双方商定。

#### 6. 水化热

水泥在水化过程中放出的热称为水泥的水化热。水化放热量和放热速度不仅决定于水泥矿物成分，而且还与水泥细度、水泥中掺混合材料及外加剂的品种、数量等有关。水泥矿物进行水化时，铝酸三钙放热量最大、速度也快，硅酸三钙放热量稍慢，硅酸二钙放热最低、速度也慢。水泥越细，水化反应比较容易进行，因此水化放热量越大，放热速度也越快。

大型基础、水坝、桥墩等大体积混凝土构筑物，由于水化热积聚在内部不易散失，内部温度常上升到50~60℃以上，内外温度差所引起的应力，可使混凝土产生裂缝，因此水化热对大体积混凝土是有害因素。

#### 7. 密度与堆积密度

在进行混凝土配合比计算和储运水泥时需要知道水泥的密度和堆积密度。硅酸盐水泥和普通水泥的密度一般为3.0~3.2g/cm$^3$，平均可取3.1g/cm$^3$。水泥在松散状态时的堆积密度一般为900~1300kg/m$^3$，紧密堆积状态可达1400~1700kg/m$^3$。

### 3.1.6 水泥石的腐蚀与防止

硅酸盐水泥硬化后，在一般使用条件下具有较好的耐久性，但在流动的淡水及某些侵蚀性液体如酸性水、硫酸盐溶液和浓碱性溶液中会逐渐受到侵蚀。下面介绍几种典型介质的腐蚀作用。

#### 1. 软水侵蚀（溶出性侵蚀）

水泥石中的水化产物须在一定含量的氢氧化钙溶液中才能稳定存在，如果溶液中的氢氧化钙含量小于水化产物所要求的极限含量时，则水化产物将被溶解或分解，从而造成水泥石结构的破坏。这就是硬化水泥石软水侵蚀的原理。

雨水、雪水、蒸馏水、工厂冷凝水及含碳酸盐甚少的河水与湖水等都属于软水，当水泥石长期与这些水相接融时，氢氧化钙会被溶出（每升水中能溶氢氧化钙1.3g以上）。在静水无压的情况下，由于氢氧化钙的溶解度小，易达饱和，故溶出仅限于表层，影响不大。但在流水及压力水作用下，氢氧化钙被不断溶解流失，使水泥石碱度不断降低，从而引起其他水化产物的分解溶蚀，如高碱性的水化硅酸盐、水化铝酸盐等分解成为低碱性的水化产物，最后会变成胶结能力很差的产物，使水泥石结构遭受破坏，这种现象称为溶析。

当环境水中含有重碳酸盐时，则重碳酸盐与水泥石中的氢氧化钙起作用，生成几乎不溶于水的碳酸钙，其反应式为

$$Ca(OH)_2+Ca(HCO_3)_2=2CaCO_3+2H_2O$$

生成的碳酸钙沉积在已硬化水泥石中的孔隙内起密实作用，从而可阻止外界水的继续侵入及内部氢氧化钙的扩散析出。所以，对需要与软水接触的混凝土，若预先在空气中硬化，存放一段时间后使之形成碳酸钙外壳，则可对溶出性侵蚀起到一定的保护作用。

#### 2. 盐类腐蚀

（1）硫酸盐侵蚀 在海水、湖水、盐沼水、地下水、某些工业污水及流经高炉矿渣或煤渣的水中，常含钾、钠、氨等硫酸盐，它们与水泥石中的氢氧化钙起置换作用而生成硫酸钙。硫酸钙与水泥石中的固态水化铝酸钙作用生成高硫型水化硫铝酸钙，其反应式为

$$3CaO \cdot Al_2O_3 \cdot 6H_2O+3(CaSO_4 \cdot 2H_2O)+19H_2O=3CaO \cdot Al_2O_3 \cdot 3CaSO_4 \cdot 31H_2O$$

生成的高硫型水化硫铝酸钙含有大量结晶水，比原有体积增加1.5倍以上，由于是在已经固化的水泥石中产生上述反应，因此对水泥石起极大的破坏作用。高硫型水化硫铝酸钙呈针状晶体，通常称为“水泥杆菌”，如图3-5所示。

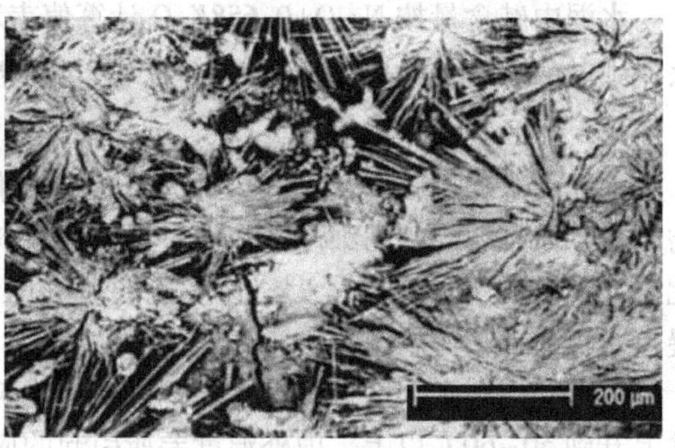

图3-5 水泥石中的“水泥杆菌”

当水中硫酸盐含量较高时，硫酸钙将在孔隙中直接结晶成二水石膏，也产生体积膨胀，导致水泥石的开裂破坏。

（2）镁盐腐蚀　在海水及地下水中，常含有大量的镁盐，主要是硫酸镁和氯化镁。它们与水泥石中的氢氧化钙起复分解反应，其反应式为

$$MgSO_4+Ca(OH)_2+2H_2O=CaSO_4 \cdot 2H_2O+Mg(OH)_2$$

$$MgCl_2+Ca(OH)_2=CaCl_2+Mg(OH)_2$$

生成的氢氧化镁松软而无胶凝力，氯化钙易溶于水，二水石膏又将引起硫酸盐的破坏作用。因此，硫酸镁对水泥石起镁盐和硫酸盐的双重侵蚀作用。

### 3. 酸类侵蚀

（1）碳酸的侵蚀　在工业污水、地下水中常溶解有较多的二氧化碳，这种水分对水泥石的腐蚀作用是通过下面方式进行的。

开始时二氧化碳与水泥石中的氢氧化钙作用生成碳酸钙，反应式为

$$Ca(OH)_2+CO_2+H_2O=CaCO_3+2H_2O$$

生成的碳酸钙再与含碳酸的水作用转变成重碳酸钙，此反应为可逆反应，如下：

$$CaCO_3+CO_2+H_2O \rightleftharpoons Ca(HCO_3)_2$$

生成的重碳酸钙易溶于水，当水中含有较多的碳酸，并超过平衡含量时，则上式反应向右进行，从而导致水泥石中的氢氧化钙通过转变为易溶的重碳酸钙而溶失。氢氧化钙含量的降低，将导致水泥石中其他水化产物的分解，使腐蚀作用进一步加剧。

（2）一般酸的腐蚀　在工业废水、地下水、沼泽水中常含有无机酸和有机酸。工业窑炉中的烟气常含有二氧化硫，遇水后生成亚硫酸。各种酸类对水泥石都有不同程度的腐蚀作用，它们与水泥石中的氢氧化钙作用后的生成物，或者易溶于水，或者体积膨胀，在水泥石内造成内应力而导致破坏。腐蚀作用最快的是无机酸中的盐酸、氢氟酸、硝酸、硫酸和有机酸中的醋酸、蚁酸和乳酸等。例如，盐酸和硫酸分别与水泥石中的氢氧化钙作用，其反应式如下：

$$2HCl+Ca(OH)_2=CaCl_2+2H_2O$$

$$H_2SO_4+Ca(OH)_2=CaSO_4 \cdot 2H_2O$$

反应生成的氯化钙易溶于水，生成的二水石膏继而又起硫酸盐的腐蚀作用。

### 4. 强碱的腐蚀

碱类溶液如含量不大时一般无害。但铝酸盐含量较高的硅酸盐水泥遇到强碱（如氢氧化钠）作用后也会被腐蚀破坏。氢氧化钠与水泥熟料中未水化的铝酸盐作用，生成易溶的铝酸钠，其反应式为

$$3CaO \cdot Al_2O_3+6NaOH=3Na_2O \cdot Al_2O_3+3Ca(OH)_2$$

当水泥石被氢氧化钠浸透后又在空气中干燥，与空气中的二氧化碳作用生成碳酸钠，碳酸钠在水泥石毛细孔中结晶沉积，而使水泥石胀裂。

除上述四种侵蚀类型外，对水泥石有腐蚀作用的还有其他物质，如糖、氨盐、纯酒精、动物脂肪、含环烷酸的石油产品等。

实际上，水泥石的腐蚀是一个极为复杂的物理化学作用过程，在遭受腐蚀时，很少仅为单一的侵蚀作用，往往是几种同时存在，互相影响。但产生水泥石腐蚀的基本内因：一是水泥石中存在易被腐蚀的组分，即 $Ca(OH)_2$ 和水化铝酸钙；二是水泥石本身不密实，有很多毛细孔通道，侵蚀性介质易于进入其内部。

应该说明，干的固体化合物对水泥石不起侵蚀作用，腐蚀性化合物必须呈溶液状态，而且其含量要达一定值以上。促进化学腐蚀的因素为较高的温度、较快的流速、干湿交替和出现钢筋锈蚀等。

#### 5. 防止水泥石腐蚀的措施

针对水泥石腐蚀的原理，使用水泥时可采取下列防止措施：

（1）根据侵蚀环境特点，合理选用水泥品种　例如，采用水化产物中氢氧化钙含量较少的水泥，可提高对各种侵蚀作用的抵抗能力；对抵抗硫酸盐的腐蚀，应采用铝酸三钙量低于5%的抗硫酸盐水泥。另外，掺入活性混合材料，可提高硅酸盐水泥对多种介质的抗腐蚀性。

（2）提高水泥石的密实度　从理论上讲，硅酸盐水泥水化只需水（化学结合水）23%左右（占水泥质量的百分数），但实际用水量占水泥质量的40%~70%，多余的水分蒸发后形成连通孔隙，腐蚀介质就容易侵入水泥石内部，从而加速了水泥石的腐蚀。在实际工程中，提高混凝土或砂浆密实度的措施有：合理进行混凝土配合比设计、降低水灰比、选择性能良好的集料、掺加外加剂以及改善施工方法（如振动成型、真空吸水作业）等。

（3）表面加保护层　当侵蚀作用较强时，可在混凝土或砂浆表面加做耐蚀性高且不透水的保护层，保护层的材料可为耐酸石料、耐酸陶瓷、玻璃、塑料、沥青等。对具有特殊要求的抗侵蚀混凝土，还可采用聚合物混凝土。

### 3.1.7 硅酸盐水泥和普通水泥的特性与应用

#### 1. 特性

由于这两种水泥中混合材料掺量少，相应的熟料矿物多，所以具有下述特性：

（1）凝结硬化快，强度高，尤其早期强度高　因为决定水泥石28d以内强度的 $C_3S$ 含量高，以及凝结硬化速率快，同时对水泥早期强度有利的 $C_3A$ 含量较高。

（2）抗冻性好　硅酸盐水泥硬化水泥石的密度比掺大量混合材料水泥的高，故抗冻性好。显然，硅酸盐水泥的抗冻性更优于普通水泥。

（3）水化热大　这是由于水化热大的 $C_3S$ 和 $C_3A$ 含量高所致。

（4）不耐腐蚀　水泥石中存在很多氢氧化钙和较多水化铝酸钙，所以这两种水泥的耐软水侵蚀和耐化学腐蚀性差。

（5）不耐高温　水泥石受热到约300℃时，水泥的水化产物开始脱水，体积收缩，强度开始下降；温度达700~1000℃时，强度降低很多，甚至完全破坏，故不耐高温。

#### 2. 应用

1）适用于重要结构的高强混凝土及预应力混凝土工程。

2）适用于早期强度要求高的工程及冬期施工的工程。

3）适用于严寒地区，遭受反复冻融的工程及干湿交替的部位。

4）不能用于海水和有侵蚀性介质存在的工程。

5）不能用于大体积混凝土。

6）不能用于高温环境的工程。

**3. 硅酸盐水泥和普通水泥的包装标志及储运**

为了便于识别，避免错用，国家标准规定，水泥袋上应清楚标明执行标准、水泥品种、代号、强度等级、生产者名称、生产许可证标志（QS）及编号、出厂编号、包装日期、净含量。掺火山灰质混合材料的普通水泥还应标上“掺火山灰”字样。包装袋两侧应印有水泥名称和强度等级，硅酸盐水泥和普通水泥的印刷采用红色。水泥包装标志中水泥品种、强度等级、生产者名称和出厂编号不全的属不合格品。

水泥在运输和储存时不得受潮和混入杂物，不同品种和强度等级的水泥应分别储存，不得混杂堆放，并应采取防潮措施。

## 3.2 掺大量混合材料的硅酸盐水泥

### 3.2.1 混合材料

磨制水泥时掺入人工的或天然的矿物材料称为混合材料。混合材料按其性能不同，可分为活性混合材料和非活性混合材料两大类，其中活性混合材料用量最大。

**1. 活性混合材料**

磨细的混合材料在常温常压下与石灰、石膏或硅酸盐水泥一起，加水拌和后能发生化学反应，生成有一定胶凝性的物质，且具有水硬性，这种混合材料称为活性混合材料。常用的活性混合材料有粒化高炉矿渣、火山灰质混合材料及粉煤灰等。

（1）粒化高炉矿渣　在高炉冶炼生铁时，将浮在铁水表面的熔融物，经急冷处理成粒径0.5~5.0mm的质地疏松的颗粒材料，称为粒化高炉矿渣。由于采用水淬方法进行急冷，故又称水淬高炉矿渣。水淬高炉矿渣为玻璃体，其中玻璃体的质量分数达80%以上，因此储有大量化学能。高炉矿渣主要化学成分为CaO、$SiO_2$和$Al_2O_3$，另外还含有少量的MgO、$Fe_2O_3$及其他杂质。粒化高炉矿渣的活性主要来自玻璃体结构中的活性$SiO_2$和活性$Al_2O_3$，它们在与水作用时，尤其是在碱性激发剂$Ca(OH)_2$的作用下，会使玻璃体中的$Ca^{2+}$、$AlO_4^{5-}$、$Al^{3+}$、$SiO_4^{4-}$离子进入溶液，生成新的水化产物，即水化硅酸钙、水化铝酸钙等，从而产生强度。不同的氧化物产生的作用不同，《用于水泥中的粒化高炉矿渣》（GB/T 203）中规定，用质量系数（$K$）评定粒化高炉矿渣的质量，其含义为

$$K=\frac{w_{CaO}+w_{MgO}+w_{Al_2O_3}}{w_{SiO_2}+w_{MnO}+w_{TiO_2}}$$

质量系数越大，矿渣的活性越高。水泥用粒化高炉矿渣的质量系数不得小于1.2。堆积密度不大于1200kg/m$^3$。钛、锰、氟、硫的氧化物不大于规定值。

（2）火山灰质混合材料　火山灰质混合材料按其成因分为天然的和人工的两类。天然的火山灰质混合材料有火山灰（火山喷发形成的碎屑）、凝灰岩（由火山灰沉积而成的致密岩石）、浮石（火山喷出时形成的玻璃质多孔岩石）、沸石（凝灰岩经环境介质作用形成的一种以水铝硅酸盐矿物为主的多孔岩石）、硅藻土（由极细的硅藻介壳聚集、沉积而成）等。人工的火山灰质

混合材料有煤矸石渣、烧页岩、烧黏土、煤渣和硅质渣等。火山灰质混合材料的活性成分也是活性 $SiO_2$ 和活性 $Al_2O_3$，它们必须有激发剂存在时才具有水硬性。《用于水泥中的火山灰质混合材料》（GB/T 2847）规定，水泥用火山灰质混合材料的 $SO_3$ 质量分数不大于 3%；火山灰活性试验必须合格；水泥胶砂 28d 抗压强度比不小于 65%。对于人工的火山灰质混合材料还规定其烧失量不大于 10%。放射性物质含量应符合《建筑材料放射性核素限量》（GB 6566）的规定。

（3）粉煤灰　粉煤灰是火力发电厂以煤粉作燃料而排出的燃料渣，实际上它也属于火山灰质混合材料，故其水硬性原理与火山灰质混合材料相同。一般来说，粉煤灰的含碳量越低，5~45μm 的细颗粒含量越多，低铁玻璃体越多，细小而密实球形玻璃体的含量越高时，其质量越好，活性越大。《用于水泥和混凝土中的粉煤灰》（GB/T 1596）规定，用于水泥的粉煤灰分 F 类和 C 类两种，其质量满足表 3-5 中的要求。

表 3-5　用于水泥中的粉煤灰技术要求

| 序号 | 指标 | 技术要求 |
|---|---|---|
| 1 | 烧失量（%），不大于 | 8.0 |
| 2 | 含水率（%），不大于 | 1.0 |
| 3 | 三氧化硫（%），不大于 | 3.5 |
| 4 | 游离氧化钙（%），不大于 | F 类粉煤灰 1.0；C 类粉煤灰 4.0 |
| 5 | 安定性（雷氏夹沸煮后增加距离）/mm，不大于 | C 类煤灰 5.0 |
| 6 | 强度活性指标（%），不小于 | 70.0 |

## 2. 活性混合材料的作用

活性混合材料具有潜在水化活性，但在常温下与水拌和时，本身不会水化或水化硬化极为缓慢，基本没有强度。但在 $Ca(OH)_2$ 溶液中，会发生显著的水化作用，在 $Ca(OH)_2$ 饱和溶液中反应更快。混合材料中的活性 $SiO_2$ 和活性 $Al_2O_3$ 与溶液中的 $Ca(OH)_2$ 反应，生成具有水硬性的水化硅酸钙和水化铝酸钙，其反应可表示为

$$xCa(OH)_2+SiO_2+nH_2O=xCaO \cdot SiO_2 \cdot (x+n)H_2O$$

$$yCa(OH)_2+Al_2O_3+mH_2O=yCaO \cdot Al_2O_3 \cdot (y+m)H_2O$$

当有石膏存在时，混合材料中活性 $Al_2O_3$ 生成的水化铝酸钙会与石膏反应，生成水化硫铝酸钙，$Ca(OH)_2$ 或石膏的存在是活性混合材料潜在活性发挥的必要条件，这类能激发活性混合材料活性的物质称为激发剂。$Ca(OH)_2$ 为碱性激发剂，石膏为硫酸盐激发剂。

## 3. 非活性混合材料

凡不具有活性或活性甚低的人工或天然的矿质材料经磨成细粉，掺入水泥中仅起调节水泥性质、降低水化热、降低强度等级、增加产量的混合材料，称为非活性混合材料，又称填充性混合材料。此类混合材料中质地坚实的有石英岩、石灰岩、砂岩等磨成的细粉；质地较松软的有黏土等。另外，凡不符合技术要求的粒化高炉矿渣、火山灰质混合材料及粉煤灰等均可作为非活性混合材料使用。

硅酸盐水泥熟料中掺入大量混合材料制成的水泥，不仅可调节水泥强度等级、增加产量、降低成本，还可调整水泥的性能、扩大水泥品种、满足不同工程的需要。

在硅酸盐水泥熟料中掺入适量混合材料除可制成六大品种水泥外，还可配制微集料火山灰质硅酸盐水泥、微集料粉煤灰硅酸盐水泥以及钢渣矿渣水泥等。在活性混合材料中掺入适量石灰和石膏共同磨细，可制成各种无熟料或少熟料水泥。例如，沸腾炉渣水泥、石膏矿渣水泥、石膏铁炉渣水泥和碱-矿渣水泥等。

### 3.2.2 矿渣硅酸盐水泥

矿渣硅酸盐水泥是我国产量最多的水泥品种，按《通用硅酸盐水泥》（GB 175），规定：凡由硅酸盐水泥熟料、粒化高炉矿渣和适量石膏磨细制成的水硬性胶凝材料，称为矿渣硅酸盐水泥（简称矿渣水泥），代号为P·S。其中熟料加石膏的掺加量≥50%且<80%、高炉矿渣掺加量>20%且≤50%时，记为P·S·A；熟料加石膏的掺加量≥30%且<50%、高炉矿渣掺加量>50%且≤70%时，记为P·S·B。本组分材料为符合标准的活性混合材料，其允许用不超过水泥质量8%且符合标准的其他活性混合材料或符合标准的非活性混合材料或窑灰中的任一种来代替。

#### 1. 矿渣水泥的水化特点

矿渣水泥的水化作用分两步进行：首先是水泥熟料颗粒开始水化，继而矿渣受熟料水化时所析出的 $Ca(OH)_2$ 以及外掺石膏的激发作用，其玻璃体结构被解体，使玻璃体中的 $Ca^{2+}$、$AlO_4^{5-}$、$Al^{3+}$、$SiO_4^{4-}$ 等离子进入溶液，生成新的水化物，即水化硅酸钙和水化铝酸钙，因有石膏存在，故还生成水化硫铝酸钙。由于矿渣水泥中熟料含量相对减少，并且有相当多的氢氧化钙又和矿渣组分相互作用，所以与硅酸盐水泥相比，其水化产物中的氢氧化钙含量相对减少，碱度要低些。

矿渣水泥中加入的石膏，一方面为调节水泥的凝结时间，另一方面又作为矿渣的激发剂，因此石膏的掺量比硅酸盐水泥稍多。标准规定矿渣水泥中 $SO_3$ 的质量分数不大于4.0%，如果水泥中氧化镁的质量分数大于6.0%时，需进行水泥压蒸安定性试验并要求合格。

国家标准规定，除硅酸盐水泥和普通水泥外，其余四种通用硅酸盐水泥的细度以筛余表示，其80μm方孔筛的筛余不大于10%或45μm方孔筛的筛余不大于30%。筛析法是采用45μm方孔筛和80μm方孔筛对水泥试样进行筛析试验，用筛上筛余量百分数表示水泥样品的细度。《水泥细度检验方法 筛析法》（GB/T 1345）规定，筛析法有负压筛析法、水筛法和手工筛析法三种。有争议时，以负压筛析法为准。

矿渣水泥按3d和28d的抗压和抗折强度分为32.5、32.5R、42.5、42.5R、52.5、52.5R六个强度等级。其各龄期的强度不得低于表3-6所示的数值。矿渣水泥的凝结时间一般比硅酸盐水泥要长，标准规定初凝不小于45min，终凝不大于600min。实际初凝一般为2~5h，终凝5~9h。安定性用沸煮法检验必须合格。矿渣水泥的密度一般为2.8~3.0g/cm³，堆积密度为900~1200kg/m³。

表3-6 矿渣水泥、火山灰水泥、粉煤灰水泥、复合水泥各龄期强度

| 强度等级 | 抗压强度/MPa | | 抗折强度/MPa | |
|---|---|---|---|---|
| | 3d | 28d | 3d | 28d |
| 32.5 | 10.0 | 32.5 | 2.5 | 5.5 |
| 32.5R | 15.0 | 32.5 | 3.5 | 5.5 |
| 42.5 | 15.0 | 42.5 | 3.5 | 6.5 |
| 42.5R | 19.0 | 42.5 | 4.0 | 6.5 |
| 52.5 | 21.0 | 52.5 | 4.0 | 7.0 |
| 52.5R | 23.0 | 52.5 | 4.5 | 7.0 |

#### 2. 矿渣水泥的特性

与硅酸盐水泥和普通水泥相比较，矿渣水泥主要有以下特点：

(1) 凝结硬化慢，早期强度低，后期强度增进率大 由于矿渣水泥中，熟料矿物的含量相对减少了，故其早期硬化较慢，呈现出水泥的3d强度较低。但由于矿渣水泥二次水化反应后生成的水化硅酸钙凝胶逐渐增多，所以其28d后的强度发展较快，将赶上甚至超过硅酸盐水泥，如图3-6所示。

(2) 硬化时对湿热敏感性强 矿渣水泥在较低温度下，凝结硬化缓慢，故冬期施工时需加强保温措施。但在湿热条件下，矿渣水泥的强度发展很快，故适合于采用蒸汽养护。

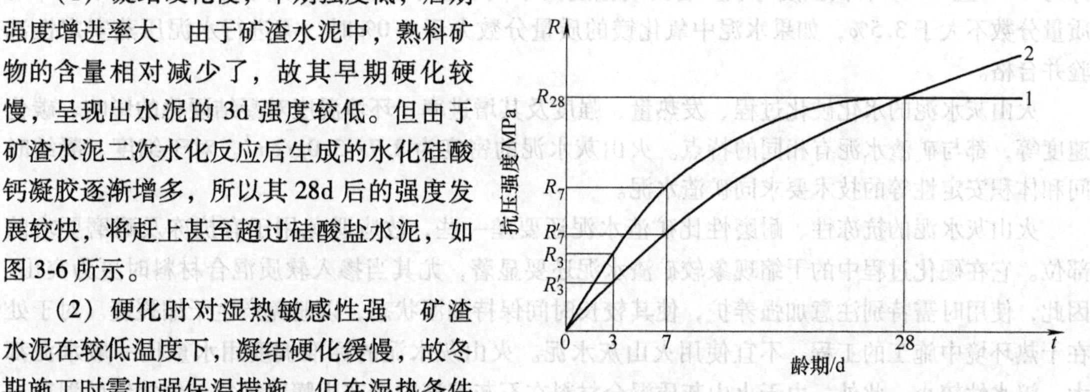


图3-6 矿渣水泥与硅酸盐水泥增长情况比较

1—硅酸盐水泥 2—矿渣水泥

(3) 水化热低 在矿渣水泥中，由于熟料用量减少，使水化时发热量高的$C_3S$和$C_3A$含量相对减少，故其水化热较低，宜用于大体积混凝土工程中。

(4) 具有较强的抗溶出性侵蚀及抗硫酸盐侵蚀的能力 由于矿渣水泥的水化产物中氢氧化钙含量少，从而提高了抗溶出性及抗硫酸盐侵蚀的能力。故矿渣水泥适用于有溶出性或硫酸盐侵蚀的水工建筑工程、海港工程及地下工程。

(5) 抗碳化能力较差 用矿渣水泥拌制的砂浆和混凝土，由于水泥石中氢氧化钙碱度较低，因而表层的碳化作用进行得较快，碳化深度也较大，这对钢筋混凝土极为不利。因为当碳化深入达到钢筋的表面时，就会导致钢筋的锈蚀，最后使混凝土产生顺筋裂缝。

(6) 耐热性较强 由于矿渣出自高炉，以及矿渣水泥的水化产物中$Ca(OH)_2$含量少，所以耐热性能较强。故较其他品种水泥更适用于轧钢、锻造、热处理、铸造等高温基础及温度达300~400℃的热气体通道等耐热工程。

(7) 保水性差，泌水性较大 将一定量的水分保存在浆体中的性能称为保水性。由于矿渣颗粒难以磨得很细，且矿渣玻璃体亲水性较小，因而矿渣水泥的保水性较差，泌水性较大。它容易使混凝土形成毛细通路及水囊，当水分蒸发后，便留下孔隙，降低混凝土的密实性及均匀性，故要严格控制用水量，加强早期养护。

(8) 干缩性较大 水泥在空气中硬化时，随着水分的蒸发，体积会有微小的收缩，称为干缩。由于矿渣水泥的泌水性大，形成毛细通道，增加水分的蒸发所以其干缩性较大。干缩易使混凝土表面发生很多微细裂缝，从而降低混凝土的力学性能和耐久性。

(9) 抗冻性和耐磨性较差 矿渣水泥抗冻性及耐磨性均较硅酸盐水泥及普通水泥差。因此，矿渣水泥不宜用于严寒地区水位经常变动的部位，也不宜用于受高速夹砂水流冲刷或其他具有耐磨要求的工程。

为了便于识别和使用，我国水泥标准规定，矿渣水泥包装袋侧面印字采用绿色印刷。掺火山灰质混合材料的矿渣水泥还应该标上“掺火山灰”的字样。

### 3.2.3 火山灰质硅酸盐水泥

凡由硅酸盐水泥熟料和火山灰质混合材料、适量石膏磨细制成的水硬性胶凝材料称为火山灰质硅酸盐水泥（简称火山灰水泥），代号为P·P。水泥中火山灰质混合材料掺量按质量分数计为>20%且≤40%，其强度等级及各龄期强度要求同矿渣水泥。标准规定火山灰水泥中 $SO_3$ 的质量分数不大于3.5%，如果水泥中氧化镁的质量分数大于6.0%时，需进行水泥压蒸安定性试验并合格。

火山灰水泥的水化硬化过程、发热量、强度及其增进率、环境温度对凝结硬化的影响、碳化速度等，都与矿渣水泥有相同的特点。火山灰水泥的密度为2.7~3.0g/cm³。对于细度、凝结时间和体积安定性等的技术要求同矿渣水泥。

火山灰水泥的抗冻性、耐磨性比矿渣水泥还要差一些，故应避免用于有抗冻及耐磨要求的部位。它在硬化过程中的干缩现象较矿渣水泥还要显著，尤其当掺入软质混合材料时更为突出。因此，使用时需特别注意加强养护，使其较长时间保持潮湿状态，以避免产生干缩裂缝。对于处在干热环境中施工的工程，不宜使用火山灰水泥。火山灰水泥的标准稠度用水量比一般水泥都大，泌水性较小。此外，由于火山灰质混合材料在石灰溶液中会产生膨胀现象，使拌制的混凝土较为密实，故抗渗性能高。

### 3.2.4 粉煤灰硅酸盐水泥

凡由硅酸盐水泥熟料和粉煤灰、适量石膏磨细制成的水硬性胶凝材料，称为粉煤灰硅酸盐水泥（简称粉煤灰水泥），代号为P·F。水泥中粉煤灰掺量按质量分数计为>20%且≤40%，其强度等级及各龄期强度要求同矿渣水泥。标准规定粉煤灰水泥中 $SO_3$ 的质量分数不大于3.5%，如果水泥中氧化镁的质量分数大于6.0%时，需进行水泥压蒸安定性试验并合格。

粉煤灰水泥的细度、凝结时间及体积安定性等技术要求与矿渣水泥相同。

粉煤灰水泥的水化硬化过程与火山灰水泥基本相同，其性能也与火山灰水泥有很多相似之处。粉煤灰水泥的主要特点是干缩性比较小，甚至比硅酸盐水泥及普通水泥还小，因而抗裂性较好。同时，配制的混凝土和易性较好。这主要是由于粉煤灰的颗粒多呈球形微粒，且较为致密。吸水性较小，因而能减小拌合物内摩擦阻力。按我国水泥标准规定，火山灰水泥和粉煤灰水泥包装袋侧面印字采用黑色印刷。

### 3.2.5 复合硅酸盐水泥

《通用硅酸盐水泥》（GB 175）规定：凡由硅酸盐水泥熟料、两种或两种以上规定的混合材料、适量石膏磨细制成的水硬性胶凝材料称为复合硅酸盐水泥（简称复合水泥），代号P·C。混合材料总掺加量按质量分数计为>20%且≤50%。允许用不超过水泥质量8%的窑灰代替部分混合材料。掺矿渣时混合材料掺量不得与矿渣水泥重复。

当使用新开辟的混合材料时，为保证水泥的质量（品质），对这类混合材料做了新的规定，即水泥胶砂28d抗压强度比大于或等于75%者为活性混合材料，小于75%者为非活性混合材料。同时还规定，启用新开辟的混合材料生产复合水泥时，必须经国家级水泥质量监督和检验机构充分试验和鉴定。

复合水泥有6个强度等级，各强度等级的强度值如表3-6所示。其余性能要求同火山灰水泥。

硅酸盐水泥、普通水泥、矿渣水泥、火山灰水泥、粉煤灰水泥和复合水泥是土木工程中广泛使用的六种水泥（通用水泥），它们的强度等级、成分和特性如表3-7所示。六大水泥的选用如表3-8所示。

表3-7 通用水泥的强度等级、成分及特性

| 项目 | 硅酸盐水泥 | 普通水泥 | 矿渣水泥 | 火山灰水泥 | 粉煤灰水泥 | 复合水泥 |
| --- | --- | --- | --- | --- | --- | --- |
| 强度等级类型 | 42.5、42.5R、52.5、52.5R、62.5、62.5R | 42.5、42.5R、52.5、52.5R | 32.5、32.5R、42.5、42.5R、52.5、52.5R | | | |
| 主要成分 | 硅酸盐水泥熟料、不掺或掺加不超过5%的混合材料、石膏 | 硅酸盐水泥熟料、>5%且≤20%的混合材料、石膏 | 硅酸盐水泥熟料、>20%且≤70%的粒化高炉矿渣、石膏 | 硅酸盐水泥熟料、>20%且≤40%的火山灰质混合材料、石膏 | 硅酸盐水泥熟料、>20%且≤40%的粉煤灰、石膏 | 硅酸盐水泥熟料、>20%且≤50%的混合材料、石膏 |
| 特性 | 1. 硬化快，早期强度高<br>2. 水化热大<br>3. 抗冻性较好<br>4. 耐热性较差<br>5. 耐腐蚀性较差 | 1. 早期强度高<br>2. 水化热较高<br>3. 抗冻性较好<br>4. 耐热性较差<br>5. 耐腐蚀性较 | 1. 硬化慢，早期强度低，后期强度增长较快<br>2. 水化热较低<br>3. 抗冻性差，易碳化<br>4. 耐腐蚀性较好<br>5. 耐热性较好<br>6. 对温度、湿度变化较为敏感 | 抗渗性较好，耐热性不及矿渣水泥，其他同矿渣水泥 | 干缩性较小，抗裂性较好，其他同矿渣水泥 | 3d龄期强度高于矿渣水泥，其他同矿渣水泥 |

表3-8 通用水泥的选用

| 混凝土工程特点及所处环境条件 | | | 优先选用 | 可以选用 | 不宜选用 |
| --- | --- | --- | --- | --- | --- |
| 普通混凝土 | 1 | 在一般气候环境中的混凝土 | 普通水泥 | 矿渣水泥、火山灰水泥、粉煤灰水泥、复合水泥 | |
| | 2 | 在干燥环境中的混凝土 | 普通水泥 | 矿渣水泥 | 火山灰水泥、粉煤灰水泥 |
| | 3 | 在高湿度环境中或长期处于水中的混凝土 | 矿渣水泥、火山灰水泥、粉煤灰水泥、复合水泥 | 普通水泥 | |
| | 4 | 厚大体积的混凝土 | 矿渣水泥、火山灰水泥、粉煤灰水泥、复合水泥 | | 硅酸盐水泥、普通水泥 |
| 有特殊要求的混凝土 | 1 | 要求快硬、高强度（>C40）的混凝土 | 硅酸盐水泥 | 普通水泥 | 矿渣水泥、火山灰水泥、粉煤灰水泥、复合水泥 |
| | 2 | 严寒地区的露天混凝土，寒冷地区处于水位升降范围内的混凝土 | 普通水泥 | 矿渣水泥（强度等级>32.5） | 火山灰水泥、粉煤灰水泥 |
| | 3 | 严寒地区处于水位升降范围内的混凝土 | 普通水泥（强度等级>42.5） | | 矿渣水泥、火山灰水泥、粉煤灰水泥、复合水泥 |
| | 4 | 有抗渗性要求的混凝土 | 普通水泥、火山灰水泥 | | 矿渣水泥 |
| | 5 | 有耐磨性要求的混凝土 | 硅酸盐水泥、普通水泥 | 矿渣水泥（强度等级>32.5） | 火山灰水泥、粉煤灰水泥 |
| | 6 | 受侵蚀性介质作用的混凝土 | 矿渣水泥、火山灰水泥、粉煤灰水泥、复合水泥 | | 硅酸盐水泥、普通水泥 |

注：当水泥中掺有黏土质混合材料时，则不耐硫酸盐腐蚀。

## 3.3 特性水泥

特性水泥的品种很多，本章仅介绍土木工程、房屋维修工程中常用的几种，即白色硅酸盐水泥、彩色硅酸盐水泥、快硬高强水泥、膨胀水泥、自应力水泥、道路硅盐水泥以及地质聚合物水泥等。

### 3.3.1 白色与彩色硅酸盐水泥

#### 1. 白色硅酸盐水泥

凡以适当成分的生料烧至部分熔融，所得以硅酸钙为主要成分、氧化铁含量很少的白色硅酸盐水泥熟料，再加入适量石膏，共同磨细制成的水硬性胶凝材料称为白色硅酸盐水泥，简称白水泥。

熟料中氧化镁的质量分数不宜超过5.0%；如果水泥经压蒸安定性试验合格，则熟料中氧化镁的质量分数允许放宽到6.0%。

（1）白水泥制造原理及生产工艺　普通水泥的颜色主要因其化学成分中所含氧化铁所致。因此，白水泥与普通水泥制造上的主要区别，在于严格控制水泥原料的铁含量，并严防在生产过程中混入铁质。表3-9所示为水泥中铁含量与水泥颜色的关系。白水泥中铁含量只有普通水泥的1/10左右。此外，锰、铬等氧化物也会导致水泥白度的降低，故生产中也须控制其含量。

表3-9　水泥中铁含量与水泥颜色的关系

| 氧化铁含量（质量分数）（%） | 3~4 | 0.45~0.7 | 0.35~0.4 |
|---|---|---|---|
| 水泥颜色 | 暗灰色 | 淡绿色 | 白色 |

白水泥与普通水泥生产方法基本相同，但对原材料要求不同。生产白水泥用的石灰石及黏土原料中的氧化铁含量（质量分数）应分别低于0.1%和0.7%。常用的黏土质原料有高岭土、瓷石、白泥、石英砂等，石灰岩质原料则采用白垩。

生产中还需要采取下列措施：要选用无灰分的气体燃料（天然气）或液体燃料（柴油、重油），在粉磨生料和熟料时，为避免混入铁质，球磨机内壁要镶贴白色花岗岩或高强度陶瓷衬板，并采用烧结刚玉、瓷球、卵石等作研磨体。为提高白水泥的白度，对白水泥熟料还需经漂白处理。例如，给刚出窑的红热熟料喷水、喷油或浸水，使高价的$Fe_2O_3$还原成低价的FeO或$Fe_3O_4$；提高白水泥熟料的饱和比（即KH值），增加游离CaO的含量，并使其吸水消解为$Ca(OH)_2$；适当提高水泥的细度等。

（2）白水泥的技术性质

1）强度。根据《白色硅酸盐水泥》（GB/T 2015）规定，白色硅酸盐水泥分为32.5、42.5、52.5三个强度等级，白水泥各龄期的强度不得低于表3-10所示的数值。

表3-10　白水泥各龄期强度值

| 强度等级 | 抗压强度/MPa | | 抗折强度/MPa | |
|---|---|---|---|---|
| | 3d | 28d | 3d | 28d |
| 32.5 | 12.0 | 32.5 | 3.0 | 6.0 |
| 42.5 | 17.0 | 42.5 | 3.5 | 6.5 |
| 52.5 | 22.0 | 52.5 | 4.0 | 7.0 |

2）白度。采用光谱测色仪或光电积分类测色仪器测定白色硅酸盐水泥白度。试验用试样应密封保存且质量应不少于200g。试验时取一定量的白水泥试样放入恒压粉体压样器中，压制成表面平整、无纹理、无疵点、无污点的试样板。每个白水泥样品需压制3块试样板。以3块试样板的白度平均值为试样的白度。当3块粉体试样板的白度值中有一个超过平均值的±0.5时，应予剔除，取其余两个测量值的平均值作为白度结果；如果两个超过平均值的±0.5时，应重做测量。同一试验室偏差应不超过0.5。

3）细度、凝结时间及体积安定性。白色硅酸盐水泥细度要求为45μm，方孔筛筛余量不超过30%；凝结时间初凝不早于45min，终凝不迟于10h；体积安定性用沸煮法检验必须合格。同时熟料中氧化镁的质量分数不得超过5.0%，水泥中三氧化硫的质量分数不得超过3.5%。

### 2. 彩色硅酸盐水泥

彩色硅酸盐水泥就是将硅酸盐水泥熟料（白水泥熟料或普通水泥熟料）、适量石膏和碱性颜料共同磨细而制成的水硬性胶凝材料，简称彩色水泥。也可将颜料直接与水泥粉混合配制成水泥，但这种方法颜料用量大，色泽也不易均匀。

生产彩色水泥所用的颜料应满足以下基本要求：不溶于水，分散性好；耐大气稳定性好，耐光性应在7级以上；抗碱性强，应具一级耐碱性；着色力强，颜色浓；不会使水泥强度显著降低，也不能影响水泥正常凝结硬化。无机矿物颜料能较好地满足以上要求，而有机颜料色泽鲜艳，在彩色水泥中只需掺入少量，就能显著提高装饰效果。

白色和彩色硅酸盐水泥在装饰工程中常用来配制彩色水泥浆，配制装饰混凝土，配制各种彩色砂浆用于装饰抹灰以及制造各种色彩的水刷石、人造大理石及水磨石等制品。

## 3.3.2 快硬高强水泥

随着建筑业的发展，高强、早强混凝土应用量日益增加，高强、早强水泥的品种与产量也随之增多。目前，我国快硬、高强水泥已有5个系列，近10个品种，是世界上少有的品种齐全的国家之一。建筑业使用较多的快硬高强水泥的品种及性能如表3-11所示。

表3-11 快硬高强水泥的主要品种与性能

| 水泥 | | | 比表面积/($m^2$/kg) | 凝结时间 | | 抗压强度/MPa | | | | 抗折强度/MPa | | | |
|---|---|---|---|---|---|---|---|---|---|---|---|---|---|
| 系列 | 名称 | 等级/类型 | | 初凝/min | 终凝/h | 6h | 1d | 3d | 28d | 6h | 1d | 3d | 28d |
| 硅酸盐 | 快硬硅酸盐水泥GB 199 | 325 | 320~450 | 45 | 10 | | 15.0 | 32.5 | 52.5 | | 3.5 | 5.0 | 7.2 |
| | | 375 | | | | | 17.0 | 37.5 | 57.5 | | 4.0 | 6.0 | 7.6 |
| | | 425 | | | | | 19.0 | 42.5 | 62.5 | | 4.5 | 6.4 | 8.0 |
| | 无收缩快硬硅酸盐水泥JC/T 741 | 525 | 400~500 | 30 | 6 | | 13.7 | 28.4 | 52.5 | | 3.4 | 5.4 | 7.1 |
| | | 625 | | | | | 17.2 | 34.3 | 62.5 | | 3.9 | 5.9 | 7.8 |
| | | 725 | | | | | 20.6 | 41.7 | 72.5 | | 4.4 | 6.4 | 8.6 |

（续）

| 水泥 | | | 比表面积/($m^2$/kg) | 凝结时间 | | 抗压强度/MPa | | | | 抗折强度/MPa | | | |
|---|---|---|---|---|---|---|---|---|---|---|---|---|---|
| 系列 | 名称 | 等级/类型 | | 初凝/min | 终凝/h | 6h | 1d | 3d | 28d | 6h | 1d | 3d | 28d |
| 铝酸盐 | 铝酸盐水泥 GB/T 201 | CA-50 | 320~450 | 30 | 6 | 20 | 40.0 | 50.0 | | 3.0 | 5.5 | 6.5 | |
| | | CA-60 | | 60 | 18 | | 20.0 | 45.0 | 85.0 | | 2.5 | 5.0 | 10.0 |
| | | CA-70 | | 30 | 6 | | 30.0 | 40.0 | | | 5.0 | 6.0 | |
| | | CA-80 | | 30 | 6 | | 25.0 | 30.0 | | | 4.0 | 5.0 | |
| | 快硬高强铝酸盐水泥 JC 416 | 625 | 400~500 | 25 | 3 | 20.0 | 35.0 | | 62.5 | | 5.5 | | 7.8 |
| | | 725 | | | | 20.0 | 40.0 | | 72.5 | | 6.0 | | 8.6 |
| | | 825 | | | | 20.0 | 45.0 | | 82.5 | | 6.5 | | 9.4 |
| | | 925 | | | | 20.0 | 47.5 | | 92.5 | | 6.7 | | 10.2 |
| 硫(铁)铝酸盐 | 快硬硫(铁)铝酸盐水泥 JC 933 | 42.5 | 400~500 | 25 | 3 | | 29.4 | 34.4 | 41.7 | | 5.9 | 6.4 | 6.9 |
| | | 52.5 | | | | | 36.8 | 44.1 | 51.5 | | 6.4 | 6.9 | 7.4 |
| | | 62.5 | | | | | 39.2 | 51.5 | 61.5 | | 6.9 | 7.4 | 7.8 |
| | | 72.5 | | | | | 56.0 | 72.5 | 75.0 | | 7.5 | 8.0 | 8.5 |

## 1. 快硬硅酸盐水泥

凡以硅酸钙为主要成分的水泥熟料，加入适量石膏，经磨细制成的具有早期强度增进率较快的水硬性胶凝材料，称为快硬硅酸盐水泥，简称快硬水泥。快硬水泥以3d强度确定其强度等级。制造过程与硅酸盐水泥基本相同，只是适当增加了熟料中硬化快的矿物质，即硅酸三钙的质量分数达50%~60%，铝酸三钙为8%~14%，两者总量应不少于60%~65%。同时适当增加石膏掺量（达8%），并提高水泥的粉磨细度，通常比表面积达330~450$m^2$/kg。

快硬水泥的性质应满足《快硬硅酸盐水泥》（GB 199）的规定，细度要求80μm方孔筛筛余不得超过10%；初凝不得早于45min，终凝不得迟于10h；安定性要求沸煮法合格。快硬水泥各强度等级 、各龄期强度均不得低于表3-11中的数值，表中28d的强度为供需双方参考指标。

快硬水泥主要用于配制早强混凝土，适用于紧急抢修工程和低温施工工程。

## 2. 铝酸盐水泥

凡以铝酸钙为主的铝酸盐水泥熟料磨细制成的水硬性胶凝材料称为铝酸盐水泥，代号CA。根据需要也可在磨制$Al_2O_3$质量分数大于68%的水泥中掺加适量的α-$Al_2O_3$粉制得。它是一种快硬、高强、耐热、耐腐蚀的水泥。

根据$Al_2O_3$的质量分数，铝酸盐水泥分为四类：①CA-50，50%≤$Al_2O_3$<60%；②CA-60，60%≤$Al_2O_3$<68%；③CA-70，68%≤$Al_2O_3$<77%；④CA-80，77%≤$Al_2O_3$。这四类水泥的耐火度大致分别达到1500℃、1600℃、1700℃和1750℃，是工程中常用的耐火胶凝材料。

（1）铝酸盐水泥的矿物组成、水化与硬化　铝酸盐水泥的主要矿物成分为铝酸一钙（CaO·$Al_2O_3$，简写为CA），另外还有二铝酸一钙（CaO·2$Al_2O_3$，简写为$CA_2$）、硅铝酸二钙（2CaO·$Al_2O_3$·$SiO_2$，简写为$Ca_2AS$）、七铝酸十二钙（12CaO·7$Al_2O_3$，简写为$C_{12}A_7$），以及少量的硅酸二钙（2CaO·$SiO_2$）等。

铝酸盐水泥的水化产物主要为十水铝酸一钙（$CAH_{10}$）、八水铝酸二钙（$C_2AH_8$）和铝胶（$Al_2O_3 \cdot 3H_2O$）。$CAH_{10}$和$C_2AH_8$具有细长的针状和板状结构，能互相结成坚固的结晶连生体，形成晶体骨架。析出的氢氧化铝凝胶难溶于水，填充于晶体骨架的空隙中，形成较密实的水泥石结构，铝酸盐水泥初期强度增长很快，但后期强度增长不显著。

在普通硬化条件下，铝酸盐水泥的水泥石中几乎不含水化铝酸三钙和氢氧化钙，同时密实度也较大。因此，对硫酸盐等介质的侵蚀作用具有很高的抵抗能力。

（2）铝酸盐水泥的技术要求　铝酸盐水泥常为黄色或褐色，也有呈灰色的。国家标准《铝酸盐水泥》（GB/T 201）规定，其细度要求为比表面积不小于300$m^2$/kg或45μm方孔筛筛余百分率不得超过20%，其余性能见表3-11。

（3）铝酸盐水泥的特性

1）快凝早强。1d强度可达最高强度的80%以上。

2）水化热大，且放热量集中。1d内放出水化热总量的70%~80%，使混凝土内部温度上升较高，故即使在-10℃下施工，铝酸盐水泥也能很快凝结硬化。

3）抗硫酸盐性能很强。因其水化后无$Ca(OH)_2$生成。

4）耐热性好。能耐1300~1400℃高温。

5）长期强度要降低。一般降低40%~50%。

关于铝酸盐水泥长期强度降低的原因，国内外存在许多说法，但比较多的看法认为：一是铝酸盐水泥主要水化产物$CAH_{10}$和$C_2AH_8$为亚稳晶体结构，经一定时间后，特别是在较高温度及高湿度环境中，易转变成稳定的呈立方体结构的$C_3AH_6$立方体，晶体相互搭接差，使骨架强度降低。二是在晶型转化的同时，固相体积将减缩约50%，使孔隙率增加。三是在晶体转变过程中析出大量游离水，进一步降低了水泥石的密度，从而使强度下降。

在自然条件下，铝酸盐水泥长期强度下降有一个最低稳定值。使用时，应以铝酸盐水泥混凝土最低稳定强度进行设计。按《铝酸盐水泥》（GB/T 201）的规定，以试件脱模后放入（50±2）℃水中养护，取龄期7d或14d强度值的较低者为其最低稳定强度值。

（4）铝酸盐水泥的应用及施工注意事项　铝酸盐水泥不能用于长期承重的结构及高温高湿环境中的工程，适用于紧急军事工程（筑路、桥）、抢修工程（堵漏等）、临时性工程，以及配制耐热混凝土（如高温窑炉炉衬）等。

配制铝酸盐水泥混凝土时应采用低水灰比。实践证明，当$W/C<0.40$时，晶型转化后的强度尚能较高。不能在高温季节施工，铝酸盐水泥施工适宜温度为15℃，应控制在不大于25℃。也不能进行蒸汽养护。不经过试验，铝酸盐水泥不得与硅酸盐水泥或石灰相混，以免引起闪凝和强度下降。

### 3. 快硬硫铝酸盐水泥

以适当成分的生料，烧成以无水硫铝酸钙[$3(CaO \cdot Al_2O_3) \cdot CaSO_4$]和β型硅酸二钙为主要矿物成分的熟料，加入适量石膏磨细制成的水硬性胶凝材料，称为快硬硫铝酸盐水泥。

这种水泥中的无水硫铝酸钙水化很快，在水泥失去塑性前就形成大量的钙矾石和氢氧化铝凝胶，$\beta$-$C_2S$是低温（1250~1350℃）烧成，活性较高，水化较快，能较早生成C-S-H凝胶，C-S-H凝胶和氢氧化铝凝胶填充于钙矾石结晶骨架的空间，形成致密的体系，从而使快硬硫铝酸盐水泥获得较高早期强度。此外，$C_2S$水化析出的$Ca(OH)_2$与氢氧化铝和石膏又能进一步生成钙矾石，不仅增加了钙矾石的量，而且也促进了$C_2S$的水化，进一步早强，使水泥有较好的抗冻性、抗渗性和气密性。

快硬硫铝酸盐水泥的技术性能见表3-11。

快硬硫铝酸盐水泥具有快凝、早强、不收缩的特点，可用于配制早强、抗渗和抗硫酸盐侵蚀的混凝土，适用于负温施工（冬期施工），浆锚、喷锚支护、抢修、堵漏，水泥制品及一般建筑工程。由于这种水泥的碱度较低，所以适用于玻璃纤维增强水泥制品。此外，钙矾石在150℃以上会脱水，强度大幅度下降，故耐热性较差。

### 3.3.3 膨胀水泥及自应力水泥

硅酸盐水泥在空气中硬化时，通常都会产生一定的收缩，收缩将使水泥混凝土制品内部产生微裂缝，对混凝土不利，若用硅酸盐水泥来填灌装配式构件的接头、填塞孔洞、修补缝隙，均不能达到预期的效果。但膨胀水泥在硬化过程中能产生一定体积膨胀，从而能克服或改善一般水泥的上述缺点。在钢筋混凝土中应用膨胀水泥，由于混凝土的膨胀将使钢筋产生一定的拉应力，混凝土受到相应的压应力，这种压应力能使混凝土免于产生内部微裂缝，当其值较大时，还能抵消一部分因外界因素（例如，水泥混凝土管道中输送的压力水或压力气体）所产生的拉应力，从而有效地改善混凝土抗拉强度低的缺陷。因为这种预先具有的压应力来自水泥本身的水化，所以称为自应力，并以“自应力值”（MPa）表示混凝土中所产生的压应力大小。

膨胀水泥按自应力的大小可分为两类：当其自应力值大于或等于2.0MPa时，称为自应力水泥；当自应力值小于2.0MPa（通常为0.5MPa左右），则称为膨胀水泥。

我国常用的膨胀水泥品种按其基本组成有：

1）硅酸盐膨胀水泥。以硅酸盐水泥为主，外加铝酸盐水泥和石膏配制而成。

2）铝酸盐膨胀水泥。以铝酸盐水泥为主，外加石膏组成。

3）硫铝酸盐膨胀水泥。以无水硫铝酸钙和硅酸二钙为主要成分，外加石膏而组成。

4）铁铝酸钙膨胀水泥。以铁相、无水硫铝酸钙和硅酸二钙为主要矿物，加石膏制成。

上述四种膨胀水泥的膨胀源均来自在水泥石中形成钙矾石产生体积膨胀而致。调整各种组成的配合比，控制生成钙矾石的数量，可以制得不同膨胀值、不同类型的膨胀水泥。

膨胀水泥适用于补偿混凝土收缩的结构工程，作防渗层或防渗混凝土；填灌构件的接缝及管道接头；结构的加固与修补；固结机器底座及地脚螺栓等。自应力水泥适用于制造自应力钢筋混凝土压力管及其配件。

### 3.3.4 道路硅酸盐水泥

以适当成分的生料烧至部分熔融，所得以硅酸钙为主要成分和较多量的铁铝酸钙的硅酸盐熟料称为道路硅酸盐水泥熟料。由道路硅酸盐水泥熟料、0~10%活性混合材料和适量石膏磨细制成的水硬性胶凝材料，称为道路硅酸盐水泥，简称道路水泥。游离氧化钙的质量分数不得大于1.0%，$C_3A$的质量分数不得大于5.0%，$C_4AF$的质量分数不得低于16.0%。

#### 1. 物理力学性质

（1）细度　比表面积为330~450$m^2/kg$。

（2）凝结时间　初凝不得早于1.5h，终凝不得迟于10h。

（3）体积安定性　安定性用沸煮法检验必须合格。熟料中氧化镁不得超过5.0%，三氧化硫的质量分数不得超过3.5%。

（4）干缩性 按国家标准规定的水泥干缩性试验方法，28d 干缩率不得大于 0. 10%。

（5）耐磨性 按国家标准规定的水泥耐磨性试验，磨损率不得大于 3. 00kg/$m^2$。

（6）强度 道路水泥分为 32. 5、42. 5 和 52. 5 三个强度等级。

2. 工程应用

道路水泥是一种强度高，特别是抗折强度高，耐磨性好、干缩性小、抗冲击性好、抗冻性和抗硫酸盐侵蚀性比较好的专用水泥。它适用于道路路面、机场跑道道面、城市广场等工程。

### 3. 3. 5 地质聚合物水泥

地质聚合物（Geopolymer）的概念最早是由 Joseph Davidovits 于 1978 年提出的。后来 Joseph Davidovits 又进一步解释说，地质聚合物可以认为是由地球化学作用而形成的矿物聚合物。该材料是近年来新发展起来的，以具有水硬活性的工业废渣（如高炉水渣、钢渣、粉煤灰、煤矸石、废砖粉、废玻璃等，以及城市垃圾处理后的炉渣）为主要原料制备的高性能胶凝材料，是一类不同于水泥，但可以在许多场合取代水泥，并具有比水泥性能更优异的胶凝材料体系。地质聚合物是以硅氧四面体和铝氧四面体以角顶相连而形成的具有非晶态和半晶态特征的三维网络状固体材料。其主要特点有：①地质聚合物具有很高的强度。地质聚合物容易获得高强度且后期强度稳步增长，在不掺加其他化学外加剂和采用其他特殊工艺措施的条件下，地质聚合物 28d 强度可达 60~150MPa，1 年强度比 28d 强度增长 20%以上。地质聚合物标准稠度用水量为 28%~30%，同时由于碱组分的表面活性作用，使地质聚合物的拌合物有很好的和易性，便于成型和施工。②硬化快、早期强度高。1d 强度可达 20~60MPa，可用于混凝土路面修补和抢修工程。③优良的孔结构特征。和普通硅酸盐水泥石相比，地质聚合物虽然总孔隙率相差不大，但其孔结构特征优异得多。④地质聚合物混凝土抗渗性可达 P40，大大超过普通水泥混凝土的 P6~P12 的抗渗等级。⑤地质聚合物的水化热只有同等级硅酸盐水泥的 1/3~1/2，属于低热水泥，可用于大体积混凝土工程。⑥耐蚀性强。地质聚合物混凝土浸泡在 5% $MgSO_4$ 溶液中和 pH = 2 的稀 HCl 溶液中 2 年后，强度都在增长，丝毫没有发现强度下降的迹象，用于耐腐蚀工程可发挥其特性。⑦抗冻融性能好。普通混凝土抗冻融循环一般在 300 次以内，而地质聚合物混凝土能经受 300~1000 次冻融循环，可用于抗冻混凝土施工。⑧良好的护筋性能。地质聚合物混凝土因为具有高碱度，高密实性和高抗渗性，因而具有优良的护筋性能。⑨良好的水泥石集料界面。在地质聚合物混凝土中，集料被水泥石紧密地包裹着，且集料粒子与基体之间发生了一定程度的化学反应。这些集料粒子表面上所生成的纤维状 C-S-H 凝胶等水化物，与基体中的水化物交织在一起，形成三维空间网络结构，使集料与水泥石界面呈化学黏合状态，因而在界面呈化学增强效应，使得地质聚合物混凝土在受力时，断裂面总是穿过水泥石或集料，而不是沿着界面。

我国水泥产量约为 7 亿 t/年，每年向大气中排放 6 亿 t $CO_2$ 以及大量 CO、$SO_2$、$NO_2$ 和粉尘等。以我国所探明的石灰石储量来计算，石灰石资源在 50~60 年后将面临枯竭。而地质聚合物的生产不需煅烧熟料，其生产能耗只有水泥的 10%~30%，基本不产生污染物的排放。地质聚合物属低钙的铝硅酸盐体系，可避免水泥体系存在的许多缺点。地质聚合物的生产工艺简单，能耗低，可大量利用固体废弃物（90%以上），其生产成本可大幅度低于水泥。从目前国内外已制备出的地质聚合物性能看，该产品完全可以在许多新型建材制品中取代水泥。地质聚合物水泥使水泥由“灰色”向“绿色”转变，在土木工程领域将会有很大的发展空间。

## 复习思考题

3-1 试述硅酸盐水泥的主要矿物组成、特性及其对水泥性质的影响。

3-2 硅酸盐水泥的主要水化产物是什么？硬化水泥石的结构是怎样的？

3-3 试说明下述各条“必须”的原因：

1）制造硅酸盐水泥时必须掺入适量的石膏。

2）水泥粉磨必须具有一定的细度。

3）水泥体积安定性必须要合格。

4）测定水泥强度等级、凝结时间和体积安定性时，均必须规定加水量。

3-4 硅酸盐水泥强度发展的规律是什么？影响其凝结硬化的主要因素有哪些？如何影响？

3-5 现有甲、乙两厂生产的硅酸盐水泥熟料，其矿物组成如表3-12所示。若用它们分别制成硅酸盐水泥，试估计其早期强度增长情况和水化热性质上的差异。为什么？

**表3-12 甲、乙两厂生产的硅酸盐水泥熟料矿物组成**

| 生产商 | 熟料矿物组成（%） | | | |
|---|---|---|---|---|
| | $C_3S$ | $C_2S$ | $C_3A$ | $C_4AF$ |
| 甲厂 | 52 | 21 | 10 | 17 |
| 乙厂 | 45 | 30 | 7 | 18 |

3-6 硅酸盐水泥腐蚀的类型有哪几种？各自的腐蚀机理如何？指出防止水泥石腐蚀的措施。

3-7 为什么生产硅酸盐水泥掺适量石膏对水泥不起破坏作用，而硬化水泥石在有硫酸盐的环境介质中生成石膏时就有破坏作用？

3-8 简述硅酸盐水泥的技术性质。它们各有何实用意义？水泥通过检验，什么叫不合格品？

3-9 引起硅酸盐水泥安定性不良的原因有哪些？如何检验？建筑工程使用安定性不良的水泥有何危害？水泥安定性不合格怎么办？

3-10 何谓活性混合材料和填充性混合材料？它们掺入硅酸盐水泥中各起什么作用？常用的水泥混合材料有哪几种？活性混合材料产生水硬性的条件是什么？

3-11 为什么普通水泥早期强度较高、水化热较大、耐腐性较差，而矿渣水泥和火山灰水泥早期强度低、水化热小，但后期强度增长较快，且耐腐性较强？

3-12 何谓六大品种通用水泥？它们的定义各是什么？

3-13 解释矿渣水泥的含义。若在10℃温度下养护的水泥标准试件，测得其抗压强度为45MPa，问是否可定为强度等级为42.5的矿渣水泥？

3-14 有下列混凝土构件和工程，试分别选用合适的水泥品种，并说明选用的理由：

①现浇混凝土楼板、梁、柱。②采用蒸汽养护的混凝土预制构件。③紧急抢修的工程或紧急军事工程。④大体积混凝土坝和大型设备基础。⑤有硫酸盐腐蚀的地下工程。⑥高炉基础。⑦海港码头工程。⑧道路工程。

3-15 某工地建筑材料仓库存有白色胶凝材料三桶，原分别标明为磨细生石灰、建筑石膏和白水泥，后因保管不善，标签脱落，问可用什么简易方法加以辨认？

3-16 不得不采用普通硅酸盐水泥进行大体积混凝土施工时，可采取哪些措施保证工程质量？

3-17 试述铝酸盐水泥的矿物组成、水化产物及特性。在使用中应注意哪些问题？

3-18 下列品种的水泥与硅酸盐水泥相比，它们的矿物组成有何不同？为什么？

①白水泥。②快硬硅酸盐水泥。③低热硅酸盐水泥。④道路硅酸盐水泥。

# 第4章 混凝土

【本章知识点】主要包括混凝土的基本组成材料、分类和性能要求，主要技术性质、配合比设计和施工应用技术。具体包括：水泥品种和强度等级选择依据；集料颗粒的粒径与级配的基本概念与技术参数；外加剂和矿物掺合料的作用及其机理；新拌混凝土和易性的概念与测试评价方法；硬化混凝土的力学性质及其影响因素与测试评价方法；混凝土材料的质量检测评价和控制方法；混凝土耐久性的基本概念、影响因素与测试评价方法，以及材料耐久性与工程服役寿命的关系；混凝土配合比设计方法及其原理；预拌混凝土的特点及配制要求。

【重点】根据施工需求确定混凝土的配置强度、混凝土配合比的计算及调整。

【难点】领会混凝土的组成、配合比、施工及养护与混凝土技术性质、质量间的关系，具体有：混凝土外加剂作用机理与效果的解释；新拌混凝土和易性与组成的关系；混凝土受力破坏过程和组成、界面结构的影响；混凝土技术性质的影响因素和质量控制；混凝土的环境行为与服役性能及其在工程中的应用。

## 4.1 混凝土概述

### 4.1.1 混凝土的定义及发展概况

"混凝土"一词源于拉丁语"Concretus"，原意是共同生长的意思。广义来讲，混凝土是由胶凝材料、粗集料、细集料和水按适当比例配合，拌制成具有一定可塑性的混合物，经一定时间硬化而成的人造石材。

混凝土是现代土木工程中应用最广、用量最大的工程材料，在房屋建筑、道路、桥梁、地铁、水利和港口等工程中，都离不开混凝土材料，它几乎覆盖了土木工程的所有领域。可以说，没有混凝土就没有今天的世界。

混凝土材料的应用历史可以追溯到久远的年代。早在公元前500年就已经在东欧使用了以石灰、砂和卵石制成的混凝土。但最早使用水硬性胶凝材料制备混凝土的还是罗马人，这种用火山灰、石灰、砂、石制备的天然混凝土具有黏结力强、坚固耐久、不透水等特点，在古罗马得到广泛应用，并应用于海岸工程中。

而现代意义的混凝土，是在1824年约瑟夫·阿斯普丁发明了波特兰水泥后才出现的。1830年前后水泥混凝土问世，这成为混凝土发展史中最重要的里程碑。在水泥混凝土180多年的发展史中，有三次重大的突破：第一次是1850年首先出现了钢筋混凝土，确立了混凝土材料在土木工程中绝对优势的地位；第二次是1928年制成了预应力钢筋混凝土，进一步扩大了混凝土的应用范围；第三次是1965年前后混凝土外加剂的出现，特别是减水剂的应用，使混凝土的工作性能显著提高，也使轻易获得高强混凝土成为可能。

目前，混凝土技术正朝着超高强、高耐久、多功能和轻质化的方向发展，而混凝土施工工艺和施工机械的不断发展，更给混凝土的持续发展带来了广阔的前景。

### 4.1.2 混凝土的分类

混凝土的种类很多，从不同的角度考虑，有以下几种分类方法。

#### 1. 按表观密度分类

（1）重混凝土 其表观密度大于2600kg/m³，是采用高密度集料（如重晶石、铁矿石、钢屑等）或同时采用重水泥（如锶水泥、钡水泥等）配制的防辐射混凝土，它具有不透X射线和γ射线的性能，用作核能工程的屏蔽结构、核废料容器等。

（2）普通混凝土 其表观密度在1950~2600kg/m³范围内，一般在2400kg/m³左右，是采用天然砂、石为集料与水泥配制而成的，它是目前土木工程中应用最为普遍的混凝土，大量用作各种建筑物、结构物的承重结构材料。

（3）轻混凝土 其表观密度小于1950kg/m³，具有保温隔热性能好、质量轻等优点，多用于保温构件或结构兼保温构件。轻混凝土又可分为三类。

1）轻集料混凝土：其表观密度为800~1950kg/m³，是采用陶粒、火山渣、浮石、膨胀矿渣、膨胀珍珠岩、煤渣等轻质多孔集料配制而成的。

2）多孔混凝土（泡沫混凝土、加气混凝土）：其表观密度为300~1000kg/m³，是由水泥浆或水泥砂浆掺加泡沫剂、引气剂制成的具有多孔结构的混凝土。

3）大孔混凝土（普通大孔混凝土、轻集料大孔混凝土）：其组成材料中无细集料，故又称为无砂大孔混凝土。普通大孔混凝土的表观密度为1500~1900kg/m³，是用碎石、卵石、重矿渣等作集料配制而成的；轻集料大孔混凝土的表观密度为500~1500kg/m³，是用陶粒、浮石、煤渣、碎砖等作集料配制而成的。

#### 2. 按所用胶凝材料的种类分类

混凝土按照所用胶凝材料的种类不同，可以分为水泥混凝土、沥青混凝土、聚合物胶结混凝土、聚合物浸渍混凝土、聚合物水泥混凝土、石膏混凝土、水玻璃混凝土、硫黄混凝土、树脂混凝土等。其中使用最多的是水泥混凝土，它是目前世界上使用最广泛、用量最大的结构材料。

#### 3. 按流动性分类

按照混凝土拌合物流动性的大小，可分为干硬性混凝土（坍落度小于10mm，且需用维勃稠度表示）、塑性混凝土（坍落度为10~90mm）、流动性混凝土（坍落度为100~150mm）及大流动性混凝土（坍落度不小于160mm）。

#### 4. 按掺合料种类分类

混凝土按照掺合料的种类，分为粉煤灰混凝土、硅灰混凝土、磨细高炉矿渣混凝土、纤维增强混凝土等。

#### 5. 按用途分类

混凝土按照用途不同可分为结构混凝土、防水混凝土、道路混凝土、膨胀混凝土、防辐射混凝土、耐酸混凝土、耐热混凝土、耐火混凝土、装饰混凝土等。

#### 6. 按生产和施工方法分类

（1）按照生产方式 混凝土可分为预拌混凝土（或商品混凝土）和现场搅拌混凝土。

（2）按照施工方法 混凝土可分为泵送混凝土、喷射混凝土、碾压混凝土、挤压混凝土、真空脱水混凝土、离心混凝土、压力灌浆混凝土（或称预填集料混凝土）、自密实混凝土、造壳混凝土、水下不分散混凝土、热拌混凝土、太阳能养护混凝土等。

**7. 按抗压强度分类**

（1）低强度混凝土　抗压强度小于20MPa，主要用于一些承受荷载很小或不需要其承受荷载的部位，如地面、散水、坡道、基础垫层等。

（2）中强度混凝土　抗压强度为20~60MPa，是目前土木工程中的主要混凝土类型，应用于各种工程中，如一般建筑结构、桥梁、路面等。

（3）高强度混凝土　抗压强度≥60MPa，主要用于承受重荷载、对混凝土性能要求高的部位，如高层建筑结构、大跨度结构、大跨度桥梁等。

（4）超高强混凝土　抗压强度≥100MPa，主要用于特别重要的工程部位，如高层建筑的桩基、军事防爆工程、特大跨度桥梁等。

**8. 按每立方米混凝土中水泥用量分类**

（1）贫混凝土　水泥用量≤170kg。

（2）富混凝土　水泥用量≥230kg。

混凝土的品种虽然繁多，但在实际工程中还是以普通的水泥混凝土应用最为广泛，若没有特殊说明，通常就将水泥混凝土称为混凝土，本章将对其做重点介绍。

### 4.1.3　混凝土的特点

混凝土作为土木工程中使用最为广泛的材料，必然有其独特之处。

**1. 混凝土的优点**

（1）可塑性　混凝土可以浇筑成各种形状和尺寸的构件及整体结构，能应用于各种工程。

（2）可靠性　混凝土的抗压强度高，可以根据不同要求配制不同的等级（目前工程中最高强度已达130MPa），它与钢筋有牢固的黏结力，使结构安全性得到可靠的保证。

（3）耐火性　混凝土在高温下数小时仍能保持其强度，而钢结构建筑物则无法与其比拟。

（4）耐久性　木材易腐朽、钢材易生锈，而混凝土在自然环境下使用耐久性相当优良。

（5）多用性　可以根据不同要求配制成不同性质的混凝土，且与现代施工机械及施工工艺适用性强，能满足多种工程要求。

（6）经济性　混凝土的原材料来源丰富，其中砂、石等地方材料占80%左右，容易就地取材，因而价格低廉；且生产工艺简单，结构建成后的维护费用也较低。

**2. 混凝土的缺点**

（1）抗拉强度低　混凝土的抗拉强度只有其抗压强度的1/20~1/10，是钢筋抗拉强度的1/100左右。

（2）延展性不高　混凝土属于脆性材料，变形能力差，只能承受少量的受拉变形（约0.003），因而易开裂；抗冲击能力差，在冲击荷载作用下容易产生脆断。

（3）自重大、比强度低　高层、大跨度建筑物要求材料在保证力学性能的前提下，以轻为宜，而混凝土在这方面比钢材逊色。

（4）体积稳定性较差　混凝土随着温度、湿度、环境介质的变化，容易引发变形，产生裂纹等内部缺陷，影响建筑物的使用寿命。尤其是当水泥浆用量过大时，这一缺陷表现得更加突出。

（5）保温隔热性能稍差　混凝土的热导率大约是黏土砖的2倍。

（6）施工周期长　混凝土浇筑后需要较长的养护时间才能达到预定的强度，从而延缓了施工进度。

上述缺点使混凝土的应用受到了一些限制。

### 4.1.4 现代混凝土的发展方向

进入21世纪后，混凝土的研究和实践主要围绕着两个焦点展开：一是尽可能提高混凝土的耐久性，以延长其使用寿命，降低混凝土工程的重建率和拆除率；二是混凝土工业走上可持续发展的健康轨道。

**1. 实现混凝土性能的优化**

在长期的实际工程应用中，传统的水泥混凝土的缺陷越来越多地暴露出来，集中体现在耐久性方面。作为胶凝材料的水泥在混凝土中的表现，远没有人们希望的那么完美，过分地依赖水泥是导致混凝土耐久性不良的首要因素。所以，给水泥重新定位，合理控制混凝土中的水泥用量势在必行。主要技术措施有：

1）减少水泥用量，由水泥、粉煤灰或磨细矿粉等共同组成合理的胶凝材料体系。

2）利用高效减水剂实现混凝土的减水、增强效应，以减少水泥用量。

3）使用引气剂减少混凝土内部的应力集中现象，使其结构更加均匀。

4）通过改变加工工艺，提高砂石集料的质量，以尽可能减少水泥用量。

5）改进施工工艺，以减少混凝土拌合物的单方用水量和水泥浆用量。

**2. 混凝土工业走可持续发展道路**

由于多年来的大规模建设，混凝土优质集料资源的消耗量惊人，生产水泥排放的二氧化碳导致的“温室效应”也日益明显。因此，使混凝土工业走上绿色低碳之路也是今后的主要发展方向。主要措施有：

1）大量使用工业废弃资源，如利用尾矿资源作为集料，使用粉煤灰和磨细矿粉替代水泥。

2）节约天然砂石资源，加强代用集料的研究开发，发展人工砂、海砂的应用技术。

3）扶植再生混凝土产业，使越来越多的建筑垃圾作为集料循环使用。

4）不要一味追求高等级混凝土，应重视发展中、低等级耐久性好的混凝土。

5）大力推广预拌混凝土，减少施工中的环境污染。

6）开发生态型混凝土，使混凝土成为可调节生态平衡、美化环境景观、实现人类与自然协调的绿色化工程材料。

## 4.2 普通混凝土的组成材料

普通水泥混凝土（以下简称混凝土）的基本组成材料是水泥、细集料、粗集料和水四种组分。其中，水泥浆体占混凝土质量的25%~35%，细、粗集料占65%~75%。为改善混凝土的某些性能，还常加入适量的外加剂和掺合料，分别称为混凝土的第五组分和第六组分。由此可见，混凝土的组成复杂，不是一种匀质材料，所以影响混凝土性能的因素很多。

### 4.2.1 混凝土中各组成材料的作用

在混凝土中，水泥和水形成水泥浆。水泥浆的作用是：①包裹在集料表面并填充在集料的空隙中；②在未硬化的混凝土拌合物中，水泥浆起润滑作用，赋予混凝土拌合物一定的和易性，以便于施工；③在混凝土硬化后，水泥浆起胶结作用，将砂、石集料胶结成整体结构，使混凝土获得强度，成为坚硬的人造石材。

混凝土中的细集料通常为砂，粗集料通常为石子。砂、石集料的作用有：①在混凝土中起骨架作用，故也称为集料；②由于集料的存在，使混凝土比单纯的水泥净浆凝胶体具有更高的体积稳定性和更好的耐久性；③集料作为调节材料，可以减少水泥净浆的水化热、干缩等不良作用；④因砂、石集料比水泥廉价得多，可降低混凝土的成本。混凝土的结构如图 4-1所示。

混凝土中外加剂和掺合料的作用是：①加入适宜的外加剂和掺合料，在硬化前能改善混凝土拌合物的和易性，以满足现代化施工工艺对拌合物的高和易性要求；②硬化后能改善混凝土的物理力学性能和耐久性等，尤其是对于配制高强度混凝土、高性能混凝土，外加剂和掺合料是必不可少的；③用掺合料替代部分水泥，还可起到降低混凝土成本的作用。

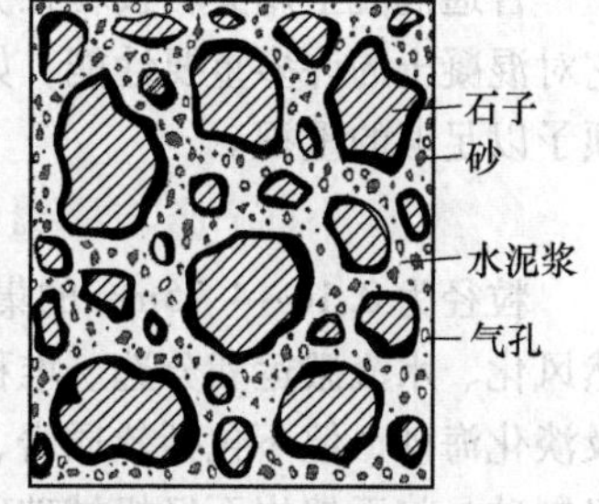

图 4-1 混凝土的结构

### 4.2.2 水泥

水泥是混凝土中的胶凝材料，是混凝土组成材料中总价值最高的材料。配制混凝土时，应正确选择水泥品种和水泥强度等级，以配制出强度和性能满足要求、经济性好的混凝土。

#### 1. 水泥品种的选择

配制混凝土时应根据工程性质、工程部位、施工条件、环境状况等条件按各品种水泥的特性做出合理的选择。一般可选择硅酸盐水泥、普通硅酸盐水泥、矿渣硅酸盐水泥、火山灰硅酸盐水泥、粉煤灰硅酸盐水泥和复合硅酸盐水泥，必要时也可以采用膨胀水泥、快硬硅酸盐水泥、道路硅酸盐水泥或其他水泥。在满足工程要求的前提下，应选用价格较低的水泥品种，以节约成本。六大常用水泥品种的选择可参见表 3-8。

#### 2. 水泥强度等级的选择

水泥强度等级的选择，应当与混凝土的设计强度等级相适应。原则上配制高强度等级的混凝土，选用高强度等级的水泥；配制低强度等级的混凝土，选用低强度等级的水泥。

若采用高强度水泥来配制低强度混凝土，仅从强度考虑，只需用少量水泥即可，但为了满足拌合物的和易性和混凝土密实度要求，就必须再增加一些水泥用量，这样往往会产生超强现象，同时也不经济。因此，若在实际工程中因受供应条件限制而发生这种情况时，可在高强度水泥中掺入一定量的掺合料（如粉煤灰），即可使问题得到较好的解决。

若用低强度水泥来配制高强度混凝土，为满足强度要求必然使水泥用量过多。这种做法不仅不经济，而且使混凝土的收缩和水化热增大，还将因为必须采用很小的水胶比而造成混凝土和易性较差，施工困难，致使混凝土的质量不能得到保证。

一般情况下：配制普通混凝土时，水泥强度为混凝土强度等级的 1.5~2.0 倍为宜；配制高强度混凝土时，取 0.9~1.5 倍为宜。但是，随着混凝土强度等级的不断提高，以及采用了新的工艺和外加剂，高强度和高性能混凝土可不受此比例限制。表 4-1 所示是各强度等级的水泥可配制混凝土强度的经验表，供参考。

表 4-1 水泥强度等级可配制的混凝土强度等级

| 水泥强度等级 | 宜配制的混凝土强度等级 | 水泥强度等级 | 宜配制的混凝土强度等级 |
|---|---|---|---|
| 32.5 | C15、C20、C25 | 52.5 | C40、C45、C50、C60 |
| 42.5 | C30、C35、C40、C45 | 62.5 | ≥C60 |

### 4.2.3 细集料

普通混凝土用集料按粒径分为细集料和粗集料。虽然集料不参与水泥复杂的水化反应，但它对混凝土的许多重要性能，如强度、和易性、体积稳定性及耐久性等都会产生很大的影响，必须予以足够的重视。

#### 1. 细集料的产源与质量等级

粒径为0.16~4.75mm的集料为细集料，它包括天然砂和人工砂。天然砂是由天然岩石经自然风化、水流搬运和分选、堆积形成的粒径小于4.75mm的细岩石颗粒，包括河砂、湖砂、山砂及淡化海砂，但不包括软质岩、风化岩的颗粒。人工砂是经除土处理的机制砂和混合砂的统称：机制砂是将天然岩石经机械破碎、筛分制成的粒径小于4.75mm的颗粒，但不包括软质岩、风化岩的颗粒；混合砂是由将机制砂和天然砂混合制成的砂，目的是克服机制砂粗糙，而天然砂偏细的缺点。

《建筑用砂》（GB/T 14684）中将砂按其各项技术要求划分为Ⅰ、Ⅱ、Ⅲ类：Ⅰ类砂的质量最高，适用于强度等级C60以上的混凝土；Ⅱ类砂适用于强度等级为C30~C60及抗冻、抗渗或有其他要求的混凝土；Ⅲ类砂适用于强度等级C30以下的混凝土和建筑砂浆。在应用时应根据混凝土的强度和性能要求选用合适的细集料。

#### 2. 砂的颗粒形状和表面特征

砂的颗粒形状和表面特征会影响其与水泥的黏结性能及混凝土拌合物的流动性。山砂的颗粒大多具有棱角，表面粗糙，与水泥的黏结性较好，用其拌制的混凝土强度较高，但拌合物的流动性稍差；河砂、湖砂的颗粒多呈圆形，表面光滑，与水泥的黏结性稍差，用其拌制的混凝土强度略低，但拌合物的流动性较好。实际工程中，因砂的颗粒较小，一般较少考虑其形貌。

#### 3. 砂的粗细程度和颗粒级配

砂的粗细程度是指不同粒径的砂混合在一起后的总体平均粗细程度。通常有粗砂、中砂、细砂之分。在相同用量条件下，细砂的总表面积较大，粗砂的总表面积较小。在混凝土中，砂的总表面积越大，则需要包裹砂粒表面的水泥浆就越多，因此，用粗砂拌制的混凝土比用细砂所需的水泥浆要节省。

砂的颗粒级配是指不同粒径的砂相互间搭配的情况。从图4-2所示可以看出，如果是单一粒径的砂堆积，其空隙最大（见图4-2a）；两种不同粒径的砂进行搭配，空隙将减小（见图4-2b）；若三种不同粒径的砂进行搭配，则空隙将更加减小（见图4-2c）。在混凝土中砂粒之间的空隙由水泥浆所填充，为达到节约水泥的目的，就应尽量减小砂粒之间的空隙，因此就必须有大小不同的颗粒搭配。

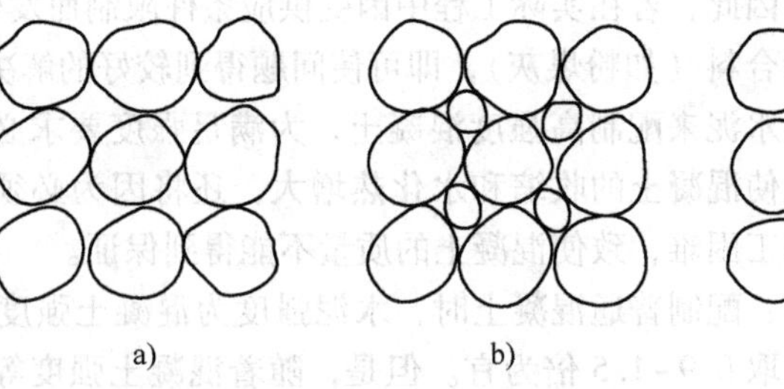
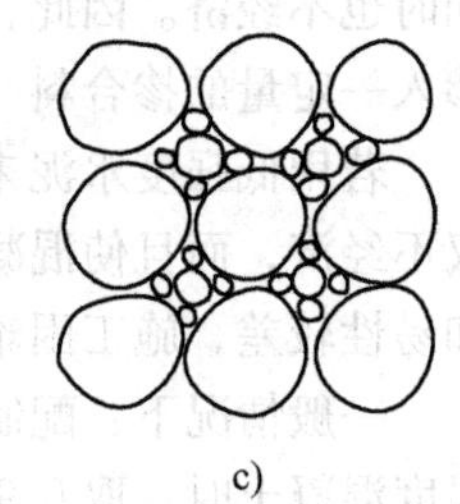


图4-2 集料颗粒级配

由此可见，在拌制混凝土时，砂的粗细程度和颗粒级配应同时考虑。当砂中含有较多的粗粒径砂，并以适当的中粒径砂和少量的细粒径砂填充其空隙，则可达到空隙率及总表面积均较小的理想效果，不仅水泥浆用量较少，而且还可提高混凝土的密实度及强度。

《建筑用砂》（GB/T 14684）规定：砂的颗粒级配和粗细程度用筛分析方法进行测定，用细度模数表示砂的粗细程度，用级配区表示砂的颗粒级配。砂的筛分析方法是：用一套孔径分别为4.75mm、2.36mm、1.18mm及600μm、300μm、150μm的标准方孔筛，将质量为500g的干燥砂试样由粗到细依次过筛，然后称出留在各号筛上的砂的质量，计算各筛上的分计筛余百分率（各号筛上的筛余量占砂样总量的百分率）$a_1$、$a_2$、$a_3$、$a_4$、$a_5$、$a_6$，以及累计筛余百分率（该号筛的筛余百分率与大于该号筛的所有筛的筛余百分率之和）$A_1$、$A_2$、$A_3$、$A_4$、$A_5$、$A_6$。分计筛余百分率与累计筛余百分率的关系如表4-2所示。

表4-2 分计筛余百分率与累计筛余百分率的关系

| 筛孔尺寸 | 分计筛余百分率（%） | 累计筛余百分率（%） |
|---|---|---|
| 4.75mm | $a_1$ | $A_1=a_1$ |
| 2.36mm | $a_2$ | $A_2=a_1+a_2$ |
| 1.18mm | $a_3$ | $A_3=a_1+a_2+a_3$ |
| 600μm | $a_4$ | $A_4=a_1+a_2+a_3+a_4$ |
| 300μm | $a_5$ | $A_5=a_1+a_2+a_3+a_4+a_5$ |
| 150μm | $a_6$ | $A_6=a_1+a_2+a_3+a_4+a_5+a_6$ |

砂的细度模数应按下式计算：

$$M_x=\frac{(A_2+A_3+A_4+A_5+A_6)-5A_1}{100-A_1} \tag{4-1}$$

式中 $M_x$——砂的细度模数；

$A_1$、$A_2$、$A_3$、$A_4$、$A_5$、$A_6$——孔径分别为4.75mm、2.36mm、1.18mm、600μm、300μm、150μm标准方孔筛的累计筛余百分率。

细度模数$M_x$越大，表示砂越粗。按照细度模数将砂分为粗砂、中砂、细砂三级：$M_x$在3.7~3.1范围为粗砂，$M_x$在3.0~2.3范围为中砂，$M_x$在2.2~1.6范围为细砂。

砂的颗粒级配以级配区和级配曲线表示。根据各筛上的累计筛余百分率，将砂分成三个级配区，如表4-3所示。混凝土用砂的颗粒级配应处于表4-3所示任何一个级配区以内。若以累计筛余百分率为纵坐标，以筛孔尺寸为横坐标，根据表4-3所示的规定可画出砂的标准级配区筛分曲线，如图4-3所示。筛分曲线超过3区往左上偏时，表示砂过细，拌制混凝土时需要的水泥浆量多，而且混凝土强度显著降低；筛分曲线超过1区往右下偏时，表示砂过粗，其混凝土拌合物的和易性不易控制，且内摩擦较大，不易振捣成型。所以这两类砂未包括在级配区内。

表4-3 砂的标准级配区范围

| 筛孔尺寸 | 累计筛余百分率（%） | | |
|---|---|---|---|
| | 1区 | 2区 | 3区 |
| 9.50mm | 0 | 0 | 0 |
| 4.75mm | 10~0 | 10~0 | 10~0 |
| 2.36mm | 35~5 | 25~0 | 15~0 |
| 1.18mm | 65~35 | 50~10 | 25~0 |
| 600μm | 85~71 | 70~41 | 40~16 |
| 300μm | 95~80 | 92~70 | 85~55 |
| 150μm | 100~90 | 100~90 | 100~90 |

由表4-3和图4-3所示可见，三个级配区在600μm筛上所对应的累计筛余范围是不相交的，因此，可首先通过砂样在600μm筛上的累计筛余百分率值来判断该砂样属于哪个级配区。一般认为，处于2级级配区的砂粗细适中，级配较好，配制混凝土时宜优先选用。砂的级配是否合格可按如下方法判断：①各筛上的累计筛余百分率原则上应完全处于表4-3所规定的任何一个级配区；②允许有少量超出分区界线，但超出总量不应大于5%（指几个粒级累计筛余百分率超出之和或只有某一粒级的超出百分率）；③在4.75mm和600μm筛档不允许有任何超出。

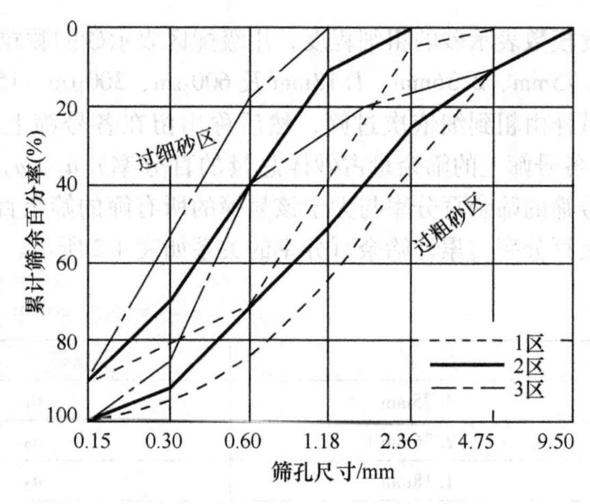


图4-3 砂的标准级配区筛分曲线

## 4. 砂的坚固性

砂的坚固性是指砂在自然风化和其他外界物理化学因素作用下抵抗破裂的能力。按照国家标准的规定：天然砂采用硫酸钠溶液法检验，将砂样在饱和硫酸钠溶液中浸泡、烘干循环5次后，其质量损失应符合表4-4所示的规定；人工砂采用压碎指标法进行检验。

表4-4 砂的坚固性指标

| 项目 | 指标 | | |
|---|---|---|---|
| | Ⅰ类 | Ⅱ类 | Ⅲ类 |
| 质量损失（%），≤ | 8 | 8 | 10 |

## 5. 有害物质含量

砂中的有害物质包括云母、轻物质、有机物、硫化物及硫酸盐、氯化物等。云母呈薄片状，表面光滑，容易沿着节理面裂开，且与水泥黏结性差，会降低混凝土强度；轻物质是指表观密度小于2000kg/m$^3$的物质，其质地软弱，容易使混凝土内部出现空洞，影响混凝土内部组织的均匀性；有机物通常是植物的腐烂产物，会妨碍、延缓水泥的正常水化，降低混凝土强度；硫化物及硫酸盐将对硬化的水泥凝胶体产生侵蚀作用；氯盐会引起混凝土中钢筋的锈蚀，破坏钢筋与混凝土的黏结，使保护层混凝土开裂甚至导致结构破坏。因此，必须控制砂中有害物质的含量，其含量不应超过表4-5所示的限值。此外，为保证混凝土的质量，混凝土用砂中不应混有草根、树叶、树枝、塑料品、煤块、炉渣等杂物。

表4-5 砂中有害物质含量的限值

| 项目 | 指标 | | |
|---|---|---|---|
| | Ⅰ类 | Ⅱ类 | Ⅲ类 |
| 云母（按质量计）（%），≤ | 1.0 | 2.0 | 2.0 |
| 轻物质（按质量计）（%），≤ | 1.0 | 1.0 | 1.0 |
| 有机物（用比色法试验） | 合格 | 合格 | 合格 |
| 硫化物及硫酸盐（按$SO_3$质量计）（%），≤ | 0.5 | 0.5 | 0.5 |
| 氯化物（以氯离子质量计）（%），≤ | 0.01 | 0.02 | 0.06 |

### 6. 含泥量、泥块含量和石粉含量

砂中粒径小于75μm的尘屑、淤泥等颗粒的质量占砂质量的百分率称为含泥量；砂中原粒径大于1.18mm，经水浸洗、手捏后小于600μm的颗粒含量称为泥块含量。砂中的泥土包裹在颗粒表面，会阻碍水泥凝胶体与砂粒之间的黏结，降低界面强度，从而影响混凝土强度，并增加混凝土的干缩，易产生开裂，影响混凝土的耐久性。泥块自身强度很低，且浸水后溃散、干燥后收缩，若混入混凝土中会造成薄弱点，并增大其收缩量。

石粉是在人工砂的生产中，经加工前除土处理，加工后形成的粒径小于75μm且矿物组成和化学成分与母岩相同的微粒。石粉与天然砂中的泥土成分在混凝土中所起的负面影响不同，在一定含量范围内，它对改善混凝土细集料级配，提高混凝土密实性有很大的益处。为区分人工砂中粒径小于75μm的颗粒主要是泥土还是与母岩化学成分相同的石粉，可通过亚甲蓝试验的MB值指标进行判定。

天然砂的含泥量和泥块含量应符合表4-6所示的规定。人工砂的石粉含量和泥块含量应符合表4-7所示的规定。

表4-6 天然砂的含泥量和泥块含量要求

| 项目 | 指标 | | |
|---|---|---|---|
| | Ⅰ类 | Ⅱ类 | Ⅲ类 |
| 含泥量（按质量计）（%） | ≤1.0 | ≤3.0 | ≤5.0 |
| 泥块含量（按质量计）（%） | 0 | ≤1.0 | ≤2.0 |

表4-7 人工砂的石粉含量和泥块含量要求

| 项目 | | | 指标 | | |
|---|---|---|---|---|---|
| | | | Ⅰ类 | Ⅱ类 | Ⅲ类 |
| 亚甲蓝试验 | MB值≤1.40或合格 | 石粉含量（按质量计）（%） | ≤10.0 | ≤10.0 | ≤10.0 |
| | | 泥块含量（按质量计）（%） | 0 | ≤1.0 | ≤2.0 |
| | MB值>1.40或不合格 | 石粉含量（按质量计）（%） | ≤1.0 | ≤3.0 | ≤5.0 |
| | | 泥块含量（按质量计）（%） | 0 | ≤1.0 | ≤2.0 |

## 4.2.4 粗集料

### 1. 粗集料的产源与质量等级

粒径在4.75~90mm的集料称为粗集料，混凝土常用的粗集料有碎石和卵石。卵石是由自然风化、水流搬运和分选、堆积形成的粒径大于4.75mm的岩石颗粒；碎石是天然岩石或卵石经机械破碎、筛分制成的且粒径大于4.75mm的岩石颗粒，其粒径可人为控制。

为了保证混凝土的质量《建设用卵石、碎石》（GB/T 14685）按各项技术指标将混凝土用粗集料划分为Ⅰ、Ⅱ、Ⅲ类：Ⅰ类集料宜用于强度等级C60以上的混凝土；Ⅱ类集料宜用于强度等级为C30~C60及抗冻、抗渗或有其他要求的混凝土；Ⅲ类集料宜用于强度等级C30以下的混凝土。

### 2. 颗粒形状与表面特征

粗集料的表面特征是指表面粗糙程度。卵石的表面光滑，少棱角，空隙率和表面积均较小，拌制混凝土时所需的水泥浆用量较少，混凝土拌合物的和易性较好；但卵石与水泥凝胶体之间

的胶结力较差，界面强度较低，所以难以配制高强度的混凝土。碎石表面粗糙，富有棱角，集料的空隙率和总表面积较大，且集料间的摩擦力较大，对混凝土的流动阻滞性较强，因此需包裹集料表面和填充空隙的水泥浆较多；而碎石界面的黏结力和机械咬合力强，所以适于制备高强度混凝土。在水泥用量和用水量相同的情况下，卵石混凝土的流动性较碎石混凝土的好，卵石混凝土的强度较碎石混凝土的低。

为了形成坚固、稳定的骨架，粗集料的颗粒形状以其三维尺寸尽量相近为宜，但用岩石破碎生产碎石的过程中往往会产生一定的针、片状颗粒。集料颗粒的长度大于该颗粒平均粒径的2.4倍者为针状颗粒，颗粒的厚度小于平均粒径的0.4倍者为片状颗粒。针、片状颗粒使集料的空隙率增大，且在外力作用下容易折断，若其含量过多既降低混凝土的和易性和强度，又影响混凝土的耐久性。对于粗集料中针、片状颗粒质量分数的规定为：Ⅰ类集料≤5%，Ⅱ类集料≤10%，Ⅲ类集料≤15%。

### 3. 最大粒径与颗粒级配

（1）最大粒径　粗集料中公称粒级的上限值称为该粒级的最大粒径。当集料粒径增大时，其总表面积随之减小，包裹集料表面的水泥浆或砂浆的数量也相应减少，就可以节约水泥。因此，在满足其他条件要求的前提下，应尽量选用最大粒径较大的粗集料。但试验研究表明，在普通配合比的结构混凝土中，当粗集料粒径大于40mm后，由于减少用水量而获得的强度提高，被大粒径集料较少的黏结面积以及其自身的不均匀性所造成的不利影响相抵消，因此并非有利。

集料的最大粒径还受到结构形式、配筋疏密的限制。《混凝土结构工程施工规范》（GB 50666）规定：粗集料的最大粒径不得超过结构截面最小尺寸的1/4，且不得超过钢筋最小净间距的3/4；对于混凝土实心板，集料最大粒径不宜超过板厚的1/3，且不得超过40mm；在任何情况下，粗集料的最大粒径不得大于150mm。故在一般桥梁墩、台等大截面的工程中常采用最大粒径120mm的石子，而在建筑工程中常采用最大粒径为80mm或40mm的石子。

集料的粒径也受到施工条件的限制。石子粒径过大，对运输和搅拌都不方便。对于泵送混凝土，为防止混凝土泵送时管道堵塞，保证泵送的顺利进行，粗集料的最大粒径与输送管的管径之比应符合表4-8所示的要求。

表4-8　粗集料的最大粒径与输送管径之比

| 石子品种 | 泵送高度/m | 粗集料最大粒径与输送管径比 |
|---|---|---|
| 碎石 | <50 | ≤1∶3 |
| | 50~100 | ≤1∶4 |
| | >100 | ≤1∶5 |
| 卵石 | <50 | ≤1∶2.5 |
| | 50~100 | ≤1∶3 |
| | >100 | ≤1∶4 |

（2）颗粒级配　粗集料的级配原理与砂的基本相同，级配试验也采用筛分析法测定。其方孔筛的筛孔尺寸分别为2.36mm、4.75mm、9.50mm、16.0mm、19.0mm、26.5mm、31.5mm、37.5mm、53.0mm、63.0mm、75.0mm和90.0mm，共12种孔径。

石子的颗粒级配可分为连续粒级和间断粒级两种。连续粒级是石子粒径由小到大连续分组，每级石子占一定比例。用连续粒级配制的混凝土拌合物，和易性较好，不易发生离析现象，易于保证混凝土的质量，适于大型混凝土搅拌站和泵送混凝土中使用，如许多搅拌站选择5~20mm

连续粒级的石子生产泵送混凝土。间断粒级也称单粒粒级，是人为地剔除集料中某些粒级的颗粒而使集料级配不连续。这样，大集料的空隙由小粒径颗粒填充，可降低石子的空隙率，使密实度增加并节约水泥；但是小粒径的石子很容易从大空隙中分离出来而产生拌合物的离析现象，造成施工困难，一般在工程中较少采用。如果混凝土拌合物为低流动性或干硬性的，同时浇筑时采用机械强力振捣，采用单粒级配是适宜的。《建设用碎石、卵石》（GB/T 14685）对碎石和卵石的颗粒级配规定范围如表 4-9 所示。

表 4-9 碎石和卵石的颗粒级配范围

| 级配情况 | 公称粒级 /mm | 累计筛余百分率（按质量计）（%） | | | | | | | | | | | |
|---|---|---|---|---|---|---|---|---|---|---|---|---|---|
| | | 筛孔尺寸（方孔筛）/mm | | | | | | | | | | | |
| | | 2.36 | 4.75 | 9.5 | 16 | 19 | 26.5 | 31.5 | 37.5 | 53 | 63 | 75 | 90 |
| 连续粒级 | 5~16 | 95~100 | 85~100 | 30~60 | 0~10 | 0 | | | | | | | |
| | 5~20 | 95~100 | 90~100 | 40~80 | — | 0~10 | 0 | | | | | | |
| | 5~25 | 95~100 | 90~100 | — | 30~70 | — | 0~5 | 0 | | | | | |
| | 5~31.5 | 95~100 | 90~100 | 70~90 | — | 15~45 | — | 0~5 | 0 | | | | |
| | 5~40 | — | 95~100 | 70~90 | — | 30~65 | — | — | 0~5 | 0 | | | |
| 单粒粒级 | 5~10 | 95~100 | 80~100 | 0~15 | 0 | | | | | | | | |
| | 10~16 | | 95~100 | 80~100 | 0~15 | | | | | | | | |
| | 10~20 | | 95~100 | 85~100 | | 0~15 | 0 | | | | | | |
| | 16~25 | | | 95~100 | 55~70 | 25~40 | 0~10 | | | | | | |
| | 16~31.5 | | 95~100 | | 85~100 | | | 0~10 | 0 | | | | |
| | 20~40 | | | 95~100 | | 80~100 | | | 0~10 | 0 | | | |
| | 40~80 | | | | | 95~100 | | | 70~100 | | 30~60 | 0~10 | 0 |

## 4. 坚固性

混凝土中的粗集料要起到骨架作用，则必须具有足够的坚固性和强度。粗集料的坚固性检验方法与细集料中的天然砂相同，即采用饱和硫酸钠溶液浸泡、烘干循环 5 次后，测定其质量损失，作为衡量坚固性的指标。碎石和卵石的坚固性指标如表 4-10 所示。

表 4-10 碎石和卵石的坚固性指标

| 项 目 | 指 标 | | |
|---|---|---|---|
| | Ⅰ类 | Ⅱ类 | Ⅲ类 |
| 质量损失（%），≤ | 5 | 8 | 12 |

## 5. 强度

碎石的强度可用抗压强度和压碎指标值表示，卵石的强度只用压碎指标值表示。但碎石的抗压强度一般仅在混凝土强度等级大于或等于 C60 时才需检验，其他情况下如对碎石强度有怀疑或必要时也可进行强度检验。

碎石抗压强度的测定，是将母体岩石加工成 50mm×50mm×50mm 的立方体（或直径与高度均为 50mm 的圆柱体）试件，在水中浸泡 48h 使试件饱水后，在压力机上进行抗压强度试验。通常要求：岩石的抗压强度与设计要求的混凝土强度等级之比不应小于 1.5；且火成岩不应小于

80MPa，变质岩不应小于60MPa，水成岩不应小于30MPa。

压碎指标的试验是：将一定量的气干状态下粒径为9.50~19.0mm的石子，去除针、片状颗粒后，装入一定规格的圆筒内，在压力机上施加荷载到200kN并持荷5s，卸去荷载后称取试样质量；再用孔径为2.36mm的标准筛，筛除被压碎的细粒，称取试样的筛余量。按下式计算压碎指标值：

$$Q_e = \frac{G_1 - G_2}{G_1} \times 100\% \tag{4-2}$$

式中 $Q_e$——压碎指标值（%）；

$G_1$——试样总质量（g）；

$G_2$——压碎试验后孔径2.36mm筛上筛余的试样质量（g）。

压碎指标值越小，表明石子的强度越高。碎石和卵石的压碎指标值应符合表4-11所示的规定。

表4-11 碎石和卵石的压碎指标值

| 项目 | 指标 | | |
|---|---|---|---|
| | Ⅰ类 | Ⅱ类 | Ⅲ类 |
| 碎石压碎指标值（%），≤ | 10 | 20 | 30 |
| 卵石压碎指标值（%），≤ | 12 | 14 | 16 |

### 6. 含泥量、泥块含量和有害物质含量

粗集料中粒径小于75μm的尘屑、淤泥等颗粒的含量称为含泥量；原粒径大于4.75mm，经水浸洗、手捏颗粒溃散后小于2.36mm的颗粒含量称为泥块含量。粗集料中的有害杂质主要有硫化物及硫酸盐、有机物等。它们对混凝土的危害作用与在细集料中相同。含泥量、泥块含量和有害物质的含量都不应超出国家标准的规定，其技术要求及含量限值如表4-12所示。

表4-12 粗集料的含泥量、泥块含量和有害物质含量要求

| 项目 | 指标 | | |
|---|---|---|---|
| | Ⅰ类 | Ⅱ类 | Ⅲ类 |
| 有机物（用比色法试验） | 合格 | 合格 | 合格 |
| 硫化物及硫酸盐（按 $SO_3$ 质量计）（%），≤ | 0.5 | 1.0 | 1.0 |
| 含泥量（按质量计）（%），≤ | 0.5 | 1.0 | 1.5 |
| 泥块含量（按质量计）（%），≤ | 0 | 0.2 | 0.5 |
| 针、片状颗粒含量（按质量计）（%），≤ | 5 | 10 | 15 |

### 7. 碱活性物质

集料中若含有活性氧化硅、活性硅酸盐或活性炭酸盐类物质，在一定条件下会与水泥凝胶体中的碱性物质发生化学反应，生成一种新的凝胶体物质，其吸水即膨胀，导致混凝土开裂。这种反应称为碱-集料反应（碱-硅酸反应或碱-碳酸反应）。集料的碱活性是否在允许的范围之内，或者是否存在潜在的碱-集料反应的危害，可通过相应的试验方法进行检验以判定其合格性。

## 4.2.5 集料的含水状态

集料的含水状态可分为干燥状态、气干状态、饱和面干状态和湿润状态四种，如图4-4所

示。集料含水率等于或接近零时称为干燥状态，通常是在105℃±5℃的温度下烘干而得；集料含水率和大气湿度相平衡时称为气干状态；集料表面干燥而内部孔隙含水率达饱和时称为饱和面干状态；集料不仅内部孔隙充满水，而且表面还附有一层表面水时称为湿润状态。

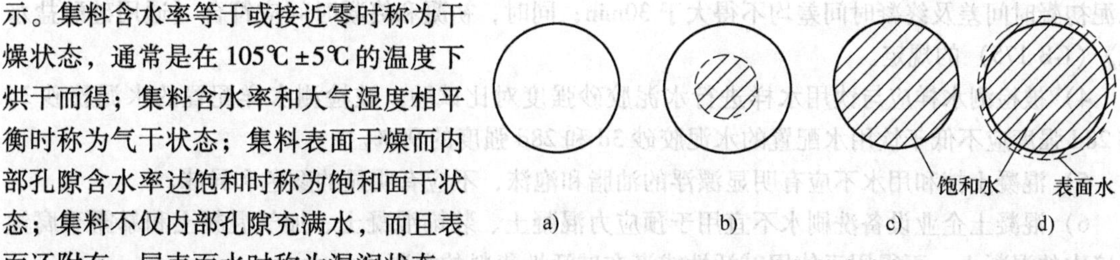


图 4-4 集料的含水状态

a）干燥状态 b）气干状态 c）饱和面干状态 d）湿润状态

分析集料的四种状态主要是为了正确计算混凝土配合比设计中的用水量。如以饱和面干状态为基准，则不会影响混凝土的用水量和集料用量，因为饱和面干的集料既不从混凝土中吸收水分，也不向混凝土中释放水分，因此在一些大型的水利工程、道路工程中就常以饱和面干状态的集料为基准，这样混凝土的用水量和集料用量的控制就比较准确。而在一般建筑工程的混凝土配合比设计中，常以干燥状态集料为基准，这是因为集料的饱和面干吸水率不超过2%，而且在工程施工中，必须经常测定集料的含水率，以便及时调整混凝土组成材料的实际用量比例，从而保证混凝土的质量。此外，当细集料砂被水润湿有表面水膜时，常会出现其堆积体积增大的现象，这种情况在验收材料和按体积定量配料时应予以注意。

## 4.2.6 混凝土拌和及养护用水

水是混凝土的重要组成材料之一，水质的好坏不仅影响混凝土的凝结和硬化，还会影响混凝土的强度和耐久性，并可能造成混凝土中钢筋的锈蚀。按照水的来源，混凝土用水可分为饮用水、地表水、地下水、再生水、海水及混凝土企业设备洗刷水等，其中再生水是指污水经适当再生工艺处理后具有使用功能的水。混凝土用水包括混凝土拌和用水和养护用水，其水质应符合《混凝土用水标准》（JGJ 63）的规定。

### 1. 混凝土拌和用水

对混凝土拌和用水的要求如下：

1）混凝土拌和用水宜采用饮用水。若采用其他水源，水质应符合表4-13所示的规定。

表 4-13 混凝土拌和用水水质要求

| 项 目 | 预应力混凝土 | 钢筋混凝土 | 素混凝土 |
|---|---|---|---|
| pH | ≥5.0 | ≥4.5 | ≥4.5 |
| 不溶物/(mg/L) | ≤2000 | ≤2000 | ≤5000 |
| 可溶物/(mg/L) | ≤2000 | ≤5000 | ≤10000 |
| 氯离子/(mg/L) | ≤500 | ≤1000 | ≤3500 |
| 硫酸根离子/(mg/L) | ≤600 | ≤2000 | ≤2700 |
| 碱含量/(mg/L) | ≤1500 | ≤1500 | ≤1500 |

注：对于设计使用年限为100年的结构混凝土，氯离子含量不得超过500mg/L；对使用钢丝或经热处理钢筋的预应力混凝土，氯离子含量不得超过350mg/L。

2）地表水、地下水、再生水的放射性应符合现行国家标准《生活饮用水卫生标准》（GB 5749）的规定。

3）当对水质有怀疑时，被检测水样应与饮用水样进行水泥凝结时间对比试验。对比试验的水泥初凝时间差及终凝时间差均不得大于30min；同时，初凝和终凝时间应符合《通用硅酸盐水泥》（GB 175）的规定。

4）被检测水样应与饮用水样进行水泥胶砂强度对比试验。被检测水样配置的水泥胶砂3d和28d强度应不低于饮用水配置的水泥胶砂3d和28d强度的90%。

5）混凝土拌和用水不应有明显漂浮的油脂和泡沫，不应有明显的颜色和异味。

6）混凝土企业设备洗刷水不宜用于预应力混凝土、装饰混凝土、加气混凝土和暴露于腐蚀环境中的混凝土，不得用于使用碱活性或潜在碱活性集料的混凝土。

7）未经处理的海水严禁用于钢筋混凝土和预应力混凝土。在无法获得水源的情况下，海水可用于素混凝土，但不宜用于装饰混凝土。

#### 2. 混凝土养护用水

对混凝土养护用水的要求如下：

1）混凝土养护用水可不检验不溶物和可溶物，其他检验项目应符合混凝土拌和用水的水质技术要求和放射性技术要求的规定。

2）混凝土养护用水可不检验水泥凝结时间和水泥胶砂强度。

### 4.2.7 混凝土外加剂

混凝土外加剂是一种在拌制混凝土时掺入的用以改善混凝土性能的化学物质，掺量一般不大于水泥质量的5%（特殊情况除外）。外加剂的掺量虽少，但能显著改善混凝土某些方面的性能，技术经济效果明显。外加剂在现代混凝土工程中的应用越来越普遍，已成为混凝土中在水泥、砂、石和水之后的第五种必不可少的组分。

#### 1. 分类

混凝土外加剂的种类很多，按其主要使用功能可分为以下四类：

1）改善混凝土拌合物流变性能的外加剂，如各种减水剂、引气剂和泵送剂等。

2）调节混凝土凝结时间、硬化速度的外加剂，如缓凝剂、早强剂和速凝剂等。

3）改善混凝土耐久性的外加剂，如引气剂、防水剂、阻锈剂等。

4）改善混凝土其他性能的外加剂，如加气剂、膨胀剂、防冻剂、着色剂等。

按照外加剂的化学成分可分为三类：无机化合物，主要是电解质盐类；有机化合物，主要是表面活性物质，又称为表面活性剂；有机与无机相结合的复合物。

#### 2. 常用的外加剂

由于外加剂的品种繁多、掺量少，它的质量控制、应用技术、品种选择较之其他工程材料更为重要，否则也会造成工程质量问题。现将常用的混凝土外加剂介绍如下：

（1）减水剂　减水剂是指在混凝土拌合物坍落度基本相同的条件下，能显著减少拌和用水量的外加剂，又称为塑化剂。按其减水能力及其兼有功能可分为普通减水剂、高效减水剂、早强减水剂、缓凝减水剂及引气减水剂等。

1）减水剂的作用机理。减水剂实际上是一种表面活性剂，其分子结构具有两亲性，一端为亲水基团，另一端为憎水基团。减水剂能提高混凝土拌合物流动性的作用机理，主要包括分散作用和湿润与润滑作用。

a. 分散作用。水泥与水拌和后，由于水泥颗粒分子间的引力作用，水泥颗粒把许多拌和水（游离水）包裹起来，形成了絮凝结构（见图4-5），使这些拌和水不能参与流动和起到润滑作用。当加入减水剂后，减水剂分子中的憎水基团将定向吸附于水泥颗粒表面，而亲水基团指向水溶液，在水泥颗粒表面形成一层吸附膜，同时使水泥颗粒表面带上同种电荷（通常为负电荷）。在电性斥力的作用下，促使水泥颗粒相互分散（见图4-6a），絮凝结构解体，释放出被包裹在其中的游离水，从而有效提高混凝土拌合物的流动性。

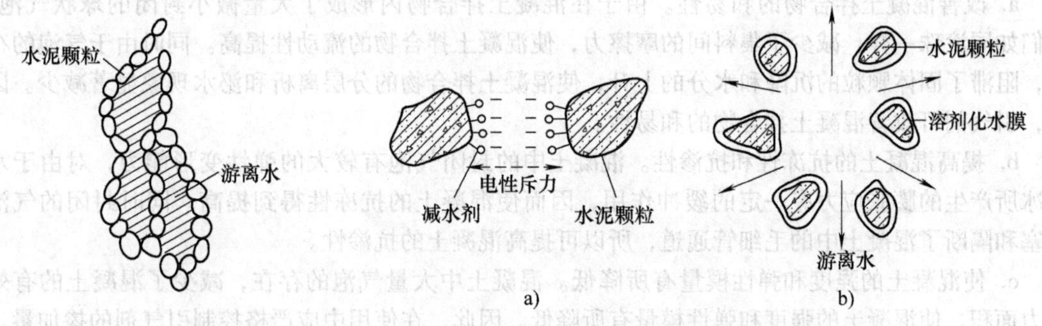


图4-5 水泥浆的絮凝结构

图4-6 减水剂作用示意图

b. 湿润与润滑作用。水泥加水后，水泥颗粒被水湿润，湿润越好，所需的拌和水用量就越少，水泥水化反应速度越快。当有减水剂存在时，降低了水的表面张力以及水与水泥颗粒间的界面张力，使水泥颗粒易于湿润，有利于水化反应。同时减水剂分子中的亲水基团极性很强，能与水分子形成一层稳定的溶剂化水膜而吸附于水泥颗粒表面（见图4-6b）。这层水膜具有很好的润滑作用，增加了水泥颗粒间的滑动能力，使混凝土的流动性进一步提高。

2）减水剂的技术经济效果。混凝土中掺入减水剂后，其使用效果表现在以下几个方面：

a. 若保持拌和用水量和水胶比不变，能提高混凝土拌合物的流动性，使混凝土易于浇筑和振实，有效地保证了工程质量。

b. 若保持混凝土拌合物的流动性不变，减少用水量，使水胶比降低，可提高混凝土的强度。

c. 若保持混凝土拌合物的流动性和水胶比不变，在减水的同时适当减少水泥用量，则可节约水泥，进而降低混凝土的成本。而且减少水泥用量可降低总的水化热量，减少混凝土的干缩，这对于控制大体积混凝土的裂缝非常有利。

d. 由于减水剂减少了混凝土内部的毛细孔孔隙，提高了密实度，可显著改善混凝土的抗冻性和抗渗性。

3）减水剂的主要品种。混凝土工程中常用的普通减水剂主要是木质素磺酸盐类，有木质素磺酸钙、木质素磺酸钠、木质素磺酸镁及丹宁等；还有糖蜜系减水剂，这是以制糖厂生产过程中提炼食糖后剩下的废液（糖渣、废蜜）为原料，用石灰中和成盐的物质，属非离子表面活性剂。

高效减水剂主要有以下几类：①多环芳香族磺酸盐类，如萘和萘的同系磺化物与甲醛缩合的盐类、氨基磺酸盐等；②水溶性树脂磺酸盐类，如磺化三聚氰胺树脂、磺化古马隆树脂等；③脂肪族类，如聚羧酸盐类、聚丙烯酸盐类、脂肪族羟甲基磺酸盐高缩物等；④其他，如改性木质素磺酸钙、改性丹宁等。

（2）引气剂　引气剂是指在拌和混凝土的过程中能引入大量均匀分布的、稳定而封闭的微小气泡（直径为20~1000μm）且能将其保留在硬化混凝土中的外加剂。引气剂可明显改善混凝土拌合物的和易性，提高混凝土的耐久性。兼有引气与减水功能的称为引气减水剂。

1）引气剂的作用机理。在搅拌混凝土的过程中必然会混入一些空气，此时水溶液中的引气剂便会吸附在水与气的界面上，显著降低水的表面张力，在搅拌力的作用下形成大量的微细气泡。这些气泡带有相同电荷的定向吸附，所以相互排斥并能均匀分布；而且，水泥浆中的氢氧化钙与引气剂作用所生成的钙盐沉积在气泡膜上，能有效防止气泡破灭，使气泡能在一定时间内稳定存在于混凝土中。

2）引气剂对混凝土性能的影响。

a. 改善混凝土拌合物的和易性。由于在混凝土拌合物内形成了大量微小封闭的球状气泡，它们如同滚珠一样，减少了集料间的摩擦力，使混凝土拌合物的流动性提高。同时由于气泡的存在，阻滞了固体颗粒的沉降和水分的上升，使混凝土拌合物的分层离析和泌水现象显著减少。因此，引气剂可改善混凝土拌合物的和易性。

b. 提高混凝土的抗冻性和抗渗性。混凝土中的封闭气泡有较大的弹性变形能力，对由于水结冰所产生的膨胀应力有一定的缓冲作用，因而使混凝土的抗冻性得到提高。同时封闭的气泡堵塞和隔断了混凝土中的毛细管通道，所以可提高混凝土的抗渗性。

c. 使混凝土的强度和弹性模量有所降低。混凝土中大量气泡的存在，减少了混凝土的有效受力面积，使混凝土的强度和弹性模量有所降低。因此，在使用中应严格控制引气剂的掺加量。

3）引气剂的应用。引气剂及引气减水剂，可用于抗冻混凝土、抗渗混凝土、抗硫酸盐混凝土、泌水严重的混凝土、贫混凝土、轻集料混凝土、人工集料配制的普通混凝土、高性能混凝土以及有饰面要求的混凝土。但引气剂、引气减水剂不宜用于蒸养混凝土及预应力混凝土。

4）引气剂的主要品种。引气剂的主要品种有：①松香树脂类，如松香热聚物、松香皂类等；②烷基和烷基芳烃磺酸盐类，如十二烷基磺酸盐、烷基苯磺酸盐、烷基苯酚聚氧乙烯醚等；③脂肪醇磺酸盐类，如脂肪醇聚氧乙烯醚、脂肪醇聚氧乙烯磺酸钠、脂肪醇硫酸钠等；④皂甙类，如三萜皂甙；⑤其他，如蛋白质盐、石油磺酸盐等。

（3）缓凝剂　缓凝剂是指能延长混凝土的凝结时间，使混凝土拌合物在较长时间内保持其塑性的外加剂。工程中常采用由缓凝剂与高效减水剂复合而成的缓凝高效减水剂。

1）缓凝剂的作用机理。各类缓凝剂的作用机理并不相同。有机类缓凝剂大多是表面活性剂，吸附于水泥颗粒表面，起到屏蔽作用，延缓了水泥的水化和浆体结构的形成；无机类缓凝剂是与水泥中的某些组分反应，生成难溶的物质，并沉积在水泥颗粒表面形成一层薄膜，阻碍了水泥的正常水化；这些作用都会导致混凝土的缓凝。

2）缓凝剂对混凝土性能的影响

a. 延缓水泥的水化反应，推迟混凝土的初凝和终凝时间，以利于混凝土的浇筑，提高施工质量。

b. 可降低水泥早期的水化放热量，有利于减少混凝土内部因水化热引起的温度裂缝。

c. 使混凝土的早期强度有所降低，但对其后期强度无明显影响。

3）缓凝剂的应用。缓凝剂、缓凝减水剂及缓凝高效减水剂可用于大体积混凝土、炎热气候条件下施工的混凝土、碾压混凝土、大面积浇筑的混凝土、需较长时间停放或长距离运输的混凝土、自流平免振混凝土及其他需要延缓凝结时间的混凝土。缓凝高效减水剂可制备高强高性能混凝土。

4）缓凝剂的主要品种。常用的缓凝剂及缓凝减水剂有：①糖类，如糖钙、葡萄锗酸盐等；②木质素磺酸盐类，如木质素磺酸钙、木质素磺酸钠等；③羟基羧酸及其盐类，如柠檬酸、酒石酸钾钠等；④无机盐类，如锌盐、磷酸盐等；⑤其他，如胺盐及其衍生物、纤维素醚等。

（4）早强剂　早强剂是指能加速混凝土早期强度发展、明显提高混凝土早期强度的外加剂。

1）早强剂的主要品种。早强剂的品种主要有无机类、有机类和复合型三大类，并以无机类早强剂的应用最为普遍。①无机类早强剂又可分为两种：氯化钙、氯化钠等的氯盐类，硫酸钠、硫代硫酸钠、硫酸钙、硫酸铝、硫酸钾铝等的硫酸盐类；②有机类早强剂主要有三乙醇胺、三异丙醇胺、甲酸盐、乙酸盐等；③复合型早强剂是将三乙醇胺与氯化钙、氯化钠、硫酸钠、亚硝酸钠、石膏等复配而组成的，效果大大改善。工程中也常采用由早强剂与减水剂复合而成的早强减水剂。

2）早强剂的作用机理。不同种类早强剂的作用机理各不相同。

a. 氯盐类。氯盐类早强剂能与水泥中的铝酸三钙反应生成不溶于水的水化氯铝酸钙，并与水泥的水化产物氢氧化钙反应生成溶解度极小的氧氯化钙。这些复盐的形成，增加了水泥浆中固相的比例，形成坚硬的骨架，有助于早期水泥石结构的迅速形成。同时，也由于水泥浆中氢氧化钙含量的降低，有利于水化反应的进行。最终表现为硬化快，早期强度高。

b. 硫酸盐类。以硫酸钠为例，硫酸钠掺入后能迅速与水泥的水化产物氢氧化钙反应，生成高度分散的微细硫酸钙颗粒，且分布均匀。这种硫酸钙极易与水泥中的铝酸三钙反应，能更迅速形成水化硫铝酸钙晶体，同时上述反应的发生也能加快水泥浆的水化。这就大大加快了混凝土的硬化速度，有利于早期强度的发展。

c. 有机胺类。以三乙醇胺为例，三乙醇胺是一种较好的络合剂，在水泥水化的碱性溶液中能与铁和铝等离子形成比较稳定的络离子，这种络离子与水泥的水化物作用生成溶解度很小的络盐，因此三乙醇胺对水泥水化有较好的催化作用。同时随着水泥浆中固相比例的增加，有利于早期骨架的形成，使混凝土的早期强度提高。

3）早强剂对混凝土性能的影响。

a. 氯盐类早强剂的掺入，会使混凝土中氯离子的含量增加，这将加剧对混凝土中钢筋的锈蚀作用。所以，应严格控制氯盐类早强剂的掺量，而且对预应力钢筋混凝土结构不得使用氯盐类早强剂。

b. 硫酸盐类早强剂的掺入，会加剧混凝土的碱-集料反应，使混凝土的耐久性受到影响。因此使用碱活性物质含量较高的集料时，应尽量避免使用硫酸盐类早强剂。而且，硫酸盐类早强剂易使混凝土表面析出“白霜”，影响其外观效果及表面装修。

c. 三乙醇胺类早强剂在混凝土中的掺量极微，一般为水泥质量的0.02%~0.05%，当掺量超过1%时，会使混凝土的后期强度下降。因此，三乙醇胺不宜单独使用，可与其他早强剂配合制成复合型早强外加剂。

4）早强剂的应用。早强剂及早强减水剂适用于蒸养混凝土，或在常温、低温和最低温度不低于-5℃环境中施工的有早强要求的混凝土工程及抢修工程。炎热环境条件下不宜使用早强剂和早强减水剂。

（5）速凝剂　速凝剂是指能使混凝土迅速凝结硬化的外加剂。

1）速凝剂的主要品种。速凝剂分为粉状和液状两大类：①粉状速凝剂是以铝酸盐、碳酸盐等为主要成分的无机盐混合物；②液状速凝剂是以铝酸盐、水玻璃等为主要成分，并与其他无机盐复合而成的复合物。

2）速凝剂的作用机理。速凝剂加入混凝土后，其主要成分中的铝酸钠、碳酸钠在碱性溶液中迅速与水泥中的石膏反应形成硫酸钠和碳酸钙，使石膏丧失其原有的缓凝作用，从而导致铝酸钙矿物迅速水化，并在溶液中析出其水化产物晶体。同时，速凝剂中的铝氧熟料、石灰、硫酸钙等组分又为形成溶解度很小的水化硫铝酸钙、次生石膏晶体提供有效组分。上述作用都能导致水泥混凝土的迅速凝结。

3）速凝剂对混凝土性能的影响。掺入速凝剂后，由于水化初期形成了疏松的铝酸盐结构，水泥中主要矿物成分的进一步水化受到一定的阻碍，使水泥凝胶体的内部结构不够密实，因此会导致混凝土后期强度的降低和抗渗性能变差。

4）速凝剂的应用。掺速凝剂的水泥浆体可在3~5min内初凝，10min内终凝，1h即能产生强度。速凝剂可用于采用喷射法施工的喷射混凝土，也可用于其他需要速凝的混凝土。

（6）防冻剂 防冻剂是指能降低混凝土拌合物的液相冰点，使混凝土可在负温下硬化，并在规定养护条件下达到预期性能的外加剂。

1）防冻剂的主要品种。常用防冻剂是由防冻组分、减水组分、引气组分和早强组分复合而成的。防冻组分可分为三类：①氯盐类，如氯化钙、氯化钠等；②氯盐阻锈类，是氯盐与阻锈剂复合，阻锈剂有亚硝酸钠、铬酸盐、磷酸盐等；③无氯盐类，如硝酸盐、亚硝酸盐、碳酸盐、尿素、乙酸盐等。防冻剂中的减水、引气、早强组分则分别采用前面所述的各类减水剂、引气剂、早强剂。

2）防冻剂的作用机理。防冻剂中的各组分对混凝土起到不同的作用。

a. 防冻组分可改变混凝土中液相浓度，降低冰点，保证混凝土在规定的负温条件下有较多的液相存在，使水泥仍能继续水化。

b. 减水组分可减少混凝土的拌和用水量，从而减少混凝土中的成冰量，并使冰晶粒度细小而均匀分散，减小对混凝土的破坏应力。

c. 引气组分可引入一定量的微小封闭气泡，减缓冻胀应力。

d. 早强组分能提高混凝土的早期强度，增强混凝土抵抗冰冻破坏的能力。

因此，防冻剂的综合效果是使混凝土的抗冻能力显著提高。

3）防冻剂的应用。各类防冻剂具有不同的特性，因此防冻剂品种的选择十分重要。氯盐类防冻剂适用于无筋混凝土；氯盐阻锈类防冻剂可用于钢筋混凝土；无氯盐类防冻剂可用于钢筋混凝土和预应力钢筋混凝土，但硝酸盐、亚硝酸盐类则不得用于预应力混凝土以及与镀锌钢材或与铝、铁相接触部位的钢筋混凝土。此外，含有六价铬盐、亚硝酸盐等有毒防冻剂，严禁用于饮水工程及与食品接触的部位。防冻剂的掺量应根据施工时的环境温度确定，而且必须控制其中防冻组分的含量，过多过少均会导致不良后果。

（7）膨胀剂 膨胀剂是指在混凝土硬化过程中，能使混凝土产生一定体积膨胀的外加剂。

1）膨胀剂的主要品种。常用的膨胀剂有三类：硫铝酸钙类，硫铝酸钙-氧化钙类，氧化钙类。此外，还有一类氧化镁类膨胀剂，主要在水工结构中使用。

2）膨胀剂的作用机理。硫铝酸钙类膨胀剂加入水泥混凝土后，其自身组成中的无水硫铝酸钙水化，或参与水泥矿物的水化，或与水泥水化产物反应，生成三硫型水化硫铝酸钙（钙矾石）晶体，使固相体积增加很多，从而引起表观体积的膨胀。氧化钙类膨胀剂的膨胀作用主要是由氧化钙晶体水化生成氢氧化钙晶体，而导致体积的增大。

3）膨胀剂对混凝土性能的影响及其应用。普通混凝土掺入膨胀剂后，产生适度膨胀，可以补偿水泥在水化过程中的收缩，以及早期水化热引起的温差收缩，避免产生收缩裂缝。同时使混凝土内部组织更加密实完好，提高其抗渗性。膨胀剂最适用于环境温差变化较小的工程，主要用于配制补偿收缩混凝土、结构自防水混凝土等。此外，膨胀剂也可用于混凝土拆除工程，使混凝土因膨胀而破裂，便于拆除。

（8）防水剂 防水剂是指能降低混凝土在静水压力下的透水性，提高其抗渗性能的外加剂。

1）防水剂的主要品种。常用的防水剂有四类：①无机化合物类，如氯化铁、硅灰粉末、锆化合物等。②有机化合物类，如脂肪酸及其盐类、有机硅表面活性剂（甲基硅醇钠、乙基硅醇钠、聚乙基羟基硅氧烷）、石蜡、地沥青、橡胶及水溶性树脂乳液等。③混合物类，如无机类混合物、有机类混合物、无机类与有机类混合物等。④复合类，为上述各类防水剂与引气剂、减水剂、缓凝剂等外加剂复合的复合型防水剂。

2）防水剂的作用机理。防水剂的品种众多，防水的作用机理也不一样。

a. 无机化合物类中的氯盐类能促进水泥的水化和硬化，在早期具有较好的防水效果，特别是在要求早期必须具有防水性的情况下，可以用它作防水剂。但因为氯盐类会使钢筋锈蚀，混凝土收缩率增大，后期防水效果不大。

b. 有机化合物类的防水剂主要是一些憎水性表面活性剂，其防水性能较好。

c. 防水剂与引气剂组成的复合防水剂中，由于引气剂能引入大量封闭的微细气泡，隔断混凝土中的毛细管通道，减少渗水通路，并减少泌水和集料的沉降，从而提高了混凝土的防水性。防水剂与减水剂组成的复合防水剂中，由于减水剂的减水作用和改善混凝土的和易性，使混凝土更加致密，从而能达到更好的防水效果。

3）防水剂的应用。防水剂主要用于有抗渗要求的建筑物屋面和地下室、隧道、矿井巷道、给排水池、水泵站等混凝土工程中，但含有氯盐的防水剂不得用于预应力混凝土。

（9）泵送剂　采用输送泵施工的混凝土称为泵送混凝土，泵送剂是指能改善混凝土拌合物泵送性能的外加剂，通常由减水剂、缓凝剂、引气剂等复合而成。

1）泵送剂对混凝土性能的影响。泵送剂除可使混凝土拌合物的流动性显著增大外，还能减少泌水和水泥浆的离析现象，提高黏聚性，使混凝土的和易性良好，并可延缓水泥的凝结，这些都对混凝土的泵送十分有利。而且硬化后的混凝土能有足够的强度和满足多项物理力学性能要求。个别情况下，如对大体积混凝土，可在泵送剂中掺入适量的膨胀剂，以防止产生收缩裂缝。

2）泵送剂的应用。泵送剂可用于各类建筑物、构筑物、市政工程及其他工程中泵送施工的混凝土，特别适用于高层建筑和大体积混凝土，也适用于水下灌注桩的混凝土。

### 3. 混凝土外加剂与水泥的相容性

随着预拌混凝土的飞速发展，混凝土配合比设计除了考虑混凝土强度、耐久性之外，还更要注重其工作性能，水泥与减水剂的相容性是影响混凝土工作性的重要因素。水泥和外加剂作为混凝土的主要组分，有时候尽管所用的水泥与高效减水剂的质量都符合国家标准，但配制出的拌合物不理想。拌合物的工作性不佳，极有可能影响混凝土强度从而导致严重的工程质量事故和重大经济损失。这时需要考虑水泥与减水剂的相容性。

水泥与外加剂的相容性是一个十分复杂的问题。它至少受到下列因素的影响：

1）水泥：矿物组成、细度、游离氧化钙含量、石膏加入量及形态、水泥熟料碱含量、碱的硫酸饱和度、混合材料种类及掺量、水泥助磨剂等。

2）外加剂的种类和掺量，如萘系减水剂的分子结构，包括磺化度、平均相对分子质量、分子量分布、聚合性能、平衡离子的种类等。

3）混凝土配合比，尤其是水胶比、矿物外加剂的品种和掺量。

4）混凝土搅拌时的加料顺序、搅拌时的温度、搅拌机的类型等。

水泥与外加剂相容性不好，可能是外加剂、水泥品质、混凝土配合比的原因，也可能是使用方法造成的，或几种因素共同作用引起的。在实际工作中，必须通过试验，对不适应因素逐个排除，找出其原因。若不能分辨出确切原因，极易引起各方的争议。

水泥与减水剂相容性是指使用相同减水剂或水泥时，由于水泥或减水剂的质量而引起水泥浆体流动性、经时损失的变化程度以及获得相同的流动性减水剂用量的变化程度。一般需要测定在推荐减水剂添加剂量的减水效率、对凝结时间影响、混凝土坍落度损失速率以及对强度的影响。试验可以用标准水泥砂浆或拟使用的混凝土进行，对比同砂浆流动性或同混凝土坍落度条件下，测定减水剂的减水率，以及对凝结时间、坍损速率、强度的影响，是否满足所有使用要求，判断是否相容。

为了改善水泥与减水剂的相容性，可以采取以下几项措施：

（1）水泥方面

1）在强度许可的前提下，采用比表面积较小的水泥。水泥的比表面积大，不仅水化速率更快，水化产物迅速包裹在未水化的水泥颗粒与减水剂的表面；同时，水泥颗粒对减水剂的吸附能力增强，在减水剂掺量不变的前提下，削弱减水剂的分散效果。因此，一般来说，比表面积较小的水泥与减水剂的相容性较好。

2）尽量选择二水石膏调凝的水泥。当将木质素磺酸盐系减水剂加入到以硬石膏调凝的水泥浆体中时，减水剂不但没有分散水泥颗粒的作用，反而会促进水泥浆体假凝。这是较为典型的水泥与减水剂不相容现象。水泥的实际生产中，所使用的石膏矿内部矿物并不单一，通常有硬石膏$CaSO_4$、半水石膏$CaSO_4 \cdot 0.5H_2O$、二水石膏$CaSO_4 \cdot 2H_2O$和复合石膏等。

即便是所选用的石膏矿相较为单纯，主要为二水石膏，然而在水泥粉磨过程中，极易由于磨机温度不断升高而使二水石膏脱水产生半水石膏，进而产生硬石膏。半水石膏或硬石膏在水泥与减水剂的相容性中有两方面的影响：一方面，半水石膏与硬石膏的水化速率高，容易造成拌合物假凝；另一方面，半水石膏与硬石膏对减水剂分子的吸附能力强，易造成拌合物溶液中减水剂含量低，降低减水剂对水泥的分散效果。因此，选用矿相较单纯的二水石膏矿作调凝石膏，并严格控制粉磨机温度的水泥生产厂家的产品一般较少出现与减水剂不相容的现象。

3）选择$C_3A$含量较低的水泥。水泥中的矿物成分是影响水泥与减水剂相容性的一个主要因素。水泥中的$C_3A$、$C_4AF$、$C_2S$、$C_3S$对减水剂有选择性吸附作用。由于大量减水剂分子被吸附能力较强的$C_3A$、$C_4AF$所吸附，占水泥比重较大的$C_2S$与$C_3S$显得吸附量不足，导致混凝土拌合物坍落度损失很大。

4）选择$SO_3$含量较高的水泥。水泥中的可溶性碱（实际是碱的硫酸盐）已被证明是水泥与减水剂相容性的重要参数，对于每一种水泥和多磺酸盐的高效减水剂的复合系统，可能存在一个可溶性碱的最佳含量，在低碱水泥（出于对发生碱-集料反应的担忧，一些地方出台了对水泥含碱量的限制，引起水泥厂家选择生产原材料的变化，例如，用砂岩代替黏土，以降低水泥的总碱量）中，加入少量的硫酸钠明显改善了水泥浆体和由这种水泥制备的混凝土的流变性。碱的硫酸盐比硫酸钙溶解得快，并在水化初期消耗$C_3A$，减少$C_3A$对减水剂分子的吸附量。因此，使用$SO_3$含量较高的水泥，拌合物有更好的工作性能。

5）水泥品种。试验证明粉煤灰水泥或矿渣水泥与减水剂的相容性一般优于普通硅酸盐水泥与减水剂的相容性。

（2）减水剂方面

1）氨基磺酸盐减水剂或聚羧酸盐减水剂与水泥的相容性优于萘磺酸盐系减水剂与水泥的相容性；复合型减水剂在水泥中的分散效果要优于单一型减水剂的效果。

2）同种减水剂从剂型来看，液剂优于粉剂。液剂减水剂在水泥浆体或混凝土拌合物中的分散性要优于粉剂减水剂在拌合物中的分散性，因此能更充分地被水泥颗粒所吸附，从而对水泥颗粒有更好的分散效果。

（3）其他　在商品混凝土的生产过程中，有时因为赶进度抓产量，将水泥厂家刚送来的还未降下温度的水泥投入到混凝土生产当中，从而引起速凝。这种温度较高的水泥俗称新磨水泥（或新鲜水泥），由于温度较高，加水拌和后，与水急剧反应；此外，该种水泥由于尚未完全冷却，其固溶体活化点较多，在活化点上吸附了大量的减水剂分子，进一步加速了水泥的水化速度，降低了减水剂的分散效果。因此，在这种情况下，应先将水泥静置冷却后，再加以使用，才能避免水泥与减水剂不相容现象的发生。

#### 4. 外加剂的掺入方法

（1）先掺法 将外加剂与水泥先混合后再与集料和水一起搅拌。其优点是使用较为方便，缺点是当外加剂中有较粗颗粒时，难以与水泥相互分散均匀而影响其使用效果。先掺法主要适用于容易与水泥均匀分散的外加剂。

（2）同掺法 先将外加剂溶解于水中，再以此溶液拌制混凝土。该方法的优点是计量准确且易搅拌均匀，使用方便，它最适合于可溶性较好的外加剂。

（3）后掺法 混凝土初次拌和时不掺加外加剂，待其运至浇筑现场后，再加入外加剂并进行二次搅拌以使其均匀分散于新拌混凝土中。该方法的优点是可避免混凝土在运输过程中的分层、离析及坍落度损失，充分发挥外加剂的使用效果；但其二次搅拌增加了施工操作上的麻烦，该方法比较适合在远距离运输的商品混凝土中应用。

（4）滞水法 在混凝土已经搅拌一段时间（1~3min）后再掺加外加剂。其优点是可更充分发挥外加剂的作用效果；但该方法需要延长搅拌时间，影响生产效率。

采用后掺法或二次添加法对改善水泥与减水剂相容性有明显的效果，直接表现为混凝土和易性较好，坍落度损失较小。

综上所述，在混凝土中掺入适量外加剂，可改变混凝土的多种性能。但外加剂的使用效果也受到多种因素的影响，是一个十分复杂的问题。因此，在混凝土中掺用外加剂时，应根据工程设计和施工的要求，选择适宜的品种，并应使用工程原材料通过试验及技术经济比较，满足各项要求后，方可使用。当几种外加剂复合使用时，应注意不同品种外加剂之间的相容性及对混凝土性能的影响，使用前也应进行试验，满足要求后，方可使用。

### 4.2.8 矿物掺合料

以天然矿物质材料或工业废渣为原料，直接使用或经预先磨细，作为一种组分在拌制混凝土时直接加入的粉状矿物质材料，称为混凝土的矿物掺合料。具有一定细度和活性的矿物掺合料掺入混凝土中，不仅可以取代部分水泥，降低混凝土的成本，而且可以改善混凝土拌合物和硬化混凝土的多种性能。随着混凝土技术的发展，高强度、高性能混凝土的应用越来越广泛，矿物掺合料已成为混凝土中不可缺少的第六组分。

常用的矿物掺合料有粉煤灰、硅灰、沸石粉、粒化高炉矿渣粉等，其中粉煤灰的应用最为普遍。

#### 1. 粉煤灰

粉煤灰是从发电厂煤粉炉排放出的烟道气体中收集起来的细粉末，属于活性混合材料。粉煤灰的颗粒非常细微，不必粉磨即可直接用作混凝土的掺合料。按原煤的种类可将粉煤灰分为F类和C类：F类粉煤灰是由无烟煤或烟煤煅烧收集而得，其氧化钙质量分数不大于10%；C类粉煤灰是由褐煤或次烟煤煅烧收集而得，其氧化钙质量分数一般大于10%，又称高钙粉煤灰。

（1）粉煤灰的技术要求 用作混凝土掺合料的粉煤灰，其各项技术性质必须满足要求。根据《用于水泥和混凝土中的粉煤灰》（GB/T 1596）的规定，将粉煤灰分为三个等级，各等级的品质指标如表4-14所示。对各等级的使用规定是：Ⅰ级粉煤灰适用于钢筋混凝土和跨度小于6m的预应力钢筋混凝土；Ⅱ级粉煤灰适用于钢筋混凝土和无筋混凝土；Ⅲ级粉煤灰主要用于无筋混凝土，但对于设计强度等级C30及以上的无筋混凝土，宜采用Ⅰ、Ⅱ级粉煤灰。

表4-14 粉煤灰技术要求

| 项目 | 粉煤灰等级 | | |
|---|---|---|---|
| | Ⅰ级 | Ⅱ级 | Ⅲ级 |
| 细度（45μm方孔筛筛余百分率）（%），不大于 | 12.0 | 30.0 | 45.0 |
| 需水量比（%），不大于 | 95.0 | 105.0 | 115.0 |
| 烧失量（%），不大于 | 5.0 | 8.0 | 10.0 |
| 含水率（%），不大于 | 1.0 | | |
| 三氧化硫（%），不大于 | 3.0 | | |
| 游离氧化钙（%），不大于 | F类粉煤灰1.0，C类粉煤灰4.0 | | |
| 安定性（雷氏夹沸煮后增加距离）/mm，不大于 | 5.0 | | |

（2）粉煤灰掺入混凝土中的作用

1）活性效应。粉煤灰中非晶态的二氧化硅、三氧化二铝、三氧化二铁等活性物质的质量分数达70%以上。虽然这些活性成分单独不具有水硬性，但可与水泥的水化产物氢氧化钙发生反应，生成水化硅酸钙、水化铝酸钙、水化铁酸钙等凝胶体，使水泥石骨架增加，显著降低混凝土内部结构中水泥石的孔隙率。由于粉煤灰与氢氧化钙的反应属“二次反应”，一般7d龄期的反应程度很小，此后逐渐增加，一直可延续一年以上，因此，粉煤灰可作为胶凝材料的一部分而起到增强作用，特别是对后期强度贡献大。

2）形态效应。粉煤灰的矿物组成主要为铝硅玻璃体，呈微珠球状颗粒，表面光滑而致密，掺入混凝土中起到了滚珠润滑作用，可减少集料间的内摩阻力，提高拌合物的流动性和减少泌水性，从而可改善混凝土拌合物的和易性。

3）微集料填充效应。粉煤灰粒径细微，总体上比水泥颗粒还细，且强度很高，填充于水泥凝胶体的气孔和毛细孔中，起到了微集料的作用，改善了混凝土的孔结构，从而增大了混凝土的密实度，提高其抗渗性能。

4）其他效应。由于粉煤灰可改善混凝土拌合物的和易性，所以可减少单位体积用水量，使水泥浆体硬化后干缩小，提高其抗裂性能；而且“二次反应”最终使混凝土中的氢氧化钙大为减少，可有效提高混凝土耐蚀性；大掺量的粉煤灰还可降低混凝土的早期水化热，减少温度裂缝，并可明显抑制混凝土碱-集料反应的发生。

（3）粉煤灰在混凝土中的掺量　粉煤灰掺入混凝土中的效果与其掺量有关。通常粉煤灰掺量的确定有以下三种方法：

1）等量取代法。等量取代法是指以等质量的粉煤灰取代混凝土中的水泥，可节约水泥并减少水泥的水化热，改善拌合物的和易性，提高混凝土的抗渗性。其主要适用于掺加Ⅰ级粉煤灰的高强混凝土、大体积混凝土。

2）外加法。外加法是指在保持混凝土中水泥用量不变的情况下，外掺一定数量的粉煤灰。其目的只是改善混凝土拌合物的和易性。

3）超量取代法。超量取代法是指掺入的粉煤灰质量超过其取代的水泥用量，超出的粉煤灰可取代同体积的砂。其目的是增加混凝土中胶凝材料总用量，以补偿由于粉煤灰取代水泥而造成的强度降低，保持混凝土强度不变，并可节约细集料用量。粉煤灰的超量系数（粉煤灰掺入量与取代的水泥用量之比）与粉煤灰的等级有关，可按表4-15所示选用。

粉煤灰在各种混凝土中取代水泥的最大限量（以质量分数计），应符合表4-16所示的规定。

表 4-15 粉煤灰的超量系数

| 粉煤灰等级 | 超量系数 |
|---|---|
| Ⅰ | 1.1~1.4 |
| Ⅱ | 1.3~1.7 |
| Ⅲ | 1.5~2.0 |

表 4-16 粉煤灰取代水泥的最大限量

| 混凝土种类 | 粉煤灰取代水泥的最大限量（质量分数）（%） | | | |
|---|---|---|---|---|
| | 硅酸盐水泥 | 普通硅酸盐水泥 | 矿渣硅酸盐水泥 | 火山灰质硅酸盐水泥 |
| 预应力钢筋混凝土 | 25 | 15 | 10 | — |
| 钢筋混凝土<br>高强度混凝土<br>高抗冻性混凝土<br>蒸养混凝土 | 30 | 25 | 20 | 15 |
| 中、低强度混凝土<br>泵送混凝土<br>大体积混凝土<br>水下混凝土<br>地下混凝土<br>压浆混凝土 | 50 | 40 | 30 | 20 |
| 碾压混凝土 | 65 | 55 | 45 | 35 |

### 2. 硅灰

硅灰也称为硅粉，是在冶炼硅金属或硅铁合金时从烟道排出的烟气中收集得到的粉状颗粒。硅灰的主要成分为非晶体的无定形二氧化硅，其质量分数高达80%以上，具有很高的化学活性。硅灰的颗粒极细，粒径只有0.1~0.2μm，是水泥颗粒的1/100~1/50，其比表面积很大，为20~28$m^2$/g。硅灰的颗粒呈圆球状，表面较为光滑，有些则是多个圆球颗粒粘在一起的团聚体。

硅灰作为矿物掺合料掺入混凝土中，可取得以下几方面的效果：

1）硅灰具有很高的化学活性，可与水泥的水化产物氢氧化钙反应生成水化硅酸钙凝胶体，形成密实结构，从而显著提高混凝土的强度。一般当硅灰掺量为胶凝材料总量的5%~10%时，便可配制出抗压强度高达100MPa的超高强混凝土。

2）硅灰的粒径非常细微，能充分填充在水泥凝胶体的毛细孔中，使混凝土的微观结构更加密实，因此混凝土的抗渗性、抗冻性、抗溶出性及抗硫酸盐腐蚀性等耐久性显著提高。硅灰还具有抑制碱-集料反应的作用。

3）由于硅灰的比表面积很大，因而其需水量很大，在混凝土中掺入硅灰的同时一般需掺用减水剂。这样，在保证混凝土拌合物流动性的情况下，硅灰微小的球状体可以起到润滑作用，并可改善混凝土拌合物的黏聚性和保水性，使混凝土的和易性达到最佳效果。

目前硅灰的价格较高，其掺量一般控制在胶凝材料总量的5%~10%，主要用于配制高强和超高强混凝土、高抗渗混凝土、水下抗分散混凝土以及其他有特殊要求的混凝土。

### 3. 沸石粉

沸石粉是将一定品位纯度的天然沸石岩粉磨而得。沸石岩是一种经天然煅烧后的火山灰质铝硅酸盐矿物，含有一定量的活性二氧化硅和三氧化二铝。沸石粉具有很大的内表面积和开放性孔结构，平均粒径为5.0~6.5μm。

沸石粉用作混凝土的掺合料，可以有以下效果：

1）沸石粉中的活性物质，能与水泥水化生成的氢氧化钙反应，生成胶凝体，故可提高混凝土的强度，用于配制高强度混凝土。

2）沸石粉与其他矿物掺合料一样，具有改善混凝土和易性，提高抗渗性和抗冻性，抑制碱-集料反应的功能，因此适于配制流态混凝土及泵送混凝土，还可配制调湿混凝土等功能性混凝土。

#### 4. 粒化高炉矿渣粉

粒化高炉矿渣是炼铁工业的副产品，将粒化高炉矿渣经干燥、粉磨（可掺加少量石膏）制成一定细度的粉体，称为粒化高炉矿渣粉，简称矿渣粉。矿渣粉的主要化学成分为二氧化硅、氧化钙和三氧化二铝，这三种氧化物的质量分数约达90%，故其活性比粉煤灰高。用作混凝土掺合料的粒化高炉矿渣粉，按其细度（比表面积）、活性指数，分为S105、S95和S75三个级别。各级别矿渣粉的技术性能指标应符合表4-17所示的要求。

表4-17 粒化高炉矿渣粉技术要求

| 项目 | | 级别 | | |
|---|---|---|---|---|
| | | S105 | S95 | S75 |
| 密度/($g/cm^3$) | | ≥2.8 | | |
| 比表面积/($m^2/kg$) | | ≥500 | ≥400 | ≥300 |
| 活性指数（%） | 7d | ≥95 | ≥75 | ≥55 |
| | 28d | ≥105 | ≥95 | ≥75 |
| 流动度比（%） | | ≥95 | | |
| 含水率（质量分数）(%) | | ≤1.0 | | |
| 三氧化硫（质量分数）(%) | | ≤4.0 | | |
| 氯离子（质量分数）(%) | | ≤0.06 | | |
| 烧失量（质量分数）(%) | | ≤3.0 | | |
| 玻璃体含量（质量分数）(%) | | ≥85 | | |
| 放射性 | | 合格 | | |

粒化高炉矿渣粉是混凝土的优质掺合料。因其活性较高，可以等量取代水泥，以降低水泥的水化热，并大幅度提高混凝土的长期强度。矿渣粉还具有提高混凝土的抗渗性和耐蚀性，抑制碱-集料反应等作用。

掺用粒化高炉矿渣粉的混凝土可用于钢筋混凝土和预应力钢筋混凝土工程，还可用于高强混凝土、高性能混凝土和预拌混凝土等。大掺量矿渣粉混凝土特别适用于大体积混凝土、地下和水下混凝土、耐硫酸盐混凝土等。

## 4.3 普通混凝土的技术性质

混凝土的性能包括多方面：在混凝土硬化之前，主要是拌合物的和易性；混凝土硬化之后的性能，包括混凝土的强度、变形性能和耐久性；此外，混凝土新浇筑后的塑性沉降、塑性收缩和凝结时间等性能，也应引起注意。

## 4.3.1 混凝土拌合物的和易性

由混凝土的组成材料拌和而成的尚未凝固的混合物，称为混凝土拌合物。混凝土拌合物的性能不仅影响混凝土的制备、运输、浇筑、振捣等施工质量，而且还会影响硬化后混凝土的性能。

### 1. 和易性的概念

混凝土拌合物的和易性，也称工作性，是指混凝土拌合物能保持其组分均匀，易于施工操作（运输、浇筑、振捣、成型），并获得质量均匀、成型密实的混凝土的性能。混凝土拌合物的和易性是一项综合的技术性质，它包括流动性、黏聚性和保水性三项性能。

（1）流动性　流动性是指混凝土拌合物在自重或施工机械振捣力的作用下，能克服内部阻力及与钢筋之间的摩阻力，产生流动，并均匀密实地充满模板的性能。

（2）黏聚性　黏聚性是指混凝土拌合物各组成材料之间有一定的黏聚力，在施工过程中，不至于出现分层（拌合物各组分出现层状分离）和离析（拌合物内某些组分从中分离析出）的现象，使混凝土保持整体均匀的性能。

（3）保水性　保水性是指混凝土拌合物具有一定的保持内部水分的能力，不致在施工过程中出现严重的泌水现象。若水分泌出会形成连通孔隙，影响混凝土的密实性；泌出的水还会积聚在集料或钢筋的下面形成孔隙，从而降低集料或钢筋与硬化水泥的黏结力，影响混凝土的质量。

由此可见，混凝土拌合物的流动性、黏聚性和保水性有其各自独立的含义，但这三者之间又相互联系、相互影响。若黏聚性好则保水性一般也较好，但流动性可能较差；当增大流动性时，黏聚性和保水性往往变差。因此，拌合物的和易性是三方面性能在一定条件下的统一，它直接影响混凝土施工的难易程度，同时对硬化后混凝土的强度、耐久性、外观完整性及内部结构都具有重要影响，是混凝土的重要性能之一。

### 2. 和易性的测定方法及评定指标

到目前为止，尚没有能够全面反映混凝土拌合物和易性的综合指标和测定方法。在施工现场和试验室，通常是测定混凝土拌合物的流动性，并辅以直观经验来评定其黏聚性和保水性，然后综合评定混凝土拌合物的和易性。

混凝土拌合物的流动性可采用坍落度、维勃稠度或扩展度表示，坍落度检验适用于坍落度不小于10mm的混凝土拌合物，维勃稠度检验适用于维勃稠度5~30s的混凝土拌合物，扩展度适用于泵送高强混凝土和自密实混凝土。

测定流动性的方法，目前最常用的有坍落度试验和维勃稠度试验。

（1）坍落度试验　坍落度试验方法是定量测量塑性混凝土流动性大小的试验方法，目前为世界各国所普遍采用。该试验方法是：将搅拌好的混凝土拌合物按规定方法装入标准圆锥坍落度筒（无底）内，并按规定方式插捣，待装满刮平后，垂直平稳地向上提起坍落度筒并移至一旁，混凝土拌合物在自重作用下将产生坍落现象，量测筒高与坍落后混凝土试体最高点之间的高度差，即为该混凝土拌合物的坍落度值（mm），如图4-7所示。作为流动性指标，坍落度越大则表示流动性越好。坍落度试验设备简单，操作容易，且能达到实际应用所要求的精度，所以在试验室和施工现场被广泛采用。

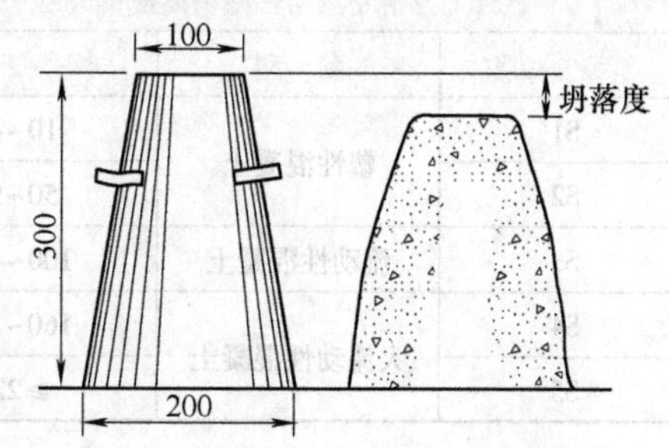

图4-7　混凝土拌合物坍落度的测定

坍落度试验适用于集料最大粒径不大于40mm、坍落度不小于10mm的混凝土拌合物。

严格地说，混凝土拌合物有可能出现三种不同的坍落形状（见图4-8）：真实的坍落度是指混凝土拌合物全体坍落而没有任何离析（见图4-8b）；剪切坍落意味着混凝土拌合物黏聚力弱，容易离析（见图4-8c）；崩溃坍落则表明混凝土拌合物质量不好，过于稀薄（见图4-8d）。后两种拌合物都不适宜浇筑。但对于泵送混凝土，某些情况下需要通过掺加高效减水剂，使坍落度达到200mm甚至更大，以满足施工要求，这种大流动性的混凝土常表现为图4-8d所示的坍落形状。

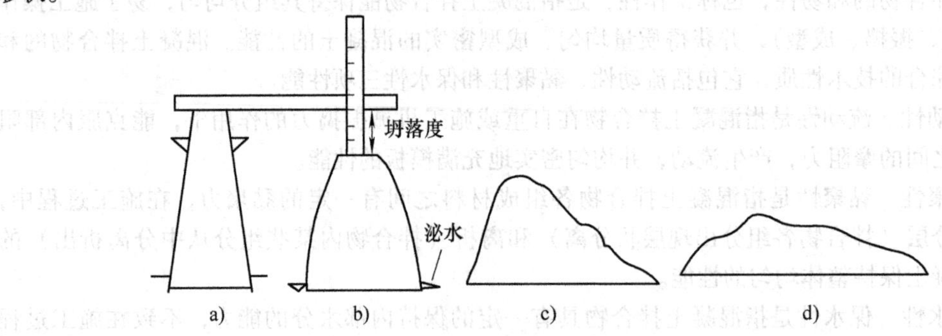


图4-8 混凝土坍落度的类型

a）坍落度筒 b）真实坍落度 c）剪切坍落度 d）崩溃坍落度

对于大流动性的混凝土拌合物，可采用坍落扩展度试验。该试验是在传统的坍落度试验基础上，同时测定水平扩展度和扩展到某一直径（一般定为500mm）时所用的时间，以此反映拌合物的变形能力和变形速度。对于普通混凝土，坍落度值达180mm时，若坍落扩展度与坍落度值之比为1.5~1.8，则拌合物的和易性可满足要求；大流动性混凝土坍落扩展度与坍落度值的范围为（550~650mm）/（240~260mm），即比值范围为2.1~2.7。这种方法与传统的坍落度方法相近，也可用于试验室及施工现场。

根据坍落度值的不同，可将混凝土拌合物分为五个等级，如表4-18所示。

进行坍落度试验时，应同时考察混凝土拌合物的黏聚性及保水性，以便全面评定其和易性。黏聚性的检验方法是：用捣棒在已坍落的拌合物锥体侧面轻轻敲打，此时如果锥体逐渐下沉，则表示黏聚性良好；如果锥体倒塌、部分崩裂或出现离析现象，则表示黏聚性较差。保水性的评定方法是：将坍落度筒提起后，若拌合物底部有较多的稀水泥浆析出，锥体部分也因失浆而集料外露，则表明保水性不好；若坍落度筒提起后无稀水泥浆或仅有少量稀浆自底部析出，则表示此混凝土拌合物保水性良好。

表4-18 混凝土拌合物流动性按坍落度和维勃稠度的分级

| 混凝土拌合物流动性按坍落度的分级 | | | 混凝土拌合物流动性按维勃稠度的分级 | | |
|---|---|---|---|---|---|
| 等 级 | 名 称 | 坍落度/mm | 等 级 | 名 称 | 维勃稠度/s |
| S1 | 塑性混凝土 | 10~40 | V0 | 超干硬性混凝土 | ≥31 |
| S2 | | 50~90 | V1 | 特干硬性混凝土 | 30~21 |
| S3 | 流动性混凝土 | 100~150 | V2 | 干硬性混凝土 | 20~11 |
| S4 | 大流动性混凝土 | 160~210 | V3 | 半干硬性混凝土 | 10~6 |
| S5 | | ≥220 | V4 | | 5~3 |

（2）维勃稠度试验 坍落度值小于10mm的混凝土称为干硬性混凝土。干硬性混凝土难以用

坍落度值反映其流动性的大小，而采用维勃稠度仪（见图4-9）测定其维勃稠度值来反映混凝土的干硬程度。该试验方法是：在振动台上安放圆筒形容器，在筒内按坍落度试验方法装料，提起坍落度筒后在混凝土试料顶面放置一透明的圆盘，然后开启振动台并同时用秒表计时，当振动到透明圆盘的底面完全布满水泥浆的瞬间停止计时，关闭振动台，此时可认为混凝土拌合物已密实，所测时间即为维勃稠度值（s）。维勃稠度值越大，表明混凝土拌合物越干硬，流动性越低。此方法适用于测定集料最大粒径不大于40mm、维勃稠度值在5~30s的混凝土拌合物。根据维勃稠度值的不同，混凝土拌合物也可分为五级，见表4-18。

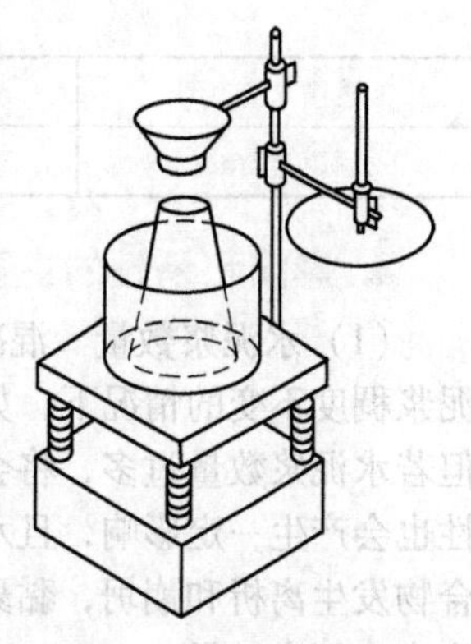
图4-9 维勃稠度仪

（3）坍落扩展度 当混凝土拌合物的坍落度大于220mm时，用钢直尺测量混凝土扩展后最终的最大直径和最小直径，在这两个直径之差小于50mm的条件下，用其算术平均值作为坍落扩展度值。坍落扩展度适用于泵送高强混凝土和自密实混凝土。扩展度的等级划分为六级，如表4-19所示。

表4-19 混凝土拌合物流动性按坍落扩展度的分级

| 等级 | 扩展直径/mm | 等级 | 扩展直径/mm |
|---|---|---|---|
| F1 | ≤340 | F4 | 490~550 |
| F2 | 350~410 | F5 | 560~620 |
| F3 | 420~480 | F6 | ≥630 |

## 3. 混凝土流动性（坍落度）的选择

实际工程中，选择混凝土拌合物的坍落度，要根据构件截面的大小、钢筋的疏密程度、混凝土运输的距离和气候条件等确定。当构件截面较小或钢筋较密时，坍落度应选择大些；而构件截面较大或钢筋较疏时，坍落度可小些。一般情况下，混凝土浇筑时的坍落度可按表4-20所示选用。若混凝土从搅拌机出料口至浇筑地点的运输距离较远，特别是预拌混凝土，应考虑运输途中的坍落度损失，则搅拌时的坍落度宜适当大些。当气温较高、空气相对湿度较小时，因水泥水化速度的加快及水分蒸发加速，坍落度损失较大，搅拌时的坍落度也应选大些。

表4-20 混凝土浇筑时的坍落度

| 项次 | 结构种类 | 坍落度/mm |
|---|---|---|
| 1 | 基础或地面等的垫层、无配筋的大体积结构（挡土墙、基础等）或配筋稀疏的结构 | 10~30 |
| 2 | 板、梁和大型及中型截面的柱子等 | 30~50 |
| 3 | 配筋密列的结构（薄壁、斗仓、筒仓、细柱等） | 50~70 |
| 4 | 配筋特密的结构 | 70~90 |

对于泵送混凝土，选择坍落度时，除应考虑上述因素外，还要考虑其可泵性。若拌合物的坍落度较小，泵送时的摩擦阻力则较大，会造成泵送困难，甚至会产生阻塞；若拌合物坍落度过大，拌合物在管道中滞留时间较长，则泌水就多，容易产生集料离析而形成阻塞。泵送混凝土入泵时的坍落度，可根据不同的泵送高度按表4-21所示选用。

表4-21 不同泵送高度混凝土入泵时的坍落度

| 泵送高度/m | 30以下 | 30~60 | 60~100 | 100以上 |
|---|---|---|---|---|
| 坍落度/mm | 100~140 | 140~160 | 160~180 | 180~200 |

### 4. 影响和易性的主要因素

（1）水泥浆数量 混凝土拌合物中的水泥浆，赋予拌合物以一定的流动性和黏聚性。在水泥浆稠度不变的情况下，如果单位体积拌合物内水泥浆的数量越多，则拌合物的流动性也越大。但若水泥浆数量过多，将会出现流浆现象，使拌合物的黏聚性变差，同时对混凝土的强度和耐久性也会产生一定影响，且水泥用量也多；若水泥浆数量过少，则集料之间缺少黏结物质，易使拌合物发生离析和崩坍，黏聚性也变差。因此，混凝土拌合物中水泥浆的含量应以满足流动性要求为度，不宜过量。

（2）水泥浆稠度（水胶比） 水泥浆的稠度是由水胶比决定的，水胶比是指混凝土用水量与所有胶凝材料用量的质量比。水胶比越小，水泥浆越干稠，混凝土拌合物的流动性越小；若水胶比过小，会使拌合物的流动性过低，造成施工困难，不能保证混凝土的密实性。水胶比增大，拌合物流动性增大；但水胶比过大，又会造成拌合物的黏聚性和保水性不良，产生流浆、泌水或离析现象，并严重影响混凝土的强度。故水胶比不能过小或过大，一般应根据混凝土强度和耐久性要求合理地选用。

无论是水泥浆数量的多少，还是水泥浆的稠度，实际上对混凝土拌合物流动性起决定作用的是用水量的多少，因为无论是加大水胶比或增加水泥浆用量，最终都表现为混凝土用水量的增加。试验表明：在采用一定集料的情况下，若单位用水量一定，每立方米混凝土水泥用量的增减不超过50~100kg时，坍落度大体上保持不变。这一规律通常称为固定用水量定则。这个定则用于混凝土配合比设计时，是相当方便的。一般可根据选定的集料品种、粒径及施工要求的混凝土坍落度或维勃稠度，参考表4-22所示选用每立方米混凝土的用水量。

还应注意的是，若混凝土拌合物的流动性不能满足预定的要求，不能用单纯改变用水量的方法来调整。因为单纯加大用水量会降低混凝土的强度和耐久性，而应在保持水胶比不变的条件下用调整水泥浆数量的方法来调整混凝土拌合物的流动性。

表4-22 干硬性和塑性混凝土的用水量 （单位：$kg/m^3$）

| 拌合物流动性 | | 卵石最大粒径/mm | | | | 碎石最大粒径/mm | | | |
|---|---|---|---|---|---|---|---|---|---|
| 项 目 | 指 标 | 10 | 20 | 31.5 | 40 | 16 | 20 | 31.5 | 40 |
| 维勃稠度/s | 16~20 | 175 | 160 | — | 145 | 180 | 170 | — | 155 |
| | 11~15 | 180 | 165 | — | 150 | 185 | 175 | — | 160 |
| | 5~10 | 185 | 170 | — | 155 | 190 | 180 | — | 165 |
| 坍落度/mm | 10~30 | 190 | 170 | 160 | 150 | 200 | 185 | 175 | 165 |
| | 35~50 | 200 | 180 | 170 | 160 | 210 | 195 | 185 | 175 |
| | 55~70 | 210 | 190 | 180 | 170 | 220 | 205 | 195 | 185 |
| | 75~90 | 215 | 195 | 185 | 175 | 230 | 215 | 205 | 195 |

注：1. 混凝土水胶比在0.4~0.8范围时，用水量可按本表选取。
2. 表中用水量是采用中砂时的平均取值，采用细砂时，$1m^3$ 混凝土用水量可增加5~10kg，采用粗砂则可减少5~10kg。
3. 掺用各种外加剂或掺合料时，用水量应相应调整。
4. 水胶比小于0.4的混凝土，用水量应通过试验确定。

（3）砂率 砂率是指混凝土中砂的质量占砂、石总质量的百分数。砂率的变动会使集料的空隙率和集料的总表面积有显著改变，因而对混凝土拌合物的和易性有很大的影响。

砂率影响混凝土拌合物流动性的原因，可从两方面分析。一方面，砂所形成的一定厚度的砂浆层包裹在粗集料的周围，起着润滑作用，可减少粗集料之间的摩擦力，所以在一定范围内随着砂率的增大，拌合物的流动性可以提高；若砂率过小，不能保证在粗集料之间有足够的砂浆层，不但会影响拌合物的流动性，还会严重影响拌合物的黏聚性和保水性，容易产生离析、流浆等现象。另一方面，砂率增大的同时，集料的总表面积及空隙率都会随之增大，包裹在砂表面的水泥浆层又显得不足，减少了水泥浆的润滑作用，使拌合物的流动性降低。因此，在用水量和水泥用量一定的条件下，有一个最佳砂率或合理砂率，可使拌合物获得最大的流动性和良好的黏聚性与保水性，如图4-10所示。或者当采用合理砂率时，能使混凝土拌合物获得所要求的流动性及良好的黏聚性与保水性，而水泥用量为最少，如图4-11所示。

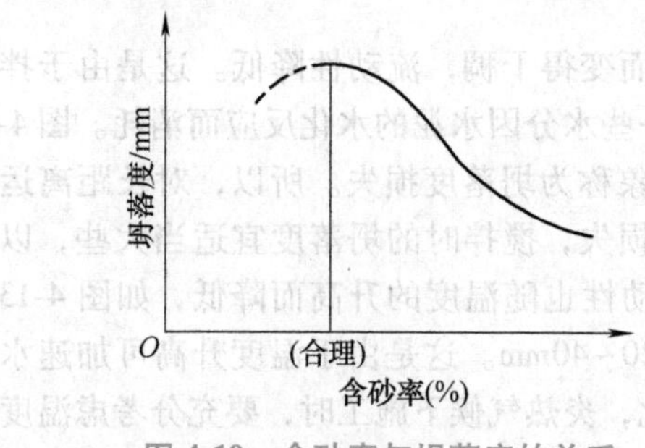


图4-10 含砂率与坍落度的关系
（水与水泥用量为一定）

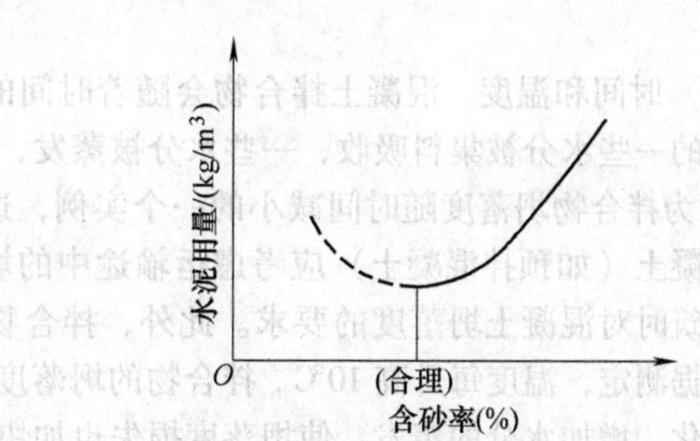


图4-11 含砂率与水泥用量的关系
（达到相同的坍落度）

混凝土中的砂率可按集料的品种、粒径及水胶比之值参考表4-23所示选用。此表适用于坍落度在10~60mm的混凝土。

表4-23 混凝土的砂率 （%）

| 水胶比（W/B） | 卵石最大粒径/mm | | | 碎石最大粒径/mm | | |
|---|---|---|---|---|---|---|
| | 10 | 20 | 40 | 16 | 20 | 40 |
| 0.40 | 26~32 | 25~31 | 24~30 | 30~35 | 29~34 | 27~32 |
| 0.50 | 30~35 | 29~34 | 28~33 | 33~38 | 32~37 | 30~35 |
| 0.60 | 33~38 | 32~37 | 31~36 | 36~41 | 35~40 | 33~38 |
| 0.70 | 36~41 | 35~40 | 34~39 | 39~44 | 38~43 | 36~41 |

注：1. 本表数值是中砂的选用砂率，对细砂或粗砂，可相应地减少或增大砂率。
2. 采用人工砂配制混凝土时，砂率应适当增大。
3. 对薄壁构件砂率取偏大值。

（4）混凝土组成材料的性质

1）水泥。水泥对拌合物和易性的影响主要反映在水泥的需水量上。不同的水泥品种、细度、矿物组成及混合掺料，其需水量不同。在其他条件一定的情况下，需水量大的水泥比需水量小的水泥配制的拌合物流动性小，但黏聚性和保水性较好。采用矿渣水泥和火山灰水泥时，拌合物的流动性一般比用普通水泥时小，而且矿渣水泥使拌合物易泌水。水泥颗粒越细，总表面积越大，润湿颗粒表面及吸附在颗粒表面的水就越多，在其他条件相同的情况下，拌合物的流动性变小。

2）集料。由于集料在混凝土中占据的体积最大，因此它的特性对拌合物和易性的影响也较大。集料对拌合物的和易性影响主要是集料的总表面积、集料的空隙率和集料间摩擦力的大小，即集料的级配、颗粒形状、表面特征及粒径的影响。一般来讲，级配好的集料，其拌合物流动性较大，黏聚性与保水性也较好；扁平和针状集料较少而球形集料较多时，拌合物的流动性较大；表面光滑的集料，如河砂、卵石，其拌合物流动性较大；集料的粒径增大，总表面积减小，拌合物流动性就增大。

3）外加剂与矿物掺合料。外加剂对拌合物的和易性有较大影响。在拌制混凝土时，加入减水剂或引气剂可明显提高拌合物的流动性，引气剂还可有效地改善拌合物的黏聚性和保水性。掺有需水量较小的粉煤灰或磨细矿渣粉时，拌合物需水量降低，因此，在用水量、水胶比相同时可明显改善其流动性。以粉煤灰取代部分砂子，可在保持用水量一定的条件下提高拌合物的流动性。

（5）时间和温度　混凝土拌合物会随着时间的延长而变得干稠，流动性降低。这是由于拌合物中的一些水分被集料吸收，一些水分被蒸发，还有一些水分因水泥的水化反应而消耗。图4-12所示为拌合物坍落度随时间减小的一个实例，这种现象称为坍落度损失。所以，对长距离运输的混凝土（如预拌混凝土）应考虑运输途中的坍落度损失，搅拌时的坍落度宜适当大些，以满足浇筑时对混凝土坍落度的要求。此外，拌合物的流动性也随温度的升高而降低，如图4-13所示。据测定，温度每升高10℃，拌合物的坍落度减少20～40mm。这是由于温度升高可加速水泥的水化，增加水分的蒸发，使坍落度损失也加快。因此，炎热气候下施工时，要充分考虑温度对坍落度的不利影响，应采取相应的措施。

### 5. 改善混凝土和易性的措施

根据上述影响和易性的各种因素，在实际工程中，可采取以下措施来改善混凝土拌合物的和易性：

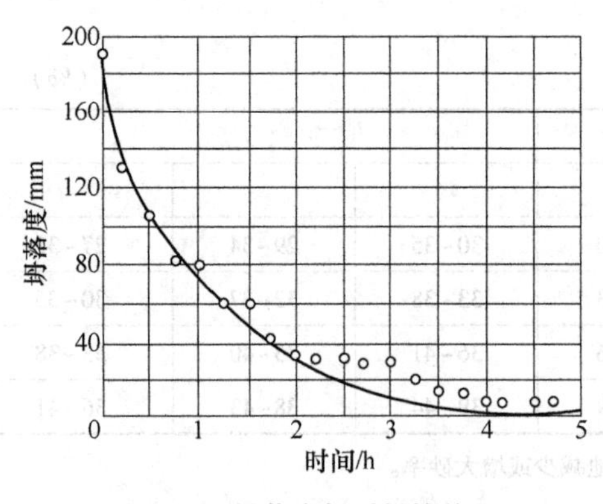


图4-12　坍落度与时间的关系

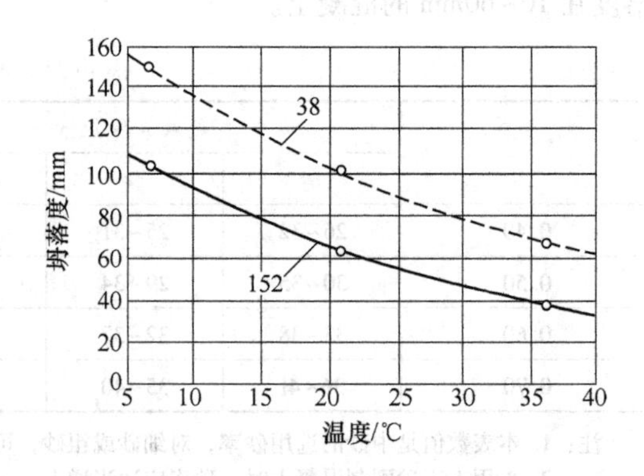


图4-13　温度对拌合物坍落度的影响
（曲线上的数字为集料的最大粒径）

1）采用合理砂率，有利于改善和易性，同时可节约水泥、提高混凝土的强度。

2）改善砂、石集料的颗粒级配，特别是石子的级配，并尽量采用较粗的砂、石。

3）当拌合物坍落度较小时，可保持水胶比不变，适当增加水和水泥的用量；当坍落度较大而黏聚性良好时，可保持砂率不变，适当增加砂、石集料的用量。

4）掺加适宜的化学外加剂及矿物掺合料，改善拌合物的和易性，以满足施工要求。

## 4.3.2 混凝土浇筑后的性能

混凝土浇筑后至初凝的时间约几个小时，此时拌合物呈塑性和半流动状态，各组分由于密度的不同，在自重作用下将产生相对运动，集料与水泥下沉而水分上浮，于是会出现泌水、塑性沉降和塑性收缩等现象。这些都会影响混凝土硬化后的性能，应引起足够的重视。

### 1. 泌水

泌水现象发生在用水量较大的混凝土中。拌合物在浇筑与捣实以后、凝结之前，表面会出现一层可以观察到的水分，大约为混凝土浇筑高度的2%或更大。这些水分或蒸发，或由于继续水化被吸回，伴随发生的是混凝土体积的减小。这种现象对混凝土的性能将产生不利影响：首先，顶部或靠近顶部的混凝土因水分很大而形成疏松的水化物结构，常称为浮浆，这对于分层浇筑的柱、桩的连接，或混凝土路面的耐磨性等，都十分不利；其次，部分上升的水积存在集料和水平钢筋的下方形成水囊，将明显影响硬化混凝土的强度和与钢筋间的黏结力；此外，泌水过程中在混凝土中形成的泌水通道，也会使硬化后混凝土的抗渗性、抗冻性下降。

### 2. 塑性沉降

混凝土由于泌水会产生整体沉降，浇筑厚度大的混凝土时靠近顶部的拌合物沉降量会更大。如果沉降受到水平钢筋的阻碍，则将在钢筋的上方沿钢筋方向产生塑性沉降裂缝，裂缝从表面深入至钢筋处。

### 3. 塑性收缩

一般情况下，向上运动到达混凝土顶部的泌出水会蒸发掉。如果泌水速度低于蒸发速度，表面混凝土的含水率减小，将会引起塑性状态下的干缩，干缩可能使混凝土表面产生裂缝。这种塑性收缩裂缝与塑性沉降裂缝明显不一样，裂缝细微且没有一定方向性。当混凝土自身温度较高，或气候炎热干燥，或混凝土厚度较小而面积较大时，很容易出现塑性收缩裂缝。

### 4. 减小泌水及其影响的措施

引起泌水的主要原因是集料的级配不良及缺少300μm以下的颗粒。这可以通过增加砂用量进行弥补；但如果砂粒粗大或不宜增加砂的用量时，可以采用掺加引气剂、减水剂、硅灰或增大粉煤灰用量来减小泌水。施工时采用二次振捣也是减小泌水、避免塑性沉降的有效措施，尤其是对大体积混凝土更为有利。此外，对大体积混凝土和大面积的平板结构，进行二次抹面工作以及浇筑后尽快开始养护，也可减少表面塑性收缩裂缝。

### 5. 含气量

任何搅拌好的混凝土拌合物中都有一定量的空气，它们是在搅拌过程中带进混凝土的，占其体积的0.5%~2%，称为混凝土的含气量。如果在配料中还掺有一些外加剂，含气量可能会更大。由于含气量对硬化后混凝土的性能有重要影响，所以在试验室和施工现场要对它进行测定与控制。测定混凝土含气量的方法有多种，通常采用压力法。影响含气量的因素包括水泥品种、水胶比、砂颗粒级配、砂率、外加剂、气温、搅拌机的大小及搅拌方式等。

### 6. 凝结时间

水泥与水之间的水化反应是混凝土产生凝结的主要原因，凝结是混凝土拌合物固化的开始。但由于各种因素的影响，混凝土的凝结时间与配制混凝土所用水泥的凝结时间并不一致，不存在确定的关系。由于水泥浆体的凝结和硬化过程要受到水化产物在空间填充情况的影响，因此水胶比的大小会明显影响其凝结时间，水胶比越大，凝结时间越长。而配制混凝土的水胶比与测定水泥凝结时间规定的水胶比不同，故这两者的凝结时间便有所不同。工程中需要直接测定混凝土的凝结时间，包括初凝和终凝时间。

测定混凝土的凝结时间通常采用贯入阻力法，所使用的仪器为贯入阻力仪。该方法是：先用5mm筛孔的筛子从拌合物中筛取砂浆，按一定方式装入规定的容器中；然后每隔一定时间测定在砂浆中贯入到一定深度时的贯入阻力，绘制出贯入阻力与时间关系的曲线；再以贯入阻力为3.5MPa及28.0MPa画两条平行于时间坐标的直线，直线与曲线交点的时间即分别为混凝土的初凝和终凝时间。初凝时间表示混凝土浇筑和捣实工作时间的极限，终凝时间表示混凝土力学强度的开始与发展。

需要说明的是，用贯入阻力法测定的凝结时间并不标志混凝土物理化学变化真实的特征点，这只是从实用角度人为选择的特定点。事实上，当贯入阻力达到3.5MPa时，混凝土还没有强度；而贯入阻力达28MPa时，抗压强度也只有0.7MPa。通常情况下，混凝土需6~10h的凝结时间，但水泥的组成、环境温度和加入的缓凝剂等都会对凝结时间产生影响。测定混凝土的凝结时间，对于制订施工进度计划和比较不同种类混凝土外加剂的效果很有必要。

### 4.3.3 混凝土的强度

#### 1. 混凝土立方体抗压强度

混凝土在结构中主要承受压力作用，而且混凝土立方体抗压强度与各种强度及其他性能之间有一定的相关性，因此是衡量混凝土力学性能的主要指标，也是评定混凝土施工质量的重要指标。

按照《普通混凝土力学性能试验方法标准》(GB/T 50081)的规定：将混凝土拌合物按规定的方法，制作成边长为150mm的立方体试件，在标准条件下（温度20℃±2℃，相对湿度95%以上），养护至28d龄期，测得的抗压强度值（试件单位面积承受的压力值）为混凝土立方体试件抗压强度（简称混凝土抗压强度），以$f_{cu}$表示，单位为N/mm$^2$或MPa。

制作混凝土试件时，也可根据粗集料最大粒径采用非标准尺寸的试件，如边长为100mm或200mm的立方体试件。但在计算抗压强度时，需乘以换算系数，即换算成标准试件的强度值：边长为100mm的立方体试件，换算系数为0.95；边长为200mm的立方体试件，换算系数为1.05。这是因为试件尺寸不同，会影响其抗压强度值，试件尺寸越小，测得的抗压强度值越大。分析其原因如下：当混凝土立方体试件在压力机上受压时，在沿加载方向产生纵向压缩变形的同时也产生横向膨胀变形，但压力机的上下压板与试件表面之间的摩擦力，对试件的膨胀变形起着约束作用，常称为环箍效应，如图4-14所示。这种环箍效应在一定高度的范围内起作用，离试件的承压面越远，环箍效应越弱。在试件的中部，可以比较自由地横向膨胀，所以试件破坏时其上下部分各呈一个较完整的棱锥体，如图4-15所示。因此，试件尺寸较小时，环箍效应的相对作用较大，测得的抗压强度就偏高；反之，试件尺寸较大时，测得的抗压强度就偏低。故对于非标准尺寸试件的抗压强度，应乘以上述的换算系数。

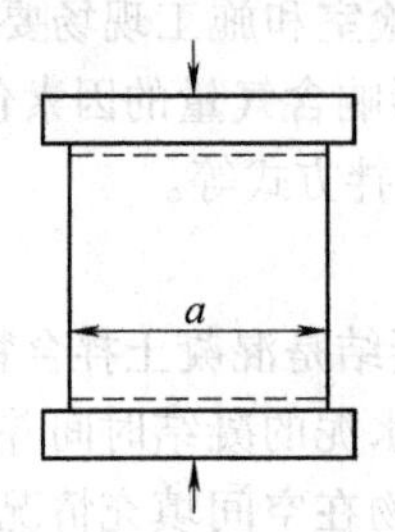

图4-14 压力机压力板对试件的约束作用

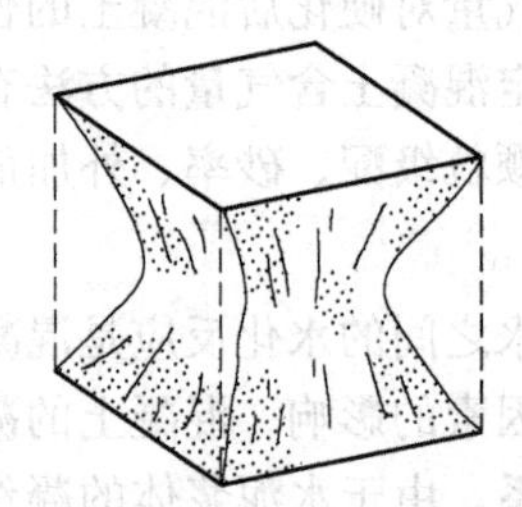
图4-15 试件破坏后残存的棱锥体

### 2. 混凝土立方体抗压强度标准值与强度等级

混凝土立方体抗压强度标准值是指按标准方法制作和养护的边长为150mm的立方体试件，在28d龄期，用标准方法测得的抗压强度总体分布中具有不低于95%保证率的抗压强度值，以$f_{cu,k}$表示。

混凝土强度等级是按混凝土立方体抗压强度标准值来划分的，采用符号“C”和立方体抗压强度标准值（单位为MPa）表示。普通混凝土共划分为14个强度等级：C15、C20、C25、C30、C35、C40、C45、C50、C55、C60、C65、C70、C75和C80。如C30即表示混凝土立方体抗压强度标准值为30MPa。混凝土强度等级是混凝土结构设计、施工质量控制和工程验收的重要依据。

### 3. 混凝土轴心抗压强度

混凝土轴心抗压强度也称为棱柱体抗压强度，以$f_{cp}$表示。由于在实际工程结构中，混凝土受压构件大多为棱柱体或圆柱体而不是立方体，所以用轴心抗压强度能更好地反映混凝土的实际受压情况。

轴心抗压强度的测定采用150mm×150mm×300mm的棱柱体作为标准试件。如有必要，也可采用非标准尺寸的棱柱体试件，但其高度与宽度之比应为2~3。由于试件不受环箍效应的影响，混凝土的轴心抗压强度$f_{cp}$比同截面的立方体抗压强度$f_{cu}$要小。试验表明：在立方体抗压强度$f_{cu}$=10~50MPa时，两者之间的关系为$f_{cp}=(0.7\sim0.8)f_{cu}$。

在钢筋混凝土结构设计中，计算受压构件（如柱、桁架的受压杆件等）时，均采用混凝土轴心抗压强度作为设计依据。

### 4. 混凝土抗拉强度

混凝土抗拉强度以$f_t$表示。由于混凝土属于脆性材料，其抗拉强度比抗压强度小得多，一般只有抗压强度的1/20~1/10，且随着混凝土强度等级的提高，此比值有所降低。

由于混凝土受拉时呈脆性断裂，破坏时无明显残余变形，故在钢筋混凝土结构设计中，不考虑混凝土承受拉力。但混凝土抗拉强度对于混凝土抗裂性具有重要作用，它是结构设计中确定混凝土抗裂性能的主要指标，有时也用它来间接衡量混凝土与钢筋的胶结强度，并预测由于干湿变化和温度变化而产生裂缝的情况。

混凝土抗拉试验有轴心抗拉法和劈裂法两种方法，用轴向拉伸试件测定混凝土的抗拉强度，荷载不易对准轴线，夹具处常发生局部破坏，致使所测强度值很不准确，故我国目前采用劈裂抗拉强度试验法来间接测定混凝土的抗拉强度，称为劈裂抗拉强度$f_{ts}$。标准规定，劈裂抗拉强度采用边长为150mm的立方体试件（国际上多用圆柱体），在试件的两个相对的表面上加上垫条。当施加均匀分布的压力时，就能在外力作用的竖向平面内，产生均匀分布的拉应力（见图4-16），该应力可以根据弹性理论计算得出。此法不但大大简化了抗拉试件的制作，而且能较正确地反映试件的抗拉强度。

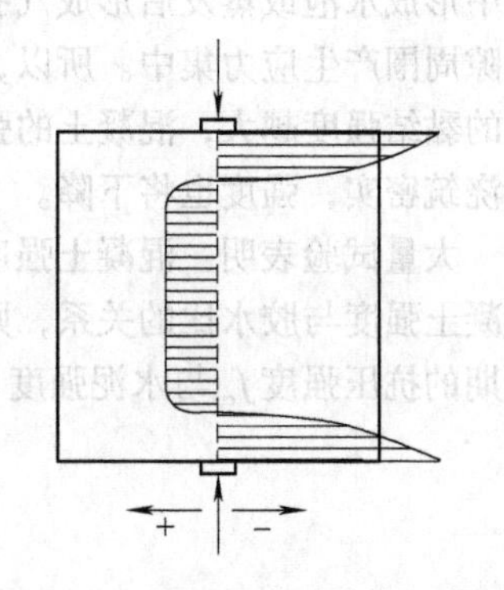

图4-16 混凝土劈裂抗拉示意图

混凝土的劈裂抗拉强度按下式计算：

$$f_{ts}=\frac{2P}{\pi A}=0.637\frac{P}{A} \tag{4-3}$$

式中 $f_{ts}$——混凝土劈裂抗拉强度（MPa）；

$P$——破坏荷载（N）；

$A$——试件劈裂面积（$mm^2$）。

试验证明，在相同条件下，混凝土用轴心抗拉法测得的抗拉强度，较用劈裂法测得的劈裂抗拉强度略小，两者比值约为0.9。

### 5. 混凝土的抗折强度

路面、桥面和机场跑道用水泥混凝土以抗弯拉强度（或称抗折强度）作为主要强度设计指标。测定混凝土的抗弯拉强度采用150mm×150mm×600mm（或550mm）小梁作为标准试件，在标准条件下养护28d后，按三分点加荷方式测得其抗弯拉强度，按下式计算：

$$f_{cf}=\frac{PL}{bh^2} \tag{4-4}$$

当采用100mm×100mm×400mm非标准试件时，取得的抗折强度值应乘以尺寸换算系数0.85。此外，如果抗折强度是由跨中单点加荷方式得到的，也应乘以折算系数0.85。

根据《公路水泥混凝土路面设计规范》（JTG D40）规定，各交通等级要求的混凝土弯拉强度标准值不低于规范中的规定。

### 6. 影响混凝土强度的因素

混凝土的受力破坏一般出现在集料与水泥石（即水泥凝胶体）的界面上，或者是水泥石本身破坏。所以混凝土的强度主要取决于水泥石的强度及其与集料表面的黏结强度。而这两者又与水泥的性能、水胶比及集料的性质密切相关，即这些都是影响混凝土强度的主要因素。此外，施工质量、养护条件及龄期也直接影响混凝土的强度。

（1）水泥强度等级和水胶比　水泥是混凝土中的胶凝材料，其强度的大小直接影响着水泥石本身的强度及其与集料间的黏结强度，因此是控制混凝土总体强度的决定性因素。在水胶比不变的条件下，所用水泥的强度等级越高，配制的混凝土强度也越高。

当采用相同品种及强度等级的水泥时，混凝土的强度主要取决于水胶比。因为水泥水化所需的结合水一般只占水泥质量的23%左右，但在拌制混凝土时，为了使拌合物获得必要的流动性，则需要加入较多的水，水胶比通常在0.4~0.7。当混凝土硬化后，多余的水分就残留在混凝土中形成水泡或蒸发后形成气孔，大大减少了混凝土抵抗荷载的实际有效截面，而且有可能在孔隙周围产生应力集中。所以，在水泥强度相同的情况下，水胶比越小，水泥石的强度及其与集料的黏结强度越大，混凝土的强度就越高。但如果水胶比过小，拌合物过于干硬，则很难将混凝土浇筑密实，强度也将下降。

大量试验表明：混凝土强度随水胶比的增大而降低，近似于双曲线关系（见图4-17a）；而混凝土强度与胶水比的关系，则呈直线关系（见图4-17b）。在原材料一定的情况下，混凝土28d龄期的抗压强度$f_{cu}$与水泥强度、水胶比之间的关系如下式所示：

$$f_{cu}=\alpha_a f_{ce}\left(\frac{B}{W}-\alpha_b\right) \tag{4-5}$$

式中　$f_{cu}$——混凝土28d龄期的抗压强度（MPa）；

$\frac{B}{W}$——胶水比，即每立方米混凝土中胶凝材料用量与水用量之比；

$\alpha_a$、$\alpha_b$——回归系数，与集料品种、水泥品种等因素有关，其数值应通过试验求得；

$f_{ce}$——水泥28d抗压强度实测值（MPa）；

当无水泥实测强度数据时，$f_{ce}$值可按下式确定：

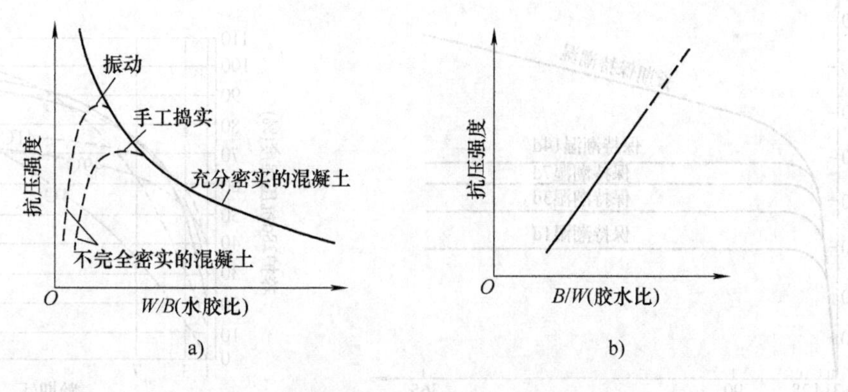


图 4-17 混凝土强度与水胶比的关系

$$f_{ce}=\gamma_c f_{ce,k} \tag{4-6}$$

式中 $f_{ce,k}$——水泥 28d 抗压强度标准值（MPa）；

$\gamma_c$——水泥强度值的富余系数，可按实际统计资料确定。

(2) 集料 集料本身的强度一般比水泥石强度高（轻集料除外），所以不会直接影响混凝土的强度，但集料的含泥量和泥块含量、有害物质含量、颗粒级配、形状及表面特征等均影响混凝土的强度。若集料含泥量较大，将使集料与水泥石的黏结强度大大降低；集料中的有机物质会影响水泥的水化反应，从而影响水泥石的强度；颗粒级配影响骨架的强度和集料之间的空隙率；有棱角且三维尺寸相近的颗粒有利于骨架的受力；表面粗糙的集料有利于与水泥石的黏结，故用碎石配制的混凝土比用卵石配制的混凝土强度高。

(3) 养护的湿度与温度 混凝土所处环境的湿度与温度，都是影响混凝土强度的重要因素，因为它们都对水泥的水化过程产生影响。

由于水泥的水化是在充水的毛细孔空间发生的，因此，必须创造条件防止水分从毛细孔中蒸发而失去；同时大量的自由水会被水泥水化产物结合或吸附，也需要不断提供水分以使水泥的水化正常进行，从而产生更多的水化产物使混凝土的密实度增加。图 4-18 所示是保持不同的潮湿养护时间对混凝土强度的影响。由图中可以看出，湿度对混凝土强度的影响十分显著，如果潮湿养护时间过短，混凝土强度将明显下降。所以，为了使混凝土正常硬化，必须在浇筑后一定时间内维持必要的潮湿环境，通常应在混凝土凝结后（一般浇筑后 8~12h 以内）开始进行养护，可用草袋等覆盖混凝土表面并浇水，或用塑料薄膜覆盖表面。养护的时间：对采用硅酸盐水泥、普通水泥和矿渣水泥的混凝土，不应少于 7d；对火山灰水泥和粉煤灰水泥的混凝土，不应少于 14d；对掺用缓凝型外加剂或有抗渗性要求的混凝土，不应少于 14d。

周围环境的温度对混凝土强度的发展也有很大影响，图 4-19 所示是混凝土在不同温度的水中养护时强度的发展规律。由图中可以看出，养护温度高，可以增大初期的水泥水化反应速度，混凝土强度也高。但初期温度过高（40℃以上时），急速的初期水化会导致水化物分布不均匀，其影响是：水化物稠密程度低的区域将成为水泥石中的薄弱区，从而降低混凝土的整体强度；而水化物稠密程度高的区域，水化物包裹在水泥颗粒的周围，会阻碍水化反应的继续进行，对后期强度的发展不利。在养护温度较低的情况下，由于水化反应缓慢，具有充分的扩散时间，使水化物在水泥石中均匀分布，从而有利于后期强度的发展。

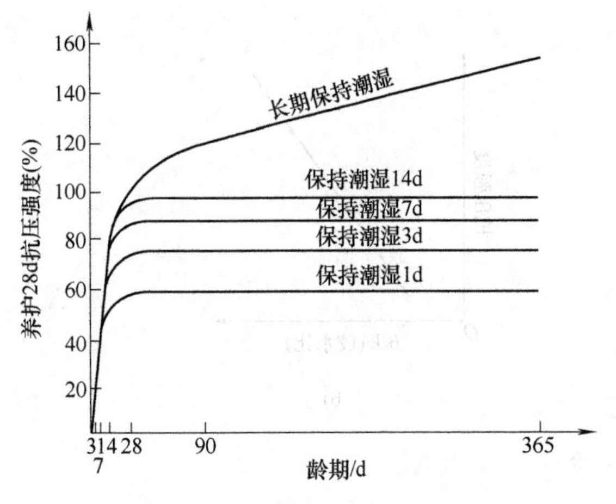

图 4-18 混凝土强度与保持潮湿日期的关系

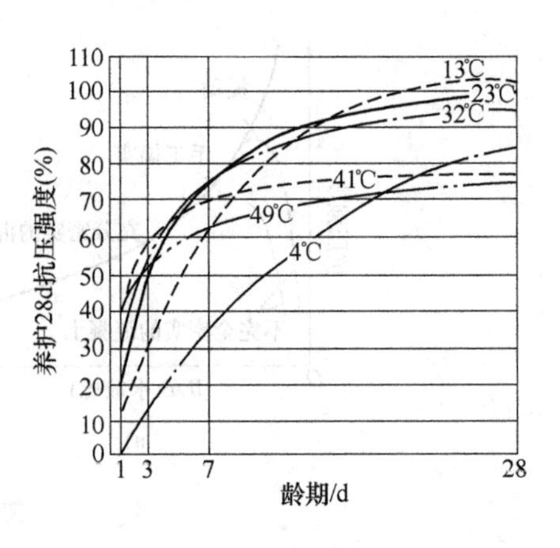


图 4-19 养护温度对混凝土强度的影响

（4）龄期 在正常养护条件下，混凝土的强度将随龄期的增加而增长，最初7~14d强度增长较快，28d以后强度逐渐趋于稳定，所以通常以28d强度作为确定混凝土强度的依据。但此后强度仍有所增长，甚至在几年、十几年期间混凝土强度都有增长的趋势。普通水泥配制的混凝土，在标准条件养护下，其强度的增长大致与龄期的对数成正比关系（龄期不小于3d），即

$$\frac{f_n}{\lg n}=\frac{f_a}{\lg a} \tag{4-7}$$

式中 $f_n$——$n$天龄期时混凝土的抗压强度（MPa）；

$f_a$——$a$天龄期时混凝土的抗压强度（MPa）；

$n$、$a$——混凝土养护龄期（d），$n\geqslant3$。

在实际工程中，可利用式（4-7）根据混凝土的早期强度推算其后期强度。但由于影响混凝土强度的因素很多，强度的发展不可能一致，所以此公式只能作为参考。

### 4.3.4 混凝土的变形性能

#### 1. 混凝土在非荷载作用下的变形

硬化后混凝土在未承受荷载作用的情况下，由于各种物理或化学的因素也会引起局部或整体的体积变化，即产生变形。如果混凝土处于自由的非约束状态，那么，这种变形一般不会产生不利影响。但是，实际使用中的混凝土结构总会受到基础、钢筋或相邻构件的牵制而处于不同程度的约束状态，因此，混凝土的变形将会由于约束作用而在内部产生拉应力。当内部拉应力超过混凝土的抗拉强度时，就会引起开裂，产生裂缝。裂缝不仅影响混凝土承受荷载的能力，而且还会严重影响混凝土的耐久性和外观。

（1）化学收缩 由于水泥水化生成物的固体体积小于水化之前反应物质（水和水泥）的总体积，从而使混凝土的体积收缩，这种收缩称为化学收缩。混凝土的这一体积收缩变形是不能恢复的，其收缩量随混凝土龄期的增长而增加。化学收缩的收缩率一般很小，不会对结构物形成破坏作用，但其收缩过程中在混凝土内部还是会产生细微裂缝，这些细微裂缝可能会影响混凝土的受力性能和耐久性。

（2）温度变形 混凝土与通常的固体材料一样，也具有热胀冷缩的性质。一般情况下，室温的变化对混凝土没有大的影响，但当温度变化很大时就会产生严重影响。混凝土的温度变形

除取决于温度升高或降低的程度外，还与其组成材料的热膨胀系数有关。当温度变化引起的集料颗粒体积变化与水泥石体积的变化相差较大时，或者集料颗粒之间的热膨胀系数有很大差别时，都会产生有破坏性的内应力，许多混凝土的裂缝与剥落实例都与此有关。

混凝土的温度变形对于大体积混凝土极为不利。在大体积混凝土硬化初期，水泥水化会产生大量的水化热，由于混凝土的导热能力很低，水化热聚集在混凝土内部不易散失，使内部温度很高，有时可达50~70℃，引起混凝土内部的体积产生较大的膨胀。而混凝土表面散热快，温度较低，会随气温的降低而收缩。这就造成了大体积混凝土内部和表面温度变形的不一致，内部膨胀和表面收缩相互制约，在混凝土中将产生很大的温度应力，严重时就会产生裂缝。因此，对大体积混凝土工程，必须采取相应的措施以减少温度变形引起的裂缝，如采用低热水泥，尽量减少水泥用量，适当掺加缓凝剂等以减小混凝土的发热量，尽量减少用水量以提高混凝土的强度，以及采取其他各种施工措施等。

(3) 干缩湿胀变形　处于空气中的混凝土当水分散失时，会引起体积收缩，称为干燥收缩，简称干缩；但受潮后体积又会膨胀，即为湿胀。混凝土干燥和再受潮的典型行为如图4-20所示。从图中可看出，混凝土在空气中养护后，即第一次干燥收缩后，若再放入水中（或较高湿度的环境中）将发生膨胀，但并非初始干燥产生的全部收缩都能为膨胀所恢复，即使长期置于水中也仍然有残余的收缩变形存在。混凝土中过大的干缩变形会产生干缩裂缝，使混凝土的抗渗、抗冻、抗侵蚀等性能变差。为此，应尽量减少水泥用量、减小水胶比、采用级配良好的集料等，以减小混凝土的干缩量。

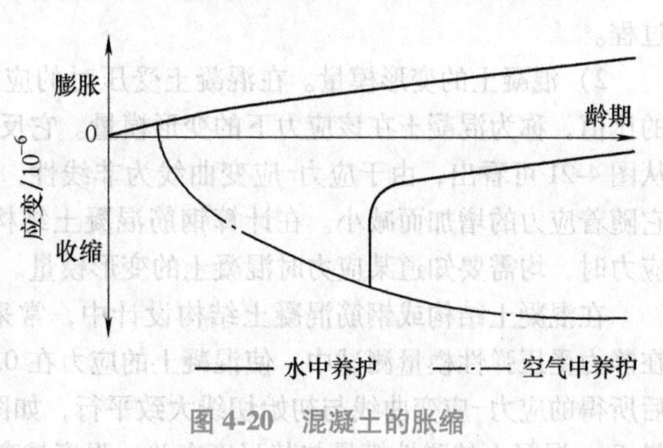

图 4-20　混凝土的胀缩

此外，从图4-20中还可看出，当混凝土在水中硬化时，会产生微小的体积膨胀。这是由于水泥凝胶体中的胶体粒子表面的吸附水膜增厚，使胶体粒子间的距离增大所致。这种湿胀对于混凝土并无不利影响。

## 2. 混凝土在荷载作用下的变形

(1) 短期荷载作用下的变形

1) 混凝土的弹塑性变形。混凝土是由砂石集料、水泥石、游离水分和气泡组成的不均匀体，而且由于水泥水化引起的化学收缩和物理收缩，在粗集料与砂浆的界面上会形成许多无规律分布的界面微裂缝（也称为界面黏结裂缝）。这就决定了混凝土在受到荷载作用时，既会产生可恢复的弹性变形，又会产生不可恢复的塑性变形，其应力与应变的关系是非线性的。混凝土在短期荷载作用下的变形大致可分为以下四个阶段，如图4-21所示。

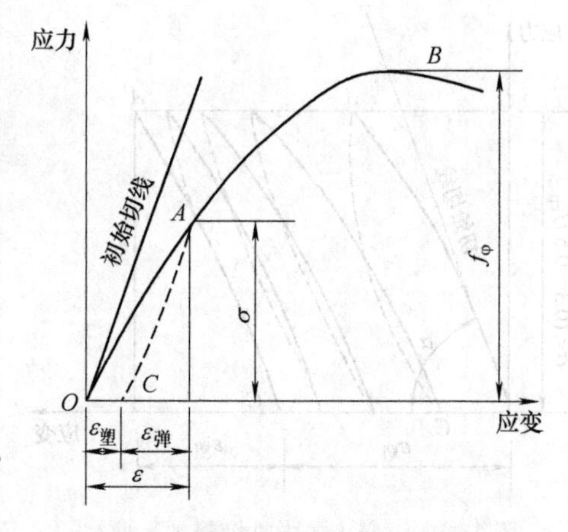

图 4-21　混凝土受压的应力-应变曲线

第一阶段：当混凝土承受的压应力低于30% $f_{cp}$（$f_{cp}$为极限应力）时，界面微裂缝基本保持稳定，无明显变化。此时的应力-应变近似呈直线关系，即混凝土近似为弹性变形；

第二阶段：当压应力为30%~50% $f_{cp}$时，界面微裂缝的长度、宽度和数量均逐步增大，但尚无明显的砂浆裂缝。此时，应变增加的速度超过应力增加的速度，应力-应变曲线逐渐偏离直线而产生弯曲，即出现弹塑性变形。

第三阶段：当压应力为50%~75% $f_{cp}$时，界面裂缝继续发展的同时，逐渐延伸到砂浆基体中，砂浆基体开始出现裂缝；当应力进一步增大到90% $f_{cp}$后，砂浆基体中的裂缝连接起来成为连续裂缝，变形增大的速度进一步加快，应力-应变曲线出现明显的弯曲，并逐渐趋向水平，混凝土主要表现为塑性变形，而且其表面出现可见裂缝。

第四阶段：压应力超过极限应力 $f_{cp}$后，连续裂缝迅速扩展，变形急速增大，混凝土的承载能力下降，以至完全破坏，其应力-应变曲线逐渐下降而最后结束。

由此可见，混凝土在荷载作用下的变形与破坏过程，实质上是其内部微裂缝的发生和发展过程。

2）混凝土的变形模量。在混凝土受压时的应力-应变曲线上，任一点的应力 $\sigma$ 与其应变 $\varepsilon$ 的比值，称为混凝土在该应力下的变形模量。它反映混凝土所受应力与所产生应变之间的关系。从图4-21可看出，由于应力-应变曲线为非线性，所以在不同的应力值下，变形模量并不相同，它随着应力的增加而减小。在计算钢筋混凝土结构的变形、裂缝开展以及大体积混凝土的温度应力时，均需要知道某应力时混凝土的变形模量。

在混凝土结构或钢筋混凝土结构设计中，常采用按标准方法测得的静力受压弹性模量 $E_c$。在静力受压弹性模量测试中，使混凝土的应力在 $0.4f_{cp}$的水平下经过多次反复的加荷与卸荷，最后所得的应力-应变曲线与初始切线大致平行，如图4-22所示。这样测出的变形模量称为弹性模量 $E_c$。混凝土的弹性模量与其强度有关，强度越高，弹性模量越大。通常，C40以下混凝土的弹性模量为 $1.75\times10^4$~$2.30\times10^4$MPa，C40以上混凝土的弹性模量为 $2.30\times10^4$~$3.60\times10^4$MPa。

（2）长期荷载作用下的变形——徐变　混凝土在长期、持续荷载作用下，其变形会随时间的延长而不断增大，即荷载不变而变形仍在增长，这种现象称为徐变。混凝土的徐变一般要持续几年才逐渐趋于稳定。图4-23所示为混凝土徐变的情况。混凝土在开始加荷时发生瞬时变形（即混凝土受力后立刻产生的变形），此后将发生缓慢增长的徐变。在加荷初期徐变增长较快，以后逐渐变慢并趋于稳定。当混凝土卸荷后，一部分变形瞬时恢复；少部分变形要经过一段时间才逐渐恢复，称为徐变恢复；剩余不可恢复的部分，为残余变形。

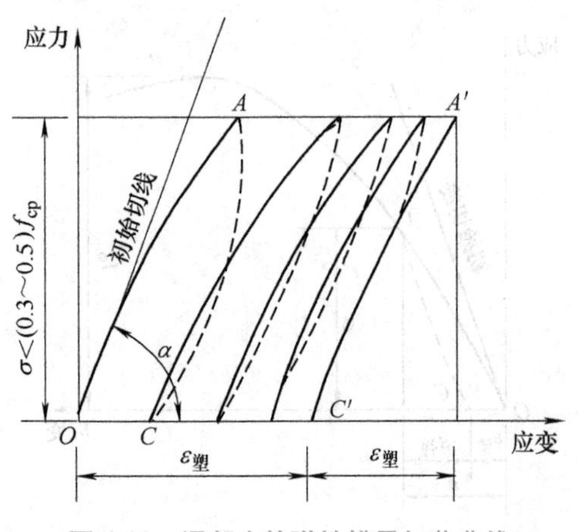


图4-22　混凝土的弹性模量加荷曲线

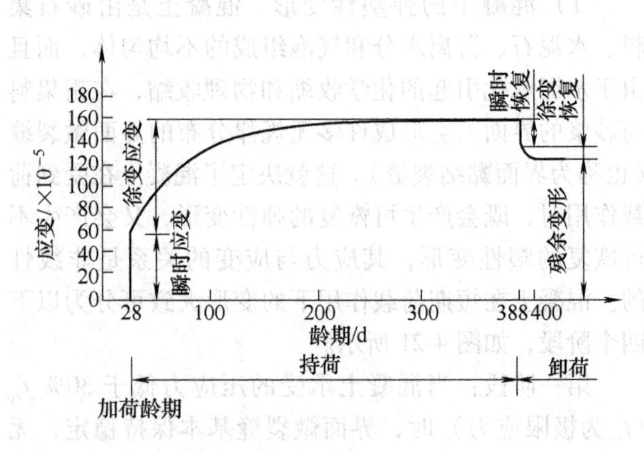


图4-23　混凝土的徐变与恢复

产生徐变的原因，一般认为是由于水泥石凝胶体在长期荷载作用下的黏性流动或滑移，同时吸附在凝胶粒子上的吸附水也在荷载作用下向毛细孔迁移渗出的结果。混凝土的徐变与多种因素有关，如环境湿度的减小或混凝土早期失水会使徐变增加；水胶比越大，混凝土强度越低，则徐变越大；水泥用量越多，徐变越大，采用强度发展快的水泥则混凝土徐变减小；因集料的变形很小，故增大集料含量会使徐变减小；推迟初始加荷时间，会使混凝土徐变减小。

混凝土的徐变对混凝土及钢筋混凝土结构的应力和应变状态有很大影响。徐变应变一般为$3\times10^{-4}\sim15\times10^{-4}$，总徐变量可能达到加荷时瞬时变形的1~3倍，这对于受弯构件的安全性和正常使用极为不利。在预应力混凝土结构中，徐变将引起预应力损失，造成不利影响。但在某些情况下，徐变有利于削弱由温度、干缩等引起的约束变形，从而防止裂缝的产生。因此，在混凝土结构设计时，必须充分考虑徐变的有利影响和不利影响。

### 4.3.5 混凝土的耐久性

#### 1. 耐久性的概念及意义

混凝土除应具有设计要求的强度以保证其能安全地承受设计荷载外，还应具有要求的耐久性。耐久性是指混凝土结构在外部环境因素和内部不利因素的长期作用下，能保持其良好的使用性能和外观完整性，从而维持混凝土结构预定的安全性和正常使用的能力。环境因素包括水压渗透作用、冰冻破坏作用、碳化作用、干湿循环引起的风化作用以及酸、碱、盐的侵蚀作用等，内部因素主要指的是碱-集料反应和自身体积的变化。

传统观念上认为混凝土是经久耐用的，钢筋混凝土中的钢筋虽然易锈蚀，但是有混凝土作为保护层，钢筋也不会锈蚀。因此，对钢筋混凝土结构的使用寿命期望值过高，而近些年出现的问题和形势的发展，使人们认识到混凝土材料的耐久性应受到高度重视，忽视钢筋混凝土结构的耐久性问题，就会为此付出巨大的代价。

一方面，国内外有很多混凝土结构并没有达到预期的使用年限，就因为受环境的作用而过早地破坏。例如，我国最早建成的北京西直门立交桥由于冻融循环，尤其是除冰盐侵蚀，破损严重，使用不到19年就被迫拆除；山东潍坊白浪河大桥是按交通部公路桥梁通用标准建造的，因位于盐渍地区而受到盐渍侵蚀作用，仅使用8年就成为危桥；我国北方寒冷地区的路面由于冻融作用，常在使用几年后就产生严重的剥落现象；一些港口、码头、闸口等工程因处于海洋环境，侵蚀情况更为严重，不到几年就严重破坏；青岛市某16层钢筋混凝土结构建筑物，建成3年后就由于楼板钢筋严重锈蚀，致使结构失效，16层楼板全部拆除；日本在沿日本海一侧建造了大量高速公路，建成后只有十几年，其高架桥的桥墩就出现大量裂缝，据分析有氯离子侵蚀、碱-集料反应等多方面原因。有关资料表明，我国每年因混凝土遭受侵蚀造成的损失达1800亿~3600亿元。

另一方面，随着经济的发展、社会的进步，各类投资巨大、施工工期长的大型工程日渐增多，例如，大跨度桥梁、超高层建筑、大型水工结构物等，所以人们对结构耐久性的期望日益提高，希望混凝土结构物能有数百年的使用寿命，做到历久弥坚。同时，由于人类开发领域的不断扩大，地下空间、海洋空间、高寒地带等结构越来越多，结构物的使用环境可能非常苛刻，客观上也要求混凝土有优异的耐久性。

近年来，混凝土结构的耐久性问题受到普遍关注，这对延长结构使用寿命，减少维修保养费用等具有重要意义。许多国家在混凝土结构的有关规范中，都对其耐久性设计做出了明确的规定。我国在《混凝土结构设计规范》（2015版）（GB 50010）中，也将混凝土结构的耐久性设计作为一项重要内容，并对耐久性做出了明确的界定和划分了环境类别，如表4-24所示。

钢筋混凝土结构的耐久性包括材料耐久性和结构耐久性两方面。结构的耐久性将在“混凝土结构”等课程中学习，本节只研究混凝土材料的耐久性。混凝土材料的耐久性是一个综合性概念，它包括抗渗性、抗冻性、抗侵蚀性、抗碳化作用、抗碱-集料反应等性能。

表 4-24 混凝土结构的环境类别

| 环境类别 | | 条件 |
|---|---|---|
| 一 | | 室内干燥环境；无侵蚀性静水浸没环境 |
| 二 | a | 室内潮湿环境；非严寒和非寒冷地区的露天环境；非严寒和非寒冷地区与无侵蚀性的水或土壤直接接触的环境；严寒和寒冷地区的冰冻线以下与无侵蚀性的水或土壤直接接触的环境 |
| | b | 干湿交替环境；水位频繁变动区环境；严寒和寒冷地区的露天环境；严寒和寒冷地区冰冻线以上与无侵蚀性的水或土壤直接接触的环境 |
| 三 | a | 严寒和寒冷地区冬季水位变动区环境；受除冰盐影响环境；海风环境 |
| | b | 盐渍土环境；受除冰盐作用环境；海岸环境 |
| 四 | | 海水环境 |
| 五 | | 受人为或自然的侵蚀性物质影响的环境 |

## 2. 混凝土的抗渗性

（1）抗渗性的定义 混凝土的抗渗性是指混凝土抵抗水、油等液体在压力作用下渗透的性能。抗渗性是决定混凝土耐久性的最基本因素。如果其抗渗性较差，液体介质不仅易渗入内部，当环境温度降至负温或环境水中含有侵蚀性介质时，混凝土还易遭受冰冻或侵蚀破坏，也易引起钢筋混凝土内部钢筋的锈蚀。因此，对地下结构、桥墩、水坝、水池、水塔、压力水管、油罐以及港口工程、海洋工程等工程，通常把混凝土抗渗性作为一个最重要的技术指标。

（2）抗渗性的衡量 混凝土的抗渗性用抗渗等级表示。抗渗等级试验按照标准试验方法进行，每组6个试件，以6个试件中有4个试件未出现渗水时的最大水压力表示混凝土的抗渗等级，分为 P4、P6、P8、P10、P12 共五个等级，即表示混凝土可抵抗 0.4MPa、0.6MPa、0.8MPa、1.0MPa、1.2MPa 的静水压力而不渗水。抗渗等级等于或大于 P6 级的混凝土为抗渗混凝土。在工程设计中，应依据工程实际所承受的水压力大小来选择抗渗等级。

此外，在《普通混凝土配合比设计规程》（JGJ 55）中规定，具有抗渗要求的混凝土，试验要求的抗渗水压力值应比设计值高 0.2 MPa，试验结果应符合下式要求

$$P_t \geqslant \frac{P}{10}+0.2 \tag{4-8}$$

式中 $P_t$——6个试件中4个未出现渗水的最大水压力（MPa）；

$P$——设计要求的抗渗等级值。

（3）影响抗渗性的因素 混凝土的抗渗性主要与混凝土的密实度和孔隙率及孔隙结构有关。混凝土中相互连通的孔隙越多，孔径越大，则其抗渗性越差。这些孔隙主要包括：水泥石中多余水分蒸发留下的气孔，水泥浆泌水所形成的毛细孔道，粗集料下方界面聚积的孔隙，施工振捣不密实形成的蜂窝、孔洞，混凝土硬化后因干缩或热胀等变形造成的裂缝等。所以，提高混凝土抗渗性的措施，除应保证施工振捣质量外，还应针对以下各项影响因素，采取相应的措施。

1）水胶比。混凝土的水胶比大小对其抗渗性能起决定性作用，水胶比越大，抗渗性能越差。故应采用尽可能低的水胶比，以减少混凝土的泌水和毛细孔。抗渗混凝土最大水胶比规定如表4-25所示。

表 4-25 抗渗混凝土最大水胶比

| 设计抗渗等级 | 最大水胶比 | |
|---|---|---|
| | C20~C30 | C30 以上 |
| P6 | 0.60 | 0.55 |
| P8~P12 | 0.55 | 0.50 |
| >P12 | 0.50 | 0.45 |

2）集料的最大粒径。在水胶比相同时，混凝土粗集料的最大粒径越大，其抗渗性越差。所以集料应级配良好，且致密、干净，以避免在其界面处产生裂纹和较大集料下方形成孔穴。粗集料宜采用连续级配，其最大公称粒径不宜大于40.0mm。

3）水泥品种。水泥的品种、性质也影响混凝土的抗渗性能。水泥颗粒越细，水泥硬化体孔隙率越小，强度就越高，其抗渗性也越好。水泥宜采用普通硅酸盐水泥。每立方米混凝土中的胶凝材料用量不宜小于320kg。

4）掺合料。混凝土中加入掺合料，如掺入优质粉煤灰，可细化孔隙，提高混凝土的密实度，从而改善其内部结构，减少混凝土的渗水性。

5）外加剂。如在混凝土中掺加引气剂或引气型外加剂，其含气量控制在3%~5%范围内，可将开口孔转变成闭口孔，阻断许多毛细孔的渗水通道，可有效提高混凝土的抗渗性。但若含气量超过6%，会引起混凝土强度的下降。如在混凝土中掺加减水剂，可减少水胶比提高混凝土的密实度，因而可改善混凝土的抗渗性能。

6）养护方法。蒸汽养护的混凝土其抗渗性较潮湿养护的混凝土要差。在干燥条件下混凝土早期失水过多，容易形成收缩裂隙，因而降低混凝土抗渗性。因此要保证混凝土的养护条件，使其有适当的温度和充分的湿度，以避免各种缺陷的产生。

7）龄期。混凝土龄期越长，其抗渗性越好。因为随着水泥水化作用的进行，混凝土的密实度逐渐提高。

### 3. 混凝土的抗冻性

（1）抗冻性的定义　混凝土的抗冻性是指混凝土在饱水状态下，经受多次冻融循环作用，能保持强度和外观完整性的能力。寒冷地区的室外结构以及建筑物中的寒冷环境（如冷库），对所采用的混凝土都要求具有较高的抗冻能力。

（2）抗冻性的衡量　混凝土的抗冻性以抗冻等级表示。抗冻等级采用慢冻法试验，即以龄期为28d的试件饱水后承受-15~-20℃至15~20℃的反复冻融循环，以同时满足抗压强度下降不超过25%、质量损失不超过5%时，所能承受的最大冻融循环次数来确定。混凝土共划分为九个抗冻等级：F10、F15、F25、F50、F100、F150、F200、F250和F300，分别表示混凝土能够承受反复冻融循环次数不少于10次、15次、25次、50次、100次、150次、200次、250次和300次。抗冻等级F50及以上的混凝土称为抗冻混凝土。实际工程中，混凝土的抗冻等级应根据气候条件或环境温度、混凝土所处部位以及可能遭受冻融循环的次数等因素确定。

对于抗冻性要求高的混凝土，也可用耐久性指数DF表示。DF值的确定采用快冻法试验，即以混凝土试件快速冻融循环后，其动弹性模量值不小于初始值的60%、质量损失不超过5%时，所能承受的最大循环次数来表示其抗冻性。

（3）冻融循环破坏机理及其影响因素　混凝土受冻融破坏的原因很复杂，主要原因是混凝土内部孔隙和毛细孔道中的水在负温下结冰时体积膨胀（水结冰时体积膨胀约9%），膨胀造成了静水压力，同时内部因冰、水蒸气压的差别迫使未冻结水向冻结区的迁移造成了渗透压力。当这两种压力产生的内应力超过混凝土的抗拉强度时，就会产生细微裂缝。经多次冻融循环后就会使细微裂缝逐渐增多和扩展，从而造成混凝土内部结构的逐渐破坏。

影响混凝土抗冻性的因素主要有以下几个方面：

1）混凝土组成材料性质及含量。影响混凝土抗冻性的因素与影响抗渗性的因素有类似之处。所以对于有抗冻性要求的混凝土，通常要求其水胶比较小，采用质量可靠的原材料及良好的配合比，提高混凝土的密实度，并尽量减少施工缺陷，均可提高混凝土的抗冻性。水泥应采用硅酸盐水泥或普通硅酸盐水泥；粗集料宜选用连续级配；抗冻等级不小于F100的抗冻混凝土宜掺用引气剂。抗冻混凝土的最大水胶比和最小胶凝材料用量规定如表4-26所示。掺用引气剂的混凝土最小含气量规定如表4-27所示。

表4-26 抗冻混凝土最大水胶比和最小胶凝材料用量

| 设计抗冻等级 | 最大水胶比 | | 最小胶凝材料用量/(kg/m³) |
|---|---|---|---|
| | 无引气剂时 | 掺引气剂时 | |
| F50 | 0.55 | 0.60 | 300 |
| F100 | 0.50 | 0.55 | 320 |
| 不低于F150 | — | 0.50 | 350 |

表4-27 抗冻混凝土最小含气量

| 粗集料最大公称粒径/mm | 混凝土最小含气量（%） | |
|---|---|---|
| | 潮湿或水位变动的寒冷和严寒环境 | 盐冻环境 |
| 40.0 | 4.5 | 5.0 |
| 25.0 | 5.0 | 5.5 |
| 20.0 | 5.5 | 6.0 |

注：含气量为气体体积占混凝土体积的百分比。

2）孔隙率及孔隙特征。一般孔隙率越大，抗冻性越差。但如果封闭的孔隙较多，因水分不能进入内部，同时孔隙还可以提供内部变形的空间，增加吸收膨胀的能力，则可提高抗冻性。所以连通的孔隙对抗冻性不利，适量微小、封闭的孔隙对抗冻性有利。

3）养护龄期。随着混凝土龄期的增加，混凝土的抗冻性能也得到提高。因为水泥的不断水化，使内部可冻结的水分减少；同时水中溶解盐的含量也随之增加，使冰点降低，抵抗冻融破坏的能力便随之增强。所以，延长冻结前的养护时间可以提高混凝土的抗冻性。一般要求：在混凝土抗压强度未达到5.0MPa或抗折强度未达到1.0MPa时，不得遭受冰冻。

4）混凝土强度。若混凝土本身强度等级较高，抵抗破坏的能力强，则抗冻性越好。

5）饱水程度。当孔隙中充满水时，因没有富余空间，结冰膨胀将直接对孔隙壁施加力的作用。若孔隙中没有完全充满水，还有一定的空间，则当水结冰时，能提供一定的膨胀空间，可缓解结冰膨胀对孔隙壁的压力。因此，完全干燥的混凝土不存在冻融破坏的问题；气干状态下的混凝土较少发生冻融破坏；一直处于冻结状态的混凝土也较少发生冻融破坏；而孔隙吸水越接近饱和，混凝土的抗冻性越差。

为提高混凝土的抗冻性，应提高其密实度或改善其孔结构，最有效的方法是掺加引气剂、减水剂和防冻剂。

#### 4. 混凝土的抗侵蚀性

当混凝土所处的环境中含有侵蚀性介质时，混凝土就会遭受化学侵蚀。环境介质对混凝土的化学侵蚀有软水侵蚀、硫酸盐侵蚀、碳酸侵蚀、一般酸侵蚀、强碱侵蚀等，其侵蚀机理与水泥石的化学侵蚀相同。对于海岸、海洋工程中的混凝土，海水的侵蚀除了硫酸盐侵蚀外，还有反复干湿的物理作用、盐分在混凝土内部的结晶与聚集、海浪的冲击磨损、海水中氯离子对钢筋的锈蚀作用等，都会使混凝土受到侵蚀而破坏。

海水侵蚀中危害最大的是氯离子对钢筋的锈蚀作用。在正常情况下，混凝土中的钢筋不会锈蚀，这是由于钢筋表面的混凝土孔溶液呈高度碱性（pH 值大于 13），可维持钢筋表面形成致密的氧化膜，即成为钢筋的钝化保护膜。但海水中的氯盐侵入后，氯离子从混凝土表面扩散到钢筋位置并积累到一定含量时，会使钝化膜破坏（故混凝土拌合物中的氯离子含量应控制在水泥质量的 0.4%以下）。钝化膜破坏后钢筋在水分和氧的参与下发生锈蚀。这种锈蚀作用一方面破坏了混凝土与钢筋之间的黏结，削弱了钢筋的截面面积并使钢筋变脆；另一方面使钢筋保护层的混凝土开裂、剥落，使介质更容易进入混凝土内部，造成侵蚀加剧，最后导致整个结构物破坏。

混凝土的抗侵蚀性与所用水泥的品种、混凝土的密实程度和孔隙特征有关。密实和封闭孔隙的混凝土，环境中侵蚀介质不易渗入混凝土内部，故其抗侵蚀性较强。所以，提高混凝土抗侵蚀性的措施，主要是合理选择水泥品种（可参照第 3 章中有关内容），降低水胶比，提高混凝土的密实度，改善混凝土的孔隙结构等。工程中也可采用外部保护措施来隔离侵蚀介质与混凝土的接触，避免发生侵蚀。

**5. 混凝土的碳化**（中性化）

（1）混凝土碳化的定义 混凝土的碳化作用是指空气中的二氧化碳在湿度合适的条件下，与水泥水化产生的氢氧化钙发生化学反应，生成碳酸钙和水的过程。若空气中的其他酸性成分较多，这些成分同样可以与混凝土中的氢氧化钙反应，使其碱度下降，称为中性化。

未受碳化作用的混凝土，由于水泥凝胶体中含有大约 25%的氢氧化钙，所以混凝土内部的 pH 值为 12~13，呈强碱性。碳化反应使混凝土内部的 pH 值下降到 8.5~10，接近中性，所以，碳化的结果是使碱性的混凝土中性化。造成混凝土中性化的原因还有酸雨、酸性土壤的作用等，但碳化是其中的主要原因。

（2）混凝土碳化的检测 混凝土碳化的过程是二氧化碳由表及里向其内部逐渐扩散的过程，碳化程度用碳化深度来表示。检测碳化深度的方法有两种：一种是 X 射线法，另一种是化学试剂法。X 射线法用于试验室的精确测量，需要专门的仪器，可同时测试完全碳化深度和部分碳化深度。现场检测主要采用化学试剂法，该方法是在混凝土表面凿一个小洞，立即滴入化学试剂，根据反应的颜色测量碳化深度。常用的试剂是酚酞含量为 1%的酚酞酒精溶液，它以 pH 值等于 9 为界限，已碳化部分不变色，未碳化部分则呈粉红色，这种方法只能检测完全碳化深度。还有一种彩虹指示剂，可根据反应的颜色判别不同的 pH 值（pH=5~13），因此既可检测完全碳化深度，又可检测部分碳化深度。

（3）碳化对混凝土性能的影响 碳化对混凝土的性能既有不利影响，也有有利影响。不利影响是：①碳化使混凝土的碱度降低，削弱了钢筋表面钝化膜对钢筋的保护作用，可能导致钢筋锈蚀；②由于碳化将显著增加混凝土的收缩，表面碳化层的收缩会对其内部形成压应力，而内部混凝土则对表层产生拉应力，可使表面产生细微裂缝，造成混凝土抗拉、抗折强度降低。碳化对混凝土性能的有利影响是：碳化反应生成的水分有利于水泥的水化作用，而且反应生成的碳酸钙，填充在水泥石的孔隙中，使混凝土的密实度和抗压强度有所提高，对防止有害介质的侵入具有一定的缓冲作用。但总体上混凝土碳化是弊多利少。

（4）影响混凝土碳化的因素 研究成果表明，影响混凝土碳化的因素主要有以下几个方面：

1）水泥品种与混合料掺量。使用硅酸盐水泥、普通硅酸盐水泥时，因其水化产物的碱度较高，抗碳化能力优于矿渣水泥、火山灰水泥和粉煤灰水泥；而且对掺混合料的水泥，随混合料掺量的增多碳化速度加快。

2）水胶比。水胶比越小，混凝土越密实，二氧化碳和水不易渗入，碳化速度越慢；而当水胶比固定时，碳化深度则随水泥用量的提高而减小。

3）环境湿度。对于干燥环境的混凝土，如相对湿度小于25%时，由于环境中水分太少，碳化反应不能发生；而常处于水中或相对湿度100%的混凝土，因其孔隙中充满水，二氧化碳不能渗入，碳化作用也会停止。只有当相对湿度在50%~75%时，碳化速度才最快。

4）二氧化碳含量。环境中的二氧化碳含量越大，混凝土的碳化速度越快。而二氧化碳的含量室内高于室外，城市高于乡村，尤其是近年来，工业排放的二氧化碳量持续上升，使城市建筑物的混凝土碳化速度加快。

5）外加剂。混凝土中掺入减水剂、引气剂或引气减水剂时，由于降低水胶比或引入封闭的细微气泡，使混凝土碳化速度明显减慢。

### 6. 混凝土的碱-集料反应

（1）碱-集料反应的定义　混凝土中的碱性氧化物（氧化钠和氧化钾）与集料中的活性二氧化硅（或活性炭酸盐）发生化学反应生成碱-硅酸盐凝胶（或碱-碳酸盐凝胶），沉积在集料与水泥凝胶体的界面上，吸水后体积会膨胀（约3倍以上），从而导致混凝土开裂破坏，称为碱-集料反应。

多年来，碱-集料反应已经使许多处于潮湿环境中的结构物受到破坏，包括桥梁、大坝、堤岸等。但20世纪80年代以前，我国尚未发现有较大的碱-集料破坏，这与我国长期使用掺混合材料的中低强度等级水泥及混凝土强度等级较低有关。进入90年代后，由于工程中采用的混凝土强度等级越来越高，水泥用量大且含碱量高，开始导致碱-集料破坏的发生。

（2）碱-集料反应的条件　混凝土发生碱-集料反应必须同时具备以下三个条件：

1）水泥或混凝土中碱含量过高。当水泥中碱含量（质量分数）按（$Na_2O$+0.658$K_2O$）%计算大于0.6%时，就很有可能产生碱-集料反应，为此《混凝土结构设计规范》（2015版）（GB 50010）中规定了混凝土碱含量的最大限值。

2）砂、石集料中含有活性二氧化硅。有些矿物含有活性二氧化硅的成分，它们常存在于流纹岩、安山岩、凝灰岩等天然石材中，当碱活性集料占集料总量的比例大于1%时，就容易导致对混凝土结构的危害。美国、日本、英国等发达国家已建立了区域性碱活性集料分布图，我国也已开始进行此项工作，第一个建立的是京津塘地区碱活性集料分布图。

3）潮湿环境。在干燥情况下，混凝土不可能发生碱-集料膨胀反应，只有在空气相对湿度大于80%的潮湿环境下或直接接触水的环境中，碱-集料反应才会发生。

（3）碱-集料破坏的特征　碱-集料破坏通常有以下特征：

1）开裂破坏，一般发生在混凝土浇筑后两三年或者更长时间。

2）常呈现沿钢筋开裂和网状龟裂。

3）裂缝边缘出现凹凸不平现象。

4）越潮湿的部位反应越强烈，膨胀和开裂破坏越明显。

5）常有透明、淡黄色、褐色凝胶从裂缝处析出。

（4）防止碱-集料反应的措施　混凝土的碱-集料反应进行缓慢，有一定潜伏期，通常要经若干年后才会出现，其破坏作用一旦发生便难以阻止，因此应以预防为主。而且，碱-集料反应引起混凝土开裂后，还会引发或加剧冻融破坏、钢筋锈蚀、化学腐蚀等一系列破坏作用，这些综合破坏作用将会导致混凝土结构的迅速崩溃，直至丧失使用功能，造成巨大损失。为防止碱-集料反应的发生，通常可采取以下措施：

1）尽量采用非活性集料，对重要工程的混凝土所使用的粗、细集料，应进行碱活性检验，当检验判定该集料有潜在危害时应采取相应措施。

2）采用低碱水泥（含碱量小于0.6%），严格控制混凝土中总的碱含量（不大于3.0kg/m³），符合现行标准的规定。

3）在水泥或混凝土中适量掺加火山灰质活性材料，如粉煤灰、硅灰、磨细矿渣粉等。因为它们在水泥水化的早期，就与水泥中的碱性物质反应，降低了混凝土中的碱含量。同时反应产物能均匀分散在混凝土中，而不集中在集料表面。这些在混凝土拌合物尚处于塑性状态时生成的膨胀性物质，不但不会对混凝土造成危害，而且还使混凝土更加密实，从而有效抑制硬化后混凝土的碱-集料反应。

4）当使用含钾、钠离子的混凝土外加剂时，必须进行专门试验，并严格控制其用量。

5）在混凝土中适当掺入引气剂或引气减水剂等外加剂，使混凝土内部形成许多微小气孔，可吸收膨胀作用，以缓冲膨胀破坏应力。

### 7. 提高混凝土耐久性的措施

我国在《混凝土结构设计规范》（2015版）（GB 50010）中，对混凝土材料的耐久性提出了相关的基本要求。设计使用年限为50年的混凝土结构，其混凝土材料宜符合表4-28的规定。一类环境中，设计使用年限为100年的混凝土结构应符合下列规定：①钢筋混凝土结构的最低强度等级为C30；预应力混凝土结构的最低强度等级为C40；②混凝土中的最大氯离子含量为0.05%；③宜使用非碱活性集料，当使用碱活性集料时，混凝土中的最大碱含量为3.0kg/m³。二、三类环境中，设计使用年限为100年的混凝土结构应采取专门的有效措施。

混凝土遭受各种破坏作用的机理虽各不相同，影响其耐久性的因素也很多，但提高混凝土耐久性的措施却有很多共同之处，其中最重要的是提高混凝土的密实度。一般提高混凝土耐久性的措施有以下几方面：

1）合理选用水泥品种，使其与工程所处的环境相适应。

2）采用较小的水胶比和保证足够的胶凝材料用量，以提高混凝土的密实度。混凝土的最大水胶比的限值如表4-28所示，表中的环境类别可参见表4-24；混凝土的最小胶凝材料用量应符合表4-29所示的规定。

表4-28 结构混凝土材料的耐久性基本要求

| 环境等级 | | 最大水胶比 | 最低强度等级 | 最大氯离子含量（%） | 最大碱含量/（kg/m³） |
|---|---|---|---|---|---|
| 一 | | 0.60 | C20 | 0.30 | 不限制 |
| 二 | a | 0.55 | C25 | 0.20 | 3.0 |
| | b | 0.50（0.55） | C30（C25） | 0.15 | 3.0 |
| 三 | a | 0.45（0.50） | C35（C30） | 0.15 | 3.0 |
| | b | 0.40 | C40 | 0.10 | 3.0 |

注：1. 预应力构件混凝土中的氯离子含量不得超过0.06%；最低混凝土强度等级应按表中规定提高两个等级。
2. 素混凝土构件的水胶比及最低强度等级的要求可适当放松。
3. 有可靠的工程经验时，二类环境中的最低混凝土强度等级可降低一个等级。
4. 处于严寒和寒冷地区二b、三a类环境中的混凝土应使用引气剂，并可采用括号中的有关参数。
5. 当使用非碱活性集料时，对混凝土中的碱含量可不做限制。

表4-29 混凝土的最小胶凝材料用量

| 最大水胶比 | 最小胶凝材料用量/(kg/m³) | | |
|---|---|---|---|
| | 素混凝土 | 钢筋混凝土 | 预应力混凝土 |
| 0.60 | 250 | 280 | 300 |
| 0.55 | 280 | 300 | 300 |
| 0.50 | 320 | | |
| ≤0.45 | 330 | | |

3）选用质量良好、级配合理的砂石集料，并采用合理的砂率，以减小混凝土的孔隙率，进一步提高其密实度。

4）混凝土中掺用适量的引气剂或减水剂，并掺用优质的矿物掺合料，以改善混凝土内部的孔结构。

5）加强混凝土施工中的质量控制，确保生产出构造均匀、强度合格且密实度高的混凝土。

## 4.4 混凝土的质量控制与强度评定

### 4.4.1 混凝土的质量控制

混凝土质量控制是保证生产出质量合格的混凝土的一项非常重要的工作。普通混凝土的质量控制包括初步控制、生产控制和合格控制。

初步控制是指混凝土生产前对原材料质量检验与控制和混凝土配合比的合理确定。

水泥进场时应对其品种、强度等级、出厂日期和包装等进行检查，并应对强度及其他必要性能指标进行复检，特别是过期或受潮的水泥；各级集料应分别堆放，防止混杂及混入泥土等杂质。定期对集料的级配、最大粒径、含水率、杂质含量及石子中的针、片状颗粒含量进行检验，在雨后和储备条件变化时要增加含水率的检验次数，并及时调整各项材料的配合比。混凝土配合比通常通过计算和试配确定，在施工过程中，一般不得随意改变配合比，但应根据原材料和混凝土质量的动态信息，及时进行调整。

生产控制是指混凝土生产过程中组成材料的计量控制和混凝土拌合物的搅拌、运输、浇筑和养护等工序的控制。主要包括：

1）严格控制混凝土组成材料的称量精度，一般要求水泥、混合材料、外加剂和水的称量误差小于2%，粗、细集料的称量误差小于3%。

2）为了保证混凝土拌合物的均匀性，根据搅拌机的机型和搅拌容量确定合理的搅拌时间。一般情况下，自落式搅拌机的最短搅拌时间为90~150s，强制式搅拌机为60~120s。

3）定时检查拌和后的出机口坍落度和浇筑前的入仓坍落度，一般要求每班至少两次。

4）混凝土从出搅拌机到浇筑完毕的延续时间不宜过长，以免因坍落度损失影响混凝土浇筑的密实性。

5）混凝土浇筑时应选择适宜的振捣工具，避免过振和漏振。

6）养护过程的控制是保证混凝土质量的重要环节，温度、湿度和养护时间是养护过程控制的三大要素。混凝土养护方法通常分为自然养护和加热养护两类。自然养护适用于气温在5℃以上现场浇筑的整体式结构工程，有覆盖洒水养护、薄膜布养护、养护剂养护和蓄水等多种方法；加热养护适用于预制厂生产预制构件和冬期施工，有蒸汽养护、热模养护、电热养护、红外线养护和太阳能养护等方法，应根据气温情况、设备条件和生产方式选用。

7）混凝土必须养护至一定强度后才能拆模，尤其是板、梁、拱、壳和悬臂构件。否则会损伤构件边角，严重时可能破坏混凝土的内部结构，甚至发生坍塌等质量事故。拆模时混凝土的强度应符合设计要求，当无设计要求时，应符合《混凝土结构工程施工质量验收规范》（GB 50204）的有关规定。

施工（生产）单位应根据设计要求，提出混凝土质量控制目标，建立混凝土质量保证体系，制定必要的混凝土生产质量管理制度，并应根据生产过程的质量动态分析，及时采取措施和对策。

合格控制是指混凝土质量的验收，即对混凝土强度或其他技术指标进行检验评定。通过以上对混凝土进行质量控制的各项措施，使混凝土质量符合设计规定的要求。混凝土的质量如何，要通过其性能检验的结果来表达。

## 4.4.2 混凝土的强度检验与评定

在正常情况下，影响混凝土质量的诸多因素都是随机变化的，因此采用数理统计方法来评定混凝土的质量。由于混凝土抗压强度能较好地反映混凝土整体的质量情况，并且与其他性能指标（如抗渗性能、抗冻性能等）有较好的相关性，工程中常以混凝土抗压强度作为评定和控制其质量的主要指标。

### 1. 混凝土强度的波动规律——正态分布

对同一混凝土进行系统的随机抽样，以强度为横坐标，某一强度出现的概率为纵坐标绘制强度概率分布曲线，一般接近正态分布曲线（见图 4-24）。

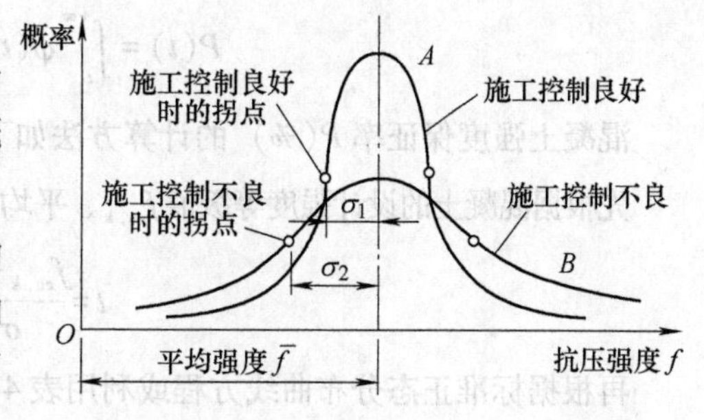


图 4-24 离散程度不同的两条正态分布曲线

曲线高峰为混凝土平均强度 $\bar{f}_{cu}$ 的概率。以平均强度为对称轴，左右两边曲线是对称的。距对称轴越远，出现的概率越小，并逐渐趋近于零。曲线与横坐标之间的面积为概率的总和，等于 100%。

概率分布曲线窄而高（见图 4-24 *A* 曲线），说明强度测定值比较集中，波动较小，混凝土的均匀性好，施工水平较高。如果曲线宽而矮（见图 4-24 *B* 曲线），则说明强度值离散程度大，混凝土的均匀性差，施工水平较低。

### 2. 评定混凝土生产管理水平的指标

（1）平均强度 $\bar{f}_{cu}$

$$\bar{f}_{cu} = \frac{1}{n}\sum_{i=1}^{n} f_{cu,i} \tag{4-9}$$

式中 $n$——试验组数；

$f_{cu,i}$——第 $i$ 组试验值（MPa）。

平均强度仅代表混凝土强度总体的平均值，并不说明其强度的波动情况。

（2）标准差 $\sigma$

$$\sigma = \sqrt{\frac{\sum_{i=1}^{n}(f_{cu,i} - \bar{f}_{cu})^2}{n-1}} \text{ 或 } \sigma = \sqrt{\frac{\sum_{i=1}^{n} f_{cu,i}^2 - n\bar{f}_{cu}^2}{n-1}} \tag{4-10}$$

标准差又称均方差，它表明分布曲线的拐点距强度平均值的距离。$\sigma$ 值小，曲线高而窄，说明强度离散程度小，混凝土质量控制较稳定，生产管理水平较高；$\sigma$ 值大，曲线矮而宽，说明强度离散程度大，混凝土质量控制较差，生产管理水平较低。

（3）变异系数 $C_v$

$$C_v=\frac{\sigma}{\bar{f}_{cu}} \tag{4-11}$$

变异系数又称离差系数或标准差系数。$C_v$ 值越小，说明混凝土质量越稳定，混凝土生产的质量水平越高。

（4）强度保证率 $P$ 强度保证率是指混凝土强度总体中大于设计强度等级值（$f_{cu,k}$）的概率，以正态分布曲线上的阴影部分来表示（见图 4-25）。

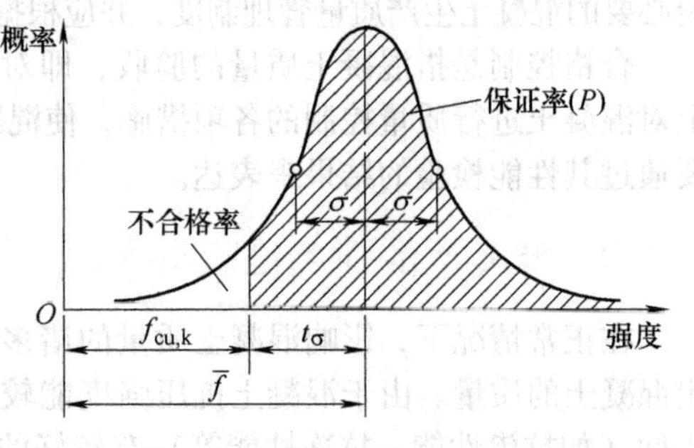


图 4-25 混凝土强度保证率

经过随机变量 $t=\frac{f_{cu,k}-\bar{f}_{cu}}{\sigma}$ 的变量转换，可将正态分布曲线变换为随机变量 $t$ 的标准正态分布曲线（见图 4-25）。

在标准正态分布曲线上，自 $t\sim+\infty$ 所出现的概率 $P(t)$ 由下式表达：

$$P(t)=\int_t^{+\infty}\phi(t)\,dt=\frac{1}{\sqrt{2\pi}}\int_t^{+\infty}e^{-\frac{t^2}{2}}dt \tag{4-12}$$

混凝土强度保证率 $P$(%) 的计算方法如下：

先根据混凝土的设计强度等级值 $f_{cu,k}$、平均强度 $\bar{f}_{cu}$、变异系数 $C_v$ 或标准差 $\sigma$ 计算出概率度 $t$。

$$t=\frac{f_{cu,k}-\bar{f}_{cu}}{\sigma}=\frac{f_{cu,k}-\bar{f}_{cu}}{C_v\bar{f}_{cu}} \tag{4-13}$$

再根据标准正态分布曲线方程或利用表 4-30 即可求得强度保证率 $P$(%)。

表 4-30 不同概率度 $t$ 值的 $P(t)$ 值 (%)

| $t$ | 0.000 | −0.524 | −0.840 | −1.000 | −1.040 | −1.280 | −1.400 | −1.600 |
|---|---|---|---|---|---|---|---|---|
| $P(t)$ | 0.500 | 0.700 | 0.800 | 0.840 | 0.850 | 0.900 | 0.919 | 0.945 |
| $t$ | −1.645 | −1.800 | −2.000 | −2.060 | −2.330 | −2.580 | −2.880 | −3.000 |
| $P(t)$ | 0.950 | 0.964 | 0.977 | 0.980 | 0.990 | 0.995 | 0.998 | 0.999 |

根据统计周期内混凝土强度标准差 $\sigma$ 和强度保证率 $P(t)$，即可参照表 4-31 所示对混凝土生产单位的生产管理水平进行评定。

表 4-31 混凝土生产管理水平

| 生产质量管理水平 | | 优良 | | 一般 | |
|---|---|---|---|---|---|
| 评定指标 \ 生产场所 \ 混凝土强度等级 | | <C20 | ≥C20 | <C20 | ≥C20 |
| 混凝土强度标准差 $\sigma$ /MPa | 商品混凝土厂和预制混凝土构件厂 | ≤3.0 | ≤3.5 | ≤4.0 | ≤5.0 |
| | 集中搅拌混凝土的施工现场 | ≤3.5 | ≤4.0 | ≤4.5 | ≤5.5 |
| 强度不低于要求强度等级的百分率 $P$(%) | 商品混凝土厂、预制混凝土构件厂及集中搅拌混凝土的施工现场 | ≥95 | | ≥85 | |

### 3. 混凝土强度的检验评定

（1）验收批的条件 实际生产中，混凝土强度的检验评定是分批进行的，构成同一验收批的混凝土应满足下列要求：

1）设计强度等级相同。

2）龄期相同。

3）生产工艺条件（搅拌、运输和浇筑）基本相同。

4）混凝土配合比基本相同。

（2）强度评定方法 用于评定混凝土强度的方法有统计方法和非统计方法两种，前者适用于试件数量较多的混凝土，后者适用于小批量零星生产、试件数量较少的混凝土。

统计方法又分为标准差已知和标准差未知两种。

标准差已知的统计方法适用于混凝土生产条件在较长时间内能保持一致，且同一品种混凝土的强度变异性能保持稳定的情形。要求检验期不超过3个月，且在该期间内强度数据的总批数不得少于15。由连续的三组试件组成一个验收批，其强度应同时满足下列要求：

$$\bar{f}_{cu} \geqslant f_{cu,k} + 0.7\sigma_0 \tag{4-14}$$

$$f_{cu,min} \geqslant f_{cu,k} - 0.7\sigma_0 \tag{4-15}$$

当混凝土强度等级不高于C20时，其强度的最小值还应满足下式要求：

$$f_{cu,min} \geqslant 0.85 f_{cu,k} \tag{4-16}$$

当混凝土强度等级高于C20时，其强度的最小值还应满足下式要求：

$$f_{cu,min} \geqslant 0.90 f_{cu,k} \tag{4-17}$$

式中 $\bar{f}_{cu}$——同一验收批混凝土立方体抗压强度的平均值（MPa）；

$f_{cu,min}$——同一验收批混凝土立方体抗压强度的最小值（MPa）；

$\sigma_0$——验收批混凝土立方体抗压强度的标准差（MPa）。

验收批混凝土立方体抗压强度的标准差$\sigma_0$，应根据前一个检验期内同一品种混凝土试件的强度数据，按下式确定：

$$\sigma_0 = \frac{0.59}{m}\sum_{i=1}^{m} \Delta f_{cu,i} \tag{4-18}$$

式中 $\Delta f_{cu,i}$——第$i$批试件立方体抗压强度中最大值与最小值之差；

$m$——用以确定验收批混凝土立方体抗压强度标准差的数据总批数。

标准差未知的统计方法适用于混凝土的生产条件在较长时间内不能保持一致，且混凝土强度变异性不稳定的情形，以及在前一个检验期内的同一品种混凝土没有足够数据用以确定验收批混凝土立方体抗压强度标准差的情形。这种情况下应由不少于10组的试件组成一个验收批，其强度应同时满足下式的要求：

$$f_{cu} - \lambda_1 S_{fcu} \geqslant 0.9 f_{cu,k} \tag{4-19}$$

$$f_{cu,min} \geqslant \lambda_2 f_{cu,k} \tag{4-20}$$

式中 $S_{fcu}$——同一验收批混凝土立方体抗压强度的标准差（MPa），当$S_{fcu}$的计算值小于$0.06f_{cu,k}$时，取$S_{fcu}=0.06f_{cu,k}$；

$\lambda_1$、$\lambda_2$——合格评定系数，按表4-32所示取用。

表4-32 混凝土强度的合格评定系数

| 试件组数 | 10~14 | 15~19 | ≥20 |
|---|---|---|---|
| $\lambda_1$ | 1.15 | 1.05 | 0.95 |
| $\lambda_2$ | 0.90 | 0.85 | |

注：本表摘自GB/T 50107—2010《混凝土强度检验评定标准》。

混凝土立方体抗压强度的标准差$S_{fcu}$可按下式计算：

$$S_{fcu}=\sqrt{\frac{\sum_{i=1}^{n}f_{cu,i}^{2}-n\bar{f}_{cu}^{2}}{n-1}} \tag{4-21}$$

式中 $f_{cu,i}$——第$i$组混凝土试件的立方体抗压强度值（MPa）；

$n$——一个验收批混凝土试件的组数。

若按非统计方法评定混凝土强度时，其强度应同时满足下列要求：

$$\bar{f}_{cu}\geqslant 1.15f_{cu,k} \tag{4-22}$$

$$f_{cu,min}\geqslant 0.95f_{cu,k} \tag{4-23}$$

当检验结果不能满足上述规定时，该批混凝土强度判为不合格。由不合格批混凝土制成的结构或构件，应进行鉴定。对不合格的结构或构件必须及时处理。当对混凝土试件强度的代表性有怀疑时，可采用从结构或构件中钻取试件的方法或采用非破损检验方法，按有关标准的规定对结构或构件中混凝土的强度进行推定。

根据《公路水泥混凝土路面滑模施工技术规程》（JTJ/T 037.1），水泥混凝土路面的强度检验评定以弯拉强度为控制指标，相应的强度检验方法和评定标准也与上述普通混凝土不同，应用时应参照相应的技术规范。

泵送混凝土是当前混凝土工程中应用最普遍的混凝土，其质量控制除了应满足上述普通混凝土的要求外，混凝土的可泵性也是一项重要检验内容，一般要求10s时的相对压力泌水率$S_{10}$不宜超过40%。

## 4.5 混凝土的配合比设计

混凝土配合比是指混凝土中各组成材料数量之间的比例关系。配合比设计就是通过计算、试验等方法，确定混凝土中各组分用量比例的过程。混凝土配合比表示方法有两种：一种是以每立方米混凝土中各项材料的质量表示，如水泥300kg、水180kg、砂720kg、石子1200kg，每立方米混凝土总质量为2400kg；另一种表示方法是以各项材料相互间的质量比表示（以水泥质量为1），将上例换算成质量比为：水泥：砂：石=1：2.4：4，水胶比=0.60。

### 4.5.1 混凝土配合比设计的基本要求和主要参数

#### 1. 基本要求

混凝土配合比设计的任务，就是要根据原材料的技术性能及施工条件，合理选择原材料，并确定能满足工程要求的技术经济指标的各项组成材料的用量。混凝土配合比设计的基本要求是：

1）满足结构设计的混凝土的强度等级。

2）满足施工要求的混凝土拌合物的和易性。

3）满足环境和使用要求的混凝土的耐久性（如抗冻等级、抗渗等级和耐蚀性等）。

4）在满足上述要求的前提下，节约水泥和降低混凝土成本。

**2. 主要参数**

在原材料、工艺条件、外界条件一定的情况下，普通混凝土配合比设计实质上就是确定水泥、水、砂、石子等基本组成材料用量之间的三个比例关系：

1）水泥浆与集料之间的比例关系，用单位用水量（$1m^3$ 混凝土的用水量）$m_w$ 来表示。

2）每立方米混凝土用水量与所有胶凝材料用量的比值，用水胶比（$W/B$）表示。

3）砂与石子之间的比例关系，用砂率 $\beta_s$ 表示。

水胶比、砂率和单位用水量是混凝土配合比设计中的三个重要参数。正确确定这三个参数，就能使混凝土满足上述设计要求。三个参数的确定原则为：

水胶比：在满足强度和耐久性要求的前提下，为了节约水泥，尽量取较大值。

砂率：在保证混凝土拌合物的和易性的前提下，从降低成本方面考虑，尽量取较小值。

单位用水量：在达到流动性要求的情况下，尽量取较小值。较小的水泥浆数量满足和易性的要求，并具有较好的经济性。

### 4.5.2 混凝土配合比设计的基本资料

配合比设计之前，必须首先掌握与之相关的基础资料，包括：

1）各种原材料的品种及其物理力学性质。水泥品种和实际强度、密度；砂、石的种类、表观密度、堆积密度和含水率；砂的细度模数；石子的级配和最大粒径；拌和水的水质及水源；外加剂的品种、特性和适宜用量。

2）混凝土的强度等级和耐久性要求（如抗冻、抗渗、耐磨等性能要求）。

3）施工和管理方面的资料。包括搅拌和振捣方式、坍落度要求、施工管理水平、构件类型、最小钢筋净距等。

### 4.5.3 普通混凝土配合比设计的步骤

普通混凝土是指其组成材料中只有水泥、水、砂和石子四种基本组成材料，而不含矿物掺合料和外加剂的混凝土。按照《普通混凝土配合比设计规程》（JGJ 55）的规定，在对原材料进行正确选择和严格的质量检验后，普通混凝土配合比设计首先应按照要求的技术指标进行混凝土配合比的初步计算，得出“计算配合比”；然后经试验室试拌、调整，得出“试拌配合比”；最后根据现场原材料的实际情况（如砂、石含水等）修正试验室得出的“设计配合比”，从而得出“施工配合比”。具体步骤如下：

**1. 初步配合比的计算**

按选用的原材料性能及对混凝土的技术要求进行初步配合比的计算，以便得出供试配用的配合比。

（1）确定配制强度（$f_{cu,0}$） 为了使混凝土强度具有要求的保证率，必须使其配制强度高于所设计的强度等级值。

因 $\bar{f}_{cu}=f_{cu,k}-t\sigma$，令配制强度 $f_{cu,0}=\bar{f}_{cu}$，则

$$f_{cu,0}=f_{cu,k}-t\sigma \tag{4-24}$$

由于 $C_v=\sigma/\bar{f}_{cu}$，因此也有

$$f_{cu,0}=\frac{f_{cu,k}}{1+tC_v} \tag{4-25}$$

式中 $f_{cu,0}$——混凝土的配制强度（MPa）；

$f_{cu,k}$——混凝土立方体抗压强度标准值（即设计要求的混凝土强度等级）（MPa）；

$\sigma$——混凝土强度标准差（MPa）；

$C_v$——混凝土强度变异系数；

$t$——概率度。

式中的概率度 $t$ 与设计要求的强度保证率有关，当强度保证率不同时，$t$ 值也不相同。根据《混凝土结构工程施工及验收规范》（GB 50204）和《普通混凝土配合比设计规程》（JGJ 55）的规定，当混凝土的设计强度等级小于 C60 时，混凝土的强度保证率为95%，对应的 $t=-1.645$，配制强度应按下式确定：

$$f_{cu,0}\geqslant f_{cu,k}+1.645\sigma \tag{4-26}$$

当设计强度等级不小于 C60 时，配制强度应按下式确定：

$$f_{cu,0}\geqslant 1.15f_{cu,k} \tag{4-27}$$

但对于一些特殊工程，比如水利工程中强度要求较低的大体积混凝土，通常取强度保证率为85%，对应的 $t=-1.04$。

强度标准差 $\sigma$ 的确定方法为：若施工单位具有近期1~3个月的同一品种、同一强度等级混凝土的强度资料，且试件组数不小于30时，其混凝土强度标准差 $\sigma$ 应按下式计算：

$$\sigma=\sqrt{\frac{\sum_{i=1}^{n}f_{cu,i}^{2}-n\bar{f}_{cu}^{2}}{n-1}} \tag{4-28}$$

式中 $f_{cu,i}$——第 $i$ 组试件强度（MPa）；

$\bar{f}_{cu}$——$n$ 组强度的平均值（MPa）；

$n$——试件组数，$n\geqslant 30$。

对于强度等级不大于 C30 的混凝土，当混凝土强度标准差计算值不小于3.0MPa时，应按式（4-28）计算结果取值；当混凝土强度标准差计算值小于3.0MPa时，应取3.0MPa。对于强度等级大于 C30 且小于 C60 的混凝土，当混凝土强度标准差计算值不小于4.0MPa时，应按式（4-28）计算结果取值；当混凝土强度标准差计算值小于4.0MPa时，应取4.0MPa。

当没有近期的同一品种、同一强度等级混凝土强度资料时，其强度标准差 $\sigma$ 可按表4-33所示取值。

表4-33 混凝土强度标准差 $\sigma$ 取值

| 混凝土强度等级 | ≤C20 | C25~C45 | C50~C55 |
| --- | --- | --- | --- |
| $\sigma$/MPa | 4.0 | 5.0 | 6.0 |

遇有下列情况时，应适当提高混凝土配制强度：

1）现场条件与试验条件有显著差异时。

2）重要工程和对混凝土有特殊要求时。

3）C30 级及其以上强度等级的混凝土，工程验收可能采用非统计方法评定时。

（2）初步确定水胶比（$W/B$） 当混凝土强度等级小于 C60 时，混凝土水胶比宜按下式计算：

$$W/B=\frac{\alpha_a f_b}{f_{cu,0}+\alpha_a\alpha_b f_b} \tag{4-29}$$

式中 $W/B$——混凝土水胶比；

$\alpha_a$、$\alpha_b$——回归系数，宜按以下规定确定：①根据工程所使用的原材料，通过试验建立的水胶比与混凝土强度关系式确定；②当不具备上述试验统计资料时，可按表 4-34 所示选用；

$f_b$——胶凝材料（水泥与矿物掺合料按使用比例混合）28d 胶砂强度（MPa），试验方法应按《水泥胶砂强度检验方法（ISO 法）》（GB/T 17671）执行；当无实测值时，可按以下规定确定：当胶凝材料 28d 胶砂抗压强度值（$f_b$）无实测值时，可按下式计算：

$$f_b=\gamma_f\gamma_s f_{ce} \tag{4-30}$$

式中 $\gamma_f$、$\gamma_s$——粉煤灰影响系数和粒化高炉矿渣粉影响系数，可按表 4-35 所示选用；

$f_{ce}$——水泥 28d 胶砂抗压强度（MPa），可实测，也可按以下规定选用：当水泥 28d 胶砂抗压强度（$f_{ce}$）无实测值时，可按下式计算：

$$f_{ce}=\gamma_c f_{ce,g} \tag{4-31}$$

式中 $\gamma_c$——水泥强度等级值的富余系数，可按实际统计资料确定；当缺乏实际统计资料时，也可按表 4-36 所示选用；

$f_{ce,g}$——水泥强度等级值（MPa）。

表 4-34 回归系数 $\alpha_a$、$\alpha_b$ 的选用

| 系数 \ 粗集料品种 | 碎 石 | 卵 石 |
|---|---|---|
| $\alpha_a$ | 0.53 | 0.49 |
| $\alpha_b$ | 0.20 | 0.13 |

表 4-35 粉煤灰影响系数 $\gamma_f$ 和粒化高炉矿渣粉影响系数 $\gamma_s$

| 掺量（%） \ 种类 | 粉煤灰影响系数 $\gamma_f$ | 粒化高炉矿渣粉影响系数 $\gamma_s$ |
|---|---|---|
| 0 | 1.00 | 1.00 |
| 10 | 0.85~0.95 | 1.00 |
| 20 | 0.75~0.85 | 0.95~1.00 |
| 30 | 0.65~0.75 | 0.90~1.00 |
| 40 | 0.55~0.65 | 0.80~0.90 |
| 50 | — | 0.70~0.85 |

注：1. 宜采用Ⅰ级、Ⅱ级粉煤灰且宜取上限值。
2. 采用 S75 级粒化高炉矿渣粉宜取下限值，采用 S95 级粒化高炉矿渣粉宜取上限值，采用 S105 级粒化高炉矿渣粉可取上限值加 0.05。
3. 当超出表中的掺量时，粉煤灰和粒化高炉矿渣粉影响系数应经试验确定。

表 4-36 水泥强度等级值的富余系数 $\gamma_c$

| 水泥强度等级值 | 32.5 | 42.5 | 52.5 |
|---|---|---|---|
| 富余系数 | 1.12 | 1.16 | 1.10 |

根据混凝土的耐久性要求，水胶比不得大于表 4-28 所示规定的最大水胶比。为了同时满足强度和耐久性要求，取两者的较小值作为试验用水胶比。

（3）确定用水量（$m_{w0}$）和外加剂用量（$m_{a0}$）

1）确定用水量（$m_{w0}$）。单位用水量的多少，主要根据所要求的混凝土坍落度值及所用集料的种类、规格来选择。所以应先考虑工程种类与施工条件，按表4-20和表4-21所示确定适宜的坍落度值，再按表4-37所示选定混凝土的单位用水量。

应指出，对于流动性、大流动性混凝土（坍落度大于90mm）用水量应以表4-37中坍落度90mm的用水量为基础，按坍落度每增大20mm，用水量增加5kg/m³，计算出单位用水量；当坍落度增大到180mm以上时，随坍落度相应增加的用水量可减少。

对于掺外加剂混凝土的单位用水量可按下式计算：

$$m_{w0}=m'_{w0}(1-\beta) \tag{4-32}$$

式中 $m_{w0}$——掺外加剂混凝土的用水量（kg/m³）；

$m'_{w0}$——未掺外加剂时推定的满足实际坍落度要求的混凝土的用水量（kg/m³）；

$\beta$——外加剂的减水率（%），应经混凝土试验确定。

表4-37 混凝土每立方米用水量选用表 （单位：kg/m³）

| 项目 | 指标 | 卵石最大公称粒径/mm | | | | 碎石最大公称粒径/mm | | | |
|---|---|---|---|---|---|---|---|---|---|
| | | 10 | 20 | 31.5 | 40 | 16 | 20 | 31.5 | 40 |
| 坍落度/mm | 10~30 | 190 | 170 | 160 | 150 | 200 | 185 | 175 | 165 |
| | 35~50 | 200 | 180 | 170 | 160 | 210 | 195 | 185 | 175 |
| | 55~70 | 210 | 190 | 180 | 170 | 220 | 205 | 195 | 185 |
| | 75~90 | 215 | 195 | 185 | 175 | 230 | 215 | 205 | 195 |
| 维勃稠度/s | 16~20 | 175 | 160 | | 145 | 180 | 170 | | 155 |
| | 11~15 | 180 | 165 | | 150 | 185 | 175 | | 160 |
| | 5~10 | 185 | 170 | | 155 | 190 | 180 | | 165 |

注：1. 混凝土水胶比在0.40~0.80时，可按本表选取。

2. 水胶比小于0.40的混凝土以及采用特殊成型工艺的混凝土用水量，应通过试验确定。

3. 表中用水量采用中砂时的取值。采用细砂时，混凝土用水量可增加5~10kg/m³；采用粗砂时，则可减少5~10kg/m³。

4. 掺用矿物掺合料和外加剂时，用水量应做相应调整。

2）确定外加剂用量（$m_{a0}$） 混凝土中外加剂用量（$m_{a0}$）应按下式计算：

$$m_{a0}=m_{b0}\beta_a \tag{4-33}$$

式中 $m_{a0}$——计算配合比混凝土中外加剂用量（kg/m³）；

$m_{b0}$——计算配合比混凝土中胶凝材料用量（kg/m³）；

$\beta_a$——外加剂掺量（%），应经混凝土试验确定。

（4）确定胶凝材料、矿物掺合料和水泥用量

1）确定混凝土中胶凝材料用量（$m_{b0}$）。混凝土中胶凝材料用量（$m_{b0}$）应按下式计算，并应进行试拌调整，在拌合物性能满足的情况下，取经济合理的胶凝材料用量。

$$m_{b0}=\frac{m_{w0}}{W/B} \tag{4-34}$$

式中 $m_{b0}$——计算配合比混凝土中胶凝材料用量（kg/m³）；

$m_{w0}$——计算配合比混凝土的用水量（kg/m³）；

$W/B$——混凝土水胶比。

除配制C15强度等级的混凝土外，混凝土的最小胶凝材料用量应符合表4-29所示的规定。

2）混凝土的矿物掺合料用量（$m_{f0}$）应按下式计算：

$$m_{f0}=m_{b0}\beta_f \tag{4-35}$$

式中 $m_{f0}$——计算配合比混凝土中矿物掺合料用量（$kg/m^3$）；

$\beta_f$——矿物掺合料掺量(%)，可结合确定水胶比的相关规定和对矿物掺合料掺量的规定确定。

矿物掺合料在混凝土中的掺量应通过试验确定。采用硅酸盐水泥或普通硅酸盐水泥时，钢筋混凝土中矿物掺合料最大掺量宜符合表4-38所示的规定，预应力混凝土中矿物掺合料最大掺量宜符合表4-39所示的规定。对基础大体积混凝土，粉煤灰、粒化高炉矿渣粉和复合掺合料的最大掺量可增加5%。采用掺量大于30%的C类粉煤灰的混凝土应以实际使用的水泥和粉煤灰掺量进行安定性检验。

表4-38 钢筋混凝土中矿物掺合料最大掺量

| 矿物掺合料种类 | 水胶比 | 最大掺量（%） | |
|---|---|---|---|
| | | 采用硅酸盐水泥时 | 采用普通硅酸盐水泥时 |
| 粉煤灰 | ≤0.40 | 45 | 35 |
| | >0.40 | 40 | 30 |
| 粒化高炉矿渣粉 | ≤0.40 | 65 | 55 |
| | >0.40 | 55 | 45 |
| 钢渣粉 | — | 30 | 20 |
| 磷渣粉 | — | 30 | 20 |
| 硅灰 | — | 10 | 10 |
| 复合掺合料 | ≤0.40 | 65 | 55 |
| | >0.40 | 55 | 45 |

注：1. 采用其他通用硅酸盐水泥时，宜将水泥混合材料掺量20%以上的混合材料计入矿物掺合料。
2. 复合掺合料各组分的掺量不宜超过单掺时的最大掺量。
3. 在混合使用两种或两种以上矿物掺合料时，矿物掺合料总掺量应符合表中复合掺合料的规定。

表4-39 预应力混凝土中矿物掺合料最大掺量

| 矿物掺合料种类 | 水胶比 | 最大掺量（%） | |
|---|---|---|---|
| | | 采用硅酸盐水泥时 | 采用普通硅酸盐水泥时 |
| 粉煤灰 | ≤0.40 | 35 | 30 |
| | >0.40 | 25 | 20 |
| 粒化高炉矿渣粉 | ≤0.40 | 55 | 45 |
| | >0.40 | 45 | 35 |
| 钢渣粉 | — | 20 | 10 |
| 磷渣粉 | — | 20 | 10 |
| 硅灰 | — | 10 | 10 |
| 复合掺合料 | ≤0.40 | 55 | 45 |
| | >0.40 | 45 | 35 |

注：1. 采用其他通用硅酸盐水泥时，宜将水泥混合材料掺量20%以上的混合材料计入矿物掺合料。
2. 复合掺合料各组分的掺量不宜超过单掺时的最大掺量。
3. 在混合使用两种或两种以上矿物掺合料时，矿物掺合料总掺量应符合表中复合掺合料的规定。

3）混凝土的水泥用量（$m_{c0}$）应按下式计算：

$$m_{c0}=m_{b0}-m_{f0} \tag{4-36}$$

式中 $m_{c0}$——计算配合比混凝土中水泥的用量（$kg/m^3$）。

其他符号含义同前。

（5）确定砂率（$\beta_s$） 砂率（$\beta_s$）应根据集料的技术指标、混凝土拌合物性能和施工要求，参考既有历史资料确定。

当缺乏砂率的历史资料时，混凝土砂率的确定应符合下列规定：

1）坍落度小于10mm的混凝土，其砂率应经试验确定。

2）坍落度为10~60mm的混凝土，其砂率可根据粗集料品种、最大公称粒径及水胶比按表4-40选取。

3）坍落度大于60mm的混凝土，其砂率可经试验确定，也可在表4-40所示的基础上，按坍落度每增大20mm、砂率增大1%的幅度予以调整。

表4-40 混凝土的砂率 （%）

| 水胶比（W/B） | 卵石最大公称粒径/mm | | | 碎石最大粒径/mm | | |
|---|---|---|---|---|---|---|
| | 10.0 | 20.0 | 40.0 | 16.0 | 20.0 | 40.0 |
| 0.40 | 26~32 | 25~31 | 24~30 | 30~35 | 29~34 | 27~32 |
| 0.50 | 30~35 | 29~34 | 28~33 | 33~38 | 32~37 | 30~35 |
| 0.60 | 33~38 | 32~37 | 31~36 | 36~41 | 35~40 | 33~38 |
| 0.70 | 36~41 | 35~40 | 34~39 | 39~44 | 38~43 | 36~41 |

注：1. 表中数值是中砂的选用砂率，对细砂或粗砂可相应地减少或增大砂率。
2. 采用人工砂配制混凝土时，砂率可适当增大。
3. 只用一个单粒级粗集料配制混凝土时，砂率应适当增大。

另外，砂率也可根据以砂填充石子空隙并稍有富余，以拨开石子的原则来确定。根据此原则可列出砂率计算公式如下：

$$\beta_s=\frac{m_{s0}}{m_{s0}+m_{g0}};\quad v_{0s}=v_{0g}P'$$

$$\beta_s=\lambda\frac{m_{s0}}{m_{s0}+m_{g0}}=\lambda\frac{\rho'_{0s}v_{0s}}{\rho'_{0s}v_{0s}+\rho'_{0g}v_{0g}}=\lambda\frac{\rho'_{0s}v_{0g}P'}{\rho'_{0s}v_{0g}P'+\rho'_{0g}v_{0g}}=\lambda\frac{\rho'_{0s}P'}{\rho'_{0s}P'+\rho'_{0g}}\times100\% \tag{4-37}$$

式中 $\beta_s$——砂率（%）；

$m_{s0}$、$m_{g0}$——混凝土中砂和石子用量（$kg/m^3$）；

$v_{0s}$、$v_{0g}$——混凝土中砂和石子的松散体积（$m^3$）；

$\rho'_{0s}$、$\rho'_{0g}$——砂和石子的堆积密度（$kg/m^3$）；

$P'$——石子空隙率（%）；

$\lambda$——砂剩余系数，又称拨开系数，一般取1.1~1.4。

（6）计算粗、细集料用量

1）采用质量法计算粗、细集料用量时，应按下列公式计算：

$$m_{f0}+m_{c0}+m_{g0}+m_{s0}+m_{w0}=m_{cp} \tag{4-38}$$

$$\beta_s=\frac{m_{s0}}{m_{g0}+m_{s0}}\times100\% \tag{4-39}$$

式中 $m_{g0}$——混凝土的粗集料用量（$kg/m^3$）；

$m_{s0}$——混凝土的细集料用量（$kg/m^3$）；

$m_{w0}$——混凝土的用水量（$kg/m^3$）；

$\beta_s$——砂率（%）；

$m_{cp}$——混凝土拌合物的假定质量（$kg/m^3$），可取2350~2450$kg/m^3$。

由式（4-38）和式（4-39）可求出粗、细集料的用量。

2）当采用体积法计算混凝土配比时，砂率应按式（4-39）计算，粗、细集料用量应按下式计算：

$$\frac{m_{c0}}{\rho_c}+\frac{m_{f0}}{\rho_f}+\frac{m_{g0}}{\rho_g}+\frac{m_{s0}}{\rho_s}+\frac{m_{w0}}{\rho_w}+0.01\alpha=1 \tag{4-40}$$

式中 $\rho_c$——水泥密度（$kg/m^3$），应按《水泥密度测定方法》（GB/T 208）测定，也可取2900~3100$kg/m^3$；

$\rho_f$——矿物掺合料密度（$kg/m^3$），可按《水泥密度测定方法》（GB/T 208）测定；

$\rho_g$——粗集料的表观密度（$kg/m^3$），应按现行行业标准《普通混凝土用砂、石质量及检验方法标准》（JGJ 52）测定；

$\rho_s$——细集料的表观密度（$kg/m^3$），应按现行行业标准《普通混凝土用砂、石质量及检验方法标准》（JGJ 52）测定；

$\rho_w$——水的密度（$kg/m^3$），可取1000$kg/m^3$；

$\alpha$——混凝土的含气量百分数，在不使用引气型外加剂时，$\alpha$可取为1。

由式（4-38）和式（4-40）可求出粗、细集料的用量。

通过以上六个步骤便可将水、水泥、砂和石子的用量全部求出，得到初步配合比，供试配用。以上混凝土配合比计算公式和表格，均以干燥状态集料为基准（干燥状态集料是指含水率小于0.5%的细集料或含水率小于0.2%的粗集料），如需以饱和面干集料为基准进行计算时，则应做相应的修正。

## 2. 混凝土配合比的试配、调整与确定

（1）配合比的试配、调整　混凝土的初步配合比是借助于一些经验公式和数据计算出来的，或是利用经验资料查得的，因而不一定能够符合实际情况，还必须经过试拌调整，使混凝土拌合物的和易性符合要求，然后才能提出供检验混凝土强度用的试拌配合比。

混凝土试配应采用强制式搅拌机，搅拌机应符合现行行业标准《混凝土试验用搅拌机》（JG 244）的规定，搅拌方法宜与施工采用的方法相同。

试验室成型条件应符合《普通混凝土拌合物性能试验方法标准》（GB/T 50080）的规定。

每盘混凝土试配的最小搅拌量应符合表4-41所示的规定，并不应小于搅拌机公称容量的1/4且不应大于搅拌机公称容量。

表4-41　混凝土试配的最小搅拌量

| 粗集料最大公称粒径/mm | 最小搅拌的拌合物量/L |
|---|---|
| ≤31.5 | 20 |
| 40.0 | 25 |

在计算配合比的基础上应进行试拌。计算水胶比宜保持不变，并应通过调整配合比其他参数使混凝土拌合物性能符合设计和施工要求，然后修正计算配合比，提出试拌配合比。

1）和易性的调整方法。按初步配合比称取材料进行试拌。混凝土拌合物搅拌均匀后应测定坍落度，并检查其黏聚性和保水性能的好坏。如坍落度不满足要求，或黏聚性和保水性不好时，则应在保持水胶比不变的条件下相应调整用水量或砂率。当坍落度低于设计要求，可保持水胶比不变，增加适量浆体，或掺加适量减水剂。如坍落度太大，可在保持砂率不变的条件下增加集料。如出现含砂不足，黏聚性和保水性不良时，可适当增大砂率；反之应减小砂率。每次调整后再试拌，直到符合要求为止，然后测出混凝土拌合物的表观密度$\rho_{c,t}$。

2）试拌配合比的确定。经过和易性调整后，应根据每种材料的实际用量和混凝土的实测表观密度，重新计算混凝土的配合比，这个满足和易性要求的配合比为试拌配合比。

试拌配合比的各种材料用量为

$$m'_{b0}=\frac{m'_{bb}}{m'_{bb}+m'_{gb}+m'_{sb}+m'_{wb}}\times\rho_{c,t} \tag{4-41}$$

$$m'_{s0}=\frac{m'_{sb}}{m'_{bb}+m'_{gb}+m'_{sb}+m'_{wb}}\times\rho_{c,t} \tag{4-42}$$

$$m'_{g0}=\frac{m'_{gb}}{m'_{bb}+m'_{gb}+m'_{sb}+m'_{wb}}\times\rho_{c,t} \tag{4-43}$$

$$m'_{w0}=\frac{m'_{wb}}{m'_{bb}+m'_{gb}+m'_{sb}+m'_{wb}}\times\rho_{c,t} \tag{4-44}$$

式中 $m'_{b0}$、$m'_{s0}$、$m'_{g0}$、$m'_{w0}$——试拌配合比中胶凝材料、砂、石、水的用量（$kg/m^3$）；

$m'_{bb}$、$m'_{sb}$、$m'_{gb}$、$m'_{wb}$——和易性调整后胶凝材料、砂、石、水的实际用量（$kg/m^3$）；

$\rho_{c,t}$——混凝土实测表观密度（$kg/m^3$）。

（2）设计配合比的确定

1）强度试验。按试拌配合比配制的混凝土，虽然满足了和易性要求，但强度是否满足要求必须经过试验检验。在试拌配合比的基础上应进行混凝土的强度试验，并应符合下列规定：

a. 应采用三个不同的配合比，其中一个应为上述和易性试拌调整确定的试拌配合比，另外两个配合比的水胶比宜较试拌配合比分别增加和减少0.05，用水量应与试拌配合比相同，砂率可分别增加和减少1%。

b. 进行混凝土强度试验时，尚需检验混凝土拌合物的和易性及测定表观密度，拌合物性能应符合设计和施工要求。

c. 进行混凝土强度试验时，每个配合比应至少制作一组试件，并应按标准养护到28d或设计规定龄期时试压。

2）配合比调整。配合比调整应符合下述规定：

a. 根据上述混凝土强度试验结果，宜绘制强度和水胶比的线性关系图或插值法确定略大于配制强度的强度对应的水胶比。

b. 在试拌配合比的基础上，用水量（$m_w$）和外加剂用量（$m_a$）应根据确定的胶水比做调整。

c. 胶凝材料用量（$m_b$）应以用水量乘以确定的水胶比计算得出。

d. 粗集料和细集料用量（$m_g$和$m_s$）应根据用水量和胶凝材料用量进行调整。

3）配合比校正。配合比经试配、调整确定后，还需根据实测的混凝土表观密度做必要的校正，其步骤为：首先计算出混凝土的表观密度计算值$\rho_{c,c}$，然后将混凝土的实测表观密度值$\rho_{c,t}$除以$\rho_{c,c}$得出校正系数。

配合比调整后的混凝土拌合物的表观密度应按下式计算：

$$\rho_{c,c}=m_c+m_f+m_g+m_s+m_w \tag{4-45}$$

混凝土配合比校正系数按下式计算：

$$\delta=\frac{\rho_{c,t}}{\rho_{c,c}} \tag{4-46}$$

式中 $\delta$——混凝土配合比校正系数；

$\rho_{c,t}$——混凝土拌合物表观密度实测值（$kg/m^3$）；

$\rho_{c,c}$——混凝土拌合物表观密度计算值（$kg/m^3$）。

当$\rho_{c,t}$与$\rho_{c,c}$之差的绝对值不超过$\rho_{c,c}$的2%时，由以上定出的配合比即为设计配合比；当两者之差超过2%时，则需将已定的混凝土配合比中每项材料用量均乘以校正系数$\delta$，即为最终确定的设计配合比。

配合比调整后，混凝土拌合物中水溶性氯离子最大含量应符合《普通混凝土配合比设计规程》（JGJ 55）的有关规定。对耐久性有设计要求的混凝土应进行相关耐久性试验验证。

对于有特殊要求的混凝土，如抗渗等级不低于 P6 的抗渗混凝土、抗冻等级不低于 F50 的抗冻混凝土、高强混凝土、大体积混凝土、泵送混凝土等，或遇水泥、外加剂或矿物掺合料品种质量有显著变化时，其混凝土配合比设计应按《普通混凝土配合比设计规程》的有关规定进行重新设计。

### 3. 施工配合比

设计配合比时是以干燥材料为基准的，而工地存放的砂、石料都含有一定的水分，所以现场材料的实际称量应按工地砂、石的含水情况进行修正，修正后的配合比，称为施工配合比。施工配合比按下列公式计算：

$$m_b'=m_b \tag{4-47}$$

$$m_s'=m_s(1+W_s) \tag{4-48}$$

$$m_g'=m_g(1+W_g) \tag{4-49}$$

$$m_w'=m_w-m_s\cdot W_s-m_g\cdot W_g \tag{4-50}$$

式中 $W_s$、$W_g$——砂的含水率和石子的含水率；

$m_b'$、$m_s'$、$m_g'$和$m_w'$——修正后每立方米混凝土拌合物中胶凝材料、砂、石和水的用量。工地存放的砂、石的含水情况常有变化，应按变化情况，随时加以修正。

## 4.5.4 混凝土配合比设计实例

【例题】 某工程的预制钢筋混凝土梁（不受风雪影响），混凝土设计强度等级为 C25，要求强度保证率为95%，施工要求坍落度为 30~50mm（混凝土由机械搅拌、机械振捣），该施工单位无历史统计资料。采用材料：

矿渣水泥：32.5（实测 28d 强度 35.0MPa），表观密度$\rho_c=3.10g/m^3$。

中砂：表观密度$\rho_s=2.65g/cm^3$，堆积密度$\rho_s'=1500kg/m^3$。

碎石：表观密度$\rho_g=2.70g/cm^3$，堆积密度$\rho_g'=1500kg/m^3$，最大粒径为 20mm。

自来水。

（1）设计该混凝土的配合比（按干燥材料计算）。

（2）施工现场砂含水率 3%，碎石含水率 1%，求施工配合比。

【解】

(1) 计算初步配合比

1) 计算配制强度 ($f_{cu,0}$)

$$f_{cu,0} \geqslant f_{cu,k}+1.645\sigma$$

查表4-33得知，当混凝土强度等级为C25时，$\sigma=5.0$MPa，试配强度$f_{cu,0}$为

$$f_{cu,0}=(25+1.645\times5.0)\text{MPa}=33.23\text{MPa}$$

2) 计算水胶比 ($W/B$)。已知水泥实测强度$f_b=35.0$MPa；所用粗集料为碎石，查表4-34，得回归系数$\alpha_a=0.53$，$\alpha_b=0.20$。按下式计算水胶比 ($W/B$)：

$$\frac{W}{B}=\frac{\alpha_a f_b}{f_{cu,0}+\alpha_a\alpha_b f_b}=\frac{0.53\times35.0}{33.23+0.53\times0.20\times35.0}=0.50$$

3) 确定混凝土的用水量 ($m_{w0}$)。该混凝土所用碎石最大粒径为20mm，坍落度为30~50mm，查表4-37，得$m_{w0}=195\text{kg/m}^3$。

4) 确定混凝土的水泥用量 ($m_{c0}$)。因无矿物掺合料，所以得

$$m_{c0}=m_{b0}=\frac{m_{w0}}{W/B}=\frac{195}{0.50}\text{kg/m}^3=390\text{kg/m}^3$$

查表4-29，得最小水泥用量为$320\text{kg/m}^3$，所以取$m_{c0}=390\text{kg/m}^3$。

5) 确定砂率 ($\beta_s$)。该混凝土所用碎石最大粒径为20mm，计算得水胶比为0.50，查表4-40，取$\beta_s=35\%$。

6) 确定粗、细集料用量$m_{g0}$和$m_{s0}$。

a. 质量法按下式计算：

$$m_{f0}+m_{c0}+m_{g0}+m_{s0}+m_{w0}=m_{cp}$$

$$\beta_s=\frac{m_{s0}}{m_{g0}+m_{s0}}\times100\%$$

假定混凝土拌合物的质量$m_{cp}=2400\text{kg/m}^3$，则

$$390+m_{g0}+m_{s0}+195=2400$$

$$35\%=\frac{m_{s0}}{m_{g0}+m_{s0}}\times100\%$$

解得砂、石用量为$m_{s0}=635.28\text{kg/m}^3$，$m_{g0}=1179.72\text{kg/m}^3$。

按质量法算得该混凝土配合比为

$$m_{c0}:m_{s0}:m_{g0}:m_{w0}=390:635.28:1179.72:195=1:1.63:3.02:0.5$$

b. 体积法按下式计算：

$$\frac{m_{c0}}{\rho_c}+\frac{m_{f0}}{\rho_f}+\frac{m_{g0}}{\rho_g}+\frac{m_{s0}}{\rho_s}+\frac{m_{w0}}{\rho_w}+0.01\alpha=1$$

$$\beta_s=\frac{m_{s0}}{m_{g0}+m_{s0}}\times100\%$$

带入砂、石、水泥、水的表观密度数据，取$\alpha=1$，则

$$\frac{390}{3.10\times10^3}+\frac{m_{g0}}{2.70\times10^3}+\frac{m_{s0}}{2.65\times10^3}+\frac{195}{1\times10^3}+0.01\times1=1$$

$$35\% = \frac{m_{s0}}{m_{g0}+m_{s0}} \times 100\%$$

解得砂、石用量为 $m_{s0}=628.89\text{kg/m}^3$，$m_{g0}=1167.85\text{kg/m}^3$。

按体积法算得该混凝土配合比为

$$m_{c0}:m_{s0}:m_{g0}:m_{w0}=390:628.89:1167.85:195=1:1.61:2.99:0.5$$

计算结果与质量法计算结果相近。

（2）配合比的试配、调整与确定　以质量法计算结果进行试配。

1）配合比的试配、调整。由该混凝土所用碎石最大粒径为 20mm，查表 4-41 得，混凝土试配的最小搅拌量为 20L，即初步配合比试拌 20L，其材料用量：

水泥：390×0.02kg=7.8kg

砂：635.28×0.02kg=12.71kg

碎石：1179.72×0.02kg=23.59kg

水：195×0.02kg=3.9kg

搅拌均匀后，做坍落度试验，测得的坍落度为 20mm。增加水泥浆用量 5%，即水泥用量增加到 8.20kg，水用量增加到 4.10kg，坍落度测定为 40mm，黏聚性、保水性均良好。经调整后各项材料用量：水泥 8.20kg，水 4.10kg，砂 12.71kg，碎石 23.59kg，因此其总质量为 $m=48.60\text{kg}$。实测混凝土的表观密度 $\rho_{c,t}=2420\text{kg/m}^3$。

2）设计配合比的确定。采用水胶比为 0.45、0.50、0.55 三个不同的配合比（水胶比为 0.45 和 0.55 的两个配合比也经坍落度试验调整，均满足坍落度要求），并测定出表观密度分别为 $2415\text{kg/m}^3$、$2420\text{kg/m}^3$、$2425\text{kg/m}^3$。28d 强度实测结果如表 4-42 所示。

表 4-42　试配混凝土 28d 强度实测值

| 水胶比（$W/B$） | 胶水比（$B/W$） | 抗压强度/MPa |
|---|---|---|
| 0.45 | 2.22 | 38.6 |
| 0.50 | 2.00 | 35.6 |
| 0.55 | 1.82 | 32.6 |

从图 4-26 可判断，配制 33.23MPa 对应的胶水比为 $B/W=1.84$，即水胶比为 $W/B=0.54$。

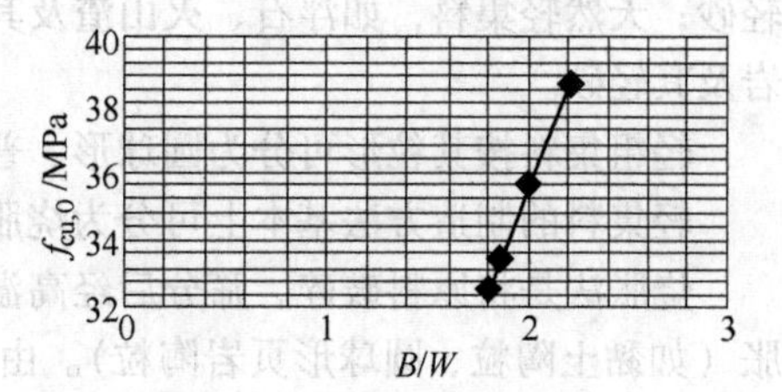


图 4-26　$f_{cu,0}$ 与 $B/W$ 关系图

至此，可初步定出混凝土配合比为

$$m_w=\frac{4.10}{48.60}\times 2420\text{kg/m}^3=204.16\text{kg/m}^3$$

$$m_c=\frac{204.16}{0.54}\text{kg/m}^3=378.07\text{kg/m}^3$$

$$m_s=\frac{12.71}{48.60}\times 2420\text{kg/m}^3=632.88\text{kg/m}^3$$

$$m_g=\frac{23.59}{48.60}\times 2420\text{kg/m}^3=1174.65\text{kg/m}^3$$

3）配合比校正。计算该混凝土的表观密度

$$\rho_{c,c}=(204.16+378.07+632.88+1174.65)\text{kg/m}^3=2389.76\text{kg/m}^3$$

重新按确定的配合比测得其表观密度 $\rho_{c,t}=2412\text{kg/m}^3$，则

$$|\rho_{c,t}-\rho_{c,c}|=22.24\leqslant\rho_{c,c}\times2\%=47.80$$

所以配合比维持不变，即

$$m_c:m_s:m_g:m_w=378.07:632.88:1174.65:204.16=1:1.67:3.11:0.54$$

（3）计算施工配合比

$$m_c'=m_c=387.07\text{kg/m}^3$$

$$m_s'=m_s(1+W_s)=632.88\times(1+3\%)\text{kg/m}^3=651.87\text{kg/m}^3$$

$$m_g'=m_g(1+W_g)=1174.65\times(1+1\%)\text{kg/m}^3=1186.4\text{kg/m}^3$$

$$m_w'=m_w-m_s\cdot W_s-m_g\cdot W_g=(204.16-632.88\times3\%-1174.65\times1\%)\text{kg/m}^3=173.43\text{kg/m}^3$$

## 4.6 轻混凝土

轻混凝土是指表观密度不大于1950kg/m³的混凝土，包括轻集料混凝土、多孔混凝土和大孔混凝土。

### 4.6.1 轻集料混凝土

《轻集料混凝土技术规程》（JGJ 51）规定，用轻粗集料、轻砂或普通砂、水泥和水配制而成的干表观密度不大于1 950kg/m³的混凝土，称为轻集料混凝土。

轻集料混凝土按粗细集料不同，又分为全轻混凝土（粗、细集料均为轻集料）和砂轻混凝土（细集料全部或部分为普通砂）。

#### 1. 轻集料

轻集料可分为轻粗集料和轻细集料，凡粒径大于5mm，堆积密度小于1000kg/m³的轻质集料称为轻粗集料或轻砂。

轻集料按其来源可分为工业废轻集料，如粉煤灰陶粒、自燃煤矸石、膨胀矿渣珠、煤渣及其轻砂；天然轻集料，如浮石、火山渣及其轻砂；人造轻集料，如页岩陶粒、黏土陶粒、膨胀珍珠岩及其轻砂。

轻粗集料按其粒形可分为圆球形、普通形和碎石形三种。

轻集料的制造方法基本上可分为烧胀法和烧结法两种。

烧胀法是将原料破碎、筛分后经高温烧胀（如膨胀珍珠岩），或将原料加工成粒再经高温烧胀（如黏土陶粒、圆球形页岩陶粒）。由于原料内部所含水分或气体在高温下发生膨胀，因而形成了内部具有细微气孔结构和表面由一层硬壳包裹的陶粒。烧结法是将原料中加入一定量胶结材料和水，经加工成粒在高温下烧至部分熔融而成的呈多孔结构的陶粒，如粉煤灰陶粒。

轻集料的技术要求，主要包括堆积密度、强度、颗粒级配和吸水率等四项，此外对耐久性、安定性、有害杂质含量也提出了要求。

（1）堆积密度　轻集料的堆积密度大小将影响轻集料混凝土的表观密度和性能。轻粗集料按其堆积密度（kg/m³）分为300、400、500、600、700、800、900、1000八个密度等级；轻细集料分为500、600、700、800、900、1000、1100、1200八个密度等级。

（2）粗细程度与颗粒级配　保温级结构保温轻集料混凝土用的轻粗集料，其最大粒径不宜大于40mm。结构轻集料混凝土用的轻粗集料，其最大粒径不宜大于20mm。

轻粗集料的级配应符合《轻集料及其试验方法 第1部分：轻集料》（GB/T 17431.1）的要求。

（3）强度　轻集料的强度对轻集料混凝土的强度有很大影响。《轻集料及其试验方法 第1部分：轻集料》规定，采用筒压法测定轻粗集料的强度，称为筒压强度。

它是将轻集料装入一 Φ115mm×100mm 的带底圆筒内，上面加 Φ113mm×70mm 冲压模，取冲压模压入深度为20mm时的压力值，除以承压面积，即为轻集料的筒压强度值。对不同密度等级的轻粗集料其筒压强度应符合表4-43所示的规定。

表4-43　轻粗集料的筒压强度

| 密度等级 | 筒压强度 $f_{ak}$/MPa | | |
|---|---|---|---|
| | 人工轻集料 | 天然轻集料 | 高强人造轻集料 |
| 200 | 0.2 | | |
| 300 | 0.5 | | |
| 400 | 1.0 | | |
| 500 | 1.5 | | |
| 600 | 2.0 | 0.8 | 4.0 |
| 700 | 3.0 | 1.0 | 5.0 |
| 800 | 4.0 | 1.2 | 6.0 |
| 900 | 5.0 | 1.5 | 6.5 |
| 1000 | | 1.5 | |

筒压强度不能直接反映轻集料在混凝土中的真实强度。它是一项间接反映粗集料颗粒强度的指标。因此，规程还规定了采用强度等级来评定粗集料的强度，见表4-43。轻粗集料的强度越高，其强度等级也越高，适用于配制较高强度的轻集料混凝土。所谓强度等级即某种轻粗集料配制混凝土的合理强度值，所配制的混凝土的强度不宜超过此值。

（4）吸水率　轻集料的吸水率一般比普通砂石大，因此将导致施工中混凝土拌合物的坍落度损失较大，并且影响混凝土的水胶比和强度发展。在设计轻集料混凝土配合比时，如果采用干燥集料，则必须根据集料吸水率大小，再多加一部分被集料吸收的附加水量。

（5）有害物质含量　轻集料中严禁混入煅烧过的石灰石、白云石及硫化铁等不稳定的物质。轻集料的有害物质含量（质量分数）和其他性能指标不应大于表4-44所示的规定。

表4-44　轻集料性能指标

| 项目名称 | 技术指标 |
|---|---|
| 含泥量（%） | ≤3.0 |
| | 结构混凝土用轻集料≤2.0 |
| 泥块含量（%） | ≤1.0 |
| | 结构混凝土用轻集料≤0.5 |
| 煮沸质量损失（%） | ≤5 |
| 烧失量（%） | ≤5 |
| | 天然轻集料不做规定，用于无筋混凝土的煤渣允许≤18 |

（续）

| 项目名称 | 技术指标 |
| --- | --- |
| 硫化物和硫酸盐含量（按 $SO_3$ 计）（%） | ≤1.0 |
| | 用于无筋混凝土的自燃煤矸石允许含量≤1.5 |
| 有机物含量 | 不深于标准色，如深于标准色，按 GB/T 17431.2—2010 中 18.6.3 的规定操作，且试验结果不低于 96% |
| 氯化物（以氯离子含量计）含量（%） | ≤0.02 |
| 放射性 | 符合《建筑材料放射性核素限量》（GB 6566）规定 |

注：表中含量为质量分数。

### 2. 轻集料混凝土的技术性质

（1）和易性　轻集料具有表观密度小、表面多孔粗糙、吸水性强等特点，因此，其拌合物的和易性与普通混凝土有明显的不同。轻集料混凝土拌合物的黏聚性和保水性好，但流动性差。若加大流动性则集料上浮、易离析。同时，因集料吸水率大，使得加在混凝土中的水一部分将被轻集料吸收，余下部分供水泥水化和赋予拌合物流动性。因而拌合物的用水量应由两部分组成，一部分为使拌合物获得要求流动性的用水量，称为净用水量；另一部分为轻集料 1h 的吸水量，称为附加水量。

（2）表观密度　轻集料混凝土按其干表观密度分为 14 个等级，由 600～1900，每增加 100kg/m³ 为一个等级，每一个等级有一定的变化范围，如 600 密度等级的变化范围为 560～650kg/m³，900 密度等级的变化范围为 860～950kg/m³，其余依次类推。某一密度等级的轻集料混凝土的密度标准值（原称计算值）取该密度等级变化范围的上限，即取其密度等级值加 50kg/m³。如 1900 的密度等级，其密度标准值取 1950kg/m³。

（3）抗压强度　轻集料混凝土按其立方体抗压强度标准值划分为 13 个等级：LC5.0、LC7.5、LC10、LC15、LC20、LC25、LC30、LC35、LC40、LC45、LC50、LC55、LC60。

轻集料混凝土按其用途可分为三大类，如表 4-45 所示。

表 4-45　轻集料混凝土按用途分类

| 类别名称 | 混凝土强度等级的合理范围 | 混凝土密度等级的合理范围 | 用　途 |
| --- | --- | --- | --- |
| 保温轻集料混凝土 | LC5.0 | ≤800 | 主要用于保温的维护结构或热工构筑物 |
| 结构保温轻集料混凝土 | LC5.0<br>LC7.5<br>LC10<br>LC15 | 800～1400 | 主要用于既承重又保温的围护结构 |
| 结构轻集料混凝土 | LC15<br>LC20<br>LC25<br>LC30<br>LC35<br>LC40<br>LC45<br>LC50<br>LC55<br>LC60 | 1400～1900 | 主要用于承重构件或构筑物 |

轻集料强度虽然低于普通集料，但轻集料混凝土仍可达到高强度。原因在于轻集料表面粗糙、多孔，它的吸水作用使其表面呈低水胶比，提高了轻集料与水泥石的界面结合强度，使弱结合面成了强结合面，混凝土受力时不是沿界面破坏，而是轻集料本身先遭到破坏。对低强度的轻集料混凝土，也可能是水泥石先开裂，然后裂缝向集料延伸。因此，轻集料混凝土的强度主要取决于轻集料的强度和水泥石的强度。

（4）弹性模量与变形　轻集料混凝土的弹性模量小，一般为同强度等级混凝土的50%~70%。这有利于改善建筑物的抗震性能和抵抗动荷载的作用。增加混凝土组分中普通砂的含量，可以提高轻集料混凝土的弹性模量。

轻集料混凝土的收缩和徐变比相应普通混凝土大20%~50%和30%~60%，热膨胀系数比普通混凝土小20%左右。

（5）热工性能　轻集料混凝土具有良好的保温性能。当其表观密度为1000kg/m$^3$时，热导率为0.28W/(m·K)；当表观密度为1400kg/m$^3$和1800g/m$^3$时，热导率相应为0.49W/(m·K)和0.87W/(m·K)；当含水率增大时，热导率也将随之增大。

### 3. 轻集料混凝土的配合比设计及施工要点

1）轻集料混凝土的配合比设计除应满足强度、和易性、耐久性、经济性等方面的要求外，还应满足表观密度的要求。

2）轻集料混凝土的水胶比用净水胶比表示，净水胶比是指不包括集料1h吸水量在内的净用水量与水泥用量之比。配置全轻混凝土时，允许以总水胶比表示。总水胶比是指包括轻集料1h吸水量在内的总用水量与水泥量之比。

3）轻集料易上浮，不易搅拌均匀，因此应采用强制式搅拌机，且搅拌时间要比普通混凝土略长。

4）为减少混凝土拌合物坍落度损失和离析，应尽量缩短运距。拌合物从搅拌机卸料起到浇筑入模的延续时间不宜超过45min。

5）为减少轻集料上浮，施工中最好采用加压振捣，且振捣时间以捣实为准，不宜过长。

6）浇筑成型后应及时覆盖并洒水养护，以防止表面失水太快而产生网状裂缝。养护时间视水泥品种而不同，应不少于7~14d。

7）轻集料混凝土在气温5℃以上的季节施工时，可根据工程需要，对轻粗集料进行预湿处理，这样拌制的拌合物的和易性和水胶比比较稳定。预湿时间可根据外界气温和集料的自然含水状态确定，一般应提前半天或一天对集料进行淋水预湿，然后滤干水分进行投料。

### 4. 轻集料混凝土的应用

虽然人工轻集料的成本高于就地取材的天然集料，但轻集料混凝土的表观密度比普通混凝土减少1/4~1/3，隔热性能改善，可使结构尺寸减小，增加使用面积，降低基础工程费用和材料运输费用，其综合效益良好。因此，轻集料混凝土主要适用于高层和多层建筑、软土地基、大跨度结构、抗震结构、要求节能的建筑和旧建筑的加层等。如南京长江大桥采用轻集料混凝土桥面板，天津、北京采用轻集料混凝土房屋墙体及屋面板，都取得了良好的技术经济效益。

## 4.6.2 大孔混凝土

大孔混凝土是指以粗集料、水泥和水配制而成的一种轻质混凝土，又称无砂混凝土。在这种混凝土中，水泥浆包裹粗集料颗粒的表面，将粗集料黏结在一起，但水泥浆并不填满粗集料颗粒之间的空隙，因而形成大孔结构的混凝土。为了提高大孔混凝土的强度，有时也加入少量细集料

（砂），这种混凝土又称少砂混凝土。

大孔混凝土按其所用集料品种可分为普通大孔混凝土和轻集料大孔混凝土。前者用天然碎石、卵石或重矿渣配制而成，表观密度为1500~1950kg/m$^3$，抗压强度为3.5~10MPa，主要用于承重及保温外墙体。后者用陶粒、浮石、碎砖等轻集料配制而成，表观密度为800~1500kg/m$^3$，抗压强度为1.5~7.5MPa，主要用于自承重的外墙保温墙体。

大孔混凝土的热导率小，保温性能好，吸湿性较小。收缩一般比普通混凝土小30%~50%。抗冻性可达15~25次冻融循环。由于大孔混凝土不用砂或少用砂，故水泥用料较低，1m$^3$混凝土的水泥用量仅150~200kg，成本较低。

大孔混凝土可用于制作墙体用的小型空心砌块和各种板材，也可用于现浇墙体。普通大孔混凝土还可制成滤水管、滤水板等，广泛用于市政工程。

### 4.6.3 多孔混凝土

多孔混凝土是一种不用集料，且内部均匀分布着大量微小气泡的轻质混凝土。多孔混凝土孔隙率可达85%，表观密度为300~1200kg/m$^3$，热导率为0.081~0.29W/(m·K)，兼有结构及保温隔热功能。容易切割，易于施工，可制成砌块、墙板、屋面板及保温制品，广泛用于工业与民用建筑及保温工程中。

根据气孔产生的方法不同，多孔混凝土可分为加气混凝土和泡沫混凝土。

**1. 加气混凝土**

加气混凝土是指用含钙材料（水泥、石灰）、含硅材料（石英砂、粉煤灰、粒化高炉矿渣等）和发气剂作为原料，经过磨细、配料、搅拌、浇筑、成型、切割和蒸压养护（0.8~1.5MPa下养护6~8h）等工序生产而成的混凝土。

一般采用铝粉作为发气剂，把它加在加气混凝土料浆中，与含钙材料中的氢氧化钙发生化学反应放出氢气，形成气泡，使浆料体积膨胀形成多孔结构，其化学反应过程如下

$$2Al+3Ca(OH)_2+6H_2O \rightarrow 3CaO \cdot Al_2O_3 \cdot 6H_2O+3H_2\uparrow$$

料浆在高压蒸汽养护下，含钙材料和含硅材料发生反应，产生水化硅酸钙，使坯体具有强度。

加气混凝土的性能随其表观密度及含水率不同而变化，在干燥状态下，其物理力学性能如表4-46所示。

表4-46 加气混凝土物理力学性能

| 表观密度/(kg/m$^3$) | 抗压强度/MPa | 抗拉强度/MPa | 弹性模量/MPa | 热导率/[W/(m·k)] |
|---|---|---|---|---|
| 500 | 3.0~4.0 | 0.3~0.4 | 1.4×10$^3$ | 0.12 |
| 600 | 4.0~5.0 | 0.4~0.5 | 2.0×10$^3$ | 0.13 |
| 700 | 5.0~6.0 | 0.5~0.6 | 2.2×10$^3$ | 0.16 |

加气混凝土制品主要有砌块和条板两种。砌块可作为3层或3层以下房屋的承重墙，也可作为工业厂房、多层、高层框架结构的非承重填充墙。配有钢筋的加气混凝土条板可作为承重和保温合一的屋面板。加气混凝土还可以与普通混凝土预制成复合板，用于外墙兼有承重和保温作用。

由于加气混凝土能利用工业废料，产品成本较低，能大幅度降低建筑物自重，保温效果好，因此具有较好的技术经济效果。

### 2. 泡沫混凝土

泡沫混凝土是指将水泥浆与泡沫剂拌和后成型、硬化而成的一种多孔混凝土。

泡沫混凝土在机械搅拌作用下，能产生大量均匀而稳定的气泡。常用的泡沫剂有松香泡沫剂及水解性牲血泡沫剂。使用时先掺入适量水，然后用机械搅拌成泡沫，再与水泥浆搅拌均匀，然后进行蒸汽养护或自然养护，硬化后即为成品。

泡沫混凝土的技术性能和应用与相同表观密度的加气混凝土大体相同。泡沫混凝土还可在现场直接浇筑，用作屋面保温层。

## 4.7 其他品种混凝土

随着现代化城市建设和工业建设迅速发展，对水泥及混凝土的数量需求越来越大，性能要求越来越高，如大跨度结构和高层建筑要求混凝土有更高的强度；地下工程、基础工程、水利工程和港口工程要求混凝土有更好的抗渗性和耐蚀性；房屋建筑工程要求混凝土具有良好的保温隔热和隔声性能；化工工业要求混凝土具有抗各种腐蚀介质（酸、碱、盐）的耐蚀性能；冶金建材工业要求混凝土具备耐热性；核工业发展要求混凝土具有防辐射性；公路建设要求混凝土具有高抗裂性、高耐磨性和抗冻性等。现代经济和工业的发展促进了混凝土技术的发展，混凝土技术的发展又反过来促进了工业及科技的更大进步。进入20世纪70年代后，混凝土外加剂和矿物掺合料在混凝土中得到普遍应用，使混凝土技术进入了一个新阶段。同时，许多能满足不同工程要求的混凝土得到了研制、开发和应用。这些混凝土都是在普通混凝土的基础上发展而来的，但又不同于普通混凝土。它们或因材料组成不同，或因施工工艺不同而具有某些特殊性能。本节只对工程上应用较多的几种加以介绍，并且把侧重点放在材料组成、技术特点、工程应用、配合比设计要点及使用注意事项几方面。

### 4.7.1 粉煤灰混凝土

粉煤灰是现代混凝土中应用最普遍的矿物掺合料。粉煤灰颗粒多为圆球形，表面光滑、级配良好。掺入混凝土中后，粉煤灰颗粒均匀分布于水泥浆体中，能有效阻止水泥颗粒间的相互黏结，显著改善混凝土的和易性和泵送性能；粉煤灰中的活性成分与水泥水化产生的氢氧化钙发生反应，所生成的水化产物填充于混凝土的孔隙之中，不仅使密实性增强、强度提高，而且可减少水泥石中氢氧化钙的含量，改善混凝土的抗硫酸盐侵蚀性能和抗软水侵蚀性能。在混凝土中掺入粉煤灰，还可实现降低混凝土的水化热温升，提高抗裂性；利用工业废料，减轻环境污染；节约水泥，降低工程造价等目的。

粉煤灰混凝土的突出优点是后期性能优越，尤其适用于不受冻的海港工程和早期强度要求不太高的大体积工程，如高层建筑的地下部分、大型设备基础和水工结构工程。水利工程中的大坝混凝土几乎全部掺用粉煤灰，大多数预拌混凝土搅拌站为了改善混凝土的泵送性能及其他性能，也把粉煤灰作为矿物掺合料。

用于混凝土中的粉煤灰，按其质量分为三个等级，品质标准应符合表4-14所示的规定。

为了保证粉煤灰混凝土的强度和耐久性，粉煤灰取代水泥量一般不宜超过表4-16中规定的最大限量。

根据掺用粉煤灰的目的不同，一般有超量取代法、等量取代法和外加法三种方法。

超量取代法的粉煤灰掺量大于所取代的水泥量，多出的粉煤灰取代等体积的砂，取代砂的粉煤灰所获得的强度增强效应，用以补偿粉煤灰取代水泥所降低的早期强度，从而保证粉煤灰混凝土的强度等级。

等量取代法的粉煤灰掺量等于所取代的水泥量，其早期强度会有所降低，但随着龄期的增长，粉煤灰的活性效应会使其强度逐渐赶上并超过普通混凝土，因此，多用于早期强度要求不高的混凝土，如水利工程中的大体积混凝土。

外加法又称粉煤灰代砂法，是指掺入粉煤灰后水泥用量并不减少，用粉煤灰取代等体积的砂。主要适用于水泥用量较少、和易性较差的低强度等级混凝土。

掺粉煤灰混凝土的配合比按体积法计算。首先，按照设计要求的混凝土强度等级设计普通混凝土的配合比，作为基准混凝土（即未掺粉煤灰的水泥混凝土）配合比，其方法与普通混凝土配合比设计方法相同。然后，在此基础上进行掺粉煤灰混凝土配合比的设计。

### 1. 等量取代法配合比计算方法

1）根据基准混凝土中各材料的用量 $C_0$、$W_0$、$S_0$、$G_0$，选定与基准混凝土相同或稍低的水胶比。

2）根据确定的粉煤灰等量取代水泥量（$f\%$）和基准混凝土水泥用量（$C_0$），按下式计算粉煤灰用量 $F$ 和水泥用量 $C$：

$$F=f\%C_0 \tag{4-51}$$

$$C=C_0-F \tag{4-52}$$

3）粉煤灰混凝土的用水量 $W$ 为

$$W=\frac{W_0}{C_0}(C+F) \tag{4-53}$$

4）水泥和粉煤灰的浆体体积 $V_P$ 为

$$V_P=\frac{C}{\rho_c}+\frac{F}{\rho_f}+\frac{W}{\rho_w} \tag{4-54}$$

式中 $\rho_c$、$\rho_f$、$\rho_w$——水泥、粉煤灰和水的密度（$kg/m^3$）。

5）砂和石子的总体积 $V_A$ 为

$$V_A=1-0.01\alpha-V_P \tag{4-55}$$

式中 $\alpha$——混凝土含气量百分数（%）。

6）选用与基准混凝土相同或稍低的砂率 $S_P$，砂 $S$ 和石子 $G$ 的用量为

$$S=V_AS_P\rho_s \tag{4-56}$$

$$G=V_A(1-S_P)\rho_g \tag{4-57}$$

式中 $\rho_s$、$\rho_g$——砂和石子的表观密度（$kg/m^3$）。

7）$1m^3$ 粉煤灰混凝土中各材料用量为 $C$、$F$、$W$、$S$、$G$。

### 2. 超量取代法配合比计算方法

超量取代法是以与基准混凝土等和易性、等强度原则进行配合比计算调整的。

1）根据基准混凝土计算出各种材料用量（$C_0$、$W_0$、$S_0$、$G_0$）。

2）选取粉煤灰取代水泥率（$f\%$），参照表4-15所示选取超量系数 $K$，对各种材料进行计算调整。

3）粉煤灰取代水泥量 $F$、粉煤灰掺量 $F_t$ 及超量部分质量 $F_e$ 为

$$F=f\%C_0 \tag{4-58}$$

$$F_t=KF \tag{4-59}$$

$$F_e=(K-1)F \tag{4-60}$$

4）水泥的质量 $C$ 为

$$C=C_0-F \tag{4-61}$$

5）调整后砂的质量 $S_e$ 为

$$S_e=S_0-\frac{F_e}{\rho_f}\rho_s \tag{4-62}$$

6）$1m^3$ 粉煤灰混凝土中各种材料用量为 $C$、$F_t$、$W_0$、$S_e$、$G_0$。

3. 外加法（粉煤灰代砂）配合比计算方法

1）根据基准混凝土计算出各种材料用量（$C_0$、$W_0$、$S_0$、$G_0$），选定外加粉煤灰掺入率（$f_m$%）。

2）对各种材料进行计算调整。

外加粉煤灰的质量

$$F_m=f_m\%C_0 \tag{4-63}$$

砂的质量

$$S_m=S_0-\frac{F_m}{\rho_f}\rho_s \tag{4-64}$$

3）$1m^3$ 粉煤灰混凝土中各种材料用量为 $C_0$、$F_m$、$S_m$、$W_0$、$G_0$。

需要特别指出的是，以上计算得出的粉煤灰混凝土配合比，必须通过试配调整和强度检验。由于不同厂家、不同级别的粉煤灰的活性存在很大差别，掺粉煤灰混凝土的强度检验比普通混凝土更为重要。

### 4.7.2 泵送混凝土

泵送混凝土是指混凝土拌合物在混凝土泵的推动下，沿输送管道进行输送并在管道出口处直接浇注的混凝土。泵送混凝土适用于场地狭窄的施工现场及大体积混凝土结构物和高层建筑的施工，是国内外建筑施工中广泛使用的一种混凝土。

1. 混凝土的可泵性

泵送混凝土必须具有良好的可泵性，即混凝土拌合物在输送过程中能顺利通过管道、摩擦阻力小、不离析、不阻塞和均匀稳定性良好的性能。

混凝土的可泵性，通常用相对压力泌水率 $S_{10}$ 来评价。将混凝土拌合物分两层装入压力泌水试验仪，并施加约3.5MPa的压力，在保持压力不变的情况下，按规定的时间间隔测定由泌水孔流出的水量，开始10s内流出的水量记为 $V_{10}$，140s时的总流出水量记为 $V_{140}$，则相对泌水率为

$$S_{10}=\frac{V_{10}}{V_{140}} \tag{4-65}$$

容易脱水的混凝土，在开始10s内的出水速度很快，$V_{10}$ 值较大；而保水性能良好的混凝土的 $V_{10}$ 值较小，因而 $S_{10}$ 可以较好地反映混凝土的保水性能。$S_{10}$ 越小，表明混凝土拌合物的可泵性越好。

2. 泵送混凝土的配合比设计

泵送混凝土配合比设计与普通混凝土相同，但在配合比设计过程中应注意以下几点：

（1）相对泌水率和坍落度　泵送混凝土的相对泌水率不宜大于40%。

根据泵送高度的不同，泵送混凝土的坍落度一般在100～200mm，可参照表4-20所示选用。泵送混凝土的试配坍落度应满足如下要求：

$$T_t = T_p + \Delta T \tag{4-66}$$

式中　$T_t$——试配时要求的坍落度（mm）；

$T_p$——浇筑前要求的入泵坍落度值（mm）；

$\Delta T$——运输过程中预计的坍落度经时损失（mm）。

（2）材料选择　泵送混凝土应掺用泵送剂、高效减水剂和粉煤灰、磨细矿渣等矿物掺合料，最小胶凝材料用量（包括水泥和矿物掺合料）不宜少于300kg/m$^3$；泵送混凝土应选择具有连续级配且级配良好的粗集料，还要严格控制集料中针、片状颗粒含量，最大集料粒径宜小于输送管道管径的1/3；细集料也应具有良好级配，尽量采用细度模数在3.4～3.0的中砂；泵送混凝土的水胶比宜在0.40～0.60；泵送混凝土的砂率应比普通混凝土高2%～5%，宜为38%～45%。

### 4.7.3　水泥路面混凝土

水泥路面混凝土要求具有较好的抗冲击性能和耐磨性能。其配合比设计步骤和过程与普通混凝土相同，但强度指标、设计方法和配合比参数的选取与普通混凝土不同。

#### 1. 配制强度

路面混凝土以抗折强度为强度指标，其配制强度（$f_{cf,0}$）按下式计算：

$$f_{cf,0} = k f_{cf,k} \tag{4-67}$$

式中　$f_{cf,0}$——混凝土的配制抗折强度（MPa）；

$f_{cf,k}$——混凝土的设计抗折强度（MPa）；

$k$——系数，施工水平较高时取$k=1.10$，一般时取$k=1.15$。或根据强度保证率和混凝土抗折强度变异系数$C_v$，按下式计算：

$$k = \frac{1}{1 - tC_v} \tag{4-68}$$

混凝土抗折强度变异系数，应按施工单位统计强度偏差系数取值，无统计数据的情况下可从表4-47中选取。

表4-47　混凝土抗折强度变异系数$C_v$

| 施工管理水平 | 优秀 | 良好 | 一般 | 差 |
| --- | --- | --- | --- | --- |
| 变异系数$C_v$ | <0.10 | 0.10～0.15 | 0.15～0.20 | >0.20 |

#### 2. 水胶比

根据混凝土粗集料品种、水泥抗折强度和混凝土抗折强度等已知参数，按以下混凝土抗折强度统计经验公式估算水胶比：

碎石混凝土
$$\frac{W}{B} = \frac{1.5684}{f_{cf,0} + 1.0097 - 0.3485 f_{cef}} \tag{4-69}$$

卵石混凝土
$$\frac{W}{B} = \frac{1.2618}{f_{cf,0} + 1.5492 - 0.4565 f_{cef}} \tag{4-70}$$

式中　$f_{cef}$——水泥实际抗折强度（MPa）；

$W/B$——水胶比；

$f_{cf,0}$——混凝土配制抗折强度（MPa）。

以上计算出的水胶比还必须满足耐久性要求的最大水胶比的规定：高速公路、一级公路不应大于0.44；二、三级公路不应大于0.48；有抗冻要求的高速公路、一级公路不宜大于0.42；有抗盐冻要求的高速公路、一级公路不宜大于0.40；有抗盐冻要求的二、三级公路不宜大于0.44。

### 3. 混凝土的和易性

混凝土应具有与铺路机械相适应的和易性，以保证施工要求，施工中的稠度要求坍落度宜为10~25mm。当坍落度小于10mm时，维勃稠度值宜为10~30s。在搅拌设备离现场较远时，或夏季施工，坍落度会逐渐降低，对此应予以适当调整。

### 4. 砂率

根据粗集料品种、规格（最大粒径）及水胶比等参数，可参考表4-48所示选取。

表4-48 混凝土拌合物砂率的范围

| 水胶比 | 碎石最大粒径/mm | | 卵石最大粒径/mm | |
|---|---|---|---|---|
| | 20 | 40 | 20 | 40 |
| 0.40 | 29~34 | 27~32 | 25~31 | 24~30 |
| 0.50 | 32~37 | 30~35 | 29~34 | 28~33 |

注：1. 表中数值为Ⅱ区砂的选用砂率。当采用Ⅰ区砂时，应采用较大砂率；采用Ⅲ区砂时，应采用较小砂率。
2. 当采用滑模施工时，应按滑模施工的技术规程的规定选用砂率。

### 5. 单位用水量

按如下经验公式计算单位用水量：

碎石混凝土
$$W_0=104.97+0.309H+11.27\frac{B}{W}+0.61S_P \tag{4-71}$$

卵石混凝土
$$W_0=86.89+0.370H+11.24\frac{B}{W}+S_P \tag{4-72}$$

式中 $W_0$——混凝土的单位用水量（kg/m³）；

$H$——混凝土拌合物的坍落度（mm）；

$B/W$——胶水比；

$S_P$——砂率（%）。

水泥路面混凝土配合比设计中，用水量按集料为饱和面干状态计算。集料为干燥状态时应做适当调整，也可采用经验数值；当砂为粗砂或细砂及掺用外加剂或矿物掺合料时，用水量应酌情增减。

### 6. 水泥用量

路面混凝土应尽量选用铁铝酸四钙含量较高、铝酸三钙含量较低的水泥，以提高混凝土的抗折强度。路面混凝土水泥用量一般不少于300kg/m³，掺用粉煤灰时最小水泥用量不应小于250kg/m³；有抗冰冻性和抗盐冻性要求时，最小水泥用量不应小于320kg/m³，掺用粉煤灰时最小水泥用量不应小于270kg/m³。

### 7. 粗、细集料的用量

粗集料应选择比较坚硬的石灰岩或火山岩，粗、细集料的用量按绝对体积法确定，这里不再重述。

**8. 配合比的试配、调整与确定**

道路路面混凝土配合比的试配、调整与设计配合比的确定方法基本与普通混凝土的方法相同，唯一不同之处是应检验混凝土的抗折强度。为此，应同时配制满足和易性要求的、较计算水胶比大 0.03 和小 0.03 的另外两组混凝土试件，试件尺寸为 150mm×150mm×550mm，最后选取符合抗折强度要求的配合比。

**9. 施工配合比设计**

配合比中粗、细集料以饱和面干状态为基准，因此现场材料的实际称量应按现场粗、细集料实际含水率情况进行修正，修正后的配合比称为施工配合比。

### 4.7.4 高强混凝土

高强混凝土是指强度等级高于 C60 的混凝土。近年来，高强混凝土在国内外得到了普遍应用。其特点是强度高、变形小，能适应现代工程结构向大跨度、重载、高耸方向发展的需要。使用高强混凝土可获得明显的工程效益和经济效益。但随着强度的提高，混凝土抗拉强度与抗压强度的比值将会降低，脆性相对增大；由于水泥用量相对增大，水化热升温引起的温度裂缝问题相对比较突出。

**1. 组成材料**

配制高强混凝土的技术途径：一是提高水泥石基材本身的强度；二是增强水泥石与集料界面的胶结能力；三是选择性能优良的混凝土集料。高强度等级的硅酸盐水泥、高效减水剂、高活性的超细矿物掺合料以及优质粗细集料是配制高强混凝土的基础，低水胶比是高强技术的关键，获得高密实度水泥石、改善水泥石和集料的界面结构、增强集料骨架作用是主要环节。高强混凝土的材料选择应注意以下几点：

（1）选用高强度等级水泥　应选用质量稳定、强度等级不低于 42.5 级的硅酸盐水泥或普通硅酸盐水泥。水泥细度应比一般水泥稍细，以保证水泥强度正常发挥，水泥用量不宜过高。

（2）选用优质高效减水剂　高强混凝土的水胶比多在 0.25~0.4，有的更低。在这样低的水胶比下，要保证混凝土拌合物具有足够的和易性，以获得高密实性的混凝土，就必须使用高效减水剂。

（3）使用高活性超细矿物质掺合料　在水胶比较低的混凝土中，有一部分水泥是永远不能水化的，只能起填充作用，同时还会妨碍水泥的进一步水化。用高活性超细矿物掺合料代替这部分水泥，可以促进水泥水化，减少水泥石孔隙率，改善水泥石孔径分布和集料与水泥石界面结构，从而提高混凝土强度及耐久性。常用的超细矿物掺合料有硅灰、优质粉煤灰和磨细矿渣等。将不同矿物掺合料复合使用效果更好。

（4）选用优质集料　粗集料应表面洁净、强度高，针、片状颗粒含量小，级配优良，集料粒径不宜超过 31.5mm；细集料宜采用中砂，模数宜大于 2.6，而且颗粒级配要良好，含泥量低。

**2. 配合比参数的确定**

1）普通混凝土强度计算经验公式（保罗米公式）不适用于高强混凝土，水胶比（水与所有胶凝材料用量的质量比）应根据现有试验资料的经验数据选取采用。

2）外加剂和矿物掺合料的品种、掺量应通过试验确定。

3）高强混凝土的最优砂率应按以下方法确定：将不同比例的砂石料充分混合，装入一个不变形的桶中，在振动台上振动一定时间后刮平称重，计算砂石混合料的堆积密度，最大堆积密度所对应的砂率即为最佳砂率。相应的砂石混合料空隙率为最佳空隙率。最佳空隙率约为 16%。

### 4.7.5 自密实混凝土

自密实混凝土（简写 SCC）的研究和应用始于20世纪80年代，因其流动性大、无须振捣、能自动流平并密实的优异特性得到了快速的发展。自密实混凝土是指混凝土拌合物具有良好的工作性（和易性），即使在密集配筋条件下，仅靠混凝土自重作用，无须振捣便能均匀密实成型的高性能混凝土。在一些特殊工程中，具有不可替代的作用，如密集配筋混凝土结构、异形混凝土结构（拱形结构、变截面结构等）、薄壁结构、复杂截面的加固与维修工程、钢管混凝土、大体积或水下混凝土施工等。

SCC 的主要优点有：①可用于难以浇筑甚至无法浇筑的结构，解决传统混凝土施工中的漏振、过振以及钢筋密集难以振捣等问题，可保证钢筋、预埋件、预应力孔道的位置不因振捣而移位；②SCC 还可增加结构设计的自由度，无须担心因施工困难而难以实现；③SCC 能大量利用工业废料作为掺合料，有利于环境保护；④SCC 还能减少振捣施工设备及配套工作人员、大幅降低工人劳动强度，降低施工噪声，改善工作环境，节省电力资源和人工费用等。

**1. SCC 的原材料和配合比**

（1）原材料 SCC 的组成材料一般包括粗集料、砂、水泥、高性能减水剂、粉状矿物掺合料（粉煤灰、磨细矿渣微粉等），部分使用增稠剂（纤维素醚、水解淀粉、硅灰、超细无定形胶状硅酸）或粉状惰性或半惰性填料（石灰石粉、白云石粉等）以提高 SCC 抗离析泌水性。矿物填料的粒径宜小于0.125mm，且0.063mm 筛的通过率大于70%。SCC 原材料中的水泥、掺合料和集料中粒径小于0.075mm 的材料为粉料。

配制 SCC 对原材料的要求较高，SCC 可选用六大通用水泥，但是用矿物掺合料时，宜选用硅酸盐水泥和普通硅酸盐水泥；粗集料的最大粒径主要取决于自密实性能等级和钢筋间距等，通常为16~20mm，空隙率宜小于40%，同时应严格限制集料中的泥含量、泥块含量、针片状颗粒含量等有害物质含量，使用前宜用水冲洗干净，细集料宜选用洁净的中砂。由于 SCC 的高流动性、高抗离析性、高间隙通过性，宜选用减水率大，具有保坍、减缩等性能的高性能外加剂。

（2）配合比 自密实混凝土与普通混凝土的主要区别是自密实混凝土具有很好的流变特性。通常，SCC 的坍落度大于200mm，坍落扩展度为550~750mm，不需振捣、自动流平密实。

SCC 配合比设计方法与普通混凝土不同，设计参数也有所不同。设计参数主要包含水胶比、胶凝材料总量及掺合料掺量、单位用水量、单位浆体体积、粗集料的松散体积或密实体积等。与普通混凝土相比，SCC 配合比具有浆体含量高、水粉比（水与粉料的质量比）低、砂率高、粗集料用量低、高效减水剂掺量高、有时使用增稠剂等特点。配合比参数的典型范围为：水胶比由设计强度等级决定，粉料用量为380~600kg/m$^3$，单位用水量小于200kg/m$^3$，一般为140~180kg/m$^3$，单位浆体体积宜为0.32~0.40m$^3$，粗集料的松散体积为0.5~0.6m$^3$，密实体积为0.28~0.35m$^3$，质量砂率一般为48%~55%，单位混凝土中粗集料用量一般为750~1000kg/m$^3$。

自密实混凝土拌合物工作性（和易性）包括填充性、间隙通过性和抗离析性。填充性一般通过坍落扩展度和扩展到500mm 时的流动时间 $T_{500}$ 来表征；间隙通过性和抗离析性一般通过“L”形仪的高度比（$H_2/H_1$）和“U”形仪高度差（$\Delta h$）来表征；还可以采用“V”形漏斗方法来测定 SCC 的黏稠性和抗离析性，或采用拌合物稳定性跳桌试验来检测 SCC 的抗离析性。

**2. SCC 的性能及应用**

由于 SCC 的粉体材料用量和外加剂掺量均较高，因此 SCC 的制备成本略高于普通混凝土。

单位用水量或水胶比相同的条件下，由于 SCC 不需要振捣，浆体与集料的界面得到改善，SCC 的抗压强度略高于普通混凝土，SCC 的浆体与钢筋的黏结强度也比普通混凝土高。SCC 的强度发展规律与普通混凝土一致。由于 SCC 浆体体积高于普通混凝土，SCC 的干燥收缩和温度收缩均略高于普通混凝土，弹性模量则略低，徐变系数略高于同强度的普通混凝土。但用水量或水胶比相同时，SCC 的徐变略低于普通混凝土，由徐变和收缩引起的总变形则与普通混凝土接近。掺加有机纤维和钢纤维可降低 SCC 的早期塑性收缩和后期干燥收缩及提高韧性，但纤维的加入会降低 SCC 的工作性和间隙通过能力。SCC 的均匀性好，耐久性比普通混凝土高。SCC 的热膨胀系数与普通混凝土相同，为$10^{-13}\mu\varepsilon/\mathrm{K}$。

### 4.7.6　防水混凝土

防水混凝土是指抗渗等级大于或等于 P6 级的混凝土，又称抗渗混凝土。主要用于工业、民用建筑的地下工程（地下室、地下沟道、交通隧道、城市地铁等），储水构筑物（如水池、水塔等），取水构筑物以及处于干湿交替作用或冻融作用的工程（如桥墩、海港、码头、水坝等）。

防水混凝土一般分为普通防水混凝土、外加剂防水混凝土和膨胀混凝土。

#### 1. 普通防水混凝土

混凝土是一种非匀质材料，其内部分布有许多大小不同的微细孔隙。这些微细孔隙可能是由于浇筑、振捣不良引起的，也可能是混凝土在凝固过程中由于多余水分蒸发等原因引起的。水的渗透就是通过这些孔隙和裂隙进行的，混凝土的透水性与孔隙的大小、孔隙的连通程度有关。

普通防水混凝土通过调整配合比的方法，来改变混凝土内部孔隙的特征（形态和大小），堵塞漏水通路，从而使之不依赖其他附加防水措施，仅靠提高自身密实性达到防水的目的。

配制普通防水混凝土所用的水泥应泌水性小、水化热低，并具有一定的耐蚀性。普通防水混凝土的配合比设计，首先应满足抗渗性的要求，同时考虑抗压强度、施工和易性和经济性等方面的要求。必要时还应满足耐蚀性、抗冻性和其他特殊要求。其设计原理为：提高砂浆的不透水性，在粗集料周围形成足够数量和良好质量的砂浆包裹层，并使粗集料彼此隔离，有效阻隔沿粗集料相互连通的渗水孔网。

#### 2. 外加剂防水混凝土

外加剂防水混凝土是指通过掺加适宜品种和数量的外加剂，改善混凝土内部结构，隔断或堵塞混凝土中的各种孔隙、裂缝及渗水通道，以达到抗渗性要求的混凝土。常用外加剂有引气剂、防水剂、减水剂等。

#### 3. 膨胀混凝土

普通水泥混凝土常因水泥石的收缩而开裂，不仅会破坏结构的整体性，形成渗漏途径，而且水和外界侵蚀性介质也会通过裂缝进入混凝土内部腐蚀钢筋。在浇筑装配式构件的接头、建筑构造接缝和填堵空洞、修补裂缝时，水泥石的收缩也会使预期效果难以实现。

为克服混凝土硬化收缩的缺点，可采用掺加膨胀剂或直接用膨胀水泥配制混凝土，这种混凝土称为膨胀混凝土。膨胀混凝土在凝结硬化过程中能形成大量钙矾石，从而产生一定量的体积膨胀，当膨胀变形受到来自外部的约束或钢筋的内部约束时，就会在混凝土中产生预压应力，使混凝土的抗裂性和抗渗性得到增强。

根据所产生的预压应力的大小，膨胀混凝土分为补偿收缩混凝土和自应力混凝土两类。补偿收缩混凝土产生的预压应力较小，一般在 0.2～0.7MPa，大致可抵消因收缩所产生的拉应力，能减少或防止混凝土的收缩裂缝。补偿收缩混凝土主要应用于防渗建筑、地下建筑、屋面防水、路面、接缝和回填等工程。自应力混凝土的预压应力一般在2~7MPa，除了一部分用于抵消收缩应力外，还有一部分用于抵抗结构外力。自应力混凝土主要应用于制造输水压力管道、水池、水塔和钢筋混凝土预制构件。

通过掺膨胀剂的途径配制膨胀混凝土时，膨胀剂的掺量一般为水泥质量的8%~15%。常用的膨胀剂有：以硫铝酸钙、明矾石和石膏为膨胀组分的膨胀剂UEA，以高铝水泥熟料、明矾石和石膏为膨胀组分的铝酸盐膨胀剂AEA，以氧化钙、天然明矾石和石膏为膨胀组分的复合膨胀剂等。

膨胀混凝土的施工技术和质量控制要求严格，否则不仅达不到预期性能要求，甚至还可能出现质量事故，使用膨胀混凝土时应注意以下几点：

1）应根据使用要求选择合适的膨胀值和膨胀剂掺量。

2）膨胀混凝土应有最低限度的强度值和合适的膨胀速度。

3）长期与水接触时，必须保证后期膨胀稳定性。

4）膨胀混凝土的养护是影响其质量的关键环节，一般分为预养和水养两个阶段。预养的主要目的是使混凝土获得一定的早期强度，使之成为水养期发生膨胀时的结晶骨架，为发挥膨胀性能创造条件。膨胀混凝土浇筑后，预养期越短，水养期开始越早，膨胀就越大。一般在混凝土浇筑后12~14h开始浇水养护，水养期不宜少于14d。

配制防水混凝土时，除了进行和易性和强度检验外，还应进行抗渗性检验。

### 4.7.7 干硬性混凝土

拌合物坍落度小于10mm的混凝土称为干硬性混凝土。干硬性混凝土的和易性根据维勃稠度值的大小来划分。

干硬性混凝土的特点是用水量少，从而使粗集料含量相对较大，粗集料颗粒周围的砂浆包裹层较薄，能更充分地发挥粗集料的骨架作用。因此，不仅可以节约水泥，而且在相同水胶比的条件下，可以提高混凝土密实性及强度。但干硬性混凝土抗拉强度与抗压强度的比值较低，脆性较显著。

干硬性混凝土由于可塑性小，必须采用强制式搅拌机搅拌，浇筑时应采用强力振捣器或加压振捣，否则将影响其强度及密实性。

干硬性混凝土主要应用于预制构件的生产，如钢筋混凝土管、钢筋混凝土柱和桩、钢筋混凝土板及电杆等。成型的方法多为振动法，即采用振动台或振动器将混凝土振捣密实，有时可采用振动加压法或辊碾法。对于圆形空心断面的预制品，如圆柱、管、桩等，则常采用离心浇筑法，即将混凝土拌合物放入高速旋转的钢模内，使其受离心力作用而密实成型。

混凝土预制品的养护，常采用湿热处理的方法，即采用蒸汽养护或蒸压养护。蒸汽养护温度以90℃左右为宜。蒸压养护的温度和压力分别在175℃和0.8MPa左右。蒸汽养护混凝土，不仅可以加速混凝土硬化，而且可以提高混凝土的强度。

为了避免混凝土在湿热处理过程中因温度急剧变化而发生裂缝，均需经过试验确定适宜的升温、恒温及降温过程。

采用湿热养护的预制品构件，应优先选用掺混合材料的硅酸盐水泥，如矿渣水泥、粉煤灰水泥和火山灰水泥等。

### 4.7.8 碾压混凝土

将混凝土拌合物薄层摊铺，经振动碾压密实的混凝土，称为碾压混凝土。

与普通混凝土相比，碾压混凝土具有水泥用量少、施工速度快、工程造价低、温度控制简单等特点，特别适用于筑坝工程混凝土和道路混凝土。近年来，碾压混凝土在筑坝工程中得到了迅速发展。

根据胶凝材料用量（水泥和矿物掺合料）的多少，碾压混凝土分为超贫型、干贫型和大粉煤灰掺量型三种。超贫碾压混凝土的胶凝材料总量在100kg/m³以下，其中粉煤灰或其他矿物掺合料的用量不超过胶凝材料总量的30%，此类混凝土的水胶比较大，为0.9~1.5，因而强度低、孔隙率大，多用于小型水利工程和大坝围堰工程；干贫碾压混凝土的胶凝材料用量为110~130kg/m³，其中粉煤灰占25%~30%，水胶比为0.7~0.9，多用于坝体内部；大粉煤灰掺量碾压混凝土的胶凝材料用量为150~250kg/m³，其中粉煤灰占50%~75%，水胶比约为0.5，此种混凝土水泥用量小，粉煤灰用量大，胶凝材料总量相对较大，有利于避免拌合物粗集料分离并使层间黏结良好，且发热量低，节约水泥，在工程中应用较多。

碾压混凝土拌合物的工作性是指在运输和摊铺过程中不易发生集料分离和泌水，在振动碾压过程中易于振实的性质。碾压混凝土为超干硬性混凝土，不能用传统的坍落度法来检验其工作性，维勃稠度法也不能给出满意的测试结果。目前国内外多用VC值来表示。其测定方法为：在规定振动频率、振幅和压力作用下，拌合物从开始振动到表面泛浆所需的时间，用秒数s值表示。VC值过大，表明混凝土过于干硬，施工过程中易发生集料分离，且不易振动密实；VC值过小，碾压时拌合物中的空气不易排出，同样不易振压密实。

VC值的选择与振动碾的功率、施工现场的温度和湿度相适应，过大或过小都是不利的，根据已有经验，施工现场碾压混凝土拌合物的VC值一般为（10±5)s。

碾压混凝土的配合比设计方法与普通混凝土基本相同，不同之处在于：

1）碾压混凝土通常采用90d或180d的抗压强度作为设计强度。

2）碾压混凝土的水胶比与强度的关系需通过试验确定。

3）碾压混凝土所用粗集料最大粒径以不大于40mm为宜，为避免集料分离，常采用较大的砂率。施工前，应通过现场碾压试验确定合理砂率。

4）碾压混凝土的综合质量评定通常采用钻孔取样的方法。

## 4.8 水泥混凝土技术进展

土木工程材料向“八高”与“八化”的方向发展。“八高”即：高强度、高韧性、高阻裂、高体积稳定性、高抵抗灾变的能力、高耐久、高服役寿命、高性能价格比。“八化”即：绿色化、生态化、智能化、高与超高性能化、多功能化、高科技化、微粒细丝复合化、商品化。

水泥混凝土是当代最主要的人造土木工程材料。现代土木工程结构向大跨度、轻型、高耸结构发展，向地下、海洋中扩展，使工程结构对混凝土性能的要求越来越高。混凝土与环境协调平衡，向高性能、多功能、智能化发展是必然的趋势。而混凝土新型组分的研究及应用，则是现代水泥混凝土技术进展的核心。根据其作用可分为改善型、功能型和智能型三类。

### 4.8.1 改善型组分及其混凝土

改善型组分的主要作用：一是大幅度减少混凝土中水泥用量，以利于保护环境；二是显著改善混凝土物理力学性能，以提高工程结构的安全性、耐久性并减少混凝土用量。改善型组分主要有矿物外加剂、聚合物和各类纤维。

## 1. 超细微粒矿物外加剂及高性能混凝土

（1）超细微粒矿物外加剂　超细微粒矿物外加剂是将高炉矿渣、粉煤灰、沸石粉等超细粉磨而成的，其表面积一般大于500m$^2$/kg，可等量替代水泥15%~50%，是配制高性能混凝土必不可少的组分。掺入混凝土中后可产生化学效应和物理效应，前者指其在水泥水化硬化过程中发生化学反应，产生胶凝性；后者指其可填充水泥颗粒中的空隙，起微集料作用，使混凝土形成紧密堆积体系。

随着超细微粒掺合料的品种、细度和掺量的不同，其作用效果有所不同，一般具有以下几个方面的效果：

1）显著改善混凝土的力学性能。超细微粒掺合料一方面由于超细化而大大提高了其化学反应活性，另一方面由于微观填充作用而产生的减水增密效应，对混凝土起到显著增强效果，可配置出C100以上的超高强混凝土。

2）显著改善混凝土的耐久性。超细微粒掺合料能显著改善硬化混凝土的微观结构，使$Ca(OH)_2$显著减少，C-S-H增加，结构变得致密，从而显著提高混凝土的抗渗、抗冻等耐久性能。

3）显著改善混凝土的流变性。超细微粒掺合料可填充于水泥微粒的间隙和絮凝结构中，占据了充水空间，原来絮凝结构中的水被释放出来，使流动性增大，可配制出大流动性且不离析的混凝土。

4）抑制碱-集料反应。超细微粒掺合料如硅灰能吸附外加剂或水泥中的碱，从而抑制碱-集料反应。

（2）高性能混凝土（High Performance Concrete，简称HPC）　高性能混凝土是指采用现代混凝土技术，选用优质原材料，在妥善的质量管理条件下制成的大幅度提高常规混凝土性能的新型混凝土。它具有高耐久性、高体积稳定性、适当高的力学性能、良好的施工和易性以及合理的经济性。

1）高性能混凝土的工艺原理与配制技术主要有：

a. 高性能的原材料以及与之相适应的工艺。

b. 复合化：混凝土本身是水泥基复合材料。HPC必须有活性细掺料和外加剂，特别是高效减水剂的加入，有时还必须同时采用几种外加剂以取得要求的性能，充分发挥复合化的作用。这将是HPC取得更大效益的努力方向。

在我国当前条件下，HPC可采用下列原材料：

a. 水泥。以42.5或42.5R硅酸盐水泥为主，也可选用某些特种水泥如铁铝酸盐水泥，碱-矿渣水泥等，但水泥用量过大或细度过细均不利于耐久性。

b. 集料。选用合适的集料，特别是粗集料。其中最主要的是集料的强度和它与硬化水泥浆体界面的黏结力。粗集料的最大粒径、颗粒强度、针片状颗粒含量及含泥量是控制高性能混凝土强度的主要因素，同时也影响集料与硬化水泥浆体界面的黏结力。因此，粗集料粒径不宜过大，在配制60~100MPa的高性能混凝土时，粗集料最大粒径可取20mm左右；配制100MPa以上的高性能混凝土时，粗集料最大粒径不宜大于10mm。

c. 活性细掺料。掺入一定量的活性细掺料，如硅灰、磨细矿渣、磨细优质粉煤灰等，以增宽粒径范围，提高混凝土的密实度，改善新拌混凝土的流变性，提高混凝土强度和耐久性。因此，优质活性细掺料已成为HPC的必需组分。两种细掺料复合作用，有时能带来更好的效果。

d. 高效外加剂。高效减水剂是HPC的必需组分，为的是大幅度减水以提高强度与耐久性。通过加入磺化萘甲醛缩合物、磺化三聚氰胺甲醛缩合物、聚羧酸盐以及改性木质素磺酸盐等高效减水剂，促进水泥颗粒的反絮凝化，以降低水胶比，同时使混凝土有足够的流动性、易泵性和填充性。掺加活性细掺料时必须掺加足够的高效减水剂；为了减少坍落度损失还必须掺加缓凝剂与引气剂；为了早强，可掺加早强剂或采用早强减水剂；为了预防早期收缩可掺加适量膨胀剂。所以，外加剂的复合作用对 HPC 满足各种功能要求是十分重要的。

2）高性能混凝土的微观结构。高性能混凝土在微观结构方面具有以下特点：

a. 由于存在大量未水化水泥颗粒，浆体所占比例降低。这些未水化水泥颗粒可以认为是硬化混凝土中的微集料。

b. 浆体的总孔隙率小。

c. 孔径尺寸较小，仅最小的孔为饱水。

d. 浆体-集料界面与浆体本体无明显区别，消除了普通混凝土中传统的薄弱区。

e. 游离氧化钙含量低。

f. 自生收缩造成混凝土内部产生自应力状态，导致集料受到强力的约束。

3）高性能混凝土的特性：

a. 自密实性。混凝土拌合物中自由水含量低，但流变性好，抗离析性高，因而填充性优异。因此，配合比恰当的大流动性高性能混凝土有较好的自密实性。

b. 体积稳定性。高性能混凝土的体积稳定性较高，表现为具有高弹性模量、低收缩与徐变、低温度变形。普通混凝土的弹性模量为20~25GPa，采用适宜的材料与配合比的高性能混凝土，其弹性模量可达40~45GPa。采用高弹性模量、高强度的粗集料并降低混凝土中水泥浆体的含量，采用合理的配合比配制的高性能混凝土，其90d龄期的干缩值低于0.04%。

c. 强度。高性能混凝土的抗压强度已有可能超过200MPa。在目前的工艺情况下，28d平均强度介于100~120MPa的高性能混凝土，已在工程中应用。高性能混凝土抗拉强度与抗压强度值比高强混凝土有明显增加。

d. 水化热。由于高性能混凝土的水胶比较低，存在大量未水化的水泥颗粒，因此，水化热总量相应降低。

e. 收缩。高性能混凝土的早期收缩率随强度提高而增大，长期总收缩量与其强度成反比；同时受环境温度、湿度的影响较大。

f. 徐变。高性能混凝土的徐变总量显著低于普通混凝土，其中，干燥徐变值有更为显著的降低，而基本徐变略有降低，而干燥徐变与基本徐变的比值，则随着混凝土强度的提高而降低。

g. 耐久性。高性能混凝土除通常的抗冻性、抗渗性明显高于普通混凝土外，它的氯离子渗透率明显低于普通混凝土。高性能混凝土由于具有较高的密实性和抗渗性，因此，其耐蚀性显著优于普通强度混凝土。

h. 抗火性。当混凝土含水率较高时，高性能混凝土在高温作用下，会产生爆裂、剥落。由于高性能混凝土的高密实度，使自由水不易被排出，在受高温时内部形成较大的蒸汽压力，使混凝土发生爆炸性剥蚀和脱落。因此，高性能混凝土的耐高温性能是一个值得重视的问题。已有研究资料表明，在混凝土中掺入高温下能溶解、挥发的纤维状材料，使蒸汽压力得以释放，可改善这一性能缺陷。

### 2. 纤维及纤维增强混凝土

由水泥、水、细的或粗的集料以及各种有机、无机或金属的不连续短切纤维组成的材料称为纤维增强水泥基复合材料，也称为纤维增强混凝土。普通混凝土往往在受荷载之前已含有大量微裂缝，在不断增加的外力作用下，这些微裂缝迅速扩展并形成宏观裂缝，最终导致材料破坏。当普通混凝土中加入适量的纤维之后，材料的行为会发生变化。

（1）纤维　在水泥基材料中应用的纤维按其材料性质可分为金属纤维（钢纤维和不锈钢纤

维等)、无机纤维（包括天然矿物纤维、抗碱玻璃纤维、抗碱矿棉、碳纤维等人造矿物纤维）和有机纤维（主要包括聚乙烯、聚丙烯、尼龙、芳香族聚酰亚胺等合成纤维和西沙尔麻等天然植物纤维）；按纤维的弹性模量可分为高弹模纤维（其弹性模量高于水泥基材料）和低弹模纤维（其弹性模量低于水泥基材料）；按纤维的长度则可分为非连续的短纤维和连续的长纤维。不同的纤维其作用也不一样。

1）高弹模纤维。高弹模纤维，如钢纤维、碳纤维等的作用主要是提高强度（特别是抗拉强度)、最大拉伸和弯曲破坏应变、断裂韧性和抗冲击能力。图 4-27 所示为高弹模纤维增强混凝土受弯时典型的荷载-挠度曲线。当荷载达到 *A* 点时，基材开始开裂。通常，此值大约与未加纤维的基材发生开裂的应力相等。在开裂截面上，基材已不再能承受荷载，全部荷载将由桥连着裂缝的纤维承担。如果纤维的强度和数量恰当，随着荷载的进一步增加，纤维将通过其与基材的黏结力将增加的荷载传递给基材。若黏结应力不超过纤维与基材的黏结强度，基材中会产生新的微裂缝（线段 *AB*），最大荷载（*B* 点）与纤维的强度、数量及几何形状有关。随后由于纤维局部脱粘的积累，导致纤维拔出或纤维的破坏，材料的承载力逐渐下降（线段 *BC*）。因此，通过纤维增强可使混凝土的性能得到改善。其改善的程度除了与基材性能有关外，还与纤维的特性和加入的数量有关。

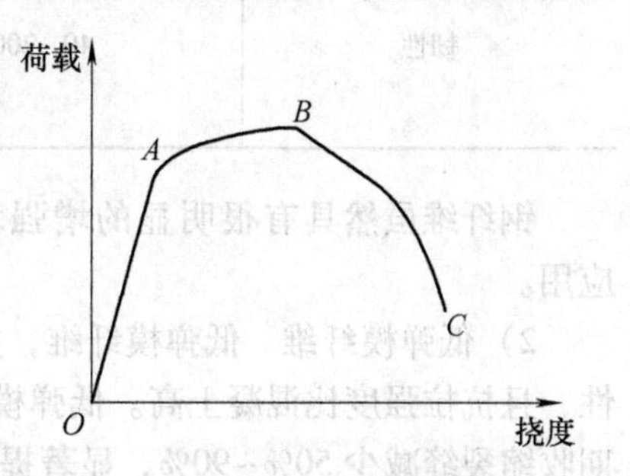

图 4-27 高弹模纤维增强混凝土受弯时典型的荷载-挠度曲线

最常用的高弹模纤维为钢纤维。表 4-49 列出了较广泛使用的一些钢纤维的特性。

表 4-49 钢纤维的种类与特性

| 钢纤维种类 | 特性 | | | |
|---|---|---|---|---|
| | 断面形状 | 表面 | 防拔方法 | 其他 |
| 切断钢纤维 | 团形 | 冷拔表面 | 压痕折弯 | 强度高，表面处理容易 |
| 剪切钢纤维 | 正方形<br>长方形 | 压延面<br>切断面 | 压痕、折弯、扭曲 | 可使用不锈钢，脱脂 |
| 切削钢纤维 | 三角形 | 切断面皱纹状粗面 | 扭曲 | 硬度大，可制细纤维，可用不锈钢 |
| 熔融抽丝钢纤维 | 月牙形 | 氧化皮膜 | 两端较粗 | 淬火或回火，可用不锈钢 |

钢纤维以直径或边长为 0.3~0.6mm，长度不超过 40mm 为宜，过短会使钢纤维丧失增强的效果。长度为直径的 40~60 倍时，纤维易均匀分布在混凝土中。

采用异形或使端部具有锚定效果的形状，可以提高钢纤维与混凝土的黏结强度。钢纤维既要有硬度，又要有弹性，才能使钢纤维在拌和过程中，既较少发生弯曲也不致因过硬而折断。这样的钢纤维对混凝土性能的改善效果较好。

表 4-50 所示为钢纤维混凝土与普通混凝土性能的比较。可见钢纤维混凝土较普通混凝土性能的抗拉、抗弯、抗冲击等力学强度均有很大提高外，还具有良好的韧性、耐磨性和耐蚀性。

表 4-50 钢纤维混凝土与普通混凝土性能的比较

| 项目 | 与普通混凝土比较 | 项目 | 与普通混凝土比较 |
|---|---|---|---|
| 抗压强度 | 1.0~1.3 倍 | 抗剪强度 | 1.5~2.0 倍 |
| 抗拉强度与抗弯强度 | 1.5~1.8 倍 | 抗疲劳强度 | 有所改善 |

（续）

| 项目 | 与普通混凝土比较 | 项目 | 与普通混凝土比较 |
|---|---|---|---|
| 早期抗裂强度 | 1.5~2.0倍 | 抗冲击强度 | 5~10倍 |
| 耐破损性能 | 有所改善 | 耐热性能 | 显著改善 |
| 延伸率 | 约2.0倍 | 抗冻融性能 | 显著改善 |
| 韧性 | 40~200倍 | 耐久性 | 密实性高，表面裂缝宽度不大于0.08mm，耐久性有所改善，暴露于大气中的面层钢纤维产生锈斑 |

钢纤维虽然具有很明显的增强增韧效果，但由于价格昂贵，限制了它作为改善型组分的应用。

2）低弹模纤维。低弹模纤维，如尼龙、芳纶、聚乙烯、聚丙烯等，一般都具有很高的变形性，且抗拉强度比混凝土高。低弹模纤维可有效地控制因混凝土内应力产生的裂缝，使混凝土早期收缩裂缝减少50%~90%，显著提高混凝土的抗渗性和耐久性，使混凝土内钢筋锈蚀时间推迟2.5倍。除抗裂外，低弹模纤维还能提高混凝土的韧性、抗冻性和抗高温爆裂性。

一般常用的低弹模纤维的性能如表4-51所示。

表4-51 常用低弹模纤维的性能

| 纤维类型 | 密度/(g/cm$^3$) | 抗拉强度/10$^3$MPa | 弹性模量/10$^3$MPa | 断裂伸长率(%) |
|---|---|---|---|---|
| 聚丙烯纤维 | 0.91 | 0.56~0.77 | 3.5 | 1.5~2.5 |
| 尼龙纤维 | 0.9~1.5 | 0.40~0.84 | 1.4~8.4 | 10~45 |
| 聚乙烯纤维 | | 0.56~0.70 | 0.1~0.4 | 1.5~10.0 |
| 丙烯酸纤维 | | 0.20~0.40 | 2.1 | 25~45 |
| 醇胺纤维 | | 0.42~0.84 | 2.4 | 15~25 |

低弹模纤维混凝土的抗裂性除与纤维种类有关，还取决于纤维的长度和掺量，而纤维长度和尺寸有关，砂浆和普通集料混凝土一般以2cm长度为宜，大尺寸集料应放大到3~4cm。混凝土的抗裂性随纤维掺量的增加而提高，但其递增率并不呈线性关系，如从综合技术与经济等方面考虑，目前运用最多的是聚丙烯纤维和尼龙纤维，纤维掺量为600~900g/cm$^3$，具有良好的抗裂性。

低弹模纤维能有效提高水泥基复合材料的断裂变形能力，从而增加其韧性。材料的韧性是指材料在破坏前吸收能量的能力，常用荷载-变形曲线下的面积来度量。无论使用何种纤维，纤维体积率增加，韧化效果也增加。当然不同的纤维其韧化效果也不一样，要获得较好的韧化效果，希望复合材料破坏时纤维是被拔出的，而不是拉断的，这与纤维的种类和几何形态（长度、表面变形、纤维轮廓等）有关。一般来说，与水泥基体黏结力高的纤维，如变形截面的纤维、弹性模量高的纤维，韧化效果更好。

混凝土受到冻融作用后，往往出现两种形式的破坏：内部开裂与表面剥落，导致其动弹性模量与质量的下降，掺0.5%（体积分数）的尼龙纤维混凝土和基准混凝土，300次冻融循环后，动弹性模量损失及质量损失分别为6.8%及0.6%和17.3%及2.1%；500次冻融循环后分别为10.8%及2.3%和47.7%及8.7%。

低弹模纤维混凝土在国外已广泛地应用于大面薄构件如地面、楼板、车道等的防裂，公路路面和桥面的修补，屋面、地下、游泳池等的刚性防水。

(2) 纤维增强混凝土

1) 密实增强混凝土。密实增强混凝土是指以由波特兰水泥、硅粉和超塑化剂组成的致密体系为基材，在其中掺入钢纤维形成的复合材料。水泥基致密基材抗压强度高，但脆性很大，通过纤维增强，可显著提高其韧性和延性。掺入体积分数4%~6%的钢纤维，密实增强混凝土呈现应变硬化行为，其极限拉应变接近于软钢的屈服应变值；可配置大量普通钢筋，其受弯构件强度接近钢结构，而表面无裂缝出现。

2) 活性细粒混凝土。活性细粒混凝土是指在改善水泥基材性能的基础上，再加入一定量的钢纤维，硬化后具有高抗压强度、高延性的复合材料。其基本原理为：

a. 采用小于600μm的磨细石英砂代替普通混凝土中的粗细集料，并掺加硅粉以改善其均质性。

b. 优化颗粒级配，并在凝结前、凝结中对拌合物加压，以增加密实度。

c. 凝结后进行热处理以改善混凝土的微结构。

d. 加入钢纤维使混凝土具有延性行为。

较低抗压强度的活性细粒混凝土主要用于制作结构构件；较高抗压强度的活性细粒混凝土主要用于制作钢绞线预应力锚头；用其制作的防护板具有优异的抗冲击性能。

3) 高掺量纤维增强混凝土。高掺量纤维增强混凝土是指掺加高掺量纤维，提高混凝土抗拉强度和显著提高其拉应变能力的水泥混凝土。

a. 注浆纤维混凝土：用特殊工艺制作的高掺量（2%~25%，体积分数）钢纤维增强水泥混凝土。它具有优良的力学性能，强度和断裂韧性较大，甚至出现应变硬化行为。

b. 挤压纤维增强混凝土：由水泥和体积掺量（2%~8%）细微纤维，通过挤压技术制成的不连续纤维增强水泥混凝土。它具有高强度和高韧性的特点，并表现出应变硬化行为。

### 3. 聚合物及聚合物混凝土

在水泥基材料中加入有机聚合物已有较长的历史，早在20世纪40年代就出现了有关聚合物混凝土的报道，60年代后期得到了迅速的发展。主要有聚合物水泥混凝土和聚合物浸渍混凝土。20世纪80年代初，英国的Birchll和其合作者研制了无宏观缺陷水泥（Macro-Defect-Free Cement，MDF），并用这种材料制成了世界上第一根水泥弹簧，在水泥基材料学术界引起了很大的轰动，被认为是对水泥基材料研究开发的一个重大突破。

(1) MDF水泥 MDF水泥由波特兰水泥或铝酸盐水泥和水溶性大分子量聚合物（如PVA、HPMC等）组成。其制备方法为：将水泥、PVA和水的混合物置于星形搅拌机中预拌成潮湿的团粒状混合物，再将其装入双辊研磨机中在常温下以非常大的剪切速率（约$100s^{-1}$）混练30s，得到一种可塑性的混合物，其屈服应力很低，就像真正的塑性材料（类似油灰）。这种塑性混合物在研磨中被压制成柔软的薄片，然后将柔软薄片在80℃温度和适当压力（5MPa）条件下养护10min，排走夹杂的空气，最后，为了使强度充分发展，需在80℃条件下养护25h。

MDF水泥最显著的特点是孔径小（不含有大于15μm的孔）、孔隙率比较低（一般在1%以下）和强度高（抗折强度可超过250MPa）。MDF水泥可达到的工程性质：抗压强度大于500MPa，抗折强度为250MPa，弹性模量为50GPa，断裂韧性为$3MPa \cdot m^{1/2}$，密度为$2400kg/m^3$，热膨胀系数为$10^{-6}$/℃。

MDF水泥的最大不足是它具有很明显的湿敏性，在高湿度环境下，其力学性能大幅度下降。最近研究发现，采用非水溶性聚合物制作的MDF水泥可改善其湿敏性。以铝酸盐水泥、酚醛树脂单体及塑化剂为主要原料制成的MDF水泥，已进行了应用的尝试，如制备了热绝缘片、热绝缘板及太阳能小汽车外壳。

（2）聚合物混凝土 聚合物混凝土是指用聚合物乳液和水、水泥拌和，并掺入砂或其他集料制成的一种混凝土。所用聚合物可以是由一种单体聚合而成的均聚物，也可以是由两种或更多的单体聚合而成的共聚物。目前聚合物混凝土中用的聚合物有：丙烯酸酯共聚乳液、聚氯丁二烯乳液、聚苯乙烯乳液、氯乙烯偏氯乙烯共聚乳液、BJ乳液、BHC乳液、苯丙乳液等。典型的聚合物乳液由水、单体、引发剂、表面活性剂及其他成分组成。

聚合物混凝土和水泥砂浆的性能主要受聚合物的种类、掺量的影响。聚合物混凝土和水泥砂浆具有较高的抗折强度和抗拉强度；由于其对老混凝土的黏结强度极好，且具有抗水及抗氯离子渗透、抗冻融等良好的耐久性，是一种性能优异的新型补强加固材料。几种典型的聚合物水泥砂浆的性能如表4-52所示。

表4-52 几种典型的聚合物水泥砂浆性能

| 砂浆种类 | 聚灰比（%） | 强度/MPa | | 抗弯黏结强度/MPa | 吸水率（%） | 干燥收缩/$10^{-4}$ |
|---|---|---|---|---|---|---|
| | | 抗弯 | 抗压 | | | |
| 普通水泥砂浆 | 0 | 3~5 | 18~20 | 1~2 | 10~15 | 10~15 |
| 丁腈胶乳砂浆 | 10 | 4~6 | 15~17 | 1.5~2.5 | 10~15 | 14~16 |
| | 20 | 2~3 | 4~5 | 2.5~3.0 | 10~15 | 18~20 |
| 氯丁胶乳砂浆 | 10 | 5~6 | 18~19 | 1.5~2.5 | 10~15 | 13~15 |
| | 20 | 9~10 | 31~34 | 2.5~3.0 | 5~7 | 7~9 |
| 丁苯胶乳砂浆 | 10 | 6~9 | 16~29 | 2.5~7.0 | 4~10 | 8~17 |
| | 20 | 7~12 | 17~32 | 2.0~7.0 | 2~5 | 5~17 |
| 聚丙烯酸酯乳液砂浆 | 10 | 6~8 | 16~18 | 4.5~8.0 | 4~10 | 8~11 |
| | 20 | 6~9 | 14~20 | 7.0~8.0 | 4~7 | 6~10 |
| 聚醋酸乙烯-乙烯共聚乳液砂浆 | 10 | 6~9 | 18~29 | 1.5~6.5 | 6~13 | 9~12 |
| | 20 | 6~11 | 19~32 | 3.0~7.0 | 3~13 | 8~6 |
| 聚醋酸乙烯乳液砂浆 | 10 | 6~7 | 16~17 | 1.5~2.5 | 10~15 | 9~11 |
| | 20 | 6~7 | 15~16 | 2.5~3.5 | 10~15 | 8~10 |

（3）聚合物浸渍混凝土（PIC） 聚合物浸渍混凝土是指以混凝土为基材，将有机单体渗入混凝土中，并使其聚合而制成的一种混凝土，如表4-53所示。许多不同品种的单体已成功地用于生产聚合物浸渍混凝土。单体所要求的性质包括黏度低、沸点高、触变性小、聚合方便、价廉而且适用。甲基丙烯酸甲酯（MMA）（胶质玻璃状单体）以及苯乙烯是最适合的普通单体，其黏度非常低，是成为慢渗硬化混凝土中迂回曲折孔的理想液体。聚酯类黏度太高，不能单独使用，但当与苯乙烯混合后，黏度明显下降，可用于混凝土的部分浸渍。

表4-53 素混凝土及聚合物浸渍混凝土（PIC）的典型性质

| 性质 | 素混凝土 | PIC<br>甲基丙烯酸甲酯 | PIC<br>苯乙烯 |
|---|---|---|---|
| 抗压强度（28d）/MPa | 40 | 130 | 70 |
| 抗拉强度（28d）/MPa | 3 | 11 | 5 |
| 抗折强度（28d）/MPa | 5 | 18 | 8 |

（续）

| 性质 | 素混凝土 | PIC<br>甲基丙烯酸甲酯 | PIC<br>苯乙烯 |
|---|---|---|---|
| 弹性模量/GPa | 25 | 45 | 50 |
| 渗水性/(m/s) | $5.0\times10^{-13}$ | $1.3\times10^{-13}$ | $1.4\times10^{-13}$ |
| 吸水率（%） | 6.4 | 0.3 | 0.7 |
| 热膨胀系数/$10^{-6}$℃$^{-1}$ | 8.0 | 9.5 | 9.0 |

聚合物浸渍混凝土的性能与其浸填率及聚合度有关，完全浸渍的混凝土，其抗压强度、抗拉强度、抗折强度可增大2~4倍。此外，它还具有很高的抗渗性、耐久性及很小的徐变和收缩。聚合物浸渍混凝土具有较好的力学性能，主要是由于聚合物在水泥基体中的增塑、增韧、填孔和固化作用产生的。

## 4.8.2 功能型组分及其混凝土

传统混凝土主要是用作土木工程承重材料，在过去一百多年里，以强度为主的力学性能得到了广泛深入的研究和长足的发展。然而，随着人类社会的高度发展，现代建筑不仅要求混凝土有良好的力学性能，还要求具有声、光、电、磁、热等功能，以适应多功能和智能建筑的需要。功能型组分可赋予混凝土某些特殊功能。

### 1. 导电混凝土

硬化水泥浆体本身是不导电的。因此，制备导电混凝土的方法是在普通混凝土中掺入各种导电组分。目前常用于水泥基导电复合材料的导电组分基本可分为三类：聚合物类、碳类和金属类。其中，最常用的是碳类和金属类。碳类导电组分包括石墨、碳纤维及炭黑；金属类材料则有金属微粉末、金属纤维、金属片、金属网等。

导电组分的种类、性质、形状、尺寸、掺量、与水泥浆体基体的相容性以及材料的复合方法等因素都会影响混凝土的导电特性。在混凝土中掺入导电组分，当其掺量超过某临界值时，导电组分在空间呈随机分布的聚集团簇彼此连接，形成渗流网络，电导率急剧增大，使混凝土具有良好的导电性。

纤维状的导电组分如碳纤维或金属纤维不仅可以使混凝土具有良好的导电性，还能够改善其力学性能、增加其延性。因此，根据实际应用的要求，可以选择合适的导电组分、掺量和复合方法，生产出既满足要求，又经济的导电混凝土。

导电混凝土的应用领域主要有工业防静电结构、公路路面和机场道面等处化雪除冰、钢筋混凝土结构中钢筋的阴极保护、住宅及养殖场的电热结构等。此外，采用铝酸盐水泥和石墨、碳纤维等耐高温导电组分可以制备出耐高温的导电混凝土，用于新型发热源。

### 2. 磁性混凝土

采用特殊工艺将可磁化粒子混入混凝土中，可制备磁性混凝土。所用的可磁化粒子分为两类：一类是铁氧体（如钡铁氧体 $BaO\cdot6Fe_2O_3$ 和锶铁氧体 $SrO\cdot6Fe_2O_3$）；另一类是稀土类磁性材料［如 $SmCo_5$ 和 $Sm_2(Co、Fe、Cu、Mn)_{17}$］。磁性混凝土的磁性性能主要取决于其中可磁化粒子的定向排列的有序化程度。可磁化粒子排列的定向度越高，则混凝土的磁性越好。可磁化粒子的定向化是采用制备过程中施加强磁场的方法实现的，磁性混凝土的磁性主要受可磁化粒子的性质、掺量、水泥品种以及制备工艺影响。

铁氧体类磁性混凝土具有较好的应用前景。这类材料中掺入的是钡铁氧体（$BaO \cdot 6Fe_2O_3$）和锶铁氧体（$SrO \cdot 6Fe_2O_3$）的磁粉，磁粉的平均粒径以1～1.5μm为宜，掺加量大致在10%～60%。这类磁性材料具有价格低、易加工成型、保磁性强、强度高等优点。

3. 屏蔽磁场混凝土

地下电力传输线和变压器、开关等电力设施可以产生强磁场，对人的健康有负面影响。为了使路面和建筑物具有屏蔽磁场的功能，一般采用在混凝土中加入钢丝网的方法。钢丝网可以有效屏蔽磁场，但会严重影响混凝土的施工。在混凝土搅拌和浇筑过程中掺加钢丝类材料，形成连接的钢丝网，使其具有屏蔽磁场的功能。如在混凝土中掺入5%的钢质曲别针（曲别针长为3.18cm，宽为0.64cm，钢丝直径为0.79mm）即可获得足以和钢丝网（钢丝直径为0.6mm，钢丝网孔间距为5.64mm）混凝土相媲美的磁场屏蔽效果。

4. 屏蔽电磁波混凝土

随着电子信息时代的到来，各种电器电子设备（广播通信设备、家用电器、电子测量仪器、加热设备、医疗设备等）的数量爆炸式地增加，导致电磁波泄露问题越来越严重，而且电磁波泄露场的频率分布极宽，从超低频（ELF）到毫米波，它可能干扰正常的通信和导航，甚至危害人体健康。因此，具有屏蔽电磁波的建筑材料越来越受到重视。

混凝土本身既不能反射也不能吸收电磁波。但掺入功能性组分后，可使其具有屏蔽电磁波的功能。

屏蔽电磁波的混凝土大多是通过吸收电磁波来实现屏蔽功能的。掺加的功能组分一般为碳、石墨或金属的导电粉末、纤维或絮片。采用铁氧体粉末或碳纤维毡作为吸收电磁波的功能组分，制作的幕墙对电磁波的吸收可达到90%以上，而且幕墙壁薄质轻。带微圆圈的碳纤维也具有优异的电磁波吸收功能。将长度100μm以上、直径为0.1μm的碳纤维掺入混凝土中，通过放射电磁波的方式实现屏蔽电磁波的功能。该种混凝土不仅能用于屏蔽电磁波，还能用于其他领域。

## 4.8.3 智能型组分及其混凝土

随着现代社会向智能化方向发展，社会的各组成部分，如交通系统、办公场所、居住社区均向智能化方向发展。作为土木工程结构最主要的组成部分，混凝土材料智能化也是混凝土发展的主要趋势之一。智能型混凝土是能够感知周围环境和自身内部发生的变化，能随环境或自身的变化而变化或做出灵敏反应的水泥混凝土。智能型组分是配制智能混凝土的特殊组分，可赋予混凝土应力、应变和损伤自检测，温度自监控，调湿，自愈合，调温等机敏性或智能。

1. 应力、应变和损伤自检测混凝土

将一定形状、尺寸和掺量的短切碳纤维掺入混凝土中，可以使材料具有自感知内部应力、应变和损伤程度的功能。通过对材料的宏观行为和微观结构变化进行观测，发现混凝土的电阻变化与其内部结构变化是相对应的，如电阻率的可逆变化对应于可逆的弹性变形，而电阻率的不可逆变化对应于非弹性变形和断裂等。这种混凝土可以敏感有效地监测拉、弯、压等工况及静态和动态荷载作用下材料的内部情况。

在疲劳试验中还发现，无论是在拉伸还是压缩状态下，混凝土的体积电阻率会随疲劳次数发生不可逆的降低。因此，可以应用这一现象对混凝土的疲劳损伤进行监测。

### 2. 温度自监控混凝土

PAN基短切碳纤维掺入混凝土中，会使材料产生热电效应（Seebeck效应）。在最高温度为70℃、最大温差为15℃的范围内，温差电动势$E$与温差$\Delta t$之间具有良好的稳定线性关系。随养护龄期延长，温差电动势率趋于稳定。

当水泥净浆中掺入相对水泥用量的10mg/g的碳纤维时，其温差电动势率有极大值，为18μV/℃，相对于铜/锰白铜（康铜）热电偶的温差电动势率的1/2，敏感性较高。因此可以利用这种材料实现对建筑物内部和周围环境温度变化的实时监控。还存在通过混凝土的热电效应利用太阳能和室内外温差为建筑物提供电能的可能性。

### 3. 调湿混凝土

有些建筑物对其室内的温度和湿度有严格的要求，如各类展览馆、博物馆及美术馆等。自动调节环境湿度的混凝土自身即可完成对室内环境湿度的探测，并根据需求对其进行调控，因此基本上能进行传感、反馈和控制等功能，可以认为是智能混凝土的雏形。通过掺加适当种类的沸石粉，可制备自动调节环境湿度的混凝土。其机理为：沸石粉中的硅钙酸盐含有（3~9）×$10^{-10}$m的孔隙，适当种类的沸石粉可优先吸附水分、吸湿容量大、有呼吸作用，可随温度变化自动调湿。这种材料已成功用于日本多家美术馆的室内墙壁，取得了非常好的效果。

### 4. 仿生自愈合混凝土

模仿动物的骨组织在受伤后的再生、恢复过程，在混凝土中掺入内含胶黏剂的空心玻璃纤维或胶囊，当混凝土材料在外力作用下发生开裂，空心玻璃纤维或胶囊就会破裂而释放胶黏剂，胶黏剂流向开裂处，使之重新黏结起来，起到愈伤的效果。

选择不同种类和性能的胶黏剂，可制备适用于不同场合的自愈合混凝土。如刚度较小的胶黏剂，可以起吸震作用，用于减轻地震、风灾对建筑物的损坏比较合适；而刚度较大的胶黏剂，可以有效恢复结构的刚度和强度。而胶黏剂的固化时间对控制结构在受到损伤时的变形是非常关键的。

## 4.8.4 水泥混凝土的发展趋势

新材料技术、信息技术、生物技术是高新技术的三大支柱，是产业进步的重要推动力，其中材料技术是基础、前提和核心。水泥混凝土作为现代社会的基础，在工程领域正发挥着其他材料无法替代的作用，在未来的100~200年，混凝土将一直是最主要的土木工程材料。新型水泥混凝土材料的发展、改革与创新、发明与创造是重大土木工程和基础设施建设发展的关键和依托。随着混凝土科学技术的不断发展，水泥混凝土的研究与应用将向以下几方面发展：

### 1. 提高并改善混凝土性能

（1）高强化　混凝土高强化的重要意义在于减轻工程结构的自重和减少混凝土的用量。美国混凝土协会曾设想，未来美国常用混凝土的强度将为135MPa，如果需要，在技术上可使混凝土强度达到400MPa。

在混凝土高强化的研究中，应致力于提高混凝土的延性、抗裂性与抗拉强度。

（2）高性能化　发展高性能结构材料必须具有抵御各种复杂环境条件的能力，提高其耐久性和服役寿命是重中之重。矿物掺合料是制备高与超高性能水泥基材料必不可少的组分，矿物掺合料多元复合是发挥其功效和潜能的关键技术。降低大体积混凝土水化热，降低混凝土收缩、徐变值，提高抵抗变形的能力，抑制混凝土由于碱-集料反应而导致构件破坏，提高混凝土抗渗性、抗有害离子腐蚀、抑制多重因素作用下混凝土损伤，从而延长混凝土工程的服役年限和寿命。

（3）生态化 人类生存发展离不开大自然赋予的宝贵资源，资源的再生利用是社会可持续发展的必由之路。生产1t水泥排放1t $CO_2$ 等有害气体，对环境造成严重污染；资源大量消耗，石灰石、煤大量使用造成资源短缺，生产水泥带来很多危害。发展生态型水泥基材料大有可为。在水泥混凝土中大掺量掺加工业废渣、充分利用再生集料，可达到节能、节资、保护生态环境、提高混凝土性能的目的。

（4）多功能化和智能化 未来，满足工程特种性能要求的混凝土材料，如相变储能混凝土、夜间导航的发光混凝土、光致变色混凝土、温度变色混凝土、灭菌混凝土、透水混凝土、净水混凝土、植被混凝土等功能性混凝土，损伤监测、安全监测、仿生自愈合等机敏和智能混凝土，将在社会和经济发展中得到广泛应用。

（5）艺术化 随着人类对环境美化要求的日益提高，混凝土将发挥越来越重要的作用。用混凝土制作的人造石、雕塑、园林小品、仿生建筑、仿古建筑等，质朴、粗犷、更贴近人类回归自然的心理需求的混凝土艺术制品，在装点自然、美化城市、改善居住环境等方面，将占有更大的艺术空间。

### 2. 扩大工程应用领域

随着混凝土性能的不断完善和提高，未来混凝土的应用领域将不断扩大。超高层的高楼大厦与跨度为400~500m的桥梁将由钢筋混凝土建造，钢筋混凝土屋盖结构的跨度可达30m以上。

海洋构筑物中，海上石油钻井平台、海上炼油厂、海上天然气储装站、海上潮汐发电站、海上机场、海上旅游设施及海底隧道等的修建逐步兴起，这都是应用混凝土建造的。

在未来的宇宙开发中，混凝土也会占有一席之地。美国波特兰水泥协会早在1986年已开始研究直接利用月球表面的材料制作混凝土，并认为水泥混凝土在月球上是耐久的。

### 3. 改进和提高生产工艺

节约生产混凝土及其制品的能源和资源是混凝土生产工艺中最主要的课题。水泥是混凝土组成材料中耗能最多的原材料，因此，在制备混凝土时应合理地减少水泥用量，大量使用工业废渣，利用再生废旧混凝土作为生产混凝土的原材料；引进现代技术，改造或淘汰陈旧设备以降低资源及能源消耗、减少环境污染。

### 4. 提高质量控制水平

随着混凝土向轻质、高强、耐久、多功能及智能化发展，混凝土的质量控制就更为重要。传统的以28d强度作为控制指标已远远不能满足要求。核子示踪技术、声发射技术、同位素技术、红外线摄像技术、磁学和自位测量技术将在混凝土及其工程和制品的质量控制中得到广泛应用。

### 5. 加强学科的理论研究

混凝土学科的理论研究是推动混凝土技术发展的动力与基础。混凝土学科涉及工艺技术科学与材料科学。在水泥化学、材料力学、细观力学、断裂力学等多学科发展的带动和促进下，现在已形成以研究混凝土材料组成、结构与性能之间关系和相互影响规律为主要内容的混凝土材料科学。未来，它将被进一步充实和完善，特别是在水泥混凝土与有机高分子材料的复合、有机高分子材料与金属材料的复合以及纤维增强等领域。对复合机理的深入研究必将使水泥基复合材料得到进一步的发展和应用。

## 复习思考题

4-1 普通混凝土的主要优缺点有哪些？

4-2 普通混凝土的基本组成材料有哪几种？它们在混凝土硬化前后各起什么作用？

4-3 配制混凝土时，如何选择水泥品种和其强度等级？

4-4 混凝土所用粗、细集料，应满足哪些基本要求？

4-5 何谓集料的颗粒级配？级配的优劣对混凝土的性能有何影响？

4-6 如何检验混凝土用砂的颗粒级配和粗细程度？

4-7 混凝土中的粗集料为什么宜尽量选用较大的粒径？集料最大粒径的选择要受到哪些限制？

4-8 现有干砂试样，经筛分结果如表4-54所示，试判断该砂的粗细程度。绘出级配曲线，评定级配情况。

表4-54 干砂试样筛分结果

| 筛号/mm | 4.75 | 2.36 | 1.18 | 0.600 | 0.300 | 0.150 | <0.150 |
|---|---|---|---|---|---|---|---|
| 筛余数/g | 24 | 60 | 80 | 95 | 114 | 105 | 22 |

4-9 钢筋混凝土梁的截面最小尺寸为320mm，配置钢筋的直径为20mm，钢筋中心距离为80mm，选用最大粒径为多少的石子较为合适？

4-10 集料有哪几种含水状态？试解释各种含水状态。

4-11 混凝土外加剂按其主要使用功能可分为哪几类？试分别举例说明。

4-12 简述减水剂的作用机理。

4-13 混凝土中掺入减水剂可获得哪些技术经济效果？

4-14 混凝土中掺入引气剂后，对其性能有哪些影响？

4-15 对下列混凝土工程及制品采用哪一类外加剂较为合适？其理由是什么？

①大体积混凝土；②高强混凝土；③有抗冻要求的混凝土；④商品混凝土；⑤冬期施工混凝土；⑥泵送混凝土。

4-16 混凝土中矿物掺合料的作用是什么？主要品种有哪些？

4-17 混凝土拌合物和易性的含义是什么？主要评定指标是什么？影响和易性的主要因素有哪些？

4-18 改善混凝土拌合物和易性的措施有哪些？

4-19 在施工现场，有人采用随意加水的方法来改善混凝土的流动性，这样做是否可以？为什么？

4-20 请判断混凝土施工中是否可采用下列方法来提高混凝土拌合物的流动性，并解释原因：①调整水泥浆用量；②调整砂率；③提高粗集料用量；④减少粗集料用量；⑤直接加水；⑥加入减水剂。

4-21 当混凝土拌合物的黏聚性和保水性不好时，可采取什么措施进行改善？

4-22 对于混凝土浇筑后的性能，应注意哪些方面的问题？

4-23 解释下列有关混凝土抗压强度的几个名词：

立方体试件抗压强度；抗压强度代表值；抗压强度标准值；强度等级；设计强度；配制强度；轴心抗压强度。

4-24 混凝土的强度有哪几项指标？如何测定混凝土的立方体抗压强度？轴心抗压强度与立方体抗压强度有什么关系？

4-25 如何划分混凝土的强度等级？共划分为哪些强度等级？

4-26 影响混凝土强度的主要因素有哪些？可采取什么措施来提高混凝土的强度？

4-27 混凝土在非荷载作用下存在哪几种变形？对混凝土的性能有什么影响？

4-28 简述混凝土在短期荷载作用下的变形过程。何谓混凝土的徐变？

4-29 混凝土耐久性的概念是什么？具体包括哪些性能？

4-30 如何评定混凝土的抗渗性能和抗冻性能？

4-31 何谓混凝土的碳化？碳化对钢筋混凝土的性能有何影响？

4-32 何谓混凝土的碱-集料反应？发生碱-集料反应的必要条件有哪些？

4-33 影响混凝土耐久性的关键是什么？如何提高混凝土的耐久性？

4-34 已知混凝土的水胶比为0.6，单位用水量为180kg/m³，砂率为33%，水泥密度为3.1g/cm³，砂的表观密度为2.65g/cm³，石子表观密度为2.7g/cm³。

1）试用绝对体积法计算1m³混凝土各项材料的用量。

2）用假定质量法计算1 m³混凝土各项材料的用量（设混凝土密度为2400kg/m³）。

4-35 设计要求的混凝土强度等级为C20，要求强度保证率$P=95\%$；若采用强度等级为42.5级的普通水泥，用水量为180kg/m³。问当强度标准差从5.5MPa降到3.0MPa时，每立方米混凝土可节约水泥多少kg？

4-36 某工程需要配制强度等级为C40的碎石混凝土，所用水泥为普通硅酸盐水泥，强度等级为32.5级，水泥强度富余系数1.10，混凝土强度标准差为4.0MPa。求水胶比。若改用42.5级普通水泥，水泥强度富余系数同样为1.10，水胶比为多少？

4-37 某工程设计要求的混凝土强度等级为C25，要求强度保证率为95%。试求：当混凝土强度标准差为5.5MPa时，混凝土的配制强度为多少？当施工管理水平标准差降为3.0MPa时，混凝土的配制强度为多少？

4-38 某工地施工采用的施工配合比为水泥为312kg，砂为710 kg，碎石为1300 kg，水为130kg，采用的是42.5级普通水泥，其实测强度为46.5MPa，砂的含水率为3%，石子的含水率为1.5%，若混凝土强度标准差为39 MPa。问：其配合比能否满足混凝土设计强度等级为C20的要求？

4-39 混凝土配合比设计中的三大参数和四项基本要求包含哪些内容？

4-40 某混凝土的设计强度等级为C25，坍落度要求为30~50mm。使用原材料为

水泥：强度等级42.5级的普通水泥，密度为3.1g/cm³。

碎石：连续级配5~20mm，表观密度为2700kg/m³，含水率为1.2%。

中砂：$M_x=2.6$，表观密度为2650kg/m³，含水率为3.5%。

试计算：1）1m³混凝土各材料用量。

2）混凝土施工配合比（设求得的计算配合比符合要求）。

3）每拌两包水泥的混凝土时，各材料用量。

4-41 已知：每拌制1m³混凝土需要干砂606kg，水180kg，经试验室配合调整计算后，砂率宜为34%，水胶比宜为0.6。测得施工现场砂的含水率为7%，石子的含水率为3%，试计算施工配合比。

# 第5章 建筑砂浆

5

【本章知识点】砌筑砂浆和抹面砂浆的主要技术性能。

【重点】砂浆与混凝土的区别。

【难点】砂浆与混凝土异同的理解。

建筑砂浆在土木工程中的用量很大，使用范围也很广。本章将重点介绍建筑砂浆组成材料的技术要求，砂浆的技术性质，砌筑砂浆及其配合比设计，预拌砂浆和建筑保温节能体系用砂浆。简要介绍抹面砂浆、特种砂浆及新型建筑砂浆。

## 5.1 建筑砂浆的基本组成和性质

### 5.1.1 建筑砂浆概述

建筑砂浆是由胶凝材料、细集料、水按适当比例配合，有时还加入适量掺合料和外加剂，经拌制并硬化而成的一种呈薄层状的土木工程材料。

按照用途不同，建筑砂浆可分为砌筑砂浆、抹面砂浆（普通抹面砂浆、装饰砂浆及防水砂浆等）和特种砂浆（保温砂浆、耐酸防腐砂浆、吸声砂浆等）。工程上使用较多的是砌筑砂浆和抹面砂浆。

按所用胶凝材料的不同，建筑砂浆可分为水泥砂浆、混合砂浆（水泥石灰砂浆、水泥黏土砂浆、石灰黏土砂浆）、石灰砂浆、石膏砂浆和聚合物砂浆等。

按照生产和施工方法不同，建筑砂浆又可分为现场拌制砂浆和商品砂浆。砂浆以往主要在施工现场拌制，其质量不易控制，且粉尘大、易污染环境。根据现行的产业政策，将逐步推广工厂生产的商品砂浆，尽量减少现场拌制砂浆。

建筑砂浆的用途主要有以下几个方面：

（1）砌筑　在砌体结构中，砌筑砂浆起到了黏结、铺垫和传递应力的作用，将块状材料黏结成整体结构，以建造各种建筑物、构筑物（桥涵、堤坝）的墙体。

（2）抹面　在装饰工程中，墙面、地面、梁和柱面等都需要采用砂浆来抹面，以起到防护、找平和装饰作用。

（3）勾缝　砖、砌块、石材墙体的勾缝，以及装配式结构中大型墙板和各种构件的接缝，都需要采用建筑砂浆。

（4）黏结　在采用天然石材、人造石材、瓷砖、锦砖等进行各种贴面装饰时，一般也采用砂浆进行黏结和镶缝。

（5）修补　对结构构件表面的缺陷进行修补时，通常也采用砂浆。

（6）特殊性能　经过特殊配制，砂浆还可起到保温、防水、防腐、吸声等作用。

### 5.1.2 建筑砂浆的组成材料

#### 1. 胶凝材料

砂浆中使用的胶凝材料有水泥、石灰、建筑石膏和有机胶凝材料等。选择胶凝材料时应考虑砂浆的使用环境、使用部位和用途。在干燥环境中使用的砂浆既可选用气硬性胶凝材料（石灰、石膏），也可选用水硬性胶凝材料（水泥）；若在潮湿环境或水中使用砂浆，则必须使用水硬性胶凝材料。土木工程中最常用的胶凝材料是水泥和石灰。

（1）水泥　水泥是砂浆的主要胶凝材料，常用的水泥有普通硅酸盐水泥、矿渣硅酸盐水泥、火山灰质硅酸盐水泥和粉煤灰硅酸盐水泥等，不同品种的水泥不得混合使用。选用水泥时应注意以下几点：

1）水泥的强度等级宜为砂浆强度等级的4~5倍。

2）水泥砂浆中水泥的强度等级不宜高于32.5级，水泥混合砂浆中水泥的强度等级不宜高于42.5级。

3）在配制某些特殊用途的砂浆时，可以采用某些专用水泥和特种水泥，如用于装饰砂浆的白水泥，用于修补裂缝、镶嵌预制构件接缝的膨胀水泥，用于修补渗漏的快硬水泥等。

（2）石灰　为节约水泥和改善砂浆的和易性，在砂浆中常掺入石灰配制成水泥石灰混合砂浆；当对砂浆的强度要求不高时，也可单独用石灰配制成石灰砂浆。为保证砂浆的质量，配制前应预先将石灰熟化成石灰膏，并充分“陈伏”后再使用，以消除过火石灰的膨胀破坏作用。在满足工程要求的前提下，也可使用工业废料，如电石灰膏等代替石灰膏。

#### 2. 细集料

细集料在砂浆中起着骨架和填充作用，对砂浆的技术性能影响较大。性能良好的细集料可提高砂浆的强度和和易性，尤其对砂浆的收缩和开裂有较好的抑制作用。

（1）砂　砂浆用砂，原则上应采用符合混凝土用砂技术要求的优质河砂。但由于砂浆层一般较薄，因此对砂的最大粒径有所限制：用于毛石砌体的砂浆，砂的最大粒径应小于砂浆层厚度的1/5~1/4；用于砌筑砖砌体的砂浆，砂的最大粒径应不大于2.5mm；用于光滑抹面及勾缝的砂浆，应采用细砂，且最大粒径宜小于1.2mm。

砂中的含泥量过大，会增加砂浆的水泥用量，还可能使砂浆的收缩性增大、耐水性降低，从而影响砌筑质量。但由于砂中含有少量泥，可改善砂浆的流动性和保水性，故砂浆中砂的含泥量可比混凝土略高。砌筑用砂的含泥量应满足《砌体工程施工质量验收规范》（GB 50203）的规定：对水泥砂浆和强度等级不小于M5的水泥混合砂浆，不应超过5%；对强度等级小于M5的水泥混合砂浆，不应超过10%。

砂浆用砂还可根据原材料情况，采用人工砂、山砂、特细砂和炉渣等，但应根据经验并经试验后，确定其技术要求。用于装饰的砂浆，还可采用白色砂、彩色砂、石渣等。

（2）膨胀珍珠岩　膨胀珍珠岩主要用于保温砂浆。珍珠岩是一种火山玻璃质岩，在快速加热条件下它可膨胀成一种低密度、多孔状的材料，故称为膨胀珍珠岩。因其耐火、隔声性能好，且无毒、价格低廉，故常作为保温砂浆的集料。对膨胀珍珠岩经过预处理，可降低其吸水率，提高隔热保温性能。目前广泛应用的是球形闭孔膨胀珍珠岩和憎水性膨胀珍珠岩。

#### 3. 掺合料

在砂浆中，掺合料是为改善砂浆的和易性而掺加的无机材料，如石灰膏、黏土膏、粉煤灰、沸石粉等。对石灰膏的技术要求如前述，对其他材料的要求如下：

（1）黏土膏 黏土膏要起到塑化作用，应达到一定细度。此外，黏土中有机物质含量过高会降低砂浆质量，必须低于规定含量时才可使用。

（2）粉煤灰 在砂浆中掺加粉煤灰不但可改善砂浆的和易性，还可提高强度、节约水泥和石灰。砂浆中使用的粉煤灰，应符合《用于水泥和混凝土中的粉煤灰》（GB/T 1596）的规定，一般可采用Ⅱ级或Ⅲ级粉煤灰。

（3）沸石粉 沸石粉是指以天然沸石岩为原料，经破碎、磨细制成的粉状材料，是一种含多孔结构的微晶矿物。沸石粉的使用应符合《天然沸石粉在混凝土与砂浆中应用技术规程》（JGJ/T 112）的规定。

#### 4. 外加剂

为改善砂浆的和易性及其他性能，还可在砂浆中掺入外加剂，如增塑剂、保水剂、微沫剂等。增塑剂能明显改善砂浆的和易性，常用的增塑剂如木质素磺酸盐减水剂。保水剂能显著减少砂浆泌水，防止离析，并改善砂浆的和易性，常用的保水剂有甲基纤维素、硅藻土等。微沫剂能在砂粒之间产生大量微小、高度分散的、稳定的气泡，增大砂浆的流动性，但硬化后气泡仍保持在砂浆中，常用的微沫剂有松香皂等。混凝土中采用的减水剂、引气剂、增塑剂等对砂浆也有增塑的作用。

在砂浆中掺用外加剂时，不但要考虑外加剂对砂浆拌合物性能的影响，还要根据砂浆的用途，考虑外加剂对硬化后砂浆使用功能的影响，并通过试验确定外加剂的品种和掺量。

此外，为了改善砂浆的性能也可掺入一些其他材料，如掺入纤维材料可改善砂浆的抗裂性，掺入防水剂可提高砂浆的防水性和抗渗性等。

#### 5. 水

砂浆拌和用水的技术要求与混凝土拌和用水相同，其水质应符合《混凝土用水标准》（JGJ 63）的规定。一般可采用饮用水拌制砂浆，为节约用水，经化验分析或试拌验证合格的工业废水也可用于拌制砂浆。

### 5.1.3 建筑砂浆的技术性质

建筑砂浆的技术性质，主要包括砂浆拌合物的和易性，以及硬化后砂浆的强度、黏结力、变形性能、耐久性等。

#### 1. 砂浆拌合物的和易性

砂浆拌合物必须具有良好的和易性，和易性包括流动性和保水性两方面内容。

（1）流动性（稠度） 砂浆的流动性是指砂浆在搅拌、运输、摊铺过程中易于流动的性能。流动性良好的砂浆能在粗糙的砖石表面铺成均匀密实的砂浆层，抹面时也能很好地抹成均匀的薄层，并与底层很好地黏结。影响砂浆流动性的因素有：胶凝材料和掺合料的品种及掺量，用水量，外加剂掺量，砂的细度、级配、表面特征及搅拌时间等。

砂浆流动性的大小用稠度表示。即采用砂浆稠度仪，以标准圆锥体在砂浆内自由沉入10s时沉入的深度表示，单位为mm。沉入量越大，砂浆的稠度就越大，表明砂浆的流动性越好。但是稠度过大的砂浆容易泌水，稠度过小的砂浆则会使施工操作困难。

砌筑砂浆流动性的选择与砌体基材、施工方法及气候有关。砌筑多孔吸水材料或天气干热时，砂浆的流动性应大一些；砌筑密实不吸水材料或天气潮湿时，流动性应小一些。实际施工时，可根据经验来拌制，并参照《建筑砌体工程施工工艺标准》选择砂浆的流动性，见表5-1。抹面砂浆的流动性也可参照表5-1所示进行选择。

表 5-1 建筑砂浆流动性（稠度）参考表 （单位：mm）

| 砌筑砂浆 | | | 抹面砂浆 | | |
|---|---|---|---|---|---|
| 砌体种类 | 干热环境 | 湿冷环境 | 抹灰层 | 机械施工 | 手工操作 |
| 烧结普通砖砌体 | 80~90 | 70~80 | 底层 | 80~90 | 100~120 |
| 轻集料混凝土小型空心砌块砌体 | 70~90 | 60~80 | 中层 | 70~80 | 70~80 |
| 烧结多孔砖、空心砖砌体 | 70~80 | 60~70 | 面层 | 70~80 | 90~100 |
| 普通混凝土小型空心砌块砌体，加气混凝土砌块砌体 | 60~70 | 50~60 | 石膏浆面层 | — | 90~120 |
| 石砌体 | 40~50 | 30~40 | — | — | — |

（2）保水性 砂浆的保水性是指砂浆拌合物保持内部水分不泌出的性能，也反映砂浆中各组成材料不易分层离析的性能。保水性差的砂浆在运输、存放和使用过程中，很容易产生泌水而使砂浆的流动性降低，难以均匀铺摊；同时砂浆中水分也容易被基层材料所吸收，使砂浆变得干涩，从而影响砂浆的正常硬化，最终降低砂浆的强度和黏结力。影响砂浆保水性的主要因素有：胶凝材料的种类及用量，掺合料的种类及用量，砂的质量及外加剂的品种和掺量等。

砂浆的保水性用分层度来表示，单位为 mm。测定方法是：将砂浆搅拌均匀后测定其稠度值，再装入分层度测定仪静置 30min 后，去掉上部 2/3（约 200mm 厚）的砂浆，将余下的 1/3 砂浆再次搅拌后测定其稠度值，先后两次稠度值之差即为分层度值。砂浆的分层度一般控制在 10~30mm。

## 2. 砂浆的强度及强度等级

砂浆在砌体中主要起黏结和传递荷载的作用，所以需具有一定的强度。砂浆的抗压强度是以标准立方体试件（70.7mm×70.7mm×70.7mm），一组 3 块，在标准养护条件下（温度为 20℃±2℃，相对湿度在 90%以上）养护至 28d 测得的抗压强度平均值而定。砂浆的强度等级分为 M5、M7.5、M10、M15、M20、M25、M30 共 7 个等级。

影响砂浆抗压强度的因素很多，如材料的性质、砂浆的配合比、施工质量等，还受基层材料吸水性能的影响，很难用简单的公式表达砂浆的抗压强度与其组成材料之间的关系。

当基层为不吸水材料（如致密的石材）时，砂浆的抗压强度与混凝土相似，主要取决于水泥强度和胶水比。其关系式如下：

$$f_{m,0}=\alpha f_{ce}\left(\frac{C}{W}-\beta\right) \tag{5-1}$$

式中 $f_{m,0}$——砂浆 28d 抗压强度（MPa）；

$f_{ce}$——水泥 28d 实测抗压强度（MPa）；

$\alpha$、$\beta$——与集料种类有关的系数，可根据试验资料统计确定；

$C/W$——灰水比。

当基层为吸水材料（如砖或其他多孔材料）时，即使砂浆拌和时的用水量不同，但因砂浆具有一定的保水性，经过基层吸水后保留在砂浆中的水分几乎是相同的，因此砂浆的抗压强度主要取决于水泥强度及水泥用量，而与砂浆的胶水比基本无关。其关系式如下：

$$f_{m,0}=\frac{\alpha f_{ce}Q_c}{1000}+\beta \tag{5-2}$$

式中 $f_{m,0}$——砂浆 28d 抗压强度（MPa）；

$f_{ce}$——水泥28d实测抗压强度（MPa）；

$\alpha$、$\beta$——与集料种类有关的系数，可根据试验资料统计确定；

$Q_c$——每立方米砂浆的水泥用量（$kg/m^3$）。

**3. 砂浆的其他性能**

（1）黏结力　砂浆必须具有足够的黏结力，才能将块材胶结成整体结构。因此，砂浆的黏结力是直接影响砌体结构的抗剪强度、稳定性、抗震性、抗裂性等的重要因素。砂浆的黏结力与砂浆强度有关，砂浆抗压强度越高，其黏结力也越大。此外，砂浆的黏结力还与砌筑基层表面的粗糙程度、清洁程度、湿润程度以及养护条件等有关。所以为了提高砂浆的黏结力，施工中应采取相应的措施，以保证砌体的质量。

（2）变形性能　砂浆在硬化过程中，以及硬化后承受荷载或温度、湿度条件变化时，都会产生变形。若变形过大或变形不均匀，就会降低砌体的整体性，引起沉降或裂缝。在拌制砂浆时，如果砂子过细、胶凝材料过多或选用轻集料，则会造成砂浆较大的收缩变形而开裂。为减小收缩，必要时可在砂浆中加入适量的膨胀剂。

（3）凝结时间　砂浆的凝结时间，以贯入阻力达到0.5MPa时所用的时间为评定依据。对凝结时间的要求是：水泥砂浆不宜超过8h，水泥混合砂浆不宜超过10h，掺入外加剂砂浆的凝结时间应满足工程设计和施工的具体要求。

（4）耐久性　由于砂浆经常受到环境中各种有害因素的影响，因此，砂浆还应具有良好的耐久性。例如，用于水工砌体结构的砂浆需满足抗渗性和耐蚀性的要求，严寒地区的砂浆需满足抗冻性的要求。

鉴于砂浆的黏结力和耐久性都随着砂浆抗压强度的提高而增加，所以工程上以抗压强度作为砂浆的主要技术指标。

## 5.2 砌筑砂浆

将砖、石、砌块等黏结成整体砌体结构的砂浆称为砌筑砂浆，它起着黏结块材、传递荷载、分散应力、协调变形的作用，因而是砌体结构的重要组成部分。

### 5.2.1 砌筑砂浆的技术要求

砌筑砂浆的种类应根据砌体的部位进行合理的选择。水泥砂浆宜用于潮湿环境和强度要求比较高的砌体，如地下的砖石基础、多层房屋的墙体、钢筋砖过梁等；水泥石灰混合砂浆宜用于干燥环境中的砌体，如地面以上的承重或非承重的砖石砌体；石灰砂浆可用于干燥环境及强度要求不高的砌体，如较低的单层建筑物或临时性建筑物的墙体。

根据《砌筑砂浆配合比设计规程》（JGJ/T 98）的规定，砌筑砂浆应符合以下技术要求：

1）砌筑砂浆的强度，如前述共划分为7个强度等级，砂浆的试配抗压强度必须符合设计要求。

2）水泥砂浆拌合物的密度不宜小于1900$kg/m^3$，水泥混合砂浆拌合物的密度不宜小于1800$kg/m^3$。

3）水泥砂浆中的水泥用量不应少于200$kg/m^3$，水泥混合砂浆中水泥和掺合料的总量宜为300~350$kg/m^3$。

4）砌筑砂浆的稠度、分层度必须同时符合要求，砂浆的稠度可按表5-1所示选用，分层度不得大于30mm。

## 5.2.2 砌筑砂浆的配合比设计

### 1. 配合比设计原则

砌筑砂浆的强度等级是根据工程类型和结构部位经结构设计计算而确定的。选择砂浆配合比时其强度等级必须符合工程设计的要求，一般可查阅有关资料和手册选定配合比。对于重要结构工程或当工程量较大时，为保证质量和降低造价，应进行砂浆配合比设计。但无论采用哪种方法，都应通过试验调整及验证后方可应用。

### 2. 配合比设计步骤

（1）混合砂浆配合比计算

1）砂浆试配强度的确定。砌筑砂浆强度应具有95%的保证率，其试配强度按下式计算：

$$f_{m,0}=f_2+0.645\sigma \tag{5-3}$$

式中 $f_{m,0}$——砂浆的试配强度（MPa），精确至0.1MPa；

$f_2$——砂浆抗压强度平均值（MPa），精确至0.1MPa；

$\sigma$——砂浆现场强度标准差（MPa），精确至0.01MPa。

砂浆现场强度的标准差应通过有关资料统计得出，如无统计资料，可按表5-2所示取用。

表5-2 不同施工水平的砂浆强度标准差$\sigma$ （单位：MPa）

| 施工水平 | 砂浆强度等级 | | | | | | |
|---|---|---|---|---|---|---|---|
| | M5.0 | M7.5 | M10 | M15 | M20 | M25 | M30 |
| 优良 | 1.00 | 1.50 | 2.00 | 3.00 | 4.00 | 5.00 | 6.00 |
| 一般 | 1.25 | 1.88 | 2.50 | 3.75 | 5.00 | 6.25 | 7.50 |
| 较差 | 1.50 | 2.25 | 3.00 | 4.50 | 6.00 | 7.50 | 9.00 |

2）水泥用量的计算。当基层为吸水材料时，砂浆中的水泥用量可按下式计算：

$$Q_c=\frac{1000(f_{m,0}-\beta)}{\alpha f_{ce}} \tag{5-4}$$

式中 $Q_c$——砂浆的水泥用量（$kg/m^3$），精确至1kg；

$f_{m,0}$——砂浆的试配强度（MPa），精确至0.1MPa；

$f_{ce}$——水泥的实测强度（MPa），精确至0.1MPa；

$\alpha$、$\beta$——与集料种类有关的系数，$\alpha=3.03$，$\beta=-15.09$。

在无水泥的实测强度值时，可按下式计算$f_{ce}$：

$$f_{ce}=\gamma_c f_{ce,k} \tag{5-5}$$

式中 $f_{ce,k}$——与水泥强度等级对应的强度值（MPa）；

$\gamma_c$——水泥强度等级值的富余系数，该值应按实际统计资料确定，无统计资料时可取1.0。

当基层为不吸水材料时，砂浆中的水泥用量可按式（5-1）计算灰水比并求得水泥用量。

3）掺合料用量的确定。为了保证砂浆有良好的和易性、黏结力和较小的变形，在配制混合砂浆时，一般要求水泥和掺合料的总用量在300~350$kg/m^3$，通常可取350$kg/m^3$。所以掺合料的用量可按下式计算：

$$Q_d=Q_a-Q_c \tag{5-6}$$

式中 $Q_d$——砂浆中掺合料的用量（$kg/m^3$），精确至 $1kg/m^3$；

$Q_a$——砂浆中水泥和掺合料的总用量（$kg/m^3$），精确至 $1kg/m^3$；

$Q_c$——砂浆中水泥的用量（$kg/m^3$），精确至 $1kg/m^3$。

当掺合料为石灰膏时，其稠度应为120mm±5mm；若石灰膏的稠度不是120mm，其用量应乘以换算系数，换算系数如表5-3所示。

表5-3 石灰膏不同稠度时的换算系数

| 石灰膏稠度/mm | 120 | 110 | 100 | 90 | 80 | 70 | 60 | 50 | 40 | 30 |
|---|---|---|---|---|---|---|---|---|---|---|
| 换算系数 | 1.00 | 0.99 | 0.97 | 0.95 | 0.93 | 0.92 | 0.90 | 0.88 | 0.87 | 0.86 |

4）砂用量的确定。砂浆中砂的用量与砂的含水率有关。配制 $1m^3$ 砂浆中砂的用量应以干燥状态下（含水率小于0.5%）的堆积密度值按下式计算：

$$Q_s = 1\times\rho_0' \tag{5-7}$$

式中 $Q_s$——砂浆中砂的用量（$kg/m^3$）；

$\rho_0'$——干燥状态砂的堆积密度（$kg/m^3$）。

5）用水量的选择。砂浆的用水量可根据砂浆所要求的稠度确定，一般在 240~310$kg/m^3$ 选用。

（2）水泥砂浆配合比的选用 水泥砂浆中各种材料的用量可以按表5-4所示选取。

表5-4 水泥砂浆材料用量

| 砂浆强度等级 | 水泥用量/$kg/m^3$ | 砂用量/($kg/m^3$) | 用水量/($kg/m^3$) |
|---|---|---|---|
| M5 | 200~230 | $1m^3$砂的堆积密度值 | 270~330 |
| M7.5 | 230~260 | | |
| M10 | 260~290 | | |
| M15 | 290~330 | | |
| M20 | 340~400 | | |
| M25 | 360~410 | | |
| M30 | 430~480 | | |

按表5-4所示选择材料用量时应注意：水泥用量应根据水泥的强度等级和施工水平合理选择，当水泥强度等级较高（大于32.5级）或施工水平较高时，水泥用量可选低值；用水量应根据砂的粗细程度、砂浆稠度和气候条件选择，当砂较粗、砂浆稠度较小或气候较潮湿时，用水量可选低值。

### 3. 砂浆配合比的试配、调整和确定

当砂浆的初始配合比确定后，应进行砂浆的试配。砂浆试配时应采用机械搅拌。搅拌时间对水泥砂浆和水泥混合砂浆，不得少于120s；对掺用粉煤灰和外加剂的砂浆，不得少于180s。

试配时应先满足和易性要求，若未达到要求，可通过改变用水量或掺合料用量来达到要求，并将其作为砂浆的基准配合比。然后在此基准配合比基础上，采用各增加或减少10%水泥用量，同时保证和易性均达到要求的另外两个配合比。再按上述三个配合比制作砂浆试件并养护至规定龄期，进行砂浆强度的检测。最后从中确定既满足强度与和易性要求，且水泥用量较小的配合比作为砌筑砂浆的设计配合比。

### 5.2.3 砌筑砂浆配合比设计计算实例

某工程砖墙的砌筑砂浆要求使用强度等级为M7.5的水泥石灰混合砂浆，砂浆稠度为70~80mm。原材料性能如下：水泥为32.5级矿渣硅酸盐水泥；砂为中砂，干燥砂的堆积密度为1450kg/m³，砂的含水率为3%；石灰膏稠度为90mm。工程的施工水平一般。

解：1）计算砂浆的试配强度$f_{m,0}$。由题意知$f_2=7.5\text{MPa}$，查表5-2知$\sigma=1.88\text{MPa}$，代入式(5-3)得

$$f_{m,0}=f_2+0.645\sigma=(7.5+0.645\times1.88)\text{MPa}=8.7\text{MPa}$$

2）计算水泥用量。$\alpha=3.03$，$\beta=-15.09$，取$\gamma_0=1.0$，代入式（5-5）、式（5-4）得

$$Q_c=\frac{1000(f_{m,0}-\beta)}{\alpha f_{ce}}=\left[\frac{1000\times(8.7+15.09)}{3.03\times32.5}\right]\text{kg/m}^3=242\text{kg/m}^3$$

3）计算石灰膏用量。取$Q_a=330\text{kg/m}^3$，代入式（5-6）得

$$Q_d=Q_a-Q_c=(330-242)\text{kg/m}^3=88\text{kg/m}^3$$

石灰膏稠度为90mm，查表5-3得换算系数0.95，则石灰膏用量为

$$Q_d=0.95\times88\text{kg/m}^3=84\text{kg/m}^3$$

4）根据砂的堆积密度和含水率，计算砂用量

$$Q_s=1450\times(1+0.03)\text{kg/m}^3=1494\text{kg/m}^3$$

则砂浆试配时的配合比（质量比）为：水泥：石灰膏：砂=242：84：1494=1：0.35：6.17。

## 5.3 抹面砂浆

涂抹于建筑物或构件表面，兼有保护基层和满足某些使用要求的砂浆，统称为抹面砂浆。抹面砂浆按其功能不同可分为普通抹面砂浆、装饰砂浆、防水砂浆和具有某些特殊功能（耐酸、绝热和吸声等）的砂浆。

对抹面砂浆的要求是：砂浆的强度要求不高，但应和易性好，容易抹成均匀平整的薄层，以便于施工；砂浆与基底的黏结力好，能与基层材料牢固黏结且长期使用不会开裂或脱落。

抹面砂浆的组成材料与砌筑砂浆基本相同，但有时用于面层装饰时需要采用细砂；为了防止砂浆开裂，提高其抗拉强度，以增加抹灰层的弹性和耐久性，有时需要加入一些纤维材料（麻刀、纸筋、玻璃纤维等）；有时则需要加入一些胶黏剂（如聚乙烯醇缩甲醛胶或聚醋酸乙烯乳液等），以提高面层的强度和柔韧性，加强砂浆层与基层材料的黏结。

### 5.3.1 普通抹面砂浆

普通抹面砂浆是抹面砂浆中使用最普遍的砂浆。其主要功能是起到保护结构的作用，抵抗自然环境中有害介质对结构的侵蚀，以提高结构的耐久性；同时使结构表面平整、光洁和美观。

由于要求普通抹面砂浆具有更好的和易性，故砂浆中胶凝材料（包括掺合料）的用量比砌筑砂浆中多一些。常用的普通抹面砂浆有石灰砂浆、水泥砂浆、水泥石灰混合砂浆、麻刀石灰浆（简称麻刀灰）、纸筋石灰浆（简称纸筋灰）等。

为了保证抹灰表面的平整，避免开裂和脱落，墙体和顶棚的抹面砂浆一般分两层（底层、面层）或三层（底层、中层、面层）施工。各层所使用的材料、配合比及施工做法应视基层材料的品种、部位及气候环境而定。

底层砂浆主要起与基层黏结并初步找平的作用。一般要求基层材料表面应粗糙，而底层砂浆应具有良好的黏结力；同时为了防止砂浆中水分被基层材料吸收而影响其黏结力，砂浆还应具有良好的保水性。砖墙的底层抹灰多采用石灰砂浆，有防潮、防水要求时则应选用水泥砂浆，混凝土墙、梁、柱、顶棚等的底层抹灰多采用水泥石灰混合砂浆，用于板条墙或板条顶棚的底层抹灰多采用麻刀石灰砂浆。

中层抹灰的主要作用是找平，有时可以省略。中层砂浆多采用水泥混合砂浆或石灰砂浆。

面层抹灰主要起装饰作用，要求达到平整美观的效果，故要求砂浆细腻且抗裂性好。面层抹灰多用水泥混合砂浆、麻刀石灰浆或纸筋石灰浆。

在容易碰撞或潮湿的部位，如墙裙、踢脚线、窗台、雨篷及水池等处，一般应采用水泥砂浆。抹地面则应采用水泥砂浆。

在加气混凝土砌块墙面上涂抹抹面砂浆时，为增加黏结力应采取特殊的措施，如在墙面上预先刮抹一层树脂胶、喷水湿润或在砂浆层中加一层预先固定好的钢丝网面层等，以免发生砂浆剥离脱落现象。在轻集料混凝土空心砌块墙面上做抹面砂浆时，应注意砂浆和砌块的弹性模量尽量一致，否则极易在抹灰砂浆和砌块界面上开裂。

普通抹面砂浆的流动性指标和砂子的最大粒径可参考表5-5选用，抹面砂浆的配合比可根据其应用情况参考表5-6所示选定。

表5-5 抹面砂浆的流动性及砂的最大粒径

| 抹面层 | 稠度(人工抹灰)/mm | 砂的最大粒径/mm |
|---|---|---|
| 底层 | 100~120 | 2.5 |
| 中层 | 70~80 | 2.5 |
| 面层 | 90~100 | 1.2 |

表5-6 普通抹面砂浆配合比参考表

| 材　料 | 体积配合比 | 应用范围 |
|---|---|---|
| 石灰：砂 | 1：2~1：4 | 砖墙内表面（潮湿房间的墙除外） |
| 石灰：黏土：砂 | 1：1：4~1：1：8 | 干燥环境的墙表面 |
| 石灰：石膏：砂 | 1：0.4：2~1：1：3 | 不潮湿房间的墙及顶棚 |
| 石灰：石膏：砂 | 1：2：2~1：2：4 | 不潮湿房间的线脚及其他装饰部位 |
| 石灰：水泥：砂 | 1：0.5：4.5~1：1：5 | 砖墙外表面以及比较潮湿的部位 |
| 水泥：砂 | 1：3~1：2.5 | 潮湿房间的墙裙、外墙勒脚或地面基层 |
| 水泥：砂 | 1：2~1：1.5 | 地面、顶棚或墙面面层 |
| 水泥：砂 | 1：0.5~1：1 | 混凝土地面随抹压光 |
| 水泥：石膏：砂：锯末 | 1：1：3：5 | 吸声墙面 |
| 石灰膏：麻刀 | 100：2.5（质量比） | 板条顶棚底层 |
| 石灰膏：麻刀 | 100：1.5（质量比） | 板条顶棚面层 |
| 石灰膏：纸筋 | 灰膏 $0.1m^3$，纸筋 0.36kg | 较高级墙面、顶棚 |

### 5.3.2 装饰砂浆

用于建筑物室内外表面具有美化装饰、改善功能、保护建筑物作用的抹面砂浆称为装饰砂浆。装饰砂浆与普通抹面砂浆的主要区别在于面层，其面层常采用具有颜色的胶凝材料和集料，并通过特殊的施工操作方法，使表面呈现出各种不同的色彩、质地、线条、花纹和图案等装饰效果。

装饰砂浆所用的胶凝材料除普通水泥、矿渣水泥外，还可采用白水泥、彩色水泥，或在普通水泥中掺加耐碱矿物颜料，配制成彩色水泥砂浆；装饰砂浆采用的集料除普通河砂外，还可使用色彩鲜艳的花岗石、大理石等彩色石子及细石渣，有时也采用玻璃或陶瓷碎粒。

装饰砂浆及其做法通常有以下几种：

（1）拉毛灰 拉毛灰是先用水泥砂浆做底层，再用水泥石灰砂浆或水泥纸筋灰浆做面层，在砂浆尚未凝结之前，用抹刀将表面拍拉成凹凸不平的拉毛花纹。拉毛灰具有装饰和吸声作用，一般用于外墙面及有吸声要求的内墙和顶棚的饰面。

（2）水刷石 水刷石是将水泥和彩色石渣（粒径约为5mm）按一定比例拌制成水泥石渣浆涂抹在墙体表面，在砂浆初凝后终凝前，喷水冲刷表面，以冲洗掉石渣表面的水泥浆使石渣外露。水刷石用于建筑物的外墙面装饰，具有一定的质感，且经久耐用，不需维护。

（3）干粘石 干粘石是在水泥砂浆面层的表面，通过拍、压而黏结粒径在5mm以下的白色或彩色石渣、彩色玻璃、陶瓷碎粒等。干粘石的装饰效果与水刷石相近，且石子表面更洁净艳丽，避免了喷水冲洗的湿作业，施工效率高，并可节约材料和水。干粘石在预制外墙板的生产中，有较多的应用。

（4）斩假石 斩假石又称剁斧石，是以水泥石渣浆或水泥石屑浆做面层抹灰，待面层硬化后，用剁斧在表面上剁出类似石材的纹理。斩假石一般用于室外局部小面积装饰，如柱面、勒脚、台阶和扶手等。

（5）假面砖 假面砖是在硬化的普通砂浆表面用刀斧凿刻出线条，或者在初凝后的普通砂浆表面用木条、钢片压划出线条，也可用涂料画出线条，将墙面装饰成仿砖砌体、仿瓷砖贴面、仿石材贴面等艺术效果。

（6）水磨石 水磨石是用普通水泥、白水泥、彩色水泥或普通水泥加耐碱颜料，拌和白色或各种色彩的大理石石渣做面层，硬化后用磨石机反复磨平、抛光表面而成。现浇水磨石多用于地面面层，可事先设计图案和色彩，使其更具有艺术效果。水磨石还可预制成构件或预制板，用作室内外的地面、墙面、柱面、楼梯踏步、踢脚线、台面、窗台板等的装饰。

装饰砂浆还可采用喷涂、弹涂、辊压等工艺方法，做成丰富多彩、形式多样的装饰面层。装饰砂浆的操作方便，施工效率高，与其他方法的墙面、地面装饰相比成本低、耐久性好。

### 5.3.3 常用防水砂浆

用作防水层的砂浆称为防水砂浆，砂浆防水层又称为刚性防水层，适用于不受振动和具有一定刚度的混凝土和砖石砌体工程。常用的防水砂浆主要有以下三种：

（1）水泥砂浆 这是采用普通水泥砂浆进行多层抹面作为防水层。它要求水泥强度等级不低于32.5级，砂宜采用中砂或粗砂，灰砂比（体积比）控制在1∶2~1∶3，水灰比为0.40~0.50。

(2) 水泥砂浆加防水剂 这是在普通水泥砂浆中掺入防水剂，以提高砂浆的防水能力，其配合比控制与上面相同。

(3) 膨胀水泥或无收缩水泥配制的砂浆 这种砂浆的抗渗性主要是由于水泥具有微膨胀和补偿收缩性能，提高了砂浆的密实性，因而有良好的防水效果。其灰砂比（体积比）为1∶2.5，水灰比为0.4~0.5。

防水砂浆的防水效果除与原材料有关外，还与施工工艺有关。通常为5层做法：施工时先在清洁的底面抹1层纯水泥浆，然后抹1层5mm厚的防水砂浆，并在初凝前将其抹压密实；而后交替抹压纯水泥浆和防水砂浆，共约20~30mm厚；最后1层为水泥浆层，需压平抹光。防水砂浆抹完之后要加强养护。

## 5.4 预拌砂浆

我国传统的建筑砂浆生产是在现场由施工单位自行拌制而成的，砂浆质量不稳定、材料浪费大、砂浆品种单一、文明施工程度低以及污染环境等。随着房屋建筑的逐年增加和新型房建材料的发展，对砂浆用量和品种的需求越来越多，预拌砂浆是近年来随着建筑业科技进步和文明施工要求发展起来的新型建筑材料，它具有产品质量高、品种全、生产效率高、使用方便、对环境污染小、便于文明施工等优点，并可大量利用粉煤灰等工业废渣，以及促进推广应用散装水泥。推广使用预拌砂浆，是提高建筑工程质量、促进建筑技术进步、实现可持续发展的一项重要举措。

### 5.4.1 预拌砂浆的特点与配制技术

预拌砂浆是由专业生产厂生产的砂浆混合物。按物理形态预拌砂浆分为湿拌砂浆和干混砂浆。由于预拌砂浆是以产品形式进行交易的，因此也称为商品砂浆。

#### 1. 预拌砂浆的优越性

预拌砂浆的优越性可用一多、二快、三好、四省来概括。

(1) 一多是品种多 预拌砂浆包括砌筑砂浆、抹灰砂浆、修补砂浆和粘贴砂浆等几大类。每大类包括多个品种。这些砂浆除通常要求牢固和耐久外，还根据工程需要具有不同的功能，如保温、透气、防潮、防水、防霉、耐磨等。目前我国有产品标准的砂浆大约有20个品种。随着预拌砂浆在我国的快速发展以及研究领域的不断深入，更多、功能更强的新品种砂浆将不断被开发、应用。

(2) 二快是备料快、施工快 预拌砂浆仅需一次就可以买到符合要求的砂浆；湿拌砂浆由工厂运到现场后，随用随取；干混砂浆使用时只需加水或配套液体搅拌即可，且能根据使用量、施工速度调整搅拌量；能大幅度提高施工效率。

(3) 三好是保水性好、和易性好、耐久性好 预拌砂浆是由具有丰富经验的专业技术人员根据工程需要研制的，用专用设备进行配料和混合，其用料合理，配料准确，混拌均匀，保证了产品品质均一、质量稳定，也使工程质量能得到有效的保证。

(4) 四省是省工、省料、省钱、省心 预拌砂浆备料快、施工快，可大幅度降低工时；预拌砂浆配料合理，可避免不必要的材料浪费，减少材料损耗；预拌砂浆是专业化生产，产品质量好，既可避免现场拌制时的材料浪费，又可避免因质量问题造成的返工，还可减少后期的维修费用，虽然预拌砂浆的单方成本增加，但综合成本减少；预拌砂浆备料、施工简便，且质量好，比现场拌制砂浆省心。

此外，使用预拌砂浆还可节省原材料堆放场地，减少环境污染、便于文明施工，大量利用粉煤灰等工业废弃物，节约资源，推广应用散装水泥等。

### 2. 预拌砂浆应用中存在的主要问题

预拌砂浆应用中存在的主要问题有：①预拌砂浆有时效性，必须在规定时间内用完，否则会造成浪费，但施工砂浆用量的统计却较难准确；②预拌砂浆的流动性、凝结时间等性能受施工场地气候和环境影响，需适时调整配合比；③若一次用量较少（如小于1m$^3$），则成本较高，实际上就难以供应；④工地需设置专用容器储存预拌砂浆。

### 3. 预拌砂浆的配制技术

为避免传统砂浆的缺陷，适应现代建筑工程的需要，预拌砂浆主要采用如下配制技术，以获得所需的性能：

（1）掺保水增稠功能外加剂，改善砂浆和易性　砂浆稠化粉是近年来发展起来的一种新型的保水增稠材料，它是以黏土矿物材料、分散剂、塑化剂和高分子保水剂为主要原料制成的非石灰非引气型粉状材料。掺稠化粉砂浆的耐水性好，在大气中和水中强度都能稳定发展；冻融循环后，强度损失和质量损失小。在等质量水泥用量条件下，与水泥混合砂浆相比，掺稠化粉砂浆的黏结强度和抗渗性明显提高，而收缩性显著降低。

（2）掺缓凝功能外加剂，控制砂浆凝结时间　预拌湿砂浆专用缓凝功能外加剂通常还具有减水的作用，可以使砂浆在较少用水量的情况下，获得所要求的稠度，从而提高砂浆的强度，降低砂浆的收缩性。

除专用缓凝功能外加剂外，为了能适应各种不同性质工程的应用，预拌砂浆还使用其他品种的外加剂，如防水剂、抗冻剂、早强剂、抗裂剂和抗渗剂等，外加剂已成为预拌砂浆的一个基本组成材料。事实上，各种合格的混凝土外加剂均可使用。

（3）掺矿物外加剂改善砂浆和易性　砂浆的可操作性除与流动性（稠度）和保水性有关外，还与砂浆的柔软性和黏附性密切相关。掺入细粉状矿物外加剂可改善砂浆的保水性、柔软性和黏附性。目前，最为常用的矿物外加剂是粉煤灰、矿渣粉、硅粉、沸石粉等矿物掺合料。活性矿物外加剂具有一定的水硬性，有助于提高硬化砂浆强度、抗渗性等性能。

## 5.4.2 预拌砂浆的组成材料

### 1. 水泥

水泥宜选用硅酸盐水泥、普通硅酸盐水泥和矿渣硅酸盐水泥，并应符合相应标准的规定。地面砂浆应采用硅酸盐水泥和普通硅酸盐水泥。在低温环境中、矿渣硅酸盐水泥水化硬化缓慢，因此不宜在冬季使用；矿渣硅酸盐水泥的泌水性较大，不宜用于外墙抹灰砂浆。根据预拌砂浆的强度，可选用强度等级为32.5级或42.5级的水泥。

### 2. 集料

砂宜选用中砂，并应符合《普通混凝土用砂、石质量及检验方法标准》（JGJ 52）的规定，且砂的公称粒径应不大于5mm。砂子良好的级配（可降低胶黏剂的厚度和孔隙率），可使胶黏剂获得较低的水泥用量、良好的施工性能和减少收缩开裂的可能性。

海砂含有氯盐，易使砂浆出现吸潮、泛霜等现象，因此不可用于地面砂浆和抹灰砂浆；氯盐有促进钢筋锈蚀的作用，也不应用于砌筑配筋砌筑物的砌筑砂浆。山砂颗粒的棱角较多，表面粗糙，使得砂浆的需水量大、和易性差，使用时应采取一定的技术措施，以保证得到符合质量要求的砂浆。河砂表面光洁、棱角较少，拌制成的砂浆和易性较好，应优先选用。选用轻集料应符合相关标准的要求或有充足的技术依据。

### 3. 矿物掺合料

常用矿物掺合料有粉煤灰、粒化高炉矿渣粉、天然沸石粉、硅灰等。预拌砂浆目前主要使用粉煤灰作为矿物掺合料。粉煤灰一般采用干排灰，质量要求应符合表5-7所示的规定。由于砂浆中粉煤灰用量大，而高钙灰中游离氧化钙有一定的波动，易造成砂浆体积不安定，故宜采用低钙灰。若需使用高钙灰，应经试验确定砂浆性能良好，并加强对高钙灰的质量控制。

矿物掺合料应按不同品种、等级分别储存在专用的仓罐内，并防止受潮和环境污染。

表5-7 预拌砂浆用粉煤灰的质量要求

| 项目 | 45μm筛余百分率(%) | 含水率(%) | 烧失量(%) | 需水量(%) |
|---|---|---|---|---|
| 质量要求 | ≤25 | ≤1 | ≤8 | ≤110 |

### 4. 保水增稠材料

保水增稠材料是指用于改善砂浆可操作性及保水性的非石灰类材料，有纤维素醚、淀粉醚、脂肪酸金属盐、甲酸钙、柠檬酸盐、羧酸聚醚等。目前保水增稠功能外加剂主要采用砂浆稠化粉和砂浆保水增稠剂，也可使用其他符合有关规定的产品，但应保证所拌制的砂浆具有水硬性，且保水性、凝结时间、可操作性等指标符合要求，并且砌体强度应满足《砌体结构设计规范》(GB 50003)的要求。

保水增稠功能外加剂的质量要求应符合表5-8所示的规定。

表5-8 保水增稠功能外加剂质量要求

| 项目 | 分层度/mm | 强度/MPa | 抗冻性 | |
|---|---|---|---|---|
| | | | 质量损失(%) | 强度损失(%) |
| 所配制砂浆的质量要求 | ≤20 | ≥10 | ≤5 | ≤25 |

注：试件采用32.5级普通硅酸盐水泥，Ⅱ区砂；试件配合比为：水泥∶稠化粉∶砂=1∶0.15∶4.5，以稠度为90～100mm控制加水量，搅拌时间为6min。

### 5. 外加剂

外加剂应符合相关标准的规定。外加剂应保持匀质，不得含有有害砂浆耐久性的物质。外加剂的掺量应通过试验确定。防水、抗冻、早强等外加剂的使用应通过试验确定。预拌砂浆专用缓凝功能外加剂质量要求如表5-9所示。通过调整缓凝功能外加剂的掺量，可以获得不同凝结时间的砂浆。

表5-9 砂浆缓凝功能外加剂质量要求

| 项目 | pH值 | 密度/(g/cm³) | 氯离子含量(%) | 含固量(%) | 砂浆减水率(%) |
|---|---|---|---|---|---|
| 质量要求 | 5.5±1.5 | 1.130±0.020 | ≤0.40 | 25.0±1.5 | ≥8.0 |

### 6. 添加剂

添加剂是指用于改善砂浆某些性能的改性材料，有可再分散胶粉、颜料、纤维等。

### 7. 填料

填料是指用于增加砂浆容量的填充剂，有重质碳酸钙、轻质碳酸钙、石英粉、滑石粉等。

**8. 拌合用水**

凡符合国家标准的饮用水，可直接用于拌制砂浆；当采用其他来源水时，必须先进行检验，应符合国家现行标准《混凝土用水标准》（JGJ 63）的规定，方可用于拌制砂浆。

预拌砂浆所用原材料不应对人体、生物与环境造成有害的影响，并应符合《建筑材料放射性核素限量》（GB 6566）的规定。

## 5.4.3 湿拌砂浆

湿拌砂浆是指由胶凝材料、细集料、外加剂和水以及根据性能确定的各种组分，按一定比例，在搅拌站经计量、拌制后，采用运输车运至使用地点，放入专用容器储存，并在规定时间内使用完毕的湿拌拌合料。

### 1. 湿拌砂浆的优缺点

（1）优点

1）湿拌砂浆运到工地后可直接使用，不需加工，但砂浆应储存在密闭容器中。

2）湿拌砂浆是在专业生产厂制备完成的，有利于砂浆质量的控制和保证。

3）原材料选择余地较大，集料可采用干料，也可采用湿料，且不需烘干，因而可降低成本；可大量掺用粉煤灰等工业废渣，以及采用钢渣、工业尾矿等一般工业固体废物制造的人工机制砂，既可节约资源，又可降低砂浆成本；另外，还可提高散装水泥的使用量。

4）施工现场环境好，污染少。

（2）缺点

1）因湿拌砂浆是在专业生产厂加水搅拌好的，且一次运送量较多，不能根据施工进度使用量灵活掌握，且湿拌砂浆运到现场后需储存在密闭容器中，现场需设置灰池。

2）因湿拌砂浆在现场储存的时间相对较长，因此对砂浆和易性、凝结时间及工作性能的稳定性有一定的要求。

3）运输时间受交通条件的制约。

### 2. 湿拌砂浆的分类与标记

1）湿拌砂浆按用途分为湿拌砌筑砂浆（WM）、湿拌抹灰砂浆（WP）、湿拌地面砂浆（WS）和湿拌防水砂浆（WW）四种；按强度等级、稠度、凝结时间和抗渗等级的分类及其性能指标应符合表5-10所示的规定。

表5-10 湿拌砂浆按强度等级、稠度、凝结时间和抗渗等级的分类及其性能指标

| 项目 | 湿拌砌筑砂浆 | 湿拌抹灰砂浆 | | 湿拌地面砂浆 | 湿拌防水砂浆 |
|---|---|---|---|---|---|
| 强度等级 | M5、M7.5、M10、M15、M20、M25、M30 | M5 | M10、M15、M20 | M15、M20、M2 | M10、M15、M20 |
| 稠度/mm | 50、70、90 | 70、90、110 | | 50 | 50、70、90 |
| 凝结时间/h | ≥8、≥12、≥24 | ≥8、≥12、≥24 | | ≥4、≥8 | ≥8、≥12、≥24 |
| 保水率（%） | ≥88 | | | | |
| 14d拉伸黏结强度/MPa | — | ≥0.15 | ≥0.20 | — | ≥0.20 |
| 抗渗等级 | — | — | | — | P6、P8、P10 |

注：1. 湿拌砌筑砂浆拌合物的密度不应小于1800kg/m³。

2. 湿拌砌筑砂浆的砌体力学性能应符合《砌体结构设计规范》（GB 50003）的规定。

2）湿拌砂浆标记如下：

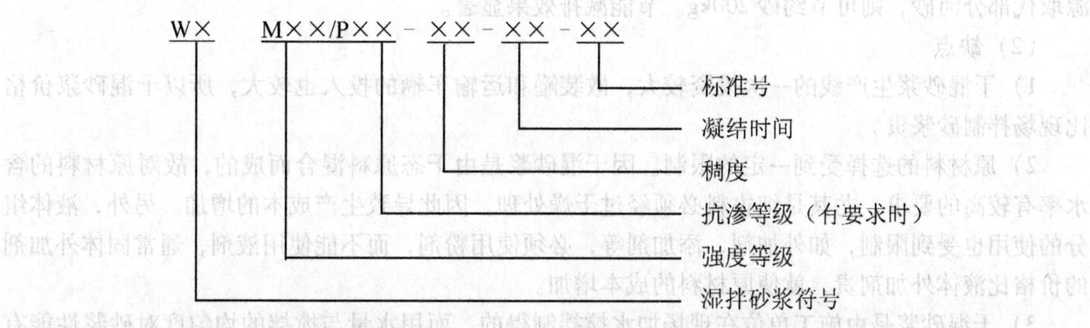


示例1：湿拌砌筑砂浆的强度等级为M10，稠度为70mm，凝结时间为12h，其标记为：WM M10-70-12-JG/T 230—2007。

示例2：湿拌防水砂浆的强度等级为M15，稠度为70mm，凝结时间为12h，抗渗要求为P8，其标记为：WW M15/P8-70-12-JG/T 230—2007。

3. 湿拌砂浆的技术性质

湿拌砂浆的性能指标应符合表5-10所示的规定。

## 5.4.4 干混砂浆

干混砂浆是指由经干燥筛分处理的集料与水泥以及根据性能确定的各种组分，按一定比例在专业生产厂混合而成，在使用地点按规定比例加水或配套液体拌和使用的干混拌合物。干混砂浆也称干拌砂浆。

1. 干混砂浆的优缺点

（1）优点

1）砂浆品种多。

2）质量优良，品质稳定。

3）使用方便、灵活，储存时间较长。干混砂浆是在现场加水或配套液体搅拌而成，因此可根据施工进度、使用量多少灵活掌握，不受时间限制，使用方便。砂浆运输比较方便，可集中起来运输，受交通条件的限制较小，储存期长。

4）经济效益显著。在保证质量的前提下，砂浆的厚度可以减薄，省料。可减少物料在运输和使用中的损耗。据统计，现场拌制砂浆的损耗约为20%，湿拌砂浆为5%~10%，干混砂浆为3%~5%。预拌砂浆符合我国全面建设节约型社会的要求。

干混砂浆质量优于现场拌制砂浆，它可显著减少工程维修保养费用。据预测，使用50年后，用干混砂浆施工的抹面工程，其初建和使用期间维修的总费用仅是传统抹灰砂浆的1/20。使用干混砂浆可提高工效5~6倍。

5）节能减排效果显著。干混砂浆不仅提高劳动生产率，而且有利于劳动保护。避免了传统现场拌制砂浆的生产方式，从原材料准备到生产都使用人工操作，不仅劳动强度大、效率低，而且劳动生产条件恶劣，大量粉尘弥漫作业现场，有害气体严重影响劳动者身心健康等。干混砂浆从生产到流通的全过程几乎都是在密闭状态下机械化操作，对劳动者基本不存在健康危害。

另外，干混砂浆采用砂浆稠化粉和粉煤灰双掺技术可节约水泥，不用石灰所节省的能耗大于砂的烘干及干混砂浆的生产能耗，每生产1t干混砂浆较现场拌制砂浆可节约水泥57kg、石灰

41.4kg、砂25.9kg、利用粉煤灰100kg、节能9kg标煤，减少二氧化碳排放134kg。如果用再生资源取代部分河砂，则可节约砂200kg。节能减排效果显著。

（2）缺点

1）干混砂浆生产线的一次投资较大，散装罐和运输车辆的投入也较大，所以干混砂浆价格比现场拌制砂浆贵。

2）原材料的选择受到一定的限制。因干混砂浆是由干态原料混合而成的，故对原材料的含水率有较高的要求，尤其是细集料必须经过干燥处理，因此导致生产成本的增加。另外，液体组分的使用也受到限制，如外加剂、添加剂等，必须使用粉剂，而不能使用液剂，通常固体外加剂的价格比液体外加剂贵，就使原材料的成本增加。

3）干混砂浆是由施工单位在现场加水搅拌制得的，而用水量与搅拌的均匀度对砂浆性能有一定的影响。施工企业缺乏砂浆方面的专业技术人才，不利于砂浆的质量控制。

4）散装干混砂浆在储存或气力输送过程中，容易造成物料分离，导致砂浆不均匀，影响砂浆的质量。

5）工地需配备足够的储存和搅拌设备。砂浆品种越多，所需的储存设备越多。

6）如果储罐密封不好，可能会产生扬尘，造成环境污染。

干混砂浆按用途分为普通干混砂浆和特种干混砂浆。

## 2. 普通干混砂浆

（1）普通干混砂浆分类与标记

1）普通干混砂浆按用途分为干混砌筑砂浆（DM）、干混抹灰砂浆（DP）、干混地面砂浆（DS）和干混普通防水砂浆（DW）四种；按强度等级和抗渗等级的分类及其性能指标应符合表5-11所示的规定。

表5-11 普通干混砂浆按强度等级和抗渗等级的分类及其性能指标

| 项目 | 干混砌筑砂浆 | 干混抹灰砂浆 | | 干混地面砂浆 | 干混普通防水砂浆 |
|---|---|---|---|---|---|
| 强度等级 | M5、M7.5、M10、M15、M20、M25、M30 | M5 | M10、M15、M20 | M15、M20、M2 | M10、M15、M20 |
| 凝结时间/h | 3~8 | | | | 3~8 |
| 保水率（%） | ≥88 | | | | |
| 14d拉伸黏结强度/MPa | — | ≥0.15 | ≥0.20 | — | ≥0.20 |
| 抗渗等级 | — | — | | — | P6、P8、P10 |

注：1. 普通干混砂浆拌合物的密度不应小于1800kg/m³。

2. 普通干混砂浆的砌体力学性能应符合《砌体结构设计规范》（GB 50003）的规定。

2）普通干混砂浆标记如下：

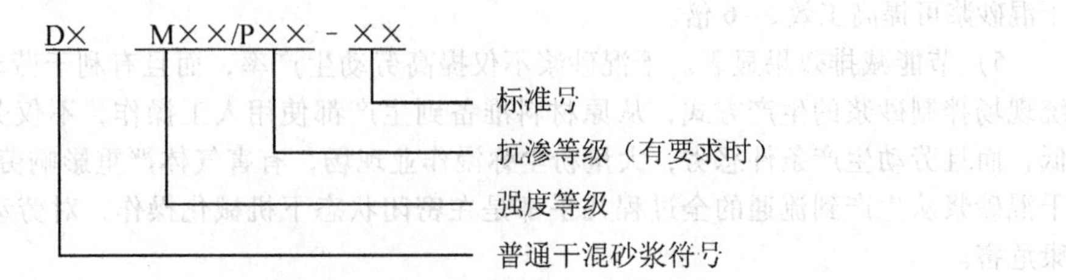


示例1：干混砌筑砂浆的强度等级为M10，其标记为：DM M10-JG/T 230—2007。

示例2：干混普通防水砂浆的强度等级为M15，抗渗要求为P8，其标记为：DW M15/P8 JG/T 230—2007。

（2）普通干混砂浆的技术性质 普通干混砂浆性能指标应符合表5-11所示的规定。

### 3. 特种干混砂浆

（1）特种干混砂浆分类与标记

1）特种干混砂浆按用途分为干混瓷砖黏结砂浆（DTA）、干混耐磨地坪砂浆（DFH）、干混界面处理砂浆（DIT）、干混特种防水砂浆（DWS）、干混自流平砂浆（DSL）、干混灌浆砂浆（DGR）、干混外保温黏结砂浆（DEA）、干混外保温抹面砂浆（DBI）、干混聚苯颗粒保温砂浆（DPG）和干混无机集料保温砂浆（DTI）10种。

2）特种干混砂浆标记如下：

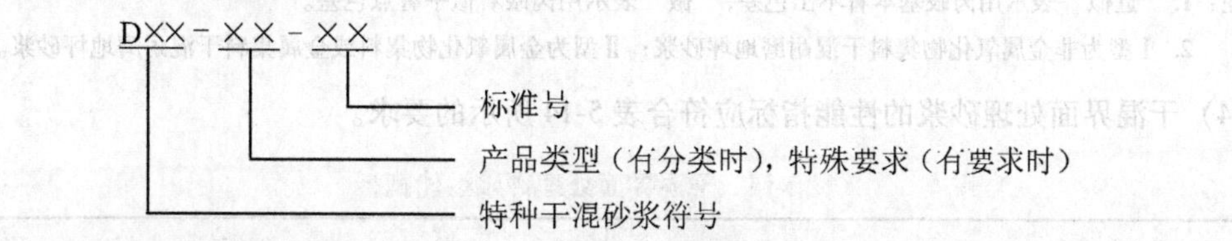


示例1：干混灌浆砂浆标记为：DGR-JG/T 230—2007。

示例2：Ⅰ型干混界面处理砂浆标记为：DIT-I-JG/T 230—2007。

（2）特种干混砂浆的技术性质

1）外观。粉状产品应均匀、无结块。双组分产品液料组分经搅拌后应呈均匀状态、无沉淀；粉料组分应均匀、无结块。

2）干混瓷砖黏结砂浆的性能指标应符合表5-12所示的要求。

表5-12 干混瓷砖黏结砂浆性能指标

<table>
<tr><th colspan="4">项目</th><th>性能指标</th></tr>
<tr><td rowspan="8">基本性能</td><td rowspan="5">普通型</td><td rowspan="7">拉伸黏结强度/MPa</td><td>未处理</td><td rowspan="5">≥0.5</td></tr>
<tr><td>浸水处理</td></tr>
<tr><td>热处理</td></tr>
<tr><td>冻融循环处理</td></tr>
<tr><td>晾置 20min</td></tr>
<tr><td rowspan="3">快硬型</td><td>24h</td><td rowspan="2">≥0.5</td></tr>
<tr><td>晾置 10min</td></tr>
<tr><td colspan="3">其他要求同普通型</td></tr>
<tr><td rowspan="6">可选性能</td><td colspan="3">滑移/mm</td><td>≤0.5</td></tr>
<tr><td colspan="2" rowspan="5">拉伸黏结强度/MPa</td><td>未处理</td><td rowspan="4">≥1.0</td></tr>
<tr><td>浸水处理</td></tr>
<tr><td>热处理</td></tr>
<tr><td>冻融循环处理</td></tr>
<tr><td>晾置 30min</td><td>≥0.5</td></tr>
</table>

3）干混耐磨地坪砂浆的性能指标应符合表5-13所示的要求。

表 5-13 干混耐磨地坪砂浆性能指标

| 项目 | 性能指标 | |
|---|---|---|
| | Ⅰ型 | Ⅱ型 |
| 集料含量偏差 | 生产商控制指标的±5% | |
| 28d 抗压强度/MPa | ≥80.0 | ≥90.0 |
| 28d 抗折强度/MPa | ≥10.5 | ≥13.5 |
| 耐磨度比（%） | ≥300 | ≥350 |
| 表面强度（压痕直径）/mm | ≤3.30 | ≤3.10 |
| 颜色（与标准样比） | 近似~微 | |

注：1. “近似”表示用肉眼基本看不出色差，“微”表示用肉眼看似乎有点色差。
2. Ⅰ型为非金属氧化物集料干混耐磨地坪砂浆；Ⅱ型为金属氧化物集料或金属集料干混耐磨地坪砂浆。

4）干混界面处理砂浆的性能指标应符合表 5-14 所示的要求。

表 5-14 干混界面处理砂浆性能指标

| 项目 | | | 性能指标 | |
|---|---|---|---|---|
| | | | Ⅰ型 | Ⅱ型 |
| 剪切黏结强度/MPa | 7d | | ≥1.0 | ≥0.7 |
| | 14d | | ≥1.5 | ≥1.0 |
| 拉伸黏结强度/MPa | 未处理 | 7d | ≥0.4 | ≥0.3 |
| | | 14d | ≥0.6 | ≥0.5 |
| | 浸水处理 | | ≥0.5 | ≥0.3 |
| | 热处理 | | ≥0.5 | ≥0.3 |
| | 冻融循环处理 | | | |
| | 碳处理 | | | |
| 凉置时间/min | | | — | ≥10 |

注：Ⅰ型适用于水泥混凝土的界面处理；Ⅱ型适用于加气混凝土的界面处理。

5）干混特种防水砂浆的性能指标应符合表 5-15 所示的要求。

表 5-15 干混特种防水砂浆性能指标

| 项目 | | 性能指标 | |
|---|---|---|---|
| | | Ⅰ型（干粉类） | Ⅱ型（乳液类） |
| 凝结时间 | 初凝时间/min | ≥45 | ≥45 |
| | 终凝时间/h | ≤12 | ≤24 |
| 抗渗压力/MPa | 7d | ≥1.0 | |
| | 14d | ≥1.5 | |
| 28d 抗压强度/MPa | | ≥24.0 | |
| 28d 抗折强度/MPa | | ≥8.0 | |
| 压折比 | | ≤3.0 | |

（续）

| 项目 | | 性能指标 | |
|---|---|---|---|
| | | Ⅰ型（干粉类） | Ⅱ型（乳液类） |
| 拉伸黏结强度/MPa | 7d | ≥1.0 | |
| | 14d | ≥1.2 | |
| 耐碱性：饱和 $Ca(OH)_2$ 溶液，168h | | 无开裂、剥落 | |
| 耐热性：100℃水，5h | | 无开裂、剥落 | |
| 抗冻性：-15~+20℃，25次 | | 无开裂、剥落 | |
| 28d收缩率（%） | | ≤0.15 | |

6）干混自流平砂浆的性能指标应符合表5-16所示的要求。

表5-16 干混自流平砂浆性能指标

| 项目 | | 性能指标 |
|---|---|---|
| 流动度/mm | 初始流动度 | ≥130 |
| | 20mm流动度 | ≥130 |
| 拉伸黏结强度/MPa | | ≥1.0 |
| 耐磨性/g | | ≤0.5 |
| 尺寸变化率（%） | | -0.15~+0.15 |
| 抗冲击性 | | 无开裂或脱离底板 |
| 24h抗压强度/MPa | | ≥6.0 |
| 24h抗折强度/MPa | | ≥2.0 |

| 抗压强度等级 | | | | | | |
|---|---|---|---|---|---|---|
| 强度等级 | C16 | C20 | C25 | C30 | C35 | C40 |
| 28d抗压强度/MPa | ≥16 | ≥20 | ≥25 | ≥30 | ≥35 | ≥40 |

| 抗折强度等级 | | | | |
|---|---|---|---|---|
| 强度等级 | F4 | F6 | F7 | F10 |
| 28d抗折强度/MPa | ≥4 | ≥6 | ≥7 | ≥10 |

7）干混灌浆砂浆的性能指标应符合表5-17所示的要求。

表5-17 干混灌浆砂浆性能指标

| 项目 | | 性能指标 |
|---|---|---|
| 径粒 | 4.75mm方孔筛筛余百分率（%） | ≤2.0 |
| 凝结时间 | 初凝/min | ≥120 |
| 密水率（%） | | ≤1.0 |
| 流动度/mm | 初始流动度 | ≥260 |
| | 30min流动度保留值 | ≥230 |

（续）

| 项目 | | 性能指标 |
|---|---|---|
| 抗压强度/MPa | 1d | ≥22.0 |
| | 3d | ≥40.0 |
| | 28d | ≥70.0 |
| 竖向膨胀率（%） | 1d | ≥0.020 |
| 钢筋握裹强度（圆钢）/MPa | 28d | ≥4.0 |
| 对钢筋锈蚀作用 | | 应说明对钢筋有无锈蚀作用 |

8）干混外保温黏结砂浆的性能指标应符合表5-18所示的要求。

表5-18 干混外保温黏结砂浆性能指标

| 项目 | | 性能指标 |
|---|---|---|
| | | 黏结砂浆 |
| 拉伸黏结强度（与水泥砂浆）/MPa | 未处理 | ≥0.60 |
| | 浸水处理 | ≥0.40 |
| 拉伸黏结强度（与膨胀聚苯板）/MPa | 未处理 | ≥0.12，破坏界面在膨胀聚苯板上 |
| | 浸水处理 | |
| 可操作时间/h | | 1.5~4.0 |

9）干混外保温抹面砂浆的性能指标应符合表5-19所示的要求。

10）干混聚苯颗粒保温砂浆的性能指标应符合表5-20所示的要求。

表5-19 干混外保温抹面砂浆性能指标

| 项目 | | 性能指标 |
|---|---|---|
| | | 黏结砂浆 |
| 拉伸黏结强度（与膨胀聚苯板）/MPa | 未处理 | ≥0.10，破坏界面在膨胀聚苯板上 |
| | 浸水处理 | ≥0.10，破坏界面在膨胀聚苯板上 |
| | 冻融循环处理 | ≥0.10，破坏界面在膨胀聚苯板上 |
| 抗压强度/抗折强度 | | ≤3.0 |
| 可操作时间/h | | 1.5~4.0 |

表5-20 干混聚苯颗粒保温砂浆性能指标

| 项目 | 性能指标 |
|---|---|
| 湿表观密度/(kg/m³) | ≤240 |
| 干表观密度/(kg/m³) | 180~250 |
| 热导率/[W/(m·K)] | ≤0.060 |
| 蓄热系数/[W/(m²·K)] | ≥0.95 |
| 抗压强度/kPa | ≥200 |
| 压剪黏结强度/kPa | ≥50 |
| 线性收缩率(%) | ≤0.3 |
| 软化系数 | ≥0.5 |
| 难燃性 | $B_1$级 |

11）干混无机集料保温砂浆的性能指标应符合表 5-21 所示的要求。

表 5-21 干混无机集料保温砂浆性能指标

| 项　目 | 性能指标 | |
|---|---|---|
| | Ⅰ型 | Ⅱ型 |
| 分层度/mm | ≤20 | ≤20 |
| 堆积密度/(kg/m³) | ≤250 | ≤350 |
| 干密度/(kg/m³) | 240~300 | 301~400 |
| 抗压强度/MPa | ≥0.20 | ≥0.40 |
| 热导率(平均温度 25℃)/[W/(m·K)] | ≤0.070 | ≤0.085 |
| 线收缩率(%) | ≤0.30 | |
| 压剪黏结强度/kPa | ≥50 | |
| 燃烧性能级别 | 应符合《建筑材料及制品燃烧性能分级》(GB 8624)规定的 A 级要求 | |

注：Ⅰ型和Ⅱ型根据干密度划分。

## 5.5 建筑保温节能体系用砂浆

在各种建筑围护结构（指外墙、屋面、楼地面等）保温节能体系的不同层中，应用的多种不同性能不同用途的建筑砂浆，统称为保温节能体系功能砂浆。其中保温功能砂浆是指以具有多孔特征的细轻集料较大比例地取代传统砂浆中的砂，同时，在搅拌时根据需要添加多种聚合物类外加剂，从而使其热导率大幅度降低的砂浆。主要分为两种：第一种是采用无机轻集料如膨胀珍珠岩颗粒取代砂；第二种是采用聚苯乙烯颗粒取代砂。保温功能砂浆一方面用于保温砂浆建筑保温系统；另一方面用于砌筑轻质墙体砌块，由于保温砌筑砂浆的热导率与轻质砌块接近，可以避免普通砌筑砂浆在整个砌体上形成的热桥。目前，保温功能砂浆正广泛、大量应用在保温砂浆建筑保温系统中。

### 5.5.1 保温砂浆建筑保温系统基本构造

保温砂浆建筑保温系统，是指设置在建筑物墙体的一侧或两侧、楼地面，由界面层、保温砂浆保温层、抗裂防护层和饰面层构成，起保温隔热、防护和装饰作用的构造系统。保温砂浆建筑保温系统含墙体保温系统和楼地面保温系统，墙体保温系统分为外墙外保温系统、外墙内保温系统、外墙内外组合保温系统及分户墙保温系统，室内通常使用无机保温砂浆。根据饰面材料的类别，保温砂浆建筑外墙保温系统分为涂料饰面和面砖饰面两种类型。

另外一些功能砂浆，是用于墙体保温系统的起黏结保温板（膨胀聚苯乙烯板、聚氨酯板、岩棉板、泡沫玻璃板等）作用的黏结砂浆，以及起提高墙体抗渗性和耐候性作用的抹面胶浆等。

涂料饰面、面砖饰面保温砂浆外墙外保温系统基本构造如表 5-22 和表 5-23 所示；外墙内保温系统、涂料饰面保温砂浆外墙内外组合保温系统的外墙内保温基本构造与涂料饰面保温砂浆外墙外保温系统基本构造相同；面砖饰面无机保温砂浆外墙内外组合保温系统的外墙内保温基本构造与涂料饰面保温砂浆外墙外保温系统基本构造相同；涂料饰面无机保温砂浆分户墙保温系统基本构造与涂料饰面保温砂浆外墙内外组合保温系统基本构造相同；保温砂浆楼地面保温系统基本构造如表 5-24 所示。

表 5-22 涂料饰面保温砂浆外墙外保温系统基本构造

| | 构造层次 | 组成材料 | 构造示意图 |
|---|---|---|---|
| 基本构造 | ① 基层 | 混凝土墙及各种砌体墙 | 构造示意图 |
| | ② 界面层 | 界面砂浆 | |
| | ③ 保温层 | 保温砂浆 | |
| | ④ 抗裂防护层 | 抗裂砂浆+耐碱玻璃纤维网布 | |
| | ⑤ 饰面层 | 柔性耐水腻子+涂料 | |

表 5-23 面砖饰面保温砂浆外墙外保温系统基本构造

| | 构造层次 | 组成材料 | 构造示意图 |
|---|---|---|---|
| 基本构造 | ① 基层 | 混凝土墙及各种砌体墙 | 构造示意图 |
| | ② 界面层 | 界面砂浆 | |
| | ③ 保温层 | 保温砂浆 | |
| | ④ 抗裂防护层 | 第一遍抗裂砂浆+加强型耐碱玻璃纤维网布或热镀锌电焊网（用塑料锚栓与基层锚固）+第二遍抗裂砂浆 | |
| | ⑤ 饰面层 | 面砖黏结砂浆+饰面砖+勾缝料 | |

表 5-24 保温砂浆楼地面保温系统基本构造

| | 构造层次 | 组成材料 | 构造示意图 |
|---|---|---|---|
| 基本构造 | ① 饰面层 | 地砖或地板等 | 构造示意图 |
| | ② 抹面保护层 | 砂浆或细石混凝土层 | |
| | ③ 保温层 | 保温砂浆 | |
| | ④ 防水防潮层（楼面无此层） | 防水涂料或防水卷材 | |
| | ⑤ 基层 | 现浇混凝土 | |

## 5.5.2 保温砂浆

以轻集料、胶凝材料、外加剂、填料等混合制成的用于建筑物保温隔热的干粉料，使用时加水拌制成浆料并施抹于基层面上，硬化后形成保温层。

### 1. 无机保温砂浆

无机保温砂浆是指以无机轻集料（憎水型膨胀珍珠岩、玻化微珠、闭孔珍珠岩、膨胀蛭石、陶砂等）为保温材料，以水泥等无机胶凝材料为主要胶结料并掺加高分子聚合物及其他功能性添加剂而制成的建筑保温干粉砂浆。

（1）无机保温砂浆　其性能指标应符合表 5-25 和表 5-26 所示的规定。

表 5-25 无机保温砂浆干粉料的性能指标

| 项目 | 指标 | | |
|---|---|---|---|
| | Ⅰ型 | Ⅱ型 | Ⅲ型 |
| 堆积密度/(kg/m³) | ≤250 | ≤350 | ≤450 |
| 外观质量 | 外观应为均匀，干燥无结块的颗粒状混合物 | | |

注：Ⅰ型主要用于内保温及分户墙保温；Ⅱ型主要用于外保温；Ⅲ型主要用于辅助保温、复合保温及楼地面保温。

表 5-26 无机保温砂浆硬化后的性能指标

| 项目 | | 指标 | | |
|---|---|---|---|---|
| | | Ⅰ型 | Ⅱ型 | Ⅲ型 |
| 干表观密度/(kg/m³) | | 260~300 | 301~400 | 401~500 |
| 热导率/[W/(m·K)] | | ≤0.07 | ≤0.085 | ≤0.095 |
| 热传递系数(蓄热系数)/[W/(m²·K)] | | ≥1.26 | ≥1.61 | ≥1.90 |
| 抗压强度（28d）/kPa | | ≥250 | ≥450 | ≥1000 |
| 压剪黏结强度（28d）/kPa | | ≥60 | ≥80 | ≥150 |
| 线性收缩率（%） | | ≤0.3 | | |
| 软化系数（28d） | | ≥0.6 | | |
| 燃烧性能级别 | | A级 | | |
| 放射性 | $I_r$ | ≤1.0 | | |
| | $I_{Ra}$ | ≤1.0 | | |
| 抗冻性(15次冻融循环) | | 质量损失≤5%，强度损失≤20% | | |

（2）膨胀珍珠岩保温砂浆　膨胀珍珠岩保温砂浆是最早应用于建筑工程的保温功能砂浆之一，多用于外墙内保温或内部隔墙的保温与隔声。其优点是价格低廉，施工方便，但保温效果较差，比较适合经济相对落后地区，或对保温要求不高的场合。

膨胀珍珠岩保温砂浆的主要原材料为膨胀珍珠岩、水泥、双飞粉和化学外加剂等。

膨胀珍珠岩是一种多孔的粒状物料，是以珍珠岩矿石为原料，经过破碎、分级、预热、高温（1250℃左右）熔烧瞬时急剧加热膨胀而成的一种轻质、多功能绝热材料，颗粒结构呈蜂窝泡沫状岩砂，呈白色或灰白色，质轻，风吹可扬。由于膨胀珍珠岩内气孔为开孔结构，所以未经处理过的膨胀珍珠岩吸水率很高，可高达自重的300%左右，吸水后热导率大幅增大，保温效果趋于丧失，并且在冬季有可能因冰冻而导致破坏。因此，当膨胀珍珠岩用于保温功能砂浆时，必须进行憎水改性处理，使其具备防水功能。

双飞粉即方解石粉，用于配置膨胀珍珠岩保温砂浆的双飞粉一般要求：堆积密度大于900kg/m³，有效钙的质量分数不小于18%，细度达到0.08mm，方孔筛余量小于等于12%，$SO_3$的质量分数小于2.1%。为提高膨胀珍珠岩保温砂浆的和易性、黏结性能、抗裂性能、耐候性能和操作性能，需加入的化学外加剂包括砂浆塑化剂、引气剂、保水剂等。

配制膨胀珍珠岩保温砂浆时膨胀珍珠岩砂和水泥用量的配合比根据需要来确定，原则是：如果需要较高强度的保温功能砂浆则必须减少膨胀珍珠岩砂的掺量，从而热导率上升，降低了保温性能；反之，如果需要热导率小，保温性能佳的保温功能砂浆，则会降低保温功能砂浆的强度，从而使砂浆的黏结性下降。表5-27所示为一组不同膨胀珍珠岩砂掺量的保温功能砂浆的抗压强度和热导率关系，供参考。

表 5-27 膨胀珍珠岩保温砂浆的抗压强度和热导率关系

| 胶骨比（体积比）<br>水泥（强度等级 42.5 级）：膨胀珍珠岩 | 抗压强度/MPa | 热导率/[W/(m·K)] |
|---|---|---|
| 1：3 | 5.6 | 0.152 |
| 1：6 | 3.8 | 0.107 |
| 1：8 | 3.1 | 0.091 |
| 1：10 | 2.5 | 0.073 |
| 1：12 | 2.3 | 0.066 |
| 1：14 | 1.9 | 0.058 |
| 1：16 | 1.1 | 0.054 |

用于外墙外保温工程的膨胀珍珠岩保温砂浆性能指标应符合表 5-28 所示的规定。

表 5-28 外保温用膨胀珍珠岩保温砂浆性能指标

| 项目 | 性能指标 |
|---|---|
| 抗压强度 | ≥2.2MPa |
| 拉伸黏结强度 | ≥0.6MPa |
| 干表观密度 | 500~650kg/m³ |
| 热导率 | ≤0.15W/(m·K) |
| 耐冻融循环 20℃±2℃水 8h，-20℃±2℃冰箱 16h | 寒冷地区 30 次，夏热冬冷地区 10 次，<br>表面无裂纹、空鼓、起泡、剥离现象 |

膨胀珍珠岩保温砂浆一个参考配方为：42.5 级普通硅酸盐水泥 165kg，双飞粉 130kg，膨胀珍珠岩粉 2.74m³，外加剂（砂浆塑化剂）0.45kg。

（3）膨胀玻化微珠保温砂浆　其性能指标应符合表 5-29 所示的规定。

表 5-29 膨胀玻化微珠保温砂浆性能指标

| 项目 | | 性能指标 |
|---|---|---|
| 堆积密度/(kg/m³) | | ≤280 |
| 干表观密度/(kg/m³) | | ≤300 |
| 热导率/[W/(m·K)] | | ≤0.070 |
| 热传递系数(蓄热系数)/[W/(m²·K)] | | ≥1.5 |
| 线性收缩率(%) | | ≤0.3 |
| 压剪黏结强度（与水泥砂浆块）/MPa | 原强度 | ≥0.050 |
| | 耐水强度 | |
| 抗拉强度/MPa | | ≥0.10 |
| 抗压强度/MPa | 墙体用 | ≥0.20 |
| | 楼地面及屋面用 | ≥0.30 |
| 软化系数≥0.6 | | ≥0.6 |
| 燃烧性能 | | A2 |
| 放射性 | | 内照射指数不大于 1.0，<br>外照射指数均不大于 1.0 |

注：1. 当使用部位无耐水要求时，耐水压剪黏结强度、软化系数可不做要求。
2. 当用于室外时，放射性不做要求。

### 2. 膨胀聚苯乙烯（EPS）颗粒保温砂浆

膨胀聚苯乙烯（EPS）颗粒保温砂浆是指以聚苯乙烯（EPS）颗粒作为主要轻集料，水泥为胶结料，再配以合成纤维、高分子聚合物胶黏剂、辅助性集料等配制的保温砂浆。目前，膨胀聚苯乙烯颗粒保温砂浆被广泛应用于各种外墙外保温或内保温体系，其热导率小，保温性能优良，同时因有效应用合成纤维和聚合物胶黏剂，使其具有较好的抗裂性和抗渗性。

胶粉 EPS 颗粒保温浆料是由胶粉料和 EPS 颗粒集料组成，并且 EPS 颗粒体积比不小于 80% 的保温灰浆，浆料性能要求见表 5-30。

表 5-30 胶粉 EPS 颗粒保温浆料性能要求

| 项目 | 干密度/(kg/m$^3$) | 热导率/[W/(m·K)] | 软化系数 | 线性收缩率(%) | 燃烧性能级别 | 抗拉强度(养护 56d)/MPa | |
|---|---|---|---|---|---|---|---|
| | | | | | | 干燥状态 | 浸水 48h，取出后干燥 14d |
| 性能要求 | 180~250 | ≤0.060 | ≥0.50（养护 28d） | ≤0.3 | 不低于 $B_1$ | ≥0.1 | ≥0.08 |
| 试验方法 | GB/T 6343（70℃恒重） | GB 10294、GB 10295 | JGJ 51 | JGJ 70 | GB 8624 | JGJ 144 | |

## 5.5.3 界面砂浆

界面砂浆是指由高分子聚合物乳液与助剂配制成的界面剂与水泥和砂按一定比例拌和均匀制成的界面处理砂浆。界面砂浆的性能指标应符合表 5-31 所示的规定。

表 5-31 界面砂浆的性能指标

| 项目 | | 性能指标 |
|---|---|---|
| 压剪黏结强度/MPa | 原强度 | ≥0.7 |
| | 耐水 | ≥0.5 |
| | 耐冻融 | ≥0.5 |

## 5.5.4 抗裂砂浆

抗裂砂浆是指在聚合物乳液中掺加多种外加剂和抗裂物质制得的抗裂剂与通用硅酸盐水泥、砂按一定比例拌和均匀制成的具有一定柔韧性的砂浆。抗裂层要对保温砂浆起良好的防护作用，整个保温砂浆系统的防水功能主要是通过控制抗裂砂浆的性能来进行的，所以还规定了抗裂砂浆的透水性和柔韧性（压折比）指标。抗裂砂浆的性能指标应符合表 5-32 所示的规定。

表 5-32 抗裂砂浆的性能指标

| 项目 | | 性能指标 |
|---|---|---|
| 拉伸黏结强度/MPa | 常温养护 28d | ≥0.7 |
| | 浸水（常温养护 28d+浸水 7d） | ≥0.5 |
| | 可操作时间 1.5h 内 | ≥0.7 |
| 透水性（24h）/MPa | | ≤2.5 |
| 压折比 | | ≤3.0 |

### 5.5.5 黏结砂浆

黏结砂浆是指由通用硅酸盐水泥、砂、聚合物乳液和外加剂按一定质量比混合搅拌均匀制成的具有一定耐温变性和耐水性的聚合物水泥砂浆，用于保温板与基层以及保温板之间的黏结。

1. 黏结砂浆的拉伸黏结强度

黏结砂浆的拉伸黏结强度应符合表5-33所示的规定，并且不得在界面破坏。

表5-33 黏结砂浆的拉伸黏结强度

| 项目 | | 性能要求 | |
|---|---|---|---|
| | | 与水泥砂浆 | 与保温板 |
| 拉伸黏结强度/MPa | 原强度 | ≥0.6 | ≥0.10 |
| | 浸水48h，干燥2h | ≥0.3 | ≥0.06 |
| | 浸水48h，干燥7d | ≥0.6 | ≥0.10 |

2. 面砖黏结砂浆的性能

面砖黏结砂浆的性能指标应符合表5-34所示的规定。

表5-34 面砖黏结砂浆的性能指标

| 项目 | | 性能指标 |
|---|---|---|
| 拉伸黏结强度/MPa | | ≥0.60 |
| 压折比 | | ≤3.0 |
| 线性收缩率（%） | | ≤0.3 |
| 压剪黏结强度/MPa | 原强度 | ≥0.6 |
| | 7d耐水 | ≥0.5 |
| | 7d耐温 | ≥0.5 |
| | 冻融循环30次 | ≥0.5 |

### 5.5.6 抹面胶浆

抹面胶浆是指由高分子聚合物、水泥、砂为主要材料制成，具有一定变形能力和良好黏结性能的聚合物水泥砂浆。它主要起表层抗裂和防护的作用。

由于抹面胶浆处于保温系统的最外层，除了要求具备足够的强度外，因需具备较强的抗冲击性、抗热胀冷缩、耐候性，因此对其柔韧性、耐水性、抗裂性以及耐冻融循环有更高的要求。一般聚合物添加剂的掺量较多，并且通常还要掺一定量的聚丙烯纤维或其他纤维以提高抗裂性能。

抹面胶浆的拉伸黏结强度应符合表5-35所示的规定，并且不得在界面破坏。

表5-35 抹面胶浆的拉伸黏结强度

| 项目 | | 性能要求 | |
|---|---|---|---|
| | | 与保温板 | 与保温料浆 |
| 拉伸黏结强度/MPa | 原强度 | ≥0.10 | ≥0.06 |
| | 浸水48h，干燥2h | ≥0.06 | ≥0.03 |
| | 浸水48h，干燥7d | ≥0.10 | ≥0.06 |
| | 耐冻融强度 | ≥0.10 | ≥0.06 |

## 5.6 特种砂浆与新型装饰砂浆

### 5.6.1 特种砂浆

1. 吸声砂浆

吸声砂浆是指具有吸声功能的砂浆。一般绝热砂浆都具有多孔结构，因而也都具有吸声的功能。工程中常以水泥：石灰膏：砂：锯末=1：1：3：5（体积比）配制吸声砂浆，或在石灰、石膏砂浆中加入玻璃棉、矿棉或有机纤维或棉类物质。吸声砂浆常用于厅堂的墙壁和顶棚的吸声。

2. 膨胀砂浆

在水泥砂浆中加入膨胀剂，或使用膨胀水泥，可配制膨胀砂浆。膨胀砂浆具有一定的膨胀特性，可补偿水泥砂浆的收缩，防止干缩开裂。膨胀砂浆还可在修补工程和装配式大板工程中应用，靠其膨胀作用而填充缝隙，以达到黏结密封的目的。

3. 绝热砂浆

采用水泥、石灰、石膏等胶凝材料与膨胀珍珠岩、膨胀蛭石、陶粒、陶砂或聚苯乙烯泡沫颗粒等轻质多孔材料，按一定比例配制的砂浆称为绝热砂浆。绝热砂浆质轻，且具有良好的绝热保温性能。其热导率为0.07~0.10W/(m·K)，可用于屋面隔热层、隔热墙壁、冷库以及工业窑炉、供热管道隔热层等处。如在绝热砂浆中掺入或在绝热砂浆表面喷涂憎水剂，则这种砂浆的保温隔热效果会更好。

4. 防射线砂浆

在水泥砂浆中掺入重晶石粉、重晶石砂，可配制有防X射线和γ射线的能力的砂浆。其配合比为水泥：重晶石粉：重晶石砂=1：0.25：4~5。如在水泥中掺入硼砂、硼化物等可配制具有防中子射线的砂浆。厚重气密不易开裂的砂浆也可阻止地基中土壤或岩石里的氡（具有放射性的惰性气体）向室内迁移或流动。

5. 自流平砂浆

自流平砂浆是指在自重作用下能流平的砂浆，地坪和地面常采用自流平砂浆。自流平砂浆施工方便、质量可靠。自流平砂浆的关键技术：①掺用合适的外加剂；②严格控制砂的级配和颗粒形态；③选择具有合适级配的水泥或其他胶凝材料。良好的自流平砂浆可使地坪平整光洁，强度高，耐磨性好，无开裂现象。

6. 耐酸砂浆

以水玻璃与氟硅酸钠为胶凝材料，加入石英岩、花岗石、铸石等耐酸粉料和细集料拌制并硬化而成的砂浆。水玻璃硬化后具有很好的耐酸性能。耐酸砂浆可用于耐酸地面、耐酸容器基座及与酸接触的结构部位。在某些有酸雨腐蚀的地区，建筑物的外墙装修也可应用耐酸砂浆，以提高建筑物的耐酸雨腐蚀作用。

### 5.6.2 新型装饰砂浆

在当今形形色色的新型建筑砂浆中，装饰砂浆作为新型建筑砂浆的一种，已经在装饰中得到普遍应用。装饰砂浆是一种具有装饰效果的墙面抹灰的总称，其中以聚合物改性水泥基干混砂浆制得的装饰用砂浆应用最为广泛。在欧洲广泛替代涂料、瓷砖。用作建筑外墙装饰的材料，具有返璞归真的三维外观，装饰效果自然独特，透气抗裂，效果持久。装饰砂浆一直受欢迎的原因是它的涂层相对较厚（可达2~3mm），且可加工成各种风格的纹理表面。这使建筑设计师有很大的选择余地。同时，使用水泥作为主要胶黏剂，使装饰砂浆的价格在大众用途的材料中极具竞争力。

一般抹面砂浆虽然也有一定的装饰作用，但其装饰效果有时不能满足设计要求。用白水泥和彩色水泥配制的装饰砂浆，是专门用于建筑物室内外的表面装饰以增加建筑物外观美为主的砂浆。装饰砂浆是在抹面的同时，经各种艺术处理而获得特殊的表现形式，以满足艺术审美需要的一种表面装饰。

建筑装饰工程中所用的装饰砂浆，主要由胶凝材料、集料和颜料组成。装饰砂浆所用的胶凝材料与普通抹面砂浆基本相同，多采用硅酸盐系列水泥。但是根据装饰砂浆的艺术和色彩要求，更多地采用白水泥和彩色水泥。装饰砂浆所用的细集料，除普通砂外，还常使用石英砂、彩釉砂和着色砂，及石渣、石屑、砾石、彩色瓷粒、玻璃珠等。

在普通砂浆中掺入颜料可以制成彩色砂浆，用于室外抹灰工程，如假大理石、假面砖、喷涂、弹涂和彩色砂浆抹面。这些室外饰面长期暴露于空气中会受到风吹、日晒、雨淋及温度变化等的反复作用。因此，选择合适的颜料是保证饰面的质量、避免褪色和变色、延长使用年限的关键。选择颜料品种要考虑其质量、价格、砂浆品种、建筑物所处环境、装修档次和设计要求等因素。例如，建筑物处于受酸侵蚀的环境中时，要选用耐酸性好的颜料；受日光曝晒的部位要选用耐光性好的颜料；对于碱度较高的砂浆要选用耐碱性好的颜料；设计要求色泽鲜艳的部位，可选用红、绿、黄、紫等色泽鲜艳的颜料等。

装饰砂浆的底层和中层灰与普通砂浆基本相同，主要是装饰的面层要选用具有一定颜色的胶凝材料、集料、颜料以及采用某些特殊的操作工艺，使其表面呈现出不同的色彩、线条与花纹等装饰效果。

根据装饰砂浆的饰面效果，装饰砂浆可分为灰浆类饰面砂浆和石渣类饰面砂浆两大类。

灰浆类饰面通过水泥砂浆的着色或水泥砂浆表面形态的艺术加工，获得一定色彩、线条、纹理质感，达到设计的建筑装饰效果。石渣类饰面则在水泥浆中掺入各种彩色石渣作为集料，制得水泥石渣浆抹于墙体基层表面，然后通过水洗、斧剁、水磨等施工工艺，清除掉表面水泥浆皮，露出石渣的颜色、质感。以上两者均属于外墙饰面，它们的主要区别在于：石渣类饰面主要靠石渣的颜色、颗粒形状达到装饰目的；灰浆类饰面则主要靠掺入颜料，以及砂浆本身所能形成的质感来达到装饰目的。比较而言，灰浆类饰面的装饰质量及耐污染性均比较差；石渣类饰面的色泽比较明亮，质感相对比较丰富，且不易污染和褪色，但其价格较高，施工困难。

## 复习思考题

5-1 建筑砂浆按其用途可分为哪几类？

5-2 建筑砂浆的组成材料有哪些？

5-3 建筑砂浆的技术性质包括哪些内容？其中砂浆拌合物的和易性又包括哪两方面含义？各用什么指标表示？

5-4 如何测定砂浆的抗压强度？砌筑砂浆共划分为哪几个强度等级？影响砂浆强度的因素有哪些？

5-5 简述砌筑砂浆配合比设计计算的步骤。

5-6 抹面砂浆应满足哪些基本要求？

5-7 装饰砂浆通常有哪几种做法？

5-8 常用的防水砂浆有哪几种？

5-9 预拌砂浆可分为哪两类？各类主要有哪些品种？干拌砂浆有哪些突出的优点？

5-10 某工程砌砖用水泥石灰混合砂浆的设计强度等级为 M10，稠度要求为 80~100mm。现有砌筑水泥的强度为 32.5MPa；细集料为中砂，干燥砂的堆积密度为 1450kg/m$^3$，含水率为 2%；石灰膏的稠度为 100mm，工程的施工水平一般。试计算此砂浆的配合比。

# 第 6 章
# 金属材料

【本章知识点】钢的冶炼与分类，钢材的弹性极限、屈服强度、抗拉强度、屈强比、伸长率、冲击韧性、抗疲劳性、硬度、冷弯、焊接、冷加工与时效处理等钢材力学性能与工艺性能的概念及评价，钢中化学成分对钢材性能的影响，钢筋混凝土用钢、钢结构用钢的技术标准和选用，钢材的防锈与防火措施。

【重点】钢材力学性能与工艺性能的评价，钢中化学成分对钢材性能的影响，钢筋混凝土和钢结构用钢的主要技术标准及选用原则，钢材的锈蚀与防护。

【难点】钢材拉伸性能及演变过程，化学成分对钢材性能的影响。

在土木工程中，金属材料有着广泛的用途，金属材料包括黑色金属和有色金属两大类。黑色金属是指以铁元素为主要成分的金属及其合金，如碳素钢、合金钢和铸铁等；有色金属是指黑色金属以外的金属及其合金，如铝、铜、铅、锌等及其合金。土木工程中用量最大的金属材料是建筑钢材和铝合金两种。

建筑钢材是指用于工程建设的各种钢材，包括钢结构用的各种型钢（圆钢、角钢、槽钢、工字钢和 H 型钢等）钢板、钢管和钢筋混凝土结构中用的各种钢筋、钢丝和钢绞线，以及围护结构和装饰工程中用的各种深加工钢板和复合板，还包括用于门窗和建筑五金等的钢材。

铝及其合金主要用于轻型房屋和装饰工程，其应用领域也越来越广泛。

建筑钢材具有以下一些特点：

1）钢材强度高、结构自重轻。钢材与砖、石、混凝土相比，虽然密度较大，但强度更高，比强度值较大。所以承受同样荷载时，钢结构要比其他结构体积小、自重轻。例如，当跨度和荷载均相同时，钢屋架的质量仅为钢筋混凝土屋架的 1/4~1/3，冷弯薄壁型钢屋架的质量甚至只有钢筋混凝土屋架的 1/10。

2）钢材品质均匀，弹性、塑性、韧性好。钢材是比较理想的各向同性材料，最符合结构计算模型，计算结果可靠；钢材的弹性模量较大，结构在正常荷载作用下变形较小；钢材又具有良好的塑性，结构破坏之前将会产生显著变形，即有破坏预告，可及时防患；钢材还具有良好的韧性，对承受冲击荷载、振动荷载适应性强，抗震性能良好。

3）钢材易于连接，可加工性好，施工方便。钢材具有很好的加工性能，可以铸造、切割、锻压成各种形状，可以通过焊接、铆接或栓接等进行多种方式的连接，装配施工方便。

4）钢材可重复使用。钢材加工过程中产生的余料、碎屑，以及废弃或破坏了的钢结构构件，均可回炉重新冶炼成钢材，重复使用。

5）钢材耐腐蚀性差。钢材易锈蚀，因而需要采取防腐蚀措施，还需要定期维护，且维护费用较大。

6）钢材耐热，但防火性能差。钢材受热后，当温度在 200℃以内时，其强度和弹性模量下降不多，故钢材有一定的耐热性；温度达 200℃时，材质变化较大，不仅强度总体趋势逐渐降低，还有徐变现象；当温度超过200℃后，钢材进入塑性状态已不能承受荷载。因此，设计规定钢材表面温度超过150℃后即需要加以防护。

7）在低温和其他条件下，钢材可能发生脆性断裂。

以往建筑钢材主要应用于钢筋混凝土结构和钢结构。近年来，随着钢结构建筑体系的发展，一些厂房、仓库、大型商场、体育场馆、飞机场乃至别墅、高层住宅都相继采用钢结构体系；而一些临时用房为缩短施工周期，采用钢结构的比例也很大；桥梁工程和铁路建设中钢结构更是占有绝对的地位。所以，建筑钢材的用量将会越来越大。由于建筑钢材主要用作结构材料，钢材的性能对结构的安全性起着决定性的作用，因此有必要对各种钢材的性能有充分的了解，以便在设计和施工中合理地选择和使用。

# 6.1　钢材的冶炼和分类

## 6.1.1　钢材的冶炼

钢铁的主要化学成分是铁和碳，又称铁碳合金，此外还有少量的硅、锰、磷、硫、氧、氮等元素。含碳量大于2%㊀（质量分数）的铁碳合金称为生铁或铸铁，生铁是把铁矿石中的氧化铁还原成铁而得到的。含碳量小于2%的铁碳合金称为钢，钢则是将熔融的铁水进行氧化，使碳的含量降低到预定的范围，磷、硫等杂质也降低到允许的范围而得到的。

在钢的冶炼过程中，碳被氧化成一氧化碳气体逸出；硅、锰等被氧化成氧化硅、氧化锰随钢渣排出；硫、磷则在石灰的作用下也进入钢渣中被排出。由于冶炼过程中必须提供足够的氧以保证碳、硅、锰的氧化以及其他杂质的去除，因此，钢液中尚存一定数量的氧化铁。为了消除氧化铁对钢材质量的影响，常在精炼的最后阶段，向钢液中加入硅铁、锰铁等脱氧剂以去除钢液中的氧，这种操作工艺称为脱氧。

常用的钢材冶炼方法主要有以下三种：

（1）氧气转炉法　氧气转炉法是以熔融铁水为原料，由炉顶向转炉内吹入高压氧气，将铁水中多余的碳以及硫、磷等有害杂质迅速氧化而有效除去。该方法的冶炼速度快（每炉仅需25~45min），钢质较好且成本较低。氧气转炉法常用来生产优质碳素钢和合金钢，是目前最主要的一种炼钢方法。

（2）平炉法　平炉法是以固体或液态生铁、废钢铁及适量的铁矿石为原料，以煤气或重油为燃料，依靠废钢铁及铁矿石中的氧与杂质起氧化作用而成熔渣，熔渣浮于表面，使下层液态钢水与空气隔绝，避免了空气中的氧、氮等进入钢中。该方法冶炼时间长（每炉需4~12h），有足够的时间调整和控制其成分，去除杂质更为彻底，故钢材质量好。平炉法可用于炼制优质碳素钢、合金钢及其他有特殊要求的专用钢。其缺点是能耗高，成本高，已逐渐被淘汰。

（3）电炉法　电炉法是以废钢铁及生铁为原料，利用电能加热进行高温冶炼。该方法熔炼温度高，且温度可自由调节，清除杂质较易，故钢材的质量最好，但成本也最高。电炉法主要用于冶炼优质碳素钢及特殊合金钢。

## 6.1.2　钢材的分类

### 1. 按化学成分分类

（1）碳素钢　含碳量为0.02%~2.06%的铁碳合金称为碳素钢。碳素钢中还含有少量硅、锰

---

㊀ 本章中涉及的含量均为质量分数。

以及磷、硫、氧、氮等有害杂质。碳素钢根据其含碳量的多少又可分为：低碳钢，含碳量小于0.25%；中碳钢，含碳量为0.25%~0.6%；高碳钢，含碳量大于0.6%。

（2）合金钢　合金钢是在碳素钢中加入一定量合金元素的钢。钢中除含有碳和不可避免的硅、锰、磷、硫之外，还含有一种或多种特意加入或超过碳素钢含量的化学元素，如硅、锰、钛、钒、铬、镍等。这些元素称为合金元素，用于改善钢的性能，或使钢获得某些特殊性能。合金钢根据合金元素的总含量可分为：低合金钢，其合金元素总含量小于5%；中合金钢，其合金元素总含量为5%~10%；高合金钢，其合金元素总含量大于10%。

土木工程中所用的钢材主要是碳素钢中的低碳钢和合金钢中的低合金钢。

2. 按用途分类

（1）结构钢　结构钢主要用于建造工程结构及制造机械零件，一般为低碳钢或中碳钢。

（2）工具钢　工具钢主要用于制造各种工具、量具及模具，一般为高碳钢。

（3）特殊用途钢　特殊用途钢是具有特殊物理、化学或力学性能的钢，如不锈钢、耐热钢、耐酸钢、耐磨钢、磁性钢等，一般为合金钢。

3. 按钢材品质（钢中有害杂质硫、磷含量）分类

（1）普通钢　普通钢中硫含量≤0.050%，磷含量≤0.045%。

（2）优质钢　优质钢中硫含量≤0.035%，磷含量≤0.035%。

（3）高级优质钢　高级优质钢中硫含量≤0.025%，磷含量≤0.025%。

（4）特级优质钢　特级优质钢中硫含量≤0.015%，磷含量≤0.025%。

4. 按脱氧程度分类

（1）沸腾钢（代号F）　沸腾钢是脱氧不完全的钢，经脱氧处理之后，在钢液中尚存有较多的氧化铁。当钢液注入锭模后，氧化铁与碳继续发生反应，生成大量一氧化碳气体，气泡外逸引起钢液“沸腾”，故称沸腾钢。沸腾钢化学成分不均匀、气泡含量多、密实性较差，因而钢质较差，但其成本较低、产量高，广泛用于一般的结构工程。

（2）镇静钢（代号Z）　镇静钢是用锰铁、硅铁和铝锭进行充分脱氧的钢。钢液在铸锭时不至于产生气泡，在锭模内能够平静地凝固，故称镇静钢。镇静钢组织致密、化学成分均匀、力学性能好，因而钢质较好，但成本较高，主要用于承受冲击荷载作用或其他重要的结构工程。

（3）半镇静钢（代号b）　半镇静钢的脱氧程度和材质均介于沸腾钢和镇静钢之间。

（4）特殊镇静钢（代号TZ）　特殊镇静钢的脱氧程度比镇静钢还要充分、彻底，故钢材的质量最好，主要用于特别重要的结构工程。

## 6.2 建筑钢材的主要技术性能

钢材的技术性能包括力学性能和工艺性能，力学性能有抗拉性能、冲击韧性、抗疲劳性和硬度，工艺性能有冷弯性能和焊接性。

### 6.2.1 抗拉性能

低碳钢是土木工程中使用最广泛的一种钢材，其抗拉性能是钢材最重要、最常用的力学性能。通过拉力试验测定的屈服强度、抗拉强度和伸长率是钢材抗拉性能的主要技术指标。

1. 低碳钢受拉时的应力-应变曲线

低碳钢（软钢）的抗拉性能可用在常温、静载条件下受拉时的应力-应变关系曲线图阐明

(见图 6-1)。从图中可以看出，低碳钢试件从受拉到拉断可划分为以下四个阶段：

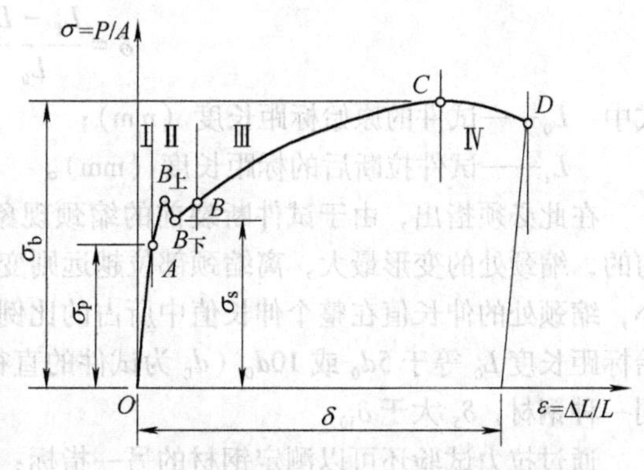


图 6-1 低碳钢受拉时的应力-应变曲线图

(1) 弹性阶段（OA 段） 此阶段荷载较小，如卸去荷载，试件将恢复原状，表明其变形为完全弹性变形，因此称 OA 段为弹性阶段。与 A 点对应的应力称为弹性极限，以 $\sigma_p$ 表示。由图可见，OA 为一条直线，说明应力 $\sigma$ 与应变 $\varepsilon$ 是成正比的，其比值即为钢材的弹性模量 $E$，即 $E=\sigma/\varepsilon$。弹性模量反映钢材抵抗弹性变形的能力，即刚度的大小，它是计算钢材在受力条件下结构变形的重要指标。常用低碳钢的弹性模量 $E=(2.0\sim2.1)\times10^5$MPa，弹性极限 $\sigma_p=180\sim200$MPa。

(2) 屈服阶段（AB 段） 当应力超过 A 点 $\sigma_p$ 之后，如卸去荷载，变形将不能得到完全恢复，表明试件中已产生塑性变形。此时应力与应变不再保持正比关系而成锯齿形变化，应变急剧增加，而应力则在不大的范围内波动，钢材内部暂时失去抵抗变形的能力，这种现象称为屈服，因此称 AB 段为屈服阶段。在屈服阶段中，$B_上$ 点对应的应力（应力首次下降前的最大值）称上屈服点，$B_下$ 点对应的应力（不计初始瞬时效应时的最小应力值）称下屈服点。由于 $B_下$ 点对试验条件不是很敏感，较为稳定且容易测定，故一般以 $B_下$ 点对应的应力作为钢材的屈服强度，或称屈服点、屈服极限，以 $\sigma_s$ 表示。钢材受力超过屈服强度后，会产生较大的塑性变形，尽管尚未破坏，但已不能够满足结构的使用要求，故工程中常以屈服强度作为钢材设计强度取值的依据。常用低碳钢的 $\sigma_s=185\sim235$MPa。

(3) 强化阶段（BC 段） 经过屈服阶段后，钢材内部组织结构发生了变化（晶格畸变、滑移受阻），建立了新的平衡，使其抵抗塑性变形的能力重新提高而得到强化，应力-应变曲线开始继续上升直至最高点 C，故称 BC 段为强化阶段。对应于 C 点的应力称为钢材的抗拉强度，或称极限强度，以 $\sigma_b$ 表示。常用低碳钢的 $\sigma_b=375\sim500$MPa。

抗拉强度 $\sigma_b$ 是钢材受拉时所能承受的最大应力值。在实际工程中，不仅希望钢材具有较高的屈服强度 $\sigma_s$，而且还应具有适当的抗拉强度 $\sigma_b$。屈服强度与抗拉强度之比（$\sigma_s/\sigma_b$）称为屈强比。屈强比是反映结构安全可靠程度和钢材利用率的一个指标。屈强比越小，钢材在受力超过屈服强度工作时，可靠性就越大，结构安全性越高；但屈强比过小，钢材会因有效利用率太低而造成浪费。所以钢材应有一个合理的屈强比，常用碳素结构钢的屈强比为 0.58~0.63，低合金结构钢为 0.65~0.75。

(4) 缩颈阶段（CD 段） 当应力达到最高点 C 点之后，钢材试件抵抗变形的能力开始降低，应力逐渐减小，变形迅速增加，试件被拉长。在某一薄弱截面（有杂质或缺陷之处），断面开始明显减小，产生缩颈直至被拉断，故称 CD 段为缩颈阶段。

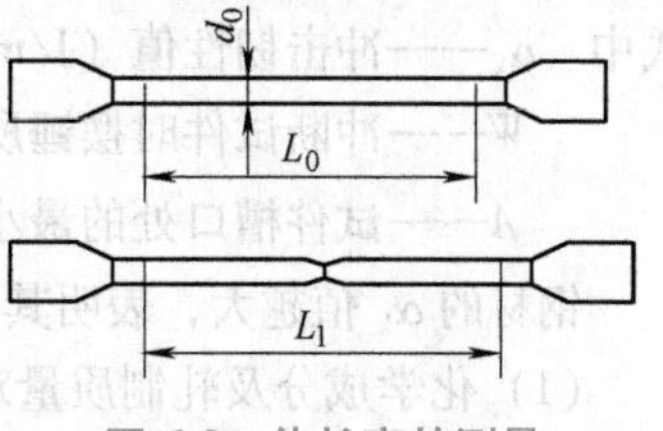


图 6-2 伸长率的测量

试件拉断后，标距的伸长与原始标距长度的百分比称为钢材的伸长率（$\delta$）。测定时将拉断后的两截试件紧密对接在一起，并位于同一轴线上，量出拉断后的标距长度 $L_1$。其与试件原始标距长度$L_0$之差即为试件的塑性变形伸长值，如图 6-2 所示，伸长率 $\delta$ 的计算公式如下：

$$\delta = \frac{L_1 - L_0}{L_0} \times 100\% \tag{6-1}$$

式中 $L_0$——试件的原始标距长度（mm）；

$L_1$——试件拉断后的标距长度（mm）。

在此必须指出，由于试件断裂前的缩颈现象，使塑性变形在试件标距长度内的分布是不均匀的，缩颈处的变形最大，离缩颈部位越远则变形越小。所以，原始标距长度与试件直径之比越小，缩颈处的伸长值在整个伸长值中所占的比例就越大，伸长率$\delta$之值也就越大。通常取试件原始标距长度$L_0$等于$5d_0$或$10d_0$（$d_0$为试件的直径），其伸长率分别以$\delta_5$和$\delta_{10}$表示。显然，对于同一种钢材，$\delta_5$大于$\delta_{10}$。

通过拉力试验还可以测定钢材的另一指标：断面收缩率。断面收缩率是指试件拉断后，缩颈处横截面面积的最大缩减量占试件原始横截面面积的百分比，以$\psi$表示，即

$$\psi = \frac{A_0 - A_1}{A_0} \times 100\% = \frac{d_0^2 - d_1^2}{d_0^2} \times 100\% \tag{6-2}$$

式中 $A_0$、$d_0$——试件原始横截面面积（$mm^2$）、直径（mm）；

$A_1$、$d_1$——试件拉断后缩颈处的横截面面积（$mm^2$）、直径（mm）。

伸长率、断面收缩率都表示钢材塑性变形的能力，在工程中具有重要意义。伸长率较大或者断面收缩率较高的钢材，虽钢质较软、强度较低，但塑性好、加工性能好，偶尔超载时会产生一定塑性变形使应力重新分布，避免结构破坏；而塑性小的钢材，钢质硬脆，超载后易断裂破坏。

### 2. 中、高碳钢的受拉性能

中碳钢和高碳钢（硬钢）拉伸时的应力-应变关系曲线与低碳钢完全不同。其特点是抗拉强度高，但无明显屈服现象，伸长率小，断裂时呈脆性破坏，如图6-3所示。规范规定以残余应变为0.2%时所对应的应力值作为名义屈服强度，也称条件屈服强度，用$\sigma_{0.2}$表示。

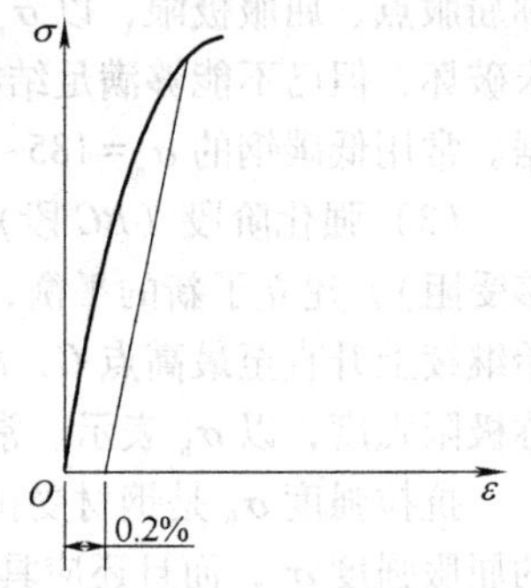


图6-3 硬钢的屈服强度$\sigma_{0.2}$

## 6.2.2 冲击韧性

冲击韧性是指钢材抵抗冲击荷载的能力，用冲击韧性值表示。冲击韧性指标是通过带有V形刻槽的标准试件的冲击韧性试验确定的，如图6-4所示。测试时用摆锤打击标准试件，于刻槽处将其打断，试件单位截面面积上所消耗的功，即为钢材的冲击韧性值，以$\alpha_k$表示。$\alpha_k$可按下式计算：

$$\alpha_k = \frac{W}{A} \tag{6-3}$$

式中 $\alpha_k$——冲击韧性值（$J/mm^2$）；

$W$——冲断试件时摆锤所做的功（J），$W=G(H_1-H_2)$；

$A$——试件槽口处的最小横截面面积（$mm^2$）。

钢材的$\alpha_k$值越大，表明其冲击韧性越好。但钢材的冲击韧性受多种因素的影响。

（1）化学成分及轧制质量对冲击韧性的影响 钢材的冲击韧性对钢的化学成分、内部组织状态以及冶炼、轧制质量都较敏感。钢中硫、磷含量较高，脱氧不完全，存在化学偏析或非金属夹杂物，以及焊接形成的微裂纹等，都会显著降低钢材的冲击韧性。

（2）环境温度对冲击韧性的影响 试验表明，环境温度对钢材的冲击韧性影响很大，冲击

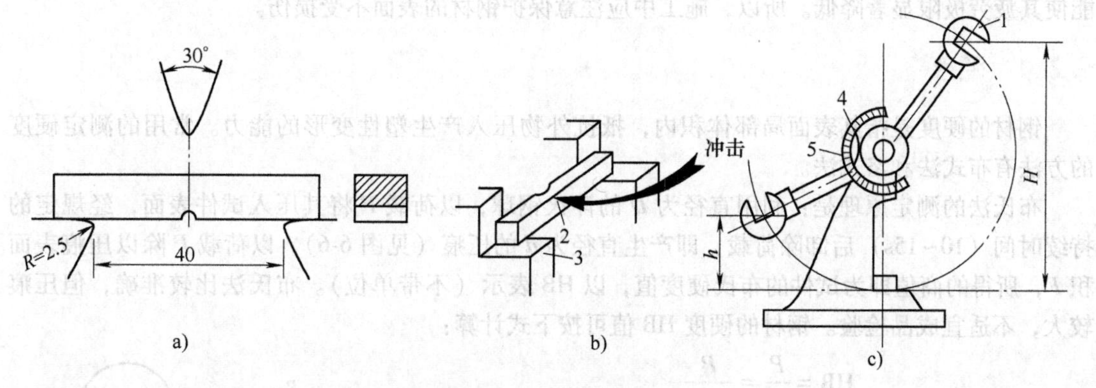


图 6-4 冲击韧性试验图

a）试件尺寸 b）试验装置 c）试验机

1—摆锤 2—试件 3—试验台 4—刻度盘 5—指针

韧性将随温度的降低而下降。其规律是开始时下降平缓，当达到某一定温度范围时，突然下降很多而呈脆性（见图 6-5），这种现象称为钢材的冷脆性。发生冷脆时的温度称为脆性临界温度，该数值越低，说明钢材的低温冲击性能越好。所以在负温下使用的结构，应当选用脆性临界温度较工作温度低的钢材。如碳素结构钢 Q235 的脆性临界温度约为-20℃。

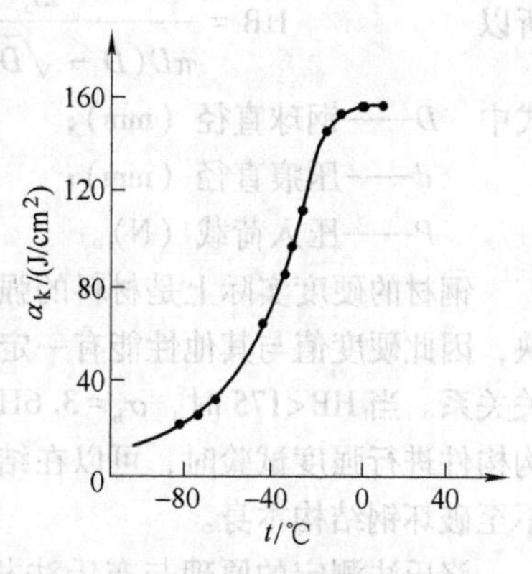


图 6-5 含锰低碳钢 $\alpha_k$ 值与温度的关系

（3）时间对冲击韧性的影响 随着时间的延长，钢材呈现出强度提高，而塑性和冲击韧性下降的现象，这种现象称为钢材的时效。完成时效变化的过程可达数十年，但钢材如经受冷加工变形，或使用中受到振动和反复荷载的影响，时效可迅速发展。因时效而导致钢材性能改变的程度称为时效敏感性，时效敏感性越大的钢材，经过时效以后，其塑性和冲击韧性降低越显著。对于承受动力荷载的结构，如桥梁等，应该选用时效敏感性小的钢材。

综上所述，诸多因素都会降低钢材的冲击韧性，故对于直接承受动力荷载作用或可能在负温下工作的重要结构，都必须对钢材进行冲击韧性检验。

### 6.2.3 抗疲劳性

钢材在交变荷载（即荷载的大小、方向循环变化）的反复作用下，往往在应力远小于抗拉强度时突然发生破坏，这种现象称为钢材的疲劳破坏。试验表明：钢材承受的交变应力 $\sigma$ 越大，断裂时的交变循环次数 $n$ 越少；相反，交变应力 $\sigma$ 越小，则交变循环次数 $n$ 越多；当交变应力 $\sigma$ 低于某一数值时，交变循环达无限次也不会产生疲劳破坏。一般将承受交变荷载达 $10^7$ 周次时不破坏的最大应力定义为疲劳极限 $\sigma_r$。

设计承受反复荷载作用且需进行疲劳验算的结构时，应测定所用钢材的疲劳极限。

钢材的疲劳破坏实质上是由拉应力引起的。开始是在局部形成微细裂纹，其后由于裂纹尖端处产生应力集中，在交变荷载的反复作用下使裂纹逐渐扩展直至突然发生断裂，在断口处可明显看到疲劳裂纹扩展区和残留部分的瞬时断裂区。钢材的疲劳极限不仅与钢材的内部组织有关，也与最大应力处的表面质量有关，例如，钢筋焊接接头的卷边和表面微小的腐蚀缺陷，都可能使其疲劳极限显著降低。所以，施工中应注意保护钢材的表面不受损伤。

### 6.2.4 硬度

钢材的硬度是指其表面局部体积内，抵抗外物压入产生塑性变形的能力。常用的测定硬度的方法有布式法和洛式法。

布氏法的测定原理是：利用直径为 $D$ 的淬火钢球，以荷载 $P$ 将其压入试件表面，经规定的持续时间（10~15s）后卸除荷载，即产生直径为 $d$ 的压痕（见图6-6）。以荷载 $P$ 除以压痕表面积 $F$，所得的商值即为试件的布氏硬度值，以 HB 表示（不带单位）。布氏法比较准确，但压痕较大，不适宜成品检验。钢材的硬度 HB 值可按下式计算：

$$\mathrm{HB}=\frac{P}{F}=\frac{P}{\pi Dh}$$

而

$$h=\frac{D}{2}-\frac{1}{2}\sqrt{D^2-d^2}$$

所以

$$\mathrm{HB}=\frac{2P}{\pi D\left(D-\sqrt{D^2-d^2}\right)} \tag{6-4}$$

式中 $D$——钢球直径（mm）；

$d$——压痕直径（mm）；

$P$——压入荷载（N）。

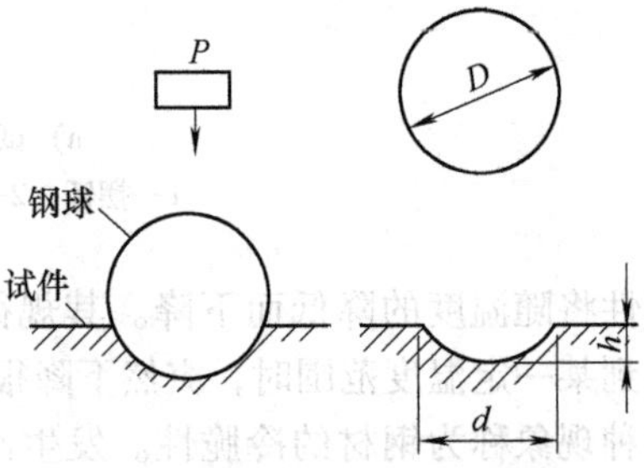

图6-6 布氏硬度测定示意图

钢材的硬度实际上是材料的强度、韧性、弹性、塑性和变形强化率等一系列性能的综合反映，因此硬度值与其他性能有一定的相关性。例如，钢材的 HB 值与抗拉强度 $\sigma_b$ 就有较好的相关关系。当 HB<175 时，$\sigma_b=3.6\mathrm{HB}$；HB>175 时，$\sigma_b=3.5\mathrm{HB}$。根据这些关系，当不能直接对结构构件进行强度试验时，可以在结构的原位上测出钢材的 HB 值，以此估算出钢材的 $\sigma_b$ 值，而不至破坏钢结构本身。

洛氏法测定的原理与布氏法相似，它是根据压头压入试件的深度来表示钢材的硬度值的。洛氏法压痕很小，常用于判断机械零件的热处理效果。

### 6.2.5 冷弯性能

冷弯性能是指钢材在常温下承受弯曲变形的能力，是建筑钢材的重要工艺性能。

冷弯性能指标是根据试件被弯曲的角度及弯心直径 $d$ 对试件厚度 $a$ 或直径的比值来区分的。试验时采用的弯曲角度越大、弯心直径对试件厚度的比值越小，表明对钢材冷弯性能的要求越高。当试件按规定的弯曲角度和弯心直径进行试验时，若弯曲处无裂断、裂纹或起层现象，即认为冷弯性能合格。图6-7所示为冷弯性能试验示意图。

冷弯试验是通过试件弯曲处的塑性变形实现的，能揭示钢材内部是否存在组织不均匀、内应力和夹杂物等缺陷。因为在拉力试验中，这些缺陷常因均匀的塑性变形导致应力重分布而得不到反映，所以冷弯试验是一种比较严格的试验。此外，冷弯试验对钢材的焊接质量也是一种严格的检验，能揭示焊接处是否有未熔合、微裂纹和夹杂物等缺陷。

### 6.2.6 焊接性

焊接是指采用加热或加热同时加压的方法将两个金属件连接在一起。焊接后焊缝部位的性能变化程度称为焊接性。在焊接中，由于高温作用和焊接后急剧冷却作用，会使焊缝及附近的过热区发生晶体组织及结构变化，产生局部变形及内应力，使焊缝周围的钢材产生硬脆倾向，降低

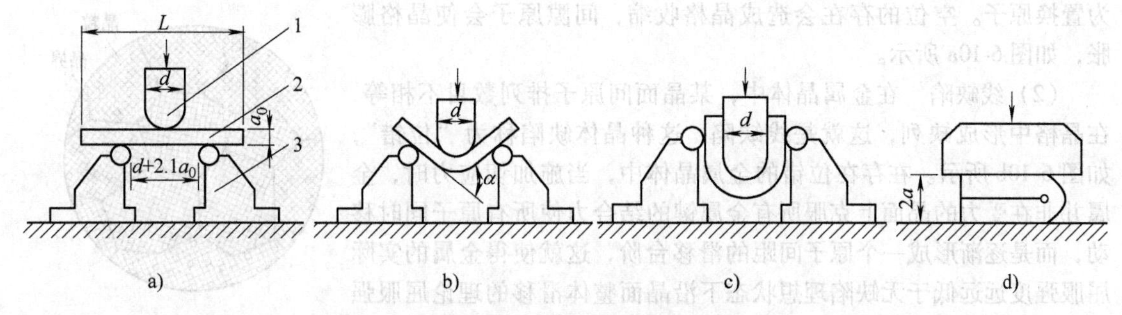


图 6-7 钢材冷弯性能试验示意图

a）试样安装 b）弯曲 90° c）弯曲 180° d）弯曲至两面重合

1—弯心 2—试件 3—支座

焊接质量。如果焊接中母体钢材的性质没有什么劣化作用，则此种钢材的焊接性较好。

低碳钢的焊接性很好。随着钢中含碳量和合金含量的增加，钢材的焊接性减弱。钢材含碳量大于 0.3%时，焊接性变差；杂质及其他元素增加，也会使钢材的焊接性降低，特别是钢中含有硫会使钢材在焊接时产生热脆性。采用焊前预热和焊后热处理的方法，可使焊接性差的钢材焊接质量提高。

## 6.3 钢的组织和化学成分对钢材性能的影响

### 6.3.1 钢的组织对钢材性能的影响

#### 1. 金属的晶体结构

原子有序、有规则的排列称为晶体，绝大部分金属和合金都属于晶体。在金属晶体中，各原子或离子之间以金属键的方式结合，金属键可看成是由许多原子共用许多电子的一种特殊形式的共价键。各金属原子之间通过金属键紧密地、有规律地联结起来，形成空间格子，称为晶格，如图 6-8a、b 所示；晶格中反映排列规律的基本几何单元称为晶胞，如图 6-8c 所示；无数晶胞排列构成晶粒，如图 6-9 所示。

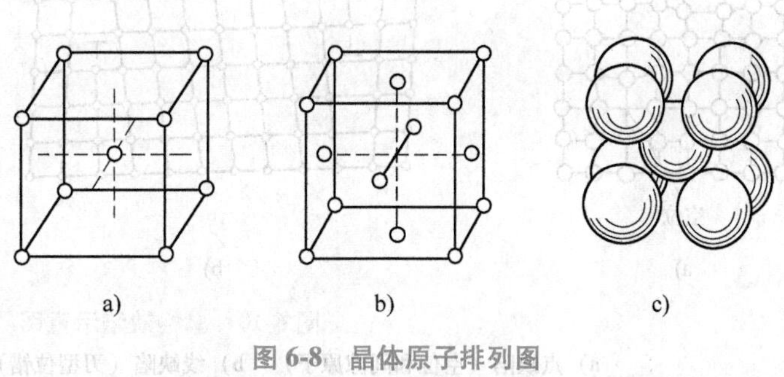


图 6-8 晶体原子排列图

a）体心立方晶格 b）面心立方晶格 c）晶胞

#### 2. 金属晶体结构中的缺陷

在金属晶体中，原子的排列并非完整无缺，而是存在着许多不同形式的缺陷，这些缺陷对金属的强度、塑性和其他性能有明显的影响。金属晶体中的缺陷可分成三种类型：点缺陷、线缺陷和面缺陷。

（1）点缺陷 常见的点缺陷有空位、间隙原子和置换原子。在原子晶格中，并不是每一个平衡位置都被原子所占据，总有一些位置是空着的，这就是空位；某些杂质原子的嵌入，就形成了间隙原子，导致晶格畸变；而晶格组分以外的原子进入晶格中，取代原来平衡位置的原子，称为置换原子。空位的存在会造成晶格收缩，间隙原子会使晶格膨胀，如图6-10a所示。

（2）线缺陷 在金属晶体中，某晶面间原子排列数目不相等，在晶格中形成缺列，这就是线缺陷，这种晶体缺陷称为“位错”，如图6-10b所示。在存在位错的金属晶体中，当施加切应力时，金属并非在受力的晶面上克服所有金属键的结合力使所有原子同时移动，而是逐渐形成一个原子间距的滑移台阶，这就使得金属的实际屈服强度远远低于无缺陷理想状态下沿晶面整体滑移的理论屈服强度。理论屈服强度往往超过实际屈服强度的100~1000倍，甚至更多。

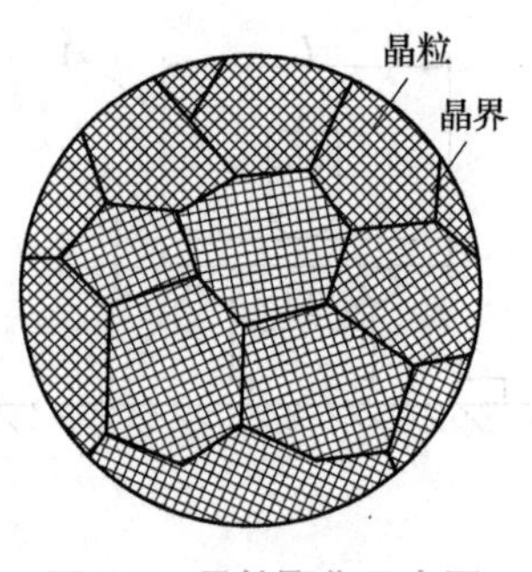

图6-9 晶粒聚集示意图

在金属晶体中，位错及其他类型的缺陷是大量存在的，当位错在应力作用下产生运动时，其阻力来自于晶格阻力以及与其他缺陷之间的交互作用，因此缺陷增多会使位错运动的阻力增大。所以金属晶体中缺陷的增加会使强度增加，同时又会使塑性下降。

（3）面缺陷 多晶体金属由许多不同晶格取向的晶粒所组成，这些晶粒之间的边界称为晶界。在晶界处原子的排列规律受到严重干扰，使晶格发生畸变，畸变区形成一个面，这些面又交织成三维网状结构，这类缺陷称为面缺陷，如图6-10c所示。

当晶粒中的位错运动达到晶界时，会受到面缺陷的阻抑。所以在金属中晶界的多少影响着金属的力学性能。而晶界的多少又取决于晶粒的粗细，晶粒越细，晶界越多，金属的强度、硬度越高。

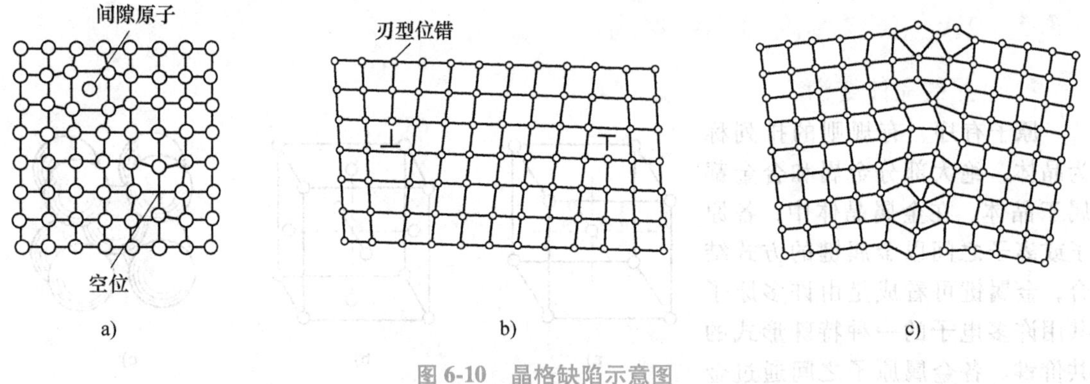

图6-10 晶格缺陷示意图

a）点缺陷（空位和间隙原子） b）线缺陷（刃型位错） c）面缺陷（晶界面）

### 3. 钢的基本晶体组织

（1）铁素体 铁素体是碳在α-Fe中的固溶体。其晶格原子间空隙较小，溶碳能力很低，滑移面较多，晶格畸变小，所以受力时强度低而塑性好。抗拉强度约为250MPa，伸长率约为50%。

（2）渗碳体 渗碳体是铁和碳组成的化合物（$Fe_3C$）。含碳量为6.67%，晶体结构复杂，性质硬而脆，抗拉强度很低。

（3）珠光体 珠光体是铁素体和渗碳体相间形成的层状机械混合物。可认为是铁素体基体上分布着硬脆的渗碳体片，两者既不互溶，也不化合，各自保持原有的晶格和性质。当含碳量为0.8%时，其强度较高，塑性和韧性介于铁素体和渗碳体之间。

建筑钢材的含碳量不大于0.8%，其基本组织为铁素体和珠光体。含碳量增大时，珠光体的相对含量随之增大，铁素体则相应减小。因而，强度随之提高，但塑性和韧性则相应下降。

### 4. 金属强化的微观机理

为了提高金属材料的屈服强度和其他力学性能，可采用改变微观晶体缺陷的数量和分布状态的方法。例如，引入更多位错或加入其他合金元素，以使位错运动受到的阻力增加，具体措施有以下几种：

（1）细晶强化　金属中的晶粒越细，单位体积中的晶界就越多，因而位错运动的阻力就越大。这种以增加单位体积中的晶界面积来提高金属屈服强度的方法，称为细晶强化。某些合金元素的加入，使金属凝固时的结晶核心增多，可达到细晶的目的。

（2）固溶强化　在某种金属中加入另一种物质（如铁中加入碳）而形成固溶体。当固溶体中溶质原子和溶剂原子的直径有一定差异时，会形成众多的缺陷，从而使位错运动的阻力增大，使屈服强度提高，这种方法称为固溶强化。

（3）弥散强化　在金属材料中，散入第二相质点，构成对位错运动的阻力，从而提高屈服强度。在采用弥散强化时，散入质点的强度越高、越细、越分散、数量越多，则位错运动阻力越大，强化作用越明显。

（4）变形强化　当金属材料受力变形时，晶体内部的缺陷密度将明显增大，导致屈服强度提高，称为变形强化。这种强化作用只能在低于熔点温度40%的条件下产生，因此也叫冷加工强化。

## 6.3.2　钢的化学成分对钢材性能的影响

钢材的化学成分除了铁和碳元素之外，还有硅、锰、钛、钒、磷、硫、氮、氧等元素。它们的含量决定了钢材的质量和性能，尤其对某些有害元素，在冶炼时应通过控制和调节限制其含量，以保证钢材的质量。

碳（C）：碳存在于所有钢材中，是影响钢材性能的最重要元素。建筑钢材的含碳量一般不大于0.8%。在碳素钢中，随着含碳量的增加，钢材的强度和硬度提高，而塑性和韧性则降低。当含碳量大于1%后，钢材的脆性增加、硬度增加、强度降低。含碳量大于0.3%时，钢材的焊接性显著降低。此外，碳还使钢材的冷脆性和时效敏感性增加，抗大气锈蚀性降低。

硅（Si）：硅是在炼钢时为脱氧去硫而加入的，是低合金钢的主加合金元素。当钢中含硅量小于1%时，能显著提高钢材的强度，而对塑性及韧性没有明显影响。在普通碳素钢中，其含量一般不大于0.35%，在合金钢中不大于0.55%。当含硅量超过1%时，钢的塑性和韧性会明显降低，冷脆性增加，焊接性变差。

锰（Mn）：锰是低合金钢的主加合金元素，含锰量一般在1%~2%。锰可提高钢材的强度、硬度及耐磨性，并能消减硫和氧所引起的热脆性，提高钢的淬火性，改善钢材的热加工性能。含锰量11%~14%的钢有极高的耐磨性，常用作挖土机铲斗、球磨机衬板等。

钛（Ti）：钛是强脱氧剂，并能细化晶粒，是常用的微量合金元素。钛能显著提高钢材的强度，改善韧性和焊接性能，但略微降低塑性。

钒（V）：钒是弱脱氧剂，也是常用的微量合金元素。钒加入钢中可减弱碳和氮的不利影响，细化晶粒，提高钢材强度，并能减少时效倾向，但会增加焊接时的硬脆倾向。

磷（P）：磷是碳素钢中的有害元素。在常温下其含量提高，钢材的强度和硬度提高，但塑性和韧性显著下降；温度越低，对韧性和塑性的影响越大，即引起所谓的“冷脆性”。磷在钢中的分布不均匀，偏析严重，使钢材的冷脆性增大，并显著降低钢材的焊接性。因此，在碳素钢中对磷的含量有严格限制。但磷可提高钢的耐磨性和耐腐蚀性，在低合金钢中可配合其他元素作为合金元素使用。

硫（S）：硫是碳素钢中的有害元素。硫呈非金属硫化物夹杂物存在于钢中，降低了钢材的各种力学性能。硫化物造成的低熔点使钢在焊接时易产生热裂纹，显著降低焊接性，称为热脆性。此外，硫也有强烈的偏析作用，增加了危害性。

氧（O）：氧是钢中的有害元素。氧主要存在于非金属夹杂物中，少量溶于铁素体中。非金属夹杂物会降低钢材的力学性能，特别是韧性。氧还有促进时效倾向的作用，氧化物造成的低熔点也使钢材的焊接性变差。

氮（N）：氮主要嵌溶于铁素体中，也可呈化合物形式存在。氮对钢材性质的影响与碳、磷相似，可使钢材的强度提高，塑性特别是韧性显著下降。氮还可加剧钢的时效敏感性和冷脆性，降低焊接性。但氮若与铝或钛元素反应生成化合物，能细化晶粒，并改善钢材的性能。

## 6.4 钢材的冷加工、时效强化与热处理

### 6.4.1 钢材的冷加工与时效强化

1. 钢材的冷加工

(1) 钢材的冷加工 冷加工是指在常温下对钢材进行的机械加工，建筑钢材常见的冷加工方式有冷拉、冷拔、冷轧、冷扭、刻痕等。

1）冷拉。在常温下将热轧钢筋用拉伸设备进行张拉，使之伸长的加工方法。钢材经冷拉后屈服阶段缩短，伸长率减小，冲击韧性降低，材质变硬。

2）冷拔。在常温下将光圆钢筋通过硬质合金拔丝模孔强行拉拔，以减小直径的加工方法（见图6-11）。冷拔使钢材同时经受拉伸和挤压变形，冷拔作用比纯拉伸的作用强烈，钢材经冷拔后屈服强度提高较大，但塑性大大降低，具有硬钢的性质。

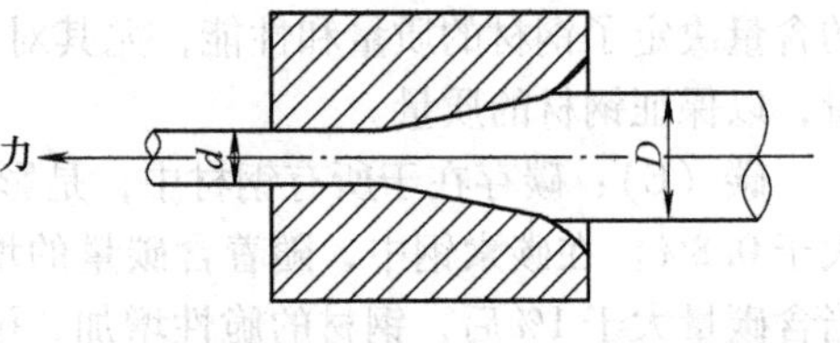


图6-11 钢筋冷拔示意图

3）冷轧。在常温下将热轧钢材在冷轧机上轧制成规则断面形状的加工方法。钢材经冷轧后可提高其强度及其与混凝土的黏结力。钢材在冷轧时，纵向和横向同时产生变形，因而能较好地保持其塑性和内部结构的均匀性。

4）冷扭。在常温下将低碳钢材在冷扭机上绕其纵轴扭转，使其呈连续螺旋状、具有规定截面形状和节距的加工方法（见图6-12）。钢材冷扭后，既可提高钢材的机械强度，又可明显增强钢筋与混凝土之间的黏结力和钢筋在混凝土中的抗拔力。

5）刻痕。在常温下将光圆钢筋或钢丝采用刻痕机在其表面压出规律的凹痕的加工方法（见图6-13）。刻痕钢筋或钢丝，既可提高钢材的机械强度，又可增强钢筋与混凝土之间的黏结力。

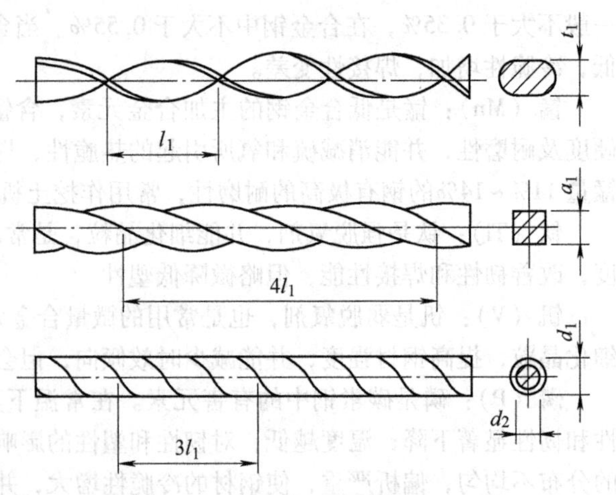


图6-12 冷扭钢筋形状及截面示意图

(2) 钢材的冷加工强化 将钢材在常温下进行加工，使其产生一定的塑性变形，从而使屈服强度提高，但塑性和韧性下降的现象称为冷加工强化或硬化。钢材的变形程度越大，

其性能的变化也越大。

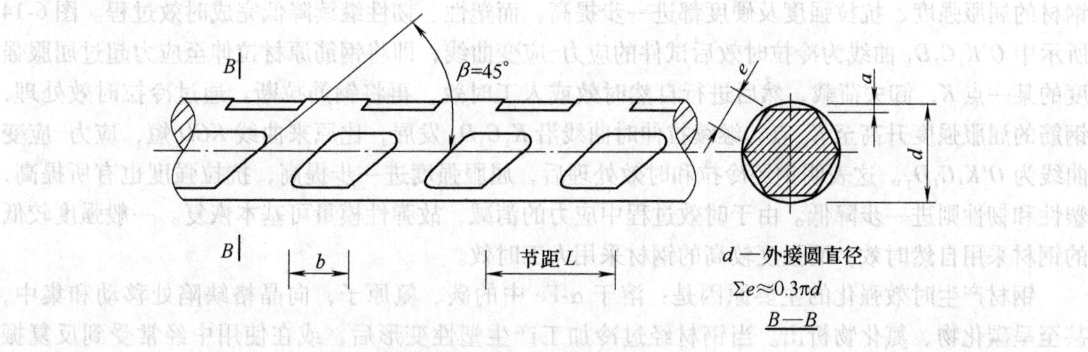


图 6-13 三面刻痕钢丝外形示意图

钢材冷加工后性能的变化，可通过钢材拉伸后的性能变化规律加以说明。图 6-14 所示中 $OBCD$ 为未经冷拉试件的应力-应变曲线，即将钢筋原材料直接拉断，此时，钢筋的屈服强度为 $B$ 点。图中 $O'KCD$ 曲线为冷拉后试件的应力-应变曲线，即将钢筋原材拉伸至应力超过屈服强度的某一点 $K$，卸去荷载，然后立即重新加载将钢筋拉断。卸去荷载后，由于试件已产生塑性变形，故曲线沿 $KO'$下降，大致与 $AO$ 平行，钢筋恢复部分变形（弹性变形部分），保留 $OO'$残余变形。将试件重新拉伸，则新的屈服强度升高至 $K$ 点，以后的应力-应变曲线与 $KCD$ 重合，即应力-应变曲线为 $O'KCD$。这表明钢筋经冷拉后屈服强度得到提高，塑性、韧性下降，而抗拉强度基本不变。

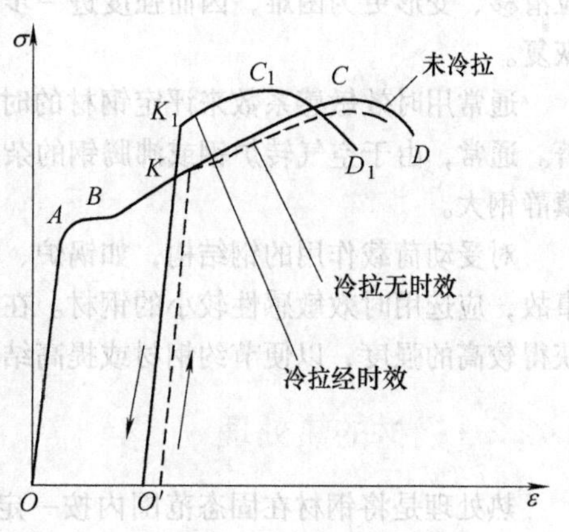


图 6-14 钢筋经冷拉与时效前后的应力-应变曲线

冷加工强化的原理是：钢材经冷加工产生塑性变形后，塑性变形区域内的晶粒产生相对滑移，导致滑移面下的晶粒破碎，晶格的缺陷增多并严重畸变，对晶格的进一步滑移将起到阻碍作用，故提高了钢材的屈服强度，也就是提高了抵抗外力的能力。同时，由于塑性变形后滑移面减少，从而使其塑性和韧性降低，脆性增加。由于塑性变形中产生内应力，故钢材的弹性模量 $E$ 降低。

土木工程中常采用不同的冷加工方式以获得不同的效果。经过冷加工的钢材，提高了屈服强度，如钢筋经冷拉后，一般屈服强度可提高 20%~25%，冷拔钢丝屈服强度可提高 40%~70%，可适当减小钢筋混凝土结构截面或减少混凝土中配筋数量，从而达到节约钢材、降低成本的目的。钢筋冷拉还可将开盘、调直、除锈等工序一并完成，有利于简化施工工序。但冷拔钢丝的屈强比较大，相应的安全储备较少。

**2. 钢材的时效强化**

钢材随时间的延长，强度、硬度提高，而塑性、韧性下降的现象称为时效。时效处理分自然时效和人工时效两种方法。自然时效是将钢材在常温下放置 15~20d 即可；人工时效是将钢材加热至 100~200℃保持 2h 左右即达时效效果。通常对强度较低的钢筋可采用自然时效，强度较高的钢筋则需采用人工时效。

钢材在自然条件下的时效非常缓慢，若经过冷加工或使用中经常受到振动、冲击荷载作用时，时效将迅速发展。钢材经冷加工后在常温下搁置15~20d或加热至100~200℃保持2h以内，钢材的屈服强度、抗拉强度及硬度都进一步提高，而塑性、韧性继续降低完成时效过程。图6-14所示中$O'K_1C_1D_1$曲线为冷拉时效后试件的应力-应变曲线，即将钢筋原材拉伸至应力超过屈服强度的某一点$K$，卸去荷载，然后进行自然时效或人工时效，再将钢筋拉断。通过冷拉时效处理，钢筋的屈服强度升高至$K_1$点，继续拉伸时曲线沿$K_1C_1D_1$发展，比原来曲线$KCD$短，应力-应变曲线为$O'K_1C_1D_1$。这表明钢经冷拉和时效处理后，屈服强度进一步提高，抗拉强度也有所提高，塑性和韧性则进一步降低。由于时效过程中应力的消减，故弹性模量可基本恢复。一般强度较低的钢材采用自然时效，而强度较高的钢材采用人工时效。

钢材产生时效强化的主要原因是：溶于$\alpha$-Fe中的碳、氮原子，向晶格缺陷处移动和集中，甚至呈碳化物、氮化物析出。当钢材经过冷加工产生塑性变形后，或在使用中经常受到反复振动，碳、氮原子的迁移和富集大为加快。由于缺陷处碳、氮原子富集，使晶格畸变加剧，造成晶粒滑移、变形更为困难，因而强度进一步提高，塑性和韧性则进一步降低，而弹性模量则基本恢复。

通常用时效敏感系数来评定钢材的时效大小，时效敏感系数$C$越大，冲击韧性降低就越显著。通常，由于空气转炉钢或沸腾钢的杂质含量较多，其时效敏感性要比平炉钢、氧气转炉钢或镇静钢大。

对受动荷载作用的钢结构，如锅炉、桥梁、钢轨和吊车梁等，为了避免因其突然断裂而引发事故，应选用时效敏感性较小的钢材。在钢筋混凝土工程中，则经常利用冷加工与时效的效果来获得较高的强度，以便节约钢材或提高结构的刚度。

### 6.4.2 钢材的热处理

热处理是将钢材在固态范围内按一定规则加热、保温和冷却，以改变其金相组织和显微结构组织，从而获得所需要的工艺性能和使用性能的一种工艺过程。土木工程所用钢材一般在生产厂家进行热处理并以热处理状态供应。在施工现场，有时需对焊接件进行热处理。热处理的方法有退火、正火、淬火和回火。

#### 1. 退火

退火有低温退火和完全退火等。低温退火的加热温度在相变，即铁素体等基本组织转变温度以下。其目的是利用加温使原子活跃，从而使加工中产生的缺陷减少，晶格畸变减轻和内应力基本消除。完全退火的加热温度为800~850℃，高于基本组织转变温度，经保温后以缓慢速度冷却，而达到改变组织并使钢材的塑性和冲击韧性得以改善，硬度也有所降低。

#### 2. 正火

钢材经过加热至相变温度以上，组织变为奥氏体之后，置于空气中冷却，通过这种处理，可细化晶粒，调整碳化物大小和分布，除掉钢在热轧过程中形成的带状组织和内应力，使钢材的塑性和韧性提高。正火与退火的主要区别是冷却速度不同，正火在空气中冷却的速度比退火冷却要快。与退火相比，正火后的钢材强度、硬度较高，而塑性减小。正火的主要目的是细化晶粒、消除组织缺陷等。

#### 3. 淬火

淬火是钢材加热到基本组织转变温度以上（一般为900℃以上），保温使组织完全转变，随即放入液体介质中快速冷却的热处理工艺。淬火的目的是使钢材的组织结构具有更高的硬度和强度，但其塑性和冲击韧性很差。最适宜淬火处理的钢是中碳钢，低碳钢淬火效果不明显，而高碳钢淬火后则变得太脆。经淬火后钢材的脆性和内力很大，因此，淬火后一般要及时地进行回火处理。

**4. 回火**

回火是将钢材加热到基本组织转变温度以下（150～650℃内选定），保温后在空气中冷却的一种热处理工艺。通常回火和淬火是两道相连的热处理过程，其目的是促进不稳定组织转变为需要的组织，消除淬火产生的内应力，改善机械性能等。

### 6.4.3　钢材的焊接

焊接是将两金属的接缝处加热熔化或加压，或两者并用，以造成金属原子间和分子间的结合，从而使之牢固地连接起来。

土木工程用钢材的主要焊接方法有两种：焊接钢结构用的电弧焊和钢筋焊接用的接触对焊。焊接质量主要取决于选择正确的焊接工艺和适宜的焊接材料，以及钢材本身的焊接性能。

电弧焊是在焊接时产生高温电弧，使焊条金属熔化在焊件上，成为连接焊件的焊缝金属。同时，电弧的高温使焊件边缘金属熔化，与熔化的焊条金属由于扩散作用而均匀地密切熔合，有助于金属间牢固连接。

接触对焊是利用电流通过两个焊件的接触面所产生的高温，熔融接触面金属，加压熔合而成。接触对焊不用焊条。

在焊接中，由于高温作用和焊接后急剧冷却作用，焊缝及其附近的过热区将发生晶体组织及结构变化，产生局部变形及内应力，使焊缝周围的钢材产生硬脆倾向，降低焊接的质量。焊接性良好的钢材，焊缝处性质应尽可能与母材相同，焊接才牢固可靠。

焊接不良易造成各种缺陷，常见的缺陷有焊缝金属缺陷（热裂纹、夹杂物和气孔）和基体金属热影响区的缺陷（冷裂纹、晶粒粗大、碳化物和氮化物析出）。对焊接件质量影响最大的缺陷是裂纹和缺口，会降低焊接部位的强度、塑性、韧性和抗疲劳性。

钢材焊接后必须取样进行焊接质量检验，一般包括拉伸试验，有些焊接种类还包括弯曲试验，要求试验时试件的断裂不能发生在焊接处。同时还要检查焊缝处有无裂纹、砂眼、咬肉和焊件变形等缺陷。

## 6.5　土木工程常用钢材的品种与选用

土木工程结构使用的钢材主要由碳素结构钢、低合金高强度结构钢和优质碳素结构钢等加工而成。

### 6.5.1　碳素结构钢

碳素结构钢是碳素钢中的一类，可加工成各种型钢、钢筋和钢丝，适用于一般结构和工程。构件可进行焊接、铆接和栓接。碳素结构钢由氧气转炉、平炉或电炉冶炼，一般以热轧（包括控轧）状态交货。

**1. 牌号及其表示方法**

根据《碳素结构钢》（GB/T 700）规定，碳素结构钢分为Q195、Q215、Q235、Q275四种牌号。每个牌号又根据其硫、磷等有害杂质的含量及性能的不同分成不同的质量等级，质量等级有

A、B、C、D四个等级，A级不要求冲击韧性，B级要求+20℃冲击韧性，C级要求0℃冲击韧性，D级要求-20℃冲击韧性。

碳素结构钢的牌号由代表屈服强度的字母、屈服强度数值、质量等级符号、脱氧程度符号四个部分按顺序组成。

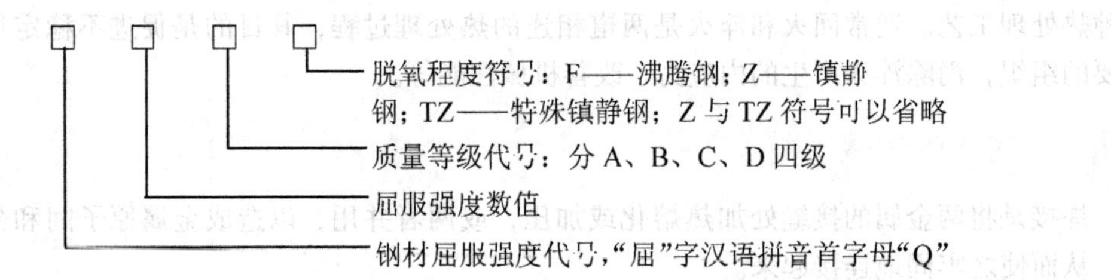


例如，Q235AF，表示碳素结构钢的屈服强度为$\sigma_s$不小于235MPa，质量等级为A级，脱氧程度为沸腾钢。

### 2. 力学性能、工艺性能和化学成分

根据《碳素结构钢》（GB/T 700）的规定，碳素结构钢的力学性能（强度、冲击韧性等）应符合表6-1所示的规定。冷弯性能应符合表6-2所示的规定。钢的化学成分（熔炼分析）应符合表6-3所示的规定。

表6-1 碳素结构钢的力学性能

| 牌号 | 等级 | 拉伸试验 | | | | | | | | | | | | | 冲击试验 | |
|---|---|---|---|---|---|---|---|---|---|---|---|---|---|---|---|---|
| | | 屈服强度 $\sigma_s$/MPa，不小于 | | | | | | 抗拉强度 $\sigma_b$/MPa | 伸长率 $\delta_5$(%)，不小于 | | | | | 温度/℃ | V形冲击功(纵向)/J，不小于 |
| | | 钢材厚度（直径）/mm | | | | | | | 钢材厚度（直径）/mm | | | | | | |
| | | ≤16 | >16~40 | >40~60 | >60~100 | >100~150 | >150~200 | | ≤40 | >40~60 | >60~100 | >100~150 | >150~200 | | |
| Q195 | — | 195 | 185 | — | — | — | — | 315~430 | 33 | — | — | — | — | — | — |
| Q215 | A | 215 | 205 | 195 | 185 | 175 | 165 | 335~450 | 31 | 30 | 29 | 27 | 26 | — | |
| | B | | | | | | | | | | | | | +20 | 27 |
| Q235 | A | 235 | 225 | 215 | 215 | 195 | 185 | 370~500 | 26 | 25 | 24 | 22 | 21 | — | — |
| | B | | | | | | | | | | | | | 20 | 27 |
| | C | | | | | | | | | | | | | 0 | |
| | D | | | | | | | | | | | | | -20 | |
| Q275 | A | 275 | 265 | 255 | 245 | 225 | 215 | 410~540 | 22 | 21 | 20 | 18 | 17 | — | — |
| | B | | | | | | | | | | | | | +20 | 27 |
| | C | | | | | | | | | | | | | 0 | |
| | D | | | | | | | | | | | | | -20 | |

注：1. 牌号Q195的屈服强度仅供参考，不作为交货条件。

2. 厚度大于100mm的钢材，抗拉强度下限允许降低$20N/mm^2$，宽带钢（包括剪切钢板）抗拉强度上限不作为交货条件。

3. 厚度小于25mm的Q235B级钢材，如供方能保证冲击吸收功值合格，经需方同意，可不做检验。

**表 6-2 碳素结构钢的冷弯性能**

| 牌号 | 试样方向 | 冷弯试验 $B=2a$ 180° | |
|---|---|---|---|
| | | 钢材厚度（直径）/mm | |
| | | ≤60 | >60~100 |
| | | 弯心直径 $d$ | |
| Q195 | 纵 | 0 | — |
| | 横 | 0.5$a$ | |
| Q215 | 纵 | 0.5$a$ | 1.5$a$ |
| | 横 | $a$ | 2$a$ |
| Q235 | 纵 | $a$ | 2$a$ |
| | 横 | 1.5$a$ | 2.5$a$ |
| Q275 | 纵 | 1.5$a$ | 2.5$a$ |
| | 横 | 2$a$ | 3$a$ |

**表 6-3 碳素结构钢的化学成分**

| 牌号 | 统一数字代号① | 等级 | 厚度（或直径）/mm | 脱氧方法 | 化学成分（质量分数）(%)，不大于 | | | | |
|---|---|---|---|---|---|---|---|---|---|
| | | | | | C | Si | Mn | P | S |
| Q195 | U11952 | — | — | F、Z | 0.12 | 0.30 | 0.50 | 0.035 | 0.040 |
| Q215 | U12152 | A | — | F、Z | 0.15 | 0.35 | 1.20 | 0.045 | 0.050 |
| | U12155 | B | | | | | | | 0.045 |
| Q235 | U12352 | A | — | F、Z | 0.22 | 0.35 | 1.40 | 0.045 | 0.050 |
| | U12355 | B | | | 0.20② | | | | 0.045 |
| | U12358 | C | | Z | 0.17 | | | 0.040 | 0.040 |
| | U12359 | D | | TZ | | | | 0.035 | 0.035 |
| Q275 | U12752 | A | — | F、Z | 0.24 | 0.35 | 1.50 | 0.045 | 0.050 |
| | U12755 | B | ≤40 | Z | 0.21 | | | 0.045 | 0.045 |
| | | | >40 | | 0.22 | | | | |
| | U12758 | C | — | Z | 0.20 | | | 0.040 | 0.040 |
| | U12759 | D | | TZ | | | | 0.035 | 0.035 |

① 表中为镇静钢、特殊镇静钢牌号的统一数字，沸腾钢牌号的统一数字代号如下：
Q195F——U11950。
Q215AF——U12150，Q215BF——U12153。
Q235AF——U12350，Q235BF——U12353。
Q275AF——U12750。
② 经需方同意，Q235B 的碳含量（质量分数）可不大于 0.22%。

## 3. 性能与选用

碳素结构钢，随着牌号的增大，其含碳量增加，强度和硬度提高，塑性、韧性和可加工性能逐步降低；脱氧程度越完全，钢的质量越好；同一牌号内质量等级越高，钢的质量越好，如 Q235C、D 级优于 A、B 级。脱氧程度越完全，钢的质量越好。

碳素结构钢力学性能稳定，塑性好，在各种加工（如轧制、加热或迅速冷却）过程中敏感性较小，构件在焊接、超载、受冲击和温度应力等不利的情况下能够保证安全。而且，碳素结构钢冶炼方便，成本较低，目前在土木工程应用中占有相当大的比例。不同牌号的碳素结构钢在土木工程中有不同的用途。

1）Q195 钢强度不高，塑性、韧性、加工性能与焊接性能较好，主要用于轧制薄板和盘条等。

2）Q215 钢用途与 Q195 钢基本相同，由于其强度稍高，还大量用于制作管坯和螺栓等。

3）Q235 钢既有较高的强度，又有较好的塑性和韧性，焊接性也好，在土木工程中应用最广泛，大量用于制作钢结构用钢、钢筋和钢板等。其中 Q235A 级钢，一般仅适用于承受静荷载作用的结构，Q235C 和 Q235D 级钢可用于重要的焊接结构。另外，由于 Q235D 级钢含有足够的形成细晶粒结构的元素，同时对硫、磷有害元素控制严格，故其冲击韧性好，有较强的抵抗振动、冲击荷载能力，尤其适用于负温条件。

4）Q275 钢强度、硬度较高，耐磨性较好，但塑性、冲击韧性和焊接性差，不宜用于建筑结构，主要用于制作机械配件和工具等。

钢结构用碳素结构钢的选用大致根据下列原则：以冶炼方法和脱氧程度来区分钢材品质，选用时应根据结构的工作条件、承受荷载的类型（动荷载、静荷载）、受荷方式（直接受荷、间接受荷）、结构的连接方式（焊接、非焊接）和使用温度等因素综合考虑，对各种不同情况下使用的钢结构用钢都有一定的要求。

## 6.5.2 低合金高强度结构钢

低合金高强度结构钢是在碳素结构钢的基础上添加总量小于 5%合金元素的钢材，所加合金元素主要有锰（Mn）、硅（Si）、钒（V）、钛（Ti）、铌（Nb）、铬（Cr）、镍（Ni）及稀土元素，均为镇静钢。

### 1. 牌号及其表示方法

根据《低合金高强度结构钢》（GB/T 1591）的规定，低合金高强度结构钢分为 Q355、Q390、Q420、Q460、Q500、Q550、Q620、Q690 八个牌号。每个牌号又根据其硫、磷等有害杂质的含量及性能的不同分成不同的质量等级，质量等级有 B、C、D、E、F 五个等级。B 级要求+20℃冲击韧性，C 级要求 0℃冲击韧性，D 级要求-20℃冲击韧性，E 级要求-40℃冲击韧性，F 级要求-60℃冲击韧性。

低合金高强度结构钢的牌号由代表屈服强度的字母、屈服强度数值、交货状态符号、质量等级符号四个部分按顺序组成。

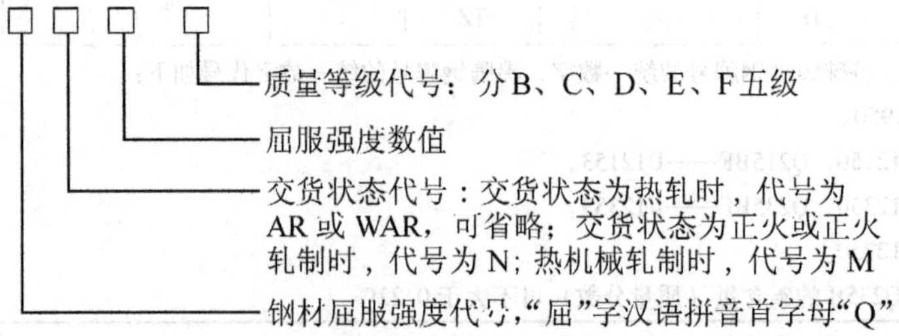


例如，Q355ND，表示低合金高强度结构钢的屈服强度为 $\sigma_s$ 不小于 355MPa，交货状态为正火或正火轧制，质量等级为 D 级。当需方要求钢板具有厚度方向性能时，则在上述规定的牌号后加上代表厚度方向（Z 向）性能级别的符号，例如：355NZ25。

### 2. 力学性能、工艺性能和化学成分

根据《低合金高强度结构钢》（GB/T 1591）的规定，低合金高强度结构钢的力学性能应符合表 6-4~表 6-6 所示的规定。钢的化学成分（熔炼分析）应符合表 6-7~表 6-9 所示的规定。

表 6-4 热轧钢的抗拉性能指标

| 牌号 | | 上屈服强度①/MPa，不小于 | | | | | | | | | 抗拉强度/MPa | | | | 断后伸长率（%），不小于 | | | | | | |
|---|---|---|---|---|---|---|---|---|---|---|---|---|---|---|---|---|---|---|---|---|---|
| | | 公称厚度或直径/mm | | | | | | | | | | | | | | | | | | | |
| 钢级 | 质量等级 | ≤16 | >16~40 | >40~63 | >63~80 | >80~100 | >100~150 | >150~200 | >200~250 | >250~400 | ≤100 | >100~150 | >150~250 | >250~400 | 试样方向 | ≤40 | >40~63 | >63~100 | >100~150 | >150~250 | >250~400 |
| Q355 | B、C | 355 | 345 | 335 | 325 | 315 | 295 | 285 | 275 | — | 470~630 | 450~600 | 450~600 | — | 纵向 | 22 | 21 | 20 | 18 | 17 | 17② |
| | D | | | | | | | | | 265② | | | | 450~600② | 横向 | 20 | 19 | 18 | 18 | 17 | 17② |
| Q390 | B、C、D | 390 | 380 | 360 | 340 | 340 | 320 | — | — | — | 490~650 | 470~620 | — | — | 纵向 | 21 | 20 | 20 | 19 | — | — |
| | | | | | | | | | | | | | | | 横向 | 20 | 19 | 19 | 18 | — | — |
| Q420③ | B、C | 420 | 410 | 390 | 370 | 370 | 350 | — | — | — | 520~680 | 500~650 | — | — | 纵向 | 20 | 19 | 19 | 19 | — | — |
| Q460③ | C | 460 | 450 | 430 | 410 | 410 | 390 | — | — | — | 550~720 | 530~700 | — | — | 纵向 | 18 | 17 | 17 | 17 | — | — |

① 当屈服不明显时，可用规定塑性延伸强度代替上屈服强度。

② 只适用于质量等级为 D 的钢板。

③ 只适用于型钢和棒材。

表 6-5 正火、回火轧制钢的抗拉性能指标

| 牌号 | | 上屈服强度①/MPa，不小于 | | | | | | | | 抗拉强度/MPa | | | 断后伸长率（%），不小于 | | | | | |
|---|---|---|---|---|---|---|---|---|---|---|---|---|---|---|---|---|---|---|
| | | 公称厚度或直径/mm | | | | | | | | | | | | | | | | |
| 钢级 | 质量等级 | ≤16 | >16~40 | >40~63 | >63~80 | >80~100 | >100~150 | >150~200 | >200~250 | ≤100 | >100~200 | >200~250 | ≤16 | >16~40 | >40~63 | >63~80 | >80~200 | >200~250 |
| Q355N | B、C、D、E、F | 355 | 345 | 335 | 325 | 315 | 295 | 285 | 275 | 470~630 | 450~600 | 450~600 | 22 | 22 | 22 | 21 | 21 | 21 |
| Q390N | B、C、D、E | 390 | 380 | 360 | 340 | 340 | 320 | 310 | 300 | 490~650 | 470~620 | 470~620 | 20 | 20 | 20 | 19 | 19 | 19 |
| Q420N | B、C、D、E | 420 | 400 | 390 | 370 | 360 | 340 | 330 | 320 | 520~680 | 500~650 | 500~650 | 19 | 19 | 19 | 18 | 18 | 18 |
| Q460N | C、D、E | 460 | 440 | 430 | 410 | 400 | 380 | 370 | 370 | 540~720 | 530~710 | 510~690 | 17 | 17 | 17 | 17 | 17 | 16 |

①当屈服不明显时，可用规定塑性延伸强度代替上屈服强度。

表 6-6 热机械轧制钢的抗拉性能指标

| 牌号 | | 上屈服强度①/MPa，不小于 | | | | | | 抗拉强度/MPa | | | | | 断后伸长率(%)，不小于 |
|---|---|---|---|---|---|---|---|---|---|---|---|---|---|
| | | 公称厚度或直径/mm | | | | | | | | | | | |
| 钢级 | 质量等级 | ≤16 | >16~40 | >40~63 | >63~80 | >80~100 | >100~120 | ≤40 | >40~63 | >63~80 | >80~100 | >100~120② | |
| Q355M | B、C、D、E、F | 355 | 345 | 335 | 325 | 325 | 320 | 470~630 | 450~610 | 440~600 | 440~600 | 430~590 | 22 |
| Q390M | B、C、D、E | 390 | 380 | 360 | 340 | 340 | 335 | 490~650 | 480~640 | 470~630 | 460~620 | 450~610 | 20 |
| Q420M | B、C、D、E | 420 | 400 | 390 | 380 | 370 | 365 | 520~680 | 500~660 | 480~640 | 470~630 | 460~620 | 19 |
| Q460M | C、D、E | 460 | 440 | 430 | 410 | 400 | 385 | 540~720 | 530~710 | 510~690 | 500~680 | 490~660 | 17 |
| Q500M | C、D、E | 500 | 490 | 480 | 460 | 450 | — | 610~770 | 600~760 | 590~750 | 540~730 | — | 17 |
| Q550M | C、D、E | 550 | 540 | 530 | 510 | 500 | — | 670~830 | 620~810 | 600~790 | 590~780 | — | 16 |
| Q620M | C、D、E | 620 | 610 | 600 | 580 | — | — | 710~880 | 690~880 | 670~860 | — | — | 15 |
| Q690M | C、D、E | 690 | 680 | 670 | 650 | — | — | 770~940 | 750~920 | 730~900 | — | — | 14 |

①当屈服不明显时，可用规定塑性延伸强度代替上屈服强度。

②对于型钢和棒材，厚度或直径不大于150mm。

表 6-7 热轧钢的化学成分

| 牌号 | | 化学成分（质量分数）(%) | | | | | | | | | | | | | | |
|---|---|---|---|---|---|---|---|---|---|---|---|---|---|---|---|---|
| | | C | | Si | Mn | P | S | Nb | V | Ti | Cr | Ni | Cu | Mo | N | B |
| | | 公称厚度或直径/mm | | | | | | | | | | | | | | |
| 钢级 | 质量等级 | ≤40 | >40 | | | | | | | | | | | | | |
| | | 不大于 | | | | | | 不大于 | | | | | | | | |
| Q355 | B | 0.24 | | 0.55 | 1.60 | 0.035 | 0.035 | — | — | — | 0.30 | 0.30 | 0.40 | — | 0.012 | — |
| | C | 0.20 | 0.22 | | | 0.030 | 0.030 | | | | | | | | | |
| | D | 0.20 | 0.22 | | | 0.025 | 0.025 | | | | | | | | — | |
| Q390 | B | 0.20 | | 0.55 | 1.70 | 0.035 | 0.035 | 0.05 | 0.13 | 0.05 | 0.30 | 0.50 | 0.40 | 0.10 | 0.015 | — |
| | C | | | | | 0.030 | 0.030 | | | | | | | | | |
| | D | | | | | 0.025 | 0.025 | | | | | | | | | |
| Q420 | B | 0.20 | | 0.55 | 1.70 | 0.035 | 0.035 | 0.05 | 0.13 | 0.05 | 0.30 | 0.80 | 0.40 | 0.20 | 0.015 | — |
| | C | | | | | 0.030 | 0.030 | | | | | | | | | |
| Q460 | C | 0.20 | | 0.55 | 1.80 | 0.030 | 0.030 | 0.05 | 0.13 | 0.05 | 0.30 | 0.80 | 0.40 | 0.20 | 0.015 | 0.004 |

表 6-8 正火、回火轧制钢的化学成分

| 牌号 | | 化学成分（质量分数）(%) | | | | | | | | | | | | | |
|---|---|---|---|---|---|---|---|---|---|---|---|---|---|---|---|
| 钢级 | 质量等级 | C | Si | Mn | P[1] | S[1] | Nb | V | Ti[3] | Cr | Ni | Cu | Mo | N | Als[4] |
| | | 不大于 | | | 不大于 | | | | | 不大于 | | | | | 不小于 |
| Q355N | B | 0.20 | 0.50 | 0.90~1.65 | 0.035 | 0.035 | 0.005~0.05 | 0.01~0.12 | 0.006~0.05 | 0.30 | 0.50 | 0.40 | 0.10 | 0.015 | 0.015 |
| | C | | | | 0.030 | 0.030 | | | | | | | | | |
| | D | | | | 0.030 | 0.025 | | | | | | | | | |
| | E | 0.18 | | | 0.025 | 0.020 | | | | | | | | | |
| | F | 0.16 | | | 0.020 | 0.010 | | | | | | | | | |
| Q390N | B | 0.20 | 0.50 | 0.90~1.70 | 0.035 | 0.035 | 0.01~0.05 | 0.01~0.20 | 0.006~0.05 | 0.30 | 0.50 | 0.40 | 0.10 | 0.015 | 0.015 |
| | C | | | | 0.030 | 0.030 | | | | | | | | | |
| | D | | | | 0.030 | 0.025 | | | | | | | | | |
| | E | | | | 0.025 | 0.020 | | | | | | | | | |
| Q420N | B | 0.20 | 0.60 | 1.00~1.70 | 0.035 | 0.035 | 0.01~0.05 | 0.01~0.20 | 0.006~0.05 | 0.30 | 0.80 | 0.40 | 0.10 | 0.015 | 0.015 |
| | C | | | | 0.030 | 0.030 | | | | | | | | | |
| | D | | | | 0.030 | 0.025 | | | | | | | | 0.025 | |
| | E | | | | 0.025 | 0.020 | | | | | | | | | |
| Q460N[2] | C | 0.20 | 0.60 | 1.00~1.70 | 0.030 | 0.030 | 0.01~0.05 | 0.01~0.20 | 0.006~0.05 | 0.30 | 0.80 | 0.40 | 0.10 | 0.015 | 0.015 |
| | D | | | | 0.030 | 0.025 | | | | | | | | 0.025 | |
| | E | | | | 0.025 | 0.020 | | | | | | | | | |

注：钢中应至少含有铝、铌、钒、钛等细化晶粒元素中一种，单独或组合加入时，应保证其中至少一种合金元素含量不小于表中规定含量的下限。

①对于型钢和棒材，磷和硫含量上限值可提高 0.005%。

②$V+Nb+Ti \leqslant 0.22\%$，$Mo+Cr \leqslant 0.30\%$。

③最高可到 0.20%。

④可用全铝 Alt 替代，此时全铝最小含量为 0.020%。当钢中添加了铌、钒、钛等细化晶粒元素且含量不小于表中规定含量的下限时，铝含量下限值不限。

表 6-9 热机械轧制钢的化学成分

| 牌号 | | 化学成分（质量分数）（%） | | | | | | | | | | | | | | |
|---|---|---|---|---|---|---|---|---|---|---|---|---|---|---|---|---|
| 钢级 | 质量等级 | C | Si | Mn | P① | S① | Nb | V | Ti② | Cr | Ni | Cu | Mo | N | B | Als③ |
| | | 不大于 | | | | | | | | | | | | | | 不小于 |
| Q355M | B | 0.14④ | 0.50 | 1.60 | 0.035 | 0.035 | 0.01~0.05 | 0.01~0.10 | 0.006~0.05 | 0.30 | 0.50 | 0.40 | 0.10 | 0.015 | — | 0.015 |
| | C | | | | 0.030 | 0.030 | | | | | | | | | | |
| | D | | | | 0.030 | 0.025 | | | | | | | | | | |
| | E | | | | 0.025 | 0.020 | | | | | | | | | | |
| | F | | | | 0.020 | 0.010 | | | | | | | | | | |
| Q390M | B | 0.15④ | 0.50 | 1.70 | 0.035 | 0.035 | 0.01~0.05 | 0.01~0.12 | 0.006~0.05 | 0.30 | 0.50 | 0.40 | 0.10 | 0.015 | — | 0.015 |
| | C | | | | 0.030 | 0.030 | | | | | | | | | | |
| | D | | | | 0.030 | 0.025 | | | | | | | | | | |
| | E | | | | 0.025 | 0.020 | | | | | | | | | | |
| Q420M | B | 0.16④ | 0.50 | 1.70 | 0.035 | 0.035 | 0.01~0.05 | 0.01~0.12 | 0.006~0.05 | 0.30 | 0.80 | 0.40 | 0.20 | 0.015 | — | 0.015 |
| | C | | | | 0.030 | 0.030 | | | | | | | | | | |
| | D | | | | 0.030 | 0.025 | | | | | | | | 0.025 | | |
| | E | | | | 0.025 | 0.020 | | | | | | | | | | |
| Q460M | C | 0.16④ | 0.60 | 1.70 | 0.030 | 0.030 | 0.01~0.05 | 0.01~0.12 | 0.006~0.05 | 0.30 | 0.80 | 0.40 | 0.20 | 0.015 | — | 0.015 |
| | D | | | | 0.030 | 0.025 | | | | | | | | 0.025 | | |
| | E | | | | 0.025 | 0.020 | | | | | | | | | | |
| Q500M | C | 0.18 | 0.60 | 1.80 | 0.030 | 0.030 | 0.01~0.11 | 0.01~0.12 | 0.006~0.05 | 0.60 | 0.80 | 0.55 | 0.20 | 0.015 | 0.004 | 0.015 |
| | D | | | | 0.030 | 0.025 | | | | | | | | 0.025 | | |
| | E | | | | 0.025 | 0.020 | | | | | | | | | | |
| Q550M | C | 0.18 | 0.60 | 2.00 | 0.030 | 0.030 | 0.01~0.11 | 0.01~0.12 | 0.006~0.05 | 0.80 | 0.80 | 0.80 | 0.30 | 0.015 | 0.004 | 0.015 |
| | D | | | | 0.030 | 0.025 | | | | | | | | 0.025 | | |
| | E | | | | 0.025 | 0.020 | | | | | | | | | | |
| Q620M | C | 0.18 | 0.60 | 2.60 | 0.030 | 0.030 | 0.01~0.11 | 0.01~0.12 | 0.006~0.05 | 1.00 | 0.80 | 0.80 | 0.30 | 0.015 | 0.004 | 0.015 |
| | D | | | | 0.030 | 0.025 | | | | | | | | 0.025 | | |
| | E | | | | 0.025 | 0.020 | | | | | | | | | | |
| Q690M | C | 0.18 | 0.60 | 2.00 | 0.030 | 0.030 | 0.01~0.11 | 0.01~0.12 | 0.006~0.05 | 1.00 | 0.80 | 0.80 | 0.30 | 0.015 | 0.004 | 0.015 |
| | D | | | | 0.030 | 0.025 | | | | | | | | 0.025 | | |
| | E | | | | 0.025 | 0.020 | | | | | | | | | | |

注：钢中应至少含有铝、铌、钒、钛等细化晶粒元素中一种，单独或组合加入时，应保证其中至少一种合金元素含量不小于表中规定含量的下限。

① 对于型钢和棒材，磷和硫含量上限值可提高 0.005%。

② 最高可到 0.20%。

③ 可用全铝 Alt 替代，此时全铝最小含量为 0.020%。当钢中添加了铌、钒、钛等细化晶粒元素且含量不小于表中规定含量的下限时，铝含量下限值不限。

④ 对于型钢和棒材，Q355M、Q390M、Q420M 和 Q460M 的最大碳含量可提高 0.02%。

### 3. 特性及应用

由于合金元素的细晶强化作用和固溶强化等作用，使低合金高强度结构钢与碳素结构相比，既具有较高的强度，同时又有良好的塑性、低温冲击韧性、焊接性和耐蚀性等特点，是一种综合性能良好的建筑钢材。

Q355 钢是钢结构的常用牌号，Q390 也是推荐使用的牌号。与碳素结构钢 Q235 相比，低合金高强度结构钢 Q355 的强度更高，等强度代换时可以节省钢材 15%~25%，并减轻结构自重。另外，Q355 具有良好的承受动荷载和抗疲劳性。低合金高强度结构钢广泛应用于钢结构和钢筋混凝土结构中，特别是大型结构、重型结构、大跨度结构、高层建筑、桥梁工程、承受动荷载和冲击荷载的结构。

## 6.5.3 优质碳素结构钢

优质碳素结构钢对硫、磷及非金属夹杂物等有害杂质含量控制严格、质量稳定，力学性能较为优良。此类钢必须同时保证化学成分和力学性能。其硫（S）、磷（P）杂质元素含量一般控制在 0.035%以下。

优质碳素结构钢按含碳量不同可分为三类：低碳钢（C≤0.25%）、中碳钢（C 为 0.25%~0.6%）和高碳钢（C>0.6%）。优质碳素结构钢按含锰量不同分为普通含锰量（含锰 0.35%~0.8%，共 17 个钢号）和较高含锰量（含锰 0.70%~1.20%，共 11 个钢号）两组，后者具有较好的力学性能和加工性能。优质碳素结构钢的性能主要取决于含碳量，含碳量高则强度高，但塑性和韧性降低。

根据《优质碳素结构钢》（GB/T 699）规定，优质碳素结构钢共有 28 个牌号。28 个牌号是 08、10、15、20、25、30、35、40、45、50、55、60、65、70、75、80、85、15Mn、20Mn、25Mn、30Mn、35Mn、40Mn、45Mn、50Mn、60Mn、65Mn、70Mn。

优质碳素结构钢的牌号以平均含碳量的万分数来表示。含锰量较高的，在表示牌号的数字后面附“Mn”字；如果是沸腾钢，则在数字后加注“F”。例如：45 表示平均含碳量为 0.45%的镇静钢；30Mn 表示平均含碳量为 0.30%，较高含锰量的镇静钢。

优质碳素结构钢中 08、10、15、20、25 等牌号属于低碳钢，其塑性好，易于拉拔、冲压、挤压和焊接等；其中 20 钢用途最广，常用来制造螺钉、螺母、焊接件等。30、35、40、45、50、55 等牌号属于中碳钢，因钢中珠光体含量增多，其强度和硬度较前提高，淬火后的硬度可显著增加；其中，以 45 钢最为典型，它不仅强度、硬度较高，且兼有较好的塑性和韧性，是综合性能优良的钢材；30~45 钢通常主要用于重要结构的钢铸件及高强螺栓，在预应力混凝土中常用 45 钢制作锚具。60、65、70、75 等牌号属于高碳钢，经过淬火、回火后不仅强度、硬度提高，且弹性优良；在预应力混凝土中常用 65~80 钢制作碳素钢丝、刻痕钢丝和钢绞线。

# 6.6 土木工程常用钢材

土木工程用钢有钢结构用钢和钢筋混凝土用钢两类，前者主要应用有型钢、钢板和钢管，后者主要应用有钢筋、钢丝和钢绞线，两者钢制品所用的原料用钢多为碳素钢、合金钢和低合金钢，经热轧或冷轧、冷拔及热处理等工艺加工而成。

## 6.6.1 钢结构用型钢

我国钢结构所用的母材主要是普通碳素结构钢和低合金高强度结构钢；类型主要为热轧型

钢、冷弯型钢、钢管和钢板等。

1. 热轧型钢

钢结构常用热轧型钢有工字钢、槽钢、等边角钢和不等边角钢及H型钢、T型钢等。常用的热轧型钢有角钢、L型钢、工字钢、槽钢和H型钢，图6-15所示为几种常用型钢截面示意图。

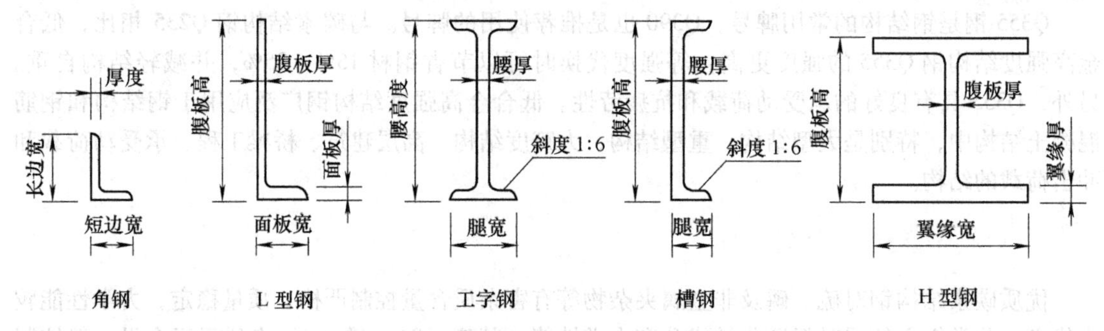


图6-15 热轧型钢截面示意图

热轧型钢的牌号、化学成分和力学性能应符合《碳素结构钢》（GB/T 700）和《低合金高强度结构钢》（GB/T 1591）的有关规定。型钢由于截面形式合理，材料在截面上分布对受力最为有利，且构件间连接方便，所以它是钢结构中采用的主要钢材类型。

（1）角钢 角钢分等边角钢和不等边角钢两种。等边角钢的型号以边宽的厘米数来表示，共有24种；其规格以边宽×边宽×厚度（单位为mm）表示，如100mm×100mm×10mm为边宽100mm、厚度10mm的等边角钢。不等边角钢的型号以长边宽或短边宽的厘米数来表示，共有20种；其规格以长边宽×短边宽×厚度（单位为mm）表示，如100mm×80mm×8mm表示为长边宽100mm、短边宽80mm、厚度8mm的不等边角钢。我国目前生产的最大等边角钢的边宽为250mm，最大不等边角钢的两个边宽为200mm×125mm。角钢的长度一般为3~19m（规格小者短，大者长）。

角钢可按结构的不同需要组合成各种不同的受力构件，也可作构件之间的连接件，广泛用于各种工程结构，如房屋、桥梁、输电塔、起重运输机械、仓库货架等。

（2）L型钢 L型钢的外形类似于不等边角钢，主要区别是两边的厚度不等。L型钢的型号表示方法为“腹板高×面板宽×腹板厚×面板厚（单位为mm）”，如L250mm×90mm×9mm×13mm，共有11种。其通常长度为6~12m。

L型钢主要用于海洋工程结构和要求较高的土木工程结构。

（3）工字钢 普通工字钢是截面为工字形的长条钢材，其型号以腰高度的厘米数来表示，其规格以腰高度×腿宽度×腰厚度（单位为mm）表示，共有45种。如30号，表示腰高为300mm的工字钢。根据腹板厚度和翼缘宽度的不同，20~28号的普通工字钢，同一号数中又分a、b两类；30号以上的普通工字钢，同一号数中又分a、b、c三类；其腹板厚度和翼缘宽度均分别递增2mm，其中a类腹板最薄翼缘最窄、b类较厚较宽、c类最厚最宽。工字钢翼缘的内表面均有倾斜度，翼缘外薄而内厚。我国生产的最大普通工字钢为63号，工字钢的通常长度为5~19m。

工字钢由于宽度方向的截面二次矩及回转半径比高度方向的小得多，因而在应用上有一定的局限性，一般仅能直接用于在其腹板平面内受弯的构件，如工作平台中的次梁或偏压柱等，当用作组合截面时，则可作主要的受压构件。工字钢广泛用于各种建筑结构、桥梁、机械、支架等。

（4）槽钢 槽钢是截面为凹形槽的长条钢材，热轧普通槽钢的型号以腰高度的厘米数来表示，其规格以腰高度×腿宽度×腰厚度（单位为 mm）表示，共有 41 种。根据腹板厚度和翼缘宽度的不同，14~22 号普通槽钢，同一号数中有 a、b 两类；25 号以上的普通槽钢，同一号数中有 a、b、c 三类，其腹板厚度和翼缘宽度均分别递增 2mm，其中 a 类腹板最薄翼缘最窄、b 类较厚较宽、c 类最厚最宽。槽钢翼缘内表面的斜度较工字钢小，紧固螺栓比较容易。我国生产的最大槽钢为 40 号，长度为 5~19m（规格小者短，大者长）。

槽钢主要用作承受横向弯曲的梁和承受轴向力的杆件，主要用于建筑结构及其他工业，常与工字钢配合使用。

（5）H 型钢　热轧 H 型钢分为宽翼缘 H 型钢（代号为 HW）、中翼缘 H 型钢（代号为 HM），窄翼缘 H 型钢（代号为 HN）和薄壁 H 型钢（代号为 HT）四类；HW 有 10 个型号，HM 有 10 个型号，HN 有 26 个型号，HT 有 19 个型号。热轧 H 型钢型号以高度×宽度（单位为 mm）来表示；其规格以 H 与腹板高度×翼缘宽度×腹板厚度×翼缘厚度（单位为 mm）来表示，如 H596mm×199mm×10mm×15mm。热轧 H 型钢的通常长度为 6~35m。

H 型钢翼缘内表面没有斜度，与外表面平行。H 型钢的翼缘较宽且等厚，截面形状合理，使钢材能高效地发挥作用，其内、外表面平行，便于和其他的钢材交接。HW 型适用于轴心受压构件和压弯构件，HN 型适用于压弯构件和梁构件。H 型钢常用于要求承载力大、截面稳定性好的大型建筑（如高层建筑、厂房）、桥梁、起重运输机械、支架、基础桩等。

（6）T 型钢　有热轧 H 型钢剖分的 T 型钢分为宽翼缘剖分 T 型钢（代号为 TW）、中翼缘剖分 T 型钢（代号为 TM）和窄翼缘剖分 T 型钢（代号为 TN）三类；TW 有 9 个型号，TM 有 10 个型号，TN 有 21 个型号。剖分 T 型钢型号以高度×宽度（单位为 mm）来表示；其规格以 T 与高度×宽度×腹板厚度×翼缘厚度（单位为 mm）来表示，如 T207mm×405mm×18mm×28mm。

## 2. 冷弯型钢

土木工程中使用的冷弯型钢是指常用厚度为 1.5~6mm 薄钢板或钢带（一般采用碳素结构钢、低合金结构钢或不锈钢等）经冷轧（弯）或模压而成的各种断面形状的成品钢材。故也称冷弯薄壁型钢。其部分截面形式如图 6-16 所示。

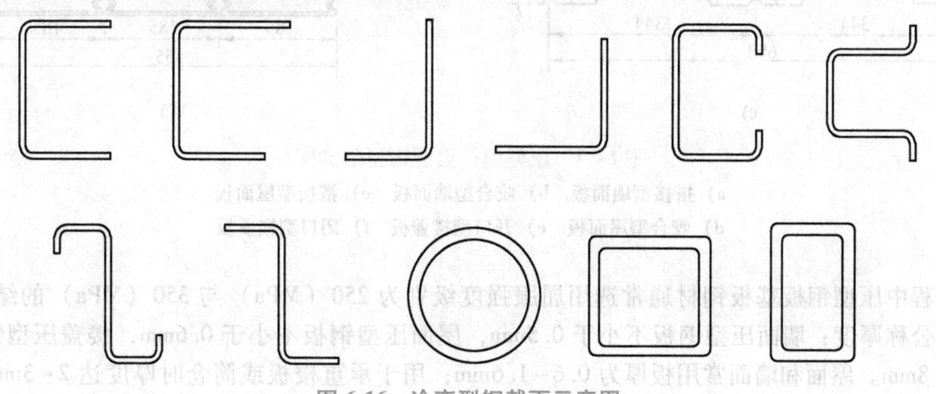

图 6-16　冷弯型钢截面示意图

冷弯型钢是一种经济的截面轻型薄壁钢材，具有质量轻、强度高、自重小、抗震性能好、工厂化程度高、环境污染小和可回收利用等优点，是国家大力推广应用的高效经济的新型材料，也称为钢制冷弯型材或冷弯型材。由于在冷弯加工中提高了强度，比一般热轧型钢的构件节约钢材 10%~50%，已被广泛用来替代热轧型材等产品。

目前，冷弯型钢主要应用在下列三个领域内：一是轻钢工业建筑（大多是单层，个别为 2~

3层）的主要构件，如屋面板、墙板、楼面板、梁、柱、檩条（屋面、墙面）、支撑及门窗框等；二是低层钢结构住宅（一般为3层以下）；三是建筑领域和市政建设需要的冷弯型钢，如道路隔离栏杆、广告支架、立体车库、超市、农贸市场及各种临时建筑等。

**3. 压型钢板**

建筑用压型钢板［《建筑用压型钢板》（GB/T 12755）］是冷弯型钢的另一种形式，它是用厚度为0.4~2mm的钢板、镀锌钢板、彩色涂层钢板（表面覆盖有彩色油漆）经辊压冷弯，沿板宽方向形成波形截面的成型钢板。建筑压型钢板主要用于建筑物围护结构（屋面、墙面）及组合楼盖等。

建筑用压型钢板分为屋面用板、墙面用板和楼盖用板三类，其型号由压型代号、用途代号与板型特征代号三部分组成。压型代号以“Y”表示；用途代号：屋面板以“W”表示，墙面板以“Q”表示，楼盖板以“L”表示；板型特征代号由压型钢板的波高尺寸（mm）与覆盖宽度（mm）组合表示。如波高51mm、覆盖宽度760mm的屋面用压型钢板，其代号为YW51-760。压型钢板典型板型示意图如图6-17所示。

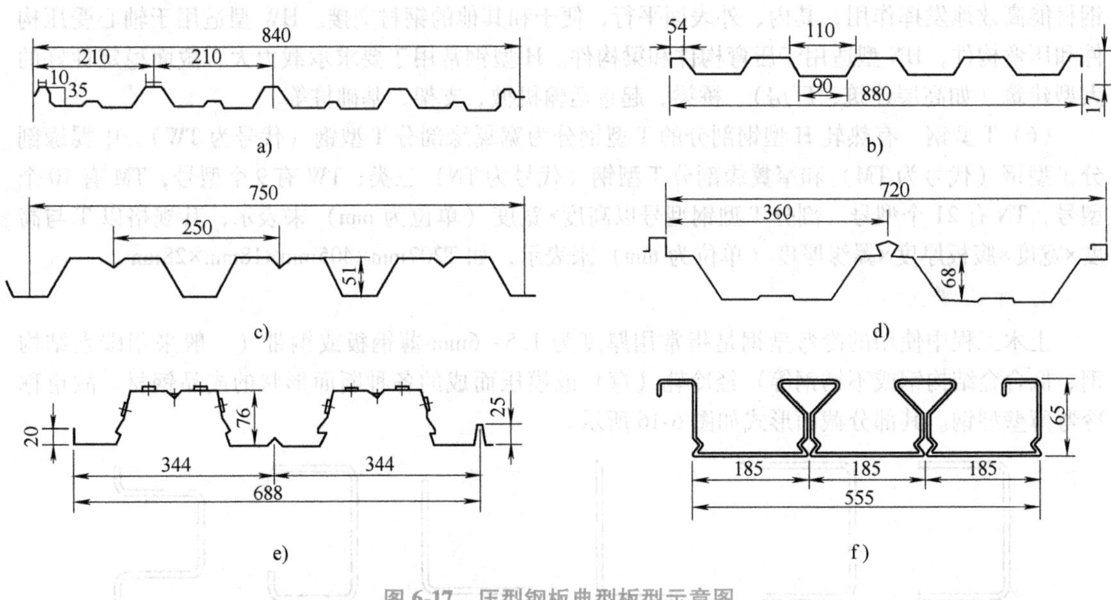


图6-17 压型钢板典型板型示意图

a）搭接型墙面板 b）咬合型墙面板 c）搭接型屋面板
d）咬合型屋面板 e）开口型楼盖板 f）闭口型楼盖板

工程中压型钢板基板钢材通常选用屈服强度级别为250（MPa）与350（MPa）的结构钢，基板的公称厚度：墙面压型钢板不小于0.5mm，屋面压型钢板不小于0.6mm，楼盖压型钢板不小于0.8mm。屋面和墙面常用板厚为0.6~1.6mm；用于承重楼板或筒仓时厚度达2~3mm或以上。波高一般为10~200mm不等。

压型钢板具有单位质量轻、强度高、抗震性能好、施工快速、外形美观等优点，是良好的建筑材料和构件，主要用于围护结构、楼板，也可用于其他构筑物。根据不同使用功能要求，压型钢板可压成波形、双曲波形、肋形、V形、加劲型等。

压型钢板用作工业厂房屋面板、墙板时，在一般无保温要求的情况下，每平方米用钢量为5~11kg。有保温要求时，可用矿棉板、玻璃棉、泡沫塑料等作绝热材料。压型钢板与混凝土结合做成组合楼板，可省去木模板并可作为承重结构。同时为加强压型钢板与混凝土的结合力，宜在钢板上预焊栓钉或压制双向加劲肋。

#### 4. 钢管和钢板

（1）钢管　土木工程用钢管有热轧无缝钢管和焊接钢管两种。在土木工程中，钢管多用于制作桁架、塔桅、钢管混凝土、基础桩等，广泛应用于高层建筑、厂房柱、塔柱、压力管道等工程中。

（2）钢板

1）建筑结构用钢板［《建筑结构用钢板》（GB/T 19879）］。建筑结构用钢板具有纯净度高，抗震性好，强度波动范围小，强度厚度效应小的优点，充分满足高层建筑的需要，是大力推广的产品。

建筑结构用钢板牌号有 Q235GJ、Q345GJ、Q390GJ、Q420GJ、Q460GJ、Q500GJ、Q550GJ、Q620GJ、Q690GJ 九个，每个牌号又根据其化学成分的含量及性能的不同分成不同的质量等级，质量等级有 B、C、D、E 四个，B 级要求+20℃冲击韧性，C 级要求 0℃冲击韧性，D 级要求-20℃冲击韧性，E 级要求-40℃冲击韧性。钢板的牌号表示方法：由代表屈服强度的汉语拼音字母（Q）、屈服强度数值、代表高性能建筑结构用钢的汉语拼音字母（GJ）、质量等级符号（B、C、D、E）组成，如 Q345GJC。对于厚度方向性能钢板，在质量等级后加上厚度方向性能级别（Z15、Z25 或 Z35），如 Q345GJCZ25。

建筑结构用钢板的化学成分、力学性能及工艺性能应符合标准《建筑结构用钢板》的规定。为提高钢板的综合性能，保证建筑结构的需要，建筑结构用钢板的纯净性要求更严格，有害元素 P、S 的含量大大降低。对于 Z 向钢板，P 不大于 0.020%，S 不大于 0.010%。《建筑结构用钢板》规定了碳当量和焊接裂纹敏感性指数，保证了良好的焊接性能。《建筑结构用钢板》规定了较低的屈强比，使材料具有良好的冷变形能力和建筑结构要求良好的抗震性。建筑结构用钢板适用于高层建筑结构、大跨度结构及其他重要建筑结构用钢板。

2）花纹钢板［《热轧花纹钢板及钢带》（GB/T 33974）］。钢板表面轧有防滑和装饰作用的凸纹者称为花纹钢板，花纹钢板可用碳素结构钢、船体用结构钢、高耐候性结构钢热轧成菱形、扁豆形、圆豆形花纹，也可以由两种或两种以上花纹适当地组合成为组合型花纹板，其基本尺寸为：基本厚度包括 2.5mm、3.0mm、3.5mm、4.0mm、4.5mm、5.0mm；宽度为 600~18000mm，按 50mm 进级；长度为 2000~12000mm，按 100mm 进级。花纹钢板主要用于平台、过道及楼梯等的铺板。

3）彩色涂层钢板［《彩色涂层钢板及钢带》（GB/T 12754）］。彩色涂层钢板俗称彩钢板，是在经过表面预处理的基板上涂覆有机涂层后经烘烤固化而成的产品。其基板类型有热镀锌基板、热镀锌铁合金基板、热镀铝锌合金基板、热镀锌铝合金基板和电镀锌钢基板；面漆种类有聚酯、硅改性聚酯、高耐久性聚酯和聚偏氟乙烯。涂层结构分二涂一烘和二涂二烘，涂层厚度一般在表面为 20~25μm，背面为 8~10μm，建筑外用不应该低于表面 20μm，背面 10μm。

彩色涂层钢板的强度取决于基板材料和厚度，耐久性取决于镀层（镀锌量）和表面涂层，涂层厚度达 25μm 以上，涂层结构有二涂一烘、二涂二烘等，免维护使用年限根据环境大气不同可为 20~30 年。彩色涂层钢板具有轻质高强、色彩鲜艳、耐久性好等特点，主要用于建筑内、外墙面领域或顶面的面层。

### 6.6.2　钢筋混凝土用钢材

钢筋与混凝土之间有较强的黏结力，能牢固啮合在一起。钢筋抗拉强度高、塑性好，与混凝土复合可很好地改善混凝土脆性，扩大混凝土的应用范围，同时混凝土的碱性环境又很好地保护了钢筋不生锈。钢筋混凝土结构用的钢筋主要由碳素结构钢、低合金高强度结构钢和优质碳素钢制成。

## 1. 热轧钢筋

热轧钢筋是经热轧成形并自然冷却的成品钢筋，由低碳钢和普通低合金钢在高温状态下轧制而成，根据其表面形状分为光圆钢筋和带肋钢筋两类，其表面和截面形状如图6-18所示。热轧钢筋主要用于钢筋混凝土结构和预应力混凝土结构的配筋，是土木建筑工程中使用量最大的钢材品种之一。

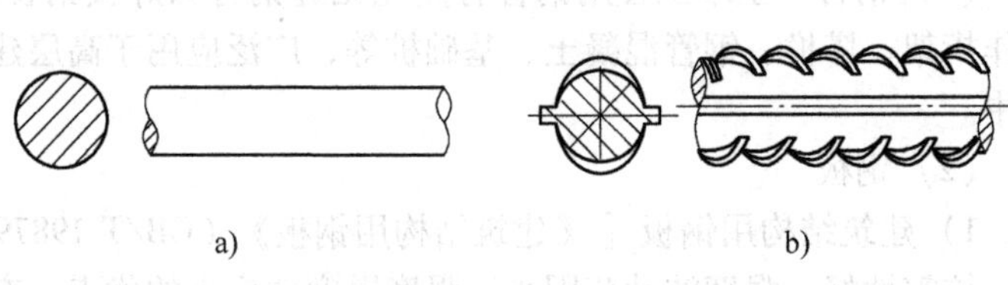


图6-18 钢筋表面和截面形状

a）光圆钢筋 b）带肋钢筋

（1）热轧光圆钢筋 热轧光圆钢筋是经热轧成形，横截面通常为圆形，表面光滑的成品钢筋。根据《钢筋混凝土用钢 第1部分：热轧光圆钢筋》（GB/T 1499.1）的规定，钢筋按屈服强度特征值确定牌号。钢筋的牌号表示方法：HPB（热轧光圆钢筋的英文Hot rolled Plain Bars缩写）+屈服强度特征值，如HPB300。钢筋用钢以氧气转炉、电炉冶炼。钢筋的化学成分应符合表6-10所示的规定。钢筋的力学性能和工艺性能应符合表6-11所示的规定。

表6-10 光圆钢筋的牌号及化学成分

| 牌号 | 化学成分（质量分数）（%），不大于 | | | | |
|---|---|---|---|---|---|
| | C | Si | Mn | P | S |
| HPB300 | 0.25 | 0.55 | 1.50 | 0.045 | 0.045 |

热轧光圆钢筋属于低强度钢筋，具有塑性好、伸长率高、便于弯折成形、容易焊接等特点。因而被广泛用作中、小型钢筋混凝土结构的主要受力钢筋和构件的箍筋以及钢、木结构的拉杆等。盘条钢筋还可作为冷拔低碳钢丝的原料。

（2）热轧带肋钢筋 热轧带肋钢筋是钢筋经过热轧，制成横截面为圆形，且表面带肋的混凝土结构用钢材，分为普通热轧带肋钢筋和细晶粒热轧带肋钢筋两类，各有三个牌号。根据《钢筋混凝土用钢 第二部分：热轧带肋钢筋》（GB/T 1499.2）的规定：钢筋按屈服强度特征值分为400、500、600级。钢筋的牌号表示方法：普通热轧带肋钢筋由HRB（热轧带肋钢筋的英文Hot rolled Ribbed Bars缩写）+屈服强度特征值构成，如HRB335；细晶粒热轧带肋钢筋由HRBF[在热轧带肋钢筋的英文缩写后加“细”的英文（Fine）首位字母]+屈服强度特征值构成，如HRBF400。带肋钢筋的力学性能和工艺性能应符合表6-11所示的规定，带肋钢筋的化学成分和碳当量应符合表6-12所示的规定。

热轧带肋钢筋用低合金钢轧制，以硅、锰为主要合金元素，还可加入钒、铌或钛作为固溶或弥散强化元素，其强度较高，塑性和焊接性均较好。钢筋表面轧有通长的纵肋和均匀分布的横肋，可加强钢筋与混凝土间的黏结。用热轧带肋钢筋作为钢筋混凝土结构的受力钢筋，比使用光圆钢筋可节省钢材40%~50%。因此，广泛用于大、中型钢筋混凝土结构，如桥梁、水坝、港口工程和房屋建筑结构的主筋。热轧带肋钢筋经冷拉后，也可用作房屋建筑结构的预应力钢筋。

## 2. 冷轧带肋钢筋

冷轧带肋钢筋是热轧圆盘条经冷轧后，在其表面带有沿长度方向均匀分布的两面、三面或四面横肋的钢筋。冷轧带肋钢筋的牌号由CRB和钢筋抗拉强度的最小值构成，C、R、B分别为冷轧

表 6-11　热轧钢筋的力学性能和工艺性能

| 表面形状 | 牌号 | 公称直径/mm | 屈服强度 $\sigma_s$/MPa | 抗拉强度 $\sigma_b$/MPa | 伸长率 $\delta_5$（%） | 冷弯 | |
|---|---|---|---|---|---|---|---|
| | | | 不小于 | | | 弯曲角度 | 弯心直径 |
| 光圆 | HPB300 | 6~22 | 300 | 420 | 25 | 180° | $d=a$ |
| 月牙肋 | HRB400<br>HRBF400 | 6~25 | 400 | 540 | 16 | | $d=4a$ |
| | | 28~40 | | | | | $d=5a$ |
| | | >40~50 | | | | | $d=6a$ |
| | HRB500<br>HRBF500 | 6~25 | 500 | 630 | 15 | | $d=6a$ |
| | | 28~40 | | | | | $d=7a$ |
| | | >40~50 | | | | | $d=8a$ |
| | HRB600 | 6~25 | 600 | 730 | 14 | | $d=6a$ |
| | | 28~40 | | | | | $d=7a$ |
| | | >40~50 | | | | | $d=8a$ |

注：表中 $d$ 为弯心直径，$a$ 为钢筋的公称直径。

表 6-12　热轧带肋钢筋的化学成分和碳当量

| 牌号 | 化学成分（%） | | | | | |
|---|---|---|---|---|---|---|
| | C | Si | Mn | P | S | Ceq |
| HRB400<br>HRBF400 | 0.25 | 0.80 | 1.60 | 0.045 | 0.045 | 0.54 |
| HRB500<br>HRBF500 | | | | | | 0.55 |
| HRB600 | 0.28 | | | | | 0.58 |

注：根据需要，钢中还可以加入 V、Nb、Ti 等元素。

（Cold rolled）、带肋（Ribbed）、钢筋（Bars）三个词的英文首位字母，例如，CRB650 为抗拉强度不小于 650MPa 的冷轧带肋钢筋。冷轧带肋钢筋分为 CRB550、CRB650、CRB800、CRB600H、CRB680H 和 CRB800H 六个牌号（H 代表高延性）。钢筋的公称直径范围为 4~12mm，表面横肋为月牙肋。

冷轧带肋钢筋的盘条的化学成分应符合《冷轧带肋钢筋》（GB/T 13788）的规定；力学性能和工艺性能应符合表 6-13 所示的规定。

冷轧带肋钢筋钢材强度高，可节约建筑钢材和降低工程造价，CRB550 冷轧带肋钢筋与热轧光圆钢筋相比，用于现浇混凝土结构中可节约 35%~40% 的钢材；冷轧带肋钢筋与混凝土之间的黏结锚固性能良好，用于构件中，从根本上杜绝了构件锚固区开裂、钢丝滑移而破坏的现象，且提高了构件端部的承载能力和抗裂能力；冷轧带肋钢筋伸长率较同类的冷加工钢材大，是同类冷加工钢材中较好的一种。冷轧带肋钢筋在预应力混凝土构件中，是冷拔低碳钢丝的更新换代产品。

### 3. 冷轧扭钢筋

冷轧扭钢筋是用低碳钢热轧圆盘条在常温下经专用钢筋冷轧扭机调直、冷轧并冷扭或冷滚一次成形具有规定截面形状和相应节距的连续螺旋状钢筋。冷轧扭钢筋按其截面形状分为三种类型：近

表 6-13 冷轧带肋钢筋的力学性能和工艺性能

| 分类 | 牌号 | 规定塑性延伸强度 $R_{p0.2}$/MPa，不小于 | 抗拉强度 $R_m$/MPa，不小于 | $R_m/R_{p0.2}$，不小于 | 断后伸长率（%），不小于 | | 最大力总延伸率（%），不小于 | 弯曲试验180° | 反复弯曲次数 | 应力松弛初始应力应相当于公称抗拉强度的70% |
|---|---|---|---|---|---|---|---|---|---|---|
| | | | | | $\delta$ | $\delta_{100}$ | $A_{gt}$ | | | 1000 h, % 不大于 |
| 普通钢筋混凝土用 | CRB550 | 500 | 550 | 1.05 | 11.0 | | 2.5 | $d=3a$ | | |
| | CRB600H | 540 | 600 | 1.05 | 14.0 | | 5.0 | $d=3a$ | | |
| | CRB680H | 600 | 680 | 1.05 | 14.0 | | 5.0 | $d=3a$ | 4 | 5 |
| 预应力混凝土用 | CRB650 | 585 | 650 | 1.05 | | 4.0 | 2.5 | | 3 | 8 |
| | CRB800 | 720 | 800 | 1.05 | | 4.0 | 2.5 | | 3 | 8 |
| | CRB800H | 720 | 800 | 1.05 | | 7 | 4.0 | | 4 | 5 |

注：$d$ 为弯心直径，$a$ 为钢筋公称直径。

似矩形截面为Ⅰ型，近似正方形截面为Ⅱ型，近似圆形截面为Ⅲ型。冷轧扭钢筋按其强度级别分为550级、650级二级。冷轧扭钢筋的标记由产品名称代号（CTB）、强度级别代号（550、650）、标志代号（$\phi^T$）、主参数代号（标志直径）以及类型代号（Ⅰ、Ⅱ、Ⅲ）组成。例如，冷轧扭钢筋550级Ⅱ型、标志直径10mm，标记为：CTB550$\phi^T$10-Ⅱ。

冷轧扭钢筋用钢应选用符合《低碳钢热轧圆盘条》（GB/T 701）规定的低碳钢热轧圆盘条，采用的牌号应为Q235或Q215，当采用Q215牌号时，其含碳量不应低于0.12%；550级Ⅱ型和650级Ⅲ型冷轧扭钢筋采用Q235牌号。冷轧扭钢筋的力学性能和工艺性能应符合表6-14的规定。

表 6-14 冷轧扭钢筋的力学性能和工艺性能

| 强度级别 | 型号 | 抗拉强度 $\sigma_b$/MPa | 伸长率 $\delta$（%） | 180°弯曲试验（弯心直径=3$d$） | 应力松弛率（%）（当 $\sigma_{con}=0.7f_{ptk}$） | |
|---|---|---|---|---|---|---|
| | | | | | 10h | 1000h |
| CTB550 | Ⅰ | ≥550 | $\delta_{11.3}\geq4.5$ | 受弯曲部位钢筋表面不得产生裂纹 | — | — |
| | Ⅱ | ≥550 | ≥10 | | — | — |
| CTB650 | Ⅲ | ≥550 | ≥12 | | — | — |
| | Ⅲ | ≥650 | ≥4 | | ≤5 | ≤8 |

注：1. $d$ 为冷轧扭钢筋标志直径。

2. $\delta$、$\delta_{11.3}$分别表示以标距$5.65\sqrt{S_0}$或$11.3\sqrt{S_0}$（$S_0$为试样原始截面面积）的试样断后伸长率，$\delta_{100}$表示标距为100mm试样断后伸长率。

3. $\sigma_{con}$为预应力钢筋张拉控制应力；$f_{ptk}$为预应力冷轧扭钢筋抗拉强度标准值。

冷轧扭钢筋具有良好的塑性和较高的抗拉强度，与光圆钢筋相比，可节约钢材30%~40%，螺旋状外形大大提高了与混凝土的黏结力，改善了构件受力性能，使混凝土构件具有承载力高、刚度好、破坏前有明显预兆等特点；冷轧扭钢筋可按工程需要定尺供料，使用中不需再做弯钩；钢筋的刚性好，绑扎后不易变形和移位，有利于保证工程质量，广泛应用于直接承受动荷载的受弯构件中，如混凝土预制板、现浇楼板、基础、较小跨度的梁、无梁楼盖等。

#### 4. 钢筋焊接网

钢筋焊接网是纵向钢筋和横向钢筋分别以一定的间距排列且互成直角、全部交叉点均焊接在一起的网片。根据《钢筋混凝土用钢 第3部分：钢筋焊接网》(GB/T 1499.3) 的规定，钢筋焊接网按钢筋的牌号、直径、长度和间距分为定型钢筋焊接网和定制钢筋焊接网两种。定型钢筋焊接网在两个方向上的钢筋牌号、直径、长度和间距可以不同，但同一方向应采用同一牌号和直径的钢筋并具有相同的长度和间距。定型钢筋焊接网应按下列内容次序标记：焊接网型号-长度方向钢筋牌号×宽度方向钢筋牌号-网片长度（mm）×网片宽度（mm）。例如：A10-CRB550×CRB550-4800mm×2400mm。定制钢筋焊接网采用的钢筋及其长度和间距由供需双方协商确定。

钢筋焊接网采用《冷轧带肋钢筋》(GB/T 13788) 规定的牌号 CRB550 冷轧带肋钢筋和《钢筋混凝土用钢 第1部分：热轧光圆钢筋》(GB/T 1499.1) 规定牌号的热轧带肋钢筋。采用热轧带肋钢筋时，宜采用无纵肋的热轧钢筋。钢筋焊接网通常采用公称直径为 5~16mm 的钢筋。钢筋焊接网两个方向均为单根钢筋时，较细钢筋的公称直径不小于较粗钢筋的公称直径的 0.6 倍。当纵向钢筋采用并筋时，纵向钢筋的公称直径不小于横向钢筋的公称直径的 0.7 倍，也不大于横向钢筋公称直径的 1.25 倍。

焊接网用钢筋的力学性能与工艺性能应分别符合相应标准中相应牌号钢筋的规定。钢筋焊接网焊点的抗剪力应不小于试样受拉钢筋规定屈服力值的 0.3 倍。

钢筋混凝土用钢筋焊接网是一种良好、高效的混凝土配筋用材料。它的出现对提高建筑施工效率、结构质量及安全可靠性、改变传统的建筑施工方法都具有十分重要的意义，可用于钢筋混凝土结构的配筋和预应力混凝土结构的普通钢筋。

#### 5. 预应力混凝土用钢丝和钢绞线

预应力混凝土用钢丝是以优质碳素结构钢盘条为原料，经冷加工及时效处理或热处理制成的高强度钢丝。其技术要求应符合国家标准《预应力混凝土用钢丝》(GB/T 5223) 的规定。

预应力混凝土钢丝直径为 3~12mm，钢丝的抗拉强度比钢筋混凝土用热轧光圆钢、热轧带肋钢筋高许多，在构件中采用预应力钢丝可收到节省钢材、减少构件截面和节省混凝土的效果，主要用于桥梁、吊车梁、大跨度屋架、管桩等预应力钢筋混凝土构件中。

根据《预应力混凝土用钢绞线》(GB/T 5224) 规定，预应力混凝土用钢绞线是以 2 根、3 根、7 根或 19 根优质碳素结构钢钢丝经绞捻和消除应力的热处理而制成的。

预应力钢绞线主要用于预应力混凝土配筋。与钢筋混凝土中的其他配筋相比，预应力钢绞线具有强度高、柔性好、质量稳定、成盘供应无须接头等优点，适用于大型屋架、薄腹梁、大跨度桥梁等负荷大、跨度大的预应力结构。

## 6.7 钢材的腐蚀与防护

### 6.7.1 钢材的腐蚀

钢材在使用中，经常与环境中的介质接触，由于环境介质的作用，其中的铁与介质产生化学反应，逐步被破坏，导致钢材腐蚀，也可称为锈蚀。

钢材的腐蚀，轻者使钢材性能下降，重者导致结构破坏，造成工程损失。尤其是钢结构，在使用期间应引起重视。

钢材的腐蚀是指钢材表面与周围介质发生作用而引起破坏的现象。钢材受腐蚀的原因很多，根据钢材与环境介质的作用机理分为化学腐蚀和电化学腐蚀两类。

### 1. 化学腐蚀（锈蚀）

化学腐蚀是指钢材与周围介质（如氧气、二氧化碳、二氧化硫和水等）发生化学反应，生成疏松的氧化物而产生的腐蚀。腐蚀反应速度随温度、湿度提高而加快，在干燥环境中化学腐蚀速度缓慢，但在干湿交替的情况下，腐蚀速度会大大加快。主要的化学反应有：

由 $O_2$ 产生：

$$Fe+O_2 \rightarrow FeO，Fe_2O_3，Fe_3O_4$$

由 $CO_2$ 产生：

$$Fe+CO_2 \rightarrow FeO，Fe_3O_4+CO$$

由 $H_2O$ 产生：

$$Fe+H_2O \rightarrow FeO，Fe_3O_4+H_2$$

### 2. 电化学腐蚀（锈蚀）

电化学腐蚀是指钢材与电解质溶液接触而产生电流，形成原电池而引起的锈蚀。电化学腐蚀是建筑钢材在存放和使用中发生腐蚀的主要形式。钢材由不同的晶体组织构成，并含有杂质，由于这些成分的电极电位不同，当有电解质溶液存在时，形成许多微电池。电化学锈蚀过程如下：

阳极：

$$Fe=Fe^{2+}+2e$$

阴极：

$$H_2O+\frac{1}{2}O_2=2OH^- -2e$$

总反应式：

$$Fe^{2+}+2OH^-=Fe(OH)_2$$

$$2Fe(OH)_2+H_2O+\frac{1}{2}O_2=2Fe(OH)_3$$

钢材在潮湿的空气中，由于吸附作用，在其表面覆盖一层极薄的水膜，由于表面成分或者受力变形等的不均匀，使邻近的局部产生电极电位的差别，形成许多微电池。在阳极区，铁被氧化成 $Fe^{2+}$ 进入水膜。因为水中溶有来自空气中的氧，在阴极区氧被还原为 $OH^-$，两者结合成不溶于水的 $Fe(OH)_2$，并进一步氧化成疏松易剥落的红棕色铁锈 $Fe(OH)_3$。在工业大气的条件下，钢材较容易腐蚀。

由此可知，钢材发生电化学腐蚀的必要条件是水和氧气的存在。钢材在大气中的腐蚀，实际上是化学腐蚀和电化学腐蚀同时作用所致，但以电化学腐蚀为主。

钢材腐蚀后，受力面积减小，使承载能力下降。在钢筋混凝土中，因锈蚀时固相体积增大，从而引起钢筋混凝土顺筋开裂。

## 6.7.2 钢筋混凝土中钢筋腐蚀

普通混凝土为强碱性环境，pH 为 12.5 左右，使之对埋入其中的钢筋形成碱性保护。在碱性环境中，阴极过程难以进行。即使有原电池反应存在，生成的 $Fe(OH)_2$ 也能稳定存在，并成为钢筋的保护膜。所以，用普通混凝土制作的钢筋混凝土，只要混凝土表面没有缺陷，里面的钢筋是不会腐蚀的。

但是，普通混凝土制作的钢筋混凝土有时也发生钢筋锈蚀现象。其主要原因有以下几个方面：一是混凝土不密实，环境中的水和空气能进入混凝土内部；二是混凝土保护层厚度小或发生了严重的碳化，使混凝土失去了碱性保护作用；三是混凝土内 $Cl^-$ 含量过大，使钢筋表面的保护膜被氧化；

四是预应力钢筋存在微裂缝等缺陷，引起应力腐蚀。

为了防止钢筋腐蚀，应保证混凝土的密实度以及钢筋保护层的厚度。在二氧化碳含量高的工业区选用硅酸盐水泥或普通水泥，限制含氯盐外加剂的掺量并使用混凝土用钢筋阻锈剂（如亚硝酸钠）。预应力混凝土应禁止使用含氯盐的集料和外加剂。对于加气混凝土等可以在钢筋表面涂环氧树脂或镀锌等方法来防止。

### 6.7.3 钢材腐蚀的防止

钢材的腐蚀有材质的原因，也有使用环境和接触介质等原因，因此防腐蚀的方法也有所侧重。目前所采用的防腐蚀方法有如下几种：

#### 1. 合金化

在碳素钢中加入能提高抗腐蚀能力的合金元素，如铬、镍、锡、钛和铜等，制成不同的合金钢，能有效地提高钢材的抗腐蚀能力。耐候钢就是一种耐大气腐蚀的钢。耐候钢是在碳素钢和低合金钢中加入少量的铜、铬、镍、钼等合金元素而制成的。耐候钢既有致密的表面防腐保护，又有良好的焊接性能，其强度级别与常用碳素钢和低合金钢一致，技术指标相近。耐候钢的牌号、化学成分、力学性能和工艺性能可参见《耐候结构钢》（GB/T 4171）。

#### 2. 金属覆盖

用耐腐蚀性能好的金属，以电镀或喷镀的方法覆盖在钢材的表面，提高钢材的耐腐蚀能力。常用的方法有镀锌、镀锡（如马口铁）、镀铜和镀铬等。

#### 3. 非金属覆盖

在钢材表面用非金属材料作为保护膜，与环境介质隔离，以避免或减缓腐蚀。如喷涂涂料、搪瓷和塑料等。

钢结构防止腐蚀采用的方法是表面刷漆。刷漆通常有底漆、中间漆和面漆三道。底漆要求有较好的附着力和防锈能力，常用的有红丹、环氧富锌漆、云母氧化铁和铁红环氧底漆等。中间漆为防锈漆，常用的有红丹、铁红等。面漆要求有较好的牢度和耐候性，能保护底漆不受损伤或风化，常用的有灰铅、醇酸磁漆和酚醛磁漆等。

钢材表面涂刷漆时，一般为一道底漆、一道中间漆和两道面漆。要求高时可增加一道中间漆或面漆。使用防锈涂料时，应注意钢构件表面的除锈，注意底漆、中间漆和面漆的匹配。

一般混凝土配筋的防锈措施是：保证混凝土的密实度，保证钢筋保护层的厚度和限制氯盐外加剂的掺量或使用阻锈剂等。预应力混凝土用钢筋由于易被腐蚀，故应禁止使用氯盐类外加剂。

### 6.7.4 钢材的防火

钢材是不燃性材料，但并不表明钢材能够抵抗火灾。随着社会经济的发展和城市化进程的加快，建筑火灾发生的频率最高、损失最大，约占全部火灾的80%。

耐火试验与火灾案例调查表明：以失去支持能力为标准，无保护层时钢柱和钢屋架的耐火极限只有0.25h，而裸露钢梁的耐火极限仅为0.15h。温度在200℃以内，可以认为钢材的性能基本不变；当温度超过300℃以后，钢材的弹性模量、屈服强度和极限强度均开始显著下降，而塑性伸长率急剧增大，钢材产生徐变；温度超过400℃时，强度和弹性模量都急剧降低；到达600℃时，弹性模量、屈服强度和极限强度均接近于零，已失去承载能力。所以，没有防火保护层的钢结构是不耐火的。

当发生火灾后，热空气向构件传热主要是辐射、对流，而钢构件内部传热是热传导。随着温度的不断升高，钢材的热物理特性和力学性能发生变化，钢结构的承载能力下降。火灾下钢结构的最终失效是由于构件屈服或屈曲造成的。

钢结构防火保护的基本原理是采用绝热或吸热材料，阻隔火焰和热量，推迟钢结构的升温速率。防火方法以包覆法为主，即以防火涂料、不燃性板材或混凝土和砂浆将钢构件包裹起来。

### 1. 防火涂料包裹法

采用防火涂料，紧贴钢结构的外露表面，将钢构件包裹起来，是目前最常用的做法。

防火涂料按受热时的变化分为膨胀型（薄型）和非膨胀型（厚型）两种；按施用处不同可分为室内、露天两种；按所用胶黏剂不同可分为有机类、无机类。

膨胀型防火涂料的涂层厚度一般为2~7mm，附着力较强，有一定的装饰效果。由于其内含膨胀组分，遇火后会膨胀增厚5~10倍，形成多孔结构，从而起到良好的隔热防火作用，根据涂层厚度可使构件的耐火极限达到0.5~1.5h。

非膨胀型防火涂料的涂层厚度一般为8~50mm，呈粒状面，密度小、强度低，喷涂后需再用装饰面层隔护，耐火极限可达0.5~3.0h。为使防火涂料牢固地包裹钢构件，可在涂层内埋设钢丝网，并使钢丝网与钢构件表面的净距离保持在6mm左右。

### 2. 不燃性板材包裹法

常用的不燃性板材有防火板、石膏板、硅酸钙板、蛭石板、珍珠岩板和矿棉板等，可通过胶黏剂或钢钉、钢箍等固定在钢构件上，将其包裹起来。

### 3. 实心包裹法

一般采用混凝土，将钢构件浇筑在其中。

## 复习思考题

6-1 钢材的分类形式有哪几种？其中按化学成分又分为哪两类？土木工程中主要采用的是什么钢材？

6-2 建筑钢材有哪些主要的力学性能和工艺性能？

6-3 简述低碳钢受拉时的应力-应变过程。钢材的屈服强度、屈强比在工程中有何意义？伸长率和断面收缩率在工程中又有何意义？

6-4 为何说屈服强度、抗拉强度、伸长率是建筑用钢材的重要技术性能指标？

6-5 钢材热处理的工艺有哪些？起什么作用？

6-6 冷加工和时效对钢材性能有何影响？

6-7 何谓硬钢的条件屈服强度？

6-8 钢材的冲击韧性与哪些因素有关？

6-9 钢中含碳量的增加对钢材的性能有何影响？钢中的主要有益元素有哪些？有害元素又有哪些？

6-10 钢材的腐蚀与哪些因素有关？如何对钢材进行防腐和防火？

6-11 建筑上常用哪些牌号的低合金钢？

6-12 工地上为何常对强度偏低而塑性偏大的低碳盘条钢筋进行冷拉？

# 第7章 木材

7

【本章知识点】木材的构造，木材中的水分种类及其对性能的影响，纤维饱和点，平衡含水率，湿胀干缩，强度及其影响因素，木材的用途，人造板材的种类、性能特点及用途，木材的腐蚀机理与防腐措施。

【重点】木材的构造，主要性质与用途。

【难点】木材微观构造与性能的关系，木材的腐蚀原因。

木材是土木工程中的三大材料之一，是人类最早使用的天然有机材料。木结构是中国古代建筑的主要结构类型和重要特征，其历史悠久、技术高超、风格独特，如闻名于世的故宫太和殿、天坛祈年殿、山西应县木塔等都是木结构的优秀代表，体现了中国古代建筑的辉煌。

木材之所以应用于土木工程，是因其具有很多优点：①轻质高强，比强度大；②弹性、韧性好，能承受一定的冲击和振动荷载；③对电、热、声的传导性能低，具有较好的绝缘、绝热、隔声性能；④在干燥环境或长期置于水中均有较好的耐久性；⑤纹理美观，色调温和，极富装饰性；⑥易于加工，可制成各种形状的产品；⑦无毒无污染，生产能耗低。

同时木材也存在一些缺点：①构造不均匀，呈各向异性；②易变形、易吸湿，湿胀干缩大；③若长期处于干湿交替环境中，耐久性较差；④易腐蚀，易虫蛀，易燃烧；⑤天然缺陷较多，影响材质。不过，木材经过一定的加工和处理后，这些缺点可得到相当程度的克服。

木材是天然资源，树木的生长需要一定周期，故属于短缺材料，目前工程中主要用作装饰材料。随着木材加工技术的提高，木材的节约使用与综合利用有着良好的前景。

## 7.1 木材的分类和构造

### 7.1.1 木材的分类

木材的树种很多，按树叶的外形分类，一般可分为针叶树材和阔叶树材两大类。

针叶树材也称软木材。其树干通直，枝杈较小分布紧密，易得大材；纹理顺直，材质轻软，易于加工；表观密度较小，胀缩变形较小，强度较高，耐蚀性较强。针叶树材可用于做承重构件和装饰材料。常用的树种有红松、白松、黄花松、云杉、冷杉、柏木等。

阔叶树材也称硬木材。其树干短曲，枝杈较大分布稀疏，不易得大材；纹理曲折，材质坚硬，加工难度较大；表观密度较大，胀缩变形较大，易翘曲开裂。阔叶树材纹理美观，适于室内装饰、制作家具以及加工成胶合板材。常用的树种有柞木、榆木、水曲柳、桦木、榉木等。

### 7.1.2 木材的构造

木材的构造直接决定和影响木材的性质。由于各树种生长的自然环境不同，它们的构造差异很大，性质也不同，通常从宏观构造和微观构造两个层次进行研究。

### 1. 木材的宏观构造

木材的宏观构造是指用肉眼或在放大镜下能观察到的木材的组织形式。木材是各向异性材料，一般从树干的三个不同切面进行观察，即横切面、径切面、弦切面（见图7-1）。横切面是指与树干主轴或木材纹理相垂直的切面，又称端面或横断面；径切面是指通过树轴的纵切面，与横切面垂直；弦切面是指平行于树轴的纵切面。

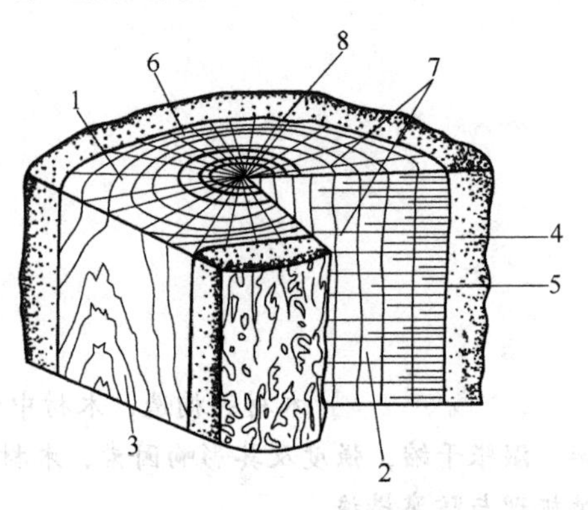


图7-1 木材的宏观构造

1—横切面 2—径切面 3—弦切面 4—树皮 5—木质部 6—年轮 7—髓线 8—髓心

从横切面可观察到，树木由树皮、髓心、木质部及年轮所组成，还可发现放射状的髓线。

树皮主要起保护树木的作用，由外皮、软木组织和内皮组成，在工程上用途不大，个别树种的软木组织较发达，可以用作绝热材料和装饰材料。

髓心位于树干的中心部位，是最早生成的木质部分，其质地松软、强度低、易腐朽。

木质部是树皮与髓心之间的部分，是工程上主要使用的部位，又分为边材和心材。边材是靠近树皮、颜色较浅的部分，其含水率较大、易翘曲变形、树脂含量较多、耐蚀性较差。心材是靠近髓心、颜色较深的部分，由边材演化而成，其水分较少、不易翘曲变形、密度较大、渗透性较低、耐久性和耐蚀性均较好，利用价值高。心材的许多性能优于边材，但它们的力学性能差别并不显著。

年轮是指在树干横切面上所显示的围绕髓心的颜色深浅相间的同心环。在同一年轮内春季生长的、靠近髓心方向的木质称为春材或早材，其生长速度快、颜色较浅、组织较松软、强度较低。在夏季和秋季生长的、靠近树皮方向的木质称为夏材或晚材，其生长速度迟缓、颜色较深、组织紧密、强度较高。对于相同树种，夏材所占的比例越多，其强度越高，木材利用率越高；年轮越密、分布越均匀，材质越好。

髓线从髓心向外呈放射状分布，它与周围的木质结合力弱，木材干燥时易沿髓线处开裂。

从径切面观察，可见到由年轮形成的许多平行的木纹。

从弦切面观察，可见到由年轮形成的许多锥形的或截头锥形的木纹。

### 2. 木材的微观构造

木材的微观构造是指在显微镜下才能观察到的木材的组织形式，如图7-2和图7-3所示。

在显微镜下观察，木材由无数管状细胞紧密结合而成，绝大部分细胞沿树干纵向排列，少部分细胞横向排列而构成髓线。每个细胞分为细胞壁和细胞腔两部分，细胞壁由细纤维组成，其纵向连接比横向连接牢固，所以宏观表现为木材沿不同方向受力时强度不同。各细纤维间有微小空隙，能吸附和渗透水分。木材的细胞壁越厚，细胞腔就越小，细胞就越致密，宏观表现为木材的表观密度大、强度高，同时细胞壁吸附水分的能力也越强，宏观表现为湿胀干缩变形也大。春材的细胞壁薄、腔大，夏材的细胞壁厚、腔小。

木材的细胞因功能不同可以分成许多种，树种不同其构造细胞也不同。针叶树的微观构造简单而规则，主要由管胞和髓线组成。管胞为纵向细胞，起支撑和输送养分的作用；其髓线较细不明显；某些树种（如马尾松）在管胞间还有树脂道以储存树脂。阔叶树的微观构造较复杂，主要由导管、木纤维和髓线组成。导管由壁薄而腔大的细胞构成，大的导管孔肉眼可见；木纤维

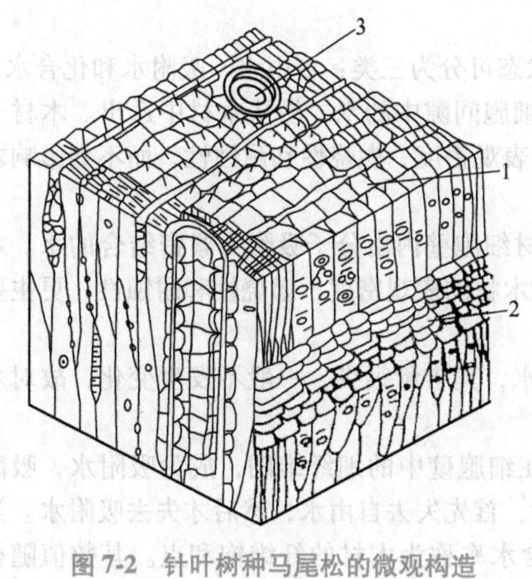


图 7-2 针叶树种马尾松的微观构造
1—管胞 2—髓线 3—树脂道

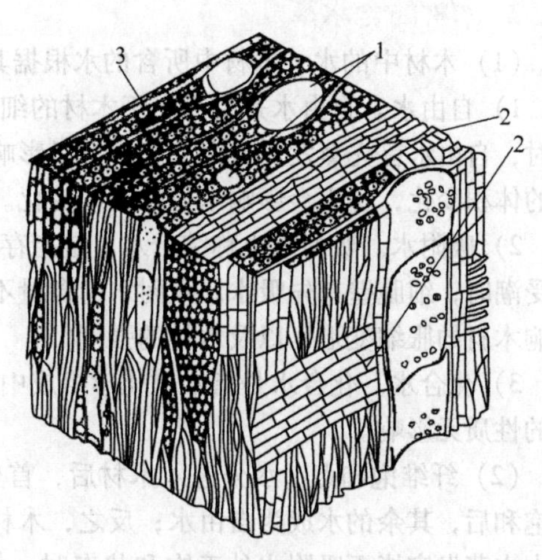


图 7-3 阔叶树种柞木的微观构造
1—导管 2—髓线 3—木纤维

由壁厚而腔小的细胞构成，起支撑作用；其髓线很发达，粗大而明显。有无导管及髓线的粗细是区分针叶树和阔叶树的重要特征。

## 7.2 木材的主要性质

### 7.2.1 木材的化学性质

木材是一种天然生长的有机材料，它的化学组分因树种、生长环境、组织存在的部位不同而差异较大，主要有纤维素、半纤维素和木质素等细胞壁的主要成分，以及少量树脂、油脂、果胶质和蛋白质等次要成分，其中，纤维素占50%左右。所以木材的组成主要是一些天然高分子化合物。

木材的化学性质复杂多变。在常温下木材对稀的盐溶液、稀酸、弱碱有一定的抵抗能力；但随着温度的升高，其抵抗能力显著降低。而强氧化性的酸、强碱在常温下也会使木材发生变色、湿涨、水解、氧化、脂化、降解交联等反应。在高温下即使是中性水，也会使木材发生水解反应。

木材的上述化学性质是对木材进行处理、改性以及综合利用的工艺基础。

### 7.2.2 木材的物理性质

木材的物理性质是指木材在不受外力和不发生化学变化的条件下，所表现的各种性质。

#### 1. 密度和表观密度

木材的密度反映材料的分子结构，由于各树种木材的分子构造基本相同，因而其密度相差不大，一般在 1.48~1.56g/cm$^3$ 波动。

然而木材是一种多孔性材料，它的表观密度随树种、产地、树龄的不同有很大差异，而且随含水率及其他因素的变化而不同。一般有气干表观密度、绝干表观密度和饱水表观密度之分。木材的表观密度越大，其湿胀干缩率也越大。

### 2. 木材的含水率

（1）木材中的水 木材中所含的水根据其存在状态可分为三类：自由水、吸附水和化合水。

1）自由水。自由水是指存在于木材的细胞腔和细胞间隙中的水，易从木材中逸出。木材干燥时，自由水首先蒸发。自由水的含量只影响木材的表观密度、燃烧性和耐蚀性，而不会影响木材的体积变化，也不会影响木材的强度变化。

2）吸附水。吸附水也称结合水，是指存在于木材细胞壁内由分子吸附力紧密结合的水。木材受潮时，细胞壁首先吸水。吸附水的含量不仅影响木材的表观密度、燃烧性和耐蚀性，更主要影响木材的胀缩变形，以及木材的强度。

3）化合水。化合水是指木材化学组成中的结合水，其含量很少，一般不发生变化，故对木材的性质无影响。

（2）纤维饱和点 水分进入木材后，首先吸附在细胞壁中的细纤维间，成为吸附水，吸附水饱和后，其余的水成为自由水；反之，木材干燥时，首先失去自由水，然后才失去吸附水。当自由水蒸发完毕而吸附水处于饱和状态时，木材的含水率称为木材的纤维饱和点。其数值随树种而异，通常在25%~35%，平均为30%左右。木材的纤维饱和点是木材物理力学性质发生变化的转折点。

（3）平衡含水率 木材具有吸湿性，干燥的木材会从周围的湿空气中吸收水分，而潮湿的木材也会向空气中蒸发水分。在一定湿度和温度的环境中，当水分的吸收与蒸发达到动态平衡时，木材的含水率相对稳定，此时的含水率称为平衡含水率。平衡含水率随周围空气的温湿度而变化，通常在12%~18%，图7-4所示为各种不同温度和湿度环境条件下，木材相应的平衡含水率。所以，各地区、各季节木材的平衡含水率并不相同，表7-1所示为我国主要城市木材平衡含水率的年平均值。平衡含水率是木材进行干燥的控制指标。

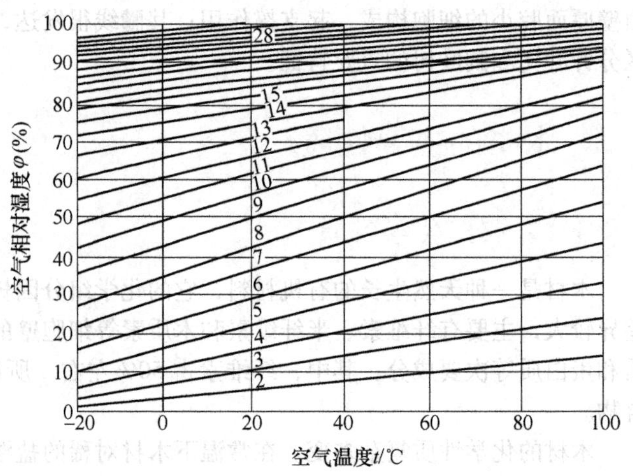


图7-4 木材的平衡含水率

表7-1 我国主要城市木材平衡含水率的年平均值

| 城市 | 平衡含水率（%） | 城市 | 平衡含水率（%） | 城市 | 平衡含水率（%） |
|---|---|---|---|---|---|
| 拉萨 | 8.6 | 呼和浩特 | 11.2 | 兰州 | 11.3 |
| 北京 | 11.4 | 西宁 | 11.5 | 银川 | 11.8 |
| 太原 | 11.7 | 济南 | 11.7 | 石家庄 | 11.8 |
| 乌鲁木齐 | 12.1 | 天津 | 12.2 | 郑州 | 12.4 |
| 长春 | 13.3 | 沈阳 | 13.4 | 昆明 | 13.5 |
| 哈尔滨 | 13.6 | 西安 | 14.3 | 桂林 | 14.4 |
| 合肥 | 14.8 | 南京 | 14.9 | 广州 | 15.1 |
| 贵阳 | 15.4 | 武汉 | 15.4 | 南宁 | 15.4 |
| 福州 | 15.6 | 重庆 | 15.9 | 南昌 | 16.0 |
| 成都 | 16.0 | 上海 | 16.0 | 台北 | 16.4 |
| 杭州 | 16.5 | 长沙 | 16.5 | 海口 | 17.3 |

（4）标准含水率 由于木材的物理性质会随着含水率的不同而发生变化，所以在评定和比较木材的体积、表观密度和强度等物理力学性能时，需规定一个含水率标准，称为标准含水率，国家标准规定其为12%。

3. 湿胀与干缩

木材的湿胀干缩与其含水率有关。当木材的含水率小于纤维饱和点时，木材中不含有自由水，只有吸附水。此时木材若受到潮湿，水分被细胞壁的细纤维吸收后其间距会变大，引起木材体积的增大，即产生湿胀现象；同理，此时木材若受到干燥，将失去部分吸附水，木材的体积也会随之减小，即产生干缩现象。

当木材的含水率大于纤维饱和点时，木材中除了有饱和状态下的吸附水之外，还有一部分自由水。此时木材如果受到潮湿或干燥，只是自由水在变化，而不会引起木材体积的改变，即不会发生变形（见图7-5）。所以，纤维饱和点是木材发生湿胀干缩变形的转折点，而且也是木材力学性质发生变化的转折点。

由于木材的构造不均匀，各方向、各部位的胀缩程度也不一样。其中，弦向最大，径向次之，顺纹方向最小。弦向锯切的木材，位置距髓心越远，产生的翘曲变形越大。而且，表观密度大，夏材含量多时，胀缩变形就大。木材干燥时其横切面的变形如图7-6所示。

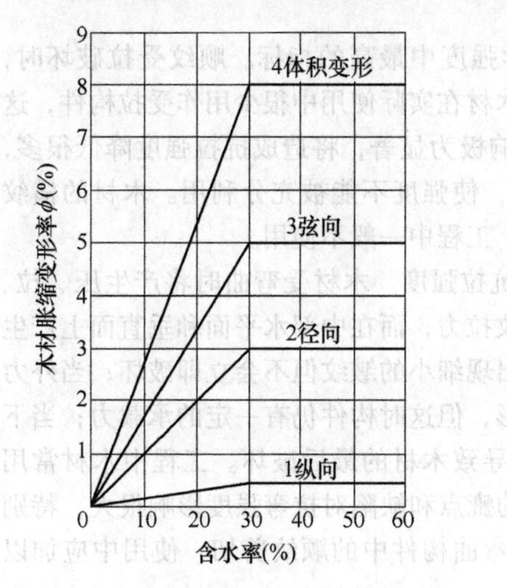

图7-5 含水率对木材胀缩变形的影响

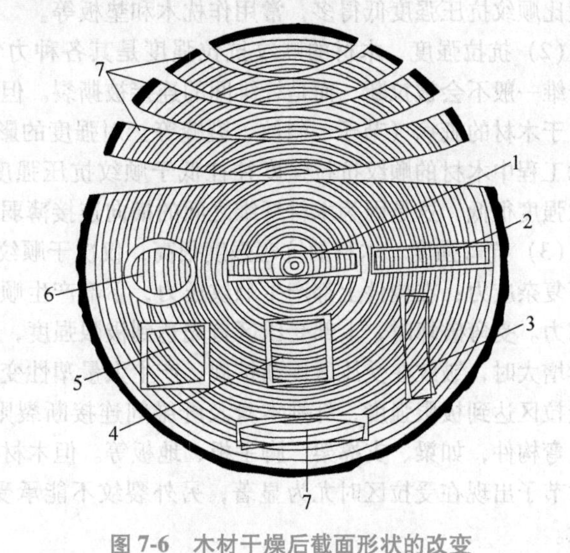

图7-6 木材干燥后截面形状的改变

1—通过髓心的径锯板呈凸形 2—不包含髓心径锯板收缩较均匀

3—板面与年轮成45°角发生翘曲

4—上下两边与年轮平行的正方形变为长方形

5—与年轮成对角线的正方形变为菱形

6—圆形变为椭圆形 7—弦锯板呈翘曲

木材的湿胀干缩对其使用有很大的影响，干缩会使木材产生裂缝或翘曲变形，以至引起木结构的结合松弛，湿胀则会造成凸起变形。为了避免这种情况，木材在加工前必须预先进行干燥处理，使其接近与环境湿度相应的平衡含水率。

## 7.2.3 木材的力学性质

1. 木材的强度

木材按受力状态分为抗压、抗拉、抗弯和抗剪四种强度，木材构造的各向异性决定了它的各种强度都具有明显的方向性，因而木材的强度有顺纹（力作用方向与纤维方向平行）和横纹（力作用方向与纤维方向垂直）之分。由于木材中的细胞大多是纵向排列的，故木材的顺纹强度比横纹强度大很多，工程上均充分利用其顺纹强度，它们之间的比例关系见表7-2。

表7-2 木材各种强度的大小关系

| 抗压 | | 抗拉 | | 抗弯 | 抗剪 | |
|---|---|---|---|---|---|---|
| 顺纹 | 横纹 | 顺纹 | 横纹 | | 顺纹 | 横纹切断 |
| 1 | 1/10~1/3 | 2~3 | 1/20~1/3 | 3/2~2 | 1/7~1/3 | 1/2~1 |

（1）抗压强度 抗压强度是木材各种力学性质中的基本指标。木材的顺纹抗压强度很高，仅次于顺纹抗拉和抗弯强度，且木材的疵点对其影响较小。木材顺纹受压破坏是管状细胞受压失稳，而不是纤维的断裂。因此，这种强度在工程中应用很广，常用于柱、桩、斜撑及桁架等承重构件。木材横纹受压时，其初始变形与外力呈正比，当超过比例极限时，细胞壁失去稳定，细胞腔被挤紧、压扁，产生显著的变形而破坏，但并非纤维断裂。因此木材的横纹抗压强度以使用中所限制的变形量来确定，通常取其比例极限作为横纹抗压强度的极限指标。木材的横纹抗压强度比顺纹抗压强度低得多，常用作枕木和垫板等。

（2）抗拉强度 木材的顺纹抗拉强度是其各种力学强度中最高的指标。顺纹受拉破坏时，木纤维一般不会被拉断，而是纤维间的连接被撕裂。但木材在实际使用中很少用作受拉构件，这是由于木材的疵病（节子、斜纹、裂缝等）对强度的影响极为显著，将造成抗拉强度降低很多，实际工程中木材的顺纹抗拉强度往往低于顺纹抗压强度，使强度不能被充分利用。木材的横纹抗拉强度很低，这是因为木材纤维之间的横向连接薄弱，工程中一般不使用。

（3）抗弯强度 木材的抗弯强度很高，仅次于顺纹抗拉强度。木材受弯曲时将产生压、拉、剪等复杂应力：在构件上部产生顺纹压力，下部产生顺纹拉力，而在中部水平面和垂直面上产生剪切力。受弯破坏时，上部受压区首先达到极限强度，出现细小的皱纹但不会立即破坏；当外力继续增大时，皱纹在受压区逐渐扩展，产生大量塑性变形，但这时构件仍有一定的承载力；当下部受拉区达到极限强度，纤维本身及纤维间连接断裂则导致木材的最后破坏。工程中木材常用作受弯构件，如梁、支撑架、脚手板、地板等。但木材的疵点和缺陷对抗弯强度影响很大，特别是木节子出现在受拉区时尤为显著，另外裂纹不能承受弯曲构件中的顺纹剪切，使用中应加以注意。

（4）抗剪强度 抗剪强度又称剪断强度。木材受剪时，根据作用力对于木材纤维方向的不同分为顺纹剪切、横纹剪切和横纹切断，如图7-7所示。顺纹受剪时，剪力方向和受剪面均与木材纤维平行，破坏时绝大部分纤维本身并不损坏，而是纤维间连接撕裂产生纵向位移。横纹受剪

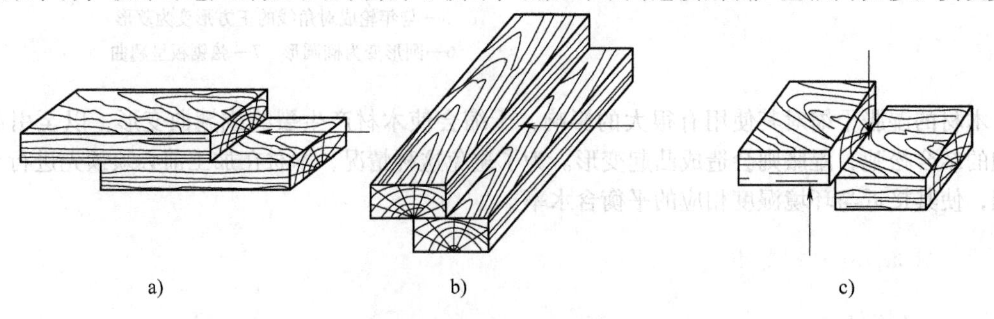


图7-7 木材的剪切

a）顺纹剪切 b）横纹剪切 c）横纹切断

时，剪力方向与纤维垂直，而受剪面与纤维平行，破坏时剪切面中纤维的横向连接被撕裂。横纹切断时，剪力方向和受剪面均与纤维垂直，破坏时纤维被切断。因此，木材的横纹切断强度最大，顺纹抗剪强度次之，横纹抗剪强度最小。

我国土木工程中常用木材的主要物理和力学性质见表7-3。

表7-3 常用木材的主要物理和力学性质

| 树种名称 | | 产地 | 气干表观密度/(g/cm³) | 干缩系数 | | 顺纹抗压强度/MPa | 顺纹抗拉强度/MPa | 抗弯强度/MPa | 顺纹抗剪强度/MPa | |
|---|---|---|---|---|---|---|---|---|---|---|
| | | | | 径向 | 弦向 | | | | 径面 | 弦面 |
| 针叶树 | 杉木 | 湖南 | 0.317 | 0.123 | 0.277 | 33.8 | 77.2 | 63.8 | 4.2 | 4.9 |
| | | 四川 | 0.416 | 0.136 | 0.286 | 39.1 | 93.5 | 68.4 | 6.0 | 5.0 |
| | 红松 | 东北 | 0.440 | 0.122 | 0.321 | 32.8 | 98.1 | 65.3 | 6.3 | 6.9 |
| | 马尾松 | 安徽 | 0.533 | 0.140 | 0.270 | 41.9 | 99.0 | 80.7 | 7.3 | 7.1 |
| | 落叶松 | 东北 | 0.641 | 0.168 | 0.398 | 55.7 | 129.9 | 109.4 | 8.5 | 6.8 |
| | 鱼鳞云杉 | 东北 | 0.451 | 0.171 | 0.349 | 42.4 | 100.9 | 75.1 | 6.2 | 6.5 |
| | 冷杉 | 四川 | 0.433 | 0.174 | 0.341 | 38.8 | 97.3 | 70.0 | 5.0 | 5.5 |
| 阔叶树 | 柞栎 | 东北 | 0.766 | 0.199 | 0.316 | 55.6 | 155.4 | 124.0 | 11.8 | 12.9 |
| | 麻栎 | 安徽 | 0.930 | 0.210 | 0.389 | 52.1 | 155.4 | 128.0 | 15.9 | 18.0 |
| | 水曲柳 | 东北 | 0.686 | 0.197 | 0.353 | 52.5 | 138.1 | 118.6 | 11.3 | 10.5 |
| | 榔榆 | 浙江 | 0.818 | — | — | 49.1 | 149.4 | 103.8 | 16.4 | 18.4 |

## 2. 影响木材强度的主要因素

(1) 含水率 木材的强度受含水率的影响很大。当木材的含水率在纤维饱和点以上变化时，只是自由水在变化，因而对木材的强度没有影响。但当木材的含水率在纤维饱和点以下变化时，随着含水率的降低，吸附水减少，细胞壁趋于紧密，木材强度增大；反之，木材的强度减小。含水率对木材各种强度的影响程度并不相同，对顺纹抗压强度和抗弯强度影响较大，对顺纹抗剪强度影响较小，对顺纹抗拉强度影响最小，如图7-8所示。

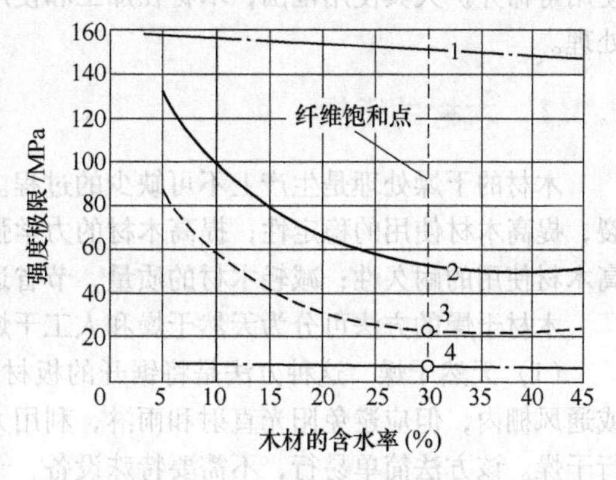


图7-8 含水率对木材强度的影响

1—顺纹受拉 2—弯曲 3—顺纹受压 4—顺纹受剪

测定木材强度时，通常规定以木材含水率为12%（标准含水率）时的强度作为标准值，其他含水率时的强度可按下式换算（适用于木材含水率在9%~15%范围）：

$$\sigma_{12}=\sigma_{w}[1+\alpha(W-12)] \tag{7-1}$$

式中 $\sigma_{12}$——含水率为12%时的木材强度（MPa）；

$\sigma_{w}$——含水率为$W$%时的木材强度（MPa）；

$W$——实测木材的含水率（%）；

$\alpha$——含水率校正系数。顺纹抗压为0.05；顺纹抗拉阔叶树为0.015，针叶树为0；抗弯为0.04；顺纹抗剪为0.03。

(2) 持续荷载时间 木材在长期荷载作用下的强度称为木材的持久强度，它仅为木材在短期荷载作用下极限强度的50%~60%。这是由于木材在长期荷载作用下将发生较大的蠕变，随着时间的增长，产生大量连续的变形而破坏。木结构一般都处于长期负荷状态，所以在设计木结构时，通常以木材的持久强度为依据。

(3) 环境温度 环境温度对木材的强度有直接影响。在通常的气候条件下，温度的变化不会引起木材化学成分的改变。但当木材温度升高时，组成细胞壁的成分会逐渐软化，强度随之降低；温度降低时，木材还将恢复原来的强度。当木材长期处于40~60℃温度时，会发生缓慢碳化；当木材长期处于60~100℃温度时，会引起木材水分和所含挥发物的蒸发；当温度在100℃以上时，木材开始分解为组成它的化学元素。所以，如果环境温度可能长期超过50℃时，则不应采用木结构。当环境温度降至0℃以下时，木材中的水分结冰，强度将增大，但木质变得较脆，一旦解冻，木材的各项强度都将低于未冻时的强度。

(4) 缺陷 木材中的缺陷，如木节、斜纹、裂纹、虫蛀、腐朽等，都会造成木材构造的不连续和不均匀，因此影响其力学性能。木节使木材的顺纹抗拉强度显著降低，而对顺纹抗压强度影响较小，在横纹抗压和剪切时，木节反而提高其强度。在装饰工程中木材的缺陷会给装饰效果带来不良的影响。

(5) 夏材率 同树种木材中的夏材率越高，其强度也越高，反之则越低。

## 7.3 木材的防护

木材作为土木工程材料有很多优点，但天然木材易变形、易腐蚀、易燃烧。为了延长木材的使用寿命并扩大其使用范围，木材在加工和使用前必须进行干燥、防腐和防虫、防火等各种防护处理。

### 7.3.1 木材的干燥

木材的干燥处理是生产上不可缺少的过程。干燥处理的目的是：减小木材的变形，防止其开裂，提高木材使用的稳定性；提高木材的力学强度，改善其物理性能；防止木材腐朽、虫蛀，提高木材使用的耐久性；减轻木材的质量，节省运输费用。

木材干燥的方法可分为天然干燥和人工干燥，并以平衡含水率作为干燥的指标。

(1) 天然干燥 这种方法是将锯开的板材或方材按一定的方式堆积在通风良好的空旷场地或通风棚内，但应避免阳光直射和雨淋，利用大气热蒸发木材中的水分，使木材在天然条件下自行干燥。该方法简单易行，不需要特殊设备，干燥后木材的质量良好；但干燥时间长，占用场地大，只能干燥到风干状态。

(2) 人工干燥 人工干燥常用的方法有炉气干燥、蒸汽干燥、化学干燥、辐射干燥等。炉气干燥是指用炉灶燃烧时的炽热炉气为热源，以炉气—湿空气混合气体为干燥介质对木材进行干燥。蒸汽干燥是指用饱和水蒸气，通过加热器加热干燥介质来干燥木材的传统干燥方法。化学干燥是指用化学物品处理木材进行干燥。辐射干燥是指利用微波、远红外射线等为热源对木材进行干燥。

### 7.3.2 木材的防腐、防虫

木材的腐朽是因真菌侵入所致，侵蚀木材的真菌有三种：霉菌、变色菌和腐朽菌。霉菌只寄生于木材表面，对木材不起破坏作用，仅使木材颜色发生变化，通常称为发霉。变色菌多寄生于边材，以细胞腔内淀粉、糖类等为养料，不破坏细胞壁，故对木材强度的影响也很小。而腐蚀菌是将细胞壁物质分解为其可吸收的养料，进行繁殖、生长，破坏细胞壁，使木材的密度、硬度、强度等物理、力学性质降低，最后变得松软易碎。故木材的腐蚀主要来自于腐朽菌。

木材除了受真菌腐蚀外，还会受到虫害的侵蚀。往往木材内部已被蛀蚀一空，而外表依然完整，几乎看不出破坏的痕迹，因此危害极大。蛀蚀木材的昆虫主要有白蚁和甲虫（如天牛、蠹虫等），白蚁的危害较甲虫广泛而严重。木材被昆虫蛀蚀后形成虫眼，虫眼对材质的影响与其大小、深度和密集程度有关。深的大虫眼或深而密集的小虫眼能破坏木材的完整性，降低其力学性质，也成为真菌侵入木材内部的通道。

木材的防腐、防虫就是应用构造措施和化学药剂等方法处理木材，以延长木材的使用年限。通常采用以下两种处理方法：

（1）构造预防法 无论是真菌还是昆虫，它们的生存繁殖均需要适宜的温度、足够的空气和适当的湿度（木材含水率为35%~50%时最适宜生存，小于20%时则难以生存）。因此，将木材置于通风、干燥处，即可作为木材的构造防腐措施。在设计和施工中，要求将木结构的各个部分处于通风良好的条件下，木地板下设防潮层或设通风道等，使木材构件不受潮湿，即使一时受潮也能及时风干，可起到防护作用。

（2）防腐剂法 对于经常受潮或间歇受潮的木结构或构件，以及不得不封闭在墙内的木梁端头、木砖、木龙骨等，都必须用防腐剂处理。即用防腐剂涂刷木材表面或浸渍木材，使木材含有有毒物质，以起到防腐和杀虫作用。常用的防腐剂有三类：水溶性防腐剂，主要用于室内木构件的防腐；油剂性防腐剂，这类防腐剂毒杀效力强且持久，但有刺激性臭味，且处理后木材表明呈黑色，故多用于室外、地下或水下木构件；复合防腐剂，这类防腐剂对菌和虫的毒性大，对人和畜的毒性小，且效力持久，其应用日益扩大。

### 7.3.3 木材的防火

木材的防火处理也称阻燃处理。经阻燃处理后，可提高木材的耐火性，使其不易燃烧；或木材在高温下只碳化，没有火焰，不至于很快波及其他可燃物；或当火焰移开后，木材表面上的火焰立即熄灭。木材防火处理的方法有以下几种：

1）用防火浸剂对木材进行浸渍处理，并应保证一定的吸药量和透入深度，会起到阻燃作用。

2）将防火涂料涂刷或喷洒于木材表面，待涂料固结后即构成防火保护层，其防火效果与涂层厚度或每平方米涂料用量有密切关系。

3）在生产纤维板、胶合板、刨花板等木质人造板时，添加适量阻燃剂，使板材不易燃烧。

## 7.4 木材的应用

木材的应用涵盖了采伐、制材、防护、木制品生产、剩余物利用、废弃物回收等多个环节，在这些环节中，应当对每株树木的各个部分按照各自的最佳用途予以收集加工，实现多次增值以达到木材在量与质的总体上的高效益综合利用。其基本原则是：合理使用，高效利用，综合利用；产品及其生产应符合安全、健康、环保、节能要求；加强木材防护，延长木材使用寿命；废弃木材的利用要减量化、资源化、无害化，实现木材的重新利用和循环利用。

### 7.4.1 木材的初级产品

木材的初级产品按加工程度和用途的不同，分为原条、原木、锯材等。

原条是指已经除去根、梢、枝，但尚未进行加工的木料，主要用于土木工程中的脚手架、支撑架和供进一步加工。

原木是指已经除去根、梢、枝和树皮，并按一定尺寸加工成规定直径和长度的圆木段。其又有直接使用原木和加工原木之分，直接使用原木在工程中用作屋架、檩条、木桩等，加工原木用于加工成锯材和胶合板等。

锯材是原木经制材加工得到的产品。锯材又可分为板材和方材两大类。宽度为厚度的3倍及以上的木料称板材，按其厚度、宽度可分为薄板、中板、厚板和特厚板；宽度不足厚度3倍的木料称为方材，又称枋材，按截面积分为小方、中方、大方。方材可直接在工程中用作支撑、檩条、木龙骨等，或用于制作门窗、扶手、家具等。

## 7.4.2 木制品及其应用

### 1. 木质人造板

由于天然木材不可避免地存在各种缺陷，同时木材加工时也产生大量的边角废料，为了提高木材的利用率和木制品质量，用木材、边角废料制作的人造板材已得到广泛的应用。人造板材与锯材相比，具有幅面大、尺寸稳定、材质均匀、结构性好、不易变形开裂且施工方便等优点。但人造板材生产中常采用胶黏剂，而胶黏剂中可含有甲醛，甲醛会污染室内环境，所以必须限制人造板材产品的甲醛释放量。

木质人造板的主要品种有胶合板、刨花板（木丝板、木屑板）、纤维板和细木工板等几类，其延伸产品达上百种之多。

（1）胶合板　胶合板又称层压板、多层板。它是由圆木蒸煮软化后旋切成单板薄片，然后将各单板按相邻层木纤维互相垂直的方向放置，经涂胶黏结、加压、干燥、锯边、表面修整而成的板材。胶合板的层数呈奇数，一般为3~13层，常用的是3层和5层，称为三合板、五合板。胶合板的耐久性分类见表7-4。胶合板的特点是：消除了木材的天然缺陷，变形较小；材质均匀，各向异性小，强度较高；表面平整、纹理美观、极富装饰性。薄层胶合板常用于室内隔墙、墙裙、顶棚等装饰和制作门面板、家具等，厚层胶合板多用作土木工程中的木模板。

表7-4　胶合板耐久性分类

| 分　类 | 名　称 | 允许使用条件 | 性能试验要求 |
| --- | --- | --- | --- |
| Ⅰ类 | 耐气候胶合板 | 供室外工程使用 | 能通过煮沸试验 |
| Ⅱ类 | 耐水胶合板 | 供潮湿环境下工程使用 | 能通过63℃±3℃热水浸渍试验 |
| Ⅲ类 | 耐潮胶合板 | 供室内工程常态环境下使用 | 能通过短期冷水浸渍试验 |
| Ⅳ类 | 不耐潮胶合板 | 供室内工程干燥环境下使用 | 能通过干状试验 |

（2）刨花板、木丝板和木屑板　刨花板、木丝板和木屑板是分别利用木材的刨花碎片、短小废料刨制的木丝和木屑，经干燥、拌胶黏剂、热压而成的板材。这类板材表观密度小、材质均匀，但强度不高，常用作室内的保温、吸声或装饰材料。

（3）纤维板　纤维板也称密度板，是利用木材碎料、树皮、树枝等废料或加入其他植物纤维为原料，经破碎、浸泡、研磨成木浆，再经施胶、加压成型、干燥处理而制成的板材。纤维板按成型时温度和压力不同，分为硬质纤维板、半硬质纤维板和软质纤维板三种。纤维板材质均匀、各向同性，完全克服了木材的各种缺陷，不易变形、翘曲和开裂。硬质纤维板密度大、强度高，可用于室内墙面、顶棚等装饰以及制作门面板、家具等；半硬质纤维板表面光滑、材质细密、强度较高，且板面再装饰性好，是用于室内装饰和制作家具的优良材料；软质纤维板密度小，可用作保温和吸声材料。

（4）细木工板　细木工板是一种夹芯板，它是利用木材加工中产生的边角废料，经整形、刨光成小块木条并拼接起来作为芯材，两个板面粘贴单层薄板，经热压黏合而成的板材。细木工板构造均匀，具有较高的刚度和强度，且吸声性、绝热性好，易于加工。细木工板主要用于室内装饰和制作家具，既可用作表面装饰，也可直接作为构造材料。

### 2. 木地板

由于木地板是用天然木材加工而成的，有着独特的质感和纹理，且具有轻质高强、可缓和冲击、保温调温性能好等优点，迎合了人们回归自然、追求质朴的心理，所以木地板成为建筑装饰中广泛采用的地板材料。木地板按构造和材料来分，主要有实木地板、实木复合地板、浸渍纸层压木质地板（强化木地板）等几类。

（1）实木地板　实木地板是用天然木材直接加工而成的，又称原木地板，常用的是条木地板和拼花木地板。条木地板保持了天然木材的性能，具有花纹自然、脚感舒适、保温隔热、易于加工等优点，是室内装饰中普遍使用的理想材料。拼花木地板是采用优质硬木材，经加工处理后制成一定尺寸的小木条，再按一定图案（如芦席纹、人字纹、清水墙纹等）拼装而成的方形地板材料。拼花木地板材质坚硬而富有弹性，纹理美观质感好，耐磨及耐蚀性好，且不易变形，常用于体育馆、练功房、舞台、高级住宅等高级场所的室内地面装饰。

（2）实木复合地板　实木复合地板是采用优质硬木材作表层，材质较软的木材为中间层，旋切单板为底层，经热压胶合而成的多层结构复合地板。由于实木复合地板由不同树种的板材交错层压而成，有效调整了木材之间的内应力，所以既保持了普通实木地板的各种优点，又具有不变形、不开裂、铺装简易、表面耐磨性及防滑阻燃性能好等特点。它既适合普通地面的铺设，又适合地热采暖地面的铺设。

（3）浸渍纸层压木质地板（强化木地板）　浸渍纸层压木质地板是以一层或多层专用纸浸渍热固性氨基树脂，铺装在刨花板、中密度纤维板、高密度纤维板等人造板基材表面，背面加防潮平衡层，正面加耐磨层，经热压而成的地板，又称为强化木地板。强化木地板的色彩图案种类很多，装饰效果好，且具有抗冲击、不变形、耐磨、耐腐蚀、阻燃、防潮、易清理等优点，但其弹性较小、脚感稍差、可修复性差。

## 复习思考题

7-1　木材按树种分为哪两类？各有什么特点？

7-2　简述木材的主要化学性质和主要物理性质。

7-3　何谓木材的纤维饱和点、平衡含水率、标准含水率？在实际使用中有何意义？

7-4　解释木材湿涨干缩的原因，说明各向异性变形的特点。

7-5　试比较木材各向的强度，影响木材强度的主要因素有哪些？

7-6　木材的防护包括哪几方面？各方面防护的原因及主要措施是什么？

7-7　木材的初级产品有哪些？各有何应用？

7-8　简述木制品的主要品种，各品种的特点及应用。

# 第8章

# 天然石材

【本章知识点】天然石材的分类及性质，土木工程常用石材。

【重点】花岗岩、大理岩、石灰岩等岩石的技术性质及应用。

【难点】各种岩石组成与性能的差异。

石材是指从天然岩石体中开采未经加工或经加工制成块状、板状或特定形状的石材的总称。

石材是使用历史最悠久的建筑材料之一。石材具有相当高的强度、良好的耐磨性和耐久性，并且资源丰富，易于就地取材。因此，在大量使用钢材、混凝土和高分子材料的现代土木工程中，石材的使用仍然相当普遍和广泛。

石材有两种。一种是指采得大块岩石，经锯解、劈凿、磨光等机械加工制成各种形状和尺寸的石料制品；另一种是直接采得的各种块状和粒状的石料。无论是经过加工还是未加工的石材，都是重要的土木工程材料。

石材制成的制品可以用作衬面材料、台阶、栏杆和纪念碑等；未加工的毛石可以用来砌筑基础、桥涵、挡土墙、堤岸、护坡及隧道衬砌等；散粒状石材可以用作混凝土和砂浆的集料以及筑路材料等。

石材还可以作为生产土木工程材料的原料，用来生产水泥、玻璃、陶瓷、石灰、石膏以及砖、瓦等。还有些岩石可以用来制作绝热材料，如矿棉、岩棉以及蛭石和珍珠岩。某些岩石还可以作为混合材料（如火山灰、凝灰岩及硅藻土）掺入硅酸盐水泥中。

粗略加工后的石材，朴实自然，坚固而稳定。精细加工后的石材，色泽润滑，美观而豪华，且其具有不少优点，因此至今仍被大量采用。由于石材开采不易，加工困难，因而成本较高，在普通建筑物中使用较少，主要用于高级建筑物、纪念性建筑物和特殊用途的建筑物。

## 8.1 岩石的组成与分类

岩石是构成地壳的主要物质。它是由地壳的地质作用形成的固态物质，具有一定的组成、结构构造和变化规律。

### 8.1.1 岩石的组成

岩石是由一种或数种主要矿物所组成的集合体。所谓矿物，是指存在于地壳中具有一定化学成分和物理性质的自然元素或化合物。少数矿物为单质，绝大多数矿物是由各种化学元素所组成的化合物。构成岩石的矿物，称为造岩矿物。

岩石的性质不仅取决于组成矿物的特性，还受到矿物含量、颗粒结构等因素的影响。同种岩石，由于生成条件不同，其性质也有所差别。

岩石中的主要造岩矿物有以下几种：

### 1. 石英

石英为结晶状的 $SiO_2$，两端为尖形的六方柱状晶形，是最坚硬稳定的矿物。密度约为 2.65g/cm$^3$，莫式硬度为7，熔化温度为1710℃，常见的有白色、乳白色和浅灰色。纯净的 $SiO_2$ 无色透明，称为“水晶”。

### 2. 长石

长石为结晶的铝硅酸盐。长石有正长石和斜长石之分。正长石的化学成分是 $K[AlSi_3O_8]$，晶体呈短柱状和厚板状，常见的为粒状或块状，密度为2.50~2.60g/cm$^3$，莫式硬度为6，颜色呈肉红色、褐黄色。斜长石有钠长石 $Na[AlSi_3O_8]$ 和钙长石 $Ca[Al_2Si_2O_8]$ 两种。晶体呈柱状，常见的为粒状或柱状，密度为2.61~2.76g/cm$^3$，硬度为6，颜色为灰白色和浅红色。长石强度比石英低，稳定性不及石英，易风化成高岭土。

### 3. 云母

云母为片状含水铝硅酸盐。云母有白云母 $KAl_2[AlSi_3O_{10}](OH)_2$、黑云母 $K(Mg \cdot Fe)[AlSi_3O_{10}](OH)_2$、金云母 $KMg_3[AlSi_3O_{10}](OH)_2$ 等。云母密度为2.70~3.10g/cm$^3$，莫式硬度为2~3，易于分解成薄片。当岩石中含有大量云母时，石材具有层理，降低了岩石的耐久性和强度，且表面难以磨光。相比之下，白云母耐久性好，黑云母易风化。

### 4. 角闪石、辉石、橄榄石

角闪石、辉石、橄榄石均为结晶的铁镁硅酸盐。晶体为粒状、柱状，密度为3.00~4.00g/cm$^3$，莫式硬度为5~7，颜色为暗绿或黑色，常称为暗色矿物。这些造岩矿物强度高，韧性好，耐久性好。岩石中暗色矿物含量增多，其强度和耐久性也随之提高，但也给加工造成了困难。

### 5. 方解石

方解石是结晶状的碳酸钙（$CaCO_3$），密度为2.70g/cm$^3$，莫式硬度为3，呈白色，强度中等，易被酸类分解，微溶于水，易溶于含有 $CO_2$ 的水中。

### 6. 白云石

白云石为结晶的碳酸钙镁复盐（$MgCO_3 \cdot CaCO_3$），密度为2.90g/cm$^3$，莫式硬度为4，呈白色或灰色，强度高于方解石，物理性质与方解石接近。

除上述造岩矿物之外，尚有石膏、菱镁矿、磁铁矿、赤铁矿和黄铁矿等。某些造岩矿物对岩石的性能会造成一定的影响，如石膏易溶于水，岩石中含有石膏会降低其建筑性能。又如黄铁矿为结晶的二硫化铁，岩石中含有黄铁矿，遇水及氧化作用后生成游离的硫酸，污染并破坏岩石，为有害杂质。

## 8.1.2 岩石的分类

岩石按地质形成条件可分为岩浆岩（火成岩）、沉积岩（水成岩）和变质岩三大类。

### 1. 岩浆岩

岩浆岩是由地壳深处上升的岩浆冷凝结晶而成的岩石，其成分主要是硅酸盐矿物，是组成地壳的主要岩石。按地壳质量计，岩浆岩占89%，储量极大。根据冷却条件不同，可分为深成岩、喷出岩和火山岩三类。

（1）深成岩　深成岩为岩浆在地壳深处，处于深厚覆盖层的巨大压力下缓慢而均匀冷却而成的岩石。深成岩的特点是晶粒较粗，构造致密，故其抗压强度高，孔隙率及吸水率小，表观密度大，抗冻性好。工程上常用的深成岩有花岗岩、正长岩、闪长岩和辉长岩。

（2）喷出岩 喷出岩为熔融的岩浆喷出地壳表面，迅速冷却而成的岩石。由于岩浆喷出地表时压力骤减和迅速冷却，结晶条件差，多呈隐晶质或玻璃体结构，或者是岩浆上升时已形成的粗大晶体嵌入在上述两种结构中的斑状结构。具有斑状结构的岩石易遭风化。如喷出岩凝固成很厚的岩层，其结构、性质接近深成岩。当喷出岩凝固成比较薄的岩层时，常呈多孔构造，强度等低于深成岩。工程上常用的喷出岩有玄武岩、安山岩和辉绿岩。

（3）火山岩 火山岩是火山爆发时岩浆被喷到空中，急速冷却后形成的岩石。火山岩为玻璃体结构且呈多孔构造，孔隙率大，吸水性强，表观密度小，抗冻性差。如火山灰、火山砂、浮石和凝灰岩。火山灰和火山砂可作为水泥的混合材料。浮石可作轻混凝土集料。凝灰岩经加工后可作保温墙体，如磨细后可作为水泥的混合材料。

### 2. 沉积岩

沉积岩是地表岩石经长期风化作用、生物作用或某种火山作用后，成为碎屑颗粒状或粉尘状，经风或水的搬运，通过沉积和再造作用而形成的岩石。按地壳质量计，沉积岩仅占5%，但在地表分布很广，约占地壳表面积的75%，因而开采方便，使用量大。沉积岩大都呈层状构造，表观密度小，孔隙率大，吸水率大，强度低，耐久性差。而且各层间的成分、构造、颜色及厚度都有差异。不少沉积岩具有化学活性，磨细可作水泥掺合料，如硅藻土、硅藻石。沉积岩可分为机械沉积岩、化学沉积岩和生物沉积岩。

（1）机械沉积岩 机械沉积岩是各种岩石风化后，在流水、风力或冰川作用下搬运、逐渐沉积，在覆盖层的压力下或由自然胶结物胶结而成的岩石。散粒状的有黏土、砂和砾石等，经自然胶结成整体的，相应称之为页岩、砂岩和砾岩。

（2）化学沉积岩 化学沉积岩是岩石中的矿物溶解在水中，经沉淀积累而成的岩石。常见的有石膏、菱镁矿、白云岩及部分石灰岩。

（3）生物沉积岩 生物沉积岩是由各种有机体的残骸经沉积而成的岩石。常见的有石灰岩、白垩、硅藻土等。

### 3. 变质岩

岩石由于强烈的地质活动，在高温和高压下，矿物再结晶或生成新矿物，使原来岩石的矿物成分、结构及构造发生显著变化而成为一种新的岩石，称为变质岩。变质岩大多是结晶体，构造、矿物成分都较岩浆岩、沉积岩更为复杂而多样。根据原岩种类分为正变质岩和副变质岩。

（1）正变质岩 原岩属岩浆岩类，经变质作用而成的岩石。一般岩浆岩经变质后产生片状构造，建筑性能较原岩有所下降。如花岗岩变质后成为片麻岩，片麻岩易于分层剥落，耐久性差。

（2）副变质岩 原岩属沉积岩类，经变质作用而成的岩石。一般沉积岩形成变质岩后，其建筑性能有所提高，如石灰岩和白云岩变质后成为大理岩，砂岩变质后成为石英岩，都比原来的岩石坚固耐久。

## 8.2 岩石的构造与性能

不同的成岩条件和造岩矿物使各类岩石具有不同的结构和构造特征，它们对岩石的物理和力学性能影响甚大。

岩石的结构是指岩石中矿物的结晶程度、颗粒大小、形态及结合方式的特征。岩石的构造是指岩石中矿物集合体之间的排列或组合方式，或矿物集合体与其他组成物质之间结合的情况。

#### 1. 块状构造

块状构造是由无序排列、分布均匀的造岩矿物所组成的一种构造。岩浆岩中的深成岩和部分变质岩具有块状构造，但变质岩的结晶在再造过程中经重结晶作用，其块状构造颗粒呈变晶，故晶体结构与岩浆岩有区别。

块状构造的岩石具有成分均匀、构造致密、整体性好的特点，因此这类岩石强度高，表观密度大，吸水率小，抗冻性和耐久性好，是良好的承重和装饰材料。属于块状构造的岩石有花岗岩、正长岩、大理岩和石英岩。

#### 2. 层片状构造

组成岩石的物质其矿物成分、结构和颜色等特征沿垂直方向一层一层变化而形成层状构造。层理是沉积岩所具有的一种重要的构造特征，部分变质岩由于受变质作用而形成片理构造。

层片状构造的岩石，由于层理、片理变化，整体性差。各层的物理、力学性能不同，垂直于层理方向的抗压强度远高于平行层理方向的抗压强度。各层连接处易被水或有害液体侵蚀而导致风化和破坏。但具有层理、片理的岩石易于开采和加工。建筑上多用于人行道、踏步和屋面板等。砂岩、板岩和片麻岩等均为层片状构造。

#### 3. 流纹、斑状、杏仁和结核状构造

岩浆喷出地表后，沿地表流动时冷却而形成的构造称为流纹状构造。

岩石成分中较粗大的晶粒分布在微晶矿物或玻璃体中的构造称为斑状构造。

岩石的气孔中被次生矿物填充，则形成杏仁状构造。

部分沉积岩呈结核状，结核组成物与包裹其周围岩石的矿物成分不同，结核组成有钙质、硅质、铁质和铁锰质。

上述几种构造所组成的岩石整体均匀性差，斑晶、杏仁及结核的结构和构造与四周物质的结构和构造差异较大，一旦受到温度变化和外力作用时，易导致开裂和破坏。

#### 4. 气孔状构造

岩浆中含有一些易挥发的成分，当岩浆上升至地面或喷出地表，由于温度和压力剧减，便形成气体逸出，待岩浆凝固后便留下了气孔。气孔构造是火山喷出岩的典型构造。

气孔构造的岩石孔隙率大，强度低，吸水率大，表观密度低，由于轻质多孔而导热差，宜作墙体材料或轻质集料。多孔状构造岩石有浮石、玄武岩、火山凝灰岩等。

## 8.3 石材的技术性质

石材的技术性质可分为物理性质、力学性质和工艺性质。

### 8.3.1 物理性质

#### 1. 表观密度

石材的表观密度由岩石的矿物组成及致密程度所决定。在一般情况下，同种石材的表观密度越大，强度越高，吸水率越小，抗冻性和耐久性越好，导热性也好。花岗岩和大理岩等致密程度高，表观密度接近于密度。火山凝灰岩、浮石等由于孔隙率大，表观密度较小。石材根据表观密度可分为：轻质石材，表观密度小于1800kg/m$^3$，一般用于墙体材料；重质石材，表观密度大于1800kg/m$^3$，可作为承重、装修和装饰用材料。

### 2. 吸水性

石材的吸水性与其孔隙率和孔隙特征有关。孔隙特征相同的石材，孔隙率越大，吸水率也越高。吸水率低于1.5%的岩石称为低吸水性岩石，介于1.5%~3.0%的称为中吸水性岩石，高于3.0%的称为高吸水性岩石。

石材吸水后强度降低，抗冻性变差，导热性增加，耐水性和耐久性下降。表观密度大的石材，孔隙率小，吸水率也小，岩浆深成岩以及许多变质岩即属此类，如花岗岩吸水率通常小于0.5%，而多孔贝类石灰岩吸水率可高达15%。

### 3. 耐水性

石材的耐水性以软化系数来表示。当石材中含有黏土或易溶于水的物质时，在饱水状况下，强度会明显下降。根据软化系数大小，可将石材分为高、中、低三个等级，软化系数大于0.90为高耐水性石材，软化系数在0.75~0.90为中耐水性石材，软化系数在0.60~0.75为低耐水性石材，软化系数小于0.60的石材不允许用于重要建筑物中。

### 4. 抗冻性

抗冻性是指石材抵抗冻融破坏的能力，是衡量石材耐久性的一个重要指标。

石材的抗冻性与吸水率大小有密切关系。一般吸水率大的石材，抗冻性也差。另外，抗冻性还与石材饱水程度、冻结温度和冻融次数有关。

石材的抗冻性用石材在饱水状态下所能经受的冻融循环次数（强度降低不超过25%，质量损失不超过5%，无贯穿裂缝）表示。

### 5. 耐火性

石材遇到高温时，将会受到损害。热胀冷缩，体积变化不一致，将产生内应力而导致破坏。各种造岩矿物热膨胀系数不同，受热后产生内应力以致崩裂。在高温下，造岩矿物会产生分解或变质。如含有石膏的石材，在100℃以上时开始破坏。含有碳酸镁和碳酸钙的石材，在700~800℃即产生分解。含有石英的石材，在700℃时受热膨胀而破坏。

### 6. 导热性

导热性主要与石材的致密程度有关。重质石材的热导率可达2.91~3.49W/(m·K)；轻质石材的热导率则为0.23~0.70W/(m·K)。具有封闭孔隙的石材，导热性较差。

## 8.3.2 力学性质

### 1. 抗压强度

石材的强度取决于造岩矿物及岩石的结构和构造。

如花岗岩的主要造岩矿物有石英、长石、云母和少量暗色矿物。若石英含量高，则强度高，若云母含量高，则强度低。

若岩石中有矿物胶结物质存在，则胶结物质对强度也有一定影响，如砂岩。硅质砂岩强度高于钙质砂岩，黏土质砂岩强度最低。

结晶质石材强度高于玻璃质石材强度，细颗粒构造强度高于粗颗粒构造，层片状、气孔状构造强度低，构造致密的岩石强度高。

石材是非均质和各向异性的材料，而且是典型的脆性材料，其抗压强度高，抗拉强度比抗压强度低得多，为抗压强度的1/20~1/10。

石材的抗压强度以三个边长为70mm的立方体试块饱水状态下的抗压强度平均值表示。根据抗压强度值的大小，石材共分九个强度等级：MU100、MU80、MU60、MU50、MU40、MU30、

MU20、MU15 和 MU10。抗压试件也可采用其他尺寸的立方体，但应对其试验结果乘以相应的换算系数（见表 8-1）。

表 8-1 石材强度等级的换算系数

| 立方体边长/mm | 200 | 150 | 100 | 70 | 50 |
|---|---|---|---|---|---|
| 换算系数 | 1.43 | 1.28 | 1.14 | 1 | 0.86 |

### 2. 冲击韧性

石材的冲击韧性取决于矿物成分与构造。石英岩、硅质砂岩脆性较大。含暗色矿物较多的辉长岩、辉绿岩等具有较高的韧性，通常晶体结构的岩石较非晶体结构的岩石具有较高的韧性。

### 3. 硬度

石材的硬度主要取决于矿物组成、结构和构造。由强度、硬度高的造岩矿物所组成的岩石，其硬度较高；结晶质结构硬度高于玻璃质结构；构造紧密的岩石硬度也较高。

岩石的硬度以莫氏硬度来表示。

### 4. 耐磨性

石材抵抗摩擦、边缘剪切以及撞击等复杂作用下的性质，称为耐磨性。耐磨性包括耐磨损性和耐磨耗性两个方面。

耐磨损性是以磨损度表示石材受摩擦作用，其单位摩擦面积所产生的质量损失的大小。

耐磨耗性是以磨耗度表示石材同时受摩擦与冲击作用，其单位质量所产生的质量损失的大小。

石材的耐磨性与岩石中造岩矿物的硬度及岩石的结构和构造有一定的关系。一般而言，岩石强度高，构造致密，则耐磨性也较好。用于建筑工程上，例如，台阶、人行道、地面、楼梯踏步等的石材，应具有较好的耐磨性。

## 8.3.3 工艺性质

石料的工艺性质主要指开采和加工过程的难易程度及可能性，包括加工性、磨光性与抗钻性等。

### 1. 加工性

加工性是指对岩石劈解、破碎与凿琢等加工工艺的难易程度。凡强度、硬度、韧性较高的石材，不易加工；质脆而粗糙，有颗粒交错结构，含有层状或片状构造以及已风化的岩石，都难以满足加工要求。

### 2. 磨光性

磨光性是指岩石能否磨成光滑表面的性质。致密、均匀、细粒的岩石，一般都有良好的磨光性，可以磨成光滑亮洁的表面。疏松多孔、有鳞片状构造的岩石，磨光性均不好。

### 3. 抗钻性

抗钻性是指岩石钻孔时其难易程度的性质。影响抗钻性的因素很复杂，一般与岩石的强度、硬度等性质有关。

由于用途和使用条件不同，对石材的性质及其所要求的指标均有所不同。工程中用于基础、桥梁、隧道以及石砌工程的石材，一般规定其抗压强度、抗冻性与耐水性必须达到一定指标。

## 8.4 土木工程中常用石材

### 1. 花岗岩

花岗岩是岩浆岩中分布最广的一种岩石，其主要造岩矿物有石英、长石、云母和少量暗色矿物，属晶质结构、块状构造。花岗岩的颜色有深青、紫红、浅灰和纯黑等，其色彩主要由长石的颜色所决定，因为花岗岩中长石的含量较多。

花岗岩坚硬致密，抗压强度高，为120~250MPa，表观密度为2600~2700kg/m$^3$，孔隙率小（0.19%~0.36%），吸水率低（0.1%~0.3%），耐磨性好，耐久性高，使用年限可达数十年至数百年。

在建筑工程中，花岗岩是用得最多的一种岩石。由于其质地致密，坚硬耐磨，美观而豪华，被公认为是高级的建筑结构材料和装饰材料。在建筑上，花岗岩可用于基础、勒脚、柱子、踏步、地面和室内外墙面等。花岗岩经磨光后，色泽美观，装饰效果极好，是室内外主要的高级装修、装饰材料。

### 2. 辉长岩

辉长岩是深成岩中的一种，主要造岩矿物是暗色矿物，属全晶质等粒状结构、块状构造。暗色矿物的特性是强度高、韧性大、密度大，因此岩石的强度、韧性和表观密度随暗色矿物的增加而提高，而颜色也相应地由浅色转变为深暗色。辉长岩一般为绿色，抗压强度为200~350MPa，表观密度为2900~3300kg/m$^3$，韧性好、耐磨性强、耐久性好。辉长岩既可作承重结构材料，又可作装饰、装修材料。

### 3. 玄武岩

玄武岩属于喷出岩，造岩矿物与辉长岩相似，属玻璃质或隐晶质斑状结构、气孔状或杏仁状构造。玄武岩的抗压强度随其结构和构造的不同而变化较大（100~500MPa），表观密度为2900~3500kg/m$^3$。此外，其硬度高，脆性大，耐久性好，但加工困难。玄武岩分布较广，常用作筑路材料或混凝土集料。玄武岩高温熔化后可浇铸成耐酸、耐磨的铸石，还可以作为制造微晶玻璃的原料。

### 4. 石灰岩

石灰岩是沉积岩中的一种，主要造岩矿物是方解石。此外，还可能含有黏土、白云石、碳酸镁、氧化铁、氧化硅及一些有机杂质。石灰岩属晶质结构，层状构造。其颜色随所含杂质的不同而不同，常见的有白色、灰色、浅黄色或浅红色，当有机质含量多时呈褐色至黑色。质地致密的石灰岩，抗压强度为20~140MPa，表观密度为2000~2600kg/m$^3$。当石灰岩中黏土杂质超过3%~4%时，抗冻性、耐水性显著降低。硅质石灰岩强度高、硬度大、耐久性好。大部分石灰岩质地细密、坚硬、抗风化能力较强。

石灰岩分布甚广，各地均有，采掘方便，加工容易。在建筑工程上，用于基础、外墙、桥墩、台阶和路面，还可用作混凝土集料。石灰岩也是生产石灰、水泥和玻璃的主要原料。

### 5. 大理岩

大理岩由石灰岩或白云岩变质而成。由白云岩变质而成的大理岩性能优于由石灰岩变质而成的大理岩。大理岩的主要造岩矿物仍然是方解石和白云石，属等粒变晶结构、块状构造。大理岩抗压强度高（100~300MPa），表观密度较大（2500~2700kg/m$^3$），纯大理岩为白色，俗称汉白玉，产量较少。多数大理岩因含杂质（氧化铁、二氧化硅、云母及石墨等）而呈现不同的色彩，常见的有红、黄、棕、黑和绿等颜色。大理岩彩色花纹取决于杂质分布的均匀程度。大理岩质地致密但硬度不大（莫式硬度为 3~4），加工容易，经加工后的大理石色彩美观，纹理自然，是优良的室内装饰材料。

大理岩不宜用作城市内建筑物的外部装饰，因为城市的空气中常含有二氧化硫，遇水后生成亚硫酸，然后变成硫酸，与大理岩中的碳酸钙起反应，生成易溶于水的石膏，使其表面失去光泽，变得粗糙而多孔，失去了装饰效果和降低了建筑性能。

大理岩主要用于室内墙面、柱面、地面、栏杆、踏步及花饰等。

### 6. 砂岩

砂岩属沉积岩，由砂粒经天然胶结物质胶结而成，主要造岩矿物有石英及少量的长石、方解石和白云石等。其为碎屑结构、层状构造。根据胶结物的不同，砂岩可分为：①硅质砂岩，由氧化硅胶结而成，常呈淡灰色；②钙质砂岩，由碳酸钙胶结而成，呈白色；③铁质砂岩，由氧化铁胶结而成，常呈红色；④黏土质砂岩，由黏土胶结而成，呈黄灰色。

不同的砂岩其性质差异甚大，主要是胶结物质和构造不同所造成的。砂岩的抗压强度为 5~200MPa，表观密度为 2200~2700kg/m³。同一产地的砂岩，其性能也有很大的差异。在建筑工程中，砂岩常用于基础、墙身、人行道、踏步等。

土木工程中常用天然石材的技术性能及用途参见表 8-2。

表 8-2　土木工程中常用天然石材的性能及用途

| 名称 | 主要质量指标 | | | 主要用途 |
|---|---|---|---|---|
| | 项目 | | | |
| 花岗岩 | 表观密度/(kg/m³) | | 2500~2700 | 基础、桥墩、堤坝、拱石、阶石、路面、海港结构、基座、勒脚、窗台、装饰石材等 |
| | 强度/MPa | 抗压 | 120~250 | |
| | | 抗折 | 8.5~15.0 | |
| | | 抗剪 | 13~19 | |
| | 吸水率(%) | | <1 | |
| | 膨胀系数/10⁻⁶℃⁻¹ | | 5.6~7.34 | |
| | 平均韧性/cm | | 8 | |
| | 平均质量磨耗率(%) | | 11 | |
| | 耐用年限/年 | | 75~200 | |
| 石灰岩 | 表观密度/(kg/m³) | | 2000~2600 | 墙身、桥墩、基础、阶石、路面及石灰、粉刷材料原料等 |
| | 强度/MPa | 抗压 | 20.0~140.0 | |
| | | 抗折 | 1.8~20 | |
| | | 抗剪 | 7.1~14.0 | |
| | 吸水率（%） | | 2~6 | |
| | 膨胀系数/10⁻⁶℃⁻¹ | | 6.75~6.77 | |
| | 平均韧性/cm | | 7 | |
| | 平均质量磨耗率(%) | | 8 | |
| | 耐用年限/年 | | 20~40 | |

（续）

| 名称 | 主要质量指标 | | | 主要用途 |
|---|---|---|---|---|
| | 项目 | | | |
| 砂岩 | 表观密度/(kg/m$^3$) | | 2200~2500 | 基础、墙身、衬面、阶石、人行道、纪念碑及其他装饰石材等 |
| | 强度/MPa | 抗压 | 5~200 | |
| | | 抗折 | 3.5~14 | |
| | | 抗剪 | 8.5~18 | |
| | 吸水率(%) | | <10 | |
| | 膨胀系数/$10^{-6}$℃$^{-1}$ | | 9.02~11.2 | |
| | 平均韧性/cm | | 10 | |
| | 平均质量磨耗率(%) | | 12 | |
| | 耐用年限/年 | | 20~200 | |
| 大理岩 | 表观密度/(kg/m$^3$) | | 2500~2700 | 装饰材料、踏步、地面、墙面、柱面、柜台、栏杆、电气绝缘板等 |
| | 强度/MPa | 抗压 | 100~300 | |
| | | 抗折 | 2.5~16 | |
| | | 抗剪 | 8~12 | |
| | 吸水率(%) | | <1 | |
| | 膨胀系数/$10^{-6}$℃$^{-1}$ | | 6.5~7.34 | |
| | 平均韧性/cm | | 10 | |
| | 平均质量磨耗率(%) | | 12 | |
| | 耐用年限/年 | | 30~100 | |

### 7. 其他土木工程用石材

其他土木工程用石材见表8-3。

表8-3　其他土木工程用石材

| 名　称 | 表观密度/(kg/m$^3$) | 抗压强度/MPa | 主要性能及用途 |
|---|---|---|---|
| 辉绿岩 | 2700 | 300~400 | 暗绿色，抗压强度高，不易耗损，能劈成形状规则的整块，用于耐酸、耐磨混凝土和砂浆的集料、填料，是生产岩棉和铸石原料 |
| 火山凝灰岩 | 2300~2500 | 40~280 | 颜色多样，玻璃质结构，碎屑构造，一般由2mm左右火山灰和碎屑堆积而成。质纯的可作水泥原料 |
| 浮石 | 500 | 2~3 | 火山喷出的岩浆形成的玻璃质物质，具有泡沫状孔隙，孔隙率可达80%，抗冻性好，吸水性小，导热性低，可作轻混凝土的集料 |
| 白云岩 | 2500 | 80 | 主要成分是白云石，性质同石灰岩，当有石膏夹层时，强度稳定性下降，白云岩可用于烧制石灰和耐火材料 |
| 石英岩 | 2800~3000 | 150~400 | 由砂岩变质而成，变质后石英颗粒组成密实，抗风化力强，开采、加工困难，作建筑衬面石、混凝土集料，还是水泥、陶瓷、玻璃等工业的原料 |
| 板岩 | 2800 | 49~78 | 由页岩变质而成，具板状构造，各向异性，可劈成石板，透水性小，可作屋面材料 |

## 8.5 石材的应用及防护

### 8.5.1 石材的应用

由于天然石材具有抗压强度高、耐久性、耐磨性及装饰性好等优点，因此，目前在土木工程中的使用仍然相当普遍。工程中所使用的石材，按加工后的外形分为块状石材、板状石材、散粒石材和各种石制品等。

1. 毛石

毛石是指岩石经爆破后所得形状不规则的石块。毛石有乱毛石和平毛石之分。乱毛石形状不规则，平毛石虽然形状也不规则，但有两个大致平行的面。建筑上用毛石一般要求中部厚度不小于15cm，长度为30~40cm，抗压强度应大于10MPa，软化系数应不小于0.75。致密坚硬的沉积岩可用于一般的房屋建筑，而重要的工程应采用强度高、抗风化性能好的岩浆岩。毛石常用来砌筑基础、勒脚、墙身、桥墩、涵洞、毛挡土墙、堤岸及护坡，还可以用来浇筑毛石混凝土。

2. 料石

料石由开采而得到的比较规则的六面体块石稍加凿琢修整而成。按加工平整程度分为毛料石、粗料石、半细料石和细料石。料石一般由致密的砂岩、石灰岩、花岗岩加工而成。形状有条石、方石及楔形的拱石。毛料石形状规则，大致方正，正面的高度不小于20cm，长度与宽度不小于高度，正表面的凹凸相差不应大于25mm；抗压强度不得低于30MPa。粗料石形体方正，截面的宽度、高度不应小于20cm且不应小于长度的1/4，其正面经锤凿加工，正表面的凹凸相差不应大于20mm。半细料石和细料石是用作镶面的石料，规格、尺寸与粗料石相同，而凿琢加工要求则比粗料石更高、更严，半细料石正表面的凹凸相差不应大于10mm，而细料石则相差不大于2mm。

料石主要用于建筑物的基础、勒脚、墙体等部位，半细料石和细料石主要用作镶面材料。

3. 石板

石板是指用致密的岩石凿平或锯解而成的厚度一般为20mm的石材。作为饰面用的板材，一般采用大理岩和花岗岩加工制作。饰面板材要求耐磨、耐久、无裂缝或水纹、色彩丰富、外表美观。花岗石板材主要用于建筑工程室外装修、装饰；粗磨板材（表面平滑无光）主要用于建筑物外墙面、柱面、台阶及勒脚等部位；磨光板材（表面光滑如镜）主要用于室内外墙面、柱面。大理石板材经研磨、抛光成镜面主要用于室内装饰。

4. 颗粒状石料

颗粒状石料主要有碎石、卵石和石渣。

碎石是指由天然岩石经人工或机械破碎而成的粒径大于5mm的颗粒状石料，其性质取决于母岩的品质，主要用于配制混凝土或做道路、基础的垫层。卵石是指母岩经自然风化、磨蚀、冲刷等作用而形成的表面较光滑的颗粒状石料，主要用于配制混凝土或做道路、基础的垫层，还可用于装饰混凝土的集料和园林、庭院地面的铺砌材料。石渣是由天然大理石、花岗岩等残碎料加工而成的，具有多种颜色的装饰效果，主要用作人造大理石、水磨石、水刷石、斩假石等的集料，还可用于制作干粘石制品。

### 8.5.2 石材的防护

石材在长期的使用过程中，受到周围自然环境因素的影响而产生物理变化和化学变化，致使岩石逐步风化、破坏。此外，寄生在岩石表面的苔藓和植物根部的生长对岩石也有破坏作用。风化的速度取决于造岩矿物的性质及岩石本身的结构和构造。在建筑物中，石材的破坏主要是水分的渗入及水的作用。为了防止与减轻石材的风化、破坏，可采取下列防护措施：

#### 1. 结构预防

建筑物暴露部分的石材如栏杆、楼梯、勒脚和屋顶等，制成易于排水的形状，使水分不易积存在表面，或在石材上覆盖一层导水材料。

#### 2. 表面磨光

采用致密的岩石，表面加工磨光，尽量使表面平滑无孔。

#### 3. 表面处理

石材表面可用石蜡或涂料进行处理，使其表面隔绝大气和水分，起到防护作用。在石材表面涂刷熔化的石蜡，再将石材加热，使石蜡渗入石材表面孔隙并填充孔隙。对于石灰岩可用硅氟酸镁溶液涂刷在石材表面，碳酸盐与硅氟酸镁作用：

$$2CaCO_3+MgSiF_6 \rightarrow 2CaF_2+MgF_2+SiO_2+2CO_2\uparrow$$

生成不溶性化合物，沉积在微孔中并覆盖石材表面，起到防护作用。对于其他岩石可用硅酸盐来防护，在石材表面涂以水玻璃，硬化后再涂一层氯化钙水溶液，两者作用：

$$Na_2O \cdot SiO_2+CaCl_2 \rightarrow CaO \cdot SiO_2+2NaCl$$

使石材表面形成不溶性硅酸钙保护膜层，起到防护效果。

也可以使用甲基硅醇钠等疏水剂做表面处理，延缓石材表面风化和降低污染。

## 8.6 石材的选用

土木工程中应根据土木工程的类型、环境条件等慎重选用石材，使其既符合工程要求，又经济合理。一般应从以下几方面进行选择：

#### 1. 力学性能

根据石材在建筑物中不同的使用部位和用途，选用满足强度、硬度等力学性能要求的石材，如承重用的石材（基础、墙体、柱等）主要应考虑其强度等级，而对于地面用石材则应要求其具有较高的硬度和耐磨性能。

#### 2. 耐久性

要根据建筑物的重要性和使用环境，选择耐久性良好的石材。例如：用于室外的石材要首先考虑其抗风化性能的优劣；处于高温高湿、严寒等特殊环境中的石材应考虑所用石材的耐热、抗冻及耐化学侵蚀性等。

#### 3. 装饰性

用于建筑物饰面的石材，选用时必须考虑其色彩、质感及天然纹理等与建筑物周围环境的协调性，以取得最佳装饰效果，充分体现建筑物的艺术美。

#### 4. 经济性

由于天然石材密度大，开采困难，运输不便，运费较高，应综合考虑地方资源，尽可能做到就地取材，以降低成本。

#### 5. 环保性

由于天然石材是构成地壳的基本物质，因此可能存在含有放射性的物质。石材中的放射性物质主要是指镭、钍等放射性元素，在衰变中会产生对人体有害的物质。在选用室内装饰用石材时，应注意其放射性指标是否合格。

## 复习思考题

8-1 岩石在建筑工程中有哪些用途？试举例说明。

8-2 按地质成因，岩石可分为哪几类？各有何特征？

8-3 一般岩石应具有哪些主要的技术性质？

8-4 花岗岩、大理岩各有何特性及用途？

8-5 常用石材有哪些？各具有什么特性？宜用在工程的哪些部位？

8-6 选用天然石材应注意什么？

# 第9章 墙体材料与屋面材料

【本章知识点】砖的种类，烧结普通砖的技术性能和优缺点，烧结多孔砖和空心砖的技术性能、特点和应用，蒸压灰砂砖、蒸压粉煤灰砖和炉渣砖的主要技术性能及选用，普通混凝土小型空心砌块、轻集料混凝土小型空心砌块、蒸压加气混凝土砌块的性能特点与用途，墙用板材和屋面材料的技术性质与应用。

【重点】烧结砖、非烧结砖的技术性能，轻集料混凝土小型空心砌块、蒸压加气混凝土砌块的性能特点及应用，各种砖和砌块的区别与技术标准。

【难点】各种砖和砌块的生产原理和性能特点。

## 9.1 墙体材料

用来砌筑、拼装或用其他方法构成承重或非承重墙体的材料称为墙体材料。墙体在建筑中起承重或围护或分隔作用。在一般的房屋建筑中，墙体约占房屋建筑总重的1/2，用工量、造价的1/3，所以墙体材料是建筑工程中基本而重要的建筑材料，属房屋建筑材料中的结构兼功能材料。因此，合理选用墙体材料，对建筑物的功能、自重、造价以及建筑能耗等均具有重要意义。

长期以来，我国建筑墙体材料一直以黏土砖为主，然而，随着基本建设和现代建筑的迅速发展，传统材料无论在数量上还是在品种上、性能上都无法满足日益增长的基本建设和现代建筑的需要。加之，黏土砖自重大、体积小、生产效率低、能耗高，又需耗用大量耕地黏土，影响农业生产、生态环境和建筑业的发展速度。因此，我国提出了一系列限制使用黏土砖与支持鼓励新型墙体材料发展的政策，加速了墙体改革的过程，使各种新型墙体材料不断涌现，逐步取代传统的黏土制品。因地制宜地利用地方性资源及工业废料，大力开发和使用轻质、高强、耐久、大尺寸和多功能的节土、节能和可工业化生产的新型墙体材料，以期获得更高的技术经济效益和社会效益，是当前发展的方向。

目前我国所用的墙体材料品种较多，总体可归为砖、砌块和板材三类。根据生产所用原料来分，砖类可以分为黏土砖、页岩砖、灰砂砖、煤矸石砖、粉煤灰砖和炉渣砖等；砌块类可以分为混凝土砌块、硅酸盐砌块和加气混凝土砌块等；板材类可以分为混凝土大板、石膏板、加气混凝土板、玻璃纤维水泥板、植物纤维板及各种复合板。

### 9.1.1 砖

制砖的原料相当普遍，除了黏土、页岩和天然砂以外，还有一些工业废料如粉煤灰、煤矸石和炉渣等，也可以用来制砖。砖的形式有实心砖、多孔砖和空心砖，还有装饰用的花格砖。制砖的工艺有两类：一类是通过烧结工艺获得的，称为烧结砖；另一类是通过蒸养（压）方法获得的，称为蒸养（压）砖。

### 1. 烧结砖

凡通过焙烧而制得的砖，称为烧结砖。目前在墙体材料中使用最多的是烧结普通砖、烧结多孔砖及烧结空心砖。

（1）烧结普通砖 烧结普通砖（实心砖）按主要原料分为黏土砖（N）、粉煤灰砖（F）、煤矸石砖（M）、页岩砖（Y），其中以黏土砖使用最为广泛。生产工艺流程为：采土→配料调制→制坯→干燥→焙烧→成品。关键步骤是焙烧。

1）焙烧原理。黏土是天然岩石经长期风化而成，其主要成分是高岭石（$Al_2O_3 \cdot 2SiO_2 \cdot 2H_2O$），此外还含有石英砂、云母、碳酸钙、碳酸镁、铁质矿物、碱及一些有机杂质等，为多种矿物的混合体。

黏土制成坯体，经干燥然后入窑焙烧，焙烧过程中发生一系列物理化学变化，重新化合形成一些合成矿物和易熔硅酸盐类新生物。当温度升高达到某些矿物的最低共熔点时，易熔成分开始熔化，出现玻璃体液相并填充于不熔颗粒的间隙中将其黏结。此时，坯体孔隙率下降，密实度增加，强度也相应提高，这一过程称为烧结。砖坯在氧化气氛中焙烧，黏土中铁的化合物被氧化成红色的三价铁（$Fe_2O_3$），因此烧成的砖为红色。如砖坯开始在氧化气氛中焙烧，当达到烧结温度后（1000℃左右），再在还原气氛中继续焙烧，红色的三价铁被还原成青灰色的二价铁（$FeO$），即制成青砖。青砖的耐久性比红砖好。

按焙烧方法不同，烧结黏土砖又可分为内燃砖和外燃砖。内燃砖是将可燃性工业废渣（煤渣、含碳量高的粉煤灰、煤矸石等）以一定比例掺入黏土中（作为内燃原料）制坯，当砖坯在窑内被烧到一定温度后，坯体内的燃料燃烧而烧结成砖。内燃砖除了可节省外投燃料和部分黏土用量外，由于焙烧时热源均匀、内燃原料燃烧后留下许多封闭空隙，因此砖的表观密度减小，强度提高，保温隔热性能增强。

砖坯在焙烧的过程中，应注意温度的控制，避免产生欠火砖和过火砖。欠火砖是指焙烧时因未达到烧结温度或烧结保温时间不足而形成的砖，这种砖通常外观颜色浅、声音哑，其内部孔隙多、吸水率大，表现为砖的强度低和耐久性差。过火砖是指因烧结温度或烧结保温时间过长而形成的砖，虽然其内部孔隙少、吸水率也低，但有明显的弯曲等变形。

2）主要技术性质。《烧结普通砖》（GB/T 5101）中，对烧结普通砖的性质做了具体的规定。其主要技术性质包括尺寸偏差、外观质量、等级、抗风化性能、泛霜、石灰爆裂和放射性物质，并规定产品中不允许有欠火砖、酥砖和螺旋纹砖。

a. 规格尺寸。烧结普通砖的外形为直角六面体，其公称尺寸为：长240mm、宽115mm、高53mm。若考虑砖之间10mm厚的砌筑灰缝，则4块砖长、8块砖宽、16块砖厚均为1m。1m$^3$的砖砌体需用砖数为：4×8×16＝512块。砖的尺寸及平面名称如图9-1所示。尺寸偏差应符合《烧结普通砖》规定。

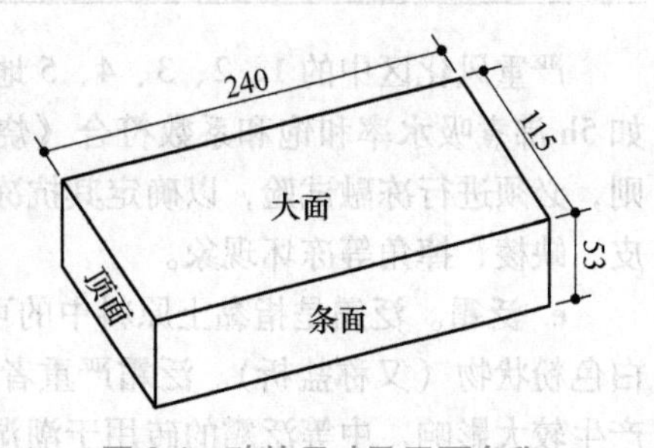

图9-1 砖的尺寸及平面名称

b. 外观质量。烧结普通砖的外观质量包括两条面高度差、弯曲、杂质凸出高度、缺棱掉角、裂纹、完整面、颜色等要求，优等品颜色应基本一致。

c. 强度等级。烧结普通砖根据砖的抗压强度，分为MU30、MU25、MU20、MU15、MU10五个强度等级。其强度值应符合表9-1所示的规定。

表 9-1 烧结普通砖的强度等级 （单位：MPa）

| 强度等级 | 抗压强度平均值 $\bar{f}$ ≥ | 抗压强度标准值 $f_k$ ≥ |
|---|---|---|
| MU30 | 30.0 | 22.0 |
| MU25 | 25.0 | 18.0 |
| MU20 | 20.0 | 14.0 |
| MU15 | 15.0 | 10.0 |
| MU10 | 10.0 | 6.5 |

注：$\bar{f}$ 为 10 块试样的抗压强度平均值（MPa）；$f_k$ 为抗压强度标准值（MPa）；按下式计算：

$$f_k = \bar{f} - 1.8S$$

式中 $S$——10 块试样的抗压强度标准差（MPa），

$$S = \sqrt{\frac{1}{9}\sum_{i=1}^{10}(f_i - \bar{f})^2}$$

式中 $f_i$——第 $i$ 块试样抗压强度测定值（MPa）。

d. 抗风化性能。抗风化性能是烧结普通砖主要的耐久性之一，抗风化性能强，则经久耐用，使用寿命长。按划分的风化区采用不同的抗风化指标，风化区用风化指数进行划分。风化指数是指日气温从正温降至负温或从负温升至正温的每年平均天数与每年从霜冻之日起至消失霜冻之日止这一期间降雨总量（以 mm 计）的平均值的乘积。风化指数大于等于 12700 为严重风化区，风化指数小于 12700 为非严重风化区。全国风化区划分如表 9-2 所示。

表 9-2 风化区的划分

| 严重风化区 | | 非严重风化区 | |
|---|---|---|---|
| 1. 黑龙江省 | 11. 河北省 | 1. 山东省 | 11. 福建省 |
| 2. 吉林省 | 12. 北京市 | 2. 河南省 | 12. 台湾省 |
| 3. 辽宁省 | 13. 天津市 | 3. 安徽省 | 13. 广东省 |
| 4. 内蒙古自治区 | | 4. 江苏省 | 14. 广西壮族自治区 |
| 5. 新疆维吾尔自治区 | | 5. 湖北省 | 15. 海南省 |
| 6. 宁夏回族自治区 | | 6. 江西省 | 16. 云南省 |
| 7. 甘肃省 | | 7. 浙江省 | 17. 西藏自治区 |
| 8. 青海省 | | 8. 四川省 | 18. 上海市 |
| 9. 陕西省 | | 9. 贵州省 | 19. 重庆市 |
| 10. 山西省 | | 10. 湖南省 | |

严重风化区中的 1、2、3、4、5 地区的砖必须进行冻融试验。其他地区的砖的抗风化性能，如 5h 沸煮吸水率和饱和系数符合《烧结普通砖》（GB/T 5101）的规定时可不做冻融试验，否则，必须进行冻融试验，以确定其抗冻性能。冻融试验后，每块砖样不允许出现裂纹、分层、掉皮、缺棱、掉角等冻坏现象。

e. 泛霜。泛霜是指黏土原料中的可溶性盐类，随砖内水分蒸发而沉积于砖的表面，形成的白色粉状物（又称盐析）。泛霜严重者会导致粉化剥落。通常，轻微泛霜就能对清水墙建筑外观产生较大影响。中等泛霜的砖用于潮湿部位时，7~8 年后因盐析结晶膨胀将使砖砌体表面产生粉化剥落，在干燥环境中使用约 10 年以后也将开始剥落。严重泛霜的砖将严重影响砖体结构的强度及建筑物的寿命。

f. 石灰爆裂。石灰爆裂是指砖的坯体中夹杂有石灰石，当砖焙烧时，石灰石分解为生石灰留置于砖中，砖吸水后体内生石灰熟化产生体积膨胀而使砖发生胀裂现象。

g. 酥砖和螺旋纹砖。酥砖是指砖坯被雨水淋、受潮、受冻，或在焙烧过程中受热不均等原因，而产生大量网状裂纹的砖，这些网状裂纹会使砖的强度和抗冻性严重降低。螺旋纹砖是指从挤泥机挤出的砖坯上存在螺旋纹的砖，螺旋纹在烧结时不易消除，导致砖受力时易产生应力集中，使砖的强度下降。

3）产品标记。烧结普通砖的产品标记按产品名称的英文缩写、类别、强度等级和标准编号的顺序编写。如烧结普通砖，强度等级 MU25 的黏土砖，其标记为：FCB N MU25 GB/T 5101。

4）应用。烧结普通砖的表观密度为 1800~1900kg/m$^3$，孔隙率为 30%~35%，吸水率为 8%~16%，热导率为 0.78W/(m·K)。烧结普通砖具有较高的强度和较好的建筑性能（如保温绝热、隔声和耐久性等），被大量用作墙体材料，还可用来砌筑柱、拱、窑炉、烟囱、沟道及基础等。此外还可用于预制振动砖墙板，以及在砌体中配置适当的钢筋或钢丝网以代替钢筋混凝土柱、梁等。

除黏土外，还可利用粉煤灰、煤矸石和页岩等为原料生产烧结普通砖。这些原料的化学成分与黏土相似，但有的颗粒细度较粗，有的塑性较差，可以通过破碎、磨细、筛分和配料（如掺入黏土等材料）等手段来解决。生产工艺与用黏土为原料生产的烧结砖相同，形状和尺寸规格、强度等级和产品等级的要求与黏土砖相同。

利用工业废料及地方性材料来制砖，是废物利用的有效途径，可以节省大量的黏土，减少环境污染，降低成本，是墙体材料改革的方向之一。

a. 烧结煤矸石砖。煤矸石是采煤和洗煤时剔除的废石。烧结煤矸石砖由煤矸石经破碎、磨细后根据含碳量和可塑性进行适当配料、成型、干燥和焙烧而成。这种砖不用黏土，本身含有一些未燃煤，因此可以节省燃料。其抗压强度为 10~20MPa，吸水率为 15.5%，表观密度为 1500kg/m$^3$，能经受 15 次冻融循环而不破坏。煤矸石还可以用来生产空心砖。

b. 烧结粉煤灰砖。烧结粉煤灰砖是以粉煤灰为原料，由于其塑性差，掺入适量黏土作黏结料，经配料、成型、干燥后焙烧而成的。粉煤灰中也有一些未燃煤，因此生产这种砖也可节约燃料。其颜色在淡红与深红之间，抗压强度为 10~15MPa，吸水率为 20%，表观密度为 1400kg/m$^3$，抗冻性能合格。

c. 烧结页岩砖。烧结页岩砖由页岩经破碎、粉磨、配料、成型、干燥和焙烧而成。生产这种砖不用黏土，且其颜色与黏土砖相似。抗压强度为 7.5~15.5MPa，吸水率为 20%，表观密度在 1500~2750kg/m$^3$，大于黏土砖，抗冻性能合格。由于页岩砖自重大，更适宜用来生产空心砖。

以上这些砖的性能与黏土砖相似，均可代替黏土砖用于工业与民用建筑中。它们的主要技术性质，如外观质量、强度、抗冻性等均按《烧结普通砖》（GB/T 5101）规定检测。

（2）烧结多孔砖　为了减轻砌体自重，减小墙厚，改善绝热及隔声性能，烧结多孔砖和烧结空心砖的用量日益增多。烧结多孔砖和烧结空心砖的生产工艺与烧结普通砖相同，但对原料的可塑性要求更高。

烧结多孔砖是以黏土、页岩和煤矸石为主要原料，经成型、焙烧而成的砖。

1）主要技术性质。《烧结多孔砖和多孔砌块》（GB 13544）对烧结多孔砖的技术性质的规定是：

a. 规格尺寸。烧结多孔砖为大面有孔的直角六面体，孔多而小，孔洞垂直于受压面。孔洞率在 25%以上，表观密度为 1400kg/m$^3$。烧结多孔砖的形状及规格尺寸如图 9-2 所示，其长度、宽度、高度尺寸应符合下列要求：

砖规格尺寸（mm）：290、240、190、180、140、115、90。

烧结多孔砖的孔洞尺寸应符合表 9-3 所示的规定。

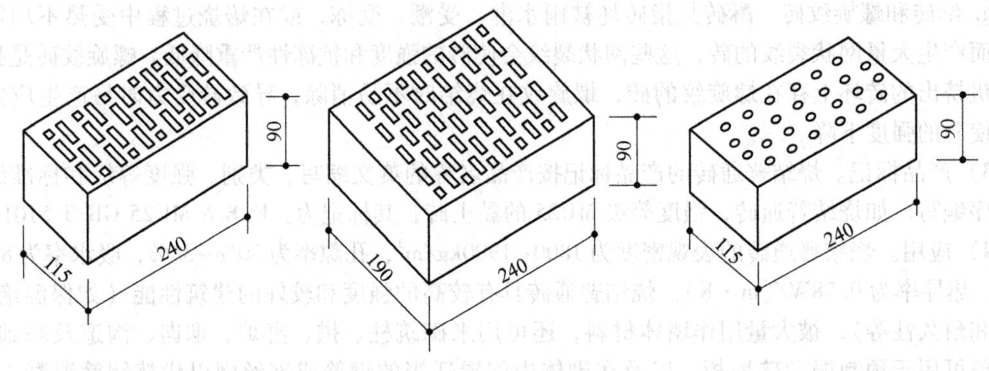

图 9-2 烧结多孔砖外形

表 9-3 烧结多孔砖孔洞尺寸 （单位：mm）

| 圆孔直径 | 非圆孔内切圆直径 | 手抓孔 |
| --- | --- | --- |
| ≤22 | ≤15 | (30~40)×(75~85) |

b. 等级。

a）强度等级。烧结多孔砖根据砖的抗压强度，分为 MU30、MU25、MU20、MU15、MU10 五个强度等级，其强度值应符合表 9-4 所示的规定。

b）质量等级。强度和抗风化性能合格的烧结多孔砖，根据尺寸偏差、外观质量、孔形及孔洞排列、泛霜、石灰爆裂分为优等品（A）、一等品（B）和合格品（C）三个质量等级。

表 9-4 烧结多孔砖的强度等级 （单位：MPa）

| 强度等级 | 抗压强度平均值 $\bar{f}$ ≥ | 抗压强度标准值 $f_k$ ≥ |
| --- | --- | --- |
| MU30 | 30.0 | 22.0 |
| MU25 | 25.0 | 18.0 |
| MU20 | 20.0 | 14.0 |
| MU15 | 15.0 | 10.0 |
| MU10 | 10.0 | 6.5 |

烧结多孔砖的尺寸偏差、外观质量、孔形及孔洞排列、抗风化性能应符合《烧结多孔砖和多孔砌块》（GB 13544）的规定。烧结多孔砖的泛霜、石灰爆裂要求同烧结普通砖。产品中也不允许有欠火砖、酥砖和螺旋纹砖。

2）产品标记。烧结多孔砖的产品标记按产品名称、品种、规格、强度等级、密度等级和标准编号的顺序编写。例如，规格尺寸 290mm×140mm×90mm、强度等级 MU25、密度 1200 级的黏土烧结多孔砖，其标记为：烧结多孔砖 N 290×140×90 MU25 1200 GB 13544。

3）应用。烧结多孔砖因在较大压力下制坯成型，使砖孔壁致密度较高，故砖强度较高，主要用于砌筑 6 层以下建筑物的承重墙或高层框架结构填充墙（非承重墙）。由于多孔砖为多孔构造，故不宜用于基础墙、地面以下或室内防潮层以下砌体的砌筑。

（3）烧结空心砖。烧结空心砖是以黏土、页岩、煤矸石或粉煤灰为主要原料，经成型、焙烧而成的。其生产工艺与烧结多孔砖相似。

1）主要技术性质。《烧结空心砖和空心砌块》（GB/T 13545），对烧结空心砖的技术性质的规定是：

a. 规格尺寸。烧结空心砖为顶面有孔洞的直角六面体，与烧结多孔砖相比，孔大而少，孔洞为矩形条孔或其他孔形，孔洞平行于大面和条面，孔洞率较大，一般大于40%。砌筑时，孔洞水平方向放置，故又称为水平孔空心砖。烧结空心砖形状如图9-3所示，其长度、宽度、高度尺寸应符合下列要求：长度390mm、290mm、240mm、190mm、180（175）mm、140mm，宽度190mm、180(175)mm、140mm、115mm，高度180（175）mm、140mm、115mm、90mm。

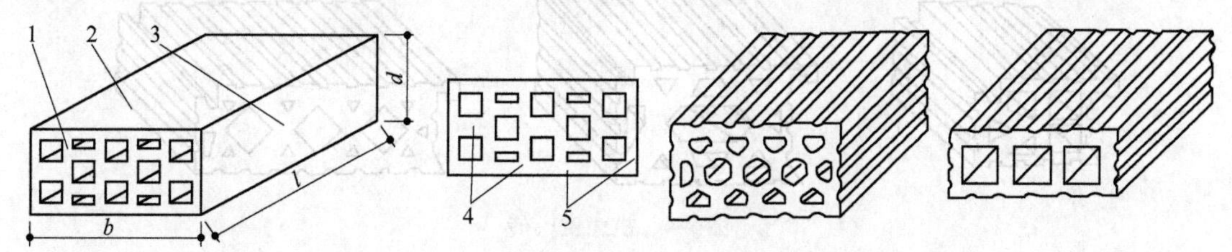


图9-3　烧结空心砖外形

1—顶面　2—大面　3—条面　4—肋　5—壁　$l$—长度　$b$—宽度　$d$—高度

b. 等级。

a）强度等级。烧结空心砖根据砖的大面抗压强度，分为MU10.0、MU7.5、MU5.0、MU3.5四个强度等级，其强度值应符合表9-5所示的规定。

b）密度等级。烧结空心砖根据砖的体积密度分为800、900、1000和1100四个密度等级。

表9-5　烧结空心砖的强度等级

| 强度等级 | 抗压强度/MPa | | |
|---|---|---|---|
| | 抗压强度平均值 $\bar{f}$ ≥ | 变异系数 $\delta \leqslant 0.21$ | 变异系数 $\delta > 0.21$ |
| | | 抗压强度标准值 $f_k$ ≥ | 单块最小抗压强度值 $f_{min}$ ≤ |
| MU10.0 | 10.0 | 7.0 | 8.0 |
| MU7.5 | 7.5 | 5.0 | 5.8 |
| MU5.0 | 5.0 | 3.5 | 4.0 |
| MU3.5 | 3.5 | 2.5 | 2.8 |

2）产品标记。烧结空心砖的产品标记按产品名称、类别、规格、密度等级、强度等级和标准编号的顺序编写。例如，规格尺寸290mm×190mm×90mm、密度等级800、强度等级MU7.5的页岩空心砖，其标记为：烧结空心砖 Y（290×190×90）　800　MU7.5　GB/T 13545。

3）应用。烧结空心砖主要用于非承重墙体，如框架结构填充墙、非承重内隔墙。

生产和使用烧结空心砖和空心砌块，可节省黏土20%~30%，节约燃料10%~20%，砖坯焙烧均匀，烧成率高。用空心砖和空心砌块砌筑的墙体，比实心砖自重减轻30%，工效提高40%，造价降低20%，并改善了墙体热工性能，其热导率可低于0.29W/(m·K)。由于具有以上优点，因此，国内外建材工业十分重视发展空心砖和空心砌块制品。

（4）其他品种的空心砖

1）墙板空心砖。墙板空心砖是用规格不同、错缝铺砌的空心砖与钢筋混凝土预制、复合而成的墙板，可作内墙、外墙和隔墙的承重或非承重之用。墙板空心砖的尺寸一般为290mm×290mm×115mm，290mm×290mm×150mm。采用蜂窝孔形，孔洞率为33%和38%，砖表观密度为1175kg/m³和1085kg/m³。

2）拱壳空心砖。拱壳空心砖又称挂勾砖，是以黏土为主要原料烧制的用于砌筑拱形屋盖的异形空心砖，也可用于建造楼板。拱壳空心砖施工时利用砖与砖之间的挂钩悬砌，砌筑时不用模板支撑，可节约木材、钢材和部分水泥，施工比较简便，不需大型施工吊装机具，比较适合于建造小型工业厂房和城乡居住房屋，其形状如图 9-4 所示。规格有 220mm×90mm×95mm、240mm×90mm×120mm、160mm×120mm×115mm 等。

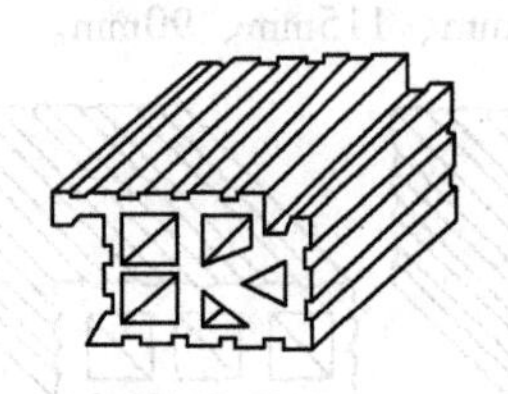
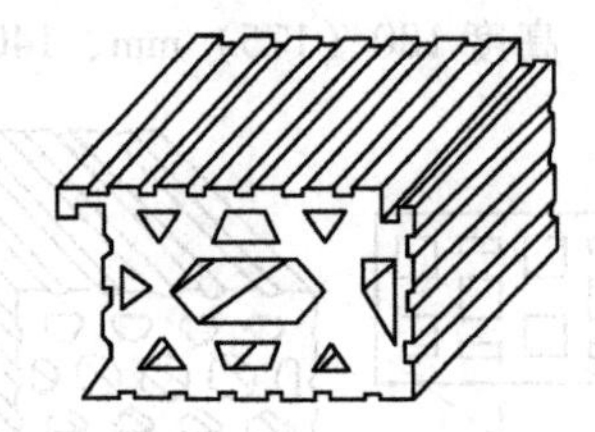
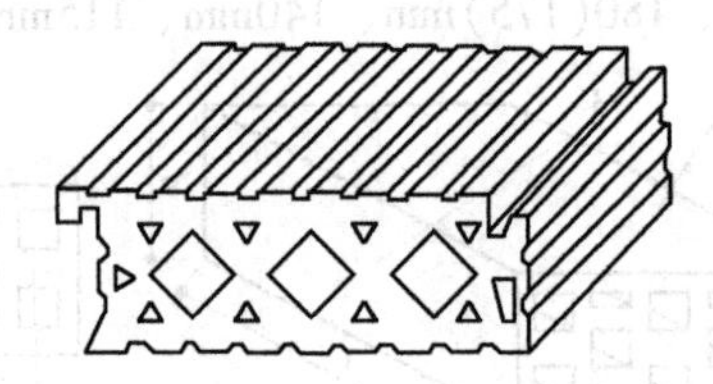

图 9-4 拱壳空心砖

3）花格空心砖。花格空心砖用黏土为原料烧制而成，如图 9-5 所示。花格空心砖常用来砌筑门厅、屏风、栏杆、窗格、围墙等用作建筑立面处理，不仅可以增强建筑物的艺术效果，还可节约木材、钢筋、水泥，降低工程造价。花格空心砖可做成各种孔形，规格有：190mm×190mm×120mm、240mm×140mm×90mm、240mm×119mm×90mm 等。其他还有一些用于楼板、梁及檩条等部位的空心砖产品。

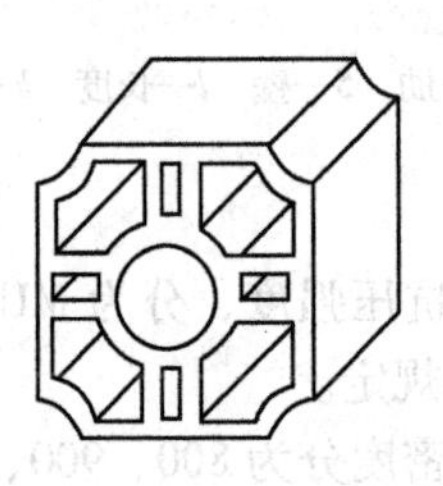
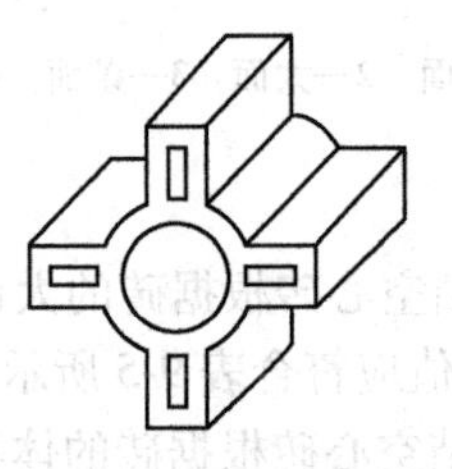
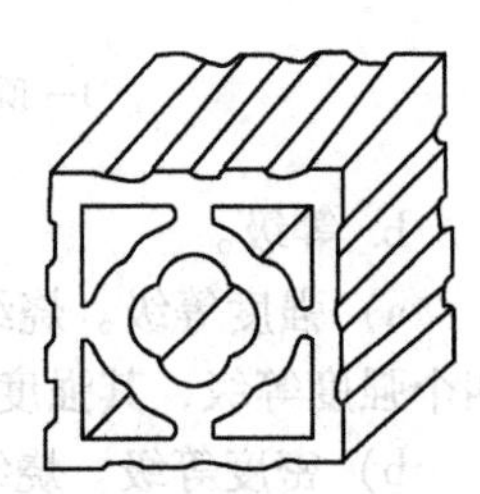

图 9-5 花格空心砖

## 2. 蒸养（压）砖

蒸养（压）砖属硅酸盐制品，是以含钙材料（石灰、电石渣等）和含硅材料（砂子、粉煤灰、煤矸石、炉渣和页岩等）加水拌和，经成型、蒸养或蒸压而制成的。目前使用的主要有粉煤灰砖、炉渣砖和灰砂砖。蒸养（压）砖的规格尺寸与烧结普通砖相同。

（1）粉煤灰砖　粉煤灰砖是以粉煤灰、石灰和水泥为主要原料，掺入适量的石膏、外加剂、颜料和集料，经坯料制备、压制成型、高压或常压蒸汽养护而制成的实心砖。砖的颜色分为本色（N）和彩色（Co），表观密度约为 $1500kg/m^3$。

1）主要技术性质。

a. 规格尺寸。粉煤灰砖的外形为直角六面体，公称尺寸为 240mm×115mm×53mm。

b. 强度等级。粉煤灰砖按抗压强度和抗折强度划分为 MU30、MU25、MU20、MU15、MU10 五个强度等级，其强度值应符合表 9-6 所示的规定。

表 9-6 粉煤灰砖的强度指标

| 强度等级 | 抗压强度/MPa | | 抗折强度/MPa | |
|---|---|---|---|---|
| | 10 块平均值≥ | 单块值≥ | 10 块平均值≥ | 单块值≥ |
| MU30 | 30.0 | 24.0 | 4.8 | 3.8 |
| MU25 | 25.0 | 20.0 | 4.5 | 3.6 |
| MU20 | 20.0 | 16.0 | 4.0 | 3.2 |
| MU15 | 15.0 | 12.0 | 3.7 | 3.0 |
| MU10 | 10.0 | 8.0 | 2.5 | 2.0 |

c. 其他技术性质。抗冻性应符合标准规定；碳化系数 $K_c \geqslant 0.8$。

2）应用。粉煤灰砖可用于工业与民用建筑的墙体和基础，但用于基础或用于易受冻融和干湿交替作用的建筑部位，必须采用 MU15 及以上强度等级的砖。粉煤灰砖不得用于长期受热（200℃以上）、受急冷急热和有酸性介质侵蚀的建筑部位。为避免或减少收缩裂缝的产生，用粉煤灰砖砌筑的建筑物应适当增设圈梁及伸缩缝。

（2）炉渣砖　炉渣为煤燃烧后的残渣。炉渣砖是以炉渣为主要原料，掺入适量石灰（水泥、电石渣）、石膏，经混合、压制成型、蒸汽或蒸压养护而成的实心砖。炉渣砖呈黑灰色，表观密度为 1500~2000kg/m³，吸水率为 6%~18%。

1）主要技术性质。

a. 规格尺寸。炉渣砖的外形为直角六面体，公称尺寸为 240mm×115mm×53mm，尺寸偏差和外观质量应符合《炉渣砖》（JC/T 525）的规定，干燥收缩率应不大于 0.06%。

b. 分类。炉渣砖按抗压强度分为 MU25、MU20、MU15 三个强度等级，其强度值应符合表 9-7 所示的规定。

表 9-7　炉渣砖的强度等级　（单位：MPa）

| 强度等级 | 抗压强度平均值 $\bar{f}$ ≥ | 变异系数 $\delta \leqslant 0.21$ | 变异系数 $\delta > 0.21$ |
|---|---|---|---|
| | | 抗压强度标准值 $f_k$ ≥ | 单块最小抗压强度值 $f_{min}$ ≤ |
| MU25 | 25.0 | 19.0 | 20.0 |
| MU20 | 20.0 | 14.0 | 16.0 |
| MU15 | 15.0 | 10.0 | 12.0 |

c. 其他技术性质。炉渣砖的抗冻性、碳化性能及用于清水墙时其抗渗性的要求如表 9-8 所示；耐火极限不小于 2h；放射性应符合要求。

表 9-8　炉渣砖的抗冻性、碳化性能及抗渗性指标

| 强度等级 | 抗冻性 | | 碳化性能 | 抗渗性 |
|---|---|---|---|---|
| | 抗压强度平均值/MPa，≥ | 单块砖的干质量损失（%），≥ | 碳化后强度平均值/MPa，≥ | 水面下降高度/mm |
| MU25 | 22.0 | 2.0 | 22.0 | 三块中任一块不大于 10 |
| MU20 | 16.0 | 2.0 | 16.0 | |
| MU15 | 12.0 | 2.0 | 12.0 | |

2）产品标记。炉渣砖的产品标记按产品名称（LZ）、强度等级和标准编号的顺序编写。例如，强度等级为 MU20 的炉渣砖，标记为：LZ　MU20　JC/T 525。

3）应用。炉渣砖可用于一般建筑物的墙体和基础部位，但不得用于受热（200℃以上）、受急冷急热交替作用或有酸性介质侵蚀的部位。炉渣砖与砂浆的黏结性差，施工时应根据气候条件和砖的不同湿度，及时调整砂浆的稠度。

（3）灰砂砖　灰砂砖是用石灰和天然砂，可掺入颜料和外加剂，经混合搅拌、陈伏、轮碾、加压成型、蒸压养护而成的实心砖。灰砂砖用料中石灰占 10%~20%，其表观密度为 1800~1900kg/m³，砖的颜色分为彩色（Co）和本色（N）。

1）主要技术性质。

a. 规格尺寸。灰砂砖的外形为直角六面体，公称尺寸为 240mm×115mm×53mm。

b. 等级。

a）强度等级。灰砂砖根据抗压强度和抗折强度分为MU25、MU20、MU15、MU10四个强度等级，其强度值应符合表9-9所示的规定，优等品砖的强度等级应不低于MU15。

表9-9 灰砂砖的强度指标和抗冻性指标

| 强度等级 | 抗压强度/MPa | | 抗折强度/MPa | | 抗冻性指标 | |
|---|---|---|---|---|---|---|
| | 平均值≥ | 单块值≥ | 平均值≥ | 单块值≥ | 冻后抗压强度平均值/MPa，≥ | 单块砖的干质量损失（%），≤ |
| MU25 | 25.0 | 20.0 | 5.0 | 4.0 | 20.0 | 2.0 |
| MU20 | 20.0 | 16.0 | 4.0 | 3.2 | 16.0 | 2.0 |
| MU15 | 15.0 | 12.0 | 3.3 | 2.6 | 12.0 | 2.0 |
| MU10 | 10.0 | 8.0 | 2.5 | 2.0 | 8.0 | 2.0 |

b）质量等级。灰砂砖按尺寸偏差、外观质量、强度等级和抗冻性分为优等品（A）、一等品（B）和合格品（C）三个质量等级，尺寸偏差和外观应符合《蒸压灰砂砖》（GB 11945）的规定。

c. 其他技术性质。颜色：彩色灰砂砖颜色应基本一致，无明显色差，对本色灰砂砖没有规定；抗冻性要求见表9-9，优等品的强度级别不得小于MU15。

2）产品标记。灰砂砖的产品标记按产品名称（LSB）、颜色、强度等级、质量等级和标准编号的顺序编写。例如，强度等级为MU20、优等品的彩色灰砂砖，标记为：LSB Co 20A GB 11945。

3）应用。灰砂砖可用于工业与民用建筑的墙体和基础。MU15、MU20、MU25的砖可用于基础及其他建筑；MU10的砖仅可用于防潮层以上的建筑。由于灰砂砖中的某些水化产物（氢氧化钙、碳酸钙等）不耐酸，也不耐热，因此灰砂砖不得用于长期受热（200℃以上）、受急冷急热和有酸性介质侵蚀的建筑部位，也不宜用于有流水冲刷的部位。

灰砂砖表面光滑，与砂浆黏结力差，砌筑时应使砖的含水率控制在5%~8%。干燥天气，灰砂砖应在砌筑前1~2d浇水。砌筑砂浆宜用混合砂浆，不宜用微沫砂浆。刚出釜的灰砂砖不宜立即使用，一般宜存放一个月左右再用。

### 9.1.2 砌块

砌块是用于砌筑的、规格尺寸比砖大、比大板小的人造块材，是建筑工程常用的新型墙体材料之一，其外形多为直角六面体，也有各种异形的。它原材料丰富、制作简单、能耗低、施工效率较高，且适用性强。按产品主规格尺寸可分为大型砌块（高度大于980mm）、中型砌块（高度为380~980mm）和小型砌块（高度为115~380mm）。砌块高度一般不大于长度或宽度的6倍，长度不超过高度的3倍。目前，我国以中小型砌块使用较多。

砌块按用途可分为承重砌块和非承重砌块；按空心率大小可分为实心砌块（无孔洞或空心率小于25%）和空心砌块（空心率等于或大于25%）；按制作用原材料可分为混凝土砌块、粉煤灰砌块和烧结黏土砌块等。砌块形式有密实砌块、空心砌块（单排孔、多排孔）、复合砌块、连锁砌块、异形砌块等。常用混凝土砌块外形如图9-6所示。

与烧结砖相比较，砌块砌筑的墙体较易产生裂缝，就墙体本身而言，原因主要有两个：一是由于砌块失去水分而产生收缩；二是由于砂浆失去水分而收缩。砌块的收缩值取决于所采用的集料种类、混凝土配合比、养护方法和使用环境的相对湿度。在相对湿度相同的条件下，轻集料混凝土砌块比普通混凝土砌块的收缩值大一些；采用蒸压养护生产的砌块比采用蒸汽养护的砌块收缩值要小。

砌块的热导率随砌块材料的不同而有差异。如在相同的孔结构、规格尺寸和工艺条件下，以卵石、碎石和砂为集料生产的混凝土砌块，其热导率要大于以煤渣、火山渣、浮石、煤矸石、陶粒等为集料的混凝土砌块。如在相同的材料、壁厚、肋厚和工艺条件下，由于孔结构不同（如单排孔、双排孔或三排孔砌块），单排孔砌块比多排孔砌块的热导率要大。

图 9-6　混凝土砌块外形

砌块由可塑性的浆料加工而成，其形状、大小可随设计要求不同而改变。因此，它是一种新型的砌筑材料。砌块的强度可通过材料的配合比和改变砌块的孔洞而在较大幅度内调整，因此，可用作承重墙体和非承重的填充墙体。砌块自重较实心黏土砖轻，地震荷载较小，砌块孔洞便于浇筑配筋芯柱，可提高建筑物的延性。砌块的绝热、隔声、防火、耐久性等与黏土砖基本相同，能满足一般建筑的要求。

## 1. 普通混凝土小型空心砌块

普通混凝土砌块是以水泥为胶结材料，砂、石或炉渣、煤矸石等为集料，经加水搅拌、成型、养护而成的块体材料。通常为减轻自重，多制成空心小型砌块。混凝土小型空心砌块各部位的名称如图 9-7所示。

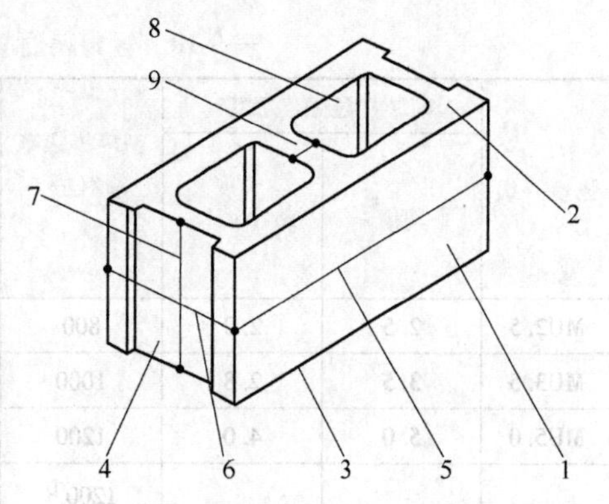


图 9-7　小型空心砌块各部位的名称

1—条面　2—坐浆面（肋厚较小的面）

3—铺浆面（肋厚较大的面）

4—顶面　5—长度　6—宽度

7—高度　8—壁　9—肋

（1）主要技术性质

1）规格尺寸。混凝土砌块的尺寸有主规格和辅助规格两种。主规格为：390mm×190mm×190mm；辅助规格：长有 290mm、190mm、90mm 三种尺寸，宽、高均为 190mm，最小外壁厚度为 30mm，最小肋厚度为 25mm，空心率等于或大于 25%。

2）强度等级。普通混凝土小型空心砌块根据抗压强度分为 MU5.0、MU7.5、MU10.0、MU15.0 和 MU20.0 五个强度等级，其强度值应符合《普通混凝土小型砌块》的规定（GB/T 8239）。

（2）应用　普通混凝土小型空心砌块主要用于一般工业和民用建筑的墙体。对用于承重墙和外墙的砌块要求其干缩率小于 0.5mm/m，非承重或内墙用的砌块其干缩率应小于 0.6mm/m。砌块的保温隔热性能随所用原料及空心率不同而有差异，空心率为 50%的普通水泥混凝土小型空心砌块的热导率约为 0.26W/(m·K)。这种砌块在砌筑时一般不宜浇水，但在气候特别干燥炎热时，可在砌筑前稍喷水湿润。

## 2. 轻集料混凝土小型空心砌块

轻集料混凝土小型空心砌块具有自重轻、保温性能好、抗震性能好、防火及隔声性能好等特点。按所用轻集料的不同，可分为：陶粒混凝土小砌块、火山渣混凝土小砌块、煤渣混凝土小砌块等三种。

轻集料混凝土小型空心砌块（代号LB），是由水泥、砂（轻砂或普通砂）、轻粗集料、矿物掺合料、水等经搅拌、成型而得的。

（1）类别 根据《轻集料混凝土小型空心砌块》（GB/T 15229）标准规定，轻集料混凝土小型空心砌块按砌块孔的排数分为单排孔、双排孔、三排孔和四排孔四种类别。小砌块的保温性能取决于排孔数及密度等级。

（2）主要技术性质

1）规格尺寸。轻集料混凝土小型空心砌块的主规格尺寸与普通混凝土小型空心砌块相同，为390mm×190mm×190mm；承重砌块最小外壁厚度不应小于30mm，最小肋厚度不应小于25mm。保温砌块最小外壁厚和肋厚度不宜小于20mm。为满足一般多层住宅建筑需要，其块型通常有7~12种。

2）等级。

a. 密度等级。轻集料混凝土小型空心砌块按干燥表观密度可分为700、800、900、1000、1100、1200、1300、1400八个等级。

b. 强度等级。轻集料混凝土小型空心砌块按抗压强度可分为MU2.5、MU3.5、MU5.0、MU7.5、MU10.0五个强度等级，其强度值应符合《轻集料混凝土小型空心砌块》（GB/T 15229）的规定，如表9-10所示。

表9-10 轻集料混凝土小型空心砌块强度等级和抗冻性指标

<table>
<tr><th rowspan="3">强度等级</th><th colspan="2">砌块抗压强度/MPa</th><th rowspan="3">密度等级范围/(kg/m³)，≤</th><th colspan="4">抗冻性</th></tr>
<tr><th rowspan="2">平均值≥</th><th rowspan="2">最小值≥</th><th>温和与夏热冬暖地区</th><th>夏热冬冷地区</th><th>寒冷地区</th><th>严寒地区</th></tr>
<tr><th>D15</th><th>D25</th><th>D35</th><th>D50</th></tr>
<tr><td>MU2.5</td><td>2.5</td><td>2.0</td><td>800</td><td colspan="4" rowspan="5">质量损失率≤5%<br>强度损失率≤25%</td></tr>
<tr><td>MU3.5</td><td>3.5</td><td>2.8</td><td>1000</td></tr>
<tr><td>MU5.0</td><td>5.0</td><td>4.0</td><td>1200</td></tr>
<tr><td>MU7.5</td><td>7.5</td><td>6.0</td><td>1200①<br>1200②</td></tr>
<tr><td>MU10.0</td><td>10.0</td><td>8.0</td><td>1200①<br>1400②</td></tr>
</table>

注：当砌块的抗压强度同时满足2个强度等级或2个以上强度等级要求时，应以满足要求的最高强度等级为准。

① 除自燃煤矸石掺量不小于砌块质量35%以外的其他砌块。

② 自然煤矸石掺量不小于砌块质量35%的砌块。

3）其他技术性质。吸水率应不大于18%；干燥收缩率应不大于0.065%；相对含水率按潮湿、中等潮湿、干燥地区应满足《轻集料混凝土小型空心砌块》（GB/T 15229）的规定；抗冻性要求见表9-10；掺工业废渣的砌块，其放射性应符合要求。

抗碳化性以碳化系数表示。碳化系数为小型砌块碳化后强度与碳化前强度之比，一般水泥轻集料混凝土小型空心砌块抗碳化性均能满足要求，加入粉煤灰等火山灰质掺合料的小砌块，其碳化系数不应小于0.8。

耐水性以软化系数表示，由于不掺粉煤灰的水泥混凝土小型空心砌块的耐水性能符合要求，因此，现行标准中只对加入粉煤灰等火山灰质掺合料的小砌块的耐水性做了规定，即软化系数不应小于0.8。

(3) 产品标记 轻集料混凝土小型空心砌块的产品标记按产品名称(LB)、类别、密度等级、强度等级、标准编号的顺序编写。例如,密度等级为800,强度等级为MU3.5的轻集料混凝土三排孔小型空心砌块,标记为:LB3 800 MU3.5 GB/T 15229。

(4) 应用 轻集料混凝土小型空心砌块适用于工业与民用建筑多层或高层的非承重及承重保温墙、框架填充墙及隔墙。

### 3. 蒸压加气混凝土砌块

蒸压加气混凝土砌块是以钙质材料(水泥或石灰)、硅质材料(砂或粉煤灰)为基料,加入发气剂(铝粉),经搅拌、发气、成型、切割、蒸养等工艺制成的多孔结构的墙体材料。

(1) 主要技术性质

1) 规格尺寸。蒸压加气混凝土砌块的规格尺寸(mm)为:

长度:600;宽度:100、120、125、150、180、200、240、250、300;高度:200、240、250、300。

2) 等级。

a. 强度级别。蒸压加气混凝土强度主要来源于钙质材料和硅质材料在压蒸条件下所形成的水化硅酸钙凝胶。砌块按其立方体的抗压强度分为A1.0、A2.0、A2.5、A3.5、A5.0、A7.5和A10.0七个强度级别,砌块的抗压强度应符合表9-11所示的规定。

表9-11 蒸压加气混凝土砌块的抗压强度

| 强度级别 | | A1.0 | A2.0 | A2.5 | A3.5 | A5.0 | A7.5 | A10.0 |
|---|---|---|---|---|---|---|---|---|
| 立方体抗压强度/MPa | 平均值≥ | 1.0 | 2.0 | 2.5 | 3.5 | 5.0 | 7.5 | 10.0 |
| | 最小值≥ | 0.8 | 1.6 | 2.0 | 2.8 | 4.0 | 6.0 | 8.0 |

b. 干密度级别。蒸压加气混凝土砌块按其干密度划分为B03、B04、B05、B06、B07和B08六个密度级别,砌块的干密度应符合表9-12所示的规定。

c. 砌块等级。蒸压加气混凝土砌块按尺寸偏差与外观质量、干密度、抗压强度和抗冻性分为优等品(A)、合格品(B)两个等级。砌块的强度级别应符合表9-13所示的规定。砌块的尺寸偏差与外观质量应符合《蒸压加气混凝土砌块》(GB 11968)的规定。

3) 其他技术性能。蒸压加气混凝土砌块的抗冻性、热导率、干燥收缩值等指标见表9-14所示的规定。

表9-12 蒸压加气混凝土砌块的干密度

| 干密度级别 | | B03 | B04 | B05 | B06 | B07 | B08 |
|---|---|---|---|---|---|---|---|
| 干密度/(kg/m$^3$) | 优等品(A)≤ | 300 | 400 | 500 | 600 | 700 | 800 |
| | 合格品(B)≤ | 325 | 425 | 525 | 625 | 725 | 825 |

表9-13 蒸压加气混凝土砌块的强度级别

| 干密度级别 | | B03 | B04 | B05 | B06 | B07 | B08 |
|---|---|---|---|---|---|---|---|
| 强度级别 | 优等品(A) | A1.0 | A2.0 | A3.5 | A5.0 | A7.5 | A10.0 |
| | 合格品(B) | | | A2.5 | A3.5 | A5.0 | A7.5 |

表 9-14 蒸压加气混凝土砌块的抗冻性、热导率、干燥收缩值

<table>
<tr><th colspan="3">干密度级别</th><th>B03</th><th>B04</th><th>B05</th><th>B06</th><th>B07</th><th>B08</th></tr>
<tr><td rowspan="2">干燥收缩值<br>/(mm/m)</td><td colspan="2">标准法，≤</td><td colspan="6">0.50</td></tr>
<tr><td colspan="2">快速法，≤</td><td colspan="6">0.80</td></tr>
<tr><td rowspan="3">抗冻性</td><td colspan="2">质量损失(%)，≤</td><td colspan="6">5.0</td></tr>
<tr><td rowspan="2">冻后强度<br>/MPa，≥</td><td>优等品（A）</td><td rowspan="2">0.8</td><td rowspan="2">1.6</td><td>2.8</td><td>4.0</td><td>6.0</td><td>8.0</td></tr>
<tr><td>合格品（B）</td><td>2.0</td><td>2.8</td><td>4.0</td><td>6.0</td></tr>
<tr><td colspan="3">热导率(干态)/[W/(m·K)]，≤</td><td>0.10</td><td>0.12</td><td>0.14</td><td>0.16</td><td>0.18</td><td>0.20</td></tr>
</table>

（2）产品标记 蒸压加气混凝土砌块的产品标记按产品名称（ACB）、强度等级、干密度级别、规格尺寸、砌块等级和标准编号的顺序编写。例如，强度级别为 A3.5、干密度级别为 B05、优等品、规格尺寸为 600mm×200mm×250mm 的蒸压加气混凝土砌块，标记为：ACB A3.5 B05 600×200×250 A GB 11968。

（3）应用 蒸压加气混凝土砌块质量轻，表观密度约为黏土砖的 1/3，具有保温性好、隔热性好、隔声性好、抗振性强、耐火性好、易于加工、施工方便等特点，是应用较多的轻质墙体材料之一，但强度较低，主要用于低层建筑的承重墙、多层建筑的间隔墙和高层框架结构的填充墙，也可用于一般工业建筑的围护墙。它作为保温隔热材料也可用于复合墙板和屋面结构中，不能用于基础和潮湿环境。

#### 4. 石膏砌块

石膏砌块是以石膏为主要原料，加上适当的填料、添加剂和水制成的新型轻质隔墙材料。其外形为一平面长方体，纵横四周分别设有凹凸企口（榫与槽）。根据国际标准推荐草案，一般石膏砌块的表面积小于 0.25$m^2$，厚度为 60~150mm，最佳砌块的尺寸（长×高×厚）为 666mm×500mm×（60mm，70mm，80mm，100mm），即三块砌块组成 1$m^2$ 的墙面。

石膏砌块除具有石膏制品轻质、吸声、绝热、防火、调节室内湿度、强度高、加工性能好等优点外，还有以下特点：

a. 制品尺寸准确，表面光洁平整，砌筑的墙面不需抹灰就可进行喷刷涂料、粘贴壁纸等装饰工作，省工省料。

b. 制品规格尺寸大，一般四周带有榫槽，配合精密，拼装方便，整体性好，而且不需龙骨，施工效率高，一个工人每天可铺砌 20~40$m^2$ 石膏砌块隔墙；墙体造价低，在国外，石膏砌块隔墙比纸面石膏板、加气混凝土及一般砖墙要便宜 40%左右。另外，建石膏砌块厂投资也较少。

石膏砌块有空心、实心、夹芯、发泡等品种。石膏原料有建筑石膏、高强石膏、化学石膏、硬石膏等；有时掺加硅酸盐水泥和纤维材料以提高强度和耐水性；加入膨胀珍珠岩以减轻质量；还根据不同的使用要求，加入各种不同的增强剂、防水剂等外加剂；预埋不同部件，制作出具有多种使用功能的产品用于各种场合。如普通砌块、耐水砌块、高强砌块、保温砌块、钢木门砌块等。

榫槽式空心砌块的产品规格及技术性能如表 9-15 所示。制品四周带榫槽，在高度方向带有圆孔，砌块生产效率高。

表 9-15 榫槽式空心砌块的产品规格及技术性能

<table>
<tr><th>规格</th><th>抗压强度<br>/MPa</th><th>抗折强度<br>/MPa</th><th>抗弯荷载<br>/N</th><th>隔声性能<br>/dB</th><th>孔洞率<br>(%)</th><th>防火性</th><th>热导率<br>/[W(m·K)]</th><th>表观密度<br>/(kg/m<sup>3</sup>)</th></tr>
<tr><td>600mm×500mm×95mm</td><td>6.0~8.0</td><td>>2.0</td><td>>3500</td><td><35</td><td rowspan="2">>40</td><td rowspan="2">一级</td><td rowspan="2">0.24</td><td rowspan="2">550~600</td></tr>
<tr><td>600mm×500mm×115mm</td><td>6.0~8.0</td><td>>2.0</td><td>>4000</td><td><40</td></tr>
</table>

注：抗压强度测试受压面为 40mm×62.5mm；抗弯试验 $L$=400mm。

根据我国《石膏砌块》（JC/T 698）的规定，石膏砌块是以建筑石膏为主要原料，可加入纤维增强材料、轻集料、发泡剂等辅料，经加水搅拌、浇筑成型和干燥制成的轻质建筑石膏制品。

（1）分类 按石膏砌块的结构可分为带有水平或垂直方向预制孔洞的石膏空心砌块（K）和无预制孔洞的石膏实心砌块（S）两类；按所用石膏来源可分为用天然石膏作原料制成的天然石膏砌块（T）和用化学石膏作原料制成的化学石膏砌块（H）两类；按砌块的防潮性能可分为在成型过程中未做防潮处理的普通石膏砌块（P）和在成型过程中经防潮处理，具有防潮性能的防潮石膏砌块（F）两类。

（2）主要技术性质

1）规格尺寸。石膏砌块的外形为长方体，纵横边缘分别有榫头和榫槽，其规格为：长度有600mm、666mm；高度有500mm；厚度有80mm、100mm、120mm、150mm。

石膏砌块的尺寸偏差应符合《石膏砌块》的规定。

2）外观质量。砌块表面应平整、棱边平直，缺角、板面裂纹、油污、气孔和平整度应符合《石膏砌块》的规定。

3）表观密度。实心砌块的表观密度应不大于1000kg/m$^3$，空心砌块的表观密度应不大于700kg/m$^3$，单块砌块的质量应不大于30kg。

4）断裂荷载。石膏砌块应有足够的机械强度，断裂荷载应不小于1.5kN。

5）软化系数。防潮石膏砌块的软化系数应不低于0.6。

（3）产品标记 石膏砌块的产品标记按产品名称、类别代号、规格尺寸和标准号的顺序编写。例如，用天然石膏作原料制成的长度为666mm、高度为500mm、厚度为80mm的普通石膏空心砌块，标记为：石膏砌块 KTP 666×500×80 JC/T 698。

（4）应用 石膏砌块作为非承重的填充墙体材料，主要用于砌筑内隔墙。砌块施工时，先在底部用石膏胶泥作码砌黏结材料，砌块由其四周的榫槽沿自身水平、垂直方向固定，无须砌筑砂浆，填入极少嵌缝材料即可；表面用石膏胶罩面1或2遍，干后即可饰面；如有防水要求，可在墙最下部先砌一定高度的混凝土，或做防水砂浆踢脚处理。

### 5. 装饰混凝土砌块

装饰混凝土砌块是一种新型复合墙体材料，它不仅是结构材料，而且是装饰材料，集砌块的优点及墙体的结构、装饰性、抗渗性，甚至保温、隔热、隔声于一体，使墙体在砌筑的同时就已做好装饰，并具有多种功能。装饰混凝土砌块的原料资源丰富，可利用废渣。它着色容易，硬化前可塑性好、硬化后容易加工，应用范围广、生产成本低，可谓物美价廉。

我国的装饰混凝土砌块的品种主要有：

（1）劈离砌块 将成型养护好的砌块，用劈离机沿特定的断面劈开，形成凹凸不平的形貌。通过掺加的颜料、彩色集料、外加物等配料设计，仿制各种天然石材的颜色和斑纹。标准饰面尺寸：390mm×190mm；大型饰面尺寸：600mm×300mm，500mm×250mm。

（2）琢毛砌块 用锤击的方式（机械或人工）使砌块表面形成一个个小坑，产生梅花形、点形、六角形等图形。装饰效果类似火焰烧毛的天然花岗石，饰面尺寸可大可小，制作简单。

（3）拉毛砌块 用切铣的方法在成型养护好的砌块表面，铣出深度1.5mm的条纹。装饰效果类似剁斧石，加工精细，仿石材感强。

（4）磨光面砌块 用研磨机对砌块表面进行连续研磨，露出集料尺寸的大小、形状以及颜色的变化。装饰效果类似水磨石和抛光的花岗石。我国目前生产的磨光砌块是把磨好的光板与成型的砌块粘成整体，经养护即成。

（5）雕塑砌块 将混凝土拌合物（硬化前）浇注在带槽、肋、块、弧形或角形的模箱成型，制成形态各异的雕塑砌块。

（6）釉面砌块 将特殊的低温无机釉料，喷涂在成型砌块表面，经焙烧、养护等工序制成。

（7）彩色混凝土砌块 混凝土拌合物中掺入无机颜料、彩色集料等，使砌块具有彩色面层。

## 9.1.3 墙板

随着建筑结构体系的改革和大开间多功能框架结构的发展，各种轻质和复合墙板也蓬勃兴起。以板材为围护墙体的建筑体系具有质轻、节能、施工方便快捷、使用面积大、开间布局灵活等特点，因此具有良好的发展前景。

我国目前可用于墙体的板材品种很多，有承重用的预制混凝土大板；质轻的石膏板和加气硅酸盐板；各种植物纤维板及轻质多功能复合板材等。本节仅介绍几种有代表性的墙板供参考。

### 1. 石膏类墙板

石膏制品有许多优点，石膏类板材在轻质墙体材料中占很大比例，主要有纸面石膏板、无纸面的纤维石膏板、石膏空心条板、纤维增强硬石膏压力板和石膏保温板等。

（1）纸面石膏板 纸面石膏板是以建筑石膏为主要原料，掺入纤维和外加剂构成芯材，两面以护面纸牢固黏结护面增强的一种轻质板材。从各种轻质隔断墙体材料来看，产量最大，机械化和自动化程度最高的是纸面石膏板。墙体内可安装管道与电线，墙面平整，装饰效果好，是较好的隔断材料。

1）产品分类。纸面石膏板按其功能分为普通纸面石膏板、耐水纸面石膏板、耐火纸面石膏板和耐水耐火纸面石膏板四种。

由建筑石膏为主要原料，掺入适量纤维增强材料和外加剂等为芯材，与具有一定强度的护面纸牢固地黏结在一起的建筑板材为普通纸面石膏板（P）；若在芯材配料中掺入耐水、防潮外加剂，并用耐水护面纸制成的、旨在改善防水性能的建筑板材为耐水纸面石膏板（S）；若在配料中掺入无机耐火纤维材料和阻燃剂等制成的、旨在改善防火性能的建筑板材为耐火纸面石膏板（H）；若在配料中同时加入耐水外加剂和无机耐火纤维材料等制成的、旨在改善防水性能和提高防火性能的建筑板材为耐水耐火纸面石膏板（SH）。纸面石膏板的棱边形状与代号如图 9-8 所示。

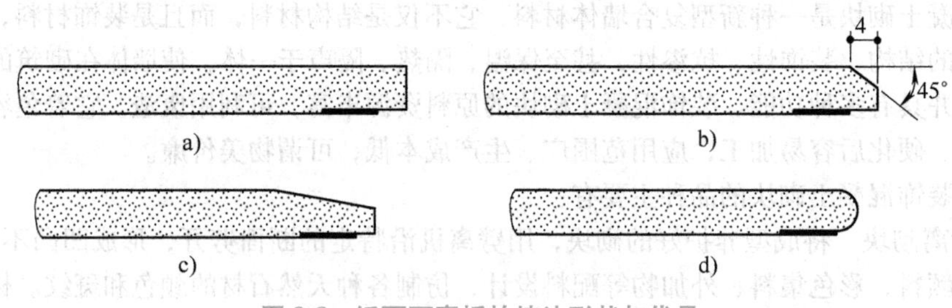


图 9-8 纸面石膏板的棱边形状与代号

a）矩形棱边（代号 J） b）45°倒角形棱边（代号 D）

c）楔形棱边（代号 C） d）圆形棱边（代号 Y）

2）主要技术性质。

a. 规格尺寸。产品的规格尺寸如表 9-16 所示，尺寸偏差、对角线长度差、楔形棱边断面尺寸等应符合《纸面石膏板》（GB/T 9775）的规定。

b. 外观质量。纸面石膏板板面平整，不应有影响使用的波纹、沟槽、亏料、漏料和划伤、破损、污痕等缺陷。

表 9-16　纸面石膏板产品种类及规格

<table>
<tr><th rowspan="2">种类</th><th colspan="3">规格</th><th rowspan="2">板边形状及代号</th><th rowspan="2">应用范围</th></tr>
<tr><th>长/mm</th><th>宽/mm</th><th>厚/mm</th></tr>
<tr><td>普通纸面石膏板</td><td rowspan="4">1500<br>1800<br>2100<br>2400<br>2440<br>2700<br>3000<br>3300<br>3600<br>3660</td><td rowspan="4">600<br>900<br>1200<br>1220</td><td rowspan="4">9.5<br>12<br>15<br>18<br>21<br>25</td><td>矩形 PJ，45°倒角形 PD，楔形 PC，圆形 PY</td><td>建筑物围墙、内隔墙、吊顶</td></tr>
<tr><td>耐水纸面石膏板</td><td>矩形 SJ、45°倒角形 SD、楔形 SC、圆形 SY</td><td>外墙衬板、卫生间、厨房等瓷砖墙面衬板</td></tr>
<tr><td>耐火纸面石膏板</td><td>矩形 HJ、45°倒角形 HD、楔形 HC、圆形 HY</td><td>建筑中有防火要求的部位</td></tr>
<tr><td>耐水耐火纸面石膏板</td><td>矩形 SHJ、45°倒角形 SHD、楔形 SHC、圆形 SHY</td><td>建筑中有防水和防火要求的部位</td></tr>
</table>

c. 面密度。板材的面密度应符合表 9-17 所示的规定。

d. 断裂荷载。板材的断裂荷载应符合表 9-17 所示的规定。

e. 硬度。板材的棱边硬度和端头硬度应不小于 70N。

f. 抗冲击性。经冲击后，板材背面应无径向裂纹。

g. 护面纸与芯材的黏结性。护面纸与芯材应不剥离。

h. 吸水率和表面吸水量。耐水纸面石膏板和耐水耐火纸面石膏板板材的吸水率和表面吸水量分别应不大于 10%和 160g/m$^2$。

i. 遇火稳定性。耐火纸面石膏板和耐水耐火纸面石膏板板材的遇火稳定性时间应不少于 20min。

表 9-17　纸面石膏板的断裂荷载和面密度指标

| 板材厚度/mm | 断裂荷载/N | | | | 面密度/(kg/m$^3$)，≤ |
|---|---|---|---|---|---|
| | 纵向 | | 横向 | | |
| | 平均值≥ | 最小值≥ | 平均值≥ | 最小值≥ | |
| 9.5 | 400 | 360 | 160 | 140 | 9.5 |
| 12.0 | 520 | 460 | 200 | 180 | 12.0 |
| 15.0 | 650 | 580 | 250 | 220 | 15.0 |
| 18.0 | 770 | 700 | 300 | 270 | 18.0 |
| 21.0 | 900 | 810 | 350 | 320 | 21.0 |
| 25.0 | 1100 | 970 | 420 | 380 | 25.0 |

3）产品标记。纸面石膏板的产品标记按产品名称、板类代号、棱边形状代号、长度、宽度、厚度及标准编号的顺序编写。例如，长度 3000mm、宽度 1200mm、厚度 12.0mm、具有楔形棱边形状的普通纸面石膏板，标记为：纸面石膏板 PC　3000×1200×12.0　GB/T 9775。

4）特性与应用。纸面石膏板作为一种新型建筑材料，在性能上有以下特点：

a. 生产能耗低，生产效率高：生产同等单位的纸面石膏板的能耗比水泥节省 78%。且投资少生产能力大，工序简单，便于大规模生产。

b. 轻质：用纸面石膏板作隔墙，质量仅为同等厚度砖墙的 1/15，砌块墙体的 1/10，有利于结构抗震，并可有效减少基础及结构主体造价。

c. 保温隔热：纸面石膏板板芯 60%左右是微小气孔，因空气的热导率很小，因此具有良好的轻质保温性能。

d. 防火性能好：由于石膏芯本身不燃，且遇火时在释放化合水的过程中会吸收大量的热，延迟周围环境温度的升高，因此，纸面石膏板具有良好的防火阻燃性能。经国家防火检测中心检测，纸面石膏板隔墙耐火极限可达4h。

e. 隔声性能好：采用单一轻质材料，如加气混凝土、膨胀珍珠岩板等构成的单层墙体，其厚度很大时才能满足隔声的要求，而纸面石膏板隔墙具有独特的空腔结构，具有很好的隔声性能。

f. 装饰功能好：纸面石膏板表面平整，板与板之间通过接缝处理形成无缝表面，表面可直接进行装饰。

g. 加工方便，可施工性好：纸面石膏板具有可钉、可刨、可锯、可粘的性能，用于室内装饰，可取得理想的装饰效果，仅需裁制刀便可随意对纸面石膏板进行裁切，施工非常方便，用它作装饰材料可极大的提高施工效率。

h. 舒适的居住功能：由于石膏板的孔隙率较大，并且孔结构分布适当，所以具有较高的透气性能。当室内湿度较高时，可吸湿，而当空气干燥时，又可放出一部分水分，因而对室内湿度起到一定的调节作用，国外将纸面石膏板的这种功能称为“呼吸”功能，正是由于石膏板具有这种独特的“呼吸”性能，可在一定范围内调节室内湿度，使居住条件更舒适。

i. 绿色环保：纸面石膏板采用天然石膏及纸面作为原材料，决不含对人体有害的石棉（绝大多数的硅酸钙类板材及水泥纤维板均采用石棉作为板材的增强材料）。

j. 节省空间：采用纸面石膏板作墙体，墙体厚度最小可达74mm，且可保证墙体的隔声、防爆性能。

纸面石膏板的表观密度为800~950kg/m$^3$，热导率低[约0.20W/(m·K)]，隔声系数为35~50dB，抗折荷载为400~800N，表面平整，尺寸稳定。具有自重轻、隔热、隔声、防火、抗震，可调节室内湿度，加工性好（可刨、可钉、可锯），施工简便、可拆装性能好，增大使用面积等优点。但用纸量较大，成本较高。

纸面石膏板可广泛应用于各种民用与工业建筑的内隔墙、围护墙和吊顶，以及复合保温外墙的内覆面，尤其是在高层建筑中可作为内墙材料和装饰装修材料。在框架结构建筑和砖混建筑以及建筑加层、维修和临时建筑上均可使用。

(2) 纤维石膏板　纤维石膏板是以纤维增强石膏基材的无面纸石膏板。在建筑石膏中加入适量无机或有机纤维增强材料和外加剂，用缠绕、压滤或辊压等方法成型，凝固、干燥而成的轻质板材。与纸面石膏板相比，其抗弯和抗冲击强度较高，不需用护面纸和胶黏剂，隔声、防火性能更好，工艺操作较简单，节省投资和能源。其应用与施工与纸面石膏板相同，但使用范围更广泛。

(3) 石膏空心条板　石膏空心条板是以天然石膏或化学石膏为主要原料，掺加适量水泥、粉煤灰、轻集料、外加剂、增强纤维等，与水混合，经料浆搅拌、浇筑成型、抽芯、干燥等工艺制成的轻质板材。品种按功能分有增强板、普通板、防水板、门框板等。板材尺寸为长度2400~3000mm，宽度500~600mm，厚度60~90mm；孔洞一般为9个，圆孔孔径为38mm，空心率为28%，如图9-9所示。门窗框条板的孔洞为6个，空心率为18%，板两侧有凸凹的榫槽。

石膏空心条板的表观密度为600~900kg/m$^3$，抗折强度为2~3MPa，热导率为0.22W/(m·K)，隔声指数大于30dB，耐火极限为1~2.25h，表面平整光滑。具有自重轻、比强度高、隔热、隔声、防火、加工性好（可锯、刨、钻）、施工简便等优点。

石膏空心条板适用于高层建筑、框架轻板建筑以及其他各类建筑的非承重内隔墙。

（4）纤维增强硬石膏压力板（AP 板）　纤维增强硬石膏压力板（AP 板）是以天然硬石膏和天然或人造纤维为主要原料，经激发、催化，采用打浆工艺经抄取压制、常温湿养护而成的一种新型建筑板材。其英文名为 Anhydrite Pressure Board，故简称 AP 板。AP 板较之一般石膏板具有两方面突出的优点：一是以天然无水石膏为胶结料，无须煅烧，只掺加少量激发催化剂等即可；生产过程中不需蒸养、干燥。故节能显著，能耗最低；二是 AP 板兼具石膏和水泥制品的共同优点，强度高，耐水性能最突出，性能好，使用范围广。AP 板可用于建筑物的内隔墙、吊顶等，也可用于外墙、屋面、楼板及卫生间等部位。

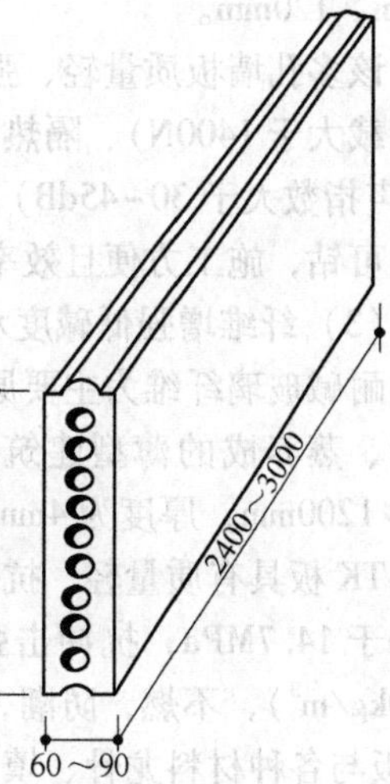

500～600　2400～3000　60～90

图 9-9　石膏空心条板示意图

（5）石膏保温板　石膏保温板是以 β 型或 α 型半水石膏为主要原料，加入填充材料和外加剂，经充气工艺制成的芯板与面层浇筑复合而成的一种建筑外墙内保温材料。石膏保温板用于外墙内保温的墙体构造为：主墙、空气层、保温板、玻璃纤维布、增强层、内饰面（见图 9-10）。主墙可以是砖砌外墙，也可以是现浇或预制混凝土外墙。

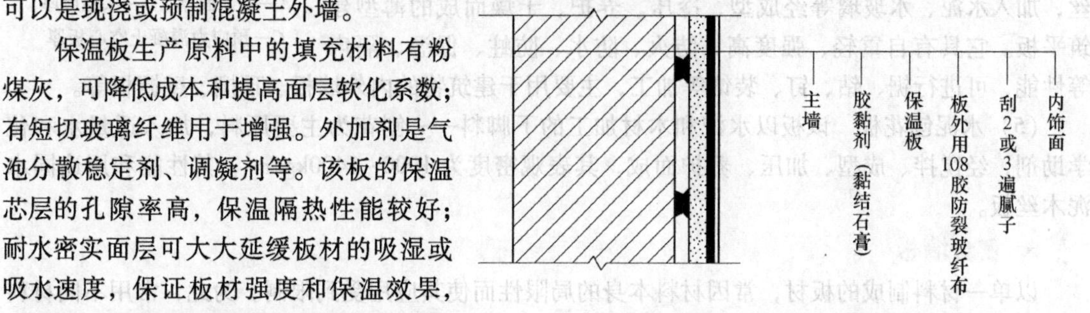


图 9-10　石膏保温板墙体构造

保温板生产原料中的填充材料有粉煤灰，可降低成本和提高面层软化系数；有短切玻璃纤维用于增强。外加剂是气泡分散稳定剂、调凝剂等。该板的保温芯层的孔隙率高，保温隔热性能较好；耐水密实面层可大大延缓板材的吸湿或吸水速度，保证板材强度和保温效果，并对减少干燥收缩有十分明显的效果。板材质轻，表面光洁平整，易于施工。

## 2. 水泥类墙板

水泥类墙板具有较好的力学性能和耐久性，生产技术成熟，产品质量可靠；其主要缺点是表观密度大，抗拉强度低。它可用于承重墙、外墙和复合墙板的外层面。可制作预应力空心板材以减轻自重和改善隔热隔声性能，也可制作以纤维等增强的薄型板材，还可在水泥类板材上制作成具有装饰效果的表面层。

（1）预应力空心墙板　预应力空心墙板是用高强度低松弛预应力钢绞线、42.5 级早强水泥及砂、石为原料，经过张拉、搅拌、挤压、养护、放张、切割而成的混凝土制品。板长为 1000~1900mm，板宽为 600~1200mm，板厚为 200~480mm（见图 9-11）。

预应力空心墙板板面平整，误差小，给施工带来很多便利，减少了湿作业、加快了施工速度、提高了工程质量。该墙板可用于承重、非承重外墙板、内墙板，并可根据需要增加保温吸声层（20~50mm 厚的聚苯乙烯泡沫层）、防水层和多种饰面层（彩色水刷石、剁斧石、喷砂和釉面砖等），也可以制成各种规格尺寸的楼板、屋面板、雨罩和阳台板等。

（2）玻璃纤维增强水泥—多孔墙板（简称 GRC-KB 墙板）　该墙板是以低碱度水泥为胶结料，抗碱玻璃纤维和中碱玻璃纤维加隔离覆盖的网格布为增强材料，以膨胀珍珠岩、加工后的锅炉炉渣、粉煤灰为集料，按适当配合比经搅拌、灌注、振动成型、脱水、养护等工序而制成的玻璃纤维增强水泥—多孔墙板。尺寸规格：长度为 3000mm，宽度为 600mm，厚度为 60mm、

90mm、120mm。

该多孔墙板质量轻、强度高（60mm厚板：质量约35kg/m²，抗折荷载大于1400N）、隔热[热导率小于等于0.2W/(m·K)]、隔声（隔声指数大于30~45dB）、不燃（耐火极限为1.3~3h）、可锯、可钉、可钻，施工方便且效率高，主要用于工业和民用建筑的内隔墙。

（3）纤维增强低碱度水泥建筑平板（TK板）　该板是以低碱水泥、耐碱玻璃纤维为主要原料，加水混合成浆，经圆网机抄取制坯、压制、蒸养成的薄型建筑平板。其长度为1200~3000mm，宽度为800~1200mm，厚度为4mm、5mm、6mm和8mm。

TK板具有质量轻、抗折、抗冲击强度高（加压板的抗折强度大于等于14.7MPa，抗冲击强度大于等于2.45kJ/m²、表观密度约为1750kg/m³），不燃，防潮，不易变形和可锯、可钉、可涂刷等优点。TK板与各种材料龙骨、填充料复合后，可用作各类建筑物的内隔墙和复合外墙，特别是高层建筑有防火、防潮要求的隔墙。

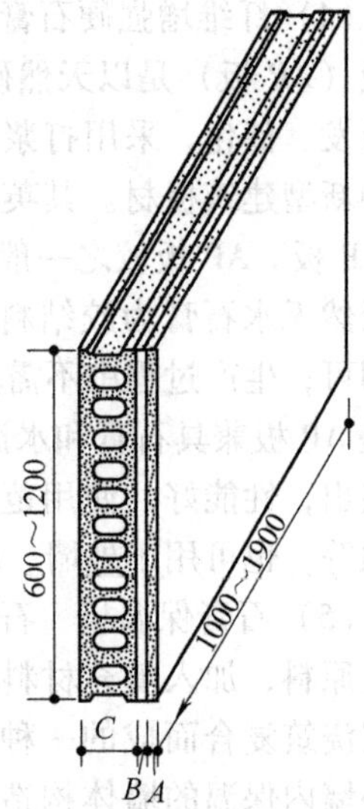

图9-11　预应力空心墙板

*A*—外饰面厚　*B*—保温层厚

*C*—预应力混凝土空心板厚

（4）水泥木丝板　该板是以木材下脚料经机械刨切成均匀木丝，加入水泥、水玻璃等经成型、冷压、养护、干燥而成的薄型建筑平板。它具有自重轻、强度高、防火、防水、防蛀、保温、隔声等性能，可进行锯、钻、钉、装饰等加工，主要用于建筑物的内外墙板、顶棚、壁橱板等。

（5）水泥刨花板　该板以水泥和木材加工的下脚料——刨花为主要原料，加入适量水和化学助剂，经搅拌、成型、加压、养护而成，其表观密度为1000~1400kg/m³，其性能和用途同水泥木丝板。

### 3. 复合墙板

以单一材料制成的板材，常因材料本身的局限性而使其应用受到限制。为此，常用不同材料组合成多功能的复合墙体以满足需要。

常用的复合墙板主要由承受或传递外力的结构层（多为普通混凝土或金属板）和保温层（矿棉、泡沫塑料、加气混凝土等）及面层（各类具有可装饰性的轻质薄板）组成。以利于物尽其才，开拓材料用途。

（1）混凝土夹芯板　混凝土夹芯板以20~30mm厚的钢筋混凝土作内外表面层，中间填以矿渣毡或岩棉毡、泡沫混凝土等保温材料，夹层厚度视热工计算而定。内外两层面板以钢筋件连接。该板用于内外墙。

（2）轻质隔热夹芯板　轻质隔热夹芯板外层是高强度材料（镀锌彩色钢板、铝板、不锈钢板或装饰板等），内层是轻质绝热材料（阻燃型发泡聚苯乙烯和矿棉等），通过自动成型机，用高强度胶黏剂将两者黏合，经加工、修边、开槽、落料而成的板材。该板宽度为1200mm，厚度为40~250mm，长度可按用户需要而定（见图9-12）。

该板质量为10~14kg/m²，热导率为0.031W/(m·K)，具有良好的绝热和防潮等性能，又具备较高的抗弯和抗剪强度，并且安装灵活快捷，可多次拆装重复使用。

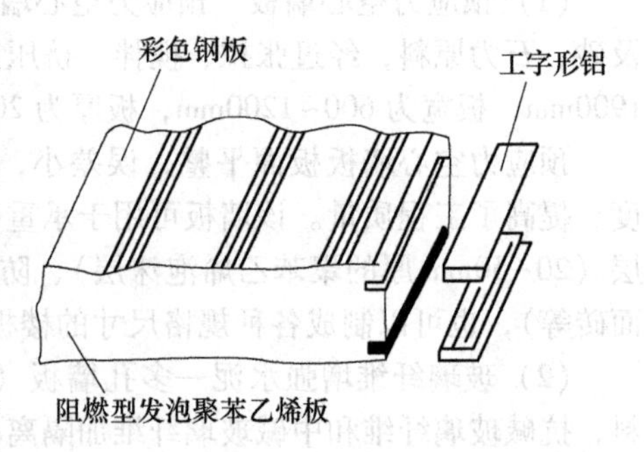


图9-12　轻质隔热夹芯板

该板可用于厂房、仓库和净化车间、办公楼、商场等工业和民用建筑，还可用于加层、组合式活动室、室内隔断、顶棚、冷库。

（3）网塑夹芯板　网塑夹芯板是由呈三维空间受力的镀锌钢丝笼格作为骨架和中间填以阻燃型发泡聚苯乙烯两者组合而成的一种复合墙板。该板长度为2740mm（可根据需要而定），宽度为1200mm，厚度为76mm（见图9-13）。

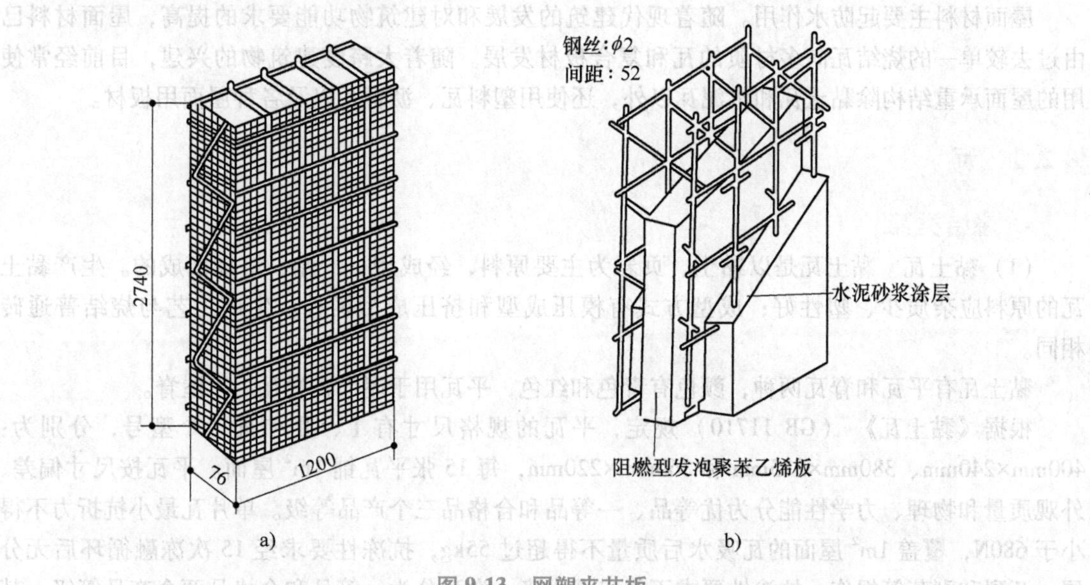

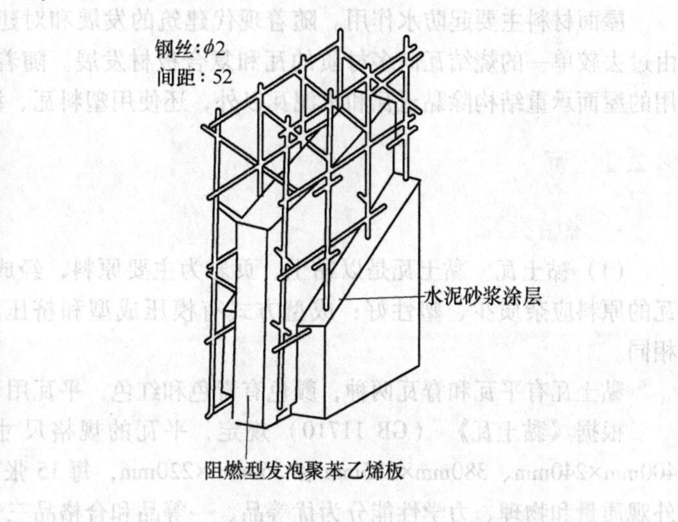


图9-13　网塑夹芯板

a）之字形桁架条形板芯网塑夹芯板　b）斜插筋整体板芯网塑夹芯板

网塑夹芯板质量轻，绝热吸声性能好（两面抹水泥砂浆后质量约90kg/m$^2$，墙板热阻为0.879m$^2$·K/W），施工速度快，主要用于宾馆、办公楼等的内隔墙。

（4）泰柏板　泰柏板是以直径为2.06mm±0.03mm，屈服强度为390~490MPa的钢丝焊接成的三维钢丝网骨架与高热阻自熄性聚苯乙烯泡沫塑料组成的芯材板，两面喷（抹）水泥砂浆而成。

泰柏板的标准尺寸为1.22m×2.44m，标准厚度为100mm，平均自重为90kg/m$^2$，热阻为0.64m$^2$·K/W（其热损失比一砖半的砖墙小50%）。由于所用钢丝网骨架构造及夹芯层材料、厚度的差别等，该类板材有多种名称，如GY板（夹芯为岩棉毡）、舒乐舍板（聚苯泡沫板为芯材）、三维板、3D板、钢丝网节能板等，但它们的性能和基本结构相似。一些板材的性能如表9-18所示。

表9-18　水泥钢丝网架类复合墙板的主要性能指标

| 项目名称 | 性能指标 | | |
|---|---|---|---|
| | 泰柏板 | 舒乐舍板 | GY板 |
| 密度/(kg/m$^3$) | <110 | <110 | <110 |
| 中心受压破坏荷载/(kN/m) | 280 | 300 | 180~220 |
| 横向破坏荷载/(kN/m$^2$) | 1.7 | 2.7 | 2.7 |
| 热阻(110mm厚)/(m$^2$·K/W) | 0.84 | 0.879 | 0.8~1.1 |
| 隔声量/dB | 45 | 55 | 48 |
| 耐火极限/h | >1.3 | >1.3 | >2.5 |

该类板材轻质高强、绝热隔声、防火、防潮、防振、耐久性好、易加工、施工方便，适用于自承重外墙、内隔墙、屋面板、3m跨内的楼板等。

## 9.2 屋面材料

屋面材料主要起防水作用。随着现代建筑的发展和对建筑物功能要求的提高，屋面材料已由过去较单一的烧结瓦向多材质的瓦和复合板材发展。随着大跨度建筑物的兴建，目前经常使用的屋面承重结构除黏土瓦和水泥瓦以外，还使用塑料瓦、沥青瓦以及各种屋面用板材。

### 9.2.1 瓦

#### 1. 烧结类瓦

（1）黏土瓦　黏土瓦是以黏土、页岩为主要原料，经成型、干燥、焙烧而成的。生产黏土瓦的原料应杂质少、塑性好；成型方式有模压成型和挤压成型两种；生产工艺与烧结普通砖相同。

黏土瓦有平瓦和脊瓦两种，颜色有青色和红色，平瓦用于屋面，脊瓦用于屋脊。

根据《黏土瓦》（GB 11710）规定，平瓦的规格尺寸有Ⅰ、Ⅱ和Ⅲ三个型号，分别为：400mm×240mm、380mm×225mm和360mm×220mm，每15张平瓦铺1m$^2$屋面。平瓦按尺寸偏差、外观质量和物理、力学性能分为优等品、一等品和合格品三个产品等级。单片瓦最小抗折力不得小于680N，覆盖1m$^2$屋面的瓦吸水后质量不得超过55kg，抗冻性要求经15次冻融循环后无分层、开裂和剥落等损伤，抗渗性要求不得出现水滴。脊瓦分为一等品和合格品两个产品等级，其规格尺寸要求长度大于或等于300mm，宽度大于或等于180mm。单块脊瓦最小抗折力不得低于680N，抗冻性要求同平瓦，出厂成品中不允许有欠火、石灰爆裂和哑音瓦。

黏土瓦自重大，质脆，易破损，在储运和使用时应注意，横立堆垛，垛高不得超过5层。

（2）琉璃瓦　琉璃瓦是用难熔黏土制坯，经干燥、上釉后焙烧而成的。这种瓦表面光滑、质地坚密、色彩美丽，常用的有黄、绿、黑、蓝、青、紫、翡翠等色。其造型多样，主要有板瓦、筒瓦、滴水、勾头等，有时还制成飞禽、走兽等形象作为檐头和屋脊的装饰，是一种富有我国传统民族特色的屋面防水与装饰材料。琉璃瓦耐久性好，但成本较高，一般只用于古建筑修复、纪念性建筑及园林建筑中的亭、台、楼、阁上。

#### 2. 水泥类瓦

（1）混凝土平瓦　混凝土平瓦是以水泥、砂或无机的硬质细集料为主要原料，经配料混合、加水搅拌、机械滚压或人工揉压成型、养护而成的。

根据《混凝土平瓦》（GB 8001）规定，其标准尺寸为400mm×240mm、385mm×235mm两种，单片抗折力不得低于600N，抗渗性、抗冻性应符合要求。

混凝土平瓦可用来代替黏土瓦，耐久性好、成本低，但自重大于黏土瓦。如在配料时加入颜料，可制成彩色混凝土平瓦。

（2）石棉水泥波瓦　石棉水泥波瓦是用水泥和温石棉为原料，经加水搅拌、压滤成型、养护而成的波形瓦，分成大波瓦、中波瓦、小波瓦和脊瓦四种。

根据《石棉水泥波瓦及其脊瓦》（GB 9772）规定，其规格尺寸：大波瓦为2800mm×994mm、中波瓦为2400mm×745mm和1800mm×745mm、小波瓦为1800mm×720mm，并按波瓦的抗折力、吸水率和外观质量分为优等品、一等品和合格品三个产品等级。

石棉水泥波瓦既可作屋面材料来覆盖屋面，也可作墙面材料来装敷墙壁。

石棉纤维对人体健康有害，现正采用耐碱玻璃纤维和有机纤维生产水泥波瓦。

（3）钢丝网水泥大波瓦　钢丝网水泥大波瓦是用普通水泥和砂加水混合后浇模，中间放置一层冷拔低碳钢丝网，成型后经养护而成的。其尺寸为1700mm×830mm×14mm，自重较大（50kg±5kg），适用于作工厂散热车间、仓库及临时性建筑的屋面或围护结构。

#### 3. 高分子类复合瓦

（1）聚氯乙烯波纹瓦　聚氯乙烯波纹瓦又称塑料瓦楞板，是以聚氯乙烯树脂为主体，加入其他材料，经塑化、压延、压波而制成的波形瓦，规格尺寸为2100mm×(1100~1300)mm×(1.5~2)mm。其质量轻、防水、耐腐、透光、有色泽，常用作车棚、凉棚、果棚等简易建筑的屋面，另外也可用作遮阳板。

（2）玻璃钢波形瓦　玻璃钢波形瓦是用不饱和聚酯树脂和玻璃纤维为原料，经手工糊制而成的，其尺寸为长1800mm，宽740mm，厚0.8~2.0mm。这种瓦质量轻、强度高、耐冲击、耐高温、耐腐蚀、透光率高、色彩鲜艳和生产工艺简单，适用于屋面、遮阳、车站月台和凉棚等。

#### 4. 玻璃纤维沥青瓦

玻璃纤维沥青瓦是以玻璃纤维薄毡为胎料，以改性沥青为涂敷材料而制成的一种片状屋面材料。其特点是质量轻，可减少屋面自重、施工方便，具有互相黏结的功能，有很好的抗风化能力，如在其表面撒以不同色彩的矿物粒料，则可制成彩色沥青瓦。沥青瓦适用于一般民用建筑屋面。

### 9.2.2　板材

在大跨度结构中，长期使用的钢筋混凝土大板屋盖自重达300kg/m$^2$以上，且不保温，需另设防水层。现在，随着彩色涂层钢板、超细玻璃纤维、自熄性泡沫塑料的出现，使轻型保温的大跨度屋盖得以迅速发展。可用于屋面的板材有许多种，如彩色压型钢板、钢丝网水泥夹芯板、预应力空心板、金属面板与隔热芯材组成的复合板等。

#### 1. 金属波形板

金属波形板是以铝材、铝合金或薄钢板轧制而成的，也称金属瓦楞板。如用薄钢板轧成瓦楞状，涂以搪瓷釉，经高温烧制成搪瓷瓦楞板。金属波形板质量轻、强度高、耐腐蚀、光反射好、安装方便，适用于作屋面、墙面。

#### 2. EPS隔热夹芯板

该板是以0.5~0.75mm厚的彩色涂层钢板为表面板，自熄聚苯乙烯为芯材，用热固化胶在连续成型机内加热加压复合而成的超轻型建筑板材。其质量为混凝土屋面的1/30~1/20，保温隔热［热导率为0.034W/(m·K)］，施工简便，是集承重、保温、防水、装修于一体的新型围护结构材料，可制成平面形或曲面形板材，适用于大跨度屋面结构，如体育馆、展览厅、冷库等，及其他多种屋面形式。

#### 3. 硬质聚氨酯夹芯板

该板由镀锌彩色压型钢板面层与硬质聚氨酯泡沫塑料芯材复合而成。压型钢板厚度为0.5mm、0.75mm、1.0mm。彩色涂层为聚酯型、硅改性聚酯型、氟氯乙烯塑料型，这些涂层均具有极强的耐候性。

该板材的表观密度为40kg/m$^3$，热导率为0.022W/(m·K)，厚度为40mm的板，其平均隔声量为25dB，具有质轻、高强、保温、隔声效果好，色彩丰富，施工方便等特点，是集承重、保温、防水、装饰于一体的屋面板材，可用于大型工业厂房、仓库、公共设施等大跨度建筑和高层建筑的屋面结构。

## 复习思考题

9-1 简述烧结砖的生产原理。

9-2 简述烧结普通砖的产品等级和强度等级的评定依据。

9-3 何谓青砖、红砖和内燃砖？怎样鉴别欠火砖和过火砖？

9-4 何谓烧结普通砖的泛霜和石灰爆裂？

9-5 空心砖的主要特点是什么？与烧结普通砖相比有哪些优点？

9-6 多孔砖与空心砖有何异同？

9-7 简述烧结多孔砖的产品等级和强度等级的评定依据。

9-8 列出烧结普通砖的产品标记，其规格为240mm×115mm×53mm，强度等级为MU20，优等品的黏土砖。

9-9 采用烧结普通砖进行强度测试，测得抗压强度分别为25.7MPa、28MPa、24.5MPa、29MPa、27.8MPa、33MPa、28.5MPa、32MPa、29.2MPa、31MPa，评定该烧结普通砖的强度等级。

9-10 简述烧结普通砖的缺点，并提出墙体材料的发展方向。

9-11 目前所用的墙体材料有哪几类？试举例说明它们各自的优缺点。

# 第 10 章 有机高分子材料

10

【本章知识点】合成高分子材料结构类型及性能特点，塑料的组成、常用塑料品种及性能，胶黏剂的组成、常用品种及性能。

【重点】常用合成高分子材料的种类、组成、性能特点及选用。

【难点】合成高分子材料的组成及功能机理。

随着我国经济建设事业的不断发展，对土木工程材料提出了更高的要求，有机高分子材料提供了许多可代替传统土木工程材料的新材料。有机高分子材料具有许多优良的性能，如密度小、比强度大、弹性高、电绝缘性能好、耐腐蚀、装饰性能好等。因而在土木工程材料中得到了越来越广泛的应用，产品主要包括塑料、胶黏剂、涂料、合成橡胶、高分子防水材料等。

## 10.1 有机高分子材料的基本知识

### 10.1.1 高分子化合物的组成

组成有机高分子材料的化合物简称高分子化合物。高分子化合物是一类相对分子质量很高的化合物，所以也称为聚合物或高聚物。高分子化合物是由千万个原子彼此以共价键连接的大分子化合物，其相对分子质量一般在104以上。虽然高分子化合物的相对分子质量很大，但其化学组成都比较简单，一个大分子往往由许多相同的、简单的结构单元通过共价键连接而成，高分子化合物由低分子化合物聚合而成，这种低分子化合物被称为单体。聚合物是由这些单体通过化学键相互结合起来而形成的。这些单体在大分子中成为一种重复的单元，或称为链节。一个大分子中链节的数目称为聚合度。聚合物的合成主要有两种方法，即加成聚合和缩合聚合，简称加聚和缩聚。

1. 加聚

能加聚的单体分子中部含有双键，在一种称为引发剂的物质的作用下双键打开，单体分子之间相互连接而成为聚合物。如聚乙烯由乙烯单体聚合而成

$$\underset{\text{乙烯单体}}{nCH_2{=}CH_2} \xrightarrow{\text{催化剂}} \underset{\text{聚乙烯}}{-[-CH\text{-}CH-]_n-}$$

加聚反应过程中没有副产物生成，反应速度很快，得到的聚合物大多是线型或带链的分子。应用加聚反应方法生产的高分子化合物有聚乙烯（PE）、聚氯乙烯（PVC）、聚苯乙烯（PS）、聚甲基丙烯酸甲酯（PMMA）等。

2. 缩聚

能缩聚的单体分子中必须至少含有两个有反应性的基团，常见的是羟基、羧基等。缩聚反应

的特点是反应中有低分子副产物产生，如水、氨、醇等，并且反应速度慢，是可逆反应，要想得到高分子产物，就必须除去低分子产物，使反应能够进一步进行。用缩聚方法生产出的高分子化合物有涤纶、脲酸树脂、环氧树脂、聚酯树脂、酚醛树脂等。

### 10.1.2 聚合物的种类

聚合物的种类繁多，需要一个科学的分类和命名方法，以下是几种从不同角度提出的命名方法。

#### 1. 按来源分类

根据高分子的来源可分为天然高分子、半天然高分子和人工合成高分子三类。

（1）天然高分子 天然高分子包括天然无机（石棉、云母等）和有机高分子（纤维素、蛋白质、淀粉、橡胶等）。

（2）半天然高分子 半天然高分子如醋酸纤维、改性淀粉等。

（3）人工合成高分子 人工合成高分子包括树脂、合成橡胶和合成纤维等。

#### 2. 按聚合物主链结构分类

按聚合物主链元素不同又可分为碳链高分子、杂链高分子和元素有机高分子三类。

（1）碳链高分子 大分子主链完全由碳原子组成，例如，聚乙烯、聚苯乙烯、氯乙烯等乙烯基类和二烯烃类聚合物。

（2）杂链高分子 主链除碳原子外，还含有氧、氮、硫等杂原子聚合物，聚醚、聚酯、聚酰胺等。

（3）元素有机高分子 主链不是由碳原子组成，而是由硅、硼、铝、氧、硫等原子组成，如有机硅橡胶。

聚合物还常根据其用途区分为塑料、纤维和橡胶三大类。

### 10.1.3 高分子化合物的主要性质

#### 1. 物理力学性质

高分子化合物的密度小，一般为0.8~2.2g/cm$^3$，只有钢材的1/8~1/4，混凝土的1/3，铝的1/2。而它的比强度高，多大于钢材和混凝土制品，是极好的轻质高强材料，但力学性质受温度变化的影响很大；它的热导性很小，是一种很好的轻质保温隔热材料；它的电绝缘性好，是极好的绝缘材料。由于它的减振、消声性好，一般可制成隔热、隔声和抗震材料。

#### 2. 化学及物理化学性质

（1）老化 在光、热、大气作用下，高分子化合物的组成和结构发生变化，致使其性质变化，如失去弹性、出现裂纹、变硬、变脆或变软、发黏失去原有的使用功能，这种现象称为老化。

（2）耐蚀性 一般的高分子化合物对侵蚀性化学物质（酸、碱、盐溶液）及蒸汽的作用具有较高的稳定性。但有些聚合物在有机溶液中会溶解或溶胀，使几何形状和尺寸改变，性能恶化，使用时应注意。

（3）可燃性及毒性 聚合物一般属于可燃的材料，但可燃性受其组成和结构的影响有很大差别，如聚苯乙烯遇明火会很快燃烧起来，而聚氯乙烯则有自熄性，离开火焰会自动熄灭。一般液态的聚合物几乎都有不同程度的毒性，而固化后的聚合物多半是无毒的。

### 10.1.4 高分子化合物的结构与性能

高分子化合物的性质与其结构有很大的关系，尤其是它们的分子结钩。高分子化合物的分子结构主要有线型或带支链的分子结构（线型结构）、轻度交联的分子结构及网状结构（体型结构）。

对于线型或带支链的分子结构高分子化合物，其分子链是以无规线团的形式存在。相对分子质量较低的线型聚合物为高黏度液体或脆性固体，不具机械强度，但如果在它们的分子中含有反应性基团，就可以用固化剂使它们变为体型结构的分子，从而获得作为材料使用的机械强度。相对分子质量高的线型聚合物则具有较高的机械强度。

具有轻度交联分子结构的分子是在线型分子之间形成一些交联键。由于这些交联键的存在，分子链之间相互牵制，就不能相对移动。它们在受热时不会熔化，没有可塑性，除非发生分解，交联键断开。但由于交联密度不高，分子中的某一部分（链段）在高于一定温度时仍可活动。因此可以发生变形，而且由于交联键的牵制作用，这种变形可以回复。

对于网状结构的情况，整个高分子化合物成为一个三向的体型分子。它的交联密度很高，因此不仅分子链之间不能相对移动，而且链段也被完全冻结，具有这种结构的高分子化合物受热不会熔化，只能发生很小的变形。

总之，具有不同分子结构的高分子化合物在受热时会表现出不同的性质。线型高分子化合物在较低温度下，整个分子和链段都被冻结，这时只能发生键角变化、键的拉伸等很小的变形，这一状态称为玻璃态；温度升高到某一特征温度时，由于分子动能的增加，链段开始运动，这时可以在受力时发生较大的变形，这一特征温度称为玻璃化温度；温度高于玻璃化温度时的线型高分子化合物处于高弹态，温度再升高，整个分子链开始移动，在受力时聚合物产生流动，处于黏流态，这一温度称为黏流温度。具有交联结构的聚合物由于分子链之间相互牵制，它只有玻璃态和高弹态，不会发生流动，体型结构的聚合物仅有玻璃态。

## 10.2 建筑塑料

塑料是以合成高分子化合物或天然高分子化合物为主要基料，与其他原料在一定条件下经混炼、塑化成型，在常温常压下能保持产品形状不变的材料。塑料在一定的温度和压力下具有较大的塑性，容易制成所需要的各种形状尺寸的制品，而成型以后，在常温下又能保持既得的形状和必需的强度。

### 10.2.1 建筑塑料的基本组成

塑料大多数都是以合成树脂为基本材料，再按一定比例加入填充料、增塑剂、固化剂、着色剂及其他助剂等加工而成。

#### 1. 合成树脂

合成树脂是塑料的主要组成材料，在塑料中起胶黏剂的作用。它不仅能自身胶结，还能将塑料中的其他组分牢固地胶结在一起成为一个整体，使其具有加工成型的性能。合成树脂在塑料中的含量为30%~60%，故塑料的主要性质取决于所用合成树脂的性质。

#### 2. 填料

填料又称填充剂，是绝大多数塑料不可缺少的原料，通常占塑料组成材料的40%~70%。填料是为了改善塑料的某些性能而加入的，其作用可提高塑料的强度、硬度、韧性、耐热性、耐老化性、抗冲击性等，同时也可以降低塑料的成本。常用的填料有滑石粉、硅藻土、石灰石粉、云母、木粉、各类纤维材料、纸屑等。

### 3. 增塑剂

掺入增塑剂的目的是提高塑料加工时的可塑性、流动性以及塑料制品在使用时的弹性和柔软性，改善塑料的低温脆性等，但会降低塑料的强度与耐热性。对增塑剂的要求是要与树脂的混溶性好，无色、无毒、挥发性小。增塑剂通常为一些不易挥发的高沸点的液体有机化合物，或为低熔点的固体。常用的增塑剂有邻苯二甲酸二甲酯、邻苯二甲酸二丁酯、邻苯二甲酸二辛酯、磷酸三苯酯等。

### 4. 固化剂

固化剂又称硬化剂，主要用于热固性树脂中，其作用是使线型高聚物交联成体型高聚物，从而制得坚硬的塑料制品。如环氧树脂常用的胺类（乙二胺、二乙烯三胺、间苯二胺），某些酚醛树脂常用的六亚甲基四胺（乌洛托品），酸酐类（邻苯二甲酸酐、顺丁烯二酸酐）及高分子类（聚酰胺树脂）。

### 5. 着色剂

着色剂又称色料，其作用是使塑料制品具有鲜艳的色彩和光泽。着色剂的种类按其在着色介质中或水中的溶解性分为染料和颜料两大类。

（1）染料 染料是溶解在溶液中，靠离子或化学反应作用产生着色的化学物质，按产源分为天然和人工合成两类，均属有机物，可溶于被着色树脂或水中，其着色力强，透明性好，色泽鲜艳，但耐碱、耐热性、光稳定性差。染料主要用于透明的塑料制品。

（2）颜料 颜料是基本不溶的微细粉末状物质。通过自身高分散性颗粒分散于被染介质中吸收一部分光谱并反射特定的光谱而显色。塑料中所用的颜料，除具有优良的着色作用外，还可作为稳定剂和填充料来提高塑料的性能，起到一剂多能的作用。在塑料制品中，常用的是无机颜料。

### 6. 其他助剂

为了改善和调节塑料的某些性能，以适应使用和加工的特殊要求，可在塑料中掺加各种不同的助剂，如稳定剂可提高塑料在热、氧、光等作用下的稳定性；阻燃剂可提高塑料的耐燃性和自熄性；润滑剂能改善塑料在加工成型时的流动性和脱模性等。此外，还有抗静电剂、发泡剂、防霉剂、偶联剂等。

在种类繁多的塑料助剂中，由于各种助剂的化学组成、物质结构的不同，对塑料的作用机理及作用效果各异，因而由同种型号树脂制成的塑料，其性能会因加入助剂的不同而不同。

## 10.2.2 建筑塑料的主要性质

塑料是具有质轻、绝缘、耐腐、耐磨、绝热、隔声等优良性能的材料。在建筑上可作为装饰材料、绝热材料、吸声材料、防火材料、墙体材料、管道及卫生洁具等。它与传统材料相比，具有以下优异性能。

### 1. 质轻、比强度高

塑料的密度在0.9~2.2g/cm$^3$，平均为1.45g/cm$^3$，约为铝的1/2，钢的1/5，混凝土的1/3。而其比强度却远远超过水泥、混凝土，接近或超过钢材，是一种优良的轻质高强材料。

### 2. 加工性能好

塑料可以采用各种方法制成具有各种断面形状的通用材或异型材。如塑料薄膜、薄板、管材、门窗型材等，且加工性能优良并可采用机械化大规模生产，生产效率高。

### 3. 热导率小

塑料制品的传导能力比金属、岩石小，即热传导、电传导能力较小。其导热能力为金属的

1/600～1/500，混凝土的 1/40，砖的 1/20，是理想的绝热材料。

#### 4. 装饰性优异

塑料制品可完全透明，也可以着色，而且色彩绚丽耐久，表面光亮有光泽；可通过照相制版印刷，模仿天然材料的纹理，达到以假乱真的程度；还可电镀、热压、烫金制成各种图案和花型，使其表面具有立体感和金属的质感。通过电镀技术，还可使塑料具有导电、耐磨和对电磁波的屏蔽作用等功能。

#### 5. 具有多功能性

塑料的品种多、功能不一，且可通过改变配方和生产工艺，在相当大的范围内制成具有各种特殊性能的工程材料。如强度超过钢材的碳纤维复合材料；具有承重、质轻、隔声、保温的复合板材；柔软而富有弹性的密封、防水材料等。各种建筑塑料又具有各种特殊性能，如防水性、隔热性、隔声性、耐化学腐蚀性等，有些性能是传统材料难以具备的。

#### 6. 经济性

塑料建材无论是从生产时所消耗的能量还是在使用过程中的效果来看都有节能效果。塑料生产的能耗低于传统材料，其范围为 63～188kJ/m³，而钢材为 316kJ/m³，铝材为 617kJ/m³。在使用过程中某些塑料产品具有节能效果。例如，塑料窗隔热性好，代替钢铝窗可减少热量传递，节省空调费用；塑料管内壁光滑，输水能力比钢管高 30%。因此广泛使用塑料建筑材料有明显的经济效益和社会效益。

### 10.2.3　建筑塑料的缺点

#### 1. 耐热性差、易燃

塑料的耐热性差，受到较高温度的作用时会产生热变形，甚至产生分解。建筑中常用的热塑性塑料的热变形温度为 80～1200℃，热固性塑料的热变形温度为 1500℃左右。因此，在使用中要注意它的限制温度。

塑料一般可燃，且燃烧时会产生大量的烟雾，甚至有毒气体。所以在生产过程中一般掺入一定量的阻燃剂，以提高塑料的耐燃性。但在重要的建筑物场所或易产生火灾的部位，不宜采用塑料装饰制品。

#### 2. 易老化

塑料在热、空气、阳光及环境介质中的酸、碱、盐等作用下，分子结构会产生递变，增塑剂等组分挥发，使塑料性能变差，甚至产生硬脆、破坏等。塑料的耐老化性可通过添加外加剂的方法得到很大的提高。如某些塑料制品的使用年限可达 50 年左右，甚至更长。

#### 3. 热膨胀性大

塑料的热膨胀系数较大，因此在温差变化较大的场所使用塑料时，尤其是与其他材料结合时，应当考虑变形因素，以保证制品的正常使用。

#### 4. 刚度小

塑料与钢铁等金属材料相比，强度和弹性模量较小，即刚度差，且在荷载长期作用下会产生蠕变。所以给塑料的使用带来一定的局限性，尤其是用作承重结构时应慎重。

总之，塑料及其制品的优点多于缺点，且塑料的缺点可以通过采取措施加以改进。随着塑料资源的不断发展，建筑塑料的发展前景是非常广阔的。

## 10.2.4 常用的建筑塑料

### 1. 常用建筑塑料的性能及用途

常用建筑塑料的性能及用途见表10-1。

表10-1 常用建筑塑料的性能及用途

| 名称 | 性能 | 用途 |
| --- | --- | --- |
| 聚乙烯 | 柔软性好，耐低温性好，耐化学腐蚀和介电性能良好，成型工艺好，但刚性差，耐热性差（使用温度<50℃），耐老化性差 | 主要用于防水材料、给水排水管和绝缘材料等 |
| 聚氯乙烯 | 耐化学腐蚀性和电绝缘性优良，力学性能较好，具有难燃性，升高温度时易发生降解 | 有软质、硬质、轻质发泡制品。广泛应用于建筑各部位（薄板、壁纸、地毯、地面卷材等），是应用最多的一种塑料 |
| 聚苯乙烯 | 树脂透明，有一定的机械强度，电绝缘性能好，耐辐射，成型工艺好，但脆性大，耐冲击和耐热性差 | 主要以泡沫塑料形式作为隔热材料，也用来制造灯具、平顶板等 |
| 聚丙烯 | 耐腐蚀性能优良，力学性能和刚性超过聚氯乙烯，抗疲劳和耐应力开裂性好，但收缩率较大，低温脆性大 | 管材、卫生洁具、模板等 |
| ABS塑料 | 具有韧、硬、刚相均衡的优良力学特性，电绝缘性与耐化学腐蚀性好，尺寸稳定性好，表面光泽性好，易涂装和着色，但耐热性、耐候性较差 | 用于生产建筑五金和各种管材、模板、异型板等 |
| 酚醛塑料 | 电绝缘性能和力学性能良好，耐水性、耐酸性和耐蚀性优良，酚醛塑料坚固耐用，尺寸稳定，不易变形 | 生产各种层压板、玻璃钢制品、涂料和胶黏剂等 |
| 环氧树脂 | 黏结性和力学性能优良，耐蚀性（尤其是耐碱性）良好，电绝缘性能好，固化收缩率低，可在室温、接触压力下固化成型 | 主要用于生产玻璃钢、胶黏剂和涂料等产品 |
| 不饱和聚酯树脂 | 可在低温下固化成型，用玻璃纤维增强后具有优良的力学性能，良好的耐蚀性和电绝缘性能，但固化收缩率大 | 主要用于玻璃钢、涂料和聚酯装饰板等 |
| 聚氨酯 | 强度高，耐蚀性优良，耐热性、耐油性、耐溶剂性好，黏结性和弹性优良 | 主要以泡沫塑料形式作为隔热材料及优质涂料、胶黏剂、防水涂料和弹性嵌缝材料等 |
| 脲醛塑料 | 电绝缘性好，耐弱酸、碱，无色、无味、无毒，着色力好，不易燃烧，但耐热性差，耐水性差，不利于复杂造型 | 胶合板和纤维板、泡沫塑料、绝缘材料、装饰品等 |
| 有机硅塑料 | 耐高温、耐腐蚀、电绝缘性好、耐水、耐光、耐热，但固化后的强度不高 | 防水材料、胶黏剂、电工器材、涂料等 |

### 2. 常用建筑塑料的物理力学性能

常用建筑塑料的物理力学性能见表10-2。

表10-2 常用建筑塑料的物理力学性能

| 建筑塑料 / 性能 | 聚乙烯 | | 聚丙烯 | 聚氯乙烯 | | 聚苯乙烯 | 聚碳酸酯 | 聚酯（填充玻纤） | ABS塑料（通用型） | 酚醛塑料 | 环氧树脂 | 不饱和聚酯树脂 |
| --- | --- | --- | --- | --- | --- | --- | --- | --- | --- | --- | --- | --- |
| | 低密度 | 高密度 | | 软 | 硬 | | | | | | | |
| 密度/($g/cm^3$) | 0.901~0.940 | 0.941~0.965 | 0.90~0.91 | 1.16~1.35 | 1.35~1.45 | 1.05~1.07 | 1.18~1.20 | | | 1.3 | 1.9 | 1.2 |
| 抗拉强度/MPa | 10.0~16.0 | 20.0~30.0 | 30.0~39.0 | 10.0~25.0 | 35.0~56.0 | ≥30.0 | 66.0 | 49.2 | 35~48 | 45.0~52.0 | 30.0~40.0 | 30.0~60.0 |

（续）

| 性能 \ 建筑塑料 | 聚乙烯 | | 聚丙烯 | 聚氯乙烯 | | 聚苯乙烯 | 聚碳酸酯 | 聚酯（填充玻纤） | ABS 塑料（通用型） | 酚醛塑料 | 环氧树脂 | 不饱和聚酯树脂 |
|---|---|---|---|---|---|---|---|---|---|---|---|---|
| | 低密度 | 高密度 | | 软 | 硬 | | | | | | | |
| 抗弯强度/MPa | | 20.0~30.0 | 42.0~56.0 | | 70.0~120.0 | ≥50.0 | 105 | 91.4 | 59~175 | 70.3 | 98.4 | 80.0~100.0 |
| 冲击强度（缺口）/($J/cm^2$) | | 10.0~30.0 | 2.2~2.5 | 0.218~1.09 | 1.2~1.6 | 25左右 | 6.4~7.5 | 60~310 | 19.6~58.8 | >3 | 1~1.5 | |
| 热变形温度/℃，0.46MPa | 49~65 | 60~82 | 99~116 | | 57~82 | 65~96 | 115~135 | 204 | 62~70 | 177 | 149 | |
| 热膨胀系数/($10^{-5}℃^{-1}$) | 16~18 | 11~13 | 10.8~11.2 | 7~25 | 5~8.5 | | | | | | 1.1~1.3 | |
| 介电性 | 优 | 优 | 优 | 良 | 良 | 优 | 良 | 优 | 良 | 良 | 良 | 良 |
| 抗溶剂性 | 良 | 良 | 良 | | | 较差 | | 良 | | 良 | 良 | 良 |
| 抗酸性 | 良 | 良 | 良 | 良 | 优 | 良 | 良 | 良 | 良 | 良 | 良 | 良 |
| 燃烧难易 | 少烟 | 少烟 | 滴落少烟 | 缓慢自熄 | 自熄 | 大量黑烟 | 自熄 | 易 | | 难 | 缓慢 | |

## 10.2.5 常用建筑塑料制品

建筑工程中塑料制品主要用作装饰材料、水暖工程材料、防水工程材料、结构材料及其他用途材料等。

### 1. 塑料装饰板材

塑料装饰板材是指以树脂为浸渍材料或以树脂为基材，采用一定的生产工艺制成的具有装饰功能的普通或异形断面的板材。塑料装饰板材以其质量轻、装饰性强、生产工艺简单、施工简便、易于保养，适于与其他材料复合等特点在装饰工程中得到越来越广泛的应用。

塑料装饰板材按原材料的不同可分为塑料金属复合板、硬质 PVC 板、三聚氰胺层压板、玻璃钢板、塑铝板、聚碳酸酯采光板、有机玻璃装饰板等类型。按结构和断面形式可分为平板、波形板、实体异形断面板、中空异形断面板、格子板、夹芯板等类型。

### 2. 塑料壁纸

塑料壁纸是以纸为基材，以聚氯乙烯塑料为面层，经压延或涂布以及印刷、轧花、发泡等工艺而制成的。因为塑料壁纸所用的树脂均为聚氯乙烯，所以也称聚氯乙烯壁纸。该壁纸的特点有：具有一定的伸缩性和抗裂强度，装饰效果好，性能优越，粘贴方便，使用寿命长，易维修保养等。塑料壁纸是目前国内外使用广泛的一种室内墙面装饰材料，也可用于顶棚、梁柱等处的贴面装饰。塑料壁纸的宽度为 530mm 和 900~1000mm，前者每卷长度为 10m，后者每卷长度为 50m。

### 3. 塑料地板

塑料地板是指以高分子合成树脂为主要材料，加入其他辅助材料，经一定的制作工艺制成的预制块状、卷材状或现场铺涂整体状的地面材料。塑料地板具有许多优良性能：种类、花色繁多，具有良好的装饰性能；功能多变、适应面广；质轻、耐磨、脚感舒适；施工、维修、保养方便。塑料地板按其外形可分为块材地板和卷材地板；按其组成和结构特点可分为单色地板、透底花纹地板、印花压花地板；按其材质的软硬程度可分为硬质地板、半硬质地板和软质地板；按所采用的树脂类型可分为聚氯乙烯（PVC）地板、聚丙烯地板和聚乙烯-醋酸乙烯酯地板等，国内普遍采用的是硬质 PVC 塑料地板和半硬质 PVC 塑料地板。

#### 4. 塑钢门窗

塑钢门窗是以聚氯乙烯（PVC）树脂为主要原料，加上一定比例的稳定剂、改性剂、填充剂、紫外线吸收剂等助剂，经挤出加工成型材，然后通过切割、焊接的方式制成门窗框、扇，配装上橡胶密封条、五金配件等附件而成的。为增加型材的刚性，在型材空腔内添加钢衬，所以称为塑钢门窗。塑钢门窗具有外形美观、尺寸稳定、抗老化、不褪色、耐腐蚀、耐冲击、气密性能和水密性能优良、使用寿命长等优点。

#### 5. 玻璃钢

玻璃钢（简称 GRP）是指以合成树脂为基体，以玻璃纤维或其制品为增强材料，经成型、固化而成的固体材料。玻璃钢采用的合成树脂有不饱和聚酯、酚醛树脂或环氧树脂，不饱和聚酯工艺性能好，可制成透光制品，可在室温常压下固化。玻璃纤维是熔融的玻璃液拉制成的细丝，是一种光滑柔软的高强无机纤维，直径为 9~18μm，可与合成树脂良好结合而成为增强材料。在玻璃钢中常应用玻璃纤维制品，如玻璃纤维织物或玻璃纤维毡。玻璃钢制品具有良好的透光性和装饰性，可制成色彩绚丽的透光或不透光构件或饰件；强度高（可超过普通碳素钢）、质量轻（密度为 1.4~2.2$g/cm^3$，仅为钢的 1/5~1/4，铝的 1/3 左右），是典型的轻质高强材料；其成型工艺简单灵活，可制成复杂的构件；具有良好的耐蚀性和电绝缘性；耐湿、防潮，可用于有耐湿要求的建筑物的某些部位。玻璃钢制品的最大缺点是表面不够光滑。

## 10.3 胶黏剂

能将两种或两种以上同质或异质的制件或材料黏结在一起，固化后具有足够强度的有机或无机的、天然或合成的一类物质，统称为胶黏剂。使用胶黏剂可以加快施工进度，美化建筑物，提高建筑质量，因此，胶黏剂已经成为重要的化学建材之一，在建筑工程中广泛地应用于装饰、密封和结构黏结等。

### 10.3.1 胶黏剂的分类

胶黏剂的品种繁多，组成各异，分类方法也各不相同，一般可按黏结物质的性质、胶黏剂的强度特性及固化条件来划分。

#### 1. 按黏结物质的性质分类

胶黏剂按黏结物质的性质不同，分类见表 10-3。

#### 2. 按强度特性分类

按强度特性不同，胶黏剂可分为：

（1）结构胶黏剂　结构胶黏剂的胶结强度较高，至少与被胶结物本身的材料强度相当，同时对耐油、耐热和耐水性等都有较高的要求。

（2）非结构胶黏剂　非结构胶黏剂要求有一定的强度，但不承受较大的力，只起定位作用。

（3）次结构胶黏剂　次结构胶黏剂又称准结构胶黏剂，其物理力学性能介于结构型与非结构型胶黏剂之间。

表10-3 胶黏剂按黏结物质的性质分类

| | | | | |
|---|---|---|---|---|
| 胶黏剂 | 有机类 | 合成类 | 树脂类 | 热固性：酚醛树脂、环氧树脂、不饱和聚酯、聚氨酯、尿醛树脂等 |
| | | | | 热塑性：聚醋酸乙烯酯、聚氯乙烯-醋酸乙烯酯、聚丙烯酸酯、聚苯乙烯、酰胺、醇酸树脂、纤维素、饱和聚酯等 |
| | | | 橡胶型：再生橡胶、丁苯橡胶、丁基橡胶、氯丁橡胶、聚硫橡胶等 | |
| | | | 混合型：酚醛聚乙烯醇缩醛、酚醛氯丁橡胶、环氧酚醛、环氧聚硫橡胶等 | |
| | | 天然类 | 葡萄糖衍生物：淀粉、可溶性淀粉、糊精、阿拉伯树胶、海藻酸钠等 | |
| | | | 氨基酸衍生物：植物蛋白、酪元、血蛋白、骨胶、鱼胶 | |
| | | | 天然树脂：木质素、单宁、松香、虫胶、生漆 | |
| | | | 沥青：沥青胶 | |
| | 无机类 | 硅酸盐类 | | |
| | | 磷酸盐类 | | |
| | | 硼酸盐 | | |
| | | 硫黄胶 | | |
| | | 硅溶胶 | | |

### 3. 按固化条件分类

按固化条件的不同，胶黏剂可分为溶剂型、反应型和热熔型。

溶剂型胶黏剂中的溶剂从黏结端面挥发或者被吸收，形成黏结膜而发挥黏结力。这种类型的胶黏剂有聚苯乙烯、丁苯橡胶等。

反应型胶黏剂的固化是由不可逆的化学变化而引起的。按照配方及固化条件，可分为单组分、双组分甚至三组分的室温固化型、加热固化型等。这类胶黏剂有环氧树脂、酚醛、聚氨酯、硅橡胶等。

热熔型胶黏剂以热塑性的高聚物为主要成分，是不含水或溶剂的固体聚合物，通过加热熔融黏结，随后冷却、固化，发挥黏结力。这类胶黏剂有醋酸乙烯、丁基橡胶、松香、虫胶、石蜡等。

## 10.3.2 胶黏剂的组成

胶黏剂品种繁多、成分各异，但都以黏料为主要成分，并由固化剂、增韧剂、稀释剂、填料以及改性剂等配合制成。

### 1. 黏结物质

黏结物质也称为黏料，它是胶黏剂中的基本组分，起黏结作用，其性质决定了胶黏剂的性能、用途和使用条件。一般多用各种树脂、橡胶类及天然高分子化合物作为黏结物质。

### 2. 固化剂

固化剂是促使黏结物质通过化学反应加快固化的组分，它可以增加胶层的内聚强度。有的胶黏剂中的树脂（如环氧树脂）若不加固化剂，本身不能变成坚硬的固体。固化剂也是胶黏剂的主要成分，其性质和用量对胶黏剂的性能起着重要的作用。

### 3. 增韧剂

增韧剂是用于提高胶黏剂硬化后黏结层的韧性，提高其抗冲击强度的组分。常用的有邻苯二甲酸二丁酯和邻苯二甲酸二辛酯等。

4. 稀释剂

稀释剂又称溶剂，主要是起降低胶黏剂黏度的作用，以便于操作，提高胶黏剂的湿润性和流动性，常用的有机溶剂有丙酮、苯、甲苯等。

5. 填料

填料一般在胶黏剂中不发生化学反应，它能使胶黏剂的稠度增加，降低热膨胀系数，减少收缩性，提高胶黏剂的抗冲击韧性和机械强度，常用的品种有滑石粉、石棉粉、铝粉等。

6. 改性剂

改性剂是为了改善胶黏剂的某一方面性能，以满足特殊要求而加入的一些组分，如为增加胶结强度，可加入偶联剂，还可以分别加入防老化剂、防腐剂、防霉剂、阻燃剂、稳定剂等。

### 10.3.3 常用胶黏剂

建筑上常用胶黏剂的性能及应用见表10-4。

表10-4 建筑上常用胶黏剂的性能及应用

| 种类 | | 性能 | 主要用途 |
|---|---|---|---|
| 热塑性合成树脂胶黏剂 | 聚乙烯醇缩甲醛类胶黏剂 | 黏结强度较高，耐水性、耐油性、耐磨性及抗老化性较好 | 粘贴壁纸、墙布、瓷砖等，可用于涂料的主要成膜物质，或用于拌制水泥砂浆，能增强砂浆层的黏结力 |
| | 聚醋酸乙烯酯类胶黏剂 | 常温固化快，黏结强度高，黏结层的韧性和耐久性好，不易老化，无毒、无味、不易燃爆，价格低，但耐水性差 | 广泛用于粘贴壁纸、玻璃、陶瓷、塑料、纤维织物、石材、混凝土、石膏等各种非金属材料，也可作为水泥增强剂 |
| | 聚乙烯醇胶黏剂（胶水） | 水溶性胶黏剂，无毒，使用方便，黏结强度不高 | 可用于胶合板、壁纸、纸张等的胶结 |
| 热固性合成树脂胶黏剂 | 环氧树脂类胶黏剂 | 黏结强度高，收缩率小，耐腐蚀，电绝缘性好，耐水，耐油 | 黏结金属制品、玻璃、陶瓷、木材、塑料、皮革、水泥制品、纤维制品等 |
| | 酚醛树脂类胶黏剂 | 黏结强度高，抗疲劳、耐热、耐气候老化 | 用于黏结金属、陶瓷、玻璃、塑料和其他非金属材料制品 |
| | 聚氨酯类胶黏剂 | 黏附性好，抗疲劳、耐油、耐水、耐酸、韧性好，耐低温性能优异，可室温固化，耐热性差 | 适于胶结塑料、木材、皮革等，特别适用于防水、耐酸、耐碱等工程中 |
| 合成橡胶胶黏剂 | 丁腈橡胶胶黏剂 | 弹性及耐候性良好，抗疲劳、耐油、耐溶剂性好、耐热，有良好的混溶性，但黏附性差，成膜缓慢 | 适用于耐油部件中橡胶与橡胶、橡胶与金属、织物等的胶结，尤其适用于黏结软质聚氯乙烯材料 |
| | 氯丁橡胶胶黏剂 | 黏结力、内聚强度高、耐燃、耐油、耐溶剂性好、储存稳定性差 | 用于结构黏结或不同材料的黏结，如橡胶、木材、陶瓷、石棉等不同材料的黏结 |
| | 聚硫橡胶胶黏剂 | 很好的弹性、黏附性，耐油性、耐候性好，对气体和蒸汽不渗透，防老化性好 | 作密封胶及用于路面、地坪、混凝土的修补、表面密封和防滑，用于海港、码头及水下建筑物的密封 |
| | 硅橡胶胶黏剂 | 良好的耐紫外线、耐老化性、耐热性、耐蚀性，黏附性好，防水防振 | 用于金属、陶瓷、混凝土、部分塑料的黏结，尤其适用于门窗玻璃的安装以及隧道、地铁等地下建筑中瓷砖、岩石接缝间的密封 |

### 10.3.4 选择胶黏剂的原则

选择胶黏剂的基本原则有以下几方面：

1）了解黏结材料的品种和特性。根据被粘材料的物理性质和化学性质选择合适的胶黏剂。

2）了解黏结材料的使用要求和应用环境。即黏结部位的受力情况、使用温度、耐介质及耐老化性、耐酸碱性等。

3）了解黏结工艺性。即根据黏结结构的类型采用适宜的黏结工艺。

4）了解胶黏剂组分的毒性。

5）了解胶黏剂的价格和来源难易。在满足使用性能要求的条件下，尽可能选用价廉的、来源容易的、通用性强的胶黏剂。

### 10.3.5 使用胶黏剂应注意的问题

为了提高胶黏剂在工程中的黏结强度，满足工程需要，使用胶黏剂黏结时应注意：

（1）黏结界面要清洗干净 彻底清除被黏物质表面上的水分、油污、锈蚀和漆皮等附着物。

（2）胶层要匀薄 大多数胶黏剂的胶结强度随胶层厚度增加而降低。胶层薄，胶面上的黏附力起主要作用，而黏附力往往大于内聚力，同时胶层产生裂纹和缺陷的概率变小，胶结强度就高。但胶层过薄，易产生缺胶，更影响胶结强度。

（3）晾置时间要充分 对含有稀释剂的胶黏剂，胶结前一定要晾置，使稀释剂充分挥发，否则在胶层内会产生气孔和疏松现象，影响胶结强度。

（4）固化要完全 胶黏剂中的固化一般需要一定压力、温度和时间。加一定的压力有利于胶液的流动和湿润，保证胶层的均匀和致密，使气泡从胶层中挤出。温度是固化的主要条件，适当提高固化温度有利于分子间的渗透和扩散，有助于气泡的逸出和增加胶液的流动性，温度越高，固化越快。但温度过高会使胶黏剂发生分解，影响黏结强度。

## 10.4 涂料

建筑涂料简称涂料，是指涂覆于物体表面，能与基体材料牢固黏结并形成连续完整而坚韧的保护膜，具有防护、装饰及其他特殊功能的物质。建筑涂料能以其丰富的色彩和质感装饰美化建筑物，并能以其某些特殊功能改善建筑物的使用条件，延长建筑物的使用寿命。同时，建筑涂料具有涂饰作业方法简单，施工效率高，自重小，便于维护更新，造价低等优点。因而建筑涂料已成为应用十分广泛的装饰材料。

### 10.4.1 涂料的分类

建筑涂料的种类繁多，其分类方法常依据习惯方法划分：按主要成膜物质的化学成分分为有机涂料、无机涂料和有机-无机复合涂料；按建筑涂料的使用部位分为外墙涂料、内墙涂料、顶棚涂料、地面涂料和屋面防水涂料等；按使用分散介质和主要成膜物质的溶解状况分为溶剂型涂料、水溶型涂料和乳液型涂料等。

### 10.4.2 涂料的组成

涂料中各种不同的物质经混合、溶解、分散而组成涂料。按照涂料中各种材料在涂料的生产、施工和使用中所起作用的不同，可将这些组成材料分为主要成膜物质、次要成膜物质、溶剂和助剂等。

#### 1. 主要成膜物质

主要成膜物质的作用是将涂料中其他组分黏结在一起，并能牢固附着在基层表面形成连续均匀、坚韧的保护膜。主要成膜物质具有独立成膜的能力，它决定着涂料的使用和所形成涂膜的主要性能。

建筑涂料所用主要成膜物质有树脂和油料两类。常用的树脂类成膜物质有虫胶、大漆等天然树脂，松香甘油酯、硝化纤维等人造树脂以及醇酸树脂、聚丙烯酸酯、环氧树脂、聚氨酯、聚磺化聚乙烯、聚乙烯醇缩聚物、聚醋酸乙烯及其共聚物等合成树脂。常用的油料有桐油、亚麻子油等植物油。

为满足涂料的各种性能要求，可以在一种涂料中采用多种树脂配合，或与油料配合，共同作为主要成膜物质。

#### 2. 次要成膜物质

次要成膜物质是涂料中的各种颜料，是构成涂膜的组分之一。但颜料本身不具备单独成膜的能力，需依靠主要成膜物质的黏结而成为涂膜的组成部分。颜料的作用是使涂膜着色并赋予涂膜遮盖力，增加涂膜质感，改善涂膜性能，增加涂料品种，降低涂料成本等。

常用的无机颜料有铅铬黄、铁红、铬绿、钛白、炭黑等；常用的有机颜料有耐晒黄、甲苯胺红、酞菁蓝、苯胺黑、酞菁绿等。

#### 3. 溶剂（稀释剂）

溶剂在涂料生产过程中，是溶解、分散、乳化成膜物质的原料；在涂饰施工中，使涂料具有一定的稠度、黏性和流动性，还可以增强成膜物质向基层渗透的能力，改善黏结性能；在涂膜的形成过程中，溶剂中少部分被基层吸收，大部分将逸入大气中，不保留在涂膜内。

涂料所用溶剂有两大类：一类是有机溶剂，如松香水、酒精、汽油、苯、二甲苯、丙酮等；另一类是水。

#### 4. 助剂

助剂是为改善涂料的性能、提高涂膜的质量而加入的辅助材料。助剂的加入量很少，种类很多，对改善涂料的性能作用显著。涂料中常用的助剂，按其功能可分为催干剂、增塑剂、固化剂、流变剂、分散剂、增稠剂、消泡剂、防冻剂、紫外线吸收剂、抗氧化剂、防老化剂、防霉剂、阻燃剂等。

### 10.4.3 涂料的功能

建筑涂料对建筑物的功能体现在以下几方面：

#### 1. 装饰功能

建筑涂料的涂层，具有不同的色彩和光泽，它可以带有各种填料，可通过不同的涂饰方法，形成各种纹理、图案和不同程度的质感，以满足各种类型建筑物的不同装饰艺术要求，达到美化环境及装饰建筑物的作用。

#### 2. 保护功能

建筑物在使用中，结构材料会受到环境介质（空气、水分、阳光、腐蚀性介质等）的破坏。建筑涂料涂覆于建筑物表面形成涂膜后，使结构材料与环境中的介质隔开，可减缓这种破坏作用，延长建筑物的使用性能；同时涂膜有一定的硬度、强度、耐磨、耐候、耐蚀等性质，可以提高建筑物的耐久性。

#### 3. 其他特殊功能

建筑涂料除了具有装饰、保护功能外，一些涂料还具有各自的特殊功能，进一步适应各种特殊使用的需要，如防水、防火、吸声隔声、隔热保温、防辐射等。

## 10.4.4　有机涂料

### 1. 溶剂型涂料

溶剂型涂料是指以高分子合成树脂或油脂为主要成膜物质，有机溶剂为稀释剂，再加入适量的颜料、填料及助剂，经研磨而成的涂料。

溶剂型涂料形成的涂膜细腻光洁而坚韧，有较好的硬度、光泽和耐水性、耐候性，气密性好，耐酸碱，对建筑物有较强的保护性，使用温度可以低到零度。它的主要缺点为：易燃，溶剂挥发对人体有害，施工时要求基层干燥，涂膜透气性差，价格较贵。

常用的品种有：O/W型及W/O型多彩内墙涂料、氯化橡胶外墙涂料、丙烯酸酯外墙涂料、聚氨酯系外墙涂料、丙烯酸酯有机硅外墙涂料、仿瓷涂料、聚氯乙烯地面涂料、聚氨酯-丙烯酸酯地面涂料及油脂漆、天然树脂漆、清漆、磁漆、聚酯漆等。

### 2. 水溶性涂料

水溶性涂料是指以水溶性合成树脂为主要成膜物质，以水为稀释剂，再加入适量颜料、填料及助剂，经研磨而成的涂料。

这类涂料的水溶性树脂可直接溶于水中，与水形成单相的溶液。它的耐水性差，耐候性不强，耐洗刷性差，一般只用于内墙涂料。常用的品种有：聚乙烯醇水玻璃内墙涂料、聚乙烯醇缩甲醛内墙涂料等。

### 3. 乳液型涂料

乳液型涂料又称乳胶漆。它是指由合成树脂借助乳化剂的作用，以0.1~0.5μm的极细微粒分散于水中构成的乳液，并以乳液为主要成膜物质，再加入适量的颜料、填料及助剂，经研磨而成的涂料。

这种涂料由于以水为稀释剂，价格较便宜，无毒、不燃，对人体无害，形成的涂膜有一定的透气性，涂布时不需要基层很干燥，涂膜固化后的耐水性、耐擦洗性较好，可作为建筑室内、外墙涂料，但施工温度一般应在10℃以上，用于潮湿易发霉的部位时，需加防霉剂，涂膜质量不如同一主要成膜物质的溶剂型涂料。

常用的品种有：聚醋酸乙烯乳胶漆、丙烯酸酯乳胶漆、乙-丙乳胶漆、苯-丙乳胶漆、聚氨酯乳胶漆等内墙涂料及乙-丙乳液涂料、氯-醋-丙涂料、苯-丙外墙涂料、丙烯酸酯乳胶漆、彩色砂壁状外墙涂料、水乳型环氧树脂乳液外墙涂料等外墙涂料。

## 10.4.5　无机涂料

无机涂料是以碱金属硅酸盐或硅溶胶为主要成膜物质，加入相应的固化剂，或有机合成树脂、颜料、填料等配制而成的，主要用于建筑物外墙。

与有机涂料相比，无机涂料的耐水性、耐碱性、抗老化性等性能特别优异；其黏结力强，对基层处理要求不是很严格，适用于混凝土墙体、水泥砂浆抹面墙体、水泥石棉板、砖墙和石膏板等基层；温度适应性好，可在较低的温度下施工，最低成膜温度为5℃，负温下仍可固化；颜色均匀、保色性好、遮盖力强、装饰性好；有良好的耐热性，且遇火不燃、无毒；资源丰富，生产工艺简单，施工方便等。

无机涂料按主要成膜物质的不同，可分为：

A类：碱金属硅酸盐及其混合物为主要成膜物质，其代表产品是JH80-1型无机涂料。

B类：以硅溶胶为主要成膜物质，其代表产品为JH80-2型无机涂料。

## 复习思考题

10-1 什么是加聚反应和缩聚反应?

10-2 塑料的基本组成有哪些?

10-3 塑料的主要优缺点有哪些?

10-4 胶黏剂的组成有哪些?

10-5 使用胶黏剂时应注意哪些问题?

10-6 叙述涂料的组成成分和它们所起的作用。

10-7 简述涂料的主要功能。

# 第11章 沥青及沥青混合料

11

**【本章知识点】石油沥青的组分与结构特点，沥青的黏滞性、塑性、温度敏感性和大气稳定性表征与测定方法，常用石油沥青的技术标准与选用，沥青的掺配和改性沥青的种类与用途，沥青混合料种类及其对组成材料的质量要求，沥青混合料的高温稳定性、低温抗裂性、耐久性、水稳定性、抗滑性、施工和易性及其技术指标要求，沥青混合料的配合比设计过程与方法。**

**【重点】石油沥青的组分、结构与技术性质的关系，建筑石油沥青和道路石油沥青的技术标准与应用，常用改性沥青的用途，沥青混合料的主要技术性质、性能指标与配合比设计。**

**【难点】石油沥青组分、结构对技术性质的影响，沥青混合料配合比设计原理和方法。**

沥青作为一种有机胶凝材料，具有良好的黏性、塑性、耐蚀性和憎水性等优点。在土木工程中主要用作防潮、防水、防腐蚀材料和铺筑道路路面等。

## 11.1 沥青材料

沥青是由许多高分子碳氢化合物及非金属（如氧、硫、氮等）衍生物组成的复杂混合物，在常温下呈褐色或黑褐色的固体、半固体或液体状态。沥青按产源可分为地沥青（包括天然沥青、石油沥青）和焦油沥青（包括煤沥青、页岩沥青）。目前工程中常用的主要是石油沥青，另外还使用少量的煤沥青。

### 11.1.1 石油沥青的组成

石油沥青是由石油原油经蒸馏提炼出各种轻质油（如汽油、煤油、柴油等）及润滑油后得到渣油，或再经加工而得的产品。石油沥青是由多种高分子碳氢化合物及其非金属（氧、氮、硫等）衍生物所组成的极其复杂的混合物，它的元素组成主要是碳（质量分数80%~87%）和氢（质量分数10%~15%），其次是非烃元素，如氧、硫、氮等非金属元素（质量分数小于3%）。此外，还有些极微量的金属元素，如Ni、V、Fe、Mn、Ca、Mg、Na、Cu等。由于沥青化学组成极为复杂，对其进行化学成分分析十分困难，同时化学组成还不能完全反映沥青的性质。因此，一般不做沥青的化学分析，而是从工程使用角度出发，将沥青分离为化学成分和物理性质相近，并与沥青技术性质又有一定联系的几个组，这些组即称为“组分”。根据《公路工程沥青及沥青混合料试验规程》（JTG E20）的规定，石油沥青的化学组分有三组分和四组分两种分析法。

#### 1. 三组分分析法

石油沥青的三组分分析法是将石油沥青划分为油分、树脂和沥青质三个组分。三个组分可利用沥青在不同有机溶剂中的选择性溶解分离出来，各组分的质量分数与性状见表11-1。

表11-1 石油沥青三组分分析法的各组分性状

| 组分 | 外观特征 | 密度/($g/cm^3$) | 平均相对分子质量 | 碳氢比 | 质量分数(%) |
|---|---|---|---|---|---|
| 油分 | 淡黄至红褐色油状液体 | 0.7~1.0 | 300~500 | 0.5~0.7 | 45~60 |
| 树脂 | 黄色至黑褐色黏稠状半固体 | 1.0~1.1 | 600~1000 | 0.7~0.8 | 15~30 |
| 沥青质 | 深褐色至黑色无定形固体粉末 | 1.1~1.5 | 1000~6000 | 0.8~1.0 | 5~30 |

（1）油分　油分为淡黄色至红褐色的油状液体，是沥青中相对分子质量最小和密度最小的组分，密度介于0.7~1.0$g/cm^3$。在170℃下较长时间加热，油分可以挥发。油分能溶于石油醚、二硫化碳、三氯甲烷、苯、四氯化碳和丙酮等有机溶剂，但不溶于酒精。油分赋予沥青以流动性，它能降低沥青的黏度和软化点，含量适当还能增大沥青的延度。

（2）树脂（沥青脂胶）　树脂为黄色至黑褐色黏稠状物质（半固体），相对分子质量比油分大，密度为1.0~1.1$g/cm^3$。树脂又分为中性树脂和酸性树脂。中性树脂能溶于三氯甲烷、汽油和苯等有机溶剂，但在酒精和丙酮中难溶解或溶解度很低。中性树脂赋予沥青良好的塑性、可流动性和黏结性，其含量越高，沥青的延度和黏结力等性能越好。除中性树脂外，沥青脂胶中还含有少量酸性树脂，即沥青酸和沥青酸酐，颜色较中性树脂深，是油分氧化后的产物，具有酸性，能为碱皂化，易溶于酒精、氯仿，而难溶于石油醚和苯。酸性树脂是沥青中的表面活性物质，它能改善石油沥青对矿物材料的浸润性，特别是提高了对碳酸盐类岩石的黏附性，并且增加了石油沥青的可乳化性。

（3）沥青质（地沥青质）　沥青质为深褐色至黑色固态无定形物质（固体粉末），相对分子质量比树脂大，密度为1.1~1.5$g/cm^3$，不溶于酒精、正戊烷，但溶于三氯甲烷和二硫化碳，染色力强，对光的敏感性强，感光后就不溶解。沥青质是决定石油沥青温度敏感性、黏性的重要组成部分，其含量越多，则软化点越高，黏性越大，即越硬脆。

此外，石油沥青中还含2%~3%的沥青碳和似碳物，这种物质为无定形的黑色固体粉末，是沥青在高温裂化、过度加热或深度氧化过程中脱氢而生成的相对分子质量最大的物质，它能降低石油沥青的黏结力。

石油沥青中还含有蜡，它会降低石油沥青的黏结性和塑性，增大对温度的敏感性（即温度稳定性差）。所以蜡是石油沥青的有害成分。蜡存在于石油沥青的油分中，油和蜡都是烷烃，区别在于物理状态不同，一般来讲，油是液体烷烃，蜡是固态烷烃（片状、带状或针状晶体）。采用氯盐（如$AlCl_3$、$FeCl_3$、$ZnCl_2$等）处理法、高温吹氧法、减压蒸馏法和溶剂脱蜡法等处理多蜡石油沥青，可使沥青的性质得到改善。如多蜡石油沥青经高温吹氧处理，蜡被氧化和蒸发，从而提高了石油沥青的软化点，降低了针入度，使之达到使用要求。

### 2. 四组分分析法

石油沥青的四组分分析法是将石油沥青分离为饱和分、芳香分、胶质和沥青质，各组分的性状见表11-2。

表11-2 石油沥青四组分分析法的各组分性状

| 组分 | 外观特征 | 密度/($g/cm^3$) | 平均相对分子质量 | 主要化学结构 |
|---|---|---|---|---|
| 饱和分 | 无色液体 | 0.89 | 625 | 烷烃、环烷烃 |
| 芳香分 | 黄色至红色液体 | 0.99 | 730 | 芳香烃、含S衍生物 |
| 胶质 | 棕色黏稠液体 | 1.09 | 970 | 多环结构，含S、O、N衍生物 |
| 沥青质 | 深棕色至黑色固体 | 1.15 | 3400 | 缩合环结构、含S、O、N衍生物 |

不同组分对石油沥青性质的影响不同。饱和分含量增加，可使沥青的稠度降低（针入度增大）；胶质含量增大，可使沥青的延性增加；在有饱和分存在的条件下，沥青质含量增加，可降低沥青的温度敏感性；胶质和沥青质的含量增加，可使沥青的黏度提高。

### 11.1.2 石油沥青的胶体结构

在沥青中，油分和树脂可以互相溶解，树脂能浸润沥青质。因此，石油沥青的结构是以沥青质为核心，周围吸附部分树脂和油分，构成胶团，无数胶团分散在油分中而形成胶体结构。在这个分散体系中，分散相为吸附部分树脂的沥青质，分散介质为溶有树脂的油分。根据沥青中各组分含量的不同，可形成不同类型的胶体结构，表现出不同的性质。

#### 1. 溶胶型结构

当沥青中沥青质含量相对较少（如10%以下），油分和树脂含量相对较高，只能构成少量的胶团，胶团之间的距离较大，沥青质周围吸附着较厚的树脂外膜，胶团之间的相互吸引力很小（甚至没有吸引力），胶团之间易于相对运动，这种胶体结构的沥青称为溶胶型沥青（见图11-1a）。溶胶型沥青的特点是：流动性和可塑性较好，开裂后自行愈合能力较强，但对温度的敏感性强，即温度稳定性差，温度过高会流淌。通常，大部分直馏沥青和液体沥青多属溶胶型胶体结构。

#### 2. 凝胶型结构

沥青中沥青质含量较多（如30%以上），而油分和树脂较少时，胶团数量相应增多，胶团之间的距离随之减小，沥青质周围吸附的树脂外膜较薄，胶团之间吸引力增强，使胶团相互连接聚集成空间网络，这种胶体结构的沥青称为凝胶型沥青（见图11-1b）。凝胶型沥青的特点是：弹性和黏性高，温度敏感性较小，开裂后自行愈合能力较差，流动性和塑性较低。在工程性能上，虽具有较好的温度稳定性，但低温变形能力较差。建筑石油沥青（氧化沥青）多属凝胶型胶体结构。

#### 3. 溶-凝胶型结构

沥青中沥青质和树脂含量适当，胶团距离相对较近，相互间保持一定的吸引力，形成一种介于溶胶型和凝胶型之间的结构，称为溶-凝胶型结构（见图11-1c）。溶-凝胶型沥青的性质也介于溶胶型和凝胶型之间。修筑现代化高等级沥青路面用的沥青，都属于这类胶体结构。这类沥青的工程性能是：在高温时具有较低的温度敏感性，低温时又具有较好的变形能力。

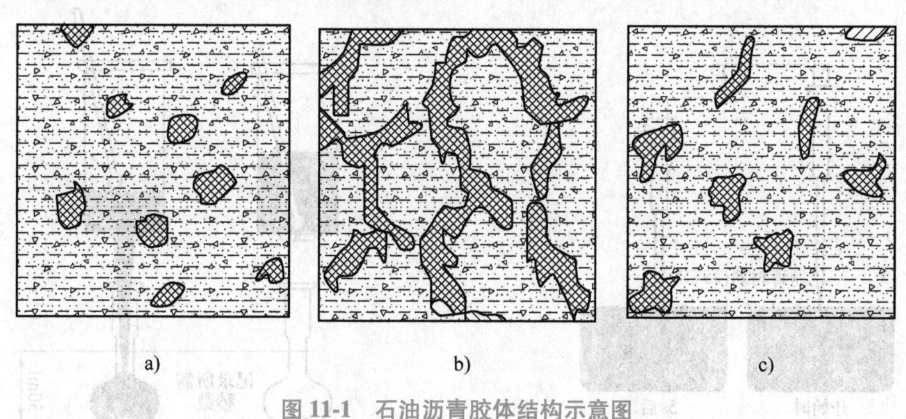


图11-1 石油沥青胶体结构示意图

a）溶胶型结构 b）凝胶型结构 c）溶-凝胶型结构

随着对石油沥青研究的深入，有些学者已开始摒弃石油沥青胶体结构观点，而认为它是一种高分子溶液。在石油沥青高分子溶液里，分散相沥青质与分散介质地沥青脂（树脂和油分）

具有很强的亲和力，而且在每个沥青质分子的表面上紧紧地保持着一层地沥青脂的溶剂分子，而形成高分子溶液。石油沥青高分子溶液对电解质具有较大的稳定性，即加入电解质不能破坏高分子溶液。高分子溶液具有可逆性，即随沥青质与地沥青脂相对含量的变化，高分子溶液可以是较浓的或是较稀的。较浓的高分子溶液，沥青质含量多，相当于凝胶型石油沥青；较稀的高分子溶液，沥青质含量少，地沥青脂含量多，相当于溶胶型石油沥青；稠度介于两者之间的为溶-凝胶型。目前，这种理论应用于沥青老化和再生机理的研究，已取得一些初步的成果。

### 11.1.3 石油沥青的技术性质

石油沥青是憎水性材料，几乎完全不溶于水，结构致密，与矿物材料表面有很好的黏结力，能紧密黏附于矿物材料表面；具有一定的塑性，能适应材料或构件的变形。所以，石油沥青具有良好的防水性，常被广泛用作土木工程的防潮、防水材料。

#### 1. 黏滞性

石油沥青的黏滞性是反映沥青材料内部阻碍其相对流动的一种特性，以绝对黏度表示，是沥青性质的重要指标之一。

石油沥青的黏滞性大小与组分及温度有关。地沥青质含量高，同时有适量的树脂，而油分含量较少时，则黏滞性较大。在一定温度范围内，当温度上升时，黏滞性随之降低，反之则黏滞性增大。

绝对黏度的测定方法因材而异，且较为复杂，工程上常用相对黏度（条件黏度）表示。测定相对黏度的主要方法是用标准黏度计和针入度仪。黏稠石油沥青的相对黏度用针入度仪测定的针入度来表示。针入度值越小，表明石油沥青的黏度越大。黏稠石油沥青的针入度是指在规定温度25℃条件下，以规定质量50g的标准针，经历规定时间5s贯入试样中的深度，以0.1mm为单位表示，如图11-2所示，符号为$P$（25℃、50g、5s）。

对于液体石油沥青或较稀的石油沥青，其相对黏度可用标准黏度计测定的标准黏度表示。标准黏度值越大，则表明石油沥青的黏度越大。标准黏度是指在规定温度（20℃、25℃、30℃或60℃）、规定直径（3mm、5mm或10mm）的孔口流出50mL沥青所需的时间秒数，符号为$C_{d}^{T}t$。$d$为流口孔径，$T$为试样温度，$t$为流出50mL沥青所需的时间，如图11-3所示。

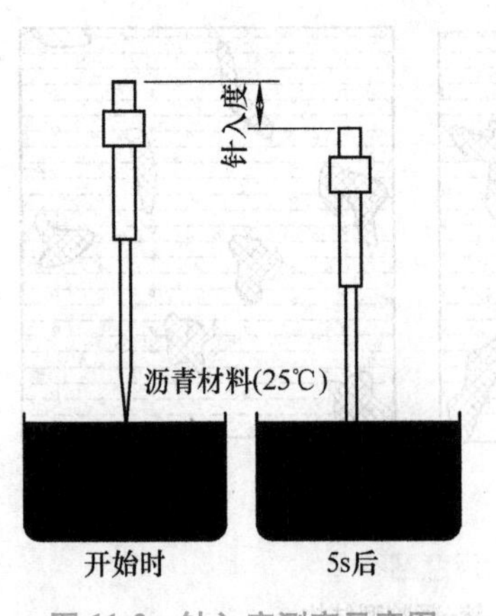


图11-2 针入度测定示意图

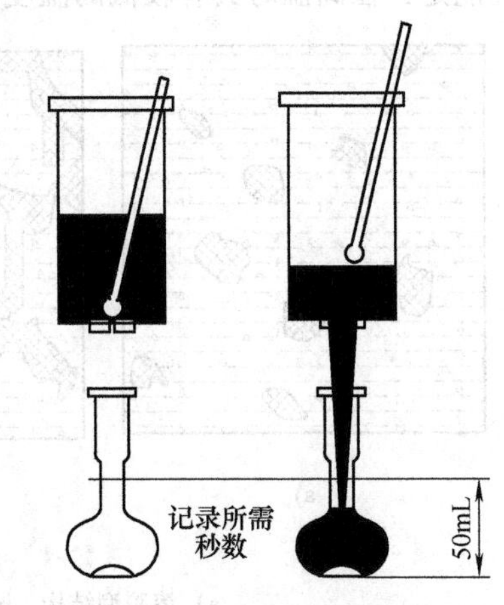


图11-3 黏度测定示意图

#### 2. 塑性

塑性是指石油沥青在承受外力作用时产生变形而不破坏（裂缝或断开），除去外力后，仍然保持变形后的形状不变的性质，它是沥青性质的重要指标之一。

石油沥青的塑性与其组分有关，石油沥青中树脂含量较多，且其他组分含量又适当时塑性较大。影响沥青塑性的因素有温度和沥青膜层厚度，温度升高，则塑性增大；膜层越厚，则塑性越大。反之，膜层越薄，则塑性越差，当膜层薄至1μm时，塑性近于消失，即接近于弹性。

在常温下，塑性较好的沥青产生裂缝时，由于特有的黏塑性也可以自行愈合，故塑性还反映了沥青开裂后的自愈能力。沥青之所以能制造出性能良好的柔性防水材料，在很大程度上取决于沥青的塑性。沥青的塑性对冲击振动荷载有一定的吸收能力，并能减少摩擦时的噪声，故沥青是一种优良的路面材料。

石油沥青的塑性用延度表示。将沥青试样制成“∞”字形的标准试件（中间最小截面面积1cm²），在规定拉伸速度和规定温度下拉断时的伸长长度即为延度（cm），如图11-4所示。常用的试验温度有25℃，拉伸速度为5cm/min。延度越大，表示沥青的塑性越好。

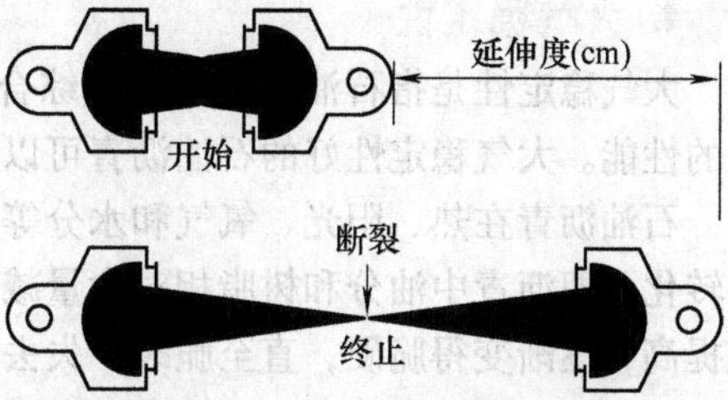

图11-4 沥青延度测试示意图

### 3. 温度敏感性

温度敏感性是指石油沥青的黏滞性和塑性随温度升降而变化的性能，变化程度小，则温度敏感性小，反之则温度敏感性大。

在相同的温度变化范围内，各种石油沥青的黏滞性和塑性变化的幅度不相同。工程要求沥青随温度变化而产生的黏滞性及塑性变化幅度应较小，即温度敏感性较小，以免沥青高温下流淌，低温下脆裂。工程上往往用加入滑石粉、石灰石粉或其他矿物填料的方法来减小沥青的温度敏感性。沥青中含蜡量多时，会增大其温度敏感性，因而多蜡石油沥青不能用于建筑工程。

评价沥青温度敏感性的指标很多，常用的是软化点和针入度指数。

（1）软化点 沥青软化点是反映沥青敏感性的重要指标，即沥青由固态转变为具有一定流动性的温度。《公路工程沥青及沥青混合料试验规程》（JTG E20）规定，沥青软化点试验采用环球法测定，如图11-5所示。软化点越高，沥青的温度敏感性越小。

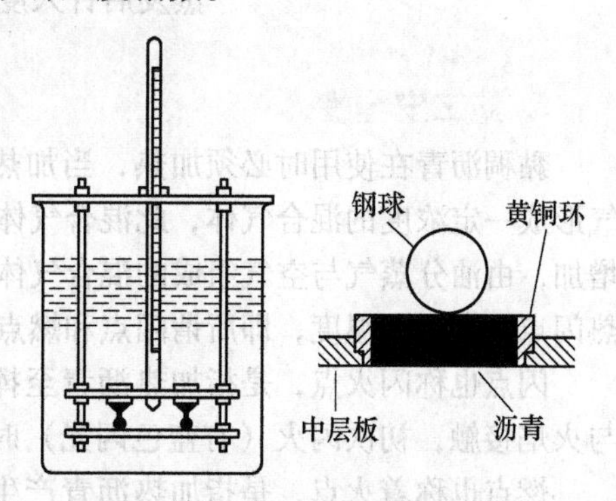


图11-5 软化点测定示意图

（2）针入度指数 软化点是沥青性能随着温度变化过程中重要的标志点，但它是人为确定的温度标志点，单凭软化点这一性质来反映沥青性能随温度变化的规律，并不全面。目前用来反映沥青温度敏感性的常用指标为针入度指数PI。

针入度指数是基于以下基本事实的：根据大量试验结果，沥青的针入度值的对数（$\lg P$）与温度（$T$）具有线性关系：

$$\lg P = K + A_{\lg Pen} T \tag{11-1}$$

式中 $T$——不同试验温度，相应温度下的针入度为$P$；

$K$——回归方程的常数项；

$A_{\lg Pen}$——回归方程系数。

则沥青的针入度指数PI可按下式计算，并记为$\mathrm{PI}_{\lg Pen}$：

$$\mathrm{PI}_{\lg Pen} = \frac{20 - 500A_{\lg Pen}}{1 + 50A_{\lg Pen}} \tag{11-2}$$

PI是根据一定温度变化范围内沥青性能的变化来计算出的。因此，利用针入度指数来反映沥青性能随温度的变化规律更为准确；PI值越大，表示沥青的温度敏感性越低。以上针入度指数的计算公式是以沥青在软化点时的针入度为800为前提的。实际上，沥青在软化点时的针入度波动于600~1000，特别是含蜡量高的沥青，其波动范围更宽。因此，我国现行标准中规定，针入度指数是利用15℃、25℃和30℃的针入度回归得到的。

PI不仅可以用来评价沥青的温度敏感性，同时也可以用来判断沥青的胶体结构。当PI<-2时，沥青属于溶胶结构，温度敏感性大；当PI>2时，沥青属于凝胶结构，温度敏感性低；介于其间的属于溶胶-凝胶结构。

#### 4. 大气稳定性

大气稳定性是指石油沥青在大气综合因素（热、阳光、氧气和潮湿等）长期作用下抵抗老化的性能。大气稳定性好的石油沥青可以在长期使用中保持其原有性质。

石油沥青在热、阳光、氧气和水分等因素的长期作用下，石油沥青中低分子组分向高分子组分转化，即沥青中油分和树脂相对含量减少，沥青质逐渐增多，从而使石油沥青的塑性降低，黏性提高，逐渐变得脆硬，直至脆裂，失去使用功能，这个过程称为老化。

石油沥青的大气稳定性常以蒸发损失和蒸发后针入度比来评定。其测定方法是：先测定沥青试样的质量及其针入度，然后将试样置于加热损失试验专用烘箱中，在160℃下加热蒸发5h，待冷却后再测定其质量和针入度，再按下式计算其蒸发损失百分率和蒸发后针入度比。蒸发损失百分率越小，蒸发后针入度比越大，则表示沥青大气稳定性越好，沥青耐久性越高。

$$\text{蒸发损失百分率} = \frac{\text{蒸发前质量} - \text{蒸发后质量}}{\text{蒸发前质量}} \times 100\% \tag{11-3}$$

$$\text{蒸发后针入度比} = \frac{\text{蒸发后针入度}}{\text{蒸发前针入度}} \times 100\% \tag{11-4}$$

#### 5. 施工安全性

黏稠沥青在使用时必须加热，当加热至一定温度时，沥青材料中挥发的油分蒸气与周围空气形成一定浓度的混合气体，此混合气体遇火焰则易发生闪火。若继续加热，油气混合气体浓度增加，由油分蒸气与空气组成的混合气体遇火焰极易燃烧，而引发火灾。为此，必须测定沥青加热闪点和燃烧的温度，即所谓闪点和燃点。

闪点也称闪火点，是指加热沥青至挥发出的可燃气体与空气组成的混合物，在规定条件下与火焰接触，初次闪火（有蓝色闪光）时的沥青温度（℃）。

燃点也称着火点，是指加热沥青产生的气体与空气组成的混合物，与火焰接触能持续燃烧5s以上时沥青的温度（℃）。燃点温度通常比闪点温度约高10℃。沥青质含量越多，闪点和燃点相差越大。液体沥青由于轻质成分较多，闪点和燃点的温度相差很小。

闪点和燃点的高低表明沥青引起火灾可能性的大小，它关系到运输、储存和加热使用等方面的安全。例如，建筑石油沥青闪点约230℃，在熬制时一般控制加热温度为185~200℃，为安全起见，沥青加热时还应与火焰隔离。

#### 6. 溶解度

溶解度是指石油沥青在三氯乙烯、四氯化碳或苯中溶解的百分率，以表示石油沥青中有效物质的含量，即纯净程度。那些不溶解的物质会降低沥青的性能（如黏性等），应把不溶物视为有害物质（如沥青碳或似碳物）而加以限制。

### 11.1.4 石油沥青的技术标准及应用

石油沥青按用途不同分为道路石油沥青和建筑石油沥青等。由于其应用范围不同，分别制定了不同的技术标准。目前我国对建筑石油沥青执行统一技术标准，而道路石油沥青则按其道路的等级分别执行《道路石油沥青》（NB/SH/T 0522）和《重交通道路石油沥青》（GB/T 15180）。

1. 石油沥青分类技术标准

根据我国现行石油沥青标准，石油沥青主要划分为三大类：道路石油沥青、建筑石油沥青和普通石油沥青。各品种按技术性质划分为多种牌号，各牌号沥青的质量指标要求列于表11-3中。

表11-3 道路石油沥青、建筑石油沥青和普通石油沥青技术标准

| 质量指标 | 道路石油沥青 | | | | | 建筑石油沥青 | | |
|---|---|---|---|---|---|---|---|---|
| | 200号 | 180号 | 140号 | 100号 | 60号 | 40号 | 30号 | 10号 |
| 针入度(25℃,100g)/(1/10mm) | 200~300 | 150~200 | 110~150 | 80~110 | 50~80 | 36~50 | 26~35 | 10~25 |
| 延度(25℃)/cm，不小于 | 20 | 100 | 100 | 90 | 70 | 3.5 | 2.5 | 1.5 |
| 软化点(环球法)/℃，不低于 | 30~45 | 35~45 | 38~48 | 42~52 | 45~55 | 60 | 75 | 95 |
| 溶解度(三氯乙烯、四氯化碳或苯)(%)不小于 | 99.0 | 99.0 | 99.0 | 99.0 | 99.0 | 99.0 | 99.0 | 99.0 |
| 蒸发损失(163℃,5h)(%)，不大于 | 1 | 1 | 1 | — | — | 1 | 1 | 1 |
| 蒸发后针入度比(%)，不小于 | 50 | 60 | 60 | — | — | 65 | 65 | 65 |
| 闪点(开口)/℃，不低于 | 180 | 200 | 230 | 230 | 230 | 260 | 260 | 260 |

从表11-3看出，三种石油沥青都是按针入度指标来划分牌号的，而每个牌号还应保证相应的延度和软化点，以及溶解度、蒸发损失、蒸发后针入度比、闪点等。

2. 石油沥青的选用

（1）道路石油沥青　道路石油沥青主要用在道路工程中作为胶凝材料，用来与粗、细集料和填料等矿物材料共同配制成沥青混合料。

在道路工程中选用沥青材料时，要根据交通量和气候特点来选择。《沥青路面施工及验收规范》（GB 50092）规定：高速公路、一级公路和城市快速公路、主干路铺筑沥青路面时，应选用重交通道路石油沥青；其他等级的公路与城市道路，可选用中、轻交通道路石油沥青。南方高温地区宜选用高黏度的石油沥青，如AH-50和AH-70，以保证在夏季沥青路面具有足够的稳定性；而北方寒冷地区宜选用低黏度的石油沥青，如AH-90和AH-110，以保证沥青路面在低温下仍具有一定的变形能力，减少低温开裂。

道路石油沥青还可作密封材料和胶黏剂以及沥青涂料等，此时一般选用黏性较大和软化点较高的石油沥青，如A-60甲。

（2）建筑石油沥青　建筑石油沥青针入度较小（黏性较大），软化点较高（耐热性较好），但延伸度较小（塑性较小），主要用作制造油纸、油毡、防水涂料、沥青胶和沥青嵌缝膏，用于

建筑屋面及地下防水、沟槽防水防腐蚀及管道防腐等工程。

选用石油沥青时要根据地区、工程环境及要求而定。一般情况下，屋面沥青防水层不但要求黏度大，以使沥青防水层与基层黏结牢固，更主要的是按其温度敏感性选择沥青牌号。由于使用时制成的沥青胶膜较厚，增大了对温度的敏感性。同时，黑色沥青表面又是好的吸热体。一般来说，同一地区的沥青屋面的表面温度比其他材料的都高。据高温季节测试，沥青屋面达到的表面温度比当地最高气温高25~30℃。为避免夏季沥青流淌，一般屋面用沥青材料的软化点应比本地区屋面最高温度高20℃以上。例如，武汉、长沙地区，沥青屋面温度约达68℃，选用沥青的软化点应在90℃左右，过低，夏季易流淌；过高，冬季易硬脆甚至开裂。用于地下防潮、防水工程时，一般对软化点要求不高，但其塑性要好，黏性要较大，使沥青层能与建筑物黏结牢固，并能适应建筑物的变形，而保持防水层完整，不遭破坏。

（3）防水防潮石油沥青　防水防潮石油沥青的温度敏感性较好，特别适合用作油毡的涂覆材料及建筑屋面和地下防水的黏结材料。其中3号沥青的温度敏感性一般，质地较软，用于一般温度下的室内及地下结构部分防水。4号沥青的温度敏感性较小，用于一般地区可行走的缓坡屋面防水。5号沥青的温度敏感性小，用于一般地区暴露屋顶或气温较高地区的屋面防水。6号沥青的温度敏感性最小，并且质地较软，除用于一般地区外，还可用于寒冷地区的屋面及其他防水防潮工程。

防水防潮石油沥青特别增加了保证低温性能的脆点指标，随牌号增大，其针入度指数增大，温度敏感性减小，脆点降低，应用温度范围变宽，这种沥青针入度均与30号建筑石油沥青相近，但软化点却比30号沥青高15~30℃，因而质量优于建筑石油沥青。

（4）普通石油沥青　普通石油沥青含有害成分的蜡较多，一般含量（质量分数）大于5%，有的高达20%以上，故又称为多蜡石油沥青。由于蜡是一种熔点较低（32~55℃）、黏结力较差的材料，当沥青温度达到软化点时蜡已接近流动状态，所以容易产生流淌现象。当采用普通石油沥青黏结材料时，沥青中的蜡会向胶结层表面渗透，在表面形成薄膜，使沥青胶结层的耐热性和黏结力降低。所以在工程中一般不宜直接使用普通石油沥青，可用于掺配或改性处理后再使用。

### 3. 沥青的掺配

在工程中，往往一种牌号的沥青不能满足工程要求，因此常常需要用不同牌号的沥青进行掺配。在进行掺配时，为了不使掺配后的沥青胶体结构破坏，应选用表面张力相近和化学性质相似的沥青。试验证明同产源的沥青容易保证掺配后的沥青胶体结构的均匀性。所谓同源是指同属石油沥青或同属煤沥青。当采用两种沥青时，每种沥青的配合量宜按下列公式计算：

$$Q_1 = \frac{T_2 - T}{T_2 - T_1} \times 100\% \tag{11-5}$$

$$Q_2 = 100\% - Q_1 \tag{11-6}$$

式中　$Q_1$——较软沥青用量（%）；

$Q_2$——较硬沥青用量（%）；

$T$——掺配后的沥青软化点（℃）；

$T_1$——较软沥青软化点（℃）；

$T_2$——较硬沥青软化点（℃）。

根据估算的掺配比例和在其邻近的比例（5%~10%）进行试配（混合熬制均匀），测定掺配后沥青的软化点，然后绘制“掺配比-软化点”曲线，即可从曲线上确定所要求的掺配比例。同样地可采用针入度指标按上法进行估算及试配。

石油沥青过于黏稠需要进行稀释，通常可采用石油产品系统的轻质油类，如汽油、煤油和柴油等。

### 4. 液体石油沥青的技术要求

液体石油沥青是指在常温下呈液体状态的沥青。它可以是油分含量较高的直馏沥青，也可以是稀释剂稀释后的黏稠沥青。随稀释剂挥发速度的不同，沥青的凝结速度快慢也不同。《沥青路面施工及验收规范》（GB 50092）规定：依据凝结速度的快慢液体石油沥青可分为快凝 AL(R)、中凝 AL(M)和慢凝 AL(S)三个等级。快凝液体石油沥青按黏度分为 AL(R)-1 和 AL(R)-2 两个等级，中凝和慢凝液体石油沥青按黏度分为 AL(M)-1~AL(M)-6 和 AL(S)-1~AL(S)-6 等各六个等级。

## 11.2 改性石油沥青

建筑上应用的沥青要求其具有一定的性能：在低温条件下应有较好的柔韧性；在高温下要有足够的稳定性；在加工和使用条件下具有抗老化能力；与各种矿物填充料和基层表面有较强的黏附力；对构件变形具有良好的适应性和抗疲劳性等。通常石油加工厂生产的沥青不一定全满足这些要求。如只控制耐热性（软化点）其他方面就很难达到要求，致使目前沥青防水工程渗漏现象严重，使用寿命短。为此在发展各种高性能防水材料的同时，常用矿物填充料、橡胶和树脂等来改性石油沥青，生产防水卷材、防水涂料和嵌缝油膏等防水制品。

### 11.2.1 矿物填充料改性沥青

在沥青中加入一定数量的矿物填充料，可以提高沥青的黏结能力和耐热性，减轻温度敏感性，同时也减少了沥青的耗用量。

常用的矿物填充料大多是粉状的和纤维状的，主要有滑石粉、石灰石粉、硅藻土和石棉等。滑石粉，主要化学成分是含水硅酸镁（$3MgO \cdot 4SiO_2 \cdot H_2O$），亲油性好，易被沥青润湿，可提高沥青的机械强度和抗老化性能，可用于具有耐酸、耐碱、耐热和绝缘性能的沥青中。石灰石粉，主要成分是碳酸钙，属亲水性碱性岩石，但其亲水程度比石英粉弱，而最重要的是石灰石粉与沥青中的酸性树脂有较强的物理吸附力和化学吸附力，故是较好的矿物填充料。硅藻土是软质多孔而轻的材料，易被磨成细粉，耐酸性强，是制作轻质、绝热、吸声的沥青制品的主要填充料。膨胀珍珠岩粉有类似于硅藻土的作用，故也可作为这类沥青制品的矿物填充料。石棉绒或石棉粉，主要化学成分为钠钙镁铁的硅酸盐，呈纤维状，富有弹性，具有耐酸、耐热和耐碱性能，是热和电的不良导体，内部有很多微孔，吸油（沥青）量大，掺入后可提高沥青的抗拉强度和热稳定性，但应注意环保要求。

此外，白云石粉、白垩粉、磨细石英砂、粉煤灰、水泥、高岭土粉、砖粉、云母粉等也可作为沥青的矿物填充料。

矿物填充料之所以能对沥青进行改性，是由于沥青对矿物填充料的润湿和吸附作用。一般由共价键或分子键结合的矿物属憎水性矿物，即有亲油性，如滑石粉等，此种矿物颗粒表面能被沥青所润湿而不会被水所剥离。由离子键结合的矿物（如碳酸盐、硅酸盐、云母等）属亲水性矿物，对水的亲和力大于对油的亲和力，即有憎油性。但是，因沥青中含有酸性树脂，它是一种表面活性物质，能够与矿物颗粒表面产生较强的物理吸附作用，如石灰石颗粒表面的钙离子和碳酸根离子对树脂的活性基团有较大的吸附力，还能与沥青酸或环烷酸发生化学反应，形成不溶于水的沥青酸钙或环烷酸钙，产生化学吸附力，故石灰石粉与沥青也可形成稳定的混合物。在矿物填充料被沥青润湿和吸附后，沥青呈单分子状态排列在矿物颗粒或纤维表面，形成结合力牢固的沥青薄膜。这部分沥青称为“结构沥青”，具有较高的黏性和耐热性等。为形成恰当的结构沥青膜层，掺入的矿物填充料数量要适当。

矿物填充料的种类、细度和掺入量对沥青的改性作用具有重要影响。如石油沥青中掺入35%的滑石粉或云母粉，用于屋面防水时，大气稳定性可提高1~1.5倍，但掺量小于15%时，则不会提高。一般矿物填充料掺量为20%~40%。矿物填充料的颗粒越细，颗粒表面积越大，物理吸附和化学吸附作用越强，形成的结构沥青越多，并可避免从沥青中沉积。但颗粒过细，填充料容易黏结成团，不易与沥青搅匀，而不能发挥结构沥青的作用。

### 11.2.2 橡胶改性沥青

橡胶是沥青的重要改性材料，它和沥青有较好的混溶性，并能使沥青具有橡胶的很多优点，如高温变形性小、低温柔性好等。由于橡胶的品种不同，掺入的方法也有所不同，而各种橡胶沥青的性能也有差异。现将常用的几种分述如下：

#### 1. 氯丁橡胶改性沥青

沥青中掺入氯丁橡胶后，可使其气密性、低温柔性、耐化学腐蚀性、耐候性等得到大大改善。氯丁橡胶改性沥青的生产方法有溶剂法和水乳法。溶剂法是先将氯丁橡胶溶于一定的溶剂中形成溶液，然后掺入沥青中，混合均匀即成为氯丁橡胶改性沥青。水乳法是将橡胶和石油沥青分别制成乳液，再混合均匀即可使用。

氯丁橡胶改性沥青可用于路面的稀浆封层、制作密封材料和涂料等。

#### 2. 丁基橡胶改性沥青

丁基橡胶改性沥青的配制方法与氯丁橡胶沥青类似，而且较简单一些。

将丁基橡胶碾切成小片，于搅拌条件下把小片加到100℃的溶剂中（不得超过110℃），制成浓溶液，同时将沥青加热脱水熔化成液体状沥青。通常在100℃左右把两种液体按比例混合搅拌均匀进行浓缩15~20min，达到要求性能指标。丁基橡胶在混合物中的含量一般为2%~4%。同样也可以分别将丁基橡胶和沥青制备成乳液，然后再按比例把两种乳液混合。

丁基橡胶改性沥青具有优异的耐分解性，并有较好的低温抗裂性能和耐热性能，多用于道路路面工程、制作密封材料和涂料。

#### 3. 热塑性弹性体（SBS）改性沥青

SBS是热塑性弹性体苯乙烯-丁二烯嵌段共聚物，它兼有橡胶和树脂的特性，常温下具有橡胶的弹性，高温下又能像树脂那样熔融流动，成为可塑的材料。SBS改性沥青具有良好的耐高温性、优异的低温柔性和抗疲劳性，是目前应用最成功和用量最大的一种改性沥青。SBS改性沥青可采用胶体磨法或高速剪切法生产，SBS的掺量一般为3%~10%，主要用于制作防水卷材和铺筑高等级公路路面等。

#### 4. 再生橡胶改性沥青

再生橡胶掺入沥青中以后，同样可大大提高沥青的气密性，低温柔性，耐光、热、臭氧性，耐候性。

再生橡胶改性沥青材料的制备是先将废旧橡胶加工成1.5mm以下的颗粒，然后与沥青混合，经加热搅拌脱硫，就能得到具有一定弹性、塑性和黏结力良好的再生橡胶改性沥青材料。废旧橡胶的掺量视需要而定，一般为3%~15%。

再生橡胶改性沥青可以制成卷材、片材、密封材料、胶黏剂和涂料等，随着科学技术的发展，加工方法的改进，各种新品种的制品将会不断增多。

### 11.2.3 树脂改性沥青

用树脂改性石油沥青，可以改进沥青的耐寒性、耐热性、黏结性和不透气性。由于石油沥青中含芳香性化合物很少，故树脂和石油沥青的相容性较差，而且可用的树脂品种也较少，常用的树脂有古马隆树脂、聚乙烯、乙烯-乙酸乙烯共聚物（EVA），无规聚丙烯（APP）等。

#### 1. 古马隆树脂改性沥青

古马隆树脂又名香豆桐树脂，呈黏稠液体或固体状，浅黄色至黑色，易溶于氯化烃、酯类、硝基苯等，为热塑性树脂。

将沥青加热熔化脱水，在150~160℃情况下把古马隆树脂放入熔化的沥青中，并不断搅拌，再把温度升至185~190℃，保持一定时间，使之充分混合均匀，即得到古马隆树脂改性沥青，树脂掺量约40%。这种沥青的黏性较大。

#### 2. 聚乙烯树脂改性沥青

在沥青中掺入5%~10%的低密度聚乙烯，采用胶体磨法或高速剪切法即可制得聚乙烯树脂改性沥青。聚乙烯树脂改性沥青的耐高温性和抗疲劳性有显著改善，低温柔性也有所改善。一般认为，聚乙烯树脂与多蜡石油沥青的相容性较好，对多蜡石油沥青的改性效果较好。

此外，乙烯-乙酸乙烯共聚物（EVA）、无规聚丙烯（APP）也常用来改善沥青性能，制成的改性沥青具有良好的弹塑性、耐高温性和抗老化性，多用于防水卷材、密封材料和防水涂料等。

### 11.2.4 橡胶和树脂改性沥青

橡胶和树脂同时用于改善石油沥青的性质，使石油沥青同时具有橡胶和树脂的特性。且树脂比橡胶便宜，橡胶和树脂又有较好的混溶性，故效果较好。

橡胶、树脂和沥青在加热熔融状态下，沥青与高分子聚合物之间发生相互侵入和扩散，沥青分子填充在聚合物大分子的间隙内，同时聚合物分子的某些链节扩散进入沥青分子中，形成凝聚的网状混合结构，故可以得到较优良的性能。

配制时，采用的原材料品种、配合比、制作工艺不同，可以得到很多性能各异的产品。主要有卷、片材，密封材料，防水材料等。

## 11.3 沥青混合料

沥青混合料是一种黏-弹-塑性材料。它不仅具有良好的力学性质，而且具有一定的高温稳定性和低温柔韧性；用它铺筑的路面平整、无接缝，而具有一定的粗糙度；路面减振、吸声、无强烈反光，使行车舒适，有利于行车安全。此外，沥青混合料施工方便，不需养护，能及时开放交通，且能再生利用。因此，沥青混合料广泛应用于高速公路、干线公路和城市道路路面。

### 11.3.1 沥青混合料的种类

沥青混合料是用适量的沥青材料与一定级配的矿质集料，经过充分拌和而形成的混合物。将这种混合物加以摊铺、碾压成型，即成为各种类型的沥青路面。

沥青混合料的种类很多，按沥青混合料中剩余空隙率大小的不同，把压实后剩余空隙率大于15%的沥青混合料称为开式沥青混合料；把剩余空隙率为10%~15%的混合料称为半开式沥青混合料；把剩余空隙率小于10%的沥青混合料称为密实式沥青混合料。

按矿质集料级配类型，可分为连续级配沥青混合料、间断级配沥青混合料。

按沥青混合料施工温度，可分为热拌沥青混合料和常温沥青混合料。

此外，还可以按集料的最大粒径、混合料的特性和用途等进行分类。

## 11.3.2 热拌沥青混合料的结构与强度

热拌沥青混合料的特点是在施工过程中，将沥青加热至150～170℃，矿质集料加热至160～180℃，在热态下拌制成沥青混合料，并在热态下摊铺、压实成路面。经过这样拌制而得到的混合料，沥青能更好地包裹在矿质集料表面，铺筑的路面有较高的强度，且耐久性更好。

由于热拌沥青混合料具有良好的工程性能，故在工程中得到广泛应用。目前在高等级公路和城市干道中多采用热拌沥青混合料。本节将着重讲述它的组成结构及其强度的影响因素。

### 1. 沥青混合料的组成结构

沥青混合料主要由矿质集料、沥青和空气三相组成，有时还含有水分，是典型的多相多成分体系。根据粗、细集料的比例不同，其结构组成有悬浮密实结构、骨架空隙结构和骨架密实结构三种形式，如图11-6所示。

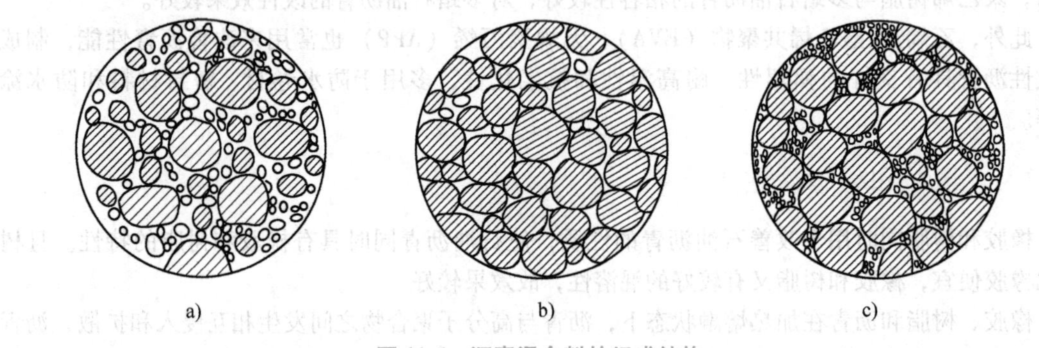


图11-6 沥青混合料的组成结构

a）悬浮密实结构 b）骨架空隙结构 c）骨架密实结构

（1）悬浮密实结构 一般来说，连续级配的沥青混合料是密实式混合料，空隙率在6%以下。由于这种级配中粗集料相对较少，细集料的数量较多，粗集料被细集料挤开。因此，粗集料以悬浮状态存在于细集料之间，如图11-6a所示，这种结构称为悬浮密实结构。

悬浮密实结构的沥青混合料，由于各级粒料都有，且粗粒料较少而不接触，不能形成骨架作用，因而稳定性较差。但连续级配一般不会发生粗细粒料离析，便于施工，故在道路工程中应用较多。

（2）骨架空隙结构 对于间断级配的沥青混合料，由于细集料的数量较少，且有较多的空隙，粗集料能够互相靠拢，不被细集料所推开，细集料填充在粗集料的空隙之中，形成骨架空隙结构，如图11-6b所示。

理论上，骨架空隙结构是粗集料充分发挥了嵌挤作用，使集料之间的摩阻力增大，使沥青混合料受沥青材料的变化影响较小，稳定性较好，且能够形成较高的强度，是一种比连续级配更为理想的组成结构。但是，由于间断级配的粗细集料容易分离，所以在一般工程中应用不多。当沥青路面采用这种形式的沥青混合料时，沥青面层下必须做下封层。

（3）骨架密实结构 骨架密实结构是综合以上两种方式组成的结构。混合料中既有一定数量的粗集料形成骨架结构，又有足够的细集料填充到粗集料之间的空隙中，形成具有较高密实度的结构，如图 11-6c 所示。间断密级配的沥青混合料，即是上面两种结构形式的有机组合。

这种结构的沥青混合料，其密实度、强度和稳定性都比较好，但目前采用这种结构形式的沥青混合料路面还不多。

### 2. 沥青混合料强度的影响因素

沥青混合料是由矿质集料与沥青材料所组成的分散体系。根据沥青混合料的结构特征，其强度应由两方面构成：一是沥青与集料间的结合力；二是集料颗粒间的内摩擦力。

另外，沥青混合料路面产生破坏的主要原因是夏季高温时的抗剪强度不足和冬季低温时的变形能力不够引起的，即沥青混合料的强度决定于其抗剪强度。三轴剪切试验表明，沥青混合料的抗剪强度取决于沥青混合料的内摩擦力和黏聚力。

影响沥青混合料强度的主要因素有：

（1）集料的性状与级配　集料颗粒表面的粗糙度和颗粒形状，对沥青混合料的强度有很大影响。集料表面越粗糙、凹凸不平，则拌制的混合料经过压实后，颗粒之间能形成良好的啮合嵌锁，使混合料具有较高的内摩擦力，故配制沥青混合料都要求采用碎石，以形成较高的强度。但采用碎石不易拌和与压实。

集料颗粒的形状以接近立方体、呈多棱角为好，嵌挤后既能形成较高的内摩擦力，在承受荷载时又不易折断破坏。若颗粒的形状呈针状或片状，则在荷载作用下极易断裂破碎，从而易造成沥青路面的内部损伤和缺陷。

间断密级配沥青混合料内摩擦力大，具有高的强度；连续级配的沥青混合料，由于其粗集料的数量太少，呈悬浮状态分布，因而它的内摩擦力较小，强度较低。

（2）沥青结合料的黏度与用量　沥青混合料的黏结力与沥青本身的黏度有密切关系。沥青作为有机胶凝材料，对矿质集料起胶结作用，因此，沥青本身的黏度高低直接影响着沥青混合料黏聚力的大小。沥青的黏度越大，则混合料的黏聚力就越大，黏滞阻力也越大，抵抗剪切变形的能力越强。因此，修建高等级沥青路面都采用黏稠沥青，即采用针入度较小的沥青。

沥青用量过少，混合料干涩，混合料内聚力差；适当增加沥青用量，将会改善混合料的胶结性能，便于拌和，使集料表面充分裹覆沥青薄膜，以形成良好的黏结。同时，由于混合料的和易性得到改善，施工时易于压实，有助于提高路面的密实度和强度。但当沥青用量进一步增加时，则使集料颗粒表面的沥青膜增厚，多余的沥青形成润滑剂，以至在高温时易形成推挤滑移，出现塑性变形。因此，混合料中存在最佳沥青用量。

（3）矿粉的品种与用量　沥青混合料中的胶结物质实际上是沥青和矿粉所形成的沥青胶浆。一般来说，碱性矿粉（如石灰石）与沥青亲和性良好，能形成较强的黏结性能；而由酸性石料磨成的矿粉则与沥青亲和性较差。所以矿粉的品种对混合料的强度有所影响，故规范规定必须使用碱性矿粉。

在沥青用量一定的情况下，适当提高矿粉掺量，可以提高沥青胶浆的黏度，使胶浆的软化点明显上升，有利于提高沥青混合料的强度。然而，如果矿粉掺量过多，则又会使混合料过于干涩，影响沥青与集料的裹覆和黏附，反而影响沥青混合料的强度。一般来说，矿粉与沥青之比在 0.8~1.2 范围为宜。

事实上，沥青与矿料之间存在着相互作用，如图 11-7 所示。矿粉对沥青有吸附作用，使沥青在矿粉表面产生化学组分的重新排列，并形成一层扩散结构膜，结构膜内的这层沥青称为结构沥青；扩散结构膜外的沥青，因受矿粉吸附影响很小，化学组分并未改变，称为自由沥青。

当矿粉颗粒之间以结构沥青的形式相连接时，如图 11-7b 所示，沥青混合料的黏聚力 $\lg\eta_a$ 较大；而当以自由沥青的形式相连接时，如图 11-7c 所示，混合料的黏聚力 $\lg\eta_b$ 较小。即 $\lg\eta_a>\lg\eta_b$。

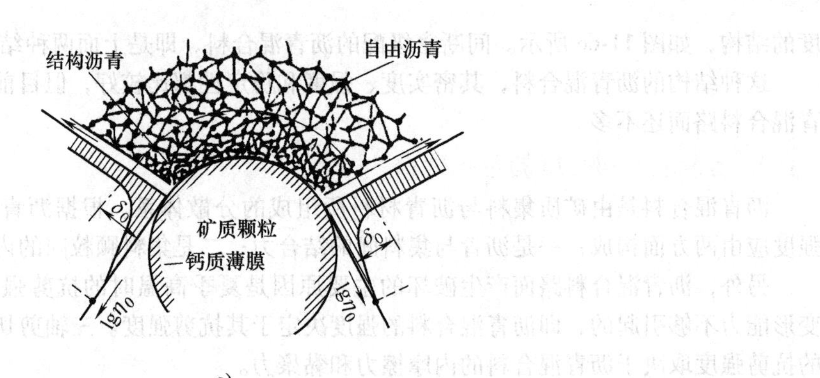


a)

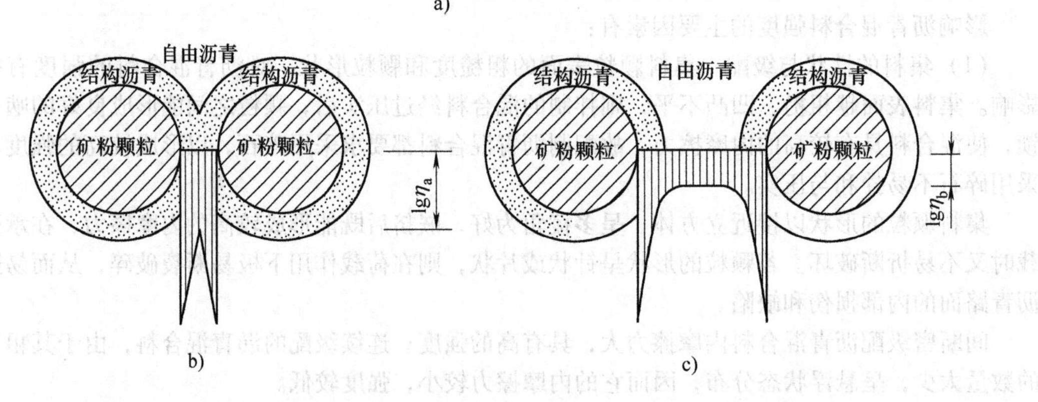


b) c)

图 11-7 沥青与矿粉相互作用的结构示意图

a）沥青与矿粉交互作用 b）矿料颗粒之间以结构沥青形式连接 c）矿料颗粒之间以自由沥青形式连接

## 11.3.3 沥青混合料的技术性质

沥青混合料是公路、城市道路的主要铺面材料，它直接承受车轮荷载和各种自然因素的影响。如日照、温度、空气、雨水等，其性能和状态都会发生变化，以至影响路面的使用性能和使用寿命。沥青混合料技术性质的试验方法参见《公路工程沥青及沥青混合料试验规程》（JTG E20）。沥青混合料的路用性能主要有以下几种：

### 1. 高温稳定性

沥青混合料的高温稳定性是指其在夏季高温情况下，承受长期交通荷载的作用，抵抗永久变形的能力。

沥青是热塑性材料，沥青混合料在夏季高温下，因沥青黏度降低而软化，以致在车轮荷载作用下产生永久变形，路面出现车辙和波浪等，影响行车舒适和安全。因此，沥青混合料必须在高温下仍具有足够的强度和刚度，即具有良好的高温稳定性。

沥青混合料的高温稳定性与多种因素有关，诸如沥青的品种、牌号、含蜡量、集料的级配组成、混合料中沥青的用量等。为了提高沥青混合料高温稳定性，在混合料设计时，可采取各种技术措施，例如：采用黏度较高的沥青，必要时可采用改性沥青；选用颗粒形状好而富有棱角的集料，并适当增加粗集料用量，细集料少用或不用砂，而使用坚硬石料破碎的机制砂，以增强内摩擦力；混合料结构采用骨架密实结构；适当控制沥青用量等。所有这些措施，都可以有效提高沥青混合料的抗剪强度和减少塑性变形，从而增强沥青混合料的高温稳定性。

### 2. 低温抗裂性

低温抗裂性是指沥青混合料在低温下抵抗断裂破坏的能力。

冬季，沥青混合料随着温度的降低，变形能力下降。路面由于低温而收缩以及行车荷载的作用，在薄弱部位产生裂缝，从而影响道路的正常使用，因此，要求沥青混合料具有一定的低温抗裂性。

沥青混合料的低温裂缝是由混合料的低温脆化、低温缩裂和温度疲劳引起的。为防止或减少沥青路面的低温开裂，可选用黏度相对较低的沥青，或采用橡胶类的改性沥青，同时适当增加沥青用量，以增强沥青混合料的柔韧性。

### 3. 耐久性

沥青混合料的耐久性是指其在外界各种因素（如阳光、空气、水、车辆荷载等）的长期作用下，仍能基本保持原有性能的能力。

影响沥青混合料耐久性的主要因素有：沥青与集料的性质、沥青的用量、沥青混合料的压实度与空隙率等。从材料性质来看，优质的沥青不易老化；坚硬的集料不易风化、破碎；集料中碱性成分含量多，集料与沥青的黏结性好，沥青混合料的寿命则较长。从沥青用量来看，适当增加沥青的用量可以有效地减少路面裂缝的产生。从沥青混合料压实度和空隙率来看，压实度越大，路面承受车辆荷载的能力越强；空隙率越小，可以越有效地防止水分的渗入以及阳光对沥青的老化作用，同时对路基起到一定的保护作用。但空隙率不能过小，必须留有一定的空间以适应夏季沥青的膨胀。

### 4. 抗滑性

随着车辆行驶速度的增加，路面的抗滑性显得尤为重要。为了提高路面的抗滑性，必须增加路面的粗糙度，因而对于面层集料应选用质地坚硬、具有棱角的碎石，如高速公路，通常采用玄武岩。为节省投资，也可采用玄武岩与石灰岩混合使用的办法，这样，等路面使用一段时间后，石灰岩集料被磨平，玄武岩集料相对突出，更能增加路面的粗糙性。另外，集料的颗粒可适当大些，沥青用量少些，并对沥青中的含蜡量进行严格控制，以提高路面的抗滑性。

### 5. 水稳定性

在雨水、冰雪的作用下，尤其是在雨期过后，沥青路面往往会出现脱粒、松散，进而形成坑洞而损坏。出现这种现象的原因是沥青混合料在水的作用下被侵蚀，沥青从集料表面发生剥落，使混合料颗粒失去黏结作用。在南方多雨地区和北方冰雪地区，沥青路面的水损坏是很普遍的，一些高等级公路在通车不久路面就出现破损，很多是混合料的水稳定性不良造成的。

在沥青中添加抗剥落剂是增强水稳定性，减少水损坏的有效措施。此外，在沥青混合料的组成设计上采用碱性集料，以提高沥青与集料的黏附性；采用密实结构以减少空隙率；用消石灰粉取代部分矿粉等，都可以有效地提高沥青混合料的水稳定性。

### 6. 施工和易性

沥青混合料除了具备上述技术性质外，还应具备施工和易性才能顺利地进行施工作业。影响混合料施工和易性的主要因素是矿料级配和沥青用量。合理的矿料级配，使沥青混合料之间拌和均匀，不致产生离析现象。适量的沥青用量，可以避免混合料疏松或结团现象。另外，气候情况、力学性能、施工能力等外部条件也会不同程度地影响施工和易性。

## 11.4 矿质混合料的组成设计

道路与桥梁建筑用的砂石材料，大多数以矿质混合料的形式与各种结合料（如水泥或沥青等）组成混合料使用，不同水泥混凝土或沥青混合料对矿质混合料有着不同的级配要求。矿质混合料应满足最小孔隙率（即最大密实度）和最大摩擦力（各级集料紧密排列）的基本要求。因此，对矿质混合料必须进行组成设计，其内容包括级配理论和级配范围的确定，基本组成的设计方法。

### 11.4.1 矿质混合料的级配理论和级配曲线范围

**1. 矿质混合料的级配理论**

（1）级配曲线 各种不同粒径的集料，按照一定的比例搭配起来，以达到较高的密实度或较大摩擦力，可以采用下列两种级配组成。

1）连续级配。连续级配是某一矿质混合料在标准筛孔配成的套筛中进行筛析时，所得的级配曲线平顺圆滑，具有连续的（不间断）性质，相邻粒径的粒料之间，有一定的比例关系（按质量计）。这种由大到小的比例，逐级粒径均有，按比例互相搭配组成的矿质混合料，称为连续级配矿质混合料。

2）间断级配。间断级配是在矿质混合料中剔除某一个或几个分级，形成一种不连续的混合料，这种混合料称为间断级配矿质混合料。

连续级配曲线和间断级配曲线如图11-8所示。

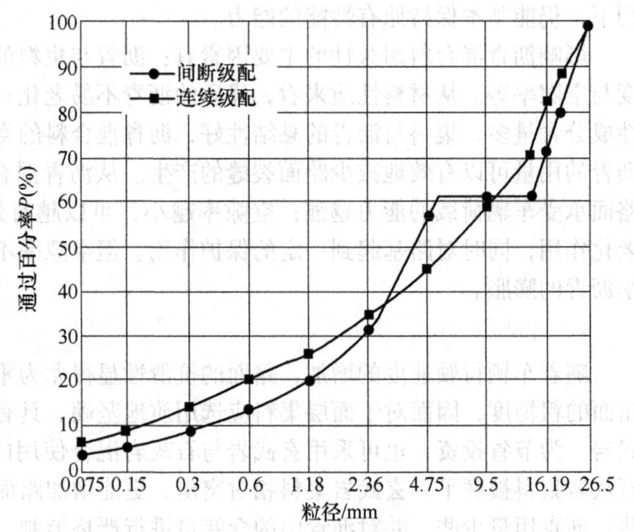

图 11-8 连续级配和间断级配曲线

（2）级配理论 关于级配理论的研究，实质上发源于我国的垛积理论。目前常用的级配理论主要有最大密度曲线理论和粒子干涉理论。本节主要介绍最大密度曲线理论，该理论主要描述了连续级配的粒径分布。

1）最大密度曲线公式。最大密度曲线是通过试验提出的一种理想曲线。该理论认为：矿质混合料的颗粒级配曲线越接近抛物线，则其密度越大。根据上述理论，当矿物混合料的级配曲线为抛物线（见图11-9）时，最大密度理想曲线集料各级粒径 $d$ 与通过百分率 $P$ 可表示为下式：

$$P^2 = kd \tag{11-7}$$

式中 $d$——矿质混合料各级颗粒粒径（mm）；

$P$——各级颗粒粒径集料的通过百分率（%）；

$k$——常数。

当颗粒粒径 $d$ 等于最大粒径 $D$ 时，则通过百分率 $P=100\%$，即 $d=D$ 时，$P=100\%$，故

$$k = 100^2 \times \frac{1}{D} \tag{11-8}$$

求任一级颗粒粒径 $d$ 的通过百分率 $P$ 时，可将式（11-8）代入式（11-7），则可得下式：

$$P = 100 \times \sqrt{\frac{d}{D}} = 100 \times \left(\frac{d}{D}\right)^{0.5} \tag{11-9}$$

式中 $d$——欲计算的某级集料粒径（mm）；

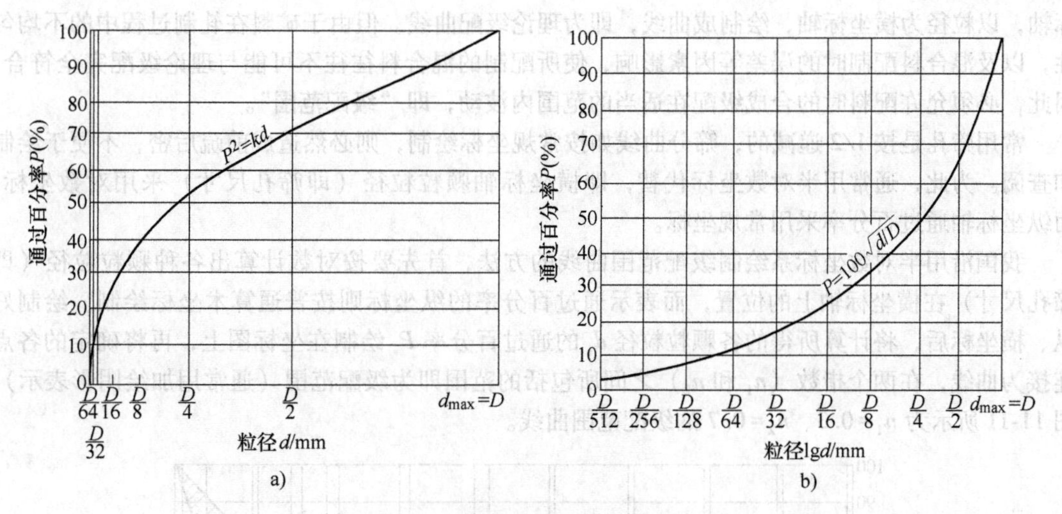


图 11-9 最大密度理想级配曲线

a）常坐标 b）半对数坐标

注：a）为 $P$-$d$ 曲线，纵坐标通过百分率 $P$ 与横坐标粒径 $d$ 均为算术坐标。在横坐标上，粒径 $d$ 按 1/2 递减，随着粒径的减小，粒径 $d$ 的位置越来越近，甚至无法绘出，为此，通常采用 b）的 $P$-lg$d$ 半对数坐标表示法。

$D$——矿质混合料的最大粒径（mm）；

$P$——欲计算的某级集料的通过百分率（%）。

式（11-9）就是最大密度理想曲线的级配组成计算公式。根据这个公式，可以计算出矿质混合料最大密度时各级粒径 $d$ 的通过百分率 $P$。

2）最大密度曲线 $n$ 次幂公式。最大密度曲线是一种理论的级配曲线。在实际应用中，许多研究认为，这一公式的指数不应固定为 0.5。有的研究认为，在沥青混合料中应用时，当 $n=0.45$ 时密度最大；有的研究认为，在水泥混凝土中应用时，当 $n=0.25\sim0.45$ 时工作性较好。通常使用的矿质混合料的级配范围（包括密级配和开级配），$n$ 次幂常在 $0.3\sim0.7$。因此在实际应用时，矿质混合料的级配曲线应该允许在一定范围内波动，所以目前多用 $n$ 次幂的通式表达式［见式(11-10)］。不同 $n$ 次幂的级配曲线如图 11-10 所示。

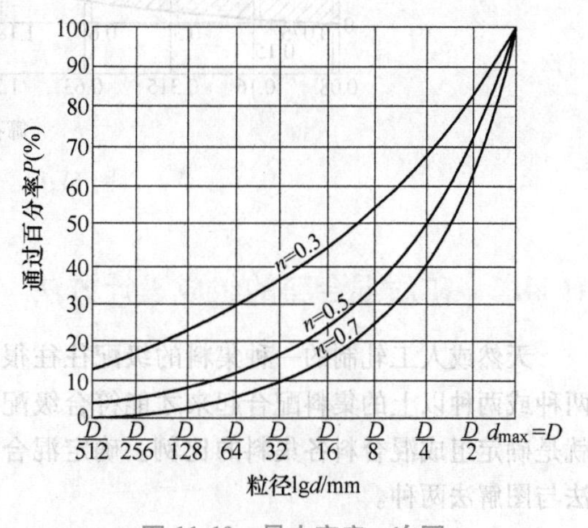


图 11-10 最大密度 $n$ 次幂的级配曲线范围图

$$P = 100 \times \left(\frac{d}{D}\right)^n \tag{11-10}$$

式中 $n$——试验指数；

$P$、$d$、$D$ 意义同式（11-9）。

为了计算方便，最大密度曲线 $n$ 次幂公式也可改写为对数方程，见式（11-11）。

$$\lg P = \lg 100 + n\lg d - n\lg D = (2 - n\lg D) + n\lg d \tag{11-11}$$

## 2. 级配范围曲线的绘制

按前述级配理论公式计算出各级集料在矿质混合料中的通过百分率，以通过百分率为纵坐标轴，以粒径为横坐标轴，绘制成曲线，即为理论级配曲线。但由于矿料在轧制过程中的不均匀性，以及混合料配制时的误差等因素影响，使所配制的混合料往往不可能与理论级配完全符合。因此，必须允许配料时的合成级配在适当的范围内波动，即“级配范围”。

常用筛孔是按1/2递减的，筛分曲线如按常规坐标绘制，则必然造成前疏后密，不便于绘制和查阅。为此，通常用半对数坐标代替，即横坐标轴颗粒粒径（即筛孔尺寸）采用对数坐标，而纵坐标轴通过百分率采用常规坐标。

我国沿用半对数坐标系绘制级配范围曲线的方法，首先要按对数计算出各种颗粒粒径（即筛孔尺寸）在横坐标轴上的位置，而表示通过百分率的纵坐标则按普通算术坐标绘制。绘制好纵、横坐标后，将计算所得的各颗粒粒径 $d_i$ 的通过百分率 $P_i$ 绘制在坐标图上，再将确定的各点连接为曲线，在两个指数（$n_1$ 和 $n_2$）之间所包括的范围即为级配范围（通常用加绘阴影表示）。图11-11所示为 $n_1=0.3$、$n_2=0.7$ 的级配范围曲线。

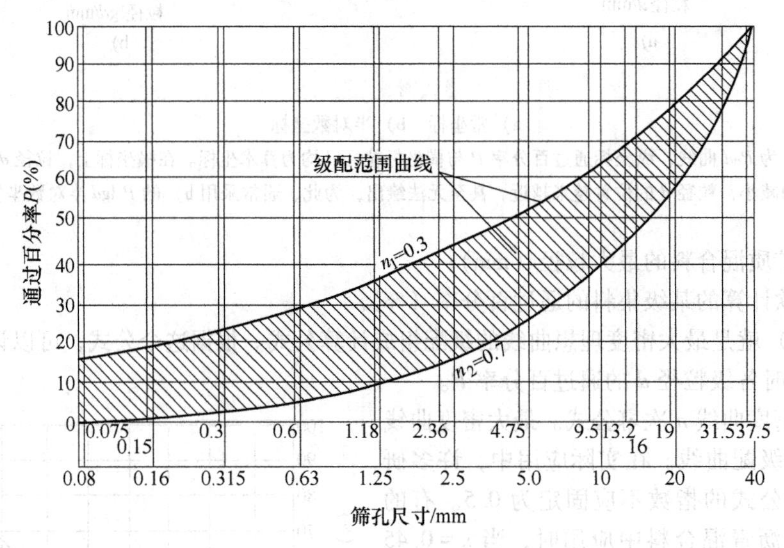


图11-11 级配范围曲线

## 11.4.2 矿质混合料的组成设计方法

天然或人工轧制的一种集料的级配往往很难完全符合某一级配范围的要求，因此必须采用两种或两种以上的集料配合起来才能符合级配范围的要求。矿质混合料配合比组成设计的任务就是确定组成混合料各集料的比例。确定混合料配合比的方法很多，但是归纳起来主要有试算法与图解法两种。

### 1. 试算法

（1）基本原理 试算法的基本原理是：设有几种矿质集料，欲配制某种一定级配要求的混合料。在决定各组成集料在混合料中的比例时，先假定混合料中某种粒径的颗粒由某一种对该粒径占优势的集料所组成，而其他各种集料不含这种粒径。如此，根据各个主要粒径去试算各种集料在混合料中的大致比例。如果比例不合适，则稍加调整，这样逐步渐进，最终达到符合混合料级配要求的各集料配合比例。

设有A、B、C三种集料，欲配制成级配为M的矿质混合料，求出A、B、C集料在混合料中的比例，即为配合比。

按上述表达做出下列两点假设：

1）设A、B、C三种集料在混合料M中的用量比例为$x$、$y$、$z$，则

$$x+y+z=100 \tag{11-12}$$

2）又设混合料M中某一粒径要求的含量为$a_{M(i)}$，A、B、C三种集料在该粒径的含量为$a_{A(i)}$、$a_{B(i)}$、$a_{C(i)}$，则

$$a_{A(i)}x+a_{B(i)}y+a_{C(i)}z=100a_{M(i)} \tag{11-13}$$

（2）计算步骤　在上述两点假设的前提下，按下列步骤求A、B、C三种集料在混合料中的用量。

1）计算A集料在矿质混合料中的用量。在计算A集料在混合料中的用量时，按A集料占优势含量的某一粒径计算（即混合料M中某一级粒径主要由A集料所提供，A集料占优势），而忽略其他集料在此粒径中的含量。

设A集料占优势粒径的粒径尺寸为$i$，则B集料和C集料在该粒径的含量$a_{B(i)}$和$a_{C(i)}$均认为等于零（见图11-12）。由式(11-13)可得

$$a_{A(i)}x=100a_{M(i)} \tag{11-14}$$

即A集料在混合料中的用量为

$$x=\frac{a_{M(i)}}{a_{A(i)}}\times 100$$

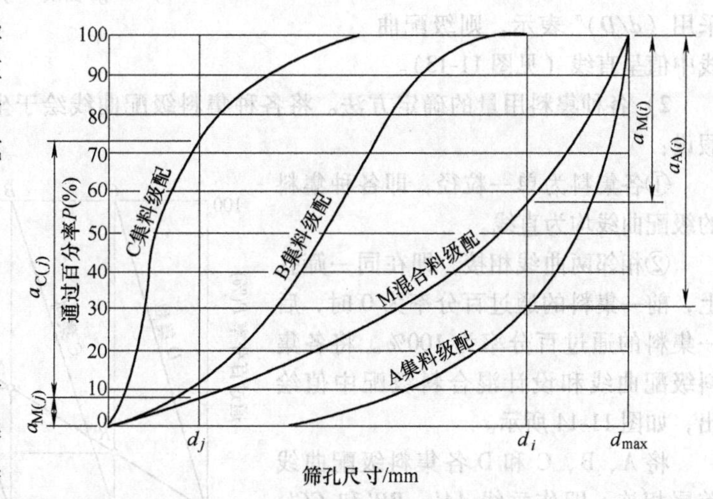


图11-12　某一粒径的原有集料和合成混合料的分计筛余

2）计算C集料在矿质混合料中的用量。同前，在计算C集料在混合料中的用量时，按C集料占优势的某一粒径计算，而忽略其他集料在此粒级的含量。

设按C集料粒径尺寸为$j$的粒径来进行计算，则A集料和B集料在该粒径的含量$a_{A(j)}$和$a_{B(j)}$均等于零（图11-12）。由式（11-13）可得

$$a_{C(j)}z=100a_{M(j)} \tag{11-15}$$

即C集料在混合料中的用量为

$$z=\frac{a_{M(j)}}{a_{C(j)}}\times 100$$

3）计算B集料在矿质混合料中的用量。由式（11-14）和式（11-15）求得A集料和C集料在混合料中的含量$x$和$z$后，由式（11-13）可得

$$y=100-(x+z) \tag{11-16}$$

如为四种集料配合时，C集料和D集料仍可按其占优势粒径用试算法确定。

4）校核调整。按以上计算的配合比，经校核如不在要求的级配范围内，应调整配合比重新计算和复核，经几次调整，逐步渐进，直到符合要求为止。如经计算确实不能满足级配要求时，可掺加某些单粒级集料，或调换其他原始集料。

**2. 图解法**

用图解法来确定矿质混合料的组成时，常采用“平衡面积法”。该法是采用一条直线来代替集料的级配曲线，这条直线使曲线左右两边的面积平衡（即相等），这样就简化了曲线的复杂

性。由于这种方法经过许多研究者的修正，故称现行的图解方法为“修正平衡面积法”（以下简称图解法）。

（1）基本原理

1）级配曲线的坐标图绘制方法。通常级配曲线图采用半对数坐标图，因此，按 $P=100(d/D)^n$ 所绘出的要求级配中值为一曲线。但图解法为使要求级配中值呈一直线，因此纵坐标的通过百分率 $P$ 仍采用算术坐标，而横坐标的粒径采用 $(d/D)^n$ 表示，则级配曲线中值呈直线（见图11-13）。

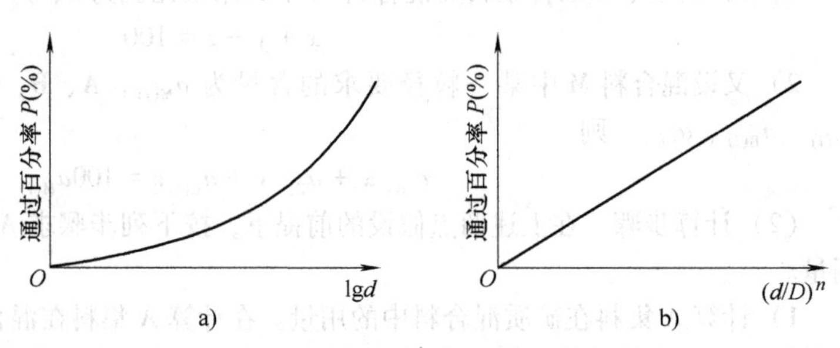

图 11-13 图解法级配曲线坐标图（粒径单位：mm）

a）$P$-lg$d$ 曲线 b）$P$-$(d/D)^n$ 曲线

2）各种集料用量的确定方法。将各种集料级配曲线绘于坐标图上。为简化起见，做下列假设：

①各集料为单一粒径，即各种集料的级配曲线均为直线。

②相邻两曲线相接，即在同一筛孔上，前一集料的通过百分率为0时，后一集料的通过百分率为100%。将各集料级配曲线和设计混合料级配中值绘出，如图11-14所示。

将A、B、C和D各集料级配曲线首尾相连，即作垂线 $AA'$、$BB'$ 和 $CC'$。各垂线与级配中值 $OO'$ 相交于 $M$、$N$ 和 $R$，由 $M$、$N$ 和 $R$ 作水平线与纵坐标交于 $P$、$Q$ 和 $S$，则 $OP$、$PQ$、$QS$ 和 $ST$ 即为A、B、C和D四种集料在混合料的配合比 $x:y:z:w$。

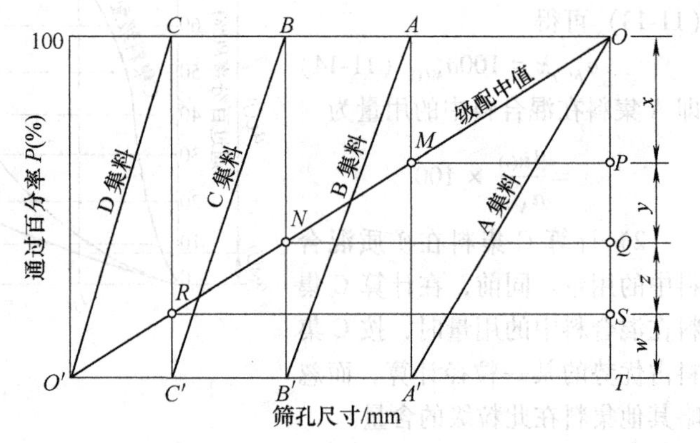

图 11-14 确定各集料配合比原理图

（2）图解法设计步骤

1）绘制级配曲线坐标图。按一定尺寸绘制矩形图框，通常纵坐标通过百分率取10cm，横坐标筛孔尺寸或粒径取15cm；连对角线 $OO'$（见图11-15）作为要求级配曲线中值；纵坐标按算术标尺，标出通过量百分率（0~100%）；将根据要求级配中值（见图11-15）的各筛孔通过百分率标于纵坐标上，从纵坐标引水平线与对角线相交，再从交点作垂线与横坐标相交，其交点即为各相应筛孔尺寸的位置。表11-4所示为细粒式沥青混合料用矿料级配范围。

2）确定各种集料用量。将各种集料的通过百分率绘于级配曲线坐标图上（见图11-16）。因为实际集料的相邻级配曲线并不像计算原理所述那样，均为首尾相接，可能有重叠、相接、相离三种情况。根据各集料之间的关系，按下述方法即可确定各种集料用量：

①两相邻级配曲线重叠（如A集料级配曲线的下部与B集料级配曲线的上部搭接）时，在两级配曲线之间引一根垂直于横坐标的直线（即 $a=a'$）线 $AA'$，与对角线 $OO'$ 交于 $M$ 点，通过 $M$ 点作一水平线与纵坐标交于 $P$ 点，$OP$ 即为A集料的用量。

②两相邻级配曲线相接（如B集料的级配曲线末端与C集料的级配曲线首端，正好在一垂

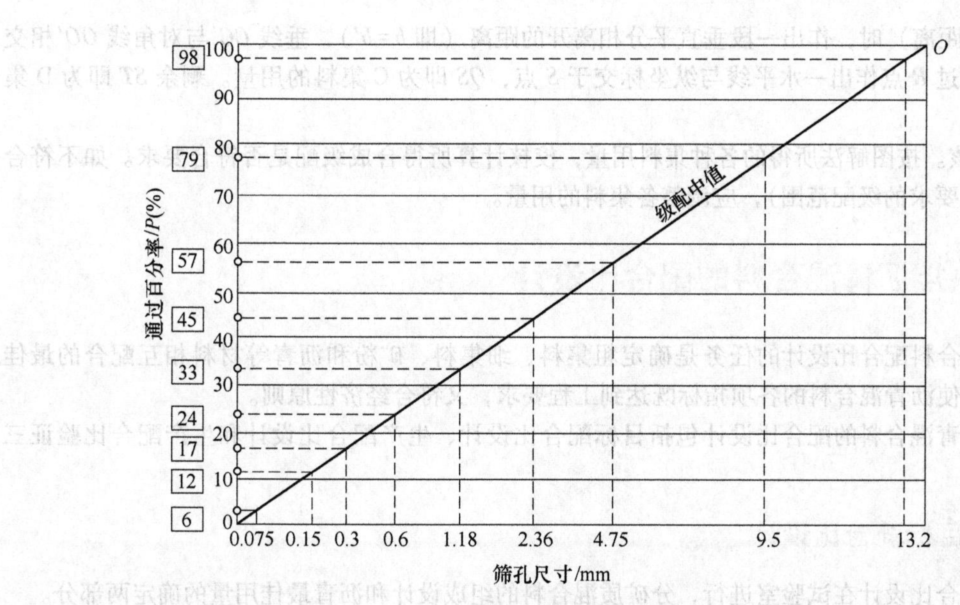


图 11-15　图解法用级配曲线坐标图

表 11-4　细粒式沥青混合料用矿料级配范围

| 筛孔尺寸/mm | 16 | 13.2 | 9.5 | 4.75 | 2.36 | 1.18 | 0.6 | 0.3 | 0.15 | 0.075 |
|---|---|---|---|---|---|---|---|---|---|---|
| 级配范围/mm | 100 | 95~100 | 70~88 | 48~68 | 36~53 | 24~41 | 18~30 | 12~22 | 8~16 | 4~8 |
| 级配中值（%） | 100 | 98 | 79 | 57 | 45 | 33 | 24 | 17 | 12 | 6 |

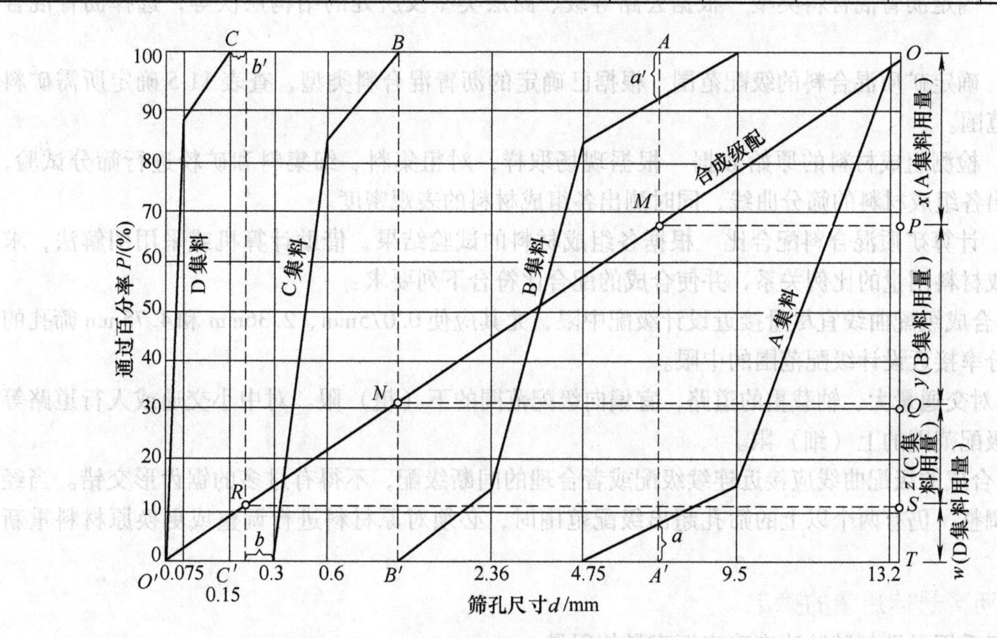


图 11-16　组成集料级配曲线和要求合成级配曲线

直线上）时，将前一集料曲线末端与后一集料曲线首端作垂线相连，垂线 $BB'$ 与对角线 $OO'$ 相交于 $N$ 点。通过 $N$ 点作一水平线与纵坐标交于 $Q$ 点，$PQ$ 即为 B 集料的用量。

③两相邻级配曲线相离（如 C 集料的集配曲线末端与 D 集料的级配曲线首端在水平方向彼

此离开一段距离）时，作出一段垂直平分相离开的距离（即 $b=b'$），垂线 $CC'$ 与对角线 $OO'$ 相交于 $R$ 点，通过 $R$ 点作出一水平线与纵坐标交于 $S$ 点，$QS$ 即为 C 集料的用量。剩余 $ST$ 即为 D 集料的用量。

3）校核。按图解法所得的各种集料用量，校核计算所得合成级配是否符合要求。如不符合要求（超出要求的级配范围），应调整各集料的用量。

## 11.5 热拌沥青混合料的配合比设计

沥青混合料配合比设计的任务是确定粗集料、细集料、矿粉和沥青等材料相互配合的最佳组成比例，使沥青混合料的各项指标既达到工程要求，又符合经济性原则。

热拌沥青混合料的配合比设计包括目标配合比设计、生产配合比设计和生产配合比验证三个阶段。

### 11.5.1 目标配合比设计

目标配合比设计在试验室进行，分矿质混合料的组成设计和沥青最佳用量的确定两部分。

#### 1. 矿质混合料的组成设计

矿质混合料组成设计的目的是让各种矿料以最佳比例相混合，从而在加入沥青后，使沥青混凝土既密实，又有一定空隙适应夏季沥青膨胀。

为了应用已有的研究成果和实践经验，通常是采用推荐的矿质混合料级配范围来确定矿质混合料的组成，依下列步骤进行：

（1）确定沥青混合料类型　根据公路等级、路层类型及所处的结构层次等，选择沥青混合料类型。

（2）确定矿质混合料的级配范围　根据已确定的沥青混合料类型，查表 11-5 确定所需矿料的级配范围。

（3）检测组成材料的原始数据　根据现场取样，对粗集料、细集料和矿粉进行筛分试验，分别绘出各组成材料的筛分曲线，同时测出各组成材料的表观密度。

（4）计算矿质混合料配合比　根据各组成材料的试验结果，借助计算机或采用图解法，求出各组成材料用量的比例关系，并使合成的配合比符合下列要求：

1）合成级配曲线宜尽量接近设计级配中限，尤其应使 0.075mm、2.36mm 和 4.75mm 筛孔的通过百分率接近设计级配范围的中限。

2）对交通量大、轴载重的道路，宜偏向级配范围的下（粗）限。对中小交通或人行道路等宜偏向级配范围的上（细）限。

3）合成的级配曲线应接近连续级配或者合理的间断级配，不得有过多的锯齿形交错。当经过再三调整，仍有两个以上的筛孔超出级配范围时，必须对原材料进行调整或更换原材料重新设计。

#### 2. 沥青最佳用量的确定

一般采用马歇尔试验法来确定沥青最佳用量。

1）根据表 11-5 所列的沥青用量范围及实践经验，估计适宜的沥青用量或油石比。

2）以估计沥青用量为中值，按 0.5% 间隔上下变化，取 5 个不同的沥青用量，拌和均匀，制成马歇尔试件。

表 11-5 沥青混合料矿料级配及沥青用量范围（方孔筛）

| 级配类型 | | | | 通过下列筛孔（方孔筛/mm）的质量百分率（%） | | | | | | | | | | | | | | | 沥青用量（%） |
|---|---|---|---|---|---|---|---|---|---|---|---|---|---|---|---|---|---|---|---|
| | | | | 53 | 37.5 | 31.5 | 26.5 | 19 | 16 | 13.2 | 9.5 | 4.75 | 2.36 | 1.18 | 0.6 | 0.3 | 0.15 | 0.075 | |
| 沥青混凝土 | 粗粒 | AC-30 | Ⅰ | | 100 | 90~100 | 79~92 | 66~82 | 59~77 | 52~72 | 43~63 | 32~52 | 25~42 | 18~32 | 13~25 | 8~18 | 5~13 | 3~7 | 4.0~6.0 |
| | | | Ⅱ | | 100 | 90~100 | 65~85 | 52~70 | 45~65 | 38~58 | 30~50 | 18~38 | 12~28 | 8~20 | 4~14 | 3~11 | 2~7 | 1~5 | 3.0~5.0 |
| | | AC-25 | Ⅰ | | | 100 | 95~100 | 75~90 | 62~80 | 53~73 | 43~63 | 32~52 | 25~42 | 18~32 | 13~25 | 8~18 | 5~13 | 3~7 | 4.0~6.0 |
| | | | Ⅱ | | | 100 | 90~100 | 65~85 | 52~70 | 42~62 | 32~52 | 20~40 | 13~30 | 9~23 | 6~16 | 4~12 | 3~8 | 2~5 | 3.0~5.0 |
| | 中粒 | AC-20 | Ⅰ | | | | 100 | 95~100 | 75~90 | 62~80 | 52~72 | 38~58 | 28~46 | 20~34 | 15~27 | 10~20 | 6~14 | 4~8 | 4.0~6.0 |
| | | | Ⅱ | | | | 100 | 90~100 | 65~85 | 52~70 | 40~60 | 26~45 | 16~33 | 11~25 | 7~18 | 4~13 | 3~9 | 2~5 | 3.5~5.5 |
| | | AC-16 | Ⅰ | | | | | 100 | 95~100 | 75~90 | 58~78 | 42~63 | 32~50 | 22~37 | 16~28 | 11~21 | 7~15 | 4~8 | 4.0~6.0 |
| | | | Ⅱ | | | | | 100 | 90~100 | 65~85 | 50~70 | 30~50 | 18~35 | 12~26 | 7~19 | 4~14 | 3~9 | 2~5 | 3.5~5.5 |
| | 细粒 | AC-13 | Ⅰ | | | | | | 100 | 95~100 | 70~88 | 48~68 | 36~53 | 24~41 | 18~30 | 12~22 | 8~16 | 4~8 | 4.5~6.5 |
| | | | Ⅱ | | | | | | 100 | 90~100 | 60~80 | 34~52 | 22~38 | 14~28 | 8~20 | 5~14 | 3~10 | 2~6 | 4.0~6.0 |
| | | AC-10 | Ⅰ | | | | | | | 100 | 95~100 | 55~75 | 38~58 | 26~43 | 17~33 | 10~24 | 6~16 | 4~9 | 5.0~7.0 |
| | | | Ⅱ | | | | | | | 100 | 90~100 | 40~60 | 24~42 | 15~30 | 9~22 | 6~15 | 4~10 | 2~6 | 4.5~6.5 |
| | 砂粒 | AC-5 | Ⅰ | | | | | | | | 100 | 95~100 | 55~75 | 35~55 | 20~40 | 12~28 | 7~18 | 5~10 | 6.0~8.0 |
| 沥青碎石 | 特粗 | AM-40 | | 100 | 90~100 | 50~80 | 40~65 | 30~54 | 25~50 | 20~45 | 13~38 | 5~25 | 2~15 | 0~10 | 0~8 | 0~6 | 0~5 | 0~4 | 2.5~4.0 |
| | 粗粒 | AM-30 | | | 100 | 90~100 | 50~80 | 38~65 | 32~57 | 25~50 | 17~42 | 8~30 | 2~20 | 0~15 | 0~10 | 0~8 | 0~5 | 0~4 | 2.5~4.0 |
| | | AM-25 | | | | 100 | 90~100 | 50~80 | 43~73 | 38~65 | 25~55 | 10~32 | 2~20 | 0~14 | 0~10 | 0~8 | 0~6 | 0~5 | 3.0~4.5 |
| | 中粒 | AM-20 | | | | | 100 | 90~100 | 60~85 | 50~75 | 40~65 | 15~40 | 5~22 | 2~16 | 1~12 | 0~10 | 0~8 | 0~5 | 3.0~4.5 |
| | | AM-16 | | | | | | 100 | 90~100 | 60~85 | 45~68 | 18~42 | 6~25 | 3~18 | 1~14 | 0~10 | 0~8 | 0~5 | 3.0~4.5 |
| | 细粒 | AM-13 | | | | | | | 100 | 90~100 | 50~80 | 20~45 | 8~28 | 4~20 | 2~16 | 0~10 | 0~8 | 0~6 | 3.0~4.5 |
| | | AM-10 | | | | | | | | 100 | 85~100 | 35~65 | 10~35 | 5~22 | 2~16 | 0~12 | 0~9 | 0~6 | 3.0~4.5 |
| 抗滑表层 | | AK-13A | | | | | | | 100 | 90~100 | 60~80 | 30~53 | 20~40 | 15~30 | 10~23 | 7~18 | 5~12 | 4~8 | 3.5~5.5 |
| | | AK-13B | | | | | | | 100 | 85~100 | 50~70 | 18~40 | 10~30 | 8~22 | 5~15 | 3~12 | 3~9 | 2~6 | 3.5~5.5 |
| | | AK-16 | | | | | | 100 | 90~100 | 60~82 | 45~70 | 25~45 | 15~35 | 10~25 | 8~18 | 6~13 | 4~10 | 3~7 | 3.5~5.5 |

3）测定试件的密度，并计算空隙率、沥青饱和度、矿料间隙率等物理指标，进行体积组成分析。

4）进行马歇尔试验，测定马歇尔稳定度和流值这两个力学指标。

5）以沥青用量为横坐标，以实测密度、空隙率、饱和度、稳定度、流值为纵坐标，分别将试验结果点入图中，连成圆滑的曲线，如图 11-17 所示。选择的沥青用量范围应使密度及稳定度曲线出现峰值。

6）从图 11-17 中求取相应于密度最大值的沥青用量为 $a_1$；相应于稳定度最大值的沥青用量为 $a_2$；及相应于规定空隙率范围的中值或要求的目标空隙率的沥青用量为 $a_3$，按下式计算三者的平均值作为最佳沥青用量的初始值 $OAC_1$：

$$OAC_1 = \frac{a_1 + a_2 + a_3}{3} \tag{11-17}$$

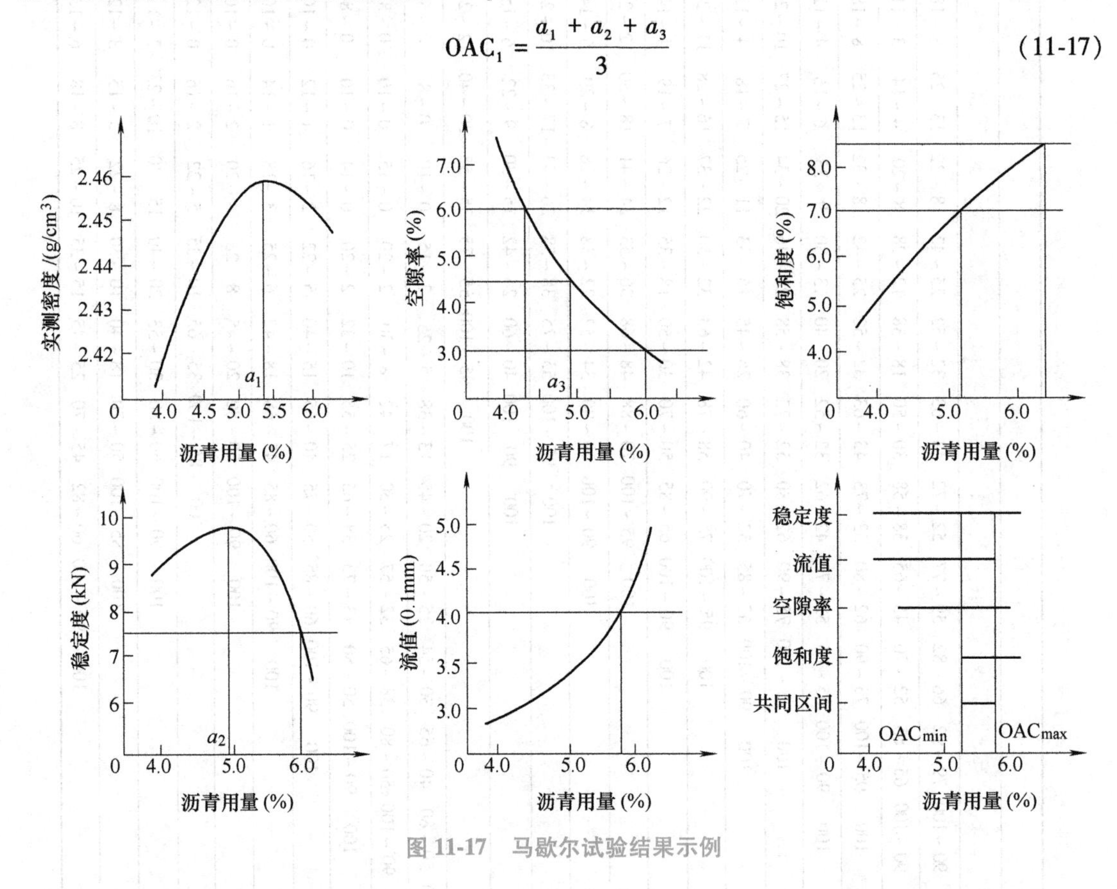


图 11-17 马歇尔试验结果示例

7）根据沥青混合料马歇尔试验技术标准（见表 11-6），确定各关系曲线上沥青用量范围，取各沥青用量范围的共同区间，即为沥青最佳用量范围 $OAC_{min}$~$OAC_{max}$，求其中值 $OAC_2$。

$$OAC_2 = \frac{OAC_{min} + OAC_{max}}{2} \tag{11-18}$$

8）按最佳沥青用量初始值 $OAC_1$，在图 11-17 中取相应的各项指标值，当各项指标均符合表 11-6 所示的各项马歇尔试验技术标准时，由 $OAC_1$ 和 $OAC_2$ 综合确定最佳沥青用量（OAC）。当不符合表 11-6 所示的规定时，应重新进行级配调整和计算，直至各项指标均符合要求。

9）由 $OAC_1$ 和 $OAC_2$ 综合决定最佳沥青用量（OAC）时，宜根据实践经验、道路等级、气候条件等，按下列步骤进行：

a. 一般情况下，取 $OAC_1$ 和 $OAC_2$ 的中值作为最佳沥青用量（OAC）。

b. 对热区道路以及车辆渠化交通的高速公路、一级公路、城市快车道、主干路，预计有可能造成较大车辙的情况下，可在 $OAC_1$ 与下限 $OAC_{min}$ 范围内确定，但不宜小于 $OAC_2$ 的0.5%。

c. 对寒区道路及其他等级公路与城市道路，可在 $OAC_2$ 与上限 $OAC_{max}$ 范围内确定，但不宜大于 $OAC_2$ 的0.3%。

10）路用性能检验。

a. 水稳定性检验。按最佳沥青用量（OAC）制作马歇尔试件，进行浸水马歇尔试验或真空饱水后的浸水马歇尔试验。当残留稳定度不符合表11-6所示的规定时，应重新进行配合比试验，直至符合要求为止。

表11-6　热拌沥青混合料马歇尔试验技术指标

| 试验项目 | 沥青混合料类型 | 高速公路、一级公路、城市快速路、主干路 | 其他等级公路与城市道路 | 行人道路 |
|---|---|---|---|---|
| 击实次数(次) | 沥青混凝土 | 两面各75 | 两面各50 | 两面各35 |
| | 沥青碎石、抗滑表层 | 两面各50 | 两面各50 | 两面各35 |
| 稳定度/kN | Ⅰ型沥青混凝土 | >7.5 | >5.0 | >3.0 |
| | Ⅱ型沥青混凝土、抗滑表层 | >5.0 | >4.0 | — |
| 流值/0.1mm | Ⅰ型沥青混凝土 | 20~40 | 20~45 | 20~50 |
| | Ⅱ型沥青混凝土、抗滑表层 | 20~40 | 20~45 | |
| 空隙率（%） | Ⅰ型沥青混凝土 | 3~6 | 3~6 | 2~5 |
| | Ⅱ型沥青混凝土、抗滑表层 | 4~10 | 4~10 | — |
| | 沥青碎石 | >10 | >10 | — |
| 沥青饱和度（%） | Ⅰ型沥青混凝土 | 70~85 | 70~85 | 75~90 |
| | Ⅱ型沥青混凝土、抗滑表层 | 60~75 | 60~75 | — |
| | 沥青碎石 | 40~60 | 40~60 | — |
| 残留稳定度（%） | Ⅰ型沥青混凝土 | >75 | >75 | >75 |
| | Ⅱ型沥青混凝土、抗滑表层 | >70 | >70 | — |

注：1. 粗粒式沥青混凝土稳定度可降低1kN。
2. Ⅰ型细粒式及砂粒式沥青混凝土的空隙率为2%~6%。
3. 沥青混凝土混合料的矿料间隙率（VMA）宜符合表11-7所示的要求：
4. 当沥青碎石混合料试件在60℃水中浸泡即发生松散时，可不进行马歇尔试验，但应测定密度、空隙率、沥青饱和度等指标。
5. 残留稳定度可根据需要采用浸水马歇尔试验或真空饱水后浸水马歇尔试验进行测定。

表11-7　沥青混合料的矿料间隙率（VMA）

| 最大集料粒径/mm | | | | | | | | | |
|---|---|---|---|---|---|---|---|---|---|
| | 方孔筛 | 37.5 | 31.5 | 26.5 | 19 | 16 | 13.2 | 9.5 | 4.75 |
| | 圆孔筛 | 50 | 35或40 | 30 | 25 | 20 | 15 | 10 | 5 |
| VMA（%），不小于 | | 12 | 12.5 | 13 | 14 | 14.5 | 15 | 16 | 18 |

当最佳沥青用量（OAC）值与两初始值 $OAC_1$ 和 $OAC_2$ 相差甚大时，宜按OAC与 $OAC_1$ 或 $OAC_2$ 分别制作试件，进行残留稳定度试验，根据试验结果对OAC做适当调整。

b. 高温稳定性检验。按最佳沥青用量OAC制作车辙试验试件，在温度60℃、轮压0.7MPa条件下，检验其高温抗车辙能力。当动稳定度不符合下列要求时，即高速公路应不小于800次/mm，一级公路应不小于600次/mm，应对矿料级配或沥青用量进行调整，重新进行配合比设计。

当最佳沥青用量OAC值与两初始值 $OAC_1$ 和 $OAC_2$ 相差甚大时，宜按OAC与 $OAC_1$ 或 $OAC_2$ 分别制作试件，进行车辙试验，根据结果，适当调整OAC值。

通过以上的计算和试验，最后确定最佳沥青用量。

### 11.5.2 生产配合比设计

在目标配合比确定之后，应进行生产配合比设计。

因为，在进行沥青混合料生产时，虽然所用的材料与目标配合比设计时相同，但是实际情况与试验室还是有所差别的；另外，在生产时，砂、石料经过干燥筒加热，然后再经筛分，这种热料筛分与试验室的冷料筛分也可能存在差异。对间歇式拌和机，应从二次筛分后进入各热料仓的材料中取样，并进行筛分，确定各热料仓的材料比例，使所组成的级配与目标配合比设计的级配一致或基本接近，供拌和机控制室使用。同时，应反复调整冷料仓进料比例，使供料均衡，并取目标配合比设计的最佳沥青用量、最佳沥青用量加0.3%和最佳沥青用量减0.3%等三个沥青用量进行马歇尔试验，确定生产配合比的最佳沥青用量，供试拌试铺使用。

### 11.5.3 生产配合比验证

生产配合比确定后，还需要铺试验路段，并用拌和的沥青混合料进行马歇尔试验，同时钻取芯样，以检验生产配合比，如符合标准要求，则整个配合比设计完成，由此确定生产用的标准配合比；否则，还需要进行调整。

标准配合比即作为生产的控制依据和质量检验的标准。标准配合比的矿料合成级配中，0.075mm、2.36mm、4.75mm三档筛孔的通过百分率，应接近要求级配的中值。

## 复习思考题

11-1 石油沥青的三大组分及其特性是什么？石油沥青的组分与其性质有何关系？

11-2 石油沥青的主要技术性质有哪些？分别用什么指标表示？

11-3 如何划分石油沥青的牌号？牌号大小与石油沥青主要技术性质之间有何关系？

11-4 为何对石油沥青进行改性？改性石油沥青的品种都有哪些？

11-5 沥青混合料按其组成结构可分为哪几种类型？各种结构类型的沥青混合料各有什么优缺点？

11-6 试述热拌沥青混合料配合设计的方法。矿质混合料的组成和沥青最佳用量是如何确定的？

# 第 12 章 防水材料

【本章知识点】防水材料的种类、主要品种、性能特点及选用。

【重点】常用防水材料的性能特点及选用。

【难点】防水材料的组成及功能机理。

防水材料是指能够防止雨水、地下水与其他水分等侵入建筑物的组成材料，它是建筑工程中重要的建筑材料之一。防水材料质量的优劣与建筑物的使用寿命紧密相连。建筑物防水处理的部位主要有屋面、墙面、地面和地下室、卫生间等。防水材料的质量好坏直接影响人们的居住环境、生活条件及建筑物的寿命。防水材料具有品种多、发展快等特点，有传统使用的沥青防水材料，也有正在发展的改性沥青防水材料和合成高分子防水材料。

沥青基防水材料是传统的防水材料，也是目前应用较多的防水材料，但是其使用寿命较短。石油化工的发展，各类高分子材料的出现，为研制性能优良的新型防水材料提供了广阔的原料来源。纵观世界防水材料总的发展趋势，防水材料已向橡胶基和树脂基防水材料或高聚物改性沥青系列发展；油毡的胎体由纸胎向玻璃纤维胎或化纤胎方面发展；密封材料和防水涂料由低塑性的产品向高弹性、高耐久性产品的方向发展；防水层的构造也由多层向单层防水发展；施工方法则由热熔法向冷粘法发展。

依据防水材料的外观形态，防水材料一般分为防水卷材、防水涂料、密封材料和防水剂四大类，这四大类材料根据其组成不同又可分为上百个品种，使防水材料由低档向中、高档，品种化，系列化方向迈进了一大步。

## 12.1 防水卷材

防水卷材是建筑工程防水材料的重要品种之一。防水卷材的品种较多，性能各异。但无论何种防水卷材，要满足建筑防水工程的要求，均需具备一定性能。

### 12.1.1 防水卷材的性能

1. 耐水性

耐水性是指在水的作用下和被水浸润后其性能基本不变，在压力水作用下具有不透水性的能力常用不透水性、吸水性等指标表示。

2. 温度稳定性

温度稳定性是指在高温下不流淌、不起泡、不滑动，低温下不脆裂的性能，即在一定温度变化下保持原有性能的能力。常用耐热度、耐热性等指标表示。

3. 机械强度、延伸性和抗断裂性

机械强度、延伸性和抗断裂性是指防水卷材承受一定荷载、应力或在一定变形的条件下不断裂的性能。常用拉力、抗拉强度和断裂伸长率等指标表示。

4. 柔韧性

柔韧性是指在低温条件下保持柔韧的性能。它对保证易于施工、不脆裂十分重要。常用柔度、低温弯折性等指标表示。

5. 大气稳定性

大气稳定性是指在阳光、热、臭氧及其他化学侵蚀介质等因素的长期综合作用下抵抗侵蚀的能力。常用耐老化性、热老化保持率等指标表示。

### 12.1.2 石油沥青防水卷材

1. 常见石油沥青防水卷材的特点、适用范围及施工工艺

石油沥青防水卷材是用原纸、纤维织物、纤维毡等胎体浸涂石油沥青，表面撒布粉状、粒状或片状材料制成可卷曲的片状防水材料，常见的有石油沥青纸胎油毡、石油沥青玻璃布油毡、石油沥青玻璃纤维胎油毡、石油沥青麻布胎油毡等，它们各自的特点、适用范围及施工工艺如表12-1所示。

表12-1 石油沥青防水卷材的特点、适用范围及施工工艺

| 卷材名称 | 特点 | 适用范围 | 施工工艺 |
|---|---|---|---|
| 石油沥青纸胎油毡 | 是我国传统的防水材料，目前在屋面工程中仍占主导地位。其低温柔性差，防水层耐用年限较短，但价格较低 | 三毡四油、二毡三油叠层铺设的屋面工程 | 热玛蹄脂、冷玛蹄脂粘贴施工 |
| 石油沥青玻璃布油毡 | 抗拉强度高，胎体不易腐烂，材料柔韧性好，耐久性比纸胎油毡提高一倍以上 | 多用作纸胎油毡的增强附加层和凸出部位的防水层 | 热玛蹄脂、冷玛蹄脂粘贴施工 |
| 石油沥青玻璃纤维胎油毡 | 有良好的耐水性、耐腐蚀性和耐久性，柔韧性也优于纸胎油毡 | 常用作屋面或地下防水工程 | 热玛蹄脂、冷玛蹄脂粘贴施工 |
| 石油沥青麻布胎油毡 | 抗拉强度高，耐水性好，但胎体材料易腐蚀 | 常用作屋面增强附加层 | 热玛蹄脂、冷玛蹄脂粘贴施工 |
| 石油沥青锡箔胎油毡 | 有很高的阻隔蒸汽的渗透能力，防水功能好，且具有一定的抗拉强度 | 与带孔玻璃纤维毡配合或单独使用，宜用于隔气层 | 热玛蹄脂粘贴施工 |

2. 屋面防水工程中石油沥青防水卷材的适用范围

对于屋面防水工程，根据《屋面工程质量验收规范》（GB 50207）的规定，石油沥青防水卷材仅适用于屋面防水等级为Ⅲ级（一般的建筑、防水层合理使用年限为10年）和Ⅳ级（非永久性的建筑、防水层合理使用年限为5年）的屋面防水工程。对于防水等级为Ⅲ级的屋面，应选用三毡四油沥青卷材防水；对于防水等级为Ⅳ级的屋面，可选用二毡三油沥青卷材防水。

3. 石油沥青防水卷材的外观质量和物理性能

石油沥青防水卷材的外观质量和物理性能应符合表12-2和表12-3所示的要求。

表12-2 石油沥青防水卷材的外观质量

| 项目 | 质量要求 |
|---|---|
| 孔洞、硌伤 | 不允许 |
| 露胎、涂盖不匀 | 不允许 |
| 折纹、皱折 | 距卷芯1000mm以外，长度不大于100mm |

（续）

| 项目 | 质量要求 |
|---|---|
| 裂纹 | 距卷芯1000mm以外，长度不大于10mm |
| 裂口、缺边 | 边缘裂口小于20mm；缺边长度小于50mm，深度小于20mm |
| 每卷卷材的接头 | 不超过一处，较短的一段不应小于2500mm，接头处应加长150mm |

表12-3 石油沥青防水卷材的物理性能

| 项目 | | 性能要求 | |
|---|---|---|---|
| | | 350号 | 500号 |
| 纵向拉力(25℃±2℃)/N | | ≥340 | ≥440 |
| 耐热度（85℃±2℃，2h） | | 不流淌，无集中性气泡 | |
| 柔度（18℃±2℃） | | 绕 $\phi$20mm圆棒无裂纹 | 绕 $\phi$25mm圆棒无裂纹 |
| 不透水性 | 压力/MPa | ≥0.10 | ≥0.15 |
| | 保持时间/min | ≥30 | ≥30 |

## 12.1.3 合成高分子卷材

随着合成高分子材料的发展，出现了以合成橡胶、合成树脂为主的新型防水卷材——合成高分子防水卷材。合成高分子防水卷材以合成橡胶、合成树脂或它们两者的共混体为基料，再加入硫化剂、软化剂、促进剂、补强剂和防老化剂等助剂和填充料，经过密炼、拉片、过滤、挤出或压延成型、硫化、检验和分卷等工序而制成的可卷曲的片状防水卷材。其中又可分为加筋增强型和非加筋增强型两种。

### 1. 常见合成高分子防水卷材的特点、适用范围及施工工艺

合成高分子防水卷材因所用的基材不同而性能差异较大；使用时应根据其性能的特点合理选择，常见的合成高分子防水卷材的特点、适用范围及施工工艺如表12-4所示。

表12-4 常见合成高分子防水卷材的特点、适用范围及施工工艺

| 卷材名称 | 特点 | 适用范围 | 施工工艺 |
|---|---|---|---|
| 三元乙丙橡胶防水卷材 | 防水性能优异，耐候性好，耐臭氧化、耐蚀性、弹性和抗拉强度大，对基层变形开裂的适应性强，质量轻，使用范围广，寿命长，但价格高，黏结材料尚需配套完善 | 防水要求较高、防水层耐用年限要求长的工业与民用建筑，单层或复合使用 | 冷粘法或自粘法施工 |
| 丁基橡胶防水卷材 | 有较好的耐候性、耐油性、抗拉强度和延伸率，耐低温性能稍低于三元乙丙橡胶防水卷材 | 单层或复合使用于要求较高的防水工程 | 冷粘法施工 |
| 氯化聚乙烯防水卷材 | 具有良好的耐候、耐臭氧、耐热老化、耐油、耐蚀及抗撕裂的性能 | 单层或复合使用，宜用于紫外线强的炎热地区 | 冷粘法施工 |
| 氯磺化聚乙烯防水卷材 | 延伸率较大、弹性较好，对基层变形开裂的适应性较强，耐高、低温性能较好，耐蚀性能良好，有很好的难燃性 | 适合于有腐蚀介质影响及在寒冷地区的防水工程 | 冷粘法施工 |
| 聚氯乙烯防水卷材 | 具有较高的抗拉和撕裂强度，延伸率较大，耐老化性能好，原材料丰富，价格便宜，容易黏结 | 单层或复合使用于外露或有保护层的防水工程 | 冷粘法或热风焊接法施工 |
| 氯化聚乙烯-橡胶共混防水卷材 | 不但具有氯化聚乙烯特有的高强度和优异的耐臭氧、耐老化性能，而且具有橡胶所特有的高弹性、高延伸性以及良好的低温柔性 | 单层或复合使用，尤宜用于寒冷地区或变形较大的防水工程 | 冷粘法施工 |
| 三元乙丙橡胶-聚乙烯共混防水卷材 | 是热塑性弹性材料，有良好的耐臭氧和耐老化性能，使用寿命长，低温柔性好，可在负温条件下施工 | 单层或复合使用于外露防水屋面，宜在寒冷地区使用 | 冷粘法施工 |

**2. 屋面防水工程中合成高分子防水卷材的适用范围**

对于屋面防水工程，根据《屋面工程质量验收规范》（GB 50207）的规定，合成高分子防水卷材适用于防水等级为Ⅰ级、Ⅱ级和Ⅲ级的屋面防水工程。

**3. 合成高分子防水卷材的外观质量和物理性能**

合成高分子防水卷材的外观质量和物理性能应符合表12-5和表12-6所示的要求。卷材厚度选用应符合表12-7所示的规定。

表12-5 合成高分子防水卷材的外观质量

| 项目 | 质量要求 |
|---|---|
| 折痕 | 每卷不超过2处，总长度不超过20mm |
| 杂质 | 大于0.5mm颗粒不允许，每$1m^2$不超过$9mm^2$ |
| 胶块 | 每卷不超过6处，每处面积不大于$4mm^2$ |
| 凹痕 | 每卷不超过6处，深度不超过本身厚度的30%；树脂类深度不超过15% |
| 每卷卷材的接头 | 橡胶类每20m不超过1处，较短的一段不应小于3000mm，接头处应加长150mm；树脂类20m长度内不允许有接头 |

表12-6 合成高分子防水卷材的物理性能

| 项目 | | 性能要求 | | | |
|---|---|---|---|---|---|
| | | 硫化橡胶类 | 非硫化橡胶类 | 树脂类 | 纤维增强类 |
| 断裂抗拉强度/MPa | | ≥6 | ≥3 | ≥10 | ≥9 |
| 断裂伸长率（%） | | ≥400 | ≥200 | ≥200 | ≥10 |
| 低温弯折/℃ | | -30 | -20 | -20 | -20 |
| 不透水性 | 压力/MPa | ≥0.3 | ≥0.2 | ≥0.3 | ≥0.3 |
| | 保持时间/min | ≥30 | | | |
| 加热收缩率（%） | | <1.2 | <2.0 | <2.0 | <1.0 |
| 热老化保持率（80℃，168h） | 断裂抗拉强度 | ≥80% | | | |
| | 断裂伸长率 | ≥70% | | | |

表12-7 卷材厚度选用表

| 屋面防水等级 | 设防道数 | 合成高分子防水卷材 | 高聚物改性沥青防水卷材 | 石油沥青防水卷材 |
|---|---|---|---|---|
| Ⅰ | 三道或三道以上设防 | 不应小于1.5mm | 不应小于3mm | — |
| Ⅱ | 二道设防 | 不应小于1.2mm | 不应小于3mm | — |
| Ⅲ | 一道设防 | 不应小于1.2mm | 不应小于4mm | 三毡四油 |
| Ⅳ | 一道设防 | — | — | 二毡三油 |

### 12.1.4 高聚物改性沥青防水卷材

高聚物改性沥青防水卷材是以合成高分子聚合物改性沥青为涂盖层，纤维织物或纤维毡为胎体，粉状、粒状、片状或薄膜材料为覆面材料制成的可卷曲的片状防水材料。

**1. 常见高聚物改性沥青防水卷材的特点、适用范围及施工工艺**

高聚物改性沥青防水卷材克服了传统沥青防水卷材温度稳定性差、延伸率小的不足，具有高温不流淌、低温不脆裂、抗拉强度高、延伸率较大等优异性能，且价格适中，在我国属中高档防水卷材。常见的有SBS改性沥青防水卷材、APP改性沥青防水卷材、PVC改性焦油沥青防水卷材、再生胶改性沥青防水卷材等。此类防水卷材按厚度可分为2mm、3mm、4mm、5mm等规格，一般单层铺设，也可复合使用。根据不同卷材可采用热熔法、冷粘法、自粘法施工。常见的几种高聚物改性沥青防水卷材的特点、适用范围及施工工艺如表12-8所示。

表12-8 常见的几种高聚物改性沥青防水卷材的特点、适用范围及施工工艺

| 卷材名称 | 特点 | 适用范围 | 施工工艺 |
|---|---|---|---|
| SBS改性沥青防水卷材 | 耐高、低温性能有明显提高，卷材的弹性和抗疲劳性有明显改善 | 单层铺设的屋面防水工程或复合使用，适合于寒冷地区和结构变形频繁的建筑 | 冷施工铺贴或热熔铺贴 |
| APP改性沥青防水卷材 | 具有良好的强度、延伸性、耐热性、耐紫外线照射及耐老化性能 | 单层铺设，适合于紫外线辐射强烈及炎热地区屋面使用 | 热熔法或冷粘法铺设 |
| PVC改性焦油沥青防水卷材 | 有良好的耐热及耐低温性能，最低开卷温度为-18℃ | 有利于在冬季负温度下施工 | 可热作业也可冷施工 |
| 再生胶改性沥青防水卷材 | 有一定的延伸性，且低温柔性较好，有一定的防腐蚀能力，价格低廉，属低档防水卷材 | 变形较大或档次较低的防水工程 | 热沥青粘贴 |
| 废橡胶粉改性沥青防水卷材 | 比普通石油沥青纸胎油毡的抗拉强度、低温柔性均明显改善 | 叠层使用于一般屋面防水工程，宜在寒冷地区使用 | 热沥青粘贴 |

## 2. 屋面防水工程中高聚物改性沥青防水卷材的适用范围

对于屋面防水工程，根据《屋面工程质量验收规范》（GB 50207）规定，高聚物改性沥青防水卷材适用于防水等级为Ⅰ级（特别重要或对防水有特殊要求的建筑，防水层合理使用年限为25年）、Ⅱ级（重要的建筑和高层建筑，防水层合理使用年限为15年）和Ⅲ级的屋面防水工程。

高聚物改性沥青防水卷材的外观质量和物理性能应符合表12-9和表12-10所示的要求。卷材厚度选用应符合表12-7所示的规定。

表12-9 高聚物改性沥青防水卷材的外观质量

| 项目 | 质量要求 |
|---|---|
| 孔洞、缺口、裂口 | 不允许 |
| 边缘不整齐 | 不超过10mm |
| 胎体露白、未浸透 | 不允许 |
| 撒布材料粒度、颜色 | 均匀 |
| 每卷卷材的接头 | 不超过1处，较短的一段不应小于1000mm，接头处应加长150mm |

表12-10 高聚物改性沥青防水卷材的物理性能

| 项目 | | 性能要求 | | |
|---|---|---|---|---|
| | | 聚酯毡胎体 | 玻璃纤维胎体 | 聚乙烯胎体 |
| 拉力/(N/50mm) | | ≥450 | 纵向≥350，横向≥250 | ≥100 |
| 延伸率（%） | | 最大拉力时，≥30 | — | 断裂时，≥200 |
| 耐热度/(℃,2h) | | SBS卷材90，APP卷材110，无滑动、流淌、滴落 | | PEE卷材90，无流淌、起泡 |
| 低温柔度/℃ | | SBS卷材-18，APP卷材-5，PEE卷材-10<br>3mm厚 $r=15$mm；4mm厚 $r=25$mm；3s弯180°，无裂纹 | | |
| 不透水性 | 压力/MPa | ≥0.3 | ≥0.2 | ≥0.3 |
| | 保持时间/min | ≥30 | | |

注：SBS—弹性体改性沥青防水卷材；APP—塑性体改性沥青防水卷材；PEE—改性沥青聚乙烯胎防水卷材。

## 12.2 防水涂料

防水涂料是一种流态或半流态物质，涂布在基层表面，经溶剂或水分挥发或各组分间的化学反应，形成有一定弹性和一定厚度的连续薄膜，使基层表面与水隔绝，起到防水、防潮作用。

防水涂料固化成膜后的防水涂膜具有良好的防水性能，特别适合于各种复杂、不规则部位的防水，能形成无接缝的完整防水膜。它大多采用冷施工，不必加热熬制，既减少了环境污染，改善了劳动条件，又便于施工操作，加快了施工进度。此外，涂布的防水涂料既是防水层的主体，又是胶黏剂，因而施工质量容易保证，维修也较简单。但是，防水涂料需采用刷子或刮板等逐层涂刷（刮），故防水膜的厚度较难保持均匀一致。因此，防水涂料广泛适用于工业与民用建筑的屋面防水工程、地下室防水工程和地面防潮、防渗等。

防水涂料按液态类型可分为溶剂型、水乳型和反应型三种；按成膜物质的主要成分可分为沥青类、高聚物改性沥青类和合成高分子类。

### 12.2.1 防水涂料的性能

防水涂料的品种很多，各品种之间的性能差异很大，但无论何种防水涂料，要满足防水工程的要求，必须具备以下性能：

#### 1. 固体含量

固体含量是指防水涂料中所含固体比例。由于涂料涂刷后靠其中的固体成分形成涂膜，因此固体含量多少与成膜厚度及涂膜质量密切相关。

#### 2. 耐热度

耐热度是指防水涂料成膜后的防水薄膜在高温下不发生软化变形、不流淌的性能。它反映防水涂膜的耐高温性能。

#### 3. 柔性

柔性是指防水涂料成膜后的膜层在低温下保持柔韧的性能。它反映防水涂料在低温下的施工和使用性能。

#### 4. 不透水性

不透水性是指防水涂料在一定水压（静水压或动水压）和一定时间内不出现渗漏的性能；是防水涂料满足防水功能要求的主要质量指标。

#### 5. 延伸性

延伸性是指防水涂膜适应基层变形的能力。防水涂料成膜后必须具有一定的延伸性，以适应由于温差、干湿等因素造成的基层变形，保证防水效果。

### 12.2.2 防水涂料的选用

防水涂料的使用应考虑建筑的特点、环境条件和使用条件等因素，结合防水涂料的特点和性能指标选择。

#### 1. 沥青基防水涂料

沥青基防水涂料是指以沥青为基料配制而成的水乳型或溶剂型防水涂料。这类涂料对沥青基本没有改性或改性作用不大，有石灰乳化沥青、膨润土沥青乳液和水性石棉沥青防水涂料等。沥青基防水涂料主要适用于Ⅲ级和Ⅳ级防水等级的工业与民用建筑屋面、混凝土地下室和卫生间等的防水工程。

## 2. 高聚物改性沥青防水涂料

高聚物改性沥青防水涂料是指以沥青为基料，用合成高分子聚合物进行改性，制成的水乳型或溶剂型防水涂料。这类涂料在柔韧性、抗裂性、抗拉强度、耐高低温性能、使用寿命等方面比沥青基防水涂料有很大的改善。品种有再生橡胶改性沥青防水涂料、水乳型氯丁橡胶沥青防水涂料、SBS 橡胶改性沥青防水涂料等。高聚物改性沥青防水涂料适用于Ⅱ、Ⅲ、Ⅳ级防水等级的屋面、地面、混凝土地下室和卫生间等的防水工程。高聚物改性沥青防水涂料的物理性能应符合表 12-11 所示的要求。涂膜厚度选用应符合表 12-12 所示的规定。

表 12-11 高聚物改性沥青防水涂料的物理性能

| 项目 | | 性能要求 |
|---|---|---|
| 固体含量（%） | | ≥43 |
| 耐热度（80℃，5h） | | 无流淌、起泡和滑动 |
| 柔性（-10℃） | | 3mm 厚，绕 $\phi$20mm 圆棒无裂纹、断裂 |
| 不透水性 | 压力/MPa | ≥0.1 |
| | 保持时间/min | ≥30 |
| 延伸（20℃±2℃拉伸）/mm | | ≥4.5 |

表 12-12 涂膜厚度选用表

| 屋面防水等级 | 设防道数 | 高聚物改性沥青防水涂料 | 合成高分子防水涂料 |
|---|---|---|---|
| Ⅰ级 | 三道或三道以上设防 | — | 不应小于 1.5mm |
| Ⅱ级 | 二道设防 | 不应小于 3mm | 不应小于 1.5mm |
| Ⅲ级 | 一道设防 | 不应小于 3mm | 不应小于 2mm |
| Ⅳ级 | 一道设防 | 不应小于 2mm | — |

## 3. 合成高分子防水涂料

合成高分子防水涂料是指以合成橡胶或合成树脂为主要成膜物质制成的单组分或多组分的防水涂料。这类涂料具有高弹性、高耐久性及优良的耐高低温性能，品种有聚氨酯防水涂料、丙烯酸酯防水涂料、聚合物水泥涂料和有机硅防水涂料等。合成高分子防水涂料适用于Ⅰ、Ⅱ、Ⅲ级防水等级的屋面、地下室、水池及卫生间等的防水工程。合成高分子防水涂料的物理性能应符合表 12-13 所示的要求。涂膜厚度选用应符合表 12-12 所示的规定。

表 12-13 合成高分子防水涂料的物理性能

| 项目 | | 性能要求 | | |
|---|---|---|---|---|
| | | 反应固化型 | 挥发固化型 | 聚合物水泥涂料 |
| 固体含量（%） | | ≥94 | ≥65 | ≥65 |
| 抗拉强度/MPa | | ≥1.65 | ≥1.5 | ≥1.2 |
| 断裂延伸率（%） | | ≥350 | ≥300 | ≥200 |
| 柔性/℃ | | -30，弯折无裂纹 | -20，弯折无裂纹 | -10，绕 $\phi$10mm 圆棒无裂纹 |
| 不透水性 | 压力/MPa | ≥0.3 | | |
| | 保持时间/min | ≥30 | | |

## 12.3 建筑密封材料

建筑密封材料是指嵌入建筑物缝隙、门窗四周、玻璃镶嵌部位以及由于开裂产生的裂缝，能承受位移且能达到气密、水密目的的材料，又称嵌缝材料。

密封材料有良好的黏结性、耐老化和对高、低温度的适应性，能长期经受被粘构件的收缩与振动而不破坏。

### 12.3.1 密封材料的分类

密封材料分为定型密封材料（密封条和压条等）和不定型密封材料（密封膏或嵌缝膏等）两大类。不定形密封材料按原材料及其性能可分为塑性密封膏、弹塑性密封膏、弹性密封膏。

### 12.3.2 合成高分子密封材料

以合成高分子材料为主体，加入适量化学助剂、填充料和着色剂，经过特定生产工艺而制成的膏状密封材料。主要品种有沥青嵌缝油膏、丙烯酸类密封膏、聚氯乙烯接缝膏和塑料油膏、硅酮密封膏、聚氨酯密封膏等。

#### 1. 沥青嵌缝油膏

沥青嵌缝油膏是指以石油沥青为基料，加入改性材料、稀释剂及填充料混合制成的密封膏。改性材料有废橡胶粉和硫化鱼油；稀释剂有松焦油、松节重油和机油；填充料有石棉绒和滑石粉等。沥青嵌缝油膏主要用作屋面、墙面、沟和槽的防水嵌缝材料。

使用沥青嵌缝油膏嵌缝时，缝内应洁净干燥，先刷涂冷底子油一道，待其干燥后即嵌填油膏。油膏表面可加石油沥青、油毡、砂浆、塑料为覆盖层。

#### 2. 丙烯酸类密封膏

丙烯酸类密封膏是由丙烯酸树脂掺入增塑剂、分散剂、碳酸钙、增量剂等配制而成的，有溶剂型和水乳型两种，通常为水乳型。

丙烯酸类密封膏在一般建筑基底上不产生污渍。它具有优良的抗紫外线性能，尤其是对透过玻璃的紫外线。它的延伸率很好，初期固化阶段为200%~600%，经过热老化、气候老化试验后达到完全固化时为100%~350%。在-34~80℃温度范围内具有良好的性能。丙烯酸类密封膏比橡胶类便宜，属于中等价格及性能的产品。

丙烯酸类密封膏主要用于屋面、墙板、门、窗嵌缝，但它的耐水性能不算太好，所以不宜用于经常泡在水中的工程，如不宜用于广场、公路、桥面等有交通来往的接缝中，也不用于水池、污水厂、灌溉系统、堤坝等水下接缝中。丙烯酸类密封膏一般在常温下用挤枪嵌填于各种清洁、干燥的缝内，为节省材料，缝宽不宜太大，一般为9~15mm。

#### 3. 聚氯乙烯接缝膏和塑料油膏

聚氯乙烯接缝膏是指以煤焦油和聚氯乙烯（PVC）树脂粉为基料，按一定比例加入增塑剂、稳定剂及填充料等，在140℃温度下塑化而成的膏状密封材料，简称PVC接缝膏。

塑料油膏是用废旧聚氯乙烯（PVC）塑料代替聚氯乙烯树脂粉，其他原料和生产方法同聚氯乙烯接缝膏，但塑料油膏成本较低。

PVC接缝膏和塑料油膏有良好的黏结性、防水性、弹塑性，耐热性、耐寒性、耐蚀性和抗老化性能也较好，可以热用，也可以冷用。热用时，将聚氯乙烯接缝膏或塑料油膏用文火加热，加热温度不得超过140℃，达到塑化状态后，应立即浇灌于清洁干燥的缝隙或接头等部位；冷用时，加溶剂稀释。

这种油膏适用于各种屋面嵌缝或表面涂布作为防水层，也可用于水渠、管道等接缝，用于工业厂房自防水屋面嵌缝、大型墙板嵌缝等的效果也好。

#### 4. 硅酮密封膏

硅酮密封膏是指以聚硅氧烷为主要成分的单组分和双组分室温固化的建筑密封材料。目前大多数为单组分系统，它以硅氧烷聚合物为主体，加入硫化剂、硫化促进剂以及增强填料组成。硅酮密封膏具有优异的耐热性、耐寒性和良好的耐候性；与各种材料都有较好的黏结性能；耐拉伸，压缩疲劳性强，耐水性好。

根据《硅酮和改性硅酮建筑密封胶》（GB/T 14683）的规定，硅酮建筑密封胶（膏）分为F类和G类两种类别。其中，F类为建筑接缝用密封膏，适用于预制混凝土墙板、水泥板、大理石板的外墙接缝，混凝土和金属框架的黏结，卫生间和公路接缝的防水密封等；G类为镶装玻璃用密封膏，主要用于镶嵌玻璃和建筑门、窗的密封。

单组分硅酮密封膏是在隔绝空气的条件下将各组分混合均匀后装于密闭包装筒中；施工后，密封膏借助空气中的水分进行交联作用，形成橡胶弹性体。

#### 5. 聚氨酯密封膏

聚氨酯密封膏一般用双组分配制，甲组分是含有异氰酸酯基的预聚体，乙组分含有多羟基的固化剂与增塑剂、填充料、稀释剂等。使用时，将甲乙两组分按比例混合，经固化反应形成弹性体。

聚氨酯密封膏的弹性、黏结性及耐气候老化性能特别好，与混凝土的黏结性也很好，同时不需要打底。所以聚氨酯密封膏可以用于屋面、墙面的水平或垂直接缝，尤其适用于游泳池工程。它还是公路及机场跑道的补缝、接缝的好材料，也可用于玻璃、金属材料的嵌缝。

## 复习思考题

12-1 防水卷材需要满足的基本性质是什么？

12-2 防水涂料的主要性能有哪些？

12-3 合成高分子密封材料的主要品种有哪些？分别有何特点？

# 第 13 章 13

# 绝热材料与吸声、隔声材料

【本章知识点】保温隔热材料的种类、性能特点及选用，声学材料的类别、吸声与隔声原理、性能及表征。

【重点】常用保温隔热材料、吸声与隔声材料的种类、组成、性能特点及选用。

【难点】保温隔热材料、吸声与隔声材料的组成及功能机理。

各类建筑物都对其保温、隔热、吸声和隔声性能有一定要求，通常可采用绝热材料、吸声和隔声材料来满足这些要求。绿色、环保、节能、低碳是未来建筑科技发展的方向，因此这类材料在建筑功能中的地位将逐步提高。

## 13.1 绝热材料

### 13.1.1 材料绝热的基本原理

绝热材料是指对热流有显著阻抗性、用于减少结构与环境热交换的一种功能材料。通常将控制室内热量流向室外的材料称为保温材料，控制室外热量进入室内的材料称为隔热材料，保温材料和隔热材料统称为绝热材料。

传热是由热传导、热对流或热辐射，以及它们共同作用引起的能量传输过程。具体来说，热传导是由温度差引起的物体内部微粒运动产生的热量转移过程，热对流是因流体内各部分相对位移引起的热量转移过程，热辐射是由于物体的温度使物体表面发射电磁波的热量转移过程。每一个具体传热过程中，往往同时存在两种或三种传热方式。建筑结构的传热主要是固体材料的热传导，但由于材料内部存在孔隙，因此还有孔隙内气体的热传导、热对流和热辐射。

材料传导热量的能力称为导热性，用热导率（也称导热系数）$\lambda$ 表示，即在稳定传热条件下，1m 厚的材料，两侧表面的温度差为 1℃ 或 1K 时，在 1h 内通过 $1m^2$ 表面积传递的热量，单位为 W/(m·K)，可按下式表达：

$$\lambda = \frac{Qa}{(t_1 - t_2)AZ} \tag{13-1}$$

式中 $\lambda$——材料的热导率[W/(m·K)]；

$Q$——传导的热量（J）；

$A$——材料的传热面积（$m^2$）；

$Z$——传热时间（h）；

$t_1-t_2$——材料两侧的温度差（℃或 K）；

$a$——材料的厚度（m）。

热导率 $\lambda$ 值越小，说明该材料越不易导热。绝大多数建筑材料的 $\lambda$ 值为 0.029~3.49W/(m·K)。

工程中将热导率 $\lambda$ 值小于 0.23W/(m·K) 的材料称为绝热材料。

几种典型材料的热导率如表 13-1 所示。

表 13-1 几种典型材料的热导率 [单位：W/(m·K)]

| 材料 | 铜 | 钢材 | 花岗岩 | 混凝土 | 黏土砖砌体 | 松木 | 泡沫塑料 | 冰 | 水 | 静止空气 |
|---|---|---|---|---|---|---|---|---|---|---|
| $\lambda$ | 370 | 58.15 | 3.5 | 1.51 | 0.78 | 0.15 | 0.03 | 2.2 | 0.58 | 0.029 |

若用热流密度 $q$(W/m$^2$) 表示垂直于热流方向的单位时间内通过单位面积的热流量，则式 (13-1) 可改写成下式：

$$q = \frac{(t_1 - t_2)}{a/\lambda} \tag{13-2}$$

在热工设计中，将 $a/\lambda$ 称为材料层的热阻，用 $R$ 表示，单位是 m$^2$·K/W。因此式 (13-2) 可再改写为式 (13-3)，即

$$q = (t_1 - t_2)/R \tag{13-3}$$

热阻 $R$ 可用来说明材料层阻止热流通过的能力。同样温差条件下，围护结构的热阻 $R$ 值越大，通过材料层的热量就越少，绝热性能就越好。

### 13.1.2 绝热材料的绝热机理和性能

#### 1. 绝热材料的作用机理

绝热材料按其作用机理分为多孔型、纤维型和反射型。

(1) 多孔型 多孔型绝热材料的传热方式较为复杂。通常当热量 $Q$ 从高温面向低温面传递时，在未碰到气孔之前，传热过程为固相导热。在碰到气孔后，一条路线仍然是通过固相传递，但因固体的连续性减弱，其传热方向发生变化，传热路线大大增加，从而使传递速度减缓。另一条路线是通过气孔内气体的传热，由于在常温下气体的对流和辐射在总的传热中所占比例很小，故以气孔中气体的导热为主，而密闭空气的热导率大大小于固体的热导率，使热量通过气孔传递的阻力较大，从而传热速度大大减缓，达到绝热目的，如图 13-1a 所示。

(2) 纤维型 纤维型绝热材料的绝热机理基本上与多孔材料相似，纤维使得热量在固体中的传热距离大大增加，明显减缓了传热速度，如图 13-1b 所示。对于纤维型材料，不同方向上的导热性能不同，与纤维平行的方向上，热导率较高，绝热性能较差；与纤维垂直的方向上，热导率较低，绝热性能较好。

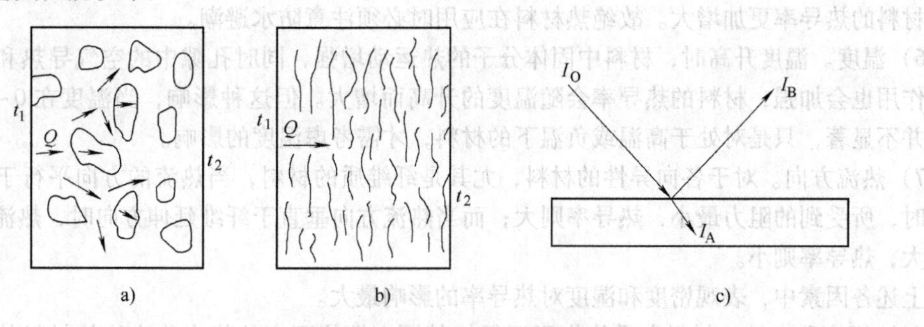


图 13-1 绝热材料的作用机理

a) 多孔材料传热过程 b) 纤维材料传热过程 c) 材料对热辐射的反射和吸收

(3) 反射型 反射型绝热材料的绝热机理可由图 13-1c 来说明。当外来的热辐射能量 $I_0$ 投

射到物体上时，物体表面通常会将其中一部分能量 $I_B$ 反射掉，另一部分能量 $I_A$ 被物体吸收（一般建筑材料都不能穿透热射线，故透射部分忽略不计）。根据能量守恒原理，则

$$I_A + I_B = I_0 \tag{13-4}$$

或

$$\frac{I_A}{I_0} + \frac{I_B}{I_0} = 1 \tag{13-5}$$

式中比值 $I_A/I_0$ 说明材料对热辐射的吸收性能，用吸收率 $A$ 表示；比值 $I_B/I_0$ 说明材料的反射性能，用反射率 $B$ 表示。即

$$A + B = 1 \tag{13-6}$$

由式（13-6）可以看出，凡是反射能力强的材料，吸收热辐射的能力就小；反之，如果吸收能力强，则其反射率就小。因此，利用某些材料对热辐射有较强的反射作用（如铝箔的反射率为0.95），在需要绝热部位的表面贴上这种材料，就可以将绝大部分外来热辐射（如太阳光）反射出去，从而起到绝热的作用。

### 2. 绝热材料的性能

（1）热导率　影响材料热导率的主要因素与材料的微观结构、物质构成、结构特征、表观密度、材料所处环境的湿度、温度以及热流方向有关。

1）微观结构。呈晶体结构的材料热导率最大，微晶结构次之，而玻璃体结构最小。但对于多孔的绝热材料来说，由于孔隙率高，气体（空气）对热导率的影响起着主要作用，而固体部分的结构无论是微晶结构还是玻璃体结构对其影响都不大。

2）物质构成。金属材料热导率最大，非金属次之，液体较小，而气体更小。同一种材料，内部结构不同时，热导率的差别也很大。

3）结构特征。材料的孔隙率越大，热导率就越小。在孔隙率相同的条件下，孔隙尺寸越大，热导率越大；封闭孔比相互连通孔的热导率要小。

4）表观密度。表观密度小的材料，因其孔隙率大，热导率就小。但对于表观密度很小的材料，特别是纤维状材料（如超细玻璃纤维），当其表观密度低于某一极限值时，互相连通的孔隙就会大大增多，而使对流作用加强，热导率反而会增大。因此这类材料存在一最佳表观密度，即在这个表观密度时热导率最小。

5）湿度。材料受潮后，其热导率就会增大，这在多孔材料中最为明显。这是由于材料的孔隙中有了水分后（包括水蒸气），孔隙中水蒸气的扩散和水分子的热传导将起主要传热作用，而水的热导率比静态空气的大20倍左右。如果孔隙中的水结成了冰，冰的热导率是水的4倍，将会使材料的热导率更加增大。故绝热材料在应用时必须注意防水避潮。

6）温度。温度升高时，材料中固体分子的热运动增强，同时孔隙中的空气导热和孔壁间的辐射作用也会加强，材料的热导率会随温度的升高而增大。但这种影响，当温度在0~50℃范围内时并不显著，只是对处于高温或负温下的材料，才需考虑温度的影响。

7）热流方向。对于各向异性的材料，尤其是纤维质的材料，当热流的方向平行于纤维延伸方向时，所受到的阻力最小，热导率则大；而当热流方向垂直于纤维延伸方向时，热流受到的阻力最大，热导率则小。

上述各因素中，表观密度和湿度对热导率的影响最大。

（2）温度稳定性　材料在受热作用下保持其原有性能不变的能力称为绝热材料的温度稳定性，通常用其不致失去绝热性能的极限温度表示。

（3）吸湿性　绝热材料在潮湿环境中吸收水分的能力称为材料的吸湿性，一般吸湿性越大，绝热效果越差。在实际使用中，大多数绝热材料的表面需要覆盖防水层或隔气层。

（4）强度　绝热材料的强度通常用抗压强度和抗折强度表示。由于绝热材料存在大量的孔隙，一般强度较低，不适于直接用作承重结构，需与承重材料复合使用。

综上所述，工程中选用绝热材料时，通常应满足的基本性能要求是：热导率小于0.23W/(m·K)，表观密度小于600kg/m$^3$，块状材料的抗压强度大于0.3MPa，还应具有较小的吸湿性或吸水性，且材料的温度稳定性应高于其实际使用温度。

### 13.1.3　常用绝热材料

绝热材料的种类很多，按化学成分可分为无机绝热材料和有机绝热材料两大类。无机绝热材料主要由矿物质原料制成，其防腐、防虫、不会燃烧、耐高温，一般包括松散颗粒类材料及其制品、纤维类材料和多孔类材料等。有机绝热材料用有机原料制成，其不耐久、不耐高温，只适用于低温绝热，主要包括泡沫塑料类材料、硬质泡沫橡胶、植物纤维类材料等。

#### 1. 无机散粒状材料及其制品

（1）膨胀珍珠岩及其制品　膨胀珍珠岩是由天然珍珠岩煅烧而成的，呈蜂窝泡沫状的白色或灰白色颗粒，具有吸湿小、无毒、不燃、抗菌、耐腐、施工方便等特点，是一种高效能的绝热材料。膨胀珍珠岩除可用作保温结构中的填充材料外，还可与水泥、水玻璃、沥青、黏土等结合制成膨胀珍珠岩制品。

（2）膨胀蛭石及其制品　蛭石是由云母类矿物经风化而成的，具有层状结构，将天然蛭石高温下煅烧后体积可膨胀20~30倍，即制成绝热材料。膨胀蛭石不蛀、不腐，最高使用温度可达1000~1100℃，但吸水性较大。它可呈松散状直接填充于墙壁、屋面等的夹层中，作为绝热、隔声材料，还可与水泥、水玻璃等胶凝材料胶结在一起制成膨胀蛭石制品。

#### 2. 无机纤维状材料

（1）矿物棉　矿物棉是棉状纤维材料岩棉和矿渣棉的总称。由熔融的天然火成岩经喷吹制成的称为岩棉，由熔融矿渣经喷吹制成的称为矿渣棉。矿物棉具有质轻、不燃、绝热和绝缘等特点，且其原料来源广、成本较低，缺点是吸水性大、弹性小。矿物棉可制成矿棉板、矿棉毡、管套等制品，用作建筑物的墙壁、顶棚等处的隔热和吸声材料，以及热力管道的保温材料；矿物棉也可制成粒状棉用作填充材料。

（2）玻璃棉　玻璃棉是用玻璃原料或碎玻璃经熔融后制成的纤维材料，其价格与矿物棉相近，可制成沥青玻璃棉毡和板、酚醛玻璃棉毡和板等制品，被广泛用于温度较低的热力设备和建筑中的保温隔热，同时玻璃棉还是良好的吸声材料。

（3）陶瓷纤维　陶瓷纤维是采用二氧化硅、氧化铝为原料，经高温熔融、喷吹制成的。陶瓷纤维可制成毡、毯、纸、绳等制品，用于高温绝热，还可用作高温下的吸声材料。

#### 3. 无机多孔材料

（1）硅藻土及制品　硅藻土是一种被称为硅藻的水生植物的残骸构成的多孔沉积物，其孔隙率为50%~80%，因此有很好的绝热性能。硅藻土的最高使用温度约为900℃，常用作填充材料，或用其制作硅藻土砖。

（2）泡沫混凝土　泡沫混凝土是指由水泥、水、松香泡沫剂经混合搅拌、浇筑成型、养护而成的一种多孔、轻质材料，也可用粉煤灰、石灰、石膏和泡沫剂制成粉煤灰泡沫混凝土，均可用作绝热、吸声材料。

（3）加气混凝土　加气混凝土是指以含硅质材料（砂、粉煤灰、粒化高炉矿渣等）和含钙质材料（石灰、水泥）为主要原料，掺加发气剂（铝粉、过氧化氢），通过配料、搅拌、浇筑、预养、切割及蒸压养护等工艺过程制成的轻质多孔硅酸盐制品。加气混凝土耐火性能良好，可直接用于砌筑非承重的保温隔热墙体。

（4）发泡黏土或发泡页岩　将一定矿物组成的黏土或页岩加热到一定温度会产生一定数量的高温液相，同时会产生一定数量的气体，由于气体受热膨胀，使其体积膨胀数倍，冷却后即得到发泡黏土或发泡页岩轻质集料。发泡黏土或发泡页岩可用作填充材料和混凝土的轻集料。

（5）微孔硅酸钙　微孔硅酸钙是指以石英砂、普通硅石或活性高的硅藻土以及石灰等原料，经配料、搅拌、成型及水热处理制成的绝热材料。其主要水化产物为托贝莫来石或硬硅钙石。

（6）泡沫玻璃　泡沫玻璃是指用玻璃粉和发泡剂经过混合、装模、煅烧而得到的多孔材料。泡沫玻璃热导率小、抗压强度高、抗冻性好、耐久性好，且对水分、水蒸气和其他气体具有不渗透性，同时易进行机械加工。泡沫玻璃在建筑工程中主要用于墙体、地板、顶棚及屋顶的保温，也可用于寒冷地区建造低层建筑物。

#### 4. 有机绝热材料

（1）泡沫塑料　泡沫塑料也叫多孔塑料，是以各种树脂为基料，加入发泡剂、催化剂、稳定剂等各种辅助材料，经加热发泡而制得的，其整个体积内含有大量均匀分布的气孔（开口气孔、封闭气孔或两者皆有）。泡沫塑料具有质轻、绝热、吸声、耐腐蚀、耐霉变和防振的性能，且加工成型方便，广泛用作建筑上的保温、冷藏、隔声材料，也用作减振包装、衬垫和漂浮材料。泡沫塑料有软质和硬质之分，常用的有聚苯乙烯泡沫塑料、聚氨酯泡沫塑料、聚氯乙烯泡沫塑料等。

1）聚苯乙烯泡沫塑料。它是以聚苯乙烯树脂或其共聚物为主体，加入发泡剂等添加剂经加热发泡制成的，具有闭孔结构。其强度较高，吸水性小，着色性好，温度适应性强，抗放射性优异，缓冲性能优异；但其自身可以燃烧，且燃烧时会放出污染环境的苯乙烯气体，工程中使用时需加入阻燃材料。

2）聚氨酯泡沫塑料。它是以聚醚树脂或聚酯树脂为主要原料，与异氰酸酯、水、催化剂、泡沫稳定剂等进行发泡制成的，按其硬度可分为软质和硬质两类，其中软质为主要品种。聚氨酯泡沫塑料具有极佳的弹性、柔软性、伸长率和压缩强度；化学稳定性好，耐多种溶剂和油类；耐磨性优良，较天然海绵大20倍；还有优良的加工性、绝热性、黏合性等性能。它是一种性能优良的绝热、吸声、缓冲材料。

3）聚氯乙烯泡沫塑料。它是以聚氯乙烯共聚物为原料，采用发泡剂分解法、溶剂分解法和气体混入法等工艺制得的。聚氯乙烯泡沫塑料离火能自行熄灭，故可用于安全要求较高的设备保温；又因其低温性能良好，故可用于低温保冷方面。

（2）硬质泡沫橡胶　硬质泡沫橡胶是指以天然或合成橡胶为主要成分用化学发泡法制成的泡沫材料，特点是热导率小而强度大。它抗碱和盐的侵蚀能力较强，但强无机酸及有机酸对其有侵蚀作用；它不溶于醇等弱溶剂，易被某些强有机溶剂软化溶解。硬质泡沫橡胶为热塑性材料，耐热性不好，在65℃左右开始软化；但在低温下强度较高且有较好的体积稳定性，因而是一种较好的保冷材料，可用于冷冻库绝热。

（3）碳化软木板　碳化软木板是以软木橡树的外皮为原料，经适当破碎后在模型中成型，再经300℃左右的热处理而成的。由于软木树皮中含有无数树脂包含的气泡，所以成为理想的绝热、吸声材料，且其具有不透水、无味、无毒、有弹性、柔和耐用、不起火焰只能阴燃等优点。碳化软木板在低温下长期使用不会引起性能的显著变化，故常用作保冷材料。

（4）植物纤维复合板　植物纤维复合板是指以植物纤维（如木质纤维、稻草、麦秸、甘蔗渣等）为原料，经物理化学处理后，加入胶结料（水泥、石膏等）和填料制成的一种轻质、吸声、绝热材料，可用于室内墙壁、地板、顶棚中，也可用于冷藏库、包装箱等。

（5）蜂窝板　蜂窝板是指由两块较薄的面板，牢固地黏结一层较厚的蜂窝状芯材而成的板材，也称蜂窝夹层结构。蜂窝状芯材通常用浸渍过合成树脂（酚醛、聚酯等）的牛皮纸、玻璃布和铝片，经过加工黏合成六角形空腹（蜂窝状）的整块芯材。蜂窝板具有强度质量比大、热导率低和防振性好等优良性能。

（6）窗用绝热薄膜　窗用绝热薄膜是以特殊的聚酯薄膜作为基材，镀以各种不同的高反射率的金属或金属氧化物涂层，经特殊工艺复合压制而成的，是一种既透光又具有高隔热功能的玻璃贴膜。

常用绝热材料的技术性能及用途如表 13-2 所示。

表 13-2　常用绝热材料的技术性能及用途

| 材料名称 | 表观密度/(kg/m³) | 强度/MPa | 热导率/[W/(m·K)] | 最高使用温度/℃ | 用　途 |
|---|---|---|---|---|---|
| 岩棉纤维 | 80~150 | >0.012 | 0.044 | 250~600 | 填充墙体、屋面、热力管道等 |
| 岩棉制品 | 80~160 | — | 0.04~0.052 | ≤600 | |
| 膨胀珍珠岩 | 40~300 | — | 常温 0.02~0.044<br>高温 0.06~0.170<br>低温 0.02~0.038 | ≤800<br>(-200) | 高效能保温、保冷填充材料 |
| 水泥膨胀珍珠岩制品 | 300~400 | 0.5~1.0 | 常温 0.05~0.081<br>低温 0.081~0.12 | ≤600 | 保温隔热用 |
| 水玻璃膨胀珍珠岩制品 | 200~300 | 0.6~1.7 | 常温 0.056~0.093 | ≤650 | 保温隔热用 |
| 沥青膨胀珍珠岩制品 | 400~500 | 0.2~1.2 | 0.093~0.12 | — | 用于常温及负温部位的绝热 |
| 膨胀蛭石 | 80~900 | 0.2~1.0 | 0.046~0.07 | 1000~1100 | 保温隔热填充材料 |
| 水泥膨胀蛭石制品 | 300~550 | 0.2~1.15 | 0.076~0.105 | ≤600 | 保温隔热用 |
| 微孔硅酸钙制品 | 250 | >0.3 | 0.041~0.056 | ≤650 | 围护结构及管道保温 |
| 轻质钙塑板 | 100~150 | 0.1~0.3<br>0.11~0.7 | 0.047 | 650 | 保温隔热兼防水性能，并具有装饰性能 |
| 泡沫玻璃 | 150~600 | 0.55~15 | 0.058~0.128 | 300~400 | 砌筑墙体及冷藏库绝热 |
| 泡沫混凝土 | 300~500 | ≥0.4 | 0.081~0.19 | — | 围护结构保温隔热 |
| 加气混凝土 | 400~700 | ≥0.4 | 0.093~0.16 | — | 围护结构保温隔热 |
| 木丝板 | 300~600 | 0.4~0.5 | 0.11~0.26 | — | 顶棚、隔墙板、护墙板 |
| 软质纤维板 | 150~400 | — | 0.047~0.093 | — | 顶棚、隔墙板、护墙板，表面较光洁 |
| 软木板 | 105~437 | 0.15~2.5 | 0.044~0.079 | ≤130 | 吸水率小、不霉腐、不燃烧，用于绝热结构 |
| 聚苯乙烯泡沫塑料 | 20~50 | 0.15 | 0.031~0.047 | 70 | 屋面、墙体保温隔热 |

（续）

| 材料名称 | 表观密度/(kg/m³) | 强度/MPa | 热导率/[W/(m·K)] | 最高使用温度/℃ | 用途 |
|---|---|---|---|---|---|
| 硬质聚氨酯泡沫塑料 | 30~40 | 0.25~0.5 | 0.037~0.055 | ≤120(-60) | 屋面、墙体保温，冷藏库绝热 |
| 聚氯乙烯泡沫塑料 | 12~72 | 0.31~1.2 | 0.022~0.045 | ≤70(-196) | 屋面、墙体保温，冷藏库绝热 |

## 13.2 吸声、隔声材料

### 13.2.1 概述

声音是由物体振动产生的，产生声音的物体称为声源，声音的高低取决于声源振动的频率，声音的大小或强弱主要取决于声源振动的幅度。声源发声后会迫使邻近的空气随之振动而形成声波，并在空气介质中向四周传播。声波在传播过程中，一部分声能随着距离的增大而扩散，另一部分被空气分子吸收而减弱。当声波遇到材料表面时，入射的声能一部分被材料表面反射，另一部分穿透材料，还有一部分则在材料内部的孔隙中因空气分子与孔壁的摩擦和黏滞阻力而转化为热能被吸收。材料所吸收的声能 $E$（包括部分穿透材料的声能）与全部入射声能 $E_0$ 之比，是评定材料吸声性能高低的主要指标，称为吸声系数 $\alpha$，即

$$\alpha = \frac{E}{E_0} \tag{13-7}$$

式中 $\alpha$——材料的吸声系数；

$E$——材料所吸收（包括穿透的）的声能；

$E_0$——传递给材料的全部入射声能。

材料的吸声特性与入射声波的方向有关，也与声波的频率有关，同一种材料对于高、中、低不同的频率具有不同的吸声系数。为了全面反映材料的吸声特性，规定用中心频率为125Hz、250Hz、500Hz、1000Hz、2000Hz、4000Hz六个倍频程的吸声系数，来反映材料的吸声频率特性，也反映材料总体的吸声性能。工程上通常将六个频率的平均吸声系数大于0.2的材料称为吸声材料。

为了改善声波在室内传播的质量，保持良好的音响效果和减少噪声的危害，在音乐厅、影剧院、大会堂、播音室以及噪声大的生产车间等的墙面、地面、顶棚等部位，应选用适当的吸声材料。

选择吸声材料时，不但应从吸声特性方面来确定合乎要求的材料，同时还要结合防火、防潮、防蛀、强度、外观、建筑内部装修等要求，综合考虑进行选择。

### 13.2.2 吸声材料的类型及结构形式

吸声材料按其吸声机理可分为两类：一类是多孔性吸声材料，主要是纤维质和开孔型结构材料；另一类是吸声的柔性材料、膜状材料、板状材料和穿孔板。

多孔性吸声材料从表面至内部都有大量的、细小的、连通的孔隙，当声波入射到材料表面时，可以很快地沿着这些孔隙深入材料内部，引起孔隙内空气的振动，由于摩擦、黏滞阻力以及

材料内部的热传导作用，使相当一部分声能转化为热能而被吸收。柔性材料、膜状材料、板状材料和穿孔板，是在声波作用下发生共振，将声能转化为机械能而被吸收。以上两类材料对于不同频率的声波有不同的吸声倾向，若复合使用可扩大吸声范围，提高吸声系数。

### 1. 多孔性吸声材料

多孔性吸声材料是一种比较常用的吸声材料，其物理结构特征与绝热材料并不相同，绝热材料的孔隙一般是封闭的、不相连通的，而多孔吸声材料必须具有内外连通的孔隙，因而具有一定的透气性。这类材料对中、高频吸声性能良好，而对低频吸声性较差。

多孔性材料的吸声性能与材料的表观密度和内部构造有关，同时材料的厚度、材料背后的空气层以及材料的表面状况等，对吸声性能也有较大影响。

（1）材料表观密度和内部构造的影响　多孔材料的表观密度增加，意味着微孔减少，能使低频的吸声效果有所提高，而对高频的吸声效果则有所降低。材料的孔隙率高、孔隙细小，吸声性能较好；孔隙过大，效果较差。

（2）材料厚度的影响　多孔材料的低频吸声系数，一般随着厚度的增加而增大，而厚度对高频吸声的影响并不显著。且材料的厚度增加到一定程度后，吸声效果的变化并不明显，所以，为提高材料的吸声效果而无限制地增加厚度是不适宜的。

（3）材料背后空气层的影响　大部分吸声材料都是周边固定在骨架（称作龙骨）上，距墙面5~15cm，材料背后空气层的作用相当于增加了材料的有效厚度，吸声效果一般随着空气层厚度的增加而提高，特别是改善对低频声的吸收。当材料背后空气层的厚度等于1/4波长的奇数倍时，可获得最大的吸声系数。根据这个原理，调整材料背后空气层的厚度，可以提高其吸声效果。

（4）材料表面特征的影响　吸声材料表面的孔洞和开口连通空隙越多，吸声效果越好。当材料吸湿或表面喷涂油漆时，孔洞内充水或被堵塞，会大大降低吸声材料的吸声效果。

### 2. 薄板振动吸声结构

由于多孔性材料的低频吸声性能较差，为解决中、低频吸声问题，往往采用薄板振动吸声结构。将胶合板、薄木板、硬质纤维板、石膏板、石棉水泥板、金属板等周边固定在墙或顶棚的龙骨上，并在背后保留一定的空气层，即构成薄板振动吸声结构。这个由薄板和空气层组成的系统可以视为一个由质量块和弹簧组成的振动系统，当入射声波的频率和系统的固有频率接近时，薄板和其背后的空气就会产生振动，振动中由于板内部和龙骨间的摩擦损耗，将声能转换为机械能而耗散掉。薄板振动吸声的频率范围较窄，主要在低频区域，通常为80~300Hz，在此共振频率附近吸声系数最大，为0.2~0.5，而在其他频率时吸声系数较低。

### 3. 共振腔吸声结构

共振腔吸声结构的形状为一封闭的较大空腔，有一较小的开口孔隙，很像个瓶子。当腔内空气受外力激荡时，会按一定的共振频率振动，此时开口颈部的空气分子在声波作用下像活塞一样往复运动，因摩擦而消耗声能，起到吸声作用。若在腔口蒙一层透气的细布或疏松的棉絮，可加宽吸声频率范围和提高吸声量。为了获得较宽频率带的吸声性能，常采用组合共振腔吸声结构。

### 4. 穿孔板组合共振腔吸声结构

这种结构是用穿孔的胶合板、硬质纤维板、石膏板、石棉水泥板、铝合金板、薄钢板等，将周边固定在龙骨上，并在背后设置空气层而构成的。其作用机理与单独的共振腔吸声器相似，相当于许多单个共振腔吸声器的并联组合，起扩宽吸声频带的作用。穿孔板的厚度、穿孔率、孔径、孔距、背后空气层厚度以及是否填充多孔吸声材料等，都直接影响吸声结构的吸声性能。此种吸声结构对中频声波的吸声效果较好，在建筑中使用比较普遍。

### 5. 柔性吸声材料

柔性吸声材料的表面似为多孔材料，但内部为密闭气孔，没有通气性能，而有一定的弹性，如聚氯乙烯泡沫塑料。当声波入射到材料上时，声波引起的空气振动不易直接传递进材料内部，只能相应地激发材料做整体振动，在振动过程中由于克服材料内部的摩擦而消耗了声能，引起声波衰减。这种材料的吸声特性是在一定的频率范围内出现一个或多个吸收频率，其高频的吸声系数很低，中、低频的吸声系数类似共振腔吸声结构。

### 6. 悬挂空间吸声体

悬挂空间吸声体是一种将吸声材料制作成一定形体，分散悬挂在顶棚下，用以降低室内噪声或改善室内音质的吸声构件。由于声波与吸声体的多个表面接触，增加了有效吸声面积，再加上声波的衍射作用，可以显著提高实际吸声效果。悬挂空间吸声体根据建筑物的使用性质、面积、层高、结构形式、装饰要求和声源特性，可设计成平板形、方块形、柱体形、球形、圆锥形、棱锥形等多种形状。它具有用料少、质量轻、投资省、吸声效率高、布置灵活、施工方便的特点，设计时主要考虑吸声材料和结构、悬挂数量和悬挂方式三个因素。

### 7. 帘幕吸声体

帘幕吸声体是用具有通气性能的纺织品，安装在离开墙面或窗洞一段距离处，背后留有空气层，通过声波与帘幕气孔的多次摩擦，达到吸声的目的。这种吸声体对中、高频都有一定的吸声效果。帘幕的吸声效果还与所用材料种类和其褶裥有关，具有安装拆卸方便、装饰性强的特点，应用价值较高。

常用吸声材料及吸声结构的构造如表13-3所示。常用吸声材料的吸声系数如表13-4所示。

表13-3 几种吸声结构的构造图例及材料构成

| 类别 | 多孔吸声材料 | 薄板振动吸声结构 | 共振腔吸声结构 | 穿孔板组合吸声结构 | 特殊吸声结构 |
|---|---|---|---|---|---|
| 构造图例 | | | | | |
| 举例 | 玻璃棉、矿棉、木丝板、半穿孔纤维板 | 胶合板、硬质纤维板、石棉水泥板、石膏板 | 共振吸声器 | 穿孔胶合板、穿孔铝板、微穿孔板 | 空间吸声体、帘幕吸声体 |

表13-4 常用吸声材料的吸声系数

| 材料 | | 厚度/cm | 各种频率（Hz）下的吸声系数 | | | | | | 装置情况 |
|---|---|---|---|---|---|---|---|---|---|
| | | | 125 | 250 | 500 | 1000 | 2000 | 4000 | |
| 无机材料 | 石膏板（有花纹） | — | 0.03 | 0.05 | 0.06 | 0.09 | 0.04 | 0.06 | 贴实 |
| | 水泥蛭石板 | 4.0 | — | 0.14 | 0.46 | 0.78 | 0.50 | 0.60 | 贴实 |
| | 水泥膨胀珍珠岩板 | 5.0 | 0.16 | 0.46 | 0.64 | 0.48 | 0.56 | 0.56 | 贴实 |
| | 石膏砂浆（掺水泥、玻璃纤维） | 2.2 | 0.24 | 0.12 | 0.09 | 0.30 | 0.32 | 0.83 | 墙面抹灰 |
| | 水泥砂浆 | 1.7 | 0.21 | 0.16 | 0.25 | 0.40 | 0.42 | 0.48 | 墙面抹灰 |
| | 吸声砖 | 6.5 | 0.05 | 0.07 | 0.10 | 0.12 | 0.16 | — | — |
| | 砖（清水墙面） | — | 0.02 | 0.03 | 0.04 | 0.04 | 0.05 | 0.05 | — |

（续）

| 材　料 | | 厚度/cm | 各种频率（Hz）下的吸声系数 | | | | | | 装置情况 |
|---|---|---|---|---|---|---|---|---|---|
| | | | 125 | 250 | 500 | 1000 | 2000 | 4000 | |
| 木质材料 | 软木板 | 2.5 | 0.05 | 0.11 | 0.25 | 0.63 | 0.70 | 0.70 | 贴实 |
| | 木丝板 | 3.0 | 0.10 | 0.36 | 0.62 | 0.53 | 0.71 | 0.90 | 背后留10cm空气层 |
| | 木丝板 | 0.8 | 0.03 | 0.02 | 0.03 | 0.03 | 0.04 | — | 背后留5cm空气层 |
| | 三夹板 | 0.3 | 0.21 | 0.73 | 0.21 | 0.19 | 0.08 | 0.12 | 背后留5cm空气层 |
| | 穿孔五夹板 | 0.5 | 0.01 | 0.25 | 0.55 | 0.30 | 0.16 | 0.19 | 背后留5~15cm空气层 |
| | 木质纤维板 | 1.1 | 0.06 | 0.15 | 0.28 | 0.30 | 0.33 | 0.31 | 背后留5cm空气层 |
| 泡沫材料 | 泡沫玻璃 | 4.4 | 0.11 | 0.32 | 0.52 | 0.44 | 0.52 | 0.33 | 贴实 |
| | 脲醛泡沫塑料 | 5.0 | 0.22 | 0.29 | 0.40 | 0.68 | 0.95 | 0.94 | 贴实 |
| | 泡沫水泥 | 2.0 | 0.18 | 0.05 | 0.22 | 0.48 | 0.22 | 0.32 | 基层上抹灰 |
| | 吸声蜂窝板 | — | 0.27 | 0.12 | 0.42 | 0.86 | 0.48 | 0.30 | — |
| | 泡沫塑料 | 1.0 | 0.03 | 0.06 | 0.12 | 0.41 | 0.85 | 0.67 | — |
| 纤维材料 | 矿棉板 | 3.13 | 0.10 | 0.21 | 0.60 | 0.95 | 0.85 | 0.72 | 贴实 |
| | 玻璃棉 | 5.0 | 0.06 | 0.08 | 0.18 | 0.44 | 0.72 | 0.82 | 贴实 |
| | 酚醛玻璃纤维板 | 8.0 | 0.25 | 0.55 | 0.80 | 0.92 | 0.98 | 0.95 | 贴实 |
| | 工业毛毡 | 3.0 | 0.10 | 0.28 | 0.55 | 0.60 | 0.60 | 0.56 | 紧靠墙面 |

### 13.2.3　隔声材料

如前所述，当声波传播到材料或结构时，入射的声能一部分被材料表面反射，另一部分在材料内部转化为热能或机械能被吸收，还有一部分则透过材料。透过材料的声能总是小于入射至材料或结构的声能，即材料或结构起到了隔声的作用。材料的隔声能力用透过一定面积的透射声波能量 $E_\tau$ 与入射声波总能量 $E_0$ 之比来表示，称为声波透射系数 $\tau$，即

$$\tau=\frac{E_\tau}{E_0} \tag{13-8}$$

式中　$\tau$——声波透射系数；

$E_\tau$——透过材料的声能；

$E_0$——入射的总声能。

材料的透射系数越小，其隔声性能越好。工程中把主要能减弱或隔断声波传递的材料称为隔声材料。

需要隔绝的声波按其传播途径有两种：一种是经空气直接传播，或者是声波使材料或构件产生振动，将声波传至另一空间中，称为空气声；另一种是通过固体的撞击或振动而传播声波，称为固体声。两者的隔声原理截然不同。

对空气声的隔绝，主要有两种措施。一种措施是针对单层密实结构（如承重墙体）：其主要

依据声学中的“质量定律”，即材料单位面积内的质量越大，其惯性越大，越不易受声波作用而产生振动，隔声效果越好，所以应选用密度大的材料（如钢筋混凝土、实心砖等）作为隔绝空气声的材料，并适当增加其厚度。另一种措施是针对轻质墙体：因其质量很小，隔声能力低，为此可采用有空气间层或在间层中填充吸声材料的双层墙体构造，可有效提高其隔声性能，在减轻建筑物自重的同时又满足了隔声要求。

对固体声隔绝的最有效措施是断绝其声波继续传递的途径，采用不连续结构的处理方法。即在产生和传递声波的构造层中加入具有一定弹性的衬垫材料，如在楼板的基层与其面层之间垫以橡胶板、矿棉毡、玻璃棉毡等，当撞击作用发生时，这些材料发生变形，将声能转换为机械能，使声能降低，减弱固体声波的继续传播。

材料的隔声原理与材料的吸声原理不同，因此吸声效果好的材料（如多孔材料）隔声效果不一定好，不能简单地将吸声材料作为隔声材料使用。

## 复习思考题

13-1 何谓绝热材料？简述不同构造材料的绝热机理。

13-2 绝热材料的性能主要包括哪些？选用绝热材料时应满足哪些基本性能要求？

13-3 影响绝热材料热导率的主要因素有哪些？

13-4 常见的绝热材料有哪几类？试各举几例说明。

13-5 何谓吸声材料？简述不同吸声材料的吸声机理。

13-6 简述吸声材料的类型及结构形式。

13-7 影响多孔性材料吸声性能的因素有哪些？

13-8 需隔绝声波的传播途径有哪两种？隔声的主要措施分别是什么？

# 第14章 装饰材料

14

【本章知识点】装饰材料的分类、基本要求、性能特点与选用原则。

【重点】常用装饰材料的性能特点及选用。

【难点】装饰材料的组成类别及性能差异。

在土木工程中，把粘贴、涂刷或敷设在建筑物内外表面的主要起装饰作用的材料称为装饰材料。装饰材料除了起装饰作用，满足人们的精神需要以外，还起着保护建筑物主体结构、提高建筑物耐久性以及改善建筑物保温隔热、吸声隔声、采光、防火等使用功能的作用。

建筑装饰材料种类繁多，本章仅介绍装饰石材、陶瓷、玻璃、塑料、涂料、金属装饰材料等，主要介绍其装饰性能，在建筑物上的作用和选用以及常用的装饰材料。

## 14.1 装饰材料的基本要求与功能

### 14.1.1 装饰材料的基本要求

#### 1. 材料的颜色

颜色是通过眼、脑和人们的生活经验所产生的一种对光的视觉效应，是构成建筑物外观，乃至影响环境的重要因素。颜色对人的心理和生理影响很大，如红色、粉红色给人一种温暖、热烈的感觉，有刺激和兴奋的作用；绿色、蓝色给人一种宁静、清凉、寂静的感觉，能消除精神紧张和视觉疲劳。

#### 2. 光泽

光泽是材料表面方向性反射光线的性质，用光泽度（试样在正反射方向相对于标准表面反射光量的百分率）表示。材料表面越光滑，光泽度越高。当为定向反射时，材料表面具有镜面特征。光泽度不同，材料表面的明暗程度、视野及虚实对比会大不相同，它对物体形象的清晰程度有决定影响。

#### 3. 透明性

透明性是物质透过光线的性质或情况。既能透光又能透视的物体称为透明体；能透光而不能透视的物体称为半透明体；既不能透光又不能透视的物体称为不透明体。利用不同的透明度可调整光线的明暗，造成不同的光学效果，可使物像清晰或朦胧。如普通玻璃是透明的，磨砂玻璃是半透明的，瓷砖则不透明。

#### 4. 质感

质感是材料的各种性质，如颜色、花纹、光泽和透明性等给人的一种综合感受，能引起人的心理反应和联想，给人们不同质地的感觉。不同的质感给人以软硬、虚实、滑涩、韧脆、粗犷等多种感觉，如金属能使人产生坚硬、沉重和寒冷的感觉；而皮革、丝织品会使人联想到柔软、轻盈和温暖；石材可使人感到稳重、坚实和牢固；而未加装饰的混凝土则容易让人产生粗犷、草率的印象。相同组成的材料，其表面不同可以有不同的质感，如普通玻璃与磨砂玻璃，镜面花岗石与剁斧石。相同的表面处理形式往往具有相同或类似的质感，但有时也不尽相同，如人造大理石、仿木纹制品，一般均没有天然的花岗石和木材亲切、真实。虽然仿制品不真实，但有时也能达到以假乱真的效果。

#### 5. 形状、尺寸和造型

对于块材、板材和卷材等装饰材料的形状、尺寸，以及表面的天然花纹、纹理及人造花纹或图案都有特定的规格和偏差要求，以便能按需要裁剪和拼装获得不同的装饰效果。尺寸大小要满足强度、变形、热工和模数等方面的要求，如型材的截面大小要满足承载能力和变形要求，玻璃的厚度满足其热工性能要求等。

材料本身的形状、表面的凹凸及材料之间交接面上产生的各种线型有规律的组合易产生感情意味。例如，水平线给人有安全感、垂直线显得稳定均衡、斜线有动感和不稳定感。装饰材料的选用应与建筑物整体风格相统一，并需考虑造型的美观。

#### 6. 环保要求

装饰材料的生产、施工、使用中，要求能耗少、施工方便、污染低，满足环境保护要求。近些年的研究结果表明，现代建筑装饰材料的大量使用是引起室内外空气污染的主要因素之一。主要表现为材料表面释放出的甲醛、芳香族化合物、氨和放射性气体氡超标，通过呼吸和皮肤接触对人体造成危害。建筑装饰材料中的环境污染问题及相应的污染控制需得到重视，建筑材料放射性核素限量、胶黏剂、涂料、聚氯乙烯地板及壁纸中有害物质限量应符合室内装饰装修材料的系列标准 GB 18580~GB 18588 及《建筑材料放射性核素限量》（GB 6566）的要求。

#### 7. 满足强度、耐水性、热工、耐蚀性、防火性要求

建筑外部装饰材料要经受日晒、雨淋、冰冻、霜雪、风化和介质侵蚀作用，建筑内部装饰材料要经受摩擦、冲击、洗刷、沾污和火灾等作用。因此，装饰材料在满足装饰功能的同时要满足强度、耐水性、保温、隔热、耐蚀性和防火性等方面要求。

### 14.1.2 装饰材料的功能

#### 1. 室外装饰材料的功能

（1）装饰立面　通过材料特有的装饰性，提高建筑物的艺术效果，这是装修材料的主要功能。外装修的处理效果主要是通过装饰装修材料的色彩、质感及线型等以及正确的运用和搭配，使建筑物增加其艺术魅力，更加体现建筑的个性和主题，并与周围环境融为一体，美观大方。

（2）保护墙体　建筑装饰材料除可起到装饰作用外，还可起到保护建筑结构的功能。铺设在建筑物的内外表面，直接承受风吹、日晒、雨淋、冻害、冲撞、摩擦等的袭击，以及空气中腐蚀气体和微生物的作用，选用材性适当的装饰材料，可以有效地提高建筑物的耐久性，对建筑物起保护作用。

（3）改善功能　建筑物主体本身以承重、安全、稳定为主，不能完全满足建筑物各种使用功能的要求标准，需要通过装饰装修材料弥补和改善建筑主体在功能方面的不足。选用材性适当的装饰装修材料，可以有效地改善建筑物保温、隔热、防水、防火、防辐射等功能，使其达到使用功能要求的标准。例如，仿石材外墙保温装饰板，不仅可以达到美观的效果，还可以提高建筑物的保温隔热性能，降低建筑能耗，具有重要的节能意义。

2. 室内装修材料的功能

(1) 保护墙体、楼板及地坪 装修材料对一般墙体（以砖或轻集料混凝土等为墙体材料）的保护作用并不明显。但是，对采用新型材料的复合墙体的保护作用却极为明显，例如，纸面石膏板耐水性差，需要在其表面进行防湿处理；又如加气混凝土强度不大，表面和边角经不起磕碰，需要一定的保护。此外，如浴室的墙面、厨房、卫生间的墙裙，以及一般房间的墙根等部位，即使采用一般墙体材料也需要用装修材料加以保护。

普通的楼板或地坪均为钢筋混凝土或混凝土。地面材料起保护作用，可以解决耐磨损、撞击或防止有害介质渗入楼板内引起钢筋的锈蚀。

(2) 保证使用条件 装修材料可使墙体易于保持清洁；获得较好的反光性，使室内的亮度比较均匀；改善墙体热工和声学性能，甚至能在一定程度上调节室内的湿度。

对于标准高的建筑，其地面材料要兼有保温、隔声、吸声和增加弹性的功能。

(3) 装饰室内 室内的装饰效果，同样也是由质感、线型和色彩三个因素构成的。所不同的是，人们对内饰面的距离比外墙近得多，所以质感要细腻逼真（如丝织物、麻布、锦缎、木纹）；线型可以是细致的，也可以是粗犷的不同风格；色彩则根据人们的爱好及房间内在的性质来决定。

通过上述对装修材料功能的了解，再根据使用条件和所处的环境，就可以确定材料应具备的性质和有关要求，这是合理选择材料的基础。至于具体的选用，则应根据建筑设计要求和施工条件来决定。

## 14.2 装饰石材

### 14.2.1 天然石材

天然石材是指从天然岩体中开采的毛料，或经过加工成为板状或块状的饰面材料。天然石材结构致密、抗压强度高、耐水、耐磨、装饰性好、耐久性好，主要用于装饰等级要求高的工程中。用于建筑装饰用饰面材料的主要有花岗石板和大理石板两大类。

1. 花岗石板

花岗石是一种火成岩，属硬石材。花岗石的强度高，吸水率小，耐酸性、耐磨性及耐久性好，常用于室内外的墙面及地面。但花岗石耐火性差，因为石英在高温时（573℃，870℃）会发生晶体转变产生膨胀而破坏岩石结构。另外，某些花岗石含有微量放射性元素，对这类花岗石应避免使用于室内。

花岗石板根据加工程度不同分为粗面板材（如剁斧板、机刨板等）、细面板材和镜面板材三种。其中，粗面板材表面平整、粗糙，具有较规则的加工条纹，主要用于建筑外墙面、台阶、勒脚、街边石和城市雕塑等部位，能产生近看粗犷，远看细腻的装饰效果；而镜面板材是经过锯解后，再经研磨、抛光而成的，产品色彩鲜明，极富装饰性，主要用于室内外墙面、柱面、地面等。

花岗石装饰板材的技术标准：

(1) 分类与等级 根据《天然花岗石建筑板材》（GB/T 18601）规定，花岗石板材按形状分为毛光板（MG）、普型板（PX）、圆弧板（HM）和异型板材（YX）四种；按表面加工程度又分为镜面板（JM）、细面板（YG）、粗面板（CM）；按用途又可分为一般用途（用于一般性装饰用途）、功能用途（用于结构性承载用途或特殊功能要求）两种。毛光板、普型板、圆弧板按加工质量和外观质量又分别分为优等品（A）、一等品（B）和合格品（C）三个等级。

（2）加工质量　加工质量如尺寸偏差等，均应在《天然花岗石建筑板材》（GB/T 18601）规定的范围内，异型板和特殊要求的普型板规格尺寸由供需双方协商确定。

（3）外观质量　同一批板材的色调花纹应基本调和。板材正面的外观缺陷，如缺棱、缺角、裂纹、色斑、色线等应符合《天然花岗石建筑板材》的规定。

（4）物理性能　花岗石板材的物理性能见表14-1。

表14-1　花岗石板材的物理性能

| 项目 | | 技术指标 | |
|---|---|---|---|
| | | 一般用途 | 功能用途 |
| 体积密度/(g/cm³)，≥ | | 2.56 | 2.56 |
| 吸水率（%），≤ | | 0.60 | 0.40 |
| 抗压强度/MPa，≥ | 干燥 | 100 | 131 |
| | 水饱和 | | |
| 抗弯强度/MPa，≥ | 干燥 | 8.0 | 8.3 |
| | 水饱和 | | |
| 耐磨性①（1/cm³），≥ | | 25 | 25 |

① 使用在地面、楼梯踏步、台面等严重踩踏或磨损部位的花岗石石材应检验此项。

## 2. 大理石板

大理石包括大理岩和白云岩。天然大理石是石灰岩与白云岩在高温、高压作用下矿物重新结晶变质而成的。纯大理石洁白如玉，晶莹纯净，称为汉白玉，是大理石中的名贵品种。如在变质过程中混入了氧化铁、石墨、氧化亚铁、铜、镍等其他物质，就会出现各种不同的色彩和花纹、斑点。这些斑斓的色彩和石材本身的质地使其成为古今中外的高级建筑装饰材料。

大理石装饰板材主要用于高级建筑物的墙面、地面、柱面及服务台面、窗台、踢脚线、楼梯、踏步以及园林建筑的山石等处，也可加工成工艺品和壁画。

大理石主要成分为碱性物质碳酸钙（$CaCO_3$），化学稳定性不如花岗石，不耐酸，空气和雨水中所含的酸性物质和盐类对大理石有腐蚀作用，故大理石不宜用于建筑物外墙和其他露天部位。大理石的硬度相对较小，使用过程中应避免用在要求耐磨性能高的场合。

目前，在我国市场上常见的国际名牌石材产品有挪威红、印度红、南非红、意大利紫罗红、土耳其紫罗红、美利坚红、莎利士红、蓝宝石、白水晶、卡门红、黑金沙、美国红紫晶、玫瑰花岗等。这些石材产品多产于印度、美国、南非、意大利、挪威、土耳其和西班牙等国家。

大理石装饰板材的技术标准：

（1）分类与等级　根据《天然大理石建筑板材》（GB/T 19766）规定，其板材按形状可分为毛光板（MG）、异型板（YX）、普型板（PX）和圆弧板（HM）。圆弧板为装饰面曲率半径处处相同的板材。普型板按加工质量和外观质量又分为优等品（A）、一等品（B）和合格品（C）三个等级。

（2）加工质量　加工质量应符合《天然大理石建筑板材》（GB/T 19766）的规定，包括尺寸偏差、平面度公差、角度偏差等均应在规定范围内。

（3）外观质量　同一批板材的花纹色调应基本调和，花纹基本一致。板材正面的外观缺陷的质量要求应符合《天然大理石建筑板材》的规定。

（4）镜面光泽度　镜面板材的镜像光泽值应不低于70光泽单位。如有特殊要求，由供需双方协商确定。

（5）体积密度　体积密度不小于2.30g/cm$^3$。

（6）吸水率　吸水率不大于0.50%。

（7）干燥抗压强度　干燥抗压强度不小于50.0MPa。

（8）抗弯强度和耐磨度　抗弯强度不小于7.0MPa，耐磨度不小于10（1/cm$^3$）。

### 14.2.2　人造石材

人造石材是指采用无机或有机胶凝材料作为胶黏剂，以天然砂、碎石、石粉等为粗、细填充料，加入适量的阻燃剂、颜色等，经配料混合、瓷铸、振动压缩、挤压等方法成型固化制成的一种人造材料。常见的有人造大理石和人造花岗石，其色彩和花纹均可根据要求设计制作，如仿大理石、仿花岗石等，还可以制作成弧形、曲面等天然石材难以加工的复杂形状。

人造石材具有天然石材的质感，并具有色彩艳丽、光洁度高、颜色均匀一致，抗压耐磨、韧性好、结构致密、坚固耐用、密度小、不吸水、耐侵蚀风化、色差小、不褪色、放射性低等优点，可锯切、钻孔，施工方便；适用于墙面、门套或柱面装饰，也可用于制作台面及各种卫生洁具，还可加工成浮雕、工艺品等。与天然石材相比，人造石材是一种较经济的饰面材料。除以上优点外，人造石材还存在一些缺点，如有的品种表面耐刻划能力较差，某些板材使用中发生翘曲变形等。随着对人造石材制作工艺、原料配合比的不断改进、完善，这些缺点可以在一定程度上得到克服。

按照生产材料和制造工艺的不同，可把人造石材分为以下几类：

**1. 水泥型人造石材**

这种人造石材是以各种水泥为胶凝材料，天然石英砂为细集料，碎大理石、碎花岗石等为粗集料，经配料、搅拌混合、浇筑成型、养护、磨光和抛光而制成的。配制过程中，混入色料，可制成彩色水泥石。该类人造石材中，以铝酸盐水泥作为胶凝材料的性能最为优良。因为铝酸盐水泥水化后生成的产物中含有氢氧化铝胶体，它与光滑的模板表面相接触，形成氢氧化铝凝胶层。氢氧化铝凝胶体在凝结硬化过程中，形成致密结构，因而表面光亮，呈半透明状，同时花纹耐久、抗风化，耐火性、耐冻性和防火性等性能优良。这种人造石材成本低，但耐酸腐蚀能力较差，若养护不好，易产生龟裂，表面易返碱，不宜用于卫生洁具和外墙装饰。

**2. 树脂型人造石材**

这种人造石材多以不饱和树脂为胶凝材料，配以天然石英砂、大理石、方解石粉等无机粉状、粒状填料，经配料、搅拌和浇筑成型，在固化剂、催化剂作用下发生固化再经脱模、抛光等工序制成。树脂型人造石材的主要特点是光泽度高、质地高雅、强度硬度较高、耐水、耐污染和花色可设计性强。由于不饱和聚酯的黏度低，易于成型，在常温下固化较快，便于制作形状复杂的制品。但其老化性能不及天然花岗石，故多用于室内装饰。

**3. 复合型人造石材**

该类人造石材具备以上两类人造石材的特点，用无机胶凝材料和有机胶凝材料共同组合而成。先用无机胶凝材料（各类水泥或石膏）将填料黏结成型，再将所成的坯体浸渍于有机单体中（苯乙烯、甲基丙烯酸甲酯、醋酸乙烯和丙烯腈等），使其在一定的条件下聚合而成。

**4. 烧结型人造石材**

该种人造石材是将斜长石、石英、辉石石粉和赤铁矿及高岭土等按比例混合成矿粉，再配以

40%左右的黏土混合制成泥浆，经制坯、成型和艺术加工后，经窑炉1000℃左右的高温焙烧而成的，如仿花岗石瓷砖，仿大理石陶瓷艺术板等。该种人造石材因采用高温焙烧，所以能耗大，造价较高，实际应用得较少。

## 14.3 建筑陶瓷

建筑陶瓷是指建筑物室内外装饰用的较高级的烧土制品，它属精陶或粗瓷类，主要包括釉面砖、墙地砖、陶瓷马赛克、卫生陶瓷和琉璃制品等。

### 14.3.1 釉面砖

釉面砖又称瓷砖、内墙砖，是指用瓷土或优质陶土经低温烧制而成的多孔精陶或炻器上釉制品，主要用于建筑物内墙饰面。主体又分为陶土和瓷土两种，陶土烧制的背面呈红色，瓷土烧制的背面呈灰白色。它是以黏土、石英、长石、助熔剂、颜料以及其他矿物原料，经破碎、研磨、筛分、配料等工序，加工成含一定水分的生料，再经模具压制成型（坯体）、烘干、素烧、施釉和釉烧而成的，或由坯体一次釉烧而成。釉面砖正面有釉，背面有凹凸纹按形状分为正方形、长方形和异形配件砖。

按《陶瓷砖》（GB/T 4100）的规定，陶瓷砖的主要物理性能指标有：①吸水率不大于0.5%（干压砖）；②经10次耐急冷急热性试验，釉面无裂纹；③破坏强度大于700N。

釉面砖具有色泽柔和典雅、美观耐用、朴实大方、耐火耐酸、易清洁等特点，主要用作建筑物内墙面，如厨房、卫生间、浴室、墙裙等装饰与保护。釉面砖的表面可以做出各种图案和花纹，比抛光砖色彩和图案丰富，但耐磨性不如抛光砖。

### 14.3.2 墙地砖

墙地砖是指陶土、石英砂等材料经研磨、压制、施釉、烧结等工序，形成的陶质或瓷质板材，其生产工艺类似于釉面砖，也可不施釉一次烧成无釉墙地砖。墙地砖的主要品种有劈裂墙地砖、麻面砖、彩胎砖等。墙地砖主要铺贴客厅、餐厅、走道、阳台的地面，厨房、卫生间的墙地面。

墙地砖具有强度高、耐磨、化学性能稳定、不燃、吸水率低、易清洁、经久不裂等特点。按《彩色釉面陶瓷墙地砖》（GB 11947）的规定，墙地砖的物理化学性质应满足表14-2所示的要求。

表14-2 墙地砖的物理化学性质

| 项　目 | 技术要求 |
| --- | --- |
| 吸水率（%） | ≤10 |
| 耐急冷急热性 | 经3次急冷急热循环不出现炸裂或裂纹 |
| 抗冻性 | 经20次冻融循环不出现破裂、剥落或裂纹 |
| 抗弯强度平均值/MPa | ≥24.5 |
| 耐化学腐蚀性 | 耐酸、耐碱性能各分为AA、A、B、C、D五个等级 |

### 14.3.3 陶瓷马赛克

陶瓷马赛克又称陶瓷锦砖，是指以优质瓷土为主要原料，经压制烧成的片状小瓷砖，表面一般不上釉。通常将不同颜色和形状的小块烧成片，铺贴在牛皮纸上形成色彩丰富、图案繁多的装饰砖以便成套使用。

陶瓷马赛克色泽多样，质地坚实，经久耐用，能耐酸、耐碱、耐火、耐磨，抗压力强，吸水率小，不渗水，易清洗，常用于工业与民用建筑的洁净车间、门厅、走廊、餐厅、卫生间、浴室、工作间、化验室等处的地面和内墙面，并可作高级建筑物的外墙饰面材料。

按《陶瓷马赛克》（JC/T 456）的规定，陶瓷马赛克的主要物理化学性能指标有：①陶瓷马赛克的吸水率应不大于0.1%；②经抗热震性试验后不出现炸裂或裂纹；③陶瓷马赛克与铺贴衬材经黏结性试验后，不允许有马赛克脱落；④抗冻性、耐化学腐蚀性由供需双方协商。

### 14.3.4　卫生陶瓷

卫生陶瓷制品主要是洗面器、大小便器、洗涤器、水槽、水箱等，也称卫生洁具。陶瓷卫生洁具颜色清澄，光泽可鉴，造型美观，性能优良，易于清洗，经久耐用。颜色原先以白色为主，现在产品有红、蓝、黄、绿等各色俱全，并各有深浅不同的色调。

按《卫生陶瓷》（GB 6952）的规定，卫生陶瓷按吸水率分为瓷质卫生陶瓷和炻陶质卫生陶瓷。主要技术要求有：①瓷质卫生陶瓷产品的吸水率$E \leqslant 0.5\%$，炻陶质卫生陶瓷产品的吸水率$0.5\% < E \leqslant 15.0\%$；②经抗裂试验应无釉裂、无坯裂；③其余各种质量、尺寸、变形都应符合规范要求。

### 14.3.5　琉璃制品

琉璃制品属高级建筑饰面材料，是我国陶瓷宝库中的古老珍品。它是用难溶黏土制坯，经干燥、上釉后焙烧而成的。颜色有绿、黄、蓝、青等。品种可分为三类：瓦类（板瓦、滴水瓦、筒瓦、沟头）、脊类和饰件类（吻、博古、兽）。

建筑琉璃制品质地致密，表面光滑，不易沾污，坚实耐久，施工简便。琉璃制品色彩绚丽、造型古朴，用它装饰的建筑物富有我国传统的民族特色。建筑琉璃制品由于价格高、自重大，主要用于具有民族色彩的宫殿式房屋和园林中的亭、台、楼阁等或纪念性建筑物上。

## 14.4　建筑玻璃

建筑玻璃泛指平板玻璃及由平板玻璃制成的深加工玻璃，也包括玻璃空心砖和玻璃马赛克等玻璃类建筑材料。建筑玻璃按其功能一般分为五类：平板玻璃、装饰玻璃、安全玻璃、功能玻璃及玻璃砖。

### 14.4.1　平板玻璃、磨砂玻璃

平板玻璃是建筑玻璃中生产量最大、使用最多的一种。它大多采用浮法工艺生产，表面平整光华且有光泽，人、物形象透过时不变形，5mm厚的平板玻璃透光率大于86%，常用于制作高级门、窗、橱窗和镜子等。

磨砂玻璃是用普通平板玻璃经机械喷砂、手工研磨或氢氟酸溶蚀等方法将表面处理成均匀毛面制成的。由于其表面粗糙，使光线产生漫射，透光而不透视，它可以使室内光线柔和而不刺目。磨砂玻璃常用于需要隐蔽的浴室、卫生间、办公室的门窗及隔断。

### 14.4.2　压花玻璃、喷花玻璃、刻花玻璃

压花玻璃是在玻璃硬化前，用刻有花纹的滚筒在玻璃的单面或两面压出深浅不同的各种图

案而制成的。喷花玻璃是在平板玻璃的表面贴加花纹防护层后，经喷砂处理而成的。刻花玻璃是将平板玻璃经涂漆、雕刻、围蜡与腐蚀、研磨等工序制成的。

压花玻璃、喷花玻璃、刻花玻璃表面有花纹图案，可透光，能遮挡视线，有优良的装饰效果，主要用于门窗、室内间隔、卫浴等处。

### 14.4.3 有色玻璃

有色玻璃也叫颜色玻璃，泛指加入着色剂后，通过吸收、反射、透过某种特定波长的光线，而呈现不同颜色的玻璃。有色玻璃分为透明和不透明两种，透明有色玻璃是在玻璃中加入着色剂而带色，不透明有色玻璃是在一面喷以色釉，再经烘制而成的。

有色玻璃具有耐腐蚀易清洗，装饰美观的特点，用于建筑物外墙面、门窗及对光波做特殊要求的采光部位。

### 14.4.4 热反射玻璃

热反射玻璃是在玻璃表面涂敷金属氧化物薄膜制成的。其薄膜可以喷涂，也可以浸涂。

热反射玻璃具有良好的遮光隔热性，可用于超高层大厦等各种建筑物，不仅可以节约室内空调能源，还能增加建筑物美观度，但会导致室外环境温度升高。

### 14.4.5 泡沫玻璃

泡沫玻璃是指由碎玻璃、发泡剂、改性添加剂和发泡促进剂等，经过细粉碎和均匀混合后，再经过高温熔化、发泡、退火而制成的无机非金属玻璃材料。

泡沫玻璃是一种性能优越的绝热（保冷）、吸声、防潮、防火的轻质高强建筑材料和装饰材料，以其永久性、安全性、高可靠性在低热绝缘、防潮工程、吸声等领域占据着越来越重要的地位。它的生产是废弃固体材料再利用，是保护环境并获得丰厚经济利益的范例。

### 14.4.6 玻璃空心砖

玻璃空心砖一般是由两块压铸成的凹形玻璃，经熔接或胶结成整体的四周封闭的空心砖块。

玻璃空心砖常用于需要透光的外墙、分隔墙等，具有热控、光控、隔声、耐火、耐酸等优点。压铸花纹和填充玻璃棉的空心砖，由于光线漫反射，使室内光照柔和优雅。

### 14.4.7 玻璃马赛克

玻璃马赛克也叫玻璃锦砖。它与陶瓷马赛克在外形和使用方法上有相似之处，但它是乳浊状半透明玻璃质材料，而陶瓷马赛克是不透明的。玻璃锦砖颜色绚丽，色泽众多，历久常新，而且价格低于陶瓷马赛克，是一种很好的外墙装饰材料。

## 14.5 有机高分子装饰制品

### 14.5.1 建筑塑料

建筑塑料是用于建筑工程的塑料制品的统称。塑料的主要成分是合成树脂。根据树脂与制品的不同性质，要求加入不同的添加剂，如稳定剂、增塑剂、增强剂、填料、着色剂等。塑料在建筑中大部分用作非结构材料，如用作电线的被覆绝缘材料、人造板的贴面材料、有泡沫塑料夹芯层的各种复合外墙板、屋面板等，也有一小部分用于制造承受轻荷载的结构构件，如塑料波形瓦、候车棚、商亭、储水塔罐、充气结构等。

建筑塑料制品的种类繁多，主要有以下几种：

### 1. 塑料管和管件

用塑料制造的管材及接头管件，已广泛应用于室内排水、自来水、化工及电线穿线管等管路工程中。塑料排水管的主要优点是耐蚀，流体摩阻力小；由于流过的杂物难以附着管壁，故排污效率高。塑料管的质量轻，仅为铸铁管质量的1/12~1/6，可节约劳动力，其价格与施工费用均比铸铁管低。缺点是塑料的线膨胀系数比铸铁大5倍左右，所以在较长的塑料管路上需要设置柔性接头。

### 2. 塑料弹性地板

塑料弹性地板有半硬质聚氯乙烯地面砖和弹性聚氯乙烯卷材地板两大类。半硬质聚氯乙烯地面砖的主要原料为聚氯乙烯或氯乙烯和醋酸乙烯的共聚物，填料为重质碳酸钙粉及短纤维石棉粉。产品表面可以有耐磨涂层、色彩图案或凹凸花纹。弹性聚氯乙烯卷材地板的优点是：地面接缝少，容易保持清洁；弹性好，步感舒适；具有良好的绝热吸声性能。公用建筑中常用的为不发泡的层合塑料地板，表面为透明耐磨层，下层印有花纹图案，底层可使用石棉纸或玻璃布。用于住宅建筑的为中间有发泡层的层合塑料地板。黏结塑料地板和楼板面用的胶黏剂，有氯丁橡胶乳液、聚醋酸乙烯乳液或环氧树脂等。

### 3. 塑料壁纸和贴面板

聚氯乙烯塑料壁纸是装饰室内墙壁的优质饰面材料，可制成多种印花、压花或发泡的美观立体感图案。这种壁纸具有一定的透气性、耐燃性和耐污染性，与中密度纤维板或其他人造板叠合，经热压成装饰板；或用三聚氰胺甲醛树脂液浸渍透明纸，再与表面印有木纹或其他花纹的书皮纸叠合，经热压成为一种硬质塑料贴面板；装饰板与贴面板都可以用作室内的隔墙板、门芯板、家具板或地板。

### 4. 泡沫塑料

泡沫塑料是一种轻质多孔制品，具有不易塌陷，不因吸湿而丧失绝热效果的优点，是优良的绝热和吸声材料。产品类型有板状、块状或特制的形状，也可以现场喷涂成型。泡沫塑料按照泡孔是否相互连通，分为开孔泡沫塑料和闭孔泡沫塑料。开孔泡沫塑料有较好的吸声性和缓冲性，闭孔泡沫塑料具有较小的热导率和吸水性。建筑中常用的有聚氨酯泡沫塑料、聚苯乙烯泡沫塑料与脲醛泡沫塑料。

## 14.5.2 建筑涂料

建筑涂料是指能涂于建筑物表面，并能形成连接性涂膜，从而对建筑物起到保护、装饰或使其具有某些特殊功能的材料。建筑涂料的涂层不仅对建筑物起到装饰、保护的作用，有些涂料还具有防火、防水、保温、防辐射等功能。

常用涂料有溶剂型和水溶性，除此之外还有乳液涂料。

### 1. 溶剂型涂料

(1) 清漆　清漆是一种不含颜料的透明涂料，由成膜物质、溶剂和助剂组成。其种类很多，具有代表性的是虫胶清漆和醇酸清漆。

虫胶清漆是虫胶溶于酒精而成的，具有快干的特点。在木材涂饰中用来封闭木材多孔的表面。

醇酸清漆是由干性醇酸树脂加助剂（包括催干剂）制成。干性醇酸树脂是醇酸树脂用不饱和脂肪酸或干性油、半干性油等改性制得。涂料的附着力和耐久性较好，但涂膜较软，耐碱、耐水性差，适合涂装木器，可显示出底色和花纹。

（2）色漆　色漆是指加入颜料（有时也加入填料）而呈现某种颜色的、具有遮盖力的涂料的统称，包括磁漆、底漆、调和漆、防锈漆等。

磁漆是在清漆中掺加颜料而成，如醇酸磁漆、酚醛磁漆等。磁漆的涂膜除有光泽外，还有鲜艳的色彩，性质比同类清漆更稳定，多用于室内木材和金属表面，如加有适量的干性油，也可用于室外。

底漆是指施于物体表面的底层涂料。底漆通常要注明主要颜料的名称，如酚醛铁红底漆、醇酸锌黄底漆等。底漆应对基材有良好的附着力，并与面层涂膜牢固结合。底漆主要供金属表面使用。

#### 2. 水溶性涂料

这类涂料常用的有聚乙烯醇水玻璃涂料、聚乙烯醇缩甲醛涂料等。

（1）聚乙烯醇水玻璃涂料　聚乙烯醇水玻璃涂料是以聚乙烯醇树脂的水溶液和水玻璃作为成膜物质，加入颜料和助剂而成的，是国内使用较广泛的内墙涂料，商品名称为“106 涂料”。涂膜干燥快、无毒、无味，表面光滑而无光，与混凝土、砂浆或轻质墙板均有较好的附着力，除潮湿环境外均可使用。

（2）聚乙烯醇缩甲醛涂料　聚乙烯醇缩甲醛涂料是由聚乙烯醇缩甲醛胶状溶液与颜料组成的，商品名称为“107 涂料”，多作为内墙涂料。聚乙烯醇缩甲醛溶液（107 胶）也可单独使用，作为罩面涂料。聚乙烯醇缩甲醛涂料用于外墙时，不宜单独使用，可与白水泥或一般水泥砂浆配成聚合物砂浆使用，然后在涂膜上用甲基硅醇钠憎水剂溶液罩面。

#### 3. 乳液涂料

乳液涂料是将合成树脂以 0.1~0.5μm 的微粒，分散于含有乳化剂的水中构成乳液，再加颜料及助剂而成的。下面列举两种用于外墙的乳液涂料。

（1）苯丙乳液涂料　苯丙乳液涂料是以苯乙烯、甲基丙烯酸甲酯、甲基丙烯酸、丙烯酸丁酯四元共聚乳液配合颜料制成的。涂料的耐水性、耐污染性、大气稳定性及抗冻性都较好，成本也不高，是有发展前途的一种涂料。国内已研制成 LB-苯丙有光乳液涂料和 LT-1 外用乳液涂料，经实际使用性能良好。

（2）彩砂乳液涂料　彩砂乳液涂料以乳液涂料（如苯丙乳液涂料）为基料，加入着色集料（彩色瓷粒或石英砂）及助剂而成。涂料可刷涂、喷涂或辊涂，施工方便。涂膜色泽耐久，大气稳定性和耐水性好，做成的墙面有立体质感，装饰效果如天然石材。

## 14.6 金属装饰材料

金属是建筑装饰装修中不可缺少的重要材料。它具有特殊的装饰性和质感，又有优良的物理力学性能，装饰效果庄重华贵，还可减轻建筑物自重，并且经久耐用。

目前常用的金属装饰材料主要有不锈钢材料、铝及铝合金装饰材料、纯铜和铜合金装饰材料等，主要有各种铝合金异型制品，如门、窗以及铝制装饰板，铜质扶手、把手等。贵重金属如金、银等也在装饰中开始得到应用，并取得良好的装饰效果。

### 14.6.1 不锈钢材料

不锈钢是指含有金属铬的具有耐蚀性的铁基合金，按其耐蚀性的特点，可分为普通不锈钢和耐酸不锈钢两类。不锈钢的韧性及延展性均较好，表面精饰加工后，可以获得镜面板光亮平滑的效果，光反射比达90%以上，具有良好的装饰性，而且经久耐用。

不锈钢装饰制品主要有不锈钢薄板、不锈钢管材、不锈钢角材与槽材等。不锈钢装饰材料主要用于柱面、栏杆、扶手装饰等，室内室外都可使用。还可通过表面着色处理，使不锈钢板成为各种色彩绚丽的装饰板。其颜色有蓝、灰、紫、红、青、绿、金黄、茶色等，增强了装饰效果，常用作厅堂墙板、顶棚、电梯厢板、外墙饰面等。

### 14.6.2 铝及铝合金装饰材料

铝是有色金属中的轻金属，化学性质活泼，在空气中易于生成一层致密的氧化铝薄膜，以保护下面的金属不再受到腐蚀。铝可制成管、板等，但铝的硬度较低。

铝合金是为了提高铝的强度和改善其性能，在铝中加入镁、锰、铜、锌、硅等元素制成的。在保持了铝的轻量型的同时，铝合金拥有更好的力学性能，因此使用价值大为提高。

建筑装饰工程中常用的铝合金制品主要有铝合金门窗、铝合金装饰板、铝合金吊顶龙骨等。铝合金门窗自重轻，密封性能好，色泽美观，经久耐用，便于工业化生产，因此在家庭装修中得到了广泛的应用。铝合金吊顶龙骨具有不锈蚀、质轻、美观、防火、抗震、安装方便等特点，适用于外露龙骨的吊顶装饰。

### 14.6.3 纯铜和铜合金制品

纯铜表面易氧化成紫红色，故又称紫铜。铜合金是铜和锌的合金，常称作黄铜，色泽随锌含量的增加而逐渐变浅。黄铜的力学性能好，硬度高，而且耐腐蚀。黄铜制品表面光滑平整，饰面后金碧辉煌，闪闪发光，装饰效果极佳。

铜质材料制品有铜板、黄铜薄壁管、黄铜板、铜管、铜棒、黄铜管等。其中铜板可用于墙面和柱面的装饰，各种管材可制作成扶手、把手等建筑五金和建筑配件等。铜质装饰材料以其古朴典雅、雍容华贵的独特风格给人以美的享受，是一种高档的建筑装饰材料。

## 复习思考题

14-1 何谓装饰材料？装饰材料有什么作用？

14-2 对装饰材料有哪些基本要求？

14-3 装饰玻璃有哪些品种？各有何特点？

14-4 天然石材选用时要考虑哪几个方面的问题？

14-5 建筑陶瓷有哪些种类？各有何特点？

14-6 建筑塑料制品有哪些种类？各有何特点？

14-7 什么是不锈钢？不锈钢耐蚀的原理是什么？

14-8 列举内墙涂料和外墙涂料各一例，并叙述其主要性能。

# 第15章 土木工程材料试验

## 15.1 土木工程材料的基本性质试验

### 15.1.1 密度试验

**1. 试验目的**

材料密度的测试是为计算材料用量、构件自重以及材料堆放空间提供基本数据。

**2. 主要仪器设备**

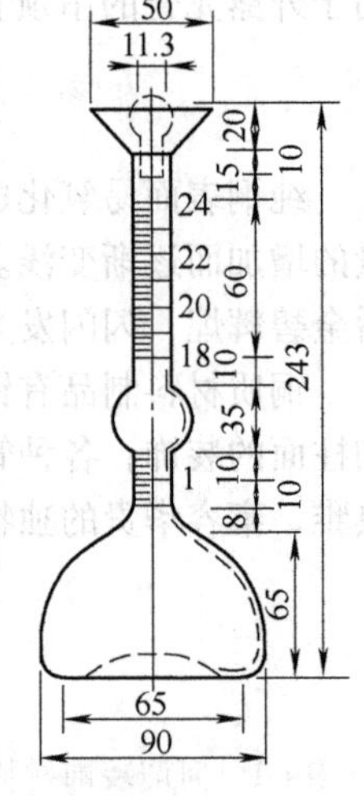

图 15-1 李氏瓶

李氏瓶（见图15-1）、筛子（孔径0.20mm或900孔/$cm^2$）、天平（称量500g，感量0.01g）、烘箱、干燥器、量筒、温度计、漏斗、小勺等。

**3. 试样制备**

1）将试样破碎、磨细，全部通过0.20mm孔筛后，放到105℃±5℃的烘箱中，烘至恒重。

2）将烘干的粉料放入干燥器中冷却至室温待用。

**4. 试验方法及步骤**

1）在李氏瓶中注入无水煤油或其他与试样不起化学反应的液体至凸颈下部，将李氏瓶放在恒温水槽中（水温控制在李氏瓶标定刻度时的温度），使刻度部分浸入水中，恒温0.5h，记下刻度$V_1$。

2）用天平称取60~90g试样$m_1$，用小勺和漏斗小心地将试样徐徐送入李氏瓶中（不能大量倾倒，会妨碍李氏瓶中空气排出或使咽喉位堵塞），直至液面上升至20mL左右的刻度为止。

3）用瓶内的液体将粘附在瓶颈和瓶壁的试样洗入瓶内液体中，转动李氏瓶使液体中气泡排出，记下液面刻度$V_2$。

4）称取未注入瓶内剩余试样的质量$m_2$，计算出装入瓶中试样质量$m$。

5）将注入试样后的李氏瓶中液面读数$V_2$减去未注前的读数$V_1$，得出试样的绝对体积$V$。

**5. 试验结果计算**

1）按下式计算密度（精确至0.01g/$cm^3$）：

$$\rho = \frac{m_1 - m_2}{V_2 - V_1} \tag{15-1}$$

2）密度试验需用两个试样平行进行，以其计算结果的算术平均值作为最后结果。但两次结果之差不应大于0.02g/$cm^3$，否则重做。

### 15.1.2　表观密度（体积密度）试验（量积法）

#### 1. 试验目的

材料表观密度的测试是为计算材料用量、构件自重以及材料堆放空间提供基本数据。

#### 2. 主要仪器设备

游标卡尺（精度 0.01mm）、天平（称量 500g，感量 0.01g）、烘箱、干燥箱。

#### 3. 试样制备

将材料加工成规则几何形状的试件（3 个）后放入烘箱内，以 100℃ ±5℃ 的温度烘干至恒重。取出放入干燥器中，冷却至室温待用。

#### 4. 试验方法与步骤

1）用游标卡尺量其尺寸（精确至 0.01cm），并计算其体积 $V_0$（$cm^3$）。

a. 求试件体积时，如试件为立方体或长方体，则每边应在上、中、下三个位置分别量测，求其平均值，然后再按下式计算体积：

$$V_0 = \frac{a_1 + a_2 + a_3}{3} \times \frac{b_1 + b_2 + b_3}{3} \times \frac{c_1 + c_2 + c_3}{3} \tag{15-2}$$

式中　$a$、$b$、$c$——试件的长、宽、高（cm）。

b. 求试件体积时，如试件为圆柱体，则在圆柱体上、下两个平行切面上及试件腰部，按两个互相垂直的方向量其直径，求 6 次量测的直径平均值 $d$，再在互相垂直的两直径与圆周交界的四点上量其高度，求 4 次量测的平均值 $h$，最后按下式求其体积 $V_0$（$cm^3$）：

$$V_0 = \frac{\pi d^2}{4}h \tag{15-3}$$

2）用天平称其质量 $m$（精确至 0.01g）。

#### 5. 试验结果计算

1）按下式计算其表观密度（体积密度）$\rho_0$（单位为 $g/cm^3$）：

$$\rho_0 = \frac{m}{V_0} \tag{15-4}$$

2）组织均匀的材料，其体积密度应为 3 个试件测得结果的平均值；组织不均匀的材料，应记录最大值与最小值。

### 15.1.3　孔隙率的计算

将已经求出的同一材料的密度和表观密度（用同样的单位表示）代入下式计算得出该材料的孔隙率：

$$P = \left(1 - \frac{\rho_0}{\rho}\right) \times 100\% \tag{15-5}$$

式中　$P$——材料的孔隙率（%）；

$\rho_0$——材料的表观密度（$g/cm^3$ 或 $kg/m^3$）；

$\rho$——材料的密度（$g/cm^3$ 或 $kg/m^3$）。

### 15.1.4　吸水率试验

**1. 试验目的**

材料吸水率的测试是为了计算配料以及判定材料的绝热、抗冻、抗渗等性能。

**2. 主要仪器设备**

游标卡尺（精度0.01mm）、天平（称量1000g，感量0.01g）、烘箱、干燥箱。

**3. 试样制备**

1）将石料试件加工成直径和高均为50mm的圆柱体或边长为50mm的立方体试件；如采用不规则试件，其边长不少于40~60mm，每组试件至少3个，石质组织不均匀者，每组试件不少于5个。用毛刷将试件洗涤干净并编号。

2）将试件置于烘箱中，以105℃±5℃的温度烘干至恒重，在干燥器中冷却至室温待用。

**4. 试验方法与步骤**

1）以天平称取试件质量$m_1$（g），精确至0.01g（下同）。

2）将试件放在盛水容器中，在容器底部可放些垫条如玻璃管或玻璃杆使试件底面与盆底不致紧贴，使水能够自由进入。

3）加水至试件高度的1/4处；以后每隔2h分别加水至高度的1/2和3/4处；6h后将水加至高出试件顶面20mm以上，并再放置48h让其自由吸水。这样逐次加水能使试件孔隙中的空气逐渐逸出。

4）取出试件，用湿纱布擦去表面水分，立即称其质量$m_2$（g）。

**5. 试验结果计算**

1）按下式计算石料吸水率（精确至0.01%）：

$$W_m = \frac{m_2 - m_1}{m_1} \times 100\% \tag{15-6}$$

式中　$W_m$——石料的质量吸水率（%）；

$m_2$——吸水至恒重时试件的质量（g）；

$m_1$——烘干至恒重时试件的质量（g）。

2）组织均匀的试件，取3个试件试验结果的平均值作为测定值；组织不均匀的，则取5个试件试验结果的平均值作为测定值。

### 15.1.5　软化系数试验

**1. 试验目的**

材料软化系数的测试是为了判定材料的耐水性能。

**2. 主要仪器设备**

游标卡尺（精度0.01mm）、烘箱、压力机（600kN）。

**3. 试样制备**

将一组（5块）试样放置在105~110℃烘箱中烘至干燥；另一组（5块）试样浸入水中至饱水状态。

**4. 试验方法与步骤**

1）用游标卡尺量取各试样受压面积$A$（单位为$mm^2$）。

2）将试样放置在压力机上压至破坏，记录破坏荷载 $P$（kN）。

5. 结果计算

1）计算出各试样抗压强度 $f$（MPa），（精确至0.1MPa）。

$$f=\frac{P}{A} \tag{15-7}$$

2）计算软化系数。

$$K=\frac{\bar{f}_{饱水}}{\bar{f}_{干}} \tag{15-8}$$

式中　$K$——软化系数；

$\bar{f}_{饱水}$——饱水试件平均抗压强度（MPa）；

$\bar{f}_{干}$——干燥试件平均抗压强度（MPa）。

## 15.2　水泥试验

### 15.2.1　水泥细度测定（筛析法）

1. 试验目的

通过水泥细度试验来检验水泥的粗细程度，作为评定水泥质量的依据之一；掌握《水泥细度检验方法　筛析法》（GB/T 1345）的测试方法，正确使用所用仪器与设备，并熟悉其性能。

2. 主要仪器设备

试验筛、负压筛析仪、水筛架和喷头、天平。

3. 试验步骤

（1）负压筛法

1）筛析试验前，应把负压筛放在筛座上，盖上筛盖，接通电源，检查控制系统，调节负压至4000~6000Pa范围内。

2）采用分度值不大于0.01g的天平称取试样25g，置于洁净的负压筛中。盖上筛盖，放在筛座上，启动筛析仪连续筛析2min，在此期间如有试样附着在筛盖上，可轻轻地敲击使试样落下。筛毕，用天平称量筛余物。

3）当工作负压小于4000Pa时，应清理吸尘器内水泥，使负压恢复正常。

（2）水筛法

1）筛析试验前，应检查水中无泥、砂，调整好水压及水筛架的位置，使其能正常运转。喷头底面和筛网之间的距离为35~75mm。

2）称取试样50g，置于洁净的水筛中，立即用洁净的水冲洗至大部分细粉通过后，放在水筛架上，用水压为0.05MPa±0.02MPa的喷头连续冲洗3min。

3）筛毕，用少量水把筛余物冲至蒸发皿中，等水泥颗粒全部沉淀后小心将水倒出，烘干并用天平称量筛余物。

4. 试验结果计算

水泥细度按试样筛余百分数（精确至0.1%）按下式计算：

$$F=\frac{R_s}{W}\times 100\% \tag{15-9}$$

式中 $F$——水泥试样的筛余百分数（%）；

$R_s$——水泥筛余物的质量（g）；

$W$——水泥试样的质量（g）。

合格评定时，每个样品应称取2个试样分别筛析，取筛余平均值为筛析结果。若两次筛余结果绝对误差大于0.5%（筛余值大于5.0%时可放宽至1.0%）应再做一次试验，取两次相近结果的算术平均值作为最终结果。一般情况下，水泥80μm方孔筛筛余量不得超过10.0%。

## 15.2.2 水泥标准稠度用水量试验

### 1. 试验目的

通过试验测定水泥净浆达到水泥标准稠度（统一规定的浆体可塑性）时的用水量，作为水泥凝结时间、安定性试验用水量之一；掌握《水泥标准稠度用水量、凝结时间、安定性检验方法》（GB/T 1346）的测试方法，正确使用仪器设备，并熟悉其性能。

### 2. 主要仪器设备

水泥净浆搅拌机、标准法维卡仪及附件（见图15-2）、天平、量筒。

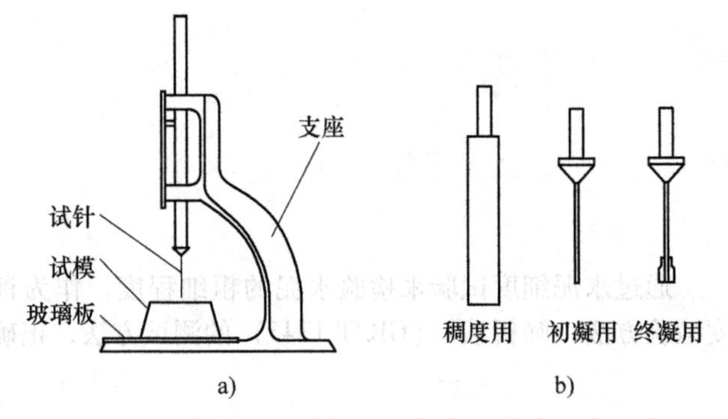


图15-2 标准法维卡仪及附件

a）标准法维卡仪 b）附件

### 3. 试验方法及步骤

（1）标准法

1）试验前检查。仪器金属棒应能自由滑动，搅拌机运转正常等。

2）调零点。将标准稠度试杆装在金属棒下，调整至试杆接触玻璃板时指针对准零点。

3）水泥净浆制备。用湿布将搅拌锅和搅拌叶片擦一遍，将拌和用水倒入搅拌锅内，然后在5~10s内小心将称量好的500g水泥试样加入水中（按经验找水）；拌和时，先将锅放到搅拌机锅座上，升至搅拌位置，起动搅拌机，慢速搅拌120s，停拌15s，同时将叶片和锅壁上的水泥浆刮入锅中，接着快速搅拌120s后停机。

4）标准稠度用水量的测定。拌和完毕，立即将水泥净浆一次装入已置于玻璃板上的圆模内，用小刀插捣、振动数次，刮去多余净浆；抹平后迅速放到维卡仪上，并将其中心定在试杆下，降低试杆直至与水泥净浆表面接触，拧紧螺钉，然后突然放松，让试杆自由沉入净浆中。以试杆沉入净浆并距底板4mm±1mm的水泥净浆为标准稠度净浆。其拌和用水量为该水泥的标准稠度用水量$P$，按水泥质量的百分比计。升起试杆后立即擦净。整个操作应在搅拌后1.5min内完成。

（2）代用法

1）仪器设备检查。稠度仪金属滑杆能自由滑动，搅拌机能正常运转等。

2）调零点。将试锥降至锥模顶面位置时，指针应对准标尺零点。

3）水泥净浆制备。同标准法。

4）标准稠度的测定。有调整水量法和固定水量法两种，可选用任一种测定，如有争议以调整水量法为准。

a. 固定水量法。拌和用水量为142.5mL。拌和结束后，立即将拌和好的净浆装入锥模，用小刀插捣，振动数次，刮去多余净浆；抹平后放到试锥下面的固定位置上，调整金属棒使锥尖接触净浆并固定松紧螺钉 1~2s，然后突然放松，让试锥垂直自由地沉入水泥净浆中。在试锥停止下沉或释放试锥 30s 时记录试锥下沉深度 $S$。整个操作应在搅拌后 1.5min 内完成。

b. 调整水量法。拌和用水量按经验找水。拌和结束后，立即将拌和好的净浆装入锥模，用小刀插捣、振动数次，刮去多余净浆；抹平后放到试锥下面的固定位置上，调整金属棒使锥尖接触净浆并固定松紧螺钉 1~2s，然后突然放松，让试锥垂直自由地沉入水泥净浆中。以试锥下沉深度为 28mm±2mm 时的净浆为标准稠度净浆，其拌和用水量即为标准稠度用水量 $P$，按水泥质量的百分比计。

### 4. 试验结果计算

（1）标准法　以试杆沉入净浆并距底板 4mm±1mm 的水泥净浆为标准稠度净浆。其拌和用水量为该水泥的标准稠度用水量 $P$，以水泥质量的百分比计，按下式计算：

$$P = \frac{\text{拌和用水量}}{\text{水泥用量}} \times 100\% \tag{15-10}$$

（2）代用法

1）用固定水量法测定时，根据测得的试锥下沉深度 $S$（mm），可从仪器上对应标尺读出标准稠度用水量 $P$ 或按经验公式计算其标准稠度用水量 $P$（%）。

$$P = 33.4 - 0.185S \tag{15-11}$$

当试锥下沉深度小于 13mm 时，应改用调整水量法测定。

2）用调整水量法测定时，以试锥下沉深度为 28mm±2mm 时的净浆为标准稠度净浆，其拌和用水量为该水泥的标准稠度用水量 $P$，以水泥质量百分比计，计算公式同标准法。

如下沉深度超出范围，需另称试样，调整水量，重新试验，直至达到 28mm±2mm 为止。

## 15.2.3　水泥凝结时间的测定试验

### 1. 试验目的

测定水泥达到初凝和终凝所需的时间（凝结时间以试针沉入水泥标准稠度净浆至一定深度所需时间表示），用以评定水泥的质量。掌握《水泥标准稠度用水量、凝结时间、安定性检验方法》（GB/T 1346）的测试方法，正确使用仪器设备。

### 2. 主要仪器设备

标准法维卡仪、水泥净浆搅拌机、湿气养护箱。

### 3. 试验步骤

1）试验前准备。将圆模内侧稍涂上一层润滑油，放在玻璃板上，调整凝结时间测定仪的试针接触玻璃板时，指针应对准标准尺零点。

2）以标准稠度用水量的水，按测标准稠度用水量的方法制成标准稠度水泥净浆后，立即一次装入圆模振动数次刮平，然后放入湿汽养护箱内，记录开始加水的时间作为凝结时间的起始时间。

3）试件在湿气养护箱内养护至加水后 30min 时进行第一次测定。测定时，从养护箱中取出圆模放到试针下，使试针与净浆面接触，拧紧螺钉 1~2s 后突然放松，试针垂直自由沉入净浆，观察试针停止下沉时指针的读数。临近初凝时，每隔 5min 测定一次，当试针沉至距底板 4mm±1mm 即为水泥达到初凝状态。从水泥全部加入水中至初凝状态的时间即为水泥的初凝时间，用“min”表示。

4）初凝测出后，立即将试模连同浆体以平移的方式从玻璃板上取下，翻转 180°，直径大端向上，小端向下，放在玻璃板上，再放入湿气养护箱中养护。

5）取下测初凝时间的试针，换上测终凝时间的试针。

6）临近终凝时间每隔15min测一次，当试针沉入净浆0.5mm时，即环形附件开始不能在净浆表面留下痕迹时，即为水泥的终凝时间。

7）由开始加水至初凝、终凝状态的时间分别为该水泥的初凝时间和终凝时间，用小时（h）和分钟（min）表示。

8）测定时应注意，在最初测定的操作时应轻轻扶持金属棒，使其徐徐下降，防止撞弯试针，但结果以自由下沉为准；在整个测试过程中试针沉入净浆的位置距圆模至少大于10mm；每次测定完毕需将试针擦净并将圆模放入养护箱内，测定过程中要防止圆模受振；每次测量时不能让试针落入原孔，测得结果应以两次都合格为准。

### 4. 试验结果的确定与评定

1）自加水起至试针沉入净浆中距底板4mm±1mm时，所需的时间为初凝时间；至试针沉入净浆中不超过0.5mm（环形附件开始不能在净浆表面留下痕迹）时所需的时间为终凝时间；用小时（h）和分钟（min）来表示。

2）达到初凝或终凝状态时应立即重复测一次，当两次结论相同时才能定为达到初凝或终凝状态。

评定方法：将测定的初凝时间、终凝时间结果，与规范中的凝结时间相比较，可判断其合格性与否。

## 15.2.4 水泥安定性的测定试验

### 1. 试验目的

安定性是指水泥硬化后体积变化的均匀性情况。通过试验可掌握《水泥标准稠度用水量、凝结时间、安定性检验方法》（GB/T 1346）的测试方法，正确评定水泥的体积安定性。

安定性的测定方法有雷氏法和试饼法，有争议时以雷氏法为准。

### 2. 主要仪器设备

沸煮箱、雷氏夹（见图15-3）、雷氏夹膨胀值测定仪（见图15-4）、其他同标准稠度用水量试验。

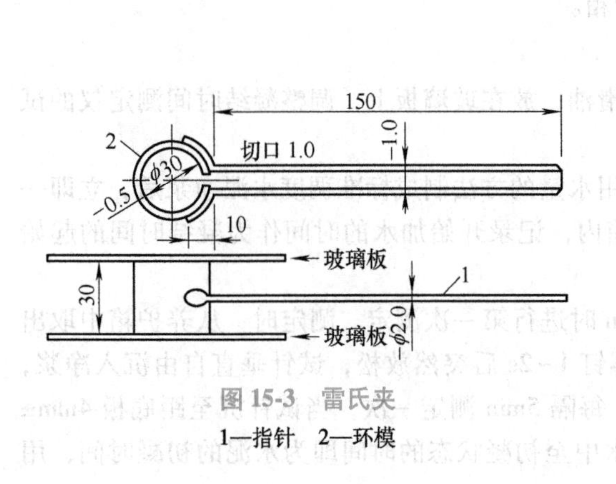


图15-3 雷氏夹

1—指针 2—环模

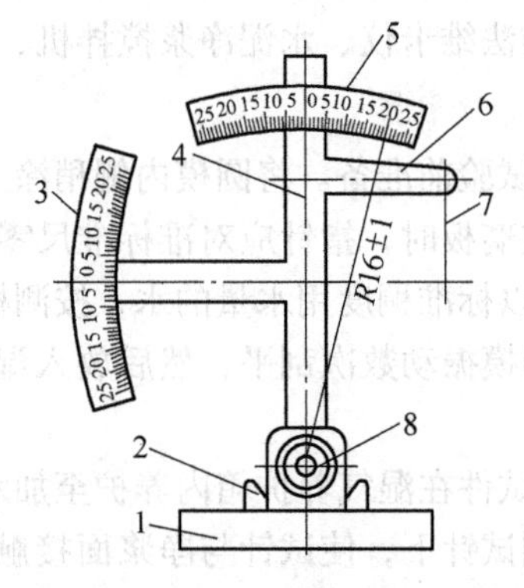


图15-4 雷氏夹膨胀值测定仪

1—底座 2—模子座 3—测弹性标尺 4—立柱 5—测膨胀值标尺 6—悬臂 7—悬丝 8—弹簧顶钮

### 3. 试验方法及步骤

（1）测定前的准备工作　若采用饼法时，一个样品需要准备两块约100mm×100mm的玻璃板；若采用雷氏法，每个雷氏夹需配备质量为75～85g的玻璃板两块。凡与水泥净浆接触的玻璃板和雷氏夹表面都要稍稍涂上一薄层润滑油。

（2）水泥标准稠度净浆的制备　以标准稠度用水量加水，按前述方法制成标准稠度水泥净浆。

（3）成型方法

1）试饼成型。将制好的净浆取出一部分分成两等份，使之成球形，放在预先准备好的玻璃板上，轻轻振动玻璃板，并用湿布擦过的小刀由边缘向中间抹动，做成直径为70～80mm、中心厚约10mm、边缘渐薄、表面光滑的试饼，然后将试饼放入湿汽养护箱内养护24h±2h。

2）雷氏夹试件的制备。将预先准备好的雷氏夹放在已稍擦油的玻璃板上，并立即将已制好的标准稠度净浆装满试模，装模时一只手轻轻扶持试模，另一只手用宽约25mm的直边刀插捣3次左右，然后抹平，盖上稍涂油的玻璃板，接着立即将试模移至湿汽养护箱内养护24h±2h。

（4）沸煮

1）调整沸煮箱内的水位，使试件能在整个沸煮过程中浸没在水里，并在煮沸的中途不需添补试验用水，同时又保证能在30min±5min内升至沸腾。

2）脱去玻璃板取下试件，先测量雷氏夹指针尖端间的距离$A$，精确到0.5mm，接着将试件放入沸煮箱水中的试件架上，指针朝上，试件之间互不交叉，然后在30min±5min内加热至沸，并恒沸3h±5min。

沸煮结束，即放掉箱中的热水，打开箱盖，待箱体冷却至室温，取出试件进行判别。

### 4. 试验结果的判别

（1）试饼法判别　目测试饼未发现裂缝，用直尺检查也没有弯曲时，则水泥的安定性合格，反之为不合格。若两个判别结果有矛盾时，该水泥的安定性为不合格。

（2）雷氏夹法判别　测量试件指针尖端间的距离$C$，记录至小数点后1位，当2个试件煮后增加距离$C-A$的平均值不大于5.0mm时，即认为该水泥安定性合格，否则为不合格。当2个试件煮后增加距离$C-A$的平均值大于5.0mm时，应用同一样品立即重做一次试验。再如此，则认为该水泥安定性不合格。

## 15.2.5　水泥胶砂强度检验

### 1. 试验目的

制作符合试验要求的试件并对其进行力学试验，通过应用仪器测定试件破坏时的荷载，进而得到水泥的抗折强度和抗压强度；通过测定不同龄期的抗折强度、抗压强度，以确定水泥的强度等级或评定水泥强度是否符合规范要求。掌握国家标准《水泥胶砂强度检验方法（ISO法）》（GB/T 17671），正确使用仪器设备并熟悉其性能。

### 2. 主要仪器设备

胶砂搅拌机、试模、胶砂振实台、抗折强度试验机、抗压试验机、抗折与抗压夹具、刮平尺、养护室等。

### 3. 试验步骤

（1）试验前准备　成型前将试模擦净，四周的模板与底板接触面上应涂黄油，紧密装配，防止漏浆，内壁均匀刷一薄层机油。

（2）胶砂制备 试验用砂采用中国ISO标准砂，其颗粒分布和湿含量应符合《水泥胶砂强度检验方法（ISO法）》（GB/T 17671）的要求。

1）胶砂配合比。试体是按胶砂的质量配合比为水泥：标准砂：水=1：3：0.5进行拌制的。一锅胶砂成三条试体，每锅材料需要量为：水泥450g±2g；标准砂1350g±5g；水225mL±1mL。

2）搅拌。每锅胶砂用搅拌机进行搅拌。可按下列程序操作：①胶砂搅拌时先把水加入锅里，再加水泥，把锅放在固定架上，上升至固定位置；②立即启动机器，低速搅拌30s后，在第二个30s开始的同时均匀地将砂子加入，把机器转至高速再拌30s；③停拌90s，在第一个15s内用一橡胶刮具将叶片和锅壁上的胶砂，刮入锅中间，在高速下继续搅拌60s，各个搅拌阶段的时间误差应在±1s以内。

（3）试体成型 试件是40mm×40mm×160mm的棱柱体。胶砂制备后应立即进行成型。将空试模和模套固定在振实台上，用一个适当勺子直接从搅拌锅里将胶砂分两层装入试模，装第一层时，每个槽里约放300g胶砂，用大播料器垂直架在模套顶部沿每一个模槽来回一次将料层播平，接着振实60次。再装第二层胶砂，用小播料器播平，再振实60次。移走模套，从振实台上取下试模，用金属直尺以近似90°的角度架在试模模顶的一端，然后沿试模长度方向以横向锯割动作慢慢向另一端移动，一次将超过试模部分的胶砂刮去，并用同一直尺以近乎水平的情况下将试体表面抹平。

（4）试体的养护

1）脱模前的处理及养护。将试模放入雾室或湿箱的水平架子上养护，湿空气应能与试模周边接触。另外，养护时不应将试模放在其他试模上。一直养护到规定的脱模时间时取出脱模。脱模前用防水墨汁或颜料对试体进行编号和做其他标记，两个龄期以上的试体，在编号时应将同一试模中的三条试体分在两个以上龄期内。

2）脱模。脱模应非常小心，可用塑料锤或橡胶榔头或专门的脱模器。对于24h龄期的，应在破型试验前20min内脱模；对于24h以上龄期的，应在20~24h脱模。

3）水中养护。将做好标记的试体水平或垂直放在20℃±1℃水中养护，水平放置时刮平面应朝上，养护期间试体之间间隔或试体上表面的水深不得小于5mm。

（5）强度试验

1）强度试验试体的龄期。试体龄期是从加水开始搅拌时算起的。各龄期的试体必须在表15-1所示规定的时间内进行强度试验。试体从水中取出后，在强度试验前应用湿布覆盖。

表15-1 各龄期强度试验时间规定

| 龄期 | 时间 |
|---|---|
| 24h | 24h±15min |
| 48h | 48h±30min |
| 72h | 72h±45min |
| 7d | 7d±2h |
| >28d | 28d±8h |

2）抗折强度试验。

a. 每龄期取出3条试体先做抗折强度试验。试验前需擦去试体表面的附着水分和砂粒，清除夹具上圆柱表面粘着的杂物，试体放入抗折夹具内，应使侧面与圆柱接触。

b. 采用杠杆式抗折试验机试验时，试体放入前，应使杠杆成平衡状态。试体放入后调整夹具，使杠杆在试体折断时尽可能地接近平衡位置。

c. 抗折试验的加荷速度为50N/s±10N/s。

3）抗压强度试验。

a. 抗折强度试验后的断块应立即进行抗压试验。抗压试验需用抗压夹具进行，试体受压面为40mm×40mm。试验前应清除试体受压面与压板间的砂粒或杂物。试验时以试体的侧面作为受压面，试体的底面靠紧夹具定位销，并使夹具对准压力机压板中心。

b. 压力机加荷速度为2400N/s±200N/s。

### 4. 试验结果计算及处理

（1）抗折试验结果　抗折强度按式（15-12）计算，精确到0.1MPa。

$$R_1=\frac{1.5F_1L}{b^3} \tag{15-12}$$

式中　$R_1$——水泥抗折强度（MPa）；

$F_1$——折断时施加于棱柱体中部的荷载（N）；

$L$——支撑圆柱之间的距离（100mm）；

$b$——棱柱体正方形截面的边长（40mm）。

以一组3个棱柱体抗折结果的平均值作为试验结果。当3个强度值中有超出平均值的±10%时，应剔除后再取平均值作为抗折强度试验结果。

（2）抗压试验结果　抗压强度按式（15-13）计算，精确至0.1MPa。

$$R_c=\frac{F_c}{A} \tag{15-13}$$

式中　$R_c$——水泥抗压强度（MPa）；

$F_c$——破坏时的最大荷载（N）；

$A$——受压部分面积（$mm^2$）（$40mm\times40mm=1600mm^2$）。

以一组3个棱柱体上得到的6个抗压强度测定值的算术平均值为试验结果。如6个测定值中有一个超出平均值的±10%，就应剔出这个结果，而以剩下5个的平均数为结果；如果5个测定值中再有超过它们平均数的±10%，则该组结果作废。

## 15.3 混凝土用砂、石试验

本试验根据《建设用砂》（GB/T 14684）和《建设用卵石、碎石》（GB/T 14685）对混凝土用砂、石进行试验，评定其质量，并对混凝土配合比设计提供原材料参数。

### 15.3.1 集料的取样与缩分

#### 1. 代表批量

砂、石集料应按同产地、同规格分批进行验收。采用大型工具（如火车、货船或汽车）运输的，每一验收批不超过400$m^3$或600t；采用小型工具（如拖拉机等）运输的，每一验收批不超过200$m^3$或300t。

#### 2. 取样方法

从料堆上取样时，取样部位应均匀分布。取样前应先将取样部位表层铲除，然后从不同部位抽取大致相等的试样，砂子为8份、石子为16份，各自组成一组样品。

从带式运输机上取样时，应在带式运输机机尾的出料处，用接料器定时抽取大致等量的试样，砂子为4份、石子为8份，各自组成一组样品。

3. 取样数量

对于每一单项试验项目，砂、石的每组样品取样数量应分别符合表15-2和表15-3所示的规定。当需要做多项试验时，在确保样品经一项试验后不致影响其他试验结果的前提下，可用同组样品进行多项不同的试验。

表15-2 砂单项试验每组样品最少取样数量

| 检验项目 | 最少取样质量/kg |
|---|---|
| 砂的筛分析试验 | 4.4 |
| 砂的表观密度试验 | 2.6 |
| 砂的堆积密度试验 | 5.0 |

表15-3 碎石或卵石单项试验每组样品最少取样数量

| 检验项目 | 石子最少取样质量/kg | | | | | | | |
|---|---|---|---|---|---|---|---|---|
| | 石子最大粒径/mm | | | | | | | |
| | 9.5 | 16.0 | 19.0 | 26.5 | 31.5 | 37.5 | 63.0 | 75.0 |
| 碎石或卵石的筛分析试验 | 9.5 | 16.0 | 19.0 | 25.0 | 31.5 | 37.5 | 63.0 | 80.0 |
| 碎石或卵石的表观密度试验 | 8 | 8 | 8 | 8 | 12 | 16 | 24 | 24 |
| 碎石或卵石的堆积密度试验 | 40 | 40 | 40 | 40 | 80 | 80 | 120 | 120 |

4. 样品缩分

1）样品的缩分，可选择下列两种方法之一：

a. 用分料器缩分：将样品在天然状态下拌和均匀，然后将其通过分料器，并将两个接料斗中的一份再次通过分料器。重复上述过程，直至把样品缩分至试验所需数量为止。

b. 人工四分法缩分：将样品置于平板上，在天然状态下拌和均匀，并摊铺成厚度约为20mm的“圆饼”状，然后沿互相垂直的两条直径把“圆饼”分成大致相等的四份，取其对角的两份重新拌匀，再摊铺成“圆饼”状。重复上述过程，直至将样品缩分至略多于进行试验所需数量为止。

2）碎石或卵石样品缩分时，应将样品置于平板上，在自然状态下拌和均匀，并堆成圆锥体状，然后沿互相垂直的两条直径把圆锥体分成大致相等的四份，取其对角的两份重新拌匀，再堆成圆锥体。重复上述过程，直至把样品缩分至试验所需数量为止。

3）砂、碎石或卵石的含水率、堆积密度试验所用样品，可不进行缩分，拌匀后直接进行试验。

## 15.3.2 砂的筛分析试验

1. 试验目的

测定混凝土用砂的颗粒级配，计算砂的细度模数，评定砂的粗细程度。

2. 主要仪器设备

1）烘箱。能将温度控制在105℃±5℃。

2）天平。称量1000g，感量1g。

3）标准套筛。孔径分别为150μm、300μm、600μm、1.18mm、2.36mm、4.75mm及9.50mm

的方孔筛各一个，并附有筛底和筛盖各一个。

4）摇筛机。

5）大小浅盘和毛刷等。

### 3. 试验方法

1）按规定取样，并将砂试样缩分至约1100g，放在烘箱中于105℃±5℃的温度下烘干至恒重。待冷却至室温后，筛除大于9.50mm的颗粒（并算出其筛余百分率），分为大致相等的两份以备进行两次试验。

2）称取试样500g，精确至1g，将试样倒入按孔径大小从上到下组合的套筛（附筛底）上，准备进行筛分。

3）将套筛加盖后置于摇筛机上，摇动10min。取下套筛，按筛孔大小顺序再逐个在清洁的浅盘上用手筛，筛至每分钟通过量小于试样总量的0.1%为止，通过的试样并入下一号筛中，并和下一号筛中的试样一起过筛。如此顺序进行，直至各号筛全部筛完为止。

4）称出各号筛的筛余量，精确至1g。试样在各号筛上的筛余量不得超过按下式计算出的量：

$$G=\frac{A\sqrt{d}}{200} \tag{15-14}$$

式中 $G$——在一个筛上的筛余量（g）；

$A$——筛面面积（$mm^2$）；

$d$——筛孔尺寸（mm）。

若某粒级的筛余量超过时，应按下列方法之一处理：

1）将该粒级的筛余试样分成两份，使其少于按式（15-14）计算出的量，再次分别筛分，并以筛余量之和作为该号筛的筛余量。

2）将该粒级及以下各粒级筛余的试样混合均匀，称出其质量，精确至1g。再用四分法缩分为大致相等的两份，取其中一份，称出其质量，精确至1g，继续筛分。计算该粒级及以下各粒级的分计筛余量时应根据缩分比例进行修正。

同时，若所有各筛的筛余量与筛底剩余量之和同原试样质量之差超过1%时，需重新试验。

### 4. 试验结果计算

1）计算分计筛余百分率：各号筛的筛余量与试样总质量之比，精确至0.1%。

2）计算累计筛余百分率：该号筛的筛余百分率加上该号筛以上各筛的分计筛余百分率之和，精确至0.1%。

3）砂的细度模数按下式计算，精确至0.01：

$$M_x=\frac{(A_2+A_3+A_4+A_5+A_6)-5A_1}{100-A_1} \tag{15-15}$$

式中 $M_x$——砂的细度模数；

$A_1$、$A_2$、$A_3$、$A_4$、$A_5$、$A_6$——4.75mm、2.36mm、1.18mm、600μm、300μm、150μm筛的累计筛余百分率。

4）筛分析试验应采用两个试样进行。累计筛余百分率取两次试验结果的算术平均值，精确至1%，根据试验结果评定该试样的颗粒级配。细度模数取两次试验结果的算术平均值，精确至0.1。如两次试验的细度模数之差超过0.20时，需重新进行试验。

### 15.3.3 砂的表观密度试验

**1. 试验目的**

测定砂的表观密度，作为混凝土配合比设计的依据。

**2. 主要仪器设备**

1）烘箱。能将温度控制在105℃±5℃。

2）天平。称量1000g，感量1g。

3）容量瓶。容量500mL。

4）干燥器、温度计、滴管、毛刷等。

**3. 试验方法**

1）按规定取样，并将试样缩分至约660g，放在烘箱中于105℃±5℃的温度下烘干至恒重。待冷却至室温后，分为大致相等的两份以备进行两次试验。

2）称取试样300g，精确至1g。将试样装入容量瓶，注入冷开水至接近500mL的刻度处，用手旋转摇动容量瓶，使砂样充分搅动以排除气泡，塞紧瓶塞并静置24h。然后打开瓶塞用滴管小心加水至容量瓶500mL刻度处，再塞紧瓶塞，擦干瓶外水分，称出其质量，精确至1g。

3）倒出瓶内水和试样，洗净容量瓶。再向容量瓶内注水（应与前次水温相差不超过2℃，并在15~25℃范围内）至500mL刻度处，塞紧瓶塞，擦干瓶外水分，称出其质量，精确至1g。

**4. 试验结果计算**

砂的表观密度应按下式计算，精确至$10kg/m^3$：

$$\rho_0 = \left(\frac{G_0}{G_0 + G_2 - G_1} - \alpha_t\right)\rho_{水} \tag{15-16}$$

式中 $\rho_0$——砂的表观密度（$kg/m^3$）；

$\rho_{水}$——水的密度，取$1000kg/m^3$；

$G_0$——烘干试样的质量（g）；

$G_1$——试样、水及容量瓶的总质量（g）；

$G_2$——水及容量瓶的总质量（g）；

$\alpha_t$——水温对表观密度影响的修正系数。

砂的表观密度应取两次试验结果的算术平均值，精确至$10kg/m^3$。如两次试验结果之差大于$20kg/m^3$，需重新进行试验。

### 15.3.4 砂的堆积密度与空隙率试验

**1. 试验目的**

测定砂的堆积密度与空隙率，作为混凝土配合比设计的依据。

**2. 主要仪器设备**

1）烘箱。能将温度控制在105℃±5℃。

2）天平。称量10kg，感量1g。

3）容量筒。圆柱形金属筒，内径108mm，净高109mm，壁厚2mm，筒底厚约5mm，容积为1L。

4）方孔筛。孔径为4.75mm的筛一个。

5）垫棒。直径10mm、长500mm的圆钢棒。

6）直尺、漏斗或料勺、浅盘、毛刷等。

**3. 试验方法**

1）按规定取样，用浅盘装取试样约3L，放在烘箱中于105℃±5℃的温度下烘干至恒重。待冷却至室温后，筛除大于4.75mm的颗粒，分为大致相等的两份以备进行两次试验。

2）松散堆积密度试验：取试样一份，用漏斗或料勺将试样从容量筒中心上方50mm处徐徐倒入，让试样以自由落体落下；当容量筒上部试样呈锥体状，且容量筒四周溢满时，即停止加料；然后用直尺沿筒口中心线向两边刮平，试验过程应防止触动容量筒；称出试样和容量筒的总质量，精确至1g。

3）紧密堆积密度试验：取试样一份分两次装入容量筒，装完第一层后，在筒底垫放垫棒，将筒按住左右交替颠击地面各25次；然后装入第二层，装满后用同样方法颠实，但筒底垫棒的方向与第一层时垂直；再加试样直至超过筒口，并用直尺沿筒口中心线向两边刮平；称出试样和容量筒的总质量，精确至1g。

**4. 试验结果计算**

砂的松散堆积密度或紧密堆积密度应按下式计算，精确至10kg/m³：

$$\rho_1 = \frac{G_1 - G_2}{V} \tag{15-17}$$

式中 $\rho_1$——砂的松散堆积密度或紧密堆积密度（kg/m³）；

$G_1$——试样和容量筒的总质量（g）；

$G_2$——容量筒的质量（g）；

$V$——容量筒的容积（L）。

砂的空隙率按下式计算，精确至1%：

$$V_0 = \left(1 - \frac{\rho_1}{\rho_0}\right) \times 100\% \tag{15-18}$$

式中 $V_0$——砂的空隙率（%）；

$\rho_1$——按式（15-17）计算的砂的松散堆积密度或紧密堆积密度（kg/m³）；

$\rho_0$——按式（15-16）计算的砂的表观密度（kg/m³）。

砂的堆积密度应取两次试验结果的算术平均值，精确至10kg/m³；空隙率应取两次试验结果的算术平均值，精确至1%。

## 15.3.5 碎石或卵石的筛分析试验

**1. 试验目的**

测定混凝土用碎石或卵石的颗粒级配。

**2. 主要仪器设备**

1）烘箱。能将温度控制在105℃±5℃。

2）台秤。称量10kg，感量1g。

3）标准套筛。孔径分别为2.36mm、4.75mm、9.50mm、16.0mm、19.0mm、26.5mm、31.5mm、37.5mm、53.0mm、63.0mm、75.0mm及90mm的方孔筛各一个，并附有筛底和筛盖各一个，筛框内径均为300mm。

4）摇筛机。

5）大小浅盘和毛刷等。

### 3. 试验方法

1）按规定取样，并将试样缩分至略大于表15-4所示规定的数量，烘干或风干后备用。

表15-4 石子颗粒级配试验所需试样数量

| 石子最大粒径/mm | 9.5 | 16.0 | 19.0 | 26.5 | 31.5 | 37.5 | 63.0 | 75.0 |
|---|---|---|---|---|---|---|---|---|
| 最少试样质量/kg | 1.9 | 3.2 | 3.8 | 5.0 | 6.3 | 7.5 | 12.6 | 16.0 |

2）称取按表15-4规定数量的试样一份，精确至1g。将试样倒入按孔径大小从上到下组合的套筛（附筛底）上，准备进行筛分。

3）将套筛加盖后置于摇筛机上，摇动10min。取下套筛，按筛孔大小顺序再逐个在清洁的浅盘上用手筛，筛至每分钟通过量小于试样总量的0.1%为止，通过的试样并入下一号筛中，并和下一号筛中的试样一起过筛。如此顺序进行，直至各号筛全部筛完为止。当筛余颗粒的粒径大于19.0mm时，允许在筛分过程中用手指拨动颗粒。

4）称出各号筛的筛余量，精确至1g。若所有筛的筛余量与筛底剩余量之和同原试样质量之差超过1%时，需重新试验。

### 4. 试验结果计算

1）计算分计筛余百分率：各号筛的筛余量与试样总量之比，精确至0.1%。

2）计算累计筛余百分率：该号筛的筛余百分率加上该号筛以上各筛的分计筛余百分率之和，精确至1%。

3）根据各号筛的累计筛余百分率，评定该试样的颗粒级配。

## 15.3.6 碎石或卵石的表观密度试验（广口瓶法）

### 1. 试验目的

测定碎石或卵石的表观密度，作为混凝土配合比设计的依据。

此方法不宜用于测定最大粒径大于37.5mm的碎石或卵石的表观密度。

### 2. 主要仪器设备

1）烘箱。能将温度控制在105℃±5℃。

2）天平。称量2kg，感量1g。

3）广口瓶。容积为1000mL，磨口，并带有玻璃片。

4）方孔筛。孔径为4.75mm的筛一个。

5）温度计、浅盘、毛巾、刷子等。

### 3. 试验方法

1）按规定取样，并将试样缩分至略大于表15-5所示规定的数量，风干后筛除小于4.75mm的颗粒，然后洗刷干净，分为大致相等的两份以备进行两次试验。

表15-5 石子表观密度试验所需试样数量

| 石子最大粒径/mm | <26.5 | 31.5 | 37.5 | 63.0 | 75.0 |
|---|---|---|---|---|---|
| 最少试样质量/kg | 2.0 | 3.0 | 4.0 | 6.0 | 6.0 |

2）将试样浸水饱和，然后装入广口瓶中，装试样时，广口瓶应倾斜放置。注入饮用水，用玻璃片覆盖瓶口，以上下左右摇晃的方法排除气泡。

3）气泡排尽后，向瓶中添加饮用水，直至水面凸出瓶口边缘。然后用玻璃片沿瓶口迅速滑行，使其紧贴瓶口水面盖好。擦干瓶外水分后，称取试样、水、瓶和玻璃片的总质量，精确至1g。

4）将瓶中试样倒入浅盘，放在烘箱中于105℃±5℃的温度下烘干至恒重，待冷却至室温后，称出其质量，精确至1g。

5）将瓶洗净并重新注入饮用水，用玻璃片紧贴瓶口水面盖好，擦干瓶外水分后，称出水、瓶和玻璃片的总质量，精确至1g。

注：试验时各项称量可以在15~25℃的温度范围内进行，但从试样加水静止的2h起至试验结束，其温度变化不应超过2℃。

4. 试验结果计算

碎石或卵石的表观密度应按下式计算，精确至$10kg/m^3$。

$$\rho_0 = \left(\frac{G_0}{G_0 + G_2 - G_1} - \alpha_t\right)\rho_水 \tag{15-19}$$

式中 $\rho_0$——碎石或卵石的表观密度（$kg/m^3$）；

$G_0$——烘干试样的质量（g）；

$G_1$——试样、水、瓶和玻璃片的总质量（g）；

$G_2$——水、瓶和玻璃片的总质量（g）；

$\rho_水$——水的密度，取$1000kg/m^3$；

$\alpha_t$——水温对表观密度影响的修正系数。

碎石或卵石的表观密度应取两次试验结果的算术平均值，精确至$10kg/m^3$。若两次试验结果之差大于$20kg/m^3$时，需重新进行试验。对颗粒材质不均匀的试样，若两次试验结果之差超过$20kg/m^3$，可取四次试验结果的算术平均值。

## 15.3.7 碎石或卵石的堆积密度与空隙率试验

1. 试验目的

测定碎石或卵石的堆积密度与空隙率，作为混凝土配合比设计的依据。

2. 主要仪器设备

1）台秤。称量10kg，感量10g。

2）磅秤。称量50kg或100kg，感量50g。

3）容量筒。金属制，其规格如表15-6所示。

4）垫棒。直径16mm、长600mm的圆钢棒。

5）直尺、小铲等。

表15-6 容量筒的规格要求

| 石子最大粒径/mm | 容量筒容积/L | 容量筒规格 | | |
|---|---|---|---|---|
| | | 内径/mm | 净高/mm | 壁厚/mm |
| 9.5，16.0，19.0，26.5 | 10 | 208 | 294 | 2 |
| 31.5，37.5 | 20 | 294 | 294 | 3 |
| 53.0，63.0，75.0 | 30 | 360 | 294 | 4 |

3. 试验方法

1）按规定取样，烘干或风干后，拌匀并把试样分为大致相等的两份以备进行两次试验。

2）松散堆积密度试验：取试样一份，用小铲将试样从容量筒中心上方50mm处徐徐倒入，让试样以自由落体落下；当容量筒上部试样呈锥体状，且筒四周溢满时，即停止加料；除去凸出容量筒口表面的颗粒，并以合适的颗粒填入凹陷部分，使表面稍凸起部分和凹陷部分的体积大致相等，试验过程应防止触动容量筒；称出试样和容量筒的总质量，精确至10g。

3）紧密堆积密度试验：取试样一份分三次装入容量筒，装完第一层后，在筒底垫放垫棒，将筒按住左右交替颠击地面各25次；再装入第二层，用同样方法颠实，但筒底垫棒的方向与第一层时垂直；然后装入第三层，用同样方法颠实；试样装填完毕，再加试样直至超过筒口，用钢尺沿筒口边缘刮去高出的试样，并用合适的颗粒填平凹处，使表面稍凸起部分与凹陷部分的体积大致相等；称取试样和容量筒的总质量，精确至10g。

#### 4. 试验结果计算

1）碎石或卵石的松散堆积密度或紧密堆积密度应按下式计算，精确至10kg/m³：

$$\rho_1 = \frac{G_1 - G_2}{V} \tag{15-20}$$

式中 $\rho_1$——碎石或卵石的松散堆积密度或紧密堆积密度（kg/m³）；

$G_1$——试样和容量筒的总质量（g）；

$G_2$——容量筒的质量（g）；

$V$——容量筒的容积（L）。

2）碎石或卵石的空隙率按下式计算，精确至1%：

$$V_0 = \left(1 - \frac{\rho_1}{\rho_0}\right) \times 100\% \tag{15-21}$$

式中 $V_0$——石子的空隙率（%）；

$\rho_1$——按式（15-20）计算的碎石或卵石的松散堆积密度或紧密堆积密度（kg/m³）；

$\rho_0$——按式（15-19）计算的碎石或卵石的表观密度（kg/m³）。

碎石或卵石的堆积密度应取两次试验结果的算术平均值，精确至10kg/m³。空隙率应取两次试验结果的算术平均值，精确至1%。

## 15.4 普通混凝土试验

### 15.4.1 混凝土拌合物取样和试样制备

#### 1. 混凝土拌合物取样

1）在混凝土工程施工中取样进行混凝土试验时，其取样方法和原则应执行现行有关施工验收规范的规定。混凝土拌合物试验用料应根据不同要求，在混凝土浇筑地点，从同一盘搅拌或同一车运送的混凝土中取样。取样量应多于试验需要量的1.5倍，且不宜少于20L。

2）混凝土拌合物的取样应具有代表性，宜采用多次采样的方法。一般在同一盘混凝土或同一车混凝土中的约1/4处、1/2处和3/4处分别取样，然后将试样人工搅拌均匀。

3）拌合物取样后应尽快进行试验，间隔时间不宜超过5min。

#### 2. 混凝土拌合物试样制备

（1）一般规定

1）试验室制备混凝土拌合物时，其原材料应符合有关技术要求，并与实际工程所用材料相同。水泥如有结块，应使用64孔/cm$^2$的筛过筛将结块筛除。

2）试验室温度宜保持在20℃±5℃，在拌和前，材料的温度应与试验室温度相同。

3）称取材料应以质量计，称量的精度：砂、石集料为±1%，水泥、掺合料、外加剂和水均为±0.5%。砂、石集料均以干燥状态下的质量为准。

4）从试样制备完毕到开始做各项性能试验不宜超过5min。

5）进行混凝土配合比试配时，每盘混凝土的最小搅拌量应符合表15-7所示的规定；当采用机械搅拌时，其搅拌量不应小于搅拌机额定搅拌量的1/4。

表15-7　每盘混凝土最小搅拌量

| 集料最大粒径/mm | 拌合物数量/L |
| --- | --- |
| 31.5及以下 | 15 |
| 40 | 25 |

（2）主要仪器设备

1）混凝土搅拌机。容量50~100L，转速18~22r/min。

2）拌和钢板。平面尺寸不小于1.5m×2.0m，厚5mm左右。

3）磅秤。称量50kg或100kg，感量50g。

4）台秤。称量10kg，感量5g。

5）天平。称量1kg，感量0.5g。

6）振动台。混凝土试验用标准振动台。

7）量筒（200mL、1000mL）、盛料容器和铁铲等。

（3）拌和方法

1）人工拌和。

a. 按所定配合比计算每盘混凝土的各材料用量，并秤取各材料。

b. 人工拌和在钢板上进行，拌和前应将钢板及铁铲清洗干净，并保持表面润湿。

c. 将称量好的砂、胶凝材料（水泥和掺合料预先拌和均匀）倒在钢板上，用铁铲翻拌至颜色均匀，再放入石子与之拌和，至少翻拌3次，使其均匀。

d. 将干混合料堆成锥形，中间扒成凹坑，加入拌和用水（外加剂一般先溶于水），小心拌和，至少翻拌6次，每翻拌一次后，用铁铲将全部拌合物铲切一次。拌和时间从加水完毕时算起，应在10min内完成。

2）机械搅拌。

a. 按所定配合比计算每盘混凝土的各材料用量，并称取各材料。

b. 机械搅拌在搅拌机中进行。搅拌前应将搅拌机冲洗干净，并预拌少量同配合比的混凝土拌合物或水胶比相同的砂浆，使搅拌机内壁挂浆后将剩余料卸出。

c. 将称好的石子、水泥和掺合料、砂依次加入搅拌机内，启动搅拌机干拌均匀后，再将水（外加剂一般先溶于水）徐徐加入。全部加料时间不超过2min，加完水后再继续搅拌2min。

d. 将混凝土拌合物倾倒在钢板上，刮出黏结在搅拌机上的拌合物，再用人工翻拌2~3次，使之均匀。

### 15.4.2　混凝土拌合物稠度试验

**1. 坍落度法**

（1）试验目的　测定混凝土拌合物的坍落度，以评定其和易性。本方法适用于集料最大粒径不大于40mm、坍落度不小于10mm的混凝土拌合物的稠度测定。

（2）主要仪器设备

1）坍落度筒。用薄钢板或其他金属制成的圆台形筒，筒内壁必须光滑，其顶部内径为100mm±1mm、底部内径为200mm±1mm、高度为300mm±1mm，如图15-5所示。

2）捣棒。直径16mm、长650mm的圆钢棒，其端部应磨圆，如图15-5所示。

3）钢直尺、装料漏斗、镘刀、小铲等。

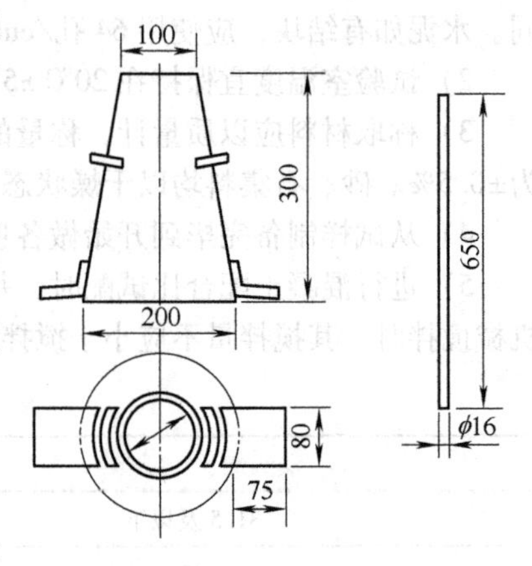

图15-5 坍落度筒及捣棒

（3）试验方法及结果

1）湿润坍落度筒、钢板及其他用具，将钢板放置在坚实的水平面上，并把筒放在钢板中心，然后用脚踩住筒两边的脚踏板，使坍落度筒在装料时保持位置固定。

2）将取样或制备好的混凝土拌合物试样用小铲分三层均匀地装入筒内，使捣实后每层高度约为筒高的1/3。每层用捣棒沿螺旋方向由筒边缘向中心插捣25次，插捣筒边混凝土时捣棒可稍稍倾斜。插捣底层时捣棒应贯穿整个深度，插捣第二层和顶层时捣棒应插至下一层的表面。插捣过程中，如顶层混凝土沉落到低于筒口，则应随时添加。顶层插捣完后，刮去多余的混凝土，并用镘刀抹平。

3）清除筒外及四周钢板上的混凝土，在5~10s内垂直平稳地提起坍落度筒。从开始装料到提起坍落度筒的整个过程应不间断地进行，并应在150s内完成。

4）提起坍落度筒后，随即量测筒高与坍落后混凝土试体最高点之间的高度差，即为该混凝土拌合物的坍落度值，参见第4章中图4-7。坍落度值以mm为单位，精确至5mm。

5）坍落度筒提离后，如混凝土发生崩坍或一边剪坏现象，则应重新取样再次测定。如第二次试验仍出现上述现象，则表明该混凝土拌合物和易性不好，应予记录备查。

6）观察坍落后混凝土拌合物的黏聚性及保水性

a. 黏聚性检查：用捣棒在已坍落的混凝土锥体侧面轻轻敲打，此时若锥体逐渐下沉，则表明黏聚性良好；若锥体倒塌、部分崩裂或出现离析现象，则表明黏聚性较差。

b. 保水性检查：将坍落度筒提起后，如拌合物底部有较多的稀水泥浆析出，锥体部分也因失浆而集料外露，则表明保水性能不好；如坍落度筒提起后无稀水泥浆或仅有少量稀浆自底部析出，则表明此混凝土拌合物保水性良好。

### 2. 维勃稠度法

（1）试验目的 测定混凝土拌合物的维勃稠度，以评定其流动性。本方法适用于集料最大粒径不大于40mm，维勃稠度在5~30s的混凝土拌合物的稠度测定。

（2）主要仪器设备

1）维勃稠度仪。由容器、坍落度筒、透明圆盘、旋转架和振动台等部件组成，如图15-6所示。

2）捣棒、秒表、镘刀、小铲等。

（3）试验方法及结果

1）将维勃稠度仪安放在坚实水平的地面上，用湿布把容器、坍落度筒、喂料斗内壁及其他用具润湿。并将喂料斗提到坍落度筒上方扣紧，校正容器位置，使其中心与喂料斗中心重合，然后拧紧固定螺钉。

2）将取样或制备好的混凝土拌合物试样用小铲分三层经喂料斗均匀地装入坍落度筒内，装料及插捣的方法同坍落度法试验。

3）把喂料斗转离，垂直地提起坍落度筒，此时应注意不使混凝土试体产生横向扭动。

4）把透明圆盘转到混凝土圆台体顶面，放松测杆螺钉，降下圆盘，使其轻轻接触到混凝土顶面。然后拧紧定位螺钉，并检查测杆螺钉是否已经完全放松。

5）在开启振动台的同时用秒表计时，当振动到透明圆盘的底面被水泥浆布满的瞬间停止计时，并关闭振动台。

6）由秒表读出的时间即为该混凝土拌合物的维勃稠度值，精确至 1s。

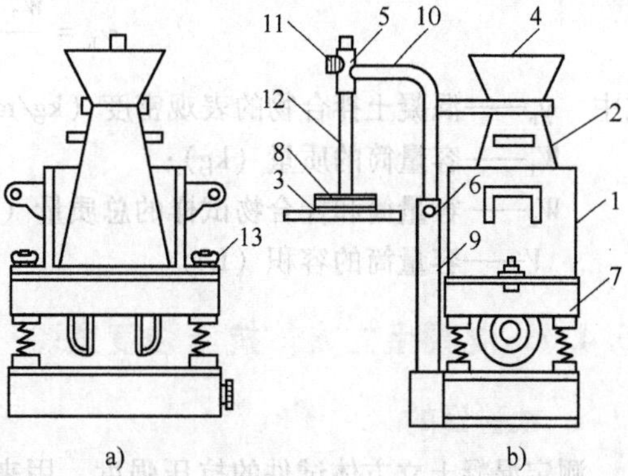

图 15-6　维勃稠度仪构造示意图

1—容器　2—坍落度筒　3—透明圆盘　4—喂料斗　5—套筒　6—定位螺钉　7—振动台　8—荷重　9—支柱　10—旋转架　11—测杆螺钉　12—测杆　13—固定螺钉

### 15.4.3　混凝土拌合物表观密度试验

#### 1. 试验目的

测定混凝土拌合物的表观密度，作为混凝土配合比设计的依据。

#### 2. 主要仪器设备

1）容量筒。金属制成的圆筒，内壁应光滑平整，两旁装有提手。集料最大粒径不大于 40mm 时，容量筒的容积为 5L，内径与内高均为 186mm±2mm，筒壁厚 3mm；集料最大粒径大于 40mm 时，容量筒的内径与内高均应大于集料最大粒径的 4 倍。

2）台秤。称量 50kg，感量 50g。

3）振动台。频率为 50Hz±3Hz，空载时的垂直振幅为 0.5mm±0.02mm。

4）捣棒。直径 16mm、长 650mm 的圆钢棒，其端部应磨圆。

#### 3. 试验方法

1）用湿布把容量筒内外擦干净，称出筒的质量，精确至 50g。

2）将混凝土拌合物装入容量筒内。装料及捣实方法应根据其稠度而定：坍落度大于 70mm 的拌合物用捣棒捣实为宜；坍落度不大于 70mm 的用振动台振实为宜。

a. 采用捣棒捣实时，应根据容量筒的大小决定分层与插捣次数：若用 5L 容量筒，混凝土拌合物应分两层装入，每层的插捣次数应为 25 次；若用大于 5L 的容量筒，每层混凝土的高度不应大于 100mm，每层插捣次数应按每 $100cm^2$ 截面不小于 12 次计算。各层均应由边缘向中心均匀地插捣，插捣底层时捣棒应贯穿整个深度，插捣其他层时捣棒应插透本层至下一层的表面。每一层插捣完后可把捣棒垫在筒底，将筒左右交替颠击地面各 15 次，进行振实，直至拌合物表面的插捣孔消失并不见大气泡冒出为止。

b. 采用振动台振实时，应一次将混凝土拌合物灌到高出容量筒口。装料时可用捣棒稍加插捣，振动过程中如混凝土低于筒口，应随时添加，振动至表面出现水泥浆为止。

3）用镘刀将容量筒口多余的混凝土拌合物刮去，表面如有凹陷应填平，并将容量筒外壁擦净，称出混凝土拌合物试样与容量筒的总质量，精确至 50g。

#### 4. 试验结果计算

混凝土拌合物的表观密度应按下式计算（精确至 $10kg/m^3$）：

$$\gamma_h = \frac{W_2 - W_1}{V} \times 1000 \tag{15-22}$$

式中 $\gamma_h$——混凝土拌合物的表观密度（$kg/m^3$）；

$W_1$——容量筒的质量（kg）；

$W_2$——容量筒和拌合物试样的总质量（kg）；

$V$——容量筒的容积（L）。

### 15.4.4 混凝土立方体抗压强度试验

#### 1. 试验目的

测定混凝土立方体试件的抗压强度，用来评定混凝土的强度等级，也用来检测混凝土的强度能否满足设计或施工要求。

#### 2. 一般规定

普通混凝土力学性能试验应以三个试件为一组，每组试件应从同一盘搅拌或同一车运送的混凝土拌合物中取样，或为试验室同一次制备的混凝土拌合物，并同样养护。试件的尺寸应根据混凝土中粗集料的最大粒径按表15-8所示选定。

表15-8 试件尺寸、插捣次数及强度换算系数

| 试件尺寸 | 集料最大粒径/mm | 每层插捣次数/次 | 抗压强度尺寸换算系数 |
| --- | --- | --- | --- |
| 100mm×100mm×100mm | 31.5 | 12 | 0.95 |
| 150mm×150mm×150mm | 40 | 25 | 1 |
| 200mm×200mm×200mm | 63 | 50 | 1.05 |

#### 3. 主要仪器设备

1）试模。立方体试模可为单个，也可为三联，由铸铁或钢制成，应具有足够的刚度并装拆方便。试模内表面应光滑平整，组装后内部尺寸的误差不应大于公称尺寸的±0.2%，且不应大于±1mm，其相邻侧面和各侧面与底板上表面之间垂直夹角的误差不应大于±0.5°。

2）振动台。频率为50Hz±3Hz，空载时的垂直振幅为0.5mm±0.02mm。

3）压力试验机。压力机测量精度为±1%，其量程应能使试件的预期破坏荷载值位于压力机全量程的20%～80%范围内，应具有加荷速度指示装置或加荷速度控制装置，并应能均匀、连续地加荷。

4）钢直尺。量程大于600mm、分度值为1mm。

5）捣棒、镘刀、小铲等。

#### 4. 试件的制作

1）试件制作前，应检查试模尺寸，在试模内表面涂刷一薄层矿物油或其他不与混凝土发生反应的脱模剂。

2）混凝土拌合物取样后或在试验室制备后应立即制作试件，一般不宜超过15min。

3）混凝土试件的成型方法应根据拌合物的稠度确定。

a. 坍落度不大于70mm的混凝土拌合物宜用振动台振实。将拌合物一次装入试模，装料时应用抹刀沿试模内壁略加插捣并使拌合物高出试模上口。振动时应防止试模在振动台上自由跳动，振动至拌合物表面出现水泥浆为止。然后刮去多余的混凝土并用镘刀抹平。

b. 坍落度大于 70mm 的混凝土拌合物宜用捣棒人工捣实。将拌合物分两层装入试模，每层厚度大致相等。插捣时应沿螺旋方向由边缘向中心进行，并应保持捣棒垂直。插捣底层时捣棒应达到试模底面，插捣上层时捣棒应插入下层内 20~30mm。每层的插捣次数见表 15-8，同时还应用抹刀沿试模内壁插捣数次。插捣完后，刮去多余的混凝土，并用镘刀抹平。

### 5. 试件的养护

1）试件成型后应立即用不透水的塑料薄膜覆盖表面，以防止水分蒸发。

2）采用标准养护的试件，应在温度为 20℃±5℃的环境中静置一昼夜至两昼夜，然后编号、拆模。拆模后应立即将试件放入温度为 20℃±2℃、相对湿度为 95%以上的标准养护室内养护。在标准养护室内试件应放在架子上，彼此间隔 10~20mm，试件表面应保持潮湿，并应避免被水直接冲淋。无标准养护室时，试件可在温度为 20℃±2℃的不流动水中养护，水的 pH 值不应小于 7。

3）与结构构件同条件养护的试件，试件的拆模时间可与实际构件的拆模时间相同。拆模后，试件仍需保持与构件同条件养护。

### 6. 抗压强度试验

1）试件养护至规定龄期从养护地点取出后，应及时进行试验。擦干试件表面并测量其尺寸，精确至 1mm，据此计算试件的承压面积。若试件实测尺寸与公称尺寸之差不超过 1mm，可按公称尺寸计算承压面积。

2）将试件安放在压力机下承压板的中心，试件的承压面应与成型时的顶面垂直。启动压力机，当上承压板与试件接近时，调整球座，使接触面均衡受压。

3）压力机加荷时应连续而均匀。加荷速度为：混凝土强度等级小于 C30 时，取每秒 0.3~0.5MPa；混凝土强度等级大于等于 C30 且小于 C60 时，取每秒 0.5~0.8MPa；混凝土强度等级大于等于 C60 时，取每秒 0.8~1.0MPa。

4）当试件接近破坏开始急剧变形时，应停止调整试验机油门，直至试件破坏。然后记录破坏荷载。

### 7. 试验结果计算

1）混凝土立方体试件抗压强度应按下式计算（精确至 0.1MPa）：

$$f_{cc}=\frac{F}{A} \tag{15-23}$$

式中 $f_{cc}$——混凝土立方体试件抗压强度测定值（MPa）；

$F$——试件破坏荷载（N）；

$A$——试件承压面积（$mm^2$）。

2）试件抗压强度值的确定应符合下列规定：

a. 以三个试件强度测定值的算术平均值作为该组试件的抗压强度值，精确至 0.1MPa。

b. 三个测定值的最大值或最小值中，如有一个与中间值的差值超过中间值的 15%时，则应将最大值及最小值一并舍除，取中间值作为该组试件的抗压强度值。

c. 如最大值和最小值与中间值的差值均超过中间值的 15%，则该组试件的试验结果无效。

3）混凝土立方体抗压强度试验的标准试件尺寸为 150mm×150mm×150mm，用非标准试件测得的强度值均应乘以换算系数。当混凝土强度等级小于 C60 时，尺寸换算系数见表 15-8。当混凝土强度等级大于等于 C60 时，宜采用标准试件；若使用非标准试件，其尺寸换算系数应由试验确定。

### 15.4.5 混凝土劈裂抗拉强度试验

1. 试验目的

测定混凝土抗拉强度，评价其抗裂性能。

2. 仪器设备

1）压力试验机。

2）垫块。采用半径为75mm的钢制弧形垫块，垫块的长度与试件相同。

3）垫条。应为木质三层胶合板，宽为15~20mm，厚为3~4mm，长度不应短于试件边长。垫条不得重复使用。

4）定位支架。钢制，如图15-7所示。

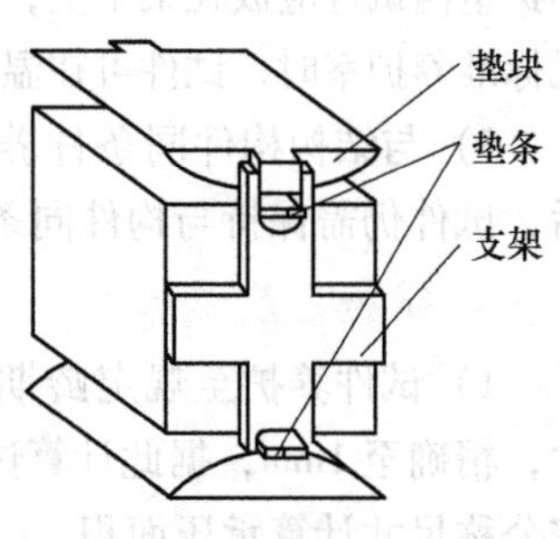


图15-7 劈裂抗拉试验装置

3. 测定步骤

1）试件从养护地点取出后，应及时进行试验。

2）将试件和上下承压板擦干净。

3）将试件放在压力机下压板的中心位置，劈裂面应与试件成型时的顶面垂直。在上下压板与试件之间加垫块和垫条各一条，垫块和垫条应与试件上下面的中心线对准并与成型时的顶面垂直。宜把垫条与试件安装在定位架上使用。

4）启动试验机，当上压板与试件接近时，调整球座，使接触均衡。加荷时必须连续均匀地进行，加荷速度应为：混凝土强度等级小于C30时，取每秒0.02~0.05MPa；混凝土强度等级大于等于C30且小于C60时，取每秒0.05~0.08MPa；混凝土强度等级大于等于C60时，取每秒0.08~0.10MPa。当试件接近破坏时，应停止调整试验机油门，直至试验破坏，然后记下破坏荷载。

4. 试验结果计算

1）劈裂抗拉强度按下式计算（精确至0.01MPa）：

$$f_{ts} = \frac{2F}{\pi A} = 0.637\frac{F}{A} \tag{15-24}$$

式中 $f_{ts}$——混凝土劈裂抗拉强度（MPa）；

$F$——破坏荷载（N）；

$A$——试件劈裂面面积（$mm^2$）。

2）以三个试件测值的算术平均值作为该组试件的劈裂抗拉强度值。其异常数据的取舍原则同混凝土抗压强度试验。

3）采用边长为150mm的立方体试件作为标准试件，如采用边长为100mm的立方体试件，则测得的结果应乘以换算系数0.85。

## 15.5 建筑砂浆试验

### 15.5.1 砂浆拌合物取样和试样制备

1. 砂浆拌合物取样

1）在工程施工中取样进行砂浆试验时，其取样方法和原则应执行现行有关施工验收规范的规定。建筑砂浆试验用料应根据不同要求，从同一盘搅拌或同一车运送的砂浆中取样。

2）砂浆拌合物的取样应具有代表性，应在搅拌机出料口或使用地点的砂浆运送车中，至少从三个不同部位分别集取。所取试样的数量应多于试验用料的1~2倍。

3）砂浆拌合物取样后，应尽快进行试验。试验前，试样应经人工再次翻拌，以保证其质量均匀。

## 2. 砂浆拌合物试样制备

（1）一般规定

1）试验室制备砂浆拌合物时，其原材料应符合有关技术要求，并与实际工程所用材料相同。水泥如有结块应充分混合均匀，用64孔/$cm^2$的筛过筛将结块筛除；砂也应采用5mm的筛过筛将大颗粒筛除。

2）试验室温度宜保持在20℃±5℃，拌和用的材料应提前运入室内，使砂子风干，并使材料的温度与试验室温度相同。

3）称取材料应以质量计，称量的精度：水泥、外加剂为±0.5%，砂、石灰膏和粉煤灰等为±1%。

4）用搅拌机搅拌砂浆时，搅拌量不宜少于搅拌机容量的20%，搅拌时间不宜少于2min。

5）拌制砂浆前应将搅拌机、拌和铁板、拌铲、抹刀等工具表面用水湿润，并注意拌和铁板上不得有积水。

（2）主要仪器设备

1）砂浆搅拌机。

2）拌和铁板。其尺寸约为1.5m×2m，厚约为3mm。

3）磅秤。称量50kg，感量50g。

4）台秤。称量10kg，感量5g。

5）拌铲、抹刀、量筒和盛料容器等。

（3）拌和方法

1）人工拌和。

a. 按计算配合比，采用风干砂，称取约5L砂浆所用的各种材料。

b. 将称量好的砂子倒在拌板上，然后加入水泥，用拌铲拌和至混合物颜色均匀为止。

c. 将混合物堆成堆，中间挖成凹坑，将称好的石灰膏倒入凹坑中（若为水泥砂浆，则将量筒中一半的水倒入凹坑中），再加入适量的水将石灰膏调稀。然后与水泥、砂共同拌和，用量筒逐次加水并拌和，直至拌合物色泽一致且其和易性凭经验调整至符合要求为止。水泥砂浆每翻拌一次，需用拌铲将全部砂浆铲切一次。

d. 拌和中注意拌和用水不得流失，拌和时间从加水完毕时算起一般需3~5min。

2）机械搅拌。

a. 按计算配合比，采用风干砂，称取所用的各材料用量。

b. 先预拌适量砂浆，应与正式拌和的砂浆配合比相同，使搅拌机内壁粘附一薄层水泥砂浆，以使正式拌和时的砂浆配合比成分准确。

c. 将砂、水泥装入搅拌机内，启动搅拌机，将水徐徐加入（混合砂浆需将石灰膏用水稀释至浆状），拌和约3min。

d. 将砂浆拌合物倒在拌和铁板上，用拌铲再翻拌两次，使之均匀。

## 15.5.2 砂浆稠度试验

### 1. 试验目的

测定砂浆的稠度，以确定砂浆的配合比，或确定满足施工稠度要求的砂浆用水量。

### 2. 主要仪器设备

1）砂浆稠度仪。它由试锥、容器和支座三部分组成，如图15-8所示。试锥由钢材或铜材制成，高度为145mm，锥底直径为75mm，试锥连同滑杆的质量为300g；盛浆容器由钢板制成，圆锥筒的高为180mm，锥底内径为150mm；支座分为底座、支架及稠度显示仪三个部分，由铸铁、钢及其他金属制成。

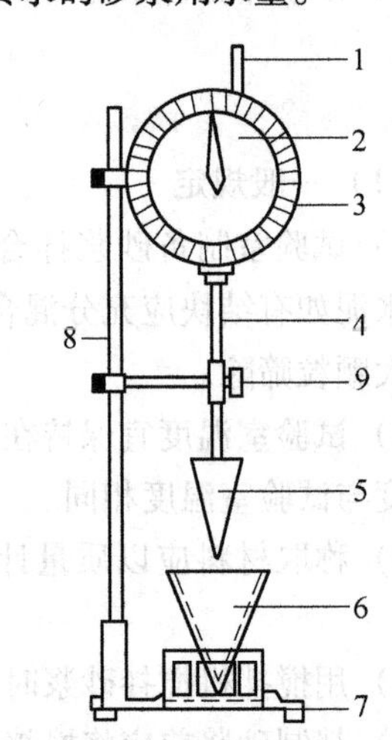


图15-8 砂浆稠度仪

1—齿条测杆 2—指针 3—刻度盘 4—滑杆 5—试锥 6—盛浆容器 7—底座 8—支架 9—制动螺钉

2）钢制捣棒。捣棒直径为10mm、长为350mm，端部磨圆。

3）秒表、小铲等。

### 3. 试验方法

1）将盛浆容器和试锥表面用湿布擦干净，并用少量润滑油轻擦滑杆后，将滑杆上多余的油用吸油纸擦净，使滑杆能自由滑动。

2）将砂浆拌合物一次装入容器，使砂浆表面低于容器口约10mm，用捣棒自容器中心向边缘插捣25次，然后轻轻地将容器摇动或敲击5~6下，使砂浆表面平整，随后将容器置于稠度测定仪的底座上。

3）放松试锥滑杆的制动螺钉，向下移动滑杆，当试锥尖端与砂浆表面刚接触时拧紧制动螺钉，再使齿条测杆下端刚好接触滑杆上端，并将指针对准刻度盘零点。

4）突然放松制动螺钉，使试锥自由沉入砂浆中，并同时用秒表计时。待10s后立即固定螺钉，将齿条测杆下端接触滑杆上端，从刻度盘上读出试锥下沉的深度，即为砂浆的稠度值，精确至1mm。

5）圆锥形容器内的砂浆，只允许测定一次稠度，重复测定时应重新取样测定。

### 4. 试验结果计算

砂浆稠度试验应进行两次，取两次试验结果的算术平均值作为该砂浆的稠度值，计算精确至1mm。若两次试验值之差大于20mm，则应重新取样或重新配制砂浆后再测定。

## 15.5.3 砂浆分层度试验

### 1. 试验目的

测定砂浆的分层度，以评定砂浆的保水性。

### 2. 主要仪器设备

1）砂浆分层度仪。金属板制成的圆形筒，如图15-9所示。其内径为150mm，上节（无底）高200mm、下节（有底）净高100mm，上、下层连接处设有橡胶垫圈。

2）砂浆稠度仪（同上）、木锤等。

### 3. 试验方法

1）首先将砂浆拌合物按稠度试验方法测定其稠度。

2）将砂浆拌合物一次装入分层度筒内，待装满后，用木锤在容器周围距离大致相等的四个不同地方轻轻敲击1~2下，如砂浆沉落到低于筒口，则应随时添加，然后刮去多余的砂浆并用抹刀抹平。

3）静置30min后，去掉上节200mm的砂浆，剩余的100mm砂浆倒入拌和容器内重新拌和2min，再按稠度试验方法测定其稠度。前后两次测得的稠度值之差，即为该砂浆的分层度值，精确至1mm。

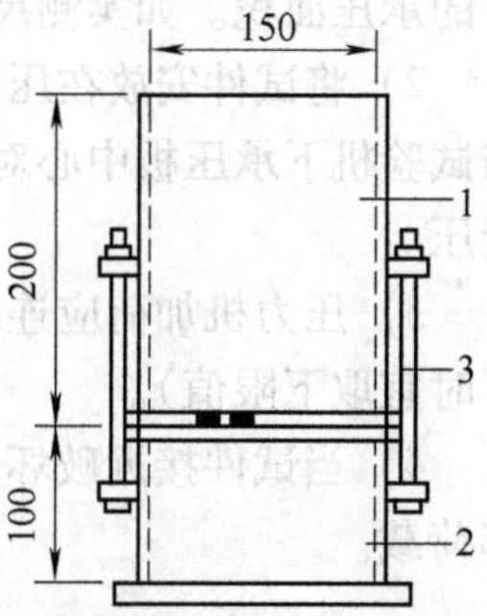

图15-9 砂浆分层度仪
1—无底圆筒 2—有底圆筒
3—连接螺栓

**4. 试验结果计算**

砂浆分层度试验应进行两次，取两次试验结果的算术平均值作为该砂浆的分层度值，精确至1mm。若两次试验值之差大于20mm，则应重新取样或重新配制砂浆后再测定。

## 15.5.4 砂浆立方体抗压强度试验

**1. 试验目的**

测定砂浆的立方体抗压强度，以评定砂浆的强度等级，或检测砂浆的强度能否满足设计要求。

**2. 主要仪器设备**

1）试模。内壁边长为70.7mm×70.7mm×70.7mm的有底或无底的立方体，由铸铁或钢制成，应具有足够的刚度并拆装方便，每组为两个三联模。

2）压力试验机。压力机测量精度（示值的相对误差）不大于±2%，其量程应能使试件的预期破坏荷载值位于压力机全量程的20%~80%范围内。

3）钢制捣棒、镘刀、小铲等。

**3. 试件制作及养护**

1）应采用立方体试件，每组试件应为3个。

2）应采用润滑脂等密封材料涂抹试模的外接缝，试模内应涂刷薄层润滑油或隔离剂。应将拌制好的砂浆一次性装满砂浆试模，成型方法应根据稠度确定。当稠度大于50mm时，宜采用人工插捣成型；当稠度不大于50mm时，宜采用振动台振实成型。

a. 人工插捣：应采用捣棒均匀地由边缘向中心按螺旋方式插捣25次，插捣过程中当砂浆沉落低于试模口时，应随时添加砂浆，可用油灰刀插捣数次，并用手将试模一边抬高5~10mm各振动5次，砂浆应高出试模顶面6~8mm。

b. 机械振动：将砂浆一次装满试模，放置到振动台上，振动时试模不得跳动，振动5~10s或持续到表面泛浆为止，不得过振。

3）应待表面水分稍干后，再将高出试模部分的砂浆沿试模顶面刮去并抹平。

4）试件制作后应在温度为20℃±5℃的环境下静置24h±2h，对试件进行编号、拆模。当气温较低时，或者凝结时间大于24h的砂浆，可适当延长时间，但不应超过2d。试件拆模后应立即放入温度为20℃±2℃、相对湿度为90%以上的标准养护室中养护，养护期间，试件间隔不得小于10mm，混合砂浆、湿拌砂浆试件上面应覆盖，防止有水滴在试件上。

5）从搅拌加水开始计时，标准养护龄期应为28d，也可根据相关标准要求增加7d或14d。

**4. 试验方法**

1）试件从养护地点取出后，应尽快进行试验，以免试件内部的温湿度发生显著变化。试验前将试件擦拭干净，测量其尺寸，并检查试件外观。试件尺寸测量精确至1mm，并据此计算试件的承压面积。如实测尺寸与公称尺寸之差超过1mm，可按公称尺寸计算。

2）将试件安放在压力机的下承压板上，试件的承压面应与成型时的顶面垂直，试件中心应与试验机下承压板中心对准。启动压力机，当上承压板与试件接近时，调整球座，使接触面均衡受压。

3）压力机加荷应连续而均匀，加荷速度应为每秒0.25~1.5kN（砂浆强度为2.5MPa及其以下时宜取下限值）。

4）当试件接近破坏开始迅速变形时，应停止调整试验机油门，直至试件破坏，然后记录破坏荷载。

5. 试验结果计算

1）砂浆立方体抗压强度应按下式计算（精确至0.1MPa）：

$$f_{m,cu} = 1.35\frac{N_u}{A} \tag{15-25}$$

式中 $f_{m,cu}$——砂浆立方体抗压强度测定值（MPa）；

$N_u$——试件破坏荷载（N）；

$A$——试件承压面积（$mm^2$）。

2）砂浆抗压强度值的确定应符合下列规定：

a. 以三个试件强度测定值的算术平均值作为该组试件的抗压强度值，精确至0.1MPa。

b. 三个测定值的最大值或最小值中，如有一个与中间值的差值超过中间值的15%时，则应将最大值及最小值一并舍除，取中间值作为该组试件的抗压强度值。

c. 如最大值和最小值与中间值的差值均超过中间值的15%，则该组试件的试验结果无效。

## 15.6 钢筋试验

### 15.6.1 取样与验收

按《钢筋混凝土用钢 第1部分：热轧光圆钢筋》（GB/T 1499.1）和《钢筋混凝土用钢 第2部分：热轧带肋钢筋》（GB/T 1499.2）的规定进行。

1）钢筋混凝土用热轧钢筋，应有出厂证明或试验报告单。验收时应抽样做力学性能试验，包括拉力试验和冷弯试验两个项目。两个项目中有一个项目不合格，该批钢筋即为不合格品。

2）同一批号、牌号、尺寸、交货状态分批检验和验收，每批质量不大于60t。

3）取样方法和结果评定规定。自每批钢筋中随意抽取两根，于每根距端部50cm处各取一套试样（2根试件），每套试样中一根做拉力试验，另一根做冷弯试验。在拉力试验中，如果其中有一根试件的屈服强度、抗拉强度和伸长率三个指标中有一个指标达不到钢筋标准规定的数值，应再抽取双倍（4根）钢筋，制成双倍（4根）试件重做试验。复检时，如仍有一根试件的任意指标达不到标准要求，则不论该指标在第一次试验中是否达到标准要求，拉力试验项目也判为不合格。在冷弯试验中，如有一根试件不符合标准要求，应同样抽取双倍钢筋，制成双倍试件重新试验，如仍有一根试件不符合标准要求，冷弯试验项目即为不合格。整批钢筋不予验收。另外，还要检验尺寸、表面状态等。如使用中钢筋有脆断、焊接性能不良或力学性能显著不正常时，尚应进行化学分析。

4）钢筋拉伸和弯曲试验不允许车削加工，试验时温度为10~35℃。如温度不在此范围内，应在试验记录和报告中注明。

## 15.6.2　拉伸试验

按《金属材料　拉伸试验　第1部分：室温试验方法》（GB/T 228.1）进行。

### 1. 试验目的

对钢材进行冷拉，可以提高钢材的屈服强度，达到节约钢材的目的。通过试验，应掌握钢材拉伸试验方法，熟悉钢材的性质。

### 2. 主要仪器设备

1）拉力试验机。试验时所有荷载的范围应在试验机最大荷载的20%~80%。试验机的测力示值误差应小于1%。

2）钢筋划线机、游标卡尺（精度为0.1mm）、天平等。

### 3. 试件的制作与准备

1）拉伸试验用钢筋试件不得进行车削加工，可以用一系列等分小冲点或细划线标出试件原始标距，测量标距长度 $L_0$（精确度为0.1mm），钢筋拉伸试件形状和尺寸如图15-10所示。

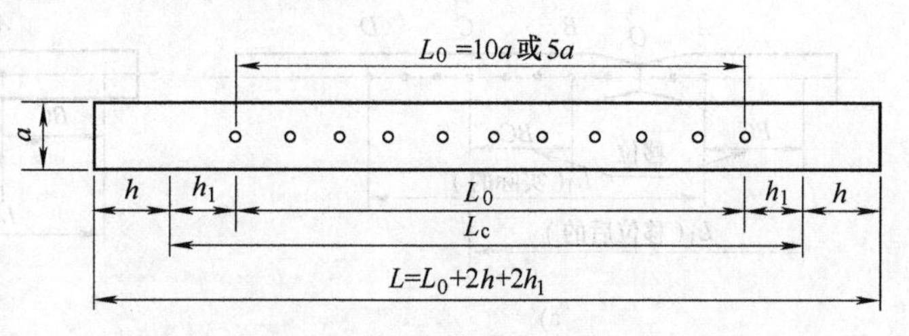


图 15-10　钢筋拉伸试验试件

$a$—试样原始直径　$L_0$—标距长度　$h_1$—取(0.5~1)$a$　$h$—夹具长度

2）测试试件的质量和长度，不经车削的试件按质量计算截面面积 $A_0$(单位为 $mm^2$)，如下式：

$$A_0 = \frac{m}{7.85L} \tag{15-26}$$

式中　$m$——试件质量（g）；

$L$——试件长度（mm）；

7.85——钢筋密度（$g/cm^3$）。

计算钢筋强度时所用截面面积为公称横截面面积，故计算出钢筋受力面积后，应据此取靠近的公称横截面面积 $A$（保留4位有效数字），如表15-9所示。

表 15-9　钢筋的公称横截面面积

| 公称直径/mm | 公称横截面面积/mm² | 公称直径/mm | 公称横截面面积/mm² |
|---|---|---|---|
| 8 | 50.27 | 22 | 380.1 |
| 10 | 78.54 | 25 | 490.9 |
| 12 | 113.1 | 28 | 615.8 |
| 14 | 153.9 | 32 | 804.2 |
| 16 | 201.1 | 36 | 1018 |
| 18 | 254.5 | 40 | 1257 |
| 20 | 314.2 | 50 | 1964 |

### 4. 试验步骤

1）将试件上端固定在试验机夹具内，调整试验机零点，装好描绘器、纸、笔等，再用下夹具固定试件下端。

2）启动试验机进行试验，拉伸速度，屈服前应力施加速度为10MPa/s；屈服后试验机活动夹头在荷载下移动速度每分钟不大于0.5$L_c$（不经车削试件$L_c=L_0+2h_1$），直至试件拉断。

3）拉伸过程中，描绘器自动绘出荷载-变形曲线，由荷载变形曲线和刻度盘指针读出屈服荷载$F_s$(N)（指针停止转动或第一次回转时的最小荷载）与最大极限荷载$F_b$(N)。

4）量出拉伸后的标距长度$L_1$。将已拉断的试件在断裂处对齐，尽量使轴线位于一条直线上。如断裂处到邻近标距端点的距离大于$L_0/3$，可用卡尺直接量出$L_1$；如果断裂处到邻近标距端点的距离小于或等于$L_0/3$，可按下述位移法确定$L_1$：在长度上自端点起，取等于短段格数得$B$点，再取等于长段所余格数（偶数见图15-11a）之半得$C$点，或者取所余格数（奇数见图15-11b）减1与加1之半得$C$与$C_1$点。位移后的$L_1$分别为$AB+2BC$或$AB+BC+BC_1$。如用直接量测所得的伸长率能达到标准值，则可不采用位移法。

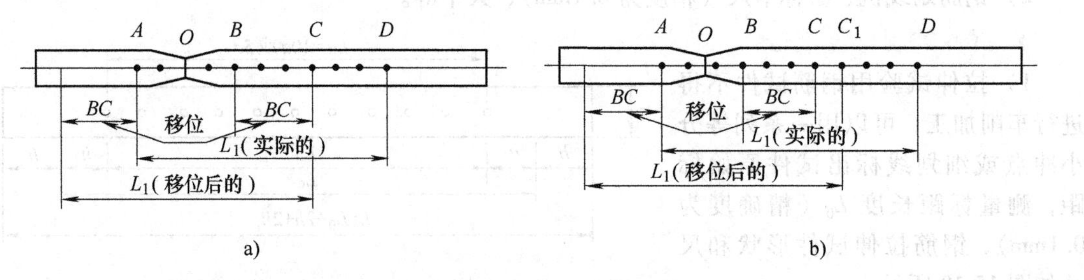


图15-11 用移位法计算标距

a）$L_1=AB+2BC$ b）$L_1=AB+BC+BC_1$

### 5. 试验结果计算

1)屈服强度$\sigma_s$(精确至5MPa),按下式计算:

$$\sigma_s=\frac{F_s}{A} \tag{15-27}$$

2）抗拉强度$\sigma_b$（精确至5MPa），按下式计算：

$$\sigma_b=\frac{F_b}{A} \tag{15-28}$$

3）断后伸长率$\delta$（精确至1%），按下式计算：

$$\delta_{10}\text{ 或 }\delta_5=\frac{L_1-L_0}{L_0}\times100\% \tag{15-29}$$

式中 $\delta_{10}$、$\delta_5$——表示$L_0=10a$和$L_0=5a$时的断后伸长率。

如拉断处位于标距之外，则断后伸长率无效，应重做检验。

测试值的修约方法：当修约精确至尾数1时，按四舍五入五单双方法修约；当修约精确至尾数为5时，按二进五位法修约（即精确至5时，≤2.5时尾数取0；>2.5且<7.5时尾数取5；≥7.5时尾数取0并向左进1）。

## 15.6.3 冷弯试验

按《金属材料 弯曲试验方法》（GB/T 232）的规定进行。

### 1. 试验目的

通过冷弯试验，对钢筋塑性和焊接质量进行严格检验，也间接测定钢筋内部的缺陷及焊接性。为钢材的重要工艺性质。

2. 主要仪器设备

压力机或万能试验机。有两支承辊，支承辊间距离可以调节。具有不同直径的弯心，弯心直径由有关标准规定，如图15-12所示。

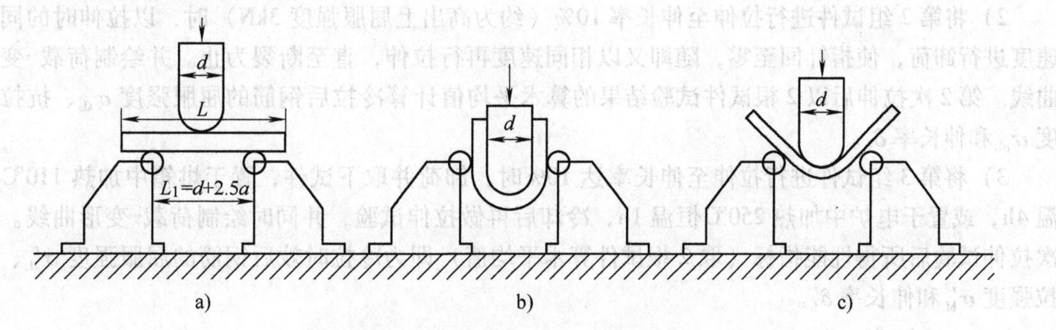


图15-12 钢筋冷弯试验装置示意图

a）冷弯试件和支座 b）弯曲180° c）弯曲90°

3. 试件制作

试件长 $L=0.5\pi(d+a)+140\text{mm}$，$a$ 为试件直径，$d$ 为弯心直径，π为圆周率，其值取3.1。

4. 试验步骤

1）按图15-12a调整两支承辊间的距离为 $L_1$，使 $L_1=d+2.5a$。

2）选择弯心直径 $d$，Ⅰ级钢筋 $d=a$，Ⅱ、Ⅲ级钢筋 $d=3a$（$a=8\sim25\text{mm}$）或 $4a$（$a=28\sim40\text{mm}$），Ⅳ级钢筋 $d=5a$（$a=10\sim25\text{mm}$）或 $6a$（$a=28\sim30\text{mm}$）。

3）将试件按图15-12a装置好后，平稳地加荷，在荷载作用下，钢筋绕着冷弯压头，弯曲到要求的角度（Ⅰ、Ⅱ级钢筋为180°，Ⅲ、Ⅳ级钢筋为90°），如图15-12b、c所示。

5. 试验结果评定

取下试件检查弯曲处的外缘及侧面，如无裂缝、断裂或起层，即判为冷弯试验合格，否则冷弯试验不合格。

### 15.6.4 钢筋冷拉、时效后的拉伸试验

钢筋经过冷加工、时效处理后，进行拉伸试验，确定此时钢筋的力学性能，并与未经冷加工及时效处理的钢筋性能进行比较。

1. 试验目的

对钢材进行冷拉，并时效处理，可以提高钢材的屈服强度和极限强度，达到节约钢材的目的。通过试验，应掌握钢材冷拉时效试验方法，熟悉钢材的性质。

熟悉钢筋冷拉、冷拉时效处理试验方法，掌握钢材性质。

2. 主要仪器设备

1）拉力试验机。试验时所有荷载的范围应在试验机最大荷载的20%~80%。试验机的测力示值误差应小于1%。

2）钢筋划线机、游标卡尺（精确度为0.1mm）、天平等。

3. 试件制备

按标准方法取样，取2根长钢筋，各截取3段，制备与钢筋拉伸试验相同的试件6根并分组编号。编号时应在2根长钢筋中各取1根试件编为1组，共3组试件。

#### 4. 试验步骤

1）第1组试件用作拉伸试验，并绘制荷载-变形曲线，方法同钢筋拉伸试验。以2根试件试验结果的算术平均值计算钢筋的屈服强度 $\sigma_s$、抗拉强度 $\sigma_b$ 和伸长率 $\delta$。

2）将第2组试件进行拉伸至伸长率10%（约为高出上屈服强度3kN）时，以拉伸时的同样速度进行卸荷，使指针回至零，随即又以相同速度再行拉伸，直至断裂为止。并绘制荷载-变形曲线。第2次拉伸后以2根试件试验结果的算术平均值计算冷拉后钢筋的屈服强度 $\sigma_{sL}$、抗拉强度 $\sigma_{bL}$和伸长率 $\delta_L$。

3）将第3组试件进行拉伸至伸长率达10%时，卸荷并取下试件，置于烘箱中加热110℃恒温4h，或置于电炉中加热250℃恒温1h，冷却后再做拉伸试验，并同时绘制荷载-变形曲线。这次拉伸试验后所得性能指标（取2根试件算术平均值）即为冷拉时效后钢筋的屈服强度 $\sigma'_{sL}$、抗拉强度 $\sigma'_{bL}$和伸长率 $\delta'_L$。

#### 5. 试验结果计算

1）比较冷拉后与未经冷拉的两组钢筋的应力-应变曲线，计算冷拉后钢筋的屈服强度、抗拉强度及伸长率的变化率 $B_s$、$B_b$、$B_\delta$。

$$B_s = \frac{\sigma_{sL} - \sigma_s}{\sigma_s} \times 100\% \tag{15-30}$$

$$B_b = \frac{\sigma_{bL} - \sigma_b}{\sigma_b} \times 100\% \tag{15-31}$$

$$B_\delta = \frac{\delta_L - \delta}{\delta} \times 100\% \tag{15-32}$$

2）比较冷拉时效后与未经冷拉的两组钢筋的应力-应变曲线，计算冷拉时效处理后，钢筋屈服强度、抗拉强度及伸长率的变化率 $B_{sL}$、$B_{bL}$、$B_{\delta L}$

$$B_{sL} = \frac{\sigma'_{sL} - \sigma_s}{\sigma_s} \times 100\% \tag{15-33}$$

$$B_{bL} = \frac{\sigma'_{bL} - \sigma_b}{\sigma_b} \times 100\% \tag{15-34}$$

$$B_{\delta L} = \frac{\delta'_L - \delta}{\delta} \times 100\% \tag{15-35}$$

#### 6. 试验结果评定

1）根据拉伸与冷弯试验结果按标准规定评定钢筋的级别。

2）比较一般拉伸与冷拉或冷拉时效后钢筋的力学性能变化，并绘制相应的应力-应变曲线。

## 15.7 木材试验

### 15.7.1 木材试验的一般规定

#### 1. 取样

试样的制作必须按《木材物理力学试验方法总则》（GB/T 1928）的规定进行。

#### 2. 试样制备

试样毛坯达到当地平衡含水率时，方可制作试件。试样各面加工均应平整，其中一对相对面必须是正确的弦切面，试样尺寸的允许误差，长度为±1mm，宽或厚度为±0.5mm，试样上不允许有任何缺陷，并必须写清编号。

### 3. 主要仪器设备

1）木材全能试验机。承载力为20~50kN。

2）天平（感量0.01g）、称量瓶、烘箱等。

3）测量工具。钢直角尺、量角卡规（角度为106°32′）、钢直尺、游标卡尺。

## 15.7.2　木材含水率测定

木材含水率测定按标准《木材含水率测定方法》（GB/T 1931）进行试验。

### 1. 试验目的

了解木材干燥程度，进行木材标准含水率强度的换算。

### 2. 试验步骤

1）试样截取后，应立即称量，准确至0.001g。

2）将试样放入温度为103℃±2℃的烘箱中烘10h后，自烘箱中任意取出2~3个试样进行第一次试称，以后每隔2h试称一次。最后两次质量差不超过0.002g时，即为恒重。

3）将试样自烘箱中取出放入玻璃干燥器内的称量瓶中，并盖好瓶盖。试样冷却到室温后，即从称量瓶中取出称量。

### 3. 试验结果计算

试样的含水率 $W$ 按下式计算（精确至0.1%）：

$$W = \frac{m_1 - m_2}{m_2} \tag{15-36}$$

式中　$m_1$、$m_2$——试样烘干前后的质量。

## 15.7.3　木材顺纹抗拉强度试验

木材顺纹抗拉强度测定法《木材顺纹抗拉强度试验方法》（GB/T 1938）进行。

### 1. 试验目的

测定木材沿纹理方向承受拉力荷载的能力。

### 2. 试件制备

试件按图15-13所示的形状和尺寸制作，纹理必须通直。年轮层应垂直于试样的有效部分（指中部600mm长的一段）的宽面。有效部分与两端夹持部分之间的过渡弧应平滑，并与试样中心线相对称，有效部分宽、厚尺寸允许误差不超过±0.5mm。并在全长上相差不得大于0.1mm。软材树种的试样，需在两端被夹持部分附以

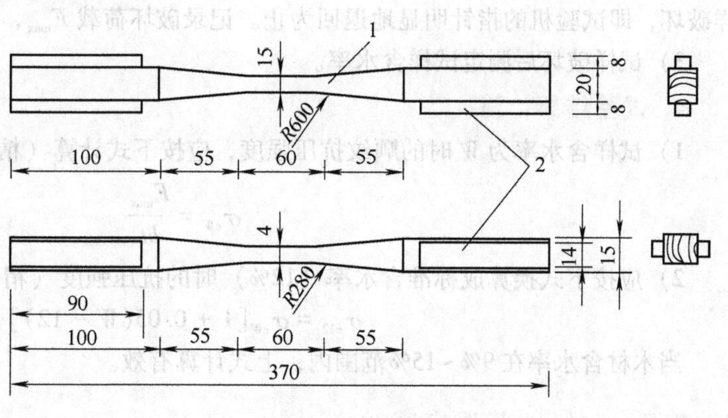


图15-13　木材顺纹抗拉试样

1—试样　2—木夹垫

90mm×14mm×8mm 的硬木夹垫，用胶黏剂或木螺钉固定在试样上。硬质木材试样，可不用木夹垫。试样制作要求和检查、试样含水率的调整应按规定进行。

3. 试验步骤

1）在试样有效部分中央，测量厚度 $t$ 和宽度 $b$，精确至 0.1mm。

2）将试样两端夹紧在试验机的钳口中，使试样宽面与钳口相接触，两端靠近弧形部分露出 20~25mm，竖直地安装在试验机上。

3）试验以均匀速度加荷，在 1.5~2min 内使试样破坏。记录破坏荷载 $F_{max}$，精确至 100N。

4）如拉断处不在试样有效部分，则试验结果应予舍弃。

5）试验后，立即在试样有效部分选取一段测定含水率。

4. 试验结果计算

1）试样含水率为 $W$ 时的顺纹抗拉强度，应按下式计算（精确至 0.1MPa）：

$$\sigma_{tW}=\frac{F_{max}}{bt} \tag{15-37}$$

2）应按下式换算成标准含水率（12%）时的抗拉强度（精确至 0.1MPa）：

$$\sigma_{t12}=\sigma_{tW}[1+0.015(W-12)] \tag{15-38}$$

式中 $\sigma_{t12}$——试样含水率为 12%时的顺纹抗拉强度（MPa）。

当木材含水率为 9%~15%时，上式计算有效。

### 15.7.4 木材顺纹抗压强度试验

木树顺纹抗压强度测定按《木材顺纹抗压强度试验方法》（GB/T 1935）进行。

1. 试验目的

测定木材沿纹理方向承受压力荷载的能力。

2. 试样制备

试样尺寸为 30mm×20mm×20mm，长度为顺纹方向。

3. 试验步骤

1）在试样长度中央，测量宽度 $b$ 及厚度 $t$，精确至 0.1mm。

2）将试样放在试验机球面活动支座的中心位置，以均匀速度加荷，在 1.5~2.0min 内使试样破坏，即试验机的指针明显地退回为止。记录破坏荷载 $F_{max}$，精确至 100N。

3）试样破坏后测定试样含水率。

4. 试验结果计算

1）试样含水率为 $W$ 时的顺纹抗压强度，应按下式计算（精确至 0.1MPa）：

$$\sigma_{cW}=\frac{F_{max}}{bt} \tag{15-39}$$

2）应按下式换算成标准含水率（12%）时的抗压强度（精确至 0.1MPa）：

$$\sigma_{c12}=\sigma_{cW}[1+0.05(W-12)] \tag{15-40}$$

当木材含水率在 9%~15%范围内，上式计算有效。

### 15.7.5 木材抗弯强度试验

木材抗弯强度测定按《木材抗弯强度试验方法》（GB/T 1936.1）进行。

### 1. 试验目的

测定木材承受逐渐施加的弯曲荷载的能力。

### 2. 试样制备

试样尺寸为20mm×20mm×300mm，长度为顺纹方向。试样制作要求和检查、试样含水率的调整应按规定进行。

### 3. 试验步骤

1）抗弯强度只做弦向试验。在试样长度中央，测量径向尺寸为宽度 $b$，弦向为高度 $h$，精确至0.1mm。

2）将试样放在试验装置的两支座上，采用三等分受力，以均匀速度加荷，在1~2min内使试样破坏，记录破坏荷载 $F_{max}$，精确至10N。

3）试验后，立即在试样靠近破坏处，截取约20mm长的木块测定试样含水率。

### 4. 试验结果计算

1）试样含水率为 $W$ 时的抗弯强度，应按下式计算（精确至0.1MPa）：

$$\sigma_{bW} = \frac{3F_{max}L}{2bh^2} \tag{15-41}$$

2）应按下式换算成标准含水率（12%）时的抗弯强度（精确至0.1MPa）：

$$\sigma_{b12} = \sigma_{bW}[1 + 0.04(W - 12)] \tag{15-42}$$

式中 $\sigma_{b12}$——试样含水率为12%时的抗弯强度（MPa）；
$W$——试样含水率（%）。

当木材含水率为9%~15%时，上式计算有效。

## 15.7.6 木材顺纹抗剪强度试验

木材顺纹抗剪强度测定按《木材顺纹抗剪强度试验方法》（GB/T 1937）进行。

### 1. 试验目的

测定木材沿纹理方向承受剪切荷载的能力。

### 2. 试样制备

试样形状、尺寸如图15-14所示。试样受剪面应为径面或弦面，长度为顺纹方向。试样缺角的部分角度应为106°40′，应采用角规检查，允许误差为±20′。试样制作要求和检查、试样含水率的调整应按规定进行。

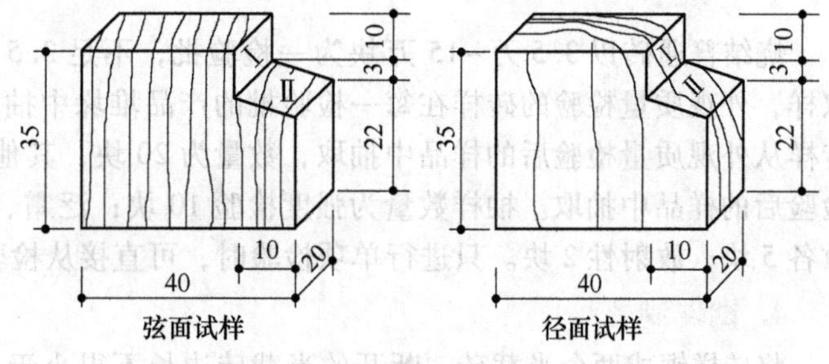


图15-14 木材顺纹抗剪试样

### 3. 试验步骤

1）测量试样受剪面的宽度 $b$ 和长度 $l$，精确至0.1mm。

2）将试样装于试验装置的垫块3上（见图15-15），调整螺杆4和5，使试样的顶端和Ⅰ面上部贴紧试验装置上部凹角的相邻两侧面，至试样不动为止。再将压块6置于试样截面Ⅱ上，并使其侧面紧靠试验装置的主体。

3）将装好试样的试验装置放在试验机上，使压块6的中心对准试验机上的中心位置。

4）试验以均匀速度加荷，在1.5~2min内使试样破坏，记录破坏荷载$F_{max}$，精确至10N。

5）将试样破坏后的小块部分，立即称量，按前述试验方法测定含水率。

4. 试验结果计算

1）试样含水率为$W$时的弦面或径面的顺纹抗剪强度，应按下式计算（精确至0.1MPa）：

$$\sigma_{sW}=\frac{0.96F_{max}}{bl} \tag{15-43}$$

2）应按下式换算成标准含水率（12%）时的抗剪强度（精确至0.1MPa）：

$$\sigma_{s12}=\sigma_{sW}[1-0.03(W-12)] \tag{15-44}$$

式中 $\sigma_{s12}$——试样含水率为12%时的抗剪强度（MPa）。

当木材含水率为9%~15%时，上式计算有效。

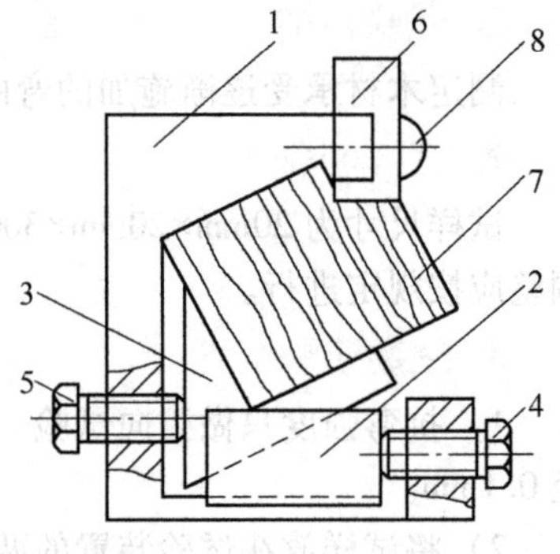


图15-15 木材顺纹抗剪试验装置

1—附件主杆 2—楔块 3—L形垫块 4、5—螺杆 6—压块 7—试样 8—圆头螺钉

## 15.8 砌墙砖试验

### 15.8.1 烧结普通砖试验

本试验根据《烧结普通砖》（GB/T 5101）进行，烧结普通砖检验项目分出厂检验（包括尺寸偏差、外观质量和强度等级）和型式检验（包括出厂检验项目、抗风化性能、石灰爆裂和泛霜等）两种。

1. 试验目的

确定烧结普通砖的强度等级，熟悉烧结普通砖的有关性能和技术要求。

2. 主要仪器设备

压力试验机、锯砖机或切砖器、钢直尺等。

3. 取样方法

烧结普通砖以3.5万~15万块为一检验批，不足3.5万块也按一批计；采用随机抽样法取样，外观质量检验的砖样在每一检验批的产品堆垛中抽取，数量为50块；尺寸偏差检验的砖样从外观质量检验后的样品中抽取，数量为20块，其他项目的砖样从外观质量和尺寸偏差检验后的样品中抽取。抽样数量为强度检验10块；泛霜、石灰爆裂、冻融及吸水率与饱和系数各5块；放射性2块。只进行单项检验时，可直接从检验批中随机抽取。

4. 试件制备

将砖样锯成两个半截砖，断开的半截砖边长不得小于100mm，否则应另取备用砖样补足。将已锯断的半截砖放入室温的净水中浸泡10~20min后取出，并以断口相反方向叠放，两者中间用强度等级为32.5级或42.5级的普通硅酸盐水泥调制成稠度适宜的水泥净浆黏结，其厚度不超过5mm，上、下两表面用厚度不超过3mm的同种水泥浆抹平，制成的试件上下两面需互相平行，并垂直于侧面（见图15-16）。

5. 抗压强度试验

1）制成的试件应置于不通风的室内养护3d，室温不低于10℃。

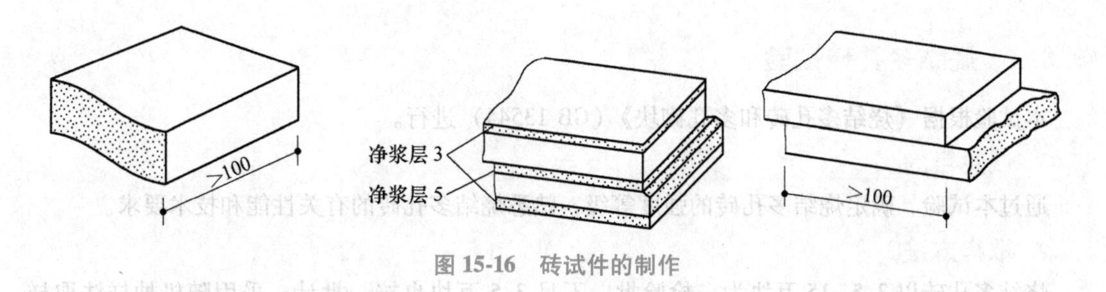


图 15-16　砖试件的制作

2）测量每个试件连接面的长 $a$、宽 $b$ 尺寸各两个，精确至 1mm，分别取其平均值计算受力面积。

3）将试样平放在压力试验机加压板中央，加荷时均匀平稳，不得发生冲击或振动，加荷速度为 4kN/s，直至试件破坏，记录破坏荷载 $P$。

## 6. 试验结果计算

烧结普通砖抗压强度试验结果按下列公式计算（精确至 0.1MPa）：

单块砖样抗压强度测定值

$$f_{ci} = \frac{P}{ab} \tag{15-45}$$

10 块砖样抗压强度平均值

$$\bar{f} = \frac{1}{10}\sum_{i=1}^{n} f_{ci} \tag{15-46}$$

10 块砖样的抗压强度标准差

$$S = \sqrt{\frac{1}{9}\sum_{i=1}^{10}(f_{ci} - \bar{f})^2} \tag{15-47}$$

砖抗压强度标准值

$$f_k = \bar{f} - 1.8S \tag{15-48}$$

强度变异系数

$$\delta = \frac{S}{\bar{f}} \tag{15-49}$$

## 7. 试验结果评定

将以上所得的抗压强度测定值、平均值和强度标准值和变异系数，按 GB/T 5101 标准判定砖的强度等级或检验此砖是否达到强度等级要求（见表 15-10）。

表 15-10　烧结普通砖的强度等级划分规定

| 强度等级 | 抗压强度平均值（$\bar{f}$）/MPa，≥ | 变异系数 $\delta \leq 0.21$ | 变异系数 $\delta > 0.21$ |
|---|---|---|---|
| | | 强度标准值 $f_k$/MPa，≥ | 单块最小值 $f_{min}$/MPa，≥ |
| MU30 | 30.0 | 22.0 | 25.0 |
| MU25 | 25.0 | 18.0 | 22.0 |
| MU20 | 20.0 | 14.0 | 16.0 |
| MU15 | 15.0 | 10.0 | 12.0 |
| MU10 | 10.0 | 6.5 | 7.5 |

## 15.8.2 烧结多孔砖试验

本试验根据《烧结多孔砖和多孔砌块》（GB 13544）进行。

### 1. 试验目的

通过本试验，确定烧结多孔砖的强度等级，熟悉烧结多孔砖的有关性能和技术要求。

### 2. 取样方法

烧结多孔砖以3.5~15万块为一检验批，不足3.5万块也按一批计；采用随机抽样法取样，外观质量检验的砖样在每一检验批的产品堆垛中抽取，数量为50块；尺寸偏差检验的砖样从外观质量检验后的样品中抽取，数量为20块，其他项目的砖样从外观质量和尺寸偏差检验后的样品中抽取。抽样数量为强度检验10块；孔型、孔洞率3块；泛霜、石灰爆裂、冻融及吸水率与饱和系数各5块。只进行单项检验时，可直接从检验批中随机抽取。

### 3. 强度试验

（1）主要仪器设备　材料试验机、抗折夹具、抗压试件制备平台、水平尺（250~300mm）、钢直尺（分度值为1mm）。

（2）试验步骤

1）抗折强度试验。

a. 按尺寸偏差试验中规定的尺寸测量方法，测量试样的宽度和高度尺寸各2个，分别取其算术平均值，精确至1mm。

b. 调整抗折夹具下支辊的跨距为砖规格长度减去40mm。但规格长度为190mm的砖，其跨距为160mm。

c. 将试样大面平放在下支辊上，试样两端面与下支辊的距离应相同，当试样有裂缝或凹陷时，应使有裂缝或凹陷的大面朝下，以50~150N/s的速度均匀加荷，直至试样断裂，记录最大破坏荷载$P$。

2）抗压强度试验。

a. 以单块整砖沿孔方向加压。试件制作采用坐浆法操作。即将玻璃板置于试件制备平台上，其上铺一张湿的垫纸，纸上铺一层厚度不超过5mm的用32.5级的普通硅酸盐水泥制成稠度适宜的水泥砂浆，再将试件在水中浸泡10~20min，在钢丝网架上滴水3~5min后平稳地将受压面坐放在水泥浆上，在另一受压面上稍加压力，使整个水泥层与砖受压面相互黏结，砖的侧面应垂直于玻璃板。待水泥浆适当凝固后，连同玻璃板翻放在另一铺纸放浆的玻璃板上，再进行坐浆，用水平尺校正好玻璃板，使其水平放置。

b. 制成的抹面试件应置于不低于10℃的不通风室内养护3d，再进行试验。

c. 测量每个试件连接面或受压面的长、宽尺寸各两个，分别取其平均值，精确至1mm。

试件平放在加压板的中央，垂直于受压面加荷，应均匀平稳，不得发生冲击或振动。加荷速度以4kN/s为宜，直至试件破坏为止，记录最大破坏荷载$P$。

3）结果计算与评定。

a. 抗折强度试验。每块试样的抗折强度$R_c$按下式计算（精确至0.01MPa）：

$$R_c = \frac{3PL}{2BH^2} \tag{15-50}$$

式中　$L$——跨距（mm）；

$B$——试样宽度（mm）；

$H$——试样高度（mm）。

试验结果以试样抗折强度的算术平均值和单块最小值表示，精确至0.01MPa。

b. 抗压强度试验。每块试样的抗压强度 $R_P$ 按下式计算（精确至0.01MPa）；

$$R_P = \frac{P}{LB} \tag{15-51}$$

式中 $L$——受压面（连接面）的长度（mm）；

$B$——受压面（连接面）的宽度（mm）。

试验结果以试样抗压强度的算术平均值和标准值单块最小值表示，精确至0.01MPa。

#### 4. 强度等级评定

试验结果按表15-11所示评定强度等级。

表15-11 烧结多孔砖的强度等级

| 强度等级 | 抗压强度平均值（$\bar{f}$）/MPa，≥ | 变异系数 $\delta \leqslant 0.21$ | 变异系数 $\delta > 0.21$ |
|---|---|---|---|
| | | 强度标准值 $f_k$/MPa，≥ | 单块最小值 $f_{min}$/MPa，≥ |
| MU30 | 30.0 | 22.0 | 25.0 |
| MU25 | 25.0 | 18.0 | 22.0 |
| MU20 | 20.0 | 14.0 | 16.0 |
| MU15 | 15.0 | 10.0 | 12.0 |
| MU10 | 10.0 | 6.5 | 7.5 |

（1）平均值——标准值方法评定　变异系数 $\delta \leqslant 0.21$ 时，按表15-11中抗压强度平均值 $\bar{f}$、强度标准值 $f_k$ 指标评定砖的强度等级，精确至0.01MPa。

样本量 $n=10$ 时的强度标准值 $f_k$ 按下式计算（精确至0.1MPa）：

$$f_k = \bar{f} - 1.8S \tag{15-52}$$

（2）平均值——最小值方法评定　变异系数 $\delta > 0.21$ 时，按表15-11中抗压强度平均值 $\bar{f}$、单块最小抗压强度值 $f_{min}$ 评定砖的强度等级，精确至0.1MPa。

## 15.9 沥青试验

### 15.9.1 沥青试样准备方法

本方法适用于需要加热才能进行试验的沥青试样。

1）将试样带盖放入恒温烘箱中。当石油沥青中不含水分时，将盛样容器带盖放入软化点以上90℃烘箱；当石油沥青中含有水分时，放入80℃烘箱至全部熔化，或放在砂浴、油浴或电热套上加热脱水，在不超过100℃条件下脱水至无泡沫。

2）将沥青过0.6mm的滤筛，然后立即灌入各项试验的模具中。如果温度下降过多，可适当加热再灌模。

3）根据具体需要，也可将试样分装入沥青盛样皿中储存。

注意事项：①对于取来的沥青试样不得直接采用电炉或燃气炉明火加热，以免试验数据失真；②加热沥青时，盛样容器应带盖但不可过紧；③搅动沥青时不宜太快，防止混入气泡；④试验冷却后反复加热的次数不得超过两次，以防沥青老化影响试验结果。

## 15.9.2 沥青的针入度试验

### 1. 试验目的

通过测定沥青针入度，可以评定其黏滞性并依针入度值确定沥青的牌号。掌握《沥青针入度测定法》（GB/T 4509），正确使用仪器设备。

### 2. 主要仪器设备

针入度仪、标准针、恒温水浴、试样皿、平底玻璃皿、温度计、秒表、石棉筛、可控制温度的砂浴或密闭电炉等。其中针入度仪：准确至0.1mm，针和针连杆总质量为50g±0.05g，砝码为50g±0.05g，试验总质量为100g±0.05g；标准针：洛氏硬度54~60HRC，表面粗糙度$Ra=0.2\sim0.3\mu m$，标准针总质量为2.5g±0.05g；盛样皿及盛样皿盖：小盛样皿内径55mm，深35mm，适用于针入度小于200。大盛样皿内径70mm，深45mm，适用于针入度200~350。特殊盛样皿深度不小于125mm，试样体积不少于125mL；恒温水浴 ：容量不少于10L，控温精度0.1℃，内设搁架，距水面不少于100mm，距底面不少于50mm；平底玻璃皿：容量不少于1L，深度不少于80mm，内设三脚支架；温度计：量程0 ~50℃，精度0.1℃。

### 3. 试样制备

1）将预先除去水分的试样在砂浴或密闭电炉上加热，并不断搅拌（以防局部过热），加热到使样品能够流动。加热温度不得超过试样估计软化点100℃，加热时间在保证样品充分流动的基础上尽量少。加热和搅拌过程中避免试样中进入气泡。

2）将试样倒入预先选好的试样皿内，试样深度应至少是预计锥入深度的120%。

3）将试样皿在15~30℃的空气中冷却45min~1.5h（小试样皿）或1.5~2h（大试样皿），在冷却中应遮盖试样皿，以防落入灰尘。然后将试样皿移入保持试验温度的恒温水浴中，水面应高于试样表面10mm以上，恒温1~1.5h（小试样皿）或1.5~2h（大试样皿）。

### 4. 试验步骤

1）将盛样皿快速移入平底玻璃皿的三脚架上。要求试样表面以上水深不少于10mm，平稳快速，保证试验温度。

2）调节针连杆高度，控制针尖与试样表面接触。要求视线尽量压低，灯源尽量唯一，可用放大镜辅助。

3）启动针入度仪，读出读数，准确至0.1。

4）每个样品平行试验三次。要求各测点之间及与盛样皿边缘距离不少于10mm，针入度大于200时每次试验后将针留在试样中。

注意：试验温度为25℃，测定针入度指数PI时，通常为15℃、25℃、30℃（35℃），必要时或仲裁试验时，增加10℃、20℃等温度。

### 5. 试验结果处理

以三次试验结果的平均值作为该沥青的针入度。三次试验所测针入度的最大值与最小值之差不应大于表15-12所示的数值。如差值超过表中数值，则试验须重做。

表15-12 针入度测定最大允许差值 （单位：0.1mm）

| 针入度 | 0~49 | 50~149 | 150~249 | 250~349 | 350~500 |
| --- | --- | --- | --- | --- | --- |
| 最大允许差值 | 2 | 4 | 6 | 8 | 20 |

## 15.9.3 沥青的延度试验

### 1. 试验目的

通过测定沥青的延度，可以评定其塑性的好坏，并依延度值确定沥青的牌号。掌握《沥青延度测定法》（GB/T 4508），正确使用仪器设备。

### 2. 主要仪器设备

延度仪、试模、恒温水浴、温度计、金属筛网、隔离剂等。

### 3. 试样制备

1）将隔离剂拌和均匀，涂于磨光的金属板及侧模的内表面，以防沥青粘在试模上。

2）与针入度相同的方法准备沥青试样，待试样呈细流状，自试模的一端至另一端往返注入模中，并使试件略高于试模。

3）试件在15~30℃的空气中冷却30~40min，然后置于规定试验温度的恒温水浴中，保持30min后取出，用热刀将高出试模的沥青刮走，使沥青面与模面齐平。沥青的刮法应自中间向两端，表面应刮得十分平滑。

4）恒温。将金属板、试模和试件一起放入水浴中，并在试验温度25℃±5℃下保持1~1.5h。

### 4. 试验步骤

1）检查延度仪拉伸速度是否满足要求（一般为5cm/min±0.5cm/min），然后移动滑板使其指针对准标尺的零点。将延度仪水槽注水，并保持水温达试验温度，允许差值为±0.5℃。

2）将试件移至延度仪水槽中，然后从金属板上取下试件，将试模两端的孔分别套在滑板及槽端的金属柱上，水面距试件表面应不小于25mm，然后去掉侧模。

3）测得水槽中水温为试验温度±0.5℃时，启动延度仪（此时仪器不得有振动），观察沥青的拉伸情况。在测定时，如发现沥青细丝浮于水面或沉入槽底时，应在水中加入乙醇或食盐调整水的密度至与试样的密度相近后，再重新试验。

4）试件拉断时指针所指标尺上的读数，即为试件的延度，以cm表示。在正常情况下，试件应拉伸成锥尖状，在断裂时实际横断面为零。如不能得到上述结果，应在报告中说明。

### 5. 试验结果处理

取三个平行测定值的平均值作为测定结果。若三次测定值不在其平均值的5%以内，但其中两个较高值在平均值的5%以内，则可弃掉最低值，取两个较高值的平均值作为测定结果，否则重新测定。

## 15.9.4 沥青的软化点试验

### 1. 试验目的

通过测定沥青的软化点，可以评定其温度感应性并依软化点值确定沥青的牌号；也是在不同温度下选用沥青的重要技术指标之一。掌握《沥青软化点测定法 环球法》（GB/T 4507），正确使用仪器设备。

### 2. 主要仪器设备

1）软化点测定仪、环球法烧杯、测定架、钢球、试样环、钢球定位环、温度计等。

2）其他：电炉或其他加热器、金属板或玻璃板、金属筛网、隔离剂等。

### 3. 试件制备

1）将试样环置于涂有隔离剂的金属板或玻璃板上，将沥青试样（准备方法同针入度试验）

注入试样环内至略高于环面为止（如估计软化点在120℃以上时，应将试样环及金属板预热至80~100℃）。

2）将试样在室温冷却30min后，用热刀刮去高出环面的试样，使之与环面齐平。

3）估计软化点不高于80℃的试样，将盛有试样的试样环及金属板置于盛满水的保温槽内，水温保持在5℃±0.5℃，恒温15min；预估软化点高于80℃的试样，将盛有试样的试样环及金属板置于盛满甘油的保温槽内，水温保持在32℃±1℃，恒温15min。或将盛有试样的试样环水平地安放在试验架中层板的圆孔上，然后放在烧杯中，恒温15min，温度要求同保温槽。

4）烧杯内注入新煮沸并冷却至5℃的蒸馏水（预估软化点不高于80℃的试样），或注入预先加热至32℃的甘油（预估软化点高于80℃的试样），使水面或甘油液面略低于连接杆上深度标记。

#### 4. 试验步骤

1）从水中或甘油保温槽中，取出盛有试样的试样环放置在环架中层板的圆孔中，为了使钢球位置居中，应套上钢球定位器，然后把整个环架放入烧杯中，调整水面或甘油面至连接杆上的深度标记，环架上任何部分不得有气泡。再将温度计由上层板中心孔垂直插入，使水银球底部与试样环下部齐平。

2）将烧杯移放至有石棉网的电炉或三脚架煤气灯上，然后将钢球放在试样上（务使各环的平面在全部加热时间内处于水平状态）立即加热，使烧杯内水或甘油温度上升速度在3min内保持5℃/min±0.5℃/min，在整个测定过程中如温度的上升速度超过此范围，则试验应重做。

3）试样受热软化，包裹沥青试样的钢球在重力作用下，下降至与下层底板表面接触时的温度即为试样的软化点。

#### 5. 试验结果处理

两次平行试验符合重复性精密度要求时计算平均值作为测定结果，准确至0.5℃。

平行测定的两个结果的偏差不得大于下列规定：软化点低于80℃时，允许差值为0.5℃；软化点高于或等于80℃时，允许差值为1℃，否则试验重做。

## 15.10 沥青混合料试验

### 15.10.1 沥青混合料试件制作方法（击实法）

#### 1. 试验目的

本方法适用于采用标准击实法制作沥青混合料试件，以供试验室进行沥青混合料物理力学性质试验使用。标准击实法适用于标准马歇尔试验、间接抗拉试验（劈裂法）等所使用的ϕ101.6mm×63.5mm圆柱体试件的成型。当集料公称最大粒径小于或等于26.5mm时，采用标准击实法，一组试件的数量不少于4个。

#### 2. 仪具与材料技术要求

自动击实仪：击实仪应具有自动记数、控制仪表、按钮设置、复位及暂停等功能。

1）标准击实仪：由击实锤、ϕ(98.5±0.5)mm平圆形压实头及带手柄的导向棒组成。用机械将压实锤提升，至457.2mm±1.5mm高度沿导向棒自由落下连续击实，标准击实锤质量为4536g±9g。

2）试验室用沥青混合料拌和机：能保证拌和温度并充分拌和均匀，可控制拌和时间，容量不小于 10L，如图 15-17 所示。搅拌叶自转速度为 70~80r/min，公转速度为 40~50r/min。

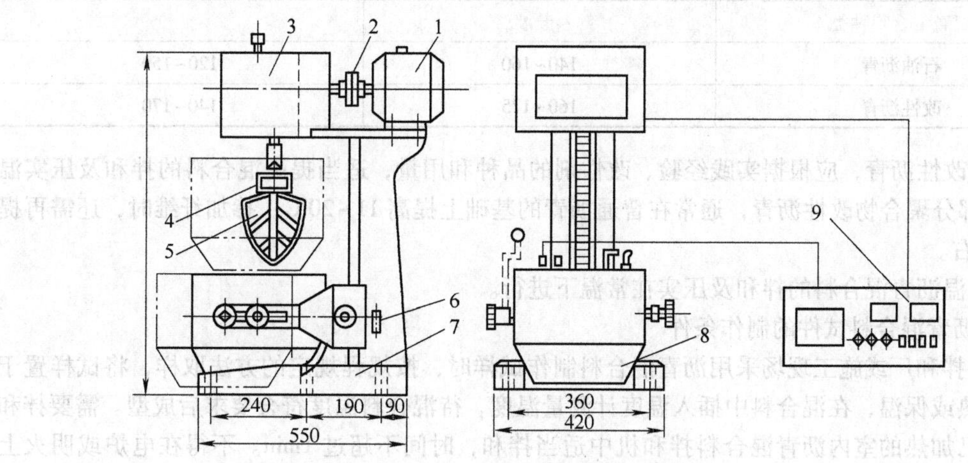


图 15-17　试验室用沥青混合料拌和机

1—电动机　2—联轴器　3—变速箱　4—弹簧　5—拌和叶片
6—升降手柄　7—底座　8—加热拌和锅　9—温度时间控制仪

3）试模：由高碳钢或工具钢制成，几何尺寸如下：标准击实仪试模的内径为 101.6mm±0.2mm，圆柱形金属筒高 87mm，底座直径约 120.6mm，套筒内径 104.8mm、高 70mm。

4）脱模器：电动或手动，应能无破损地推出圆柱体试件，备有标准试件尺寸的推出环。

5）烘箱：应有温度调节器。

6）天平或电子秤：用于称量沥青，感量不大于 0.1g；用于称量矿料，感量不大于 0.5g。

7）布洛克菲尔德黏度计。

8）插刀或螺钉旋具。

9）温度计：分度值为 1℃，宜采用有金属插杆的插入式数显温度计，金属插杆的长度不小于 150mm，量程为 0~300℃。

10）其他：电炉或煤气炉、沥青熔化锅、拌和铲、标准筛、滤纸或普通纸、胶布、卡尺、秒表、粉笔、棉纱等。

### 3. 准备工作

（1）确定制作沥青混合料试件的拌和温度与压实温度

1）按规程要求测定沥青的黏度，绘制黏度曲线。按表 15-13 所示的要求确定适宜于沥青混合料拌和及压实的沥青的黏度。

表 15-13　沥青混合料拌和及压实的沥青的黏度

| 沥青结合料种类 | 黏度与测定方法 | 适宜于拌和的沥青结合料黏度 | 适宜于压实的沥青结合料黏度 |
| --- | --- | --- | --- |
| 石油沥青 | 表观黏度，T0625 | （0.17±0.02）Pa·s | （0.28±0.03）Pa·s |

注：液体沥青混合料的压实成型温度按石油沥青要求执行。

2）当缺乏沥青黏度测定条件时，试件的拌和与压实温度可按表 15-14 所示选用，根据沥青品种和等级做适当调整。针入度小、稠度大的沥青取高限；针入度大、稠度小的沥青取低限；一般取中值。

表15-14 沥青混合料拌和及压实温度参考表

| 沥青结合料种类 | 拌和温度/℃ | 压实温度/℃ |
|---|---|---|
| 石油沥青 | 140~160 | 120~150 |
| 改性沥青 | 160~175 | 140~170 |

3）对改性沥青，应根据实践经验、改性剂的品种和用量，适当提高混合料的拌和及压实温度；对大部分聚合物改性沥青，通常在普通沥青的基础上提高11~20℃；掺加纤维时，还需再提高10℃左右。

4）常温沥青混合料的拌和及压实在常温下进行。

（2）沥青混合料试件的制作条件

1）在拌和厂或施工现场采用沥青混合料制作试样时，按规程规定的方法取样，将试样置于烘箱中加热或保温，在混合料中插入温度计测量温度，待混合料温度符合要求后成型。需要拌和时可倒入已加热的室内沥青混合料拌和机中适当拌和，时间不超过1min。不得在电炉或明火上加热炒拌。

2）在试验室人工配制沥青混合料时，试件的制作按下列步骤进行：

将各种规格的矿料置105℃±5℃的烘箱中烘干至恒重（一般不少于4~6h）。

将烘干分级的粗、细集料，按每个试件设计级配要求称其质量，在一金属盘中混合均匀，矿粉单独放入小盆里；然后置烘箱中加热至沥青拌和温度以上约15℃（采用石油沥青时通常为163℃；采用改性沥青时通常需180℃）备用。一般按一组试件（每组4~6个）备料，但进行配合比设计时宜对每个试件分别备料。常温沥青混合料的矿料不应加热。

将按规程要求采取的沥青试样，用烘箱加热至规定的沥青混合料拌和温度，但不得超过175℃。当不得已采用燃气炉或电炉直接加热进行脱水时，必须使用石棉垫隔开。

### 4. 拌制沥青混合料

（1）黏稠石油沥青混合料

1）用蘸有少许润滑脂的棉纱擦净试模、套筒及击实座等，置100℃左右烘箱中加热1h备用。常温沥青混合料用试模不加热。

2）将沥青混合料拌和机提前预热至拌和温度10℃左右。

3）将加热的粗、细集料置于拌和机中，用小铲子适当混合；然后加入需要数量的沥青（如沥青已称量在一专用容器内，可在倒掉沥青后用一部分热矿粉将粘在容器壁上的沥青擦拭掉并一起倒入拌和锅中），启动拌和机一边搅拌一边使拌和叶片插入混合料中拌和1~1.5min；暂停拌和，加入加热的矿粉，继续拌和至均匀为止，并使沥青混合料保持在要求的拌和温度范围内。标准的总拌和时间为3min。

（2）液体石油沥青混合料　将每组（或每个）试件的矿料置已加热至55~100℃的沥青混合料拌和机中，注入要求数量的液体沥青，并将混合料边加热边拌和，使液体沥青中的溶剂挥发至50%以下。拌和时间应事先试拌决定。

（3）乳化沥青混合料　将每个试件的粗、细集料，置于沥青混合料拌和机（不加热，也可用人工炒拌）中；注入计算的用水量（阴离子乳化沥青不加水）后，拌和均匀并使矿料表面完全湿润；再注入设计的沥青乳液用量，在1min内使混合料拌匀；然后加入矿粉后迅速拌和，使混合料拌成褐色为止。

### 5. 成型方法

1）击实法的成型步骤如下：

a. 将拌好的沥青混合料，用小铲适当拌和均匀，称取一个试件所需的用量（标准马歇尔试件约1200g)。当已知沥青混合料的密度时，可根据试件的标准尺寸计算并乘以1.03得到要求的混合料数量。当一次拌和几个试件时，宜将其倒入经预热的金属盘中，用小铲适当拌和均匀分成几份，分别取用。在试件制作过程中，为防止混合料温度下降，应连盘放在烘箱中保温。

b. 从烘箱中取出预热的试模及套筒，用蘸有少许黄油的棉纱擦拭套筒、底座及击实锤底面。将试模装在底座上，放一张圆形的吸油性小的纸，用小铲将混合料铲入试模中，用插刀或螺钉旋具沿周边插捣15次，中间捣10次。插捣后将沥青混合料表面整平。

c. 插入温度计至混合料中心附近，检查混合料温度。

d. 待混合料温度符合要求的压实温度后，将试模连同底座一起放在击实台上固定。在装好的混合料上面垫一张吸油性小的圆纸，再将装有击实锤及导向棒的压实头放入试模中。开启电动机，使击实锤从457mm的高度自由落下到击实规定的次数（75次或50次）。

e. 试件击实一面后，取下套筒，将试模翻面，装上套筒；然后以同样的方法和次数击实另一面。

乳化沥青混合料试件在两面击实后，将一组试件在室温下横向放置24h；另一组试件置温度为105℃±5℃的烘箱中养护24h。将养护试件取出后再立即两面锤击各25次。

f. 试件击实结束后，立即用镊子取掉上下面的纸，用卡尺量取试件离试模上口的高度并由此计算试件高度。高度不符合要求时，试件应作废，并按下式调整试件的混合料质量，以保证高度符合63.5mm±1.3mm（标准试件）的要求。

$$\text{调整后混合料质量} = \frac{\text{要求试件高度} \times \text{原用混合料质量}}{\text{所得试件的高度}} \tag{15-53}$$

2）卸去套筒和底座，将装有试件的试模横向放置冷却至室温后（不少于12h），置脱模机上脱出试件。用于现场马歇尔指标检验的试件，在施工质量检验过程中如急需试验，允许采用电风扇吹冷1h或浸水冷却3min以上的方法脱模；但浸水脱模法不能用于测量密度、空隙率等各项物理指标。

3）将试件仔细置于干燥洁净的平面上，供试验用。

## 15.10.2 压实沥青混合料密度试验（表干法）

### 1. 目的与适用范围

1）本方法适用于测定吸水率不大于2%的各种沥青混合料试件，包括密级配沥青混凝土、沥青玛蹄脂碎石混合料（SMA）和沥青稳定碎石等沥青混合料试件的毛体积相对密度和毛体积密度。标准温度为25℃±0.5℃。

2）本方法测定的毛体积相对密度和毛体积密度适用于计算沥青混合料试件的空隙率、矿料间隙率等各项体积指标。

### 2. 仪具与材料技术要求

1）浸水天平或电子天平：当最大称量在3kg以下时，感量不大于0.1g；最大称量在3kg以上时，感量不大于0.5g；应有测量水中重物的挂钩。

2）网篮。

3）溢流水箱：如图15-18所示，使用洁净水，有水位溢流装置，保持试件和网篮浸入水中后的水位一定，能调整水温至25℃±0.5℃。

4）试件悬吊装置：天平下方悬吊网篮及试件的装置，吊线应采用不吸水的细尼龙线绳，并有足够的长度。对轮碾成型机成型的板块状试件可用钢丝悬挂。

5）其他：秒表、毛巾、电风扇或烘箱。

### 3. 方法与步骤

1）准备试件。本试验可以采用室内成型的试件，也可以采用工程现场钻芯、切割等方法获得的试件。当采用现场钻芯取样时，应按照规程规定的方法进行。试验前试件宜在阴凉处保存（温度不宜高于35℃），且放置在水平的平面上，注意不要使试件产生变形。

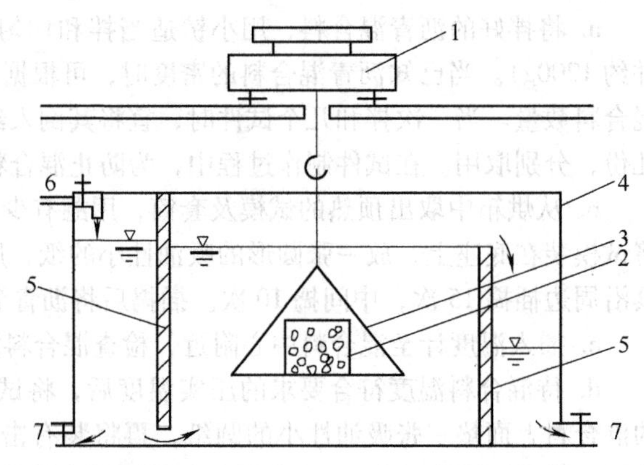


图 15-18 溢流水箱及下挂法水中重称量方法示意图

1—浸水天平或电子天平 2—试件 3—网篮 4—溢流水箱 5—水位搁板 6—注入口 7—放水阀

2）选择适宜的浸水天平或电子天平，最大称量应满足试件质量的要求。

3）除去试件表面的浮粒，称取干燥试件的空中质量（$m_a$），根据选择的天平的感量读数，准确至0.1g或0.5g。

4）将溢流水箱水温保持在25℃±0.5℃。挂上网篮，浸入溢流水箱中，调节水位，将天平调平并复零，把试件置于网篮中（注意不要晃动水）浸水3~5min，称取水中质量（$m_w$）。若天平读数持续变化，不能很快达到稳定，说明试件吸水较严重，不适用于此法测定，应改用蜡封法测定。

5）从水中取出试件，用洁净柔软的拧干湿毛巾轻轻擦去试件的表面水（不得吸走空隙内的水），称取试件的表干质量（$m_f$）。从试件拿出水面到擦拭结束不宜超过5s，称量过程中流出的水不得再擦拭。

6）对从工程现场钻取的非干燥试件，可先称取水中质量（$m_w$）和表干质量（$m_f$），然后用电风扇将试件吹干至恒重（一般不少于12h，当不需进行其他试验时，也可用60℃±5℃烘箱烘干至恒重），再称取空中质量（$m_a$）。

### 4. 计算

1）按下式计算试件的吸水率（精确至0.1）：

$$S_a = \frac{m_f - m_a}{m_f - m_w} \times 100\% \tag{15-54}$$

式中 $S_a$——试件的吸水率（%）；

$m_a$——干燥试件的空中质量（g）；

$m_f$——试件的水中质量（g）；

$m_w$——试件的表干质量（g）。

2）按下列式子计算试件的毛体积相对密度和毛体积密度（精确至0.001）：

$$\gamma_f = \frac{m_a}{m_f - m_w} \tag{15-55}$$

$$\rho_f = \frac{m_a}{m_f - m_w}\rho_w \tag{15-56}$$

式中 $\gamma_f$——试件毛体积相对密度，无量纲；

$\rho_f$——试件毛体积密度（$g/cm^3$）；

$\rho_w$——25℃时水的密度（$g/cm^3$），取0.9971$g/cm^3$。

3）按下式计算试件的空隙率（取1位小数）

$$VV = \left(1 - \frac{\gamma_f}{\gamma_t}\right) \times 100\% \tag{15-57}$$

式中　VV——试件的空隙率（%）；

$\gamma_t$——沥青混合料理论最大相对密度，实测或按式（15-64）和式（15-65）的方法计算得到，无量纲；

$\gamma_f$——试件的毛体积相对密度，无量纲，通常采用表干法测定；当试件吸水率 $S_a$>2%时，宜采用蜡封法测定；当按规定允许采用水中重法测定时，也可采用表观相对密度代替。

4）按下式计算矿料的合成毛体积相对密度（精确至0.001）：

$$\gamma_{sb} = \frac{100}{\frac{P_1}{\gamma_1} + \frac{P_2}{\gamma_2} + \cdots \frac{P_n}{\gamma_n}} \tag{15-58}$$

式中　$\gamma_{sb}$——矿料的合成毛体积相对密度，无量纲；

$P_1$、$P_2$、$P_n$——各种矿料占矿料总质量的百分率（%），其和为100；

$\gamma_1$、$\gamma_2$、$\gamma_n$——各种矿料的相对密度，无量纲；采用《公路工程集料试验规程》（JTG E42）的方法进行测定，粗集料按T0304方法测定：机制砂及石屑可按T0330方法测定，也可以用筛出的2.36~4.75mm部分按T0304方法测定的毛体积相对密度代替；矿粉（含消石灰、水泥）采用表观相对密度。

5）按下式计算矿料的合成表观相对密度（精确至0.001）：

$$\gamma_{sa} = \frac{100}{\frac{P_1}{\gamma'_1} + \frac{P_2}{\gamma'_2} + \cdots \frac{P_n}{\gamma'_n}} \tag{15-59}$$

式中　$\gamma_{sa}$——矿料的合成表观相对密度，无量纲；

$\gamma'_1$、$\gamma'_2$、$\gamma'_n$——各种矿料的表观相对密度，无量纲。

6）确定矿料的有效相对密度，精确至0.001。

a. 对非改性沥青混合料，采用真空法实测理论最大相对密度，取平均值。按下式计算合成矿料的有效相对密度 $\gamma_{se}$：

$$\gamma_{se} = \frac{100 - P_b}{\frac{100}{\gamma_1} - \frac{P_b}{\gamma_b}} \tag{15-60}$$

式中　$\gamma_{se}$——合成矿料的有效相对密度，无量纲；

$P_b$——沥青用量，即沥青质量占沥青混合料总质量的百分比（%）；

$\gamma_1$——实测的沥青混合料理论最大相对密度，无量纲；

$\gamma_b$——25℃时沥青的相对密度，无量纲。

b. 对改性沥青及SMA等难以分散的混合料，有效相对密度宜直接由矿料的合成毛体积相对密度与合成表观相对密度按式（15-61）计算确定，其中沥青吸收系数 $C$ 值根据材料的吸水率由式（15-62）求得，合成矿料的吸水率按式（15-63）计算。

$$\gamma_{se} = C\gamma_{sa} + (1 - C)\gamma_{sb} \tag{15-61}$$

$$C = 0.033w_x^2 - 0.2936w_x + 0.9339 \tag{15-62}$$

$$w_x = \left(\frac{1}{\gamma_{sb}} - \frac{1}{\gamma_{sa}}\right) \times 100\% \tag{15-63}$$

式中 $C$——沥青吸收系数，无量纲；

$w_x$——合成矿料的吸水率（%）。

7）确定沥青混合料的理论最大相对密度，精确至0.001。

a. 对非改性的普通沥青混合料，采用真空法实测沥青混合料的理论最大相对密度$\gamma_t$。

b. 对改性沥青或SMA混合料宜按式（15-64）或式（15-65）计算沥青混合料对应油石比的理论最大相对密度。

$$\gamma_t = \frac{100 + P_a}{\dfrac{100}{\gamma_{se}} + \dfrac{P_a}{\gamma_b}} \tag{15-64}$$

$$\gamma_t = \frac{100 + P_a + P_x}{\dfrac{100}{\gamma_{se}} + \dfrac{P_a}{\gamma_b} + \dfrac{P_x}{\gamma_x}} \tag{15-65}$$

式中 $\gamma_t$——计算沥青混合料对应油石比的理论最大相对密度，无量纲；

$P_a$——油石比，即沥青质量占矿料总质量的百分比（%）；

$$P_a = \frac{P_b}{(100 - P_b)} \times 100\% \tag{15-66}$$

$P_x$——纤维用量，即纤维质量占矿料总质量的百分比（%）；

$\gamma_x$——25℃时纤维的相对密度，由厂方提供或实测得到，无量纲；

$\gamma_{se}$——合成矿料的有效相对密度，无量纲；

$\gamma_b$——25℃时沥青的相对密度，无量纲。

c. 对旧路面钻取芯样的试件缺乏材料密度、配合比及油石比的沥青混合料，可以采用真空法实测沥青混合料的理论最大相对密度$\gamma_t$。

8）按下列式子计算试件的空隙率VV、矿料间隙率VMA和有效沥青的饱和度VFA（精确至0.1）：

$$VV = \left(1 - \frac{\gamma_f}{\gamma_t}\right) \times 100\% \tag{15-67}$$

$$VMA = \left(1 - \frac{\gamma_f}{\gamma_{sb}} \times \frac{P_s}{100}\right) \times 100\% \tag{15-68}$$

$$VFA = \frac{VMA - VV}{VMA} \times 100\% \tag{15-69}$$

式中 VV——沥青混合料试件的空隙率（%）；

VMA——沥青混合料试件的矿料间隙率（%）；

VFA——沥青混合料试件的有效沥青饱和度（%）；

$P_s$——各种矿料占沥青混合料总质量的百分率之和（%）；

$$P_s = 100 - P_b \tag{15-70}$$

$\gamma_{sb}$——矿料的合成毛体积相对密度，无量纲。

9）按下列式计算沥青结合料被矿料吸收的比例及有效沥青含量、有效沥青体积百分率（精确至0.1）：

$$P_{ba}=\frac{\gamma_{se}-\gamma_{sb}}{\gamma_{se}\gamma_{sb}}\gamma_b\times100\% \tag{15-71}$$

$$P_{be}=P_b-\frac{P_{ba}}{100}P_s \tag{15-72}$$

$$V_{be}=\frac{\gamma_f P_{be}}{\gamma_b} \tag{15-73}$$

式中 $P_{ba}$——沥青混合料中被矿料吸收的沥青质量占矿料总质量的百分率（%）；

$P_{be}$——沥青混合料中的有效沥青含量（%）；

$V_{be}$——沥青混合料试件的有效沥青体积百分率（%）。

10）按下式计算沥青混合料的粉胶比（精确至0.1）：

$$FB=\frac{P_{0.075}}{P_{be}} \tag{15-74}$$

式中 FB——粉胶比，沥青混合料的矿料中0.075mm通过率与有效沥青含量的比值，无量纲；

$P_{0.075}$——矿料级配中0.075mm的通过百分率（水洗法）（%）。

11）按式（15-73）计算集料的比表面积，按式（15-74）计算沥青混合料沥青膜有效厚度。各种集料粒径的表面积系数按表15-15取用。

$$SA=\sum(P_i FA_i) \tag{15-75}$$

$$DA=\frac{P_{be}}{\rho_b P_s SA}\times1000 \tag{15-76}$$

式中 SA——集料的比表面积（$m^2/kg$）；

$P_i$——集料各粒径的质量通过百分率（%）；

$FA_i$——各筛孔对应集料的表面积系数（$m^2/kg$），按表15-15所示确定；

DA——沥青膜有效厚度（μm）；

$\rho_b$——沥青25t℃时的密度（$g/cm^3$）。

**表15-15 集料的表面积系数及比表面积计算示例**

| 筛孔尺寸/mm | 19 | 16 | 13.2 | 9.5 | 4.75 | 2.36 | 1.18 | 0.6 | 0.3 | 0.15 | 0.075 |
|---|---|---|---|---|---|---|---|---|---|---|---|
| 表面积系数 $FA_i/(m^2/kg)$ | 0.0041 | — | — | — | 0.0041 | 0.0082 | 0.0164 | 0.0287 | 0.0614 | 0.1229 | 0.3277 |
| 集料各粒径的质量通过百分率 $P_i$(%) | 100 | 92 | 85 | 76 | 60 | 42 | 32 | 23 | 16 | 12 | 6 |
| 集料的比表面积 $FA_iP_i/(m^2/kg)$ | 0.41 | — | — | — | 0.25 | 0.34 | 0.52 | 0.66 | 0.98 | 1.47 | 1.97 |
| 集料比表面积总和 $SA/(m^2/kg)$ | SA=0.41+0.25+0.34+0.52+0.66+0.98+1.47+1.97=6.60 | | | | | | | | | | |

注：矿料级配中大于4.75mm集料的表面积系数FA均取0.0041。计算集料比表面积时，大于4.75mm集料的比表面积只计算一次，即只计算最大粒径对应部分。见表15-15，该例的SA=6.60$m^2/kg$，若沥青混合料的有效沥青含量为4.65%，沥青混合料的沥青用量为4.8%。沥青的密度为1.03$g/cm^3$，$P_s$=95.2，则沥青膜厚度DA=4.65/(95.2×1.03×6.60)×1000μm=7.19μm

12）粗集料骨架间隙率可按下式计算（精确至0.1）：

$$VCA_{mix} = 100 - \frac{\gamma_f}{\gamma_{ca}} P_{ca} \tag{15-77}$$

式中 $VCA_{mix}$——粗集料骨架间隙率（%）；

$P_{ca}$——矿料中所有粗集料质量占沥青混合料总质量的百分率（%），按下式计算得到

$$P_{ca} = P_s PA_{4.75}/100 \tag{15-78}$$

$PA_{4.75}$——矿料级配中4.75mm筛余量（%），即100减去4.75mm通过率；$PA_{4.75}$对于一般沥青混合料为矿料级配中4.75mm筛余量，对于公称最大粒径不大于9.5mm的SMA混合料为2.36mm筛余量，对特大粒径根据需要可以选择其他筛孔。

$\gamma_{ca}$——矿料中所有粗集料的合成毛体积相对密度，按下式计算，无量纲：

$$\gamma_{ca} = \frac{P_{1c} + P_{2c} + \cdots + P_{nc}}{\dfrac{P_{1c}}{\gamma_{1c}} + \dfrac{P_{2c}}{\gamma_{2c}} + \cdots + \dfrac{P_{nc}}{\gamma_{nc}}} \tag{15-79}$$

$P_{1c}$，…，$P_{nc}$——矿料中各种粗集料占矿料总质量的百分比（%）；

$\gamma_{1c}$，…，$\gamma_{nc}$——矿料中各种粗集料的毛体积相对密度。

### 5. 报告

应在试验报告中注明沥青混合料的类型及测定密度采用的方法。

### 6. 允许误差

试件毛体积密度试验重复性的允许误差为0.020g/cm³。试件毛体积相对密度试验重复性的允许误差为0.020。

## 15.10.3 沥青混合料马歇尔稳定度试验

### 1. 目的与适用范围

本方法适用于马歇尔稳定度试验和浸水马歇尔稳定度试验，以进行沥青混合料的配合比设计或沥青路面施工质量检验。浸水马歇尔稳定度试验（根据需要也可进行真空饱水马歇尔试验）供检验沥青混合料受水损害时抵抗剥落的能力时使用，通过测试其水稳定性检验配合比设计的可行性。本方法适用于按15.10.1节中成型的标准马歇尔试件圆柱体。

### 2. 仪具与材料技术要求

1）沥青混合料马歇尔试验仪：分为自动式和手动式。自动马歇尔试验仪应具备控制装置、记录荷载-位移曲线、自动测定荷载与试件的垂直变形，能自动显示和存储或打印试验结果等功能。手动式由人工操作，试验数据通过操作者目测后读取数据。对用于高速公路和一级公路的沥青混合料宜采用自动马歇尔试验仪。

当集料公称最大粒径小于或等于26.5mm时，宜采用$\phi$101.6mm×63.5mm的标准马歇尔试件，试验仪最大荷载不得小于25kN，读数准确至0.1kN，加荷速率应能保持50mm/min±5mm/min，钢球直径为16mm±0.05mm，上下压头曲率半径为50.8mm±0.08mm。

2）恒温水槽：控温准确至1℃，深度不小于150mm。

3）真空饱水容器：包括真空泵及真空干燥器。

4）烘箱。

5）天平：感量不大于0.1g。

6）温度计：分度值为1℃。

7）卡尺。

8）其他：棉纱、润滑脂。

### 3. 标准马歇尔试验方法

（1）准备工作

1）按标准击实法成型马歇尔试件，标准马歇尔试件尺寸应符合直径 101.6mm±0.2mm、高 63.5mm±1.3mm 的要求。一组试件的数量不得少于 4 个。

2）量测试件的直径及高度：用卡尺测量试件中部的直径，用马歇尔试件高度测定器或用卡尺在十字对称的 4 个方向测量试件边缘 10mm 处的高度，准确至 0.1mm，并以其平均值作为试件的高度。如试件高度不符合 63.5mm±1.3mm 的要求或两侧高度差大于 2mm，此试件应作废。

3）按前述规定的方法测定试件的密度，并计算空隙率、沥青体积百分率、沥青饱和度、矿料间隙率等体积指标。

4）将恒温水槽调节至要求的试验温度，对黏稠石油沥青或烘箱养护过的乳化沥青混合料为 60℃±1℃，对煤沥青混合料为 33.8℃±1℃，对空气养护的乳化沥青或液体沥青混合料为 25℃±1℃。

（2）试验步骤

1）将试件置于已达规定温度的恒温水槽中保温，保温时间对标准马歇尔试件需30~40min。试件之间应有间隔，底下应垫起，距水槽底部不小于 5cm。

2）将马歇尔试验仪的上下压头放入水槽或烘箱中达到同样温度。将上下压头从水槽或烘箱中取出擦拭干净内面。为使上下压头滑动自如，可在下压头的导棒上涂少量黄油。再将试件取出置于下压头上，盖上上压头；然后装在加荷设备上。

3）在上压头的球座上放妥钢球，并对准荷载测定装置的压头。

4）当采用自动马歇尔试验仪时，将自动马歇尔试验仪的压力传感器、位移传感器与计算机或 X-Y 记录仪正确连接，调整好适宜的放大比例，压力和位移传感器调零。

5）当采用压力环和流值计时，将流值计安装在导棒上，使导向套管轻轻地压住上压头，同时将流值计读数调零；调整压力环中百分表，对零。

6）起动加荷设备，使试件承受荷载，加荷速度为 50mm/min±5mm/min。计算机或 X-Y 记录仪自动记录传感器压力和试件变形曲线并将数据自动存入计算机。

7）当试验荷载达到最大值的瞬间，取下流值计，同时读取压力环中百分表及流值计的流值读数。

8）从恒温水槽中取出试件至测出最大荷载值的时间，不得越过 30s。

### 4. 浸水马歇尔试验方法

浸水马歇尔试验方法与标准马歇尔试验方法的不同之处在于，试件在已达规定温度恒温水槽中的保温时间为 48h，其余步骤均与标准马歇尔试验方法相同。

### 5. 真空饱水马歇尔试验方法

试件先放入真空干燥器中，关闭进水胶管，启动真空泵，使干燥器的真空度达到 97.3kPa (730mmHg) 以上，维持 15min；然后打开进水胶管，靠负压进入冷水流使试件全部浸入水中，浸水 15min 后恢复常压，取出试件再放入已达规定温度的恒温水槽中保温 48h。其余均与标准马歇尔试验方法相同。

### 6. 计算

（1）试件的稳定度及流值的计算

1）当采用自动马歇尔试验仪时，将计算机采集的数据绘制成压力和试件变形曲线，或由 X-

Y记录仪自动记录的荷载-变形曲线，按图15-19所示的方法在切线方向延长曲线与横坐标相交于$O_1$，将$O_1$作为修正原点．从$O_1$起量取相应于荷载最大值时的变形作为流值（FL），以mm计，准确至0.1mm。最大荷载即为稳定度（MS），以kN计，准确至0.01kN。

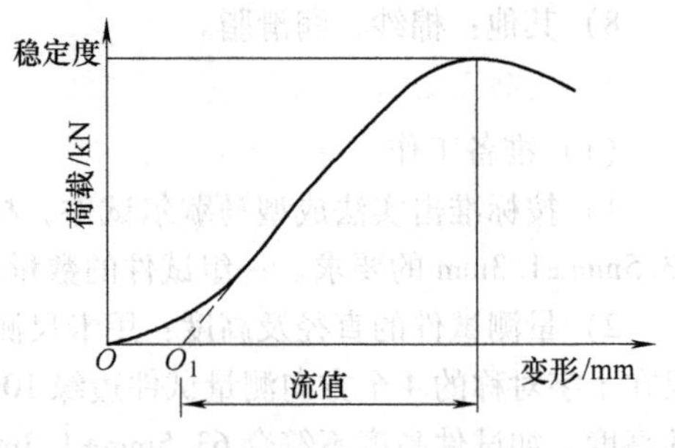


图15-19 马歇尔试验结果的修正方法

2）采用压力环和流值计测定时，根据压力环标定曲线，将压力环中百分表的读数换算为荷载值，或者由荷载测定装置读取的最大值即为试样的稳定度（MS），以kN计，准确至0.01kN。由流值计及位移传感器测定装置读取的试件垂直变形，即为试件的流值（FL），以mm计，准确至0.1mm。

（2）试件的马歇尔模数的计算

$$T=\frac{\mathrm{MS}}{\mathrm{FL}} \tag{15-80}$$

式中 $T$——试件的马歇尔模数（kN/mm）；

MS——试件的稳定度（kN）；

FL——试件的流值（mm）。

（3）试件的浸水残留稳定度的计算

$$\mathrm{MS}_0=\frac{\mathrm{MS}_1}{\mathrm{MS}}\times 100\% \tag{15-81}$$

式中 $\mathrm{MS}_0$——试件的浸水残留稳定度（%）；

$\mathrm{MS}_1$——试件浸水48h后的稳定度（kN）；

（4）试件的真空饱水残留稳定度的计算

$$\mathrm{MS}_0'=\frac{\mathrm{MS}_2}{\mathrm{MS}}\times 100\% \tag{15-82}$$

式中 $\mathrm{MS}_0'$——试件的真空饱水残留稳定度（%）；

$\mathrm{MS}_2$——试件真空饱水后浸水48h后的稳定度（kN）；

### 7. 报告

当一组测定值中某个测定值与平均值之差大于标准差的$k$倍时，该测定值应予舍弃，并以其余测定值的平均值作为试验结果。当试件数目$n$为3、4、5、6个时，$k$值分别为1.15、1.46、1.67、1.82。

# 附录

# 常用土木工程材料名词英汉对照

## 一、材料性质

化学组成 chemical composition
矿物组成 mineral composition
相组成 phase composition
微观结构 microstructure
细观结构 submicrostructure
宏观结构 macrostructure
晶体 crystal
玻璃体 vitreous body
胶体 colloid
密度 density
表观密度 apparent density
堆积密度 bulk density
密实度 compactness
孔隙率 porosity
填充率 fill rate
空隙率 void content
亲水性 hydrophilicity
憎水性 hydrophobicity
吸水性 water-absorbing quality
吸湿性 hygroscopicity
含水率 moisture capacity
耐水性 water resistance
软化系数 coefficient of softness
抗渗性 impermeability
抗冻性 freezing resistance
导热性 thermal conductance
热阻 thermal resistance
热容 heat capacity
耐热性 heat resistance
耐火性 fire resistance
耐燃性 flame resistance
温度变形 temperature deformation
吸声性 sound absorption
隔声性 sound insulation
强度 strength
强度等级 strength grade
弹性 elasticity
塑性 plasticity
脆性 brittleness
韧性 toughness
硬度 hardness
耐磨性 wear resistance
耐久性 durability
颗粒组成 grain composition
粒径 grain size
级配 gradation
开级配 open gradation
密级配 dense gradation
间断级配 gap grading
连续级配 continuous grading
碱-集料反应 alkali-aggregate reaction
细度 fineness
细度模数 fineness modulus
含泥量 soil content
石料磨光值 polished value
稠度 consistency
水灰比 waler-cement ralio
混凝土配合料 batching
坍落度 slump
立方体试块 test cube
混凝土配合比设计 concrete mix design
工作度 workability

凝结 setting
硬化 hardening
早期强度 early strength
龄期 age of hardening
碳化 carbonization
水硬性 hydraulicity
气硬性 air hardening
水稳性 water stability
水化 hydration
离析 segregation
老化 ageing
针入度 penetration
软化点 softening point
延度 ductility
闪火点 flash point
着火点 fire point
溶解度 solubility
含蜡量 paraffin content
热稳定性 heat stability
油石比 bitumen-aggregate ratio
含油率 bitumen rate
压碎值 crushing value
磨耗度 abrasiveness

## 二、无机气硬性胶凝材料

生石灰 lump lime
石灰膏 lime paste
石灰粉 lime powder
消石灰 hydrated lime
石灰砂浆 lime mortar
建筑石膏 calcined gypsum
无水石膏 anhydrite
水玻璃 water glass
高强石膏 high-strength gypsum
建筑石灰 building lime

## 三、水泥

硅酸盐水泥 Portland cement
普通硅酸盐水泥 ordinary Portland cement
矿渣硅酸盐水泥 portland blast furnace-slag cement
火山灰质硅酸盐水泥 Portland pozzolana cement
粉煤灰硅酸盐水泥 Portland fly-ash cement
复合硅酸盐水泥 composite Portland cement
特种水泥 special cement
快硬硅酸盐水泥 rapid hardening Portland cement
高铝水泥 high alumina cement
低热水泥 low-heat Portland cement
抗硫酸盐硅酸盐水泥 sulfate resisting Portland cement
膨胀水泥 expansive cement
自应力水泥 self-stressing cement
装饰水泥 decoration cement
白色硅酸盐水泥 white Portland cement
彩色水泥 colored Portland cement
无熟料水泥 cement without clinker
钢渣水泥 steel slag cement
石灰火山灰水泥 lime pozzolana cement
混合材 blending material
快硬硫铝酸盐水泥 rapid hardening sulphoaluminate cement
道路硅酸盐水泥 Portland cement for road
地质聚合物 Geopolymer

## 四、混凝土

集料（又称骨料）aggregate
重集料 heavy aggregate
轻集料 light-weight aggregate
粗集料 coarse aggregate
细集料 fine aggregate
碎石 crushed stone
卵石 gravel
天然砂 natural sand
集料级配 grading of aggregate
尘土 dust
膨胀黏土 expanded clay
膨胀珍珠岩 expanded perlite
浮石 pumice
外加剂 admixture
减水剂 water reducing agent
高效塑化剂 superplasticizer
引气剂 air entraining agent

速凝剂 accelerator
缓凝剂 retarder
早强剂 hardening accelerator
防冻剂 antifreeze agent
膨胀剂 expansive agent
泵送剂 pumping admixture
阻锈剂 corrosion inhibitor
加气剂 gas-forming admixture
着色剂 coloring agent
掺合料 additive
粉煤灰 fly ash
矿粉 mineral powder
工业废渣 industrial waste
水淬［高炉］矿渣 granulated blast-furnace slag
硅灰 silica fume
普通混凝土 ordinary concrete
高强混凝土 high strength concrete
高性能混凝土 high performance concrete
防水混凝土 waterproofed concrete
耐火混凝土 refractory concrete
防辐射混凝土 radiation shielding concrete
耐酸混凝土 acid resisting concrete
膨胀混凝土 expansive-cement concrete
纤维混凝土 fiber concrete
聚合物混凝土 polymer concrete
加气混凝土 aerated concrete
泡沫混凝土 foam concrete
轻集料混凝土 lightweight aggregate concrete
大孔混凝土 no-fines concrete
离心混凝土 centrifugal concrete
喷射混凝土 shotcrete
真空混凝土 vacuum concrete
粉煤灰混凝土 fly ash concrete
泵送混凝土 pumped concrete
水泥路面混凝土 cement pavement concrete
自密实混凝土 self-compacting concrete
干硬性混凝土 dry concrete
碾压混凝土 roller compacted concrete

## 五、建筑砂浆

普通砂浆 ordinary mortar
砌筑砂浆 masonry mortar
抹面砂浆 decorative mortar
防水砂浆 waterproofed mortar
保温砂浆 thermal insulation mortar
耐酸砂浆 acid resisting mortar
沥青砂浆 asphalt mortar
预拌砂浆 ready-mixed mortar
干混砂浆 dry-mixed mortar
湿拌砂浆 wet-mixed mortar

## 六、钢材

钢筋 steel bar
光面钢筋（又称光圆钢筋）plain bar
热轧钢筋 hot rolled steel bar
热处理钢筋 heat-treated steel bar
变形钢筋 deformed bar
光圆钢丝 plain steel wire
线材（又称盘条）wire rod
冷轧钢筋 cold rolled steel bar
冷拔钢丝 cold drawn steel wire
冷拉钢筋 cold stretched steel bar
高强钢丝 high-strength steel wire
中强钢丝 medium-strength steel wire
钢绞线 strand
玻璃纤维 glass fiber
碳纤维 carbon fiber
钢纤维 steel fiber
型钢 section steel
角钢 angle steel
工字钢 I-beam steel
槽钢 channel steel
H 型钢 H-section steel
T 型钢 T-section steel
平钢板 flat steel plate
厚钢板 heavy steel plate
薄钢板 steel sheet
镀锌板 galvanized steel sheet
带钢（又称扁钢）strip steel
铝板 aluminium sheet
铝合金板 aluminium alloy sheet
钢管 steel pipe

无缝钢管 seamless steel pipe
焊接钢管 welded steel pipe

## 七、建筑木材

木材品种 wood species
软木材 softwood
硬木材 hardwood
木材制品 timber products
原木 log
原条 timber stripe
锯材 saw timber
方木 squared timber
厚板 plank
薄板 board
木质人造板 man-made wood board
胶合板 plywood
硬质纤维板 stiff fiber board
刨花板 shaving board
人造饰面板 artificial decorative board
浸渍防腐木材 creosoted timber
原竹 bamboo
竹胶合板 bamboo plywood

## 八、天然石材

花岗石 granite
大理石 marble
玄武岩 basalt
石灰岩 limestone
砂岩 sandstone
页岩 shale
凝灰岩 tuff
白云石 dolomite，bitter spar
毛石（又称荒料）rubble
块石 block stone，boulder
方正石 regular stone
料石 dressed stone
石屑 aggregate chips
人造石材 artificial stone
水磨石 waterstone
人造大理石 artificial marble
铸石 cast stone
微晶玻璃 glass ceramics，sitall

## 九、墙体与屋面材料

砖 brick
实心砖 solid brick
空心砖 hollow brick
硅酸盐砖 silicate brick
釉面砖 glazed tile
陶瓷锦砖（又称马赛克）mosaic
土坯砖 adobe
碳化砖 carbonated lime brick
混凝土砌块 concrete block
瓦 roof tile
黏土瓦 clay tile
水泥瓦 cement tile
平瓦 plain tile
搭扣瓦 interlocking tile
脊瓦 ridge tile
石棉水泥瓦 asbestos cement tile

## 十、沥青及防水材料

沥青 asphalt
天然沥青 natural asphalt
石油沥青 petroleum asphalt
焦油沥青 tar pitch
煤沥青 coal tar pitch
页岩沥青 shale asphalt
沥青混合料 bituminous mixture
沥青碎石混合料 bituminous macadam mixture
沥青砂 asphalt sand
沥青石屑 asphalt chip
再生沥青混合料 reclaimed asphalt mixture
防水卷材 waterproofing roll roofing
接缝及密封材料 caulking material
防水涂料 waterproofing paint
灌浆材料 grouting material
防水剂 waterproofing agent

# 参 考 文 献

[1] 吴科如，张雄. 土木工程材料［M］. 2版. 上海：同济大学出版社，2008.
[2] 湖南大学，天津大学，同济大学，等. 土木工程材料［M］. 北京：中国建筑工业出版社，2002.
[3] 施惠生. 土木工程材料性能、应用与生态环境［M］. 北京：中国电力出版社，2008.
[4] 彭小芹. 土木工程材料［M］. 2版. 重庆：重庆大学出版社，2010.
[5] 阎培渝. 土木工程材料［M］. 北京：人民交通出版社，2009.
[6] 苏达根. 土木工程材料［M］. 2版. 北京：高等教育出版社，2008.
[7] 柯国军. 土木工程材料［M］. 北京：北京大学出版社，2006.
[8] 贾致荣. 土木工程材料［M］. 北京：中国电力出版社，2010.
[9] 高琼英. 建筑材料［M］. 3版. 武汉：武汉理工大学出版社，2006.
[10] 赵方冉，等. 土木工程材料［M］. 上海：同济大学出版社，2004.
[11] MINDESS S，YOUNG J F，DARWIN D. 混凝土（原著第二版）［M］. 吴科如，张雄，姚武，等译. 北京：化学工业出版社，2005.
[12] 严家伋. 道路建筑材料［M］. 3版. 北京：人民交通出版社，2004.
[13] 张雄. 建筑功能材料［M］. 北京：中国建筑工业出版社，2000.
[14] 米文瑜. 土木工程材料试验指导书［M］. 北京：人民交通出版社，2007.
[15] 白宪臣. 土木工程材料实验［M］. 北京：中国建筑工业出版社，2009.

# 信息反馈表

尊敬的老师：

您好！感谢您多年来对机械工业出版社的支持和厚爱！为了进一步提高我社教材的出版质量，更好地为我国高等教育发展服务，欢迎您对我社的教材多提宝贵意见和建议。另外，如果您在教学中选用了**《土木工程材料》第2版（杜红秀　周梅　主编）**，欢迎您提出修改建议和意见。索取课件的授课教师，请填写下面的信息，发送邮件即可。

**一、基本信息**

姓名：____________　性别：________　职称：________　职务：______________

邮编：____________　地址：

学校：______________　院系：______________　专业：______________

任教课程：____________________　电话：______________(H)__________(O)

电子邮件：____________________　手机：__________　QQ：__________

**二、您对本书的意见和建议**

（欢迎您指出本书的疏误之处）

**三、您对我们的其他意见和建议**

请与我们联系：

100037　机械工业出版社 · 高等教育分社　刘涛 收

Tel：010-8837 9542（O）

E-mail：ltao929@163. com

http://www.cmpedu.com（机械工业出版社 · 教育服务网）